Praktisches Handbuch der gesamten Schweißtechnik

Von

Prof. Dr.-Ing. Paul Schimpke und Ober-Ing. Hans A. Horn

Chemnitz   Berlin-Charlottenburg

Erster Band
Gasschweiß- und Schneidtechnik

Vierte umgearbeitete Auflage

Mit 412 Abbildungen

Springer-Verlag

Berlin / Göttingen / Heidelberg

1948

ISBN 978-3-642-53041-8   ISBN 978-3-642-53040-1 (eBook)
DOI 10.1007/978-3-642-53040-1

Deutsche Zentraldruckerei, Berlin SW 11. Reg.-Nr. 115.
Genehmigungs-Nr. 10 464.

Vorwort zur vierten Auflage.

Zwischen dem Erscheinen der seit längerem vergriffenen dritten und der hiermit der Öffentlichkeit übergebenen vierten Auflage des 1. Bandes dieses Handbuches liegt eine Zeitspanne von 10 Jahren, während die 4. Auflage des 2. Bandes (Elektroschweißung) dank der Bemühungen des Springer-Verlages schon im Herbst 1945, allerdings nur in unveränderter Form, herausgebracht werden konnte.

Da sich die Zweiteilung des Handbuches nach den beiden Verfahrensrichtungen — autogene und elektrische Schweißung — als zweckmäßig erwies, soll sie auch künftighin beibehalten werden.

Aus Fachkreisen ergangenen, recht unterschiedlichen, z. T. auch ganz bestimmten, mit der Technik des Schweißens aber in nur lockerem Zusammenhang stehenden Wünschen, auch hinsichtlich der Erweiterung bestimmter Teilgebiete, wurde, soweit dies rücksichtlich des Buchumfanges vertretbar war, Rechnung getragen. Dabei mußte von der ursprünglich erstrebten möglichst knappen Zusammenfassung des Stoffgebietes verschiedentlich bewußt abgewichen werden. Wenn einigen sehr weitgehenden Vorschlägen nicht entsprochen werden konnte, bitten wir um Nachsicht und Verständnis; der Buchumfang wäre untragbar geworden. Auch hinsichtlich der stofflichen Aufteilung sind gegenüber den früheren Auflagen vor allem deshalb Ergänzungen notwendig geworden, weil, wie zahlreiche Wünsche erkennen ließen, das Buch im wachsenden Maße dem Unterricht an technischen Lehranstalten und in Schweißlehrgängen dient. Es darf daher, will es seiner Aufgabe auch dahingehend gerecht werden, nicht allein die Belange des Ingenieurs, Konstrukteurs, Meisters und Schweißers befriedigen, sondern es muß auch den Forderungen des Schweißfachingenieurs und des Fachlehrers nach Möglichkeit lückenlos nachkommen. Für diese soll das Buch ein Nachschlagewerk und damit ein wirkliches Handbuch sein. Dabei wurde, um unnütze Wiederholungen in den beiden Bänden zu vermeiden, die bisher beobachtete Abgrenzung der Gebiete auch weiter verfolgt.

Erweitert wurden die Abschnitte über werkstoffliche Grundlagen, über die Metallurgie des Schweißens und die Prüfung der Schweißverbindungen. Grundlegende Betrachtungen über die autogene Oberflächenhärtung und die stark in Aufnahme gekommene Kunststoffschweißung wurden neu aufgenommen. Im Abschnitt über Schweißgeräte wurden die neuesten Normen berücksichtigt, Bilder inzwischen veralteter Entwicklerbauarten durch solche neuester Konstruktion ersetzt, wie überhaupt dem heutigen Stande der autogenen Metallbearbeitung weitgehend Rechnung getragen.

Dem Verlag, der keine Mühe scheute, die zeitgebundenen wirtschaftlichen und technischen Schwierigkeiten zu überwinden und auch dieser Auflage ein gefälliges Aussehen zu geben, sei auch an dieser Stelle verbindlichst gedankt.

Möge auch die neue Auflage dieses Bandes bei allen Fachleuten die gleiche freundliche Aufnahme finden wie die früheren und zur Förderung und wirtschaftlichen Nutzanwendung der Schweißtechnik das ihre beitragen.

Chemnitz-Berlin, im Juli 1948.

Schimpke.   **Horn.**

Inhaltsverzeichnis.

I. Einleitung.

A. Allgemeines über Schweißen und Gasschweißung (autogene Schweißung).

Zusammenfügungsarbeiten. Die Gasschweißung (autogene Schweißung) gehört zu den Zusammenfügungsarbeiten. Unter diesen verstehen wir lösbare oder unlösbare Verbindungen zweier oder mehrerer Metallstücke. Die lösbaren Verbindungen sind in der Hauptsache die Verschraubungen und die Keilverbindungen. Zu den nicht lösbaren oder starren Verbindungen (Stoffschluß) sind vor allem die durch Falzen, Nieten, Löten und Schweißen entstandenen zu rechnen. In Wettbewerb stehen hier miteinander Nieten, Löten und Schweißen. Das Nieten erfordert zunächst Herstellung der Nietlöcher und Niete und dann die eigentliche Nietarbeit einer Nietkolonne von 3 bis 5 Mann. Beim Löten, der dem Schweißen verwandtesten Verbindungsart, wird zur Zusammenfügung der Metallstücke das Lot, ein leichter schmelzbares Metall oder eine Legierung (ein Gemisch mehrerer Metalle), benutzt. Beide Verbindungsarten werden heute auf den meisten Anwendungsgebieten mehr und mehr durch das Schweißen verdrängt.

Begriff des Schweißens. Man versteht unter Schweißen eine Zusammenfügung zweier ähnlich zusammengesetzter Stoffteile derart, daß die lückenlose Verbindungsstelle mit den beiderseits benachbarten Teilen ein möglichst homogenes Ganzes, d. h. von stofflicher Gleichförmigkeit, bildet. Dabei ist die Abgrenzung gegen das Hartlöten nicht immer scharf, weshalb mitunter auch von einem „Schweißlöten" gesprochen wird. In Sonderfällen ist auch das Verschweißen ungleicher Stoffarten möglich. Man unterscheidet in der Hauptsache zwischen P r e ß s c h w e i ß u n g, bei der die Zusammenfügung der beiden Stoffteile unter Anwendung von Druck in teigigem Zustande vor sich geht, und S c h m e l z s c h w e i ß u n g, bei der sich die Vereinigung in flüssigem Zustande der Schweißstelle, im allgemeinen ohne Anwendung von Druck und mit oder ohne Hinzufügung neuen Werkstoffs, vollzieht Als neuestes Verfahren kommt das Verschweißen von Nichtmetallen, den thermoplastischen Kunststoffen, hinzu.

Arten der Schweißverfahren. In der vorstehenden Begriffsbestimmung des Schweißens sind bereits zwei neugeprägte Ausdrücke, Preßschweißung und Schmelzschweißung, benutzt worden, die heute allgemein Anwendung finden. Unter weiterer Benutzung dieser Ausdrücke ergibt sich folgende Einteilung der Schweißverfahren:

1. P r e ß s c h w e i ß u n g (Druckschweißung, teigiger Zustand des Werkstoffs):
   a) Hammerschweißung (als Koksfeuer- oder Wassergasschweißung);
   b) elektrische Widerstandsschweißung;
   c) Thermitpreßschweißung;
   d) autogene Preßschweißung;
   e) Herrmannsche Preßschweißung;
2. S c h m e l z s c h w e i ß u n g (flüssiger Zustand des Werkstoffs):
   a) Gasschmelzschweißung (autogene Schweißung);
   b) Elektroschmelzschweißung (elektrische Lichtbogenschweißung);
   c) gas-elektrische Schweißung (Arcatom- und Arcogenschweißung);

d) Thermitgießschweißung und Gußeisenschweißung nach dem Gießverfahren;

e) Weibelschweißverfahren.

Wesen der Gasschweißung (autogenen Schweißung). Die Bezeichnung „a u t o g e n" (selbsterzeugend), die für den deutschen Sprachgebrauch an und für sich nicht glücklich gewählt ist, soll zum Ausdruck bringen, daß diese Schweißung ohne Aufwand mechanischer Arbeit bewerkstelligt wird, was übrigens nur im beschränkten Umfange richtig ist. Besser ist, wie schon im vorigen erwähnt, der Name „Schmelzschweißung", und zwar genauer „G a s - s c h m e l z s c h w e i ß u n g" (kürzer „Gasschweißung") zum Unterschied von der „elektrischen (oder Elektro-)Schmelzschweißung".

Bei der Gasschweißung (diese neuere Bezeichnung soll auch hier im allgemeinen gebraucht werden, obwohl die Bezeichnung „autogen" auch heute noch vielfach angewandt wird), wird ein Gassauerstoffgemisch an der Düsenmündung eines Schweißbrenners entzündet, und die entstandene Stichflamme von hoher Temperatur ruft ein örtliches Schmelzen des Metalles hervor, wobei die Schweißkanten ineinander überfließen. Je nach Bedarf wird noch Zusatzwerkstoff (Schweißdraht) und ein Flußmittel (Schweißpulver oder -paste) verwendet. Das Schweißpulver soll dazu dienen, das stets an der Schweißoberfläche sich bildende Metalloxyd (die Metallsauerstoffverbindung, aus flüssigem oder hocherhitztem Metall und Luftsauerstoff entstanden) unschädlich zu machen. Es bildet mit dem Metalloxyd zusammen meist eine glasige, leicht schmelzbare Schlacke, die die Schweißstelle gegen Einwirkung weiteren Luftsauerstoffs schützt und nach dem Schweißen leicht durch einige Hammerschläge entfernt werden kann. Andere Pulver kommen nach Vollendung der Schweißarbeit gar nicht zur Geltung, sie sind verflüchtigt. Bei Anwendung einer normalen, demnach reduzierenden (d. h. Sauerstoff entziehenden) Flamme kann man in bestimmten, später genauer besprochenen Fällen das Schweißpulver fortlassen.

Arten der Gasschweißverfahren. Für die Zwecke der Gasschweißung hat man verschiedene Brenngase nutzbar gemacht, die stets mit (möglichst reinem)-Sauerstoff gemischt werden und eine Stichflamme von verschieden hoher Temperatur und verschiedener chemischer und physikalischer Beschaffenheit ergeben. Die wichtigsten Verfahren sind folgende:

a) Das A z e t y l e n - S c h w e i ß v e r f a h r e n , bei dem das Azetylen entweder in einem besonderen Entwickler selbst erzeugt, oder in Stahlflaschen verdichtet als gelöstes Azetylen (Dissousgas) verwendet werden kann:

b) das W a s s e r s t o f f - S c h w e i ß v e r f a h r e n ;

c) das L e u c h t g a s - S c h w e i ß v e r f a h r e n ;

d) das B l a u g a s - S c h w e i ß v e r f a h r e n ;

e) das M e t h a n - , P r o p a n - und Ä t h y l e n - S c h w e i ß v e r - f a h r e n ;

f) das Ö l - , L u f t - und V u l k a n g a s - S c h w e i ß v e r f a h r e n ;

g) das Schweißen mit f l ü s s i g e n B r e n n s t o f f e n , wie B e n z i n - oder B e n z o l d a m p f (seltener Oxy-Benz-Verfahren genannt, das Oxy herrührend von Oxygenium = Sauerstoff), ferner mit P e t r o l e u m - und S p i r i t u s d ä m p f e n . Alle diese Dämpfe flüssiger Brennstoffe werden im Brenner ebenfalls mit Sauerstoff gemischt.

Von Bedeutung ist vor allem das Azetylen; die übrigen Gasarten spielen eine mehr oder weniger untergeordnete Rolle, weshalb sie künftighin meist nur noch kurz gestreift werden.

B. Die sonstigen neueren Schweißverfahren.

Altbekannte Schweißverfahren sind die Hammerschweißung (Feuerschweißung) von Stahl und das Anschweißen, richtiger Angießen abgebrochener Gußstücke. Die Feuerschweißung findet noch immer Anwendung bei Schmiedearbeiten und bei der Herstellung stumpf und überlappt geschweißter Rohre. In Graugießereien, in denen man ja immer flüssiges Gußeisen zur Verfügung hat, wird das Ausbessern von Gußstücken, an denen z. B. kleine oder größere Teile abgebrochen sind, meist noch durch Aufetzen einer Form auf die Bruchstelle und Aufgießen hocherhitzten Gußeisens ausgeführt. Im folgenden soll noch ein kurzer Überblick über die neben der Gasschweißung wichtigsten neueren Schweißverfahren gegeben werden.

Die Wassergasschweißung. Wenn man durch einen schachtartigen, mit glühendem Koks oder Anthrazit gefüllten Generator (Gaserzeuger) Wasserdampf bläst, so wird der Wasserdampf zerlegt, und es entsteht das sog. Wassergas, dessen brennbare Bestandteile zu etwa je 50 vH Wasserstoff und Kohlenoxyd sind. Technisch besteht Wassergas aus 50 vH Wasserstoff, 40 vH Kohlenoxyd, 4 vH Kohlensäure und 6 vH Stickstoff. Dieses Gasgemisch wird mit Luft in großen Schlitzbrennern gemischt und ergibt eine Flamme von etwa 1800⁰ C, mit der das Werkstück an Stelle des Koksfeuers erhitzt wird. Die Schweißung kann sowohl von Hand (Handfeuer, Zange) als auch maschinell (üblichste Art) durchgeführt werden. Abb. 1 zeigt in der Grundform die Anordnung einer Wassergasschweißstraße, wie sie zur

Schweißung größerer Rohre benutzt wird. Die durch zwei Brenner auf 100 ··· 300 mm Länge erwärmte Rohrnaht wird um etwa 60⁰ gedreht (Abb. 1 *A*) und bei *a* auf dem Amboß *b* durch Hand- oder Maschinenhämmer oder auch durch große, mit Hilfe von Wasserdruck

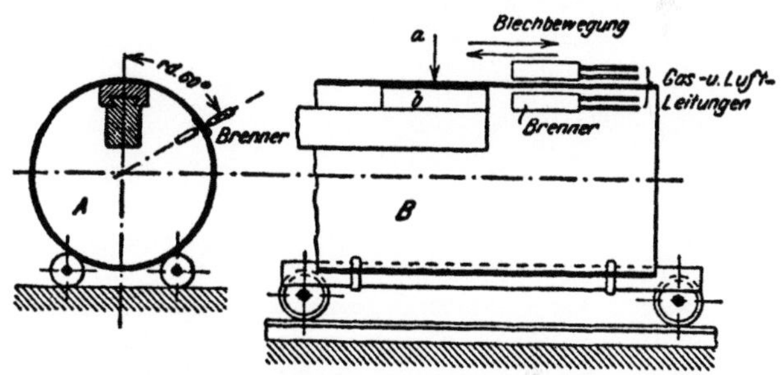

Abb. 1. Grundform einer Wassergasschweißstraße.

angepreßte Rollen geschweißt. Sind die Brenner rechts vom Amboß angebracht (Abb. 1 *B*), so muß das Rohr nach dem Erhitzen nach links auf einem Wagen verschoben werden. Das Blech wird nur teigig, wie bei der Koksfeuerschweißung; es handelt sich demnach um eine ausgesprochene **Preßschweißung.** Dabei wird im allgemeinen überlappt geschweißt, d. h. die Bleche müssen, wie beim Nieten, auf eine bestimmte Breite je nach Blechdicke übereinander gelegt werden. Die früher zum Teil übliche Keilschweißung, bei der ein Quadrateisen in eine V-förmig vorbereitete Naht eingeschmiedet wurde, wird heute kaum noch ausgeführt.

Das Schweißen auf dem Amboß, wie es in Abb. 1 dargestellt ist, hat den Nachteil, daß der Zunder zum Teil mit in die Oberfläche des Bleches hineingehämmert wird. Bei über 30 mm dicken Blechen besteht außerdem die Gefahr, daß der auf dem Amboß liegende Blechrand ungenügend durchknetet wird. *Bei der Rollenschweißung* jedoch werden beide gleich großen Rollen mit einem Wasserdruck von 30 ··· 60 t angepreßt. Die Verbindung ist

im allgemeinen besser. Diese Anordnung zeigt in der Grundform Abb. 2.
Zur Zunderentfernung wird ein Dampfstrahlgebläse verwendet, das jedoch
bei Unachtsamkeit durch plötzliche Abkühlung Ober-
flächenspannungsrisse herbeiführen kann. Bei ungleicher
oder zu rascher Erwärmung entstehen Bindungsfehler
oder die Blechkanten schmelzen ab. Daraus ergibt sich
die Notwendigkeit, daß der Wassergasschweißer eine
ausreichende praktische Erfahrung besitzen muß.

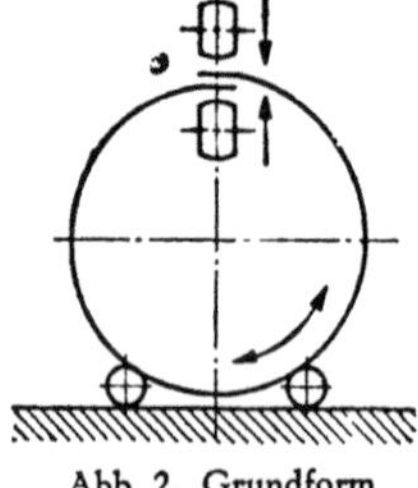

Abb. 2. Grundform
der Druckrollenwassergas-
schweißung.

Die Wassergasschweißung kommt hauptsächlich für
die Schweißung von Rohren und Blechzylindern von
von 6···100 mm (normal 15···80 mm) Wanddicke in
Frage, weniger für andere Verbindungen. Wegen der
hohen Anschaffungskosten des Wassergaserzeugers und
der Schweißeinrichtungen wird das Verfahren aber nur noch in einigen
wenigen Großbetrieben angewandt.

Abb. 3 veranschaulicht eine Wassergasschweißstraße neuerer Bauart.

Abb. 3. Ansicht einer Wassergasschweißstraße.

Die Thermitschweißung. Die Tatsache, daß erhitztes Aluminium eine
außerordentlich große chemische Verwandtschaft (Affinität) zum Sauerstoff
hat, bildet die Grundlage des von Dr. H a n s G o l d s c h m i d t in Essen
erfundenen Thermit- oder aluminothermischen Schweißverfahrens.

Unter „Thermit" versteht man ein Gemisch von Eisenoxyd und Aluminiumpulver, das sich bei etwa 1200^0 entzünden und zur Umsetzung bringen
läßt. Die hohe Zündtemperatur erfordert einen Zwischenträger, die sog.
Zündmasse, die aus einem Gemisch von Bariumsuperoxyd (BaO_2) und
Aluminiumpulver besteht und mit Hilfe eines Magnesiumstreifens entzündet
wird. Unter großer Hitzeentwicklung (etwa 3000^0) wird das Eisenoxyd des
in einem Schmelztiegel befindlichen Thermits zu Eisen (Stahl) reduziert,
während sich das Aluminium mit dem frei werdenden Sauerstoff zu Alu-

miniumoxyd (Tonerde) verbindet. Diese heftige Reaktion (Umsetzung) geht vor sich nach der Gleichung:

$$2\,Al + Fe_2O_3 = Al_2O_3 + 2\,Fe\ (+ 188\ WE).$$

Aluminium + Eisenoxyd = Aluminiumoxyd + Eisen (Stahl).
(Tonerde, Korund)

Dabei steigt die spezifisch leichtere Tonerde als flüssige Schlacke im Tiegel nach oben und schützt den darunter befindlichen, ebenfalls flüssigen und vergießfertigen Stahl vor Verbrennung. Die etwa 10···20 s dauernde Reaktion ist somit nur deshalb auf so einfache Weise möglich, weil die vorhin erwähnte Verwandtschaft des Aluminiums zum Sauerstoff größer ist als die des Eisens. Thermit wird in Säckchen von 5 und 10 kg Gewicht geliefert. 1 kg Thermit ergibt rund 0,5 kg Stahl und 0,5 kg Schlacke. Die Thermitschweißung läßt sich in drei Verfahrensgruppen unterteilen: 1. S c h m e l z - oder G i e ß s c h w e i ß u n g, 2. P r e ß s c h w e i ß u n g und 3. V e r e i n i g t e G i e ß - und P r e ß s c h w e i ß u n g. Außerdem hat man zwischen Fertigungs- und Ausbesserungsschweißung zu unterscheiden.

Neben verschiedenen Hilfsgeräten, wie Hobel- und Feilvorrichtungen (zur Vorbereitung und Nachbearbeitung der zu schweißenden Werkstücke, Klemmgeräten usw.) auf die hier nicht eingegangen werden kann, sind drei Hilfsmittel besonders hervorzuheben: die Tiegel, die Gießformen und die Vorwärmeinrichtung.

Bei den Tiegeln wird zwischen K i p p - und S p e z i a l t i e g e l n unterschieden. Beim K i p p t i e g e l handelt es sich um ein Gefäß, das durch Kippen entleert wird und bei dem zuerst die Schlacke abfließt (Abb. 4 *III*). Er wird praktisch kaum noch angewandt. Im Gegensatz hierzu fließt beim feststehenden S p e z i a l t i e g e l (Spitztiegel) zuerst der Stahl und dann die Schlacke ab (Abb. 4 *I*). Diese Tiegelart wird heute fast ausschließlich

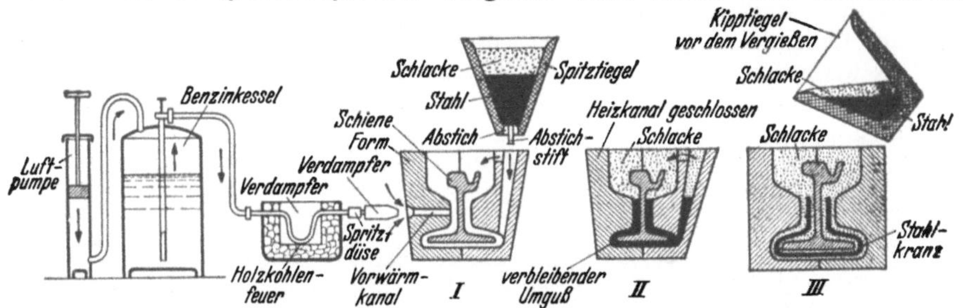

Abb. 4. Einrichtungen für die Thermitschweißung.

benutzt. Der Spitztiegel besteht aus einem konischen Stahlblechmantel, in den ein einteiliges, bereits fertiggebranntes, feuerfestes Futter eingesetzt wird. Zwischen Blechmantel und Futtereinsatz befindet sich eine dünne Schicht von Klebsandbrei. Für den Abstich des Stahles wird eine im Tiegelboden angebrachte Öffnung durch Einschlagen eines Abstichstiftes freigegeben. Die Größe des Tiegels richtet sich natürlich nach der jeweils erforderlichen Thermitmenge, sie bewegt sich zwischen 3 und 300 kg Fassungsvermögen.

Da es sich bei allen drei Verfahrensgruppen zunächst um ein Gießschweißen handelt, ist immer eine E i n f o r m u n g der Schweißstelle notwendig. Die F o r m e n sind meist zwei-, nur selten dreiteilig und bestehen aus mit feuerfestem Klebsand ausgekleideten Blechgehäusen oder -schalen. Die sog. S p a r f o r m e n, die nur eine dünne Klebsandschicht enthalten, werden während des Vorwärmens der Schweißstelle getrocknet.

Zu den wichtigsten Vorbereitungsarbeiten der Thermitschweißung gehört das V o r w ä r m e n der Schweißstelle auf etwa 700⁰. Bei Ausbesserungsarbeiten ist es unerläßlich. Als Heizmittel werden neben Benzin (Abb. 4) auch Leuchtgas (mit Preßluftbetrieb, Danielscher Hahn als Brenner), Propan u. a. verwendet.

1. S c h m e l z - o d e r G i e ß s c h w e i ß u n g. Für Ausbesserungsschweißungen kommt nur dieses Verfahren in Betracht. Das Werkstück wird unter Berücksichtigung der aus der Gießereitechnik bekannten Maßnahmen, wie Einlauf, Steiger usw. eingeformt. Zur Erzielung eines ausreichenden Zwischengusses ist es notwendig, die Bruchflächen des Werkstücks auf Grund bestimmter Erfahrungswerte freizulegen. Der Gesamtschwund beträgt nach der Schweißung etwa 4 vH der Wulstbreite; das erstarrte Thermiteisen allein hat ein Schwindmaß von etwa 2 vH. Desgleichen läßt sich die für einen Schmelzguß erforderliche Thermitmenge nach einer von der Firma Elektro-Thermit entwickelten Gleichung ermitteln.

Je nach dem Werkstoff, der geschweißt wird, und zur Erreichung der gewünschten technologischen Eigenschaften der Schweiße können dem Thermit verschiedene Stoffe zugesetzt werden. Setzt man reinem Thermit Weicheisenschrott zu, so erhält man eine sehr weiche Schweiße; eine Beigabe von Ferromangan und Ferromangan-Silizium steigert die Festigkeit der Schweiße auf etwa 45 kg/mm². Durch weiteren Zusatz gewisser Mengen von Ferrovanadin, Ferrotitan u. a. kann die Festigkeit auf 60 kg/mm² gebracht werden. Stark auf Verschleiß beanspruchte Werkstücke, z. B. Kleeblattzapfen von Walzen, bedingen außer einem Zusatz von Ferromangan auch einen solchen von gepulverter Anthrazitkohle. Schließlich wird beim Gießschweißen g u ß - e i s e r n e r Werkstücke dem Thermit neben Weicheisenschrott noch Ferrosilizium in ausreichender Menge zugesetzt, das mit Rücksicht auf die Förderung der Graphitausscheidung frei von Mangan sein muß.

Das bereits früher erwähnte in der Graugießerei übliche Verfahren des Angießens abgebrochener Teile beruht darauf, die Bruchfläche einzuformen, im Holzkohlenfeuer zu erhitzen und Gußeisen aufzugießen. Bei Stahlkörpern kann man auch nach Art der Abb. 5 vorgehen. Die Walze wird so in

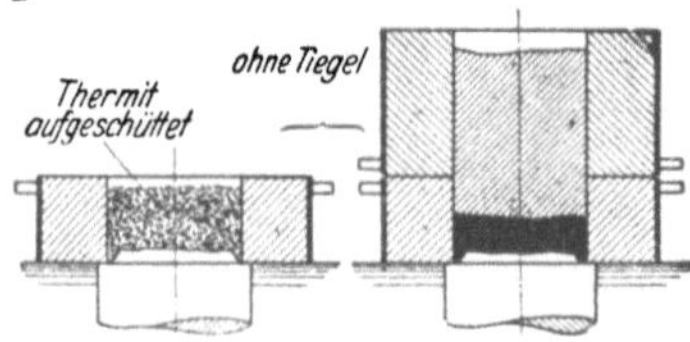

Abb. 5. Thermit-Ausbesserungsschweißung.

Werkstattsohle eingebaut, daß die Bruchfläche des abgebrochenen Zapfens knapp über Flur und waagerecht zu liegen kommt. Ein aufgesetzter Formkasten nimmt das Thermit auf, das die Aufgabe hat, die Bruchfläche aufzuweichen. Nach Entfernen der Schlacke wird ein zweiter Formkasten aufgesetzt und so viel Stahl vergossen, wie es die Abmessungen des zu ergänzenden Zapfens verlangen.

Das Thermit-Gießschweißverfahren findet, wie auch die übrigen Gruppen der Thermitschweißung, vorwiegend Verwendung für die Verbindung von S t r a ß e n b a h n - und E i s e n b a h n s c h i e n e n. Die Schienenstöße werden mit einer Lücke von etwa 10 mm gegeneinander gelegt, mit der dem Profil entsprechenden Form umgeben, in der geschilderten Weise vorgewärmt und darauf mit Thermitstahl aus Spitztiegeln umgossen. Kreuzungen und Abzweigungen von Gleisanlagen werden meist nach diesem Verfahren geschweißt, im übrigen kommt es allein kaum, sondern nur in Gemeinschaft mit der Preßschweißung zur Anwendung. Die Wahl des geeigneten Verfahrens richtet sich nach sehr verschiedenen Gesichtspunkten: z. B. nach dem Profil, ob Rillen- oder Vignolschienen; danach, ob die Schienen-

stränge noch frei beweglich oder fest verlegt, ob sie freiliegend oder eingebettet sind usw.

2. **Preßschweißung.** Hierbei werden die Schienenstöße sorgfältig
und flächenplan bearbeitet und ohne Zwischenraum zusammengestoßen.
Nach der Vorwärmung wird der Thermitstahl aus Kipptiegeln (Abb. 4 *III*)
vergossen, **ohne** vorheriges Entfernen der Schlacke. Die obenaufschwim-
mende flüssige Schlacke wird zuerst in die Form gegossen, so daß der ihr
folgende Stahl weder mit der Form, noch mit dem Schienenstoß in unmittelbare Berührung kommt, vielmehr die Schlacke verdrängt und einen losen,
nirgends angeschweißten Stahlkranz ergibt. Der vergossene Stahl und die
Schlacke geben ihre Wärme an die Schweißstelle ab, die in Schweißhitze
unter Zuhilfenahme von Klemmgeräten zusammengepreßt wird. Nach Erkalten der Schweißstelle wird der gesamte, aus Stahlkranz und Schlacke bestehende Umguß abgeschlagen; er diente, wie im Falle der Abb. 5,
nur als Wärmeträger. Dieses kostspielige und etwas umständliche Verfahren
wird nur noch selten angewandt.

3. **Vereinigte Preß- und Gießschweißung.** Sie ist das
meist angewendete Verfahren der Schienenschweißung, das darauf beruht,
die Schienenflanschen (Füße) und Stege nach dem Schmelzverfahren und die
Köpfe nach dem Preßverfahren zu vereinigen. Die Anordnung geht aus
Abb. 4 *I* und *II* hervor. Die Stoßenden werden mit einem Spalt von etwa
5 mm zusammengelegt, so, daß der vergossene Thermitstahl im Steg und
Fuß einen Zwischenguß bildet. Zwischen die Kopfflächen wird ein Blechstück von der Dicke des Spaltmaßes eingespannt und beim Zusammendrücken
des Stoßes durch die Klemmvorrichtung mit diesem verbunden. Während
des Vorwärmens wird das Thermit in den an einem schwenkbaren Gestell
aufgehängten Spitztiegel eingebracht. Nach beendigtem Vorwärmen wird
zunächst der Vorwärmkanal in der Form (Bild *I*) mit einem trockenen Sand-
stopfen sorgfältig verschlossen und gut hinterstampft, worauf das Thermit-
gemisch entzündet und nach vollendeter Reaktion durch Einschlagen des Abstichstiftes in die Form vergossen wird. Zuerst fließt der Stahl in die Form
ein und umschließt das Schienenprofil, wie bei *II* gezeigt. Die nachfließende
Schlacke hat nur den Kopf zu erhitzen. Durch das vorher eingebaute und
auf einen Stauchweg von etwa 5 mm eingestellte Klemmgerät erfolgt abschließend die Preßschweißung des Kopfes. Darauf werden Form und
Schlacke entfernt.

Dieses Verfahren eignet sich für Werkstoffe bis zu etwa 70 kg/mm²
Festigkeit. Stähle höherer Festigkeit (bis 120 kg/mm²) sind nicht mehr einwandfrei preßschweißbar, weshalb sie nach einer neueren Arbeitsweise, dem
sog. **Einsatzverfahren**, verschweißt werden, ein Sondergebiet, von
dessen Schilderung hier abgesehen werden muß. Auch die Bestrebungen,
Schienenstränge autogen oder elektrisch zu schweißen, sind, wie später noch
erwähnt wird, durchaus erfolgreich gewesen.

Die elektrischen Schweißverfahren[1]). Diese Verfahren zerfallen in zwei
große Gruppen. In das Gebiet der Preßschweißung gehören die elektrischen
Widerstandsschweißverfahren, in das Gebiet der Schmelzschweißung fallen
die Lichtbogenverfahren.

Bei den **elektrischen Widerstandsschweißverfahren**
wird die Eigenschaft des elektrischen Stroms ausgenutzt, daß er den strom-

---

[1]) Ausführliches s. **Schimpke-Horn**: Praktisches Handbuch der gesamten
Schweißtechnik, Bd. II, 4. Aufl. Berlin: Springer 1945.

leitenden Körper an Stellen, die größeren Widerstand bieten (dies sind vor allem die Schweißstellen), stark erwärmt. Zur Erzeugung großer Wärmemengen arbeitet man zweckmäßig mit Strom von hoher Stromstärke (bis zu 80 000 A) und niedriger Spannung (1 ··· 10 V), und diesen Strom kann man sehr einfach aus dem Wechselstrom eines Hauptstromnetzes mit Hilfe eines Umspanners erhalten. Abb. 6 zeigt in der Grundform, wie der aus dem Hauptnetz entnommene Strom im Umspanner auf niedrige Spannung umgeformt und dann durch zwei Kupferklemmen den bei *a* stumpf aneinanderstoßenden Werkstücken zugeführt wird. Er findet an der Übergangsstelle größeren Widerstand und erwärmt diese Stelle in kürzester Zeit auf Schweißglut. Unter Ausschalten des Stroms werden nun die Stoßenden von Hand oder maschinell zusammengepreßt. Sämtliche zum Schweißen erforderlichen Teile, einschließlich des Umspanners, baut man in einer „Schweißmaschine" zusammen. Aus der im vorigen beschriebenen Stumpfschweißung entwickelte

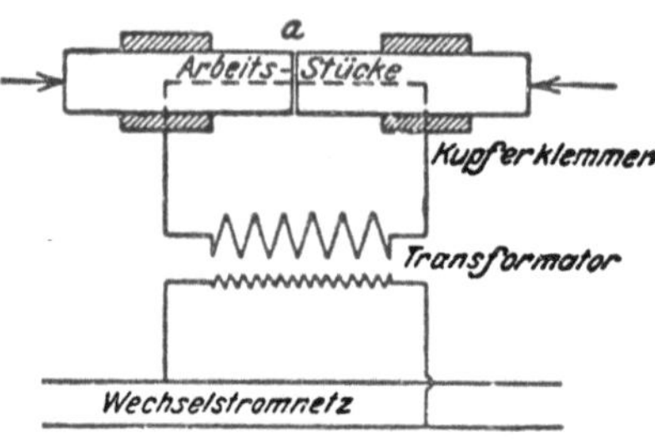

Abb. 6.
Grundform der elektrischen Stumpfschweißung.

sich dann später die Punktschweißung, bei der dünne, übereinandergelegte Bleche punktweise — ähnlich der Vernietung — verschweißt werden, und weiter die Nahtschweißung, bei der die Punktschweißung der Bleche durch Anwendung von Rollenelektroden zur Schweißung fortlaufender Nähte ausgestaltet worden ist.

Die elektrische Widerstandsschweißung hat ihre ganz besonderen Anwendungsgebiete. Es sind dies in der Hauptsache: die einfache Stumpf- bzw. Abbrennschweißung, einschließlich der Kettenschweißung, und die Massenherstellung dünnwandiger Blechkörper.

Bei den elektrischen Lichtbogenschweißverfahren wird der zwischen zwei Elektroden gezogene Lichtbogen zur Erzeugung der Schweißhitze benutzt. Da der Lichtbogen eine Temperatur von etwa 3500° hat, wird die Schweißstelle flüssig. Die erste brauchbare Lichtbogenschweißeinrichtung erfand Benardos. Abb. 7 zeigt in der Grundform, daß von einer Stromquelle D aus elektrischer Strom — unter Messung durch das Amperemeter A und Voltmeter V — zur Kohleelektrode K und zum Werkstück B geführt wird. Durch leichtes Anheben von K entsteht zwischen K und B der Lichtbogen. Ein Schweißdraht wird mit eingeschmolzen. Einfacher und deshalb heute fast allgemein gebräuchlich ist

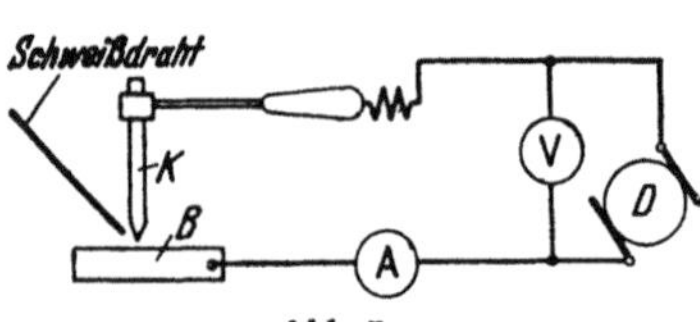

Abb. 7.
Grundform einer Lichtbogenschweißanlage

das Verfahren von Slavianoff, bei dem an Stelle der Kohleelektrode K eine Metallelektrode von 1,5 ··· 12 (Gußeisen bis 20) mm Durchmesser, seltener dickere Elektroden eingesetzt werden. Das von der Elektrode abfließende Metall füllt die Schweißfuge aus. Kaum noch verwendet wird ein drittes Verfahren, nach Zerener, bei dem man mit Hilfe von zwei Kohleelektroden und einem Magnet den Lichtbogen in Form einer Stichflamme erzeugt.

Anfangs benutzte man für die Lichtbogenschweißung nur Gleichstrom von etwa 15 ··· 65 V Spannung und 40 ··· 1000 A Stromstärke. Da bei der Bildung des Lichtbogens Kurzschluß auftritt, erwies sich, auch aus Grün-

den der größeren Wirtschaftlichkeit, der Bau von besonderen S c h w e i ß -
u m f o r m e r n als vorteilhaft, die heute allgemein eingeführt sind. Später
hat sich auch die Wechselstromschweißung erfolgreich einzuführen vermocht, wobei man mit Hilfe eines besonderen S c h w e i ß u m s p a n n e r s
den Strom des Hauptnetzes auf die zweckmäßige Spannung von 30···65 V
heruntersetzt.

Auch die neuerdings in Aufnahme gekommenen G a s - E l e k t r o -
S c h w e i ß v e r f a h r e n gehören zur Gruppe der Schmelzschweißung. Man
hat zu unterscheiden zwischen der atomaren Wasserstoffschweißung (A r c -
a t o m) und der Azetylen-Lichtbogenschweißung (A r c o g e n). Bei erster
wird der Lichtbogen zwischen zwei Wolframelektroden in einer Wasserstoff-
flammenhülle gebildet, bei letzter arbeiten der normale Metallichtbogen und
eine Azetylen-Sauerstoffflamme gemeinsam, doch hat dieses Verfahren keine
praktische Bedeutung erreicht. Der Überblick über die verschiedenen, sehr
mannigfachen Schweißverfahren wird nur an Hand eines Schaubildes möglich, wie es Tabelle 1 darstellt.

In Tabelle 2 wird zusammenfassend nochmals eine Übersicht über die
Anwendbarkeit der wichtigsten Schweißverfahren gegeben.

C. Überblick über die Einrichtungen von Gasschweißanlagen.

1. Azetylenschweißanlage (Abb. 8 und 10):

a) 1 Azetylenentwickler (beweglich
oder ortsfest, im Bilde ortsfest)
mit Reiniger;

b) 1 Sicherheitswasservorlage (Sicherung gegen Flammenrückschlag
vom Brenner zum Entwickler);

c) 1 Sauerstoffflasche (ist von den
Gasfüllwerken, wie jede a n d e r e
Flasche mit verdichtetem Gase,
leihweise beziehbar);

d) 1 Druckminderventil für die
Sauerstoffflasche;

e) 1 oder mehrere Schweißbrenner;

f) je 1 Schlauch (mindestens 5 m
lang) für Sauerstoff und Azetylen
(Verbindung der Gasquellen mit
dem Brenner).

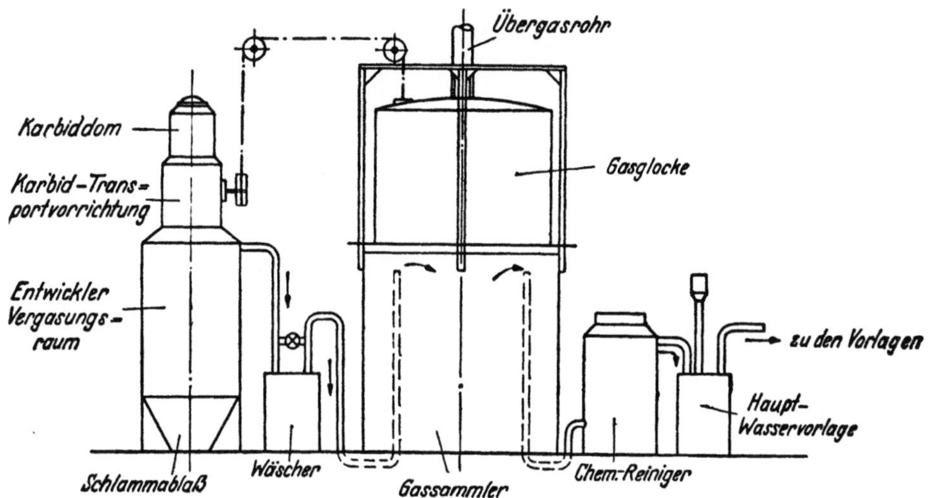

Abb. 8. Grundform einer ortsfesten Azetylenentwickleranlage.

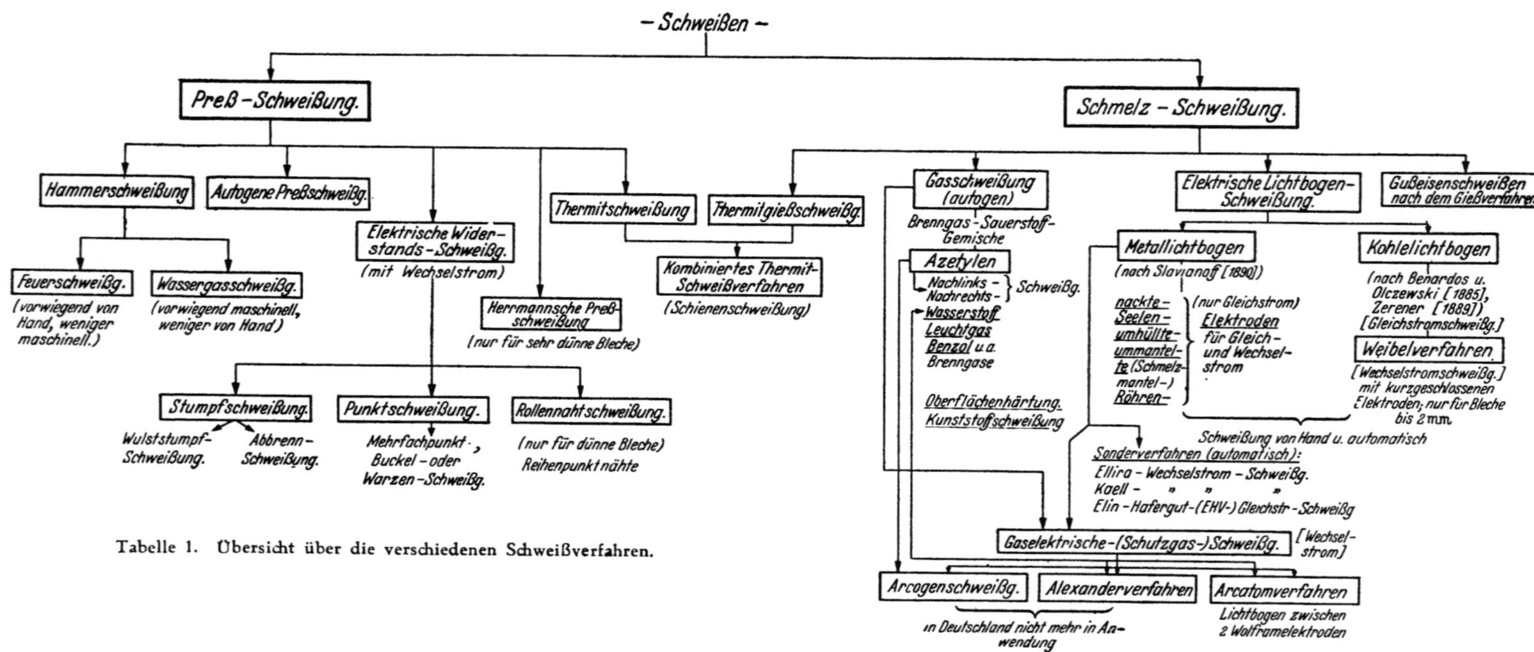

Tabelle 1. Übersicht über die verschiedenen Schweißverfahren.

Tabelle 2. Übersicht über die Anwendbarkeit der wichtigsten neueren Schweißverfahren.

Spalte:	a	b	c	d	e
Art des Schweißverfahrens (bzw. Brenngas):	Azetylen und gelöstes Azetylen	Wassergas	Thermit	Elektrische Lichtbogenschweißung	Elektrische Widerstandsschweißung
Das Brenngas wird gemischt mit:	Sauerstoff	Luft	—	—	—
Temperatur der Flamme oder der Schweißstelle:	3100···3200⁰	etwa 1800⁰	etwa 3000⁰	3500···4000⁰	etwa 1300⁰···1500⁰ (bei Stahl)
Vorbereitung von Stahlblechen zur Schweißung:	nur stumpf geschweißt	überlappt geschweißt wie im Feuer	stumpf geschweißt (oder gegossen)	stumpf oder überlappt	stumpf (Punkt- und Nahtschweißung überlappt)
Zustand des Metalls beim Schweißen:	flüssig	teigig	teigig (auch flüssig)	flüssig	teigig (auch flüssig)
Üblicher Anwendungsbereich bei Stahlblechschweißung:	0,2···40 mm	15···80 mm	20···100 mm	1···100 mm	s. Fußnote 1)
Ist beim Schweißen mechanische Kraft notwendig?	nein	ja	ja nein	nein	ja
Ist das Verfahren zum Hartlöten verwendbar?	ja	ja	nein	nein	ja
Brenngas- oder Kraftbedarf je nach Größe der Schweißstücke (Sauerstoff etwa $\frac{1}{5}$ mehr):	30···5000 l/h	2000···16000 l/h	—	15···65 V 10···3000 A	1···10 V 300···80000 A
Kommt das Verfahren für Ausbesserungen in Frage?	ja	nein	ja (als Gießverfahren)	ja	in sehr beschränktem Maße
Welche Metalle und Legierungen sind schweißbar?	alle Eisensorten, Kupfer. Aluminium, Magnesium (und ihre Legierungen), Zink, Blei, Nickel (Gold, Platin, Silber)	Stahl	alle Eisensorten	alle Eisensorten und einige Nichteisenmetalle	Stahl (Kupfer, Messing und Aluminium beschränkt)
Ist das Brennschneiden möglich?	ja	nein	nein	sehr beschränkt	nein

1) Die elektrische Widerstandsschweißung kommt entweder für Punktschweißung bis 25 mm Gesamtblechdicke in Frage oder als Stumpfschweißung stabeisenförmiger Profile bis zu 40000 mm² Querschnittsfläche. Nahtschweißungen können nur an dünnen Blechen bis zu 5 mm Gesamtblechdicke durchgeführt werden.

2. Schweißanlage für gelöstes Azetylen in Flaschen (Abb. 9):

c) 1 Sauerstoffflasche;
d) 1 Druckminderventil für Sauerstoff;
e) 1 oder mehrere Schweißbrenner;

f) 2 Schläuche;
g) 1 Azetylengasflasche;
h) 1 Druckminderventil für Azetylen

3. Wasserstoffschweißanlage (ähnlich Abb. 9):

c) 1 Sauerstoffflasche;
d) 1 Druckminderventil für Sauerstoff;
e) 1 Schweißbrenner;

f) 2 Schläuche;
g) 1 Wasserstoffflasche;
h) 1 Druckminderventil für Wasserstoff.

Abb. 9. Fahrbare Flaschenazetylen-Schweißanlage.

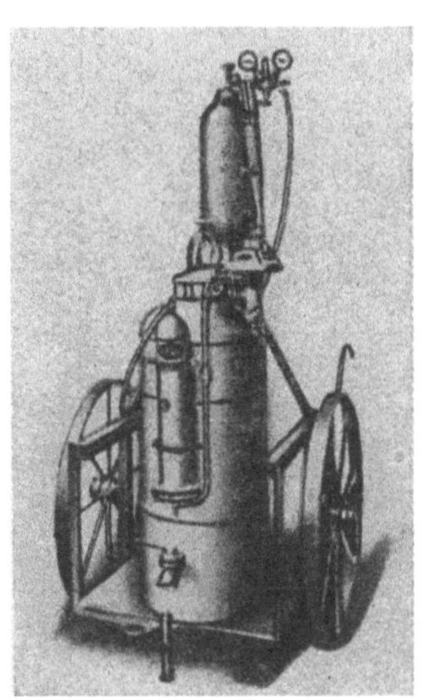

Abb. 10. Fahrbare Azetylen-Schweißanlage.

4. Äthylen- und Methanschweißanlage (ähnlich Abb. 9):

Einrichtung wie bei 2 und 3.

5. Leuchtgasschweißanlage (Abb. 11):

b) 1 Wasservorlage;
c) 1 Sauerstoffflasche;
d) 1 Druckminderventil für Sauerstoff;
e) 1 Schweißbrenner mit mehreren Düsen;

f) 2 Schläuche;
i) unter Umständen eine Vorrichtung zur Anreicherung des Gases mit Kohlenstoff oder ein Gasverdichter (Kompressor);

6. Benzolschweißanlage (Abb. 12):

A) 1 Sauerstoffflasche;
C) 1 Druckminderventil für Sauerstoff;
E) 1 Schweißbrenner;

f u. h) 2 Schläuche, davon einer mit Spiralrohr umwunden;
D) 1 Benzolbehälter mit Druckpumpe.

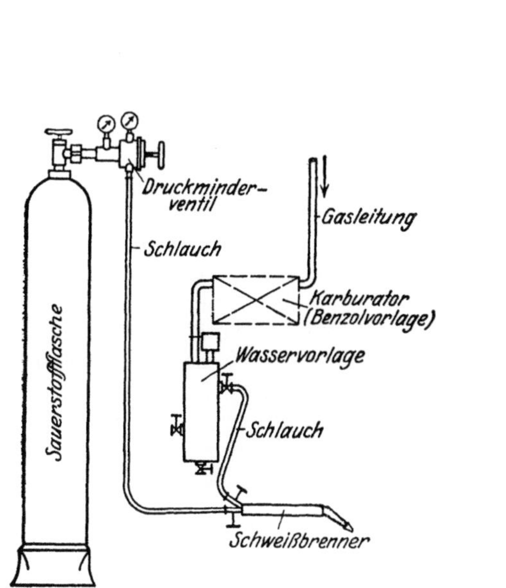

Abb. 11. Leuchtgasschweißanlage.

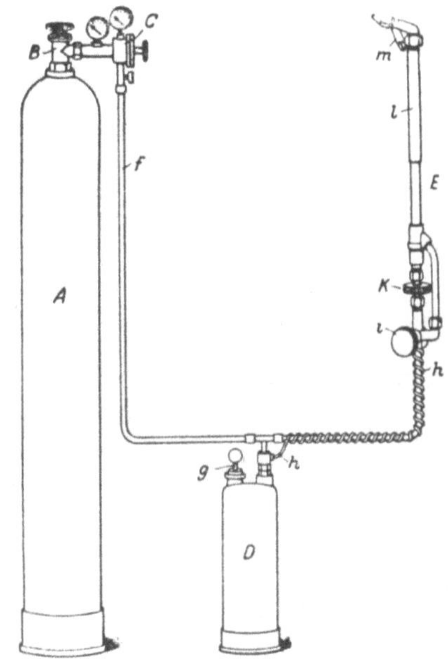

Abb. 12. Benzolschweißanlage.

7. Blaugasschweißanlage (Abb. 13):

A) 1 Sauerstoffflasche;

d) 1 Druckminderventil für Sauerstoff;

g) 1 Schweißbrenner;

i) 2 Schläuche;

C) 1 Blaugasflasche;

f) 1 Druckminderventil für Blaugas;

B) 1 Entspannungsbehälter für Blaugas mit Armaturen.

8. Allgemeine Geräte.

Alle Schweißanlagen können, um leichter beweglich zu sein, auf Wagen fahrbar eingerichtet werden, und zwar so, daß bei der Anlage 1 der Azetylenentwickler und die Sauerstoffflasche (Abb. 10), bei den Anlagen 2 und 3 beide Gasflaschen (Abb. 9) auf dem Wagen Platz finden. Soll auch das Brennschneiden Anwendung finden, so kommt bei allen Anlagen noch ein Schneidbrenner

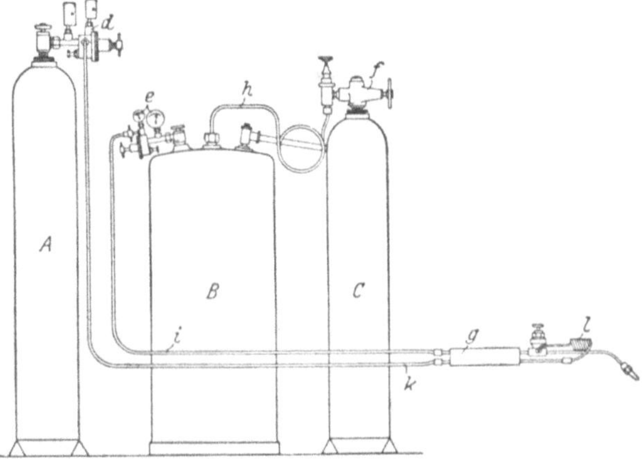

Abb. 13. Blaugasschweißanlage.

hinzu. Ferner gehören zur Schweißausrüstung: Eine Brille mit dunklen Gläsern, ein Satz Brennerreinigungsnadeln, 4 Schlauchklemmen u. dgl. Die einzelnen Geräte werden im Abschnitt II B noch ausführlich behandelt.

II. Die schweißbaren Metalle.[1]

A. Allgemeiner Überblick.

Reine Metalle und Legierungen. Die Elemente oder Grundstoffe werden eingeteilt in M e t a l l e und N i c h t m e t a l l e (Metalloide). Metalle sind z. B. Eisen, Kupfer, Aluminium, Blei, Zink, Zinn usw.; sie zeigen im allgemeinen einen Metallglanz und sind gute Leiter der Wärme und Elektrizität. Nichtmetalle sind z. B. Wasserstoff, Sauerstoff, Stickstoff, Silizium, Phosphor, Schwefel; sie haben im allgemeinen keinen Metallglanz und sind schlechte Leiter der Wärme und Elektrizität. Eine scharfe Grenze zwischen Metallen und Nichtmetallen gibt es nicht. Manche Nichtmetalle, z. B. Silizium, Phosphor, Schwefel, finden wir oft als Beimengungen in den Metallen; sie verändern dann die Eigenschaften der Metalle unter Umständen wesentlich. Mischungen von Metallen untereinander und auch von Metallen und Nichtmetallen nennen wir „L e g i e r u n g e n". So ist z. B. Messing eine Mischung (Legierung) von Kupfer und Zink, Bronze eine solche von Kupfer und Zinn. Der Ausdruck „legierte Stähle" besagt auch, daß dem normalen Stahl noch besondere Metalle, z. B. Chrom, Wolfram, Nickel usw., beigemischt sind. Ein Metall, z. B. Eisen oder Kupfer müßte, strenggenommen nur aus Eisen bzw. Kupfer ohne jede Beimengung bestehen. Praktisch wären aber dann manche Metalle, insbesondere das Eisen, kaum oder gar nicht verwendbar. Demnach ist also für uns eigentlich jedes Metall eine Legierung, deren Eigenschaften durch Zusetzen einer kleinen Menge anderer Metalle oder Nichtmetalle verbessert werden.

Die schweißbaren Metalle. Das weitaus wichtigste Metall ist das Eisen, in S t a h l (mit praktisch 0,03 ··· 1,6 vH Kohlenstoff). Beim Roheisen kennt das unterteilt wird in R o h e i s e n (mit praktisch 3 ··· 4 vH Kohlenstoff) und man zwei Untergruppen, und zwar das weiße Roheisen — bei dem der Kohlenstoff sich fast restlos in gebundener Form (als Eisenkarbid) vorfindet — und das graue Roheisen — bei dem der größte Teil des Kohlenstoffs in reiner Form auskristallisiert ist (als Graphit). Der Stahl wird eingeteilt in S c h w e i ß s t a h l oder F l u ß s t a h l, je nachdem er im teigigen oder im flüssigen Zustande hergestellt worden ist. Weicher Stahl mit 0,03—0,3 vH C wird vom Praktiker meistens noch als S c h m i e d e e i s e n (oder auch kurzweg „Eisen") bezeichnet. Roheisen kommt für Schweißungen nicht in Frage, dagegen wohl G u ß e i s e n, das wir aus dem Roheisen durch einfaches Umschmelzen im Kupolofen der Gießerei erhalten.

Wegen der besonderen Wichtigkeit des Eisens bezeichnet man die übrigen Metalle heute als „N i c h t e i s e n m e t a l l e". Von ihnen sind schweißbar: Kupfer, Aluminium, Nickel, Blei, Zink, Silber, Gold, Platin. Von L e g i e r u n g e n kommen bisher praktisch für Schweißungen in Betracht: Messing, Bronze, Rotguß, die Aluminiumlegierungen, die Magnesiumlegierungen und Monelmetall.

Farbe. Jedes Metall hat zwar eine ihm eigentümliche Farbe, jedoch sehen die meisten Metalle weiß, grauweiß oder grau aus. Nur Kupfer hat eine kennzeichnende rote (Kupferlegierungen rötlich oder gelb) und Gold eine gelbe Farbe. Mit steigender Erwärmung geht die normale Farbe des Metalls allmählich verloren. Es entstehen oft Anlauffarben infolge der Verbindung der Oberflächenschichten des Metalls mit dem Sauerstoff der Luft.

---

[1] s. P. S c h i m p k e : Technologie der Maschinenbaustoffe, 9. Aufl., 1945.

Weiter sprechen wir z. B. von „Rotglut" (bei 600···900⁰) und „Weißglut" (bei 1200···1400⁰) des Stahls, weil er bei den angegebenen Temperaturen rot bzw. weiß aussieht.

Spezifisches Gewicht. Die Wichte oder das s p e z i f i s c h e G e w i c h t (Eigengewicht, E i n h e i t s g e w i c h t, d. h. diejenige Zahl, die angibt, um wievielmal schwerer das betreffende Metall ist als der gleiche Rauminhalt Wasser) der Metalle ändert sich mit der Temperatur und ist außerdem von der Art der Bearbeitung — ob nur gegossen oder gewalzt oder gezogen — abhängig. Tabelle 3 enthält daher nur Mittelwerte.

Geschmeidigkeit, Festigkeit. Unter der Geschmeidigkeit eines Metalls versteht man seine Dehnbarkeit, Ziehbarkeit und Zähigkeit, und unter Festigkeit seine Widerstandsfähigkeit gegen Zug, Druck, Biegung, Verdrehung usw. Ein Metall ist dehnbar, wenn es sich hämmern, walzen, pressen läßt; andernfalls nennt man es spröde. Die Dehnbarkeit ist oft an gewisse Temperaturgrenzen gebunden — z. B. ist Zink nur bei 90···120⁰ und 140 ···170⁰ gut walzbar — und nimmt oft auch bei fortgesetzter Formveränderung ab, z. B. beim Kupfer. Ein Metall ist zähe, wenn es sich oft hin- und herbiegen läßt, ohne zu brechen. Die Festigkeit läßt sich mit Hilfe von Prüfmaschinen sehr genau messen. Sie ist bei den einzelnen Metallen sehr verschieden und läßt sich durch Wärmebehandlung wesentlich verändern, ebenso wie die Härte (Härten des Stahls).

Verhalten in der Wärme. Beim Erhitzen werden manche Metalle allmählich weich (teigig) und dann erst flüssig, andere gehen fast plötzlich in den flüssigen Zustand über (Schmelzpunkt). Alle Metalle haben einen bestimmten, ihnen eigentümlichen S c h m e l z p u n k t[1]) (s. Tabelle 3) und S i e d e p u n k t; bei letzterem werden sie gasförmig. Der Siedepunkt liegt wesentlich höher als der Schmelzpunkt, bei Zink aber z. B. schon bei 907⁰. Der Schmelzunkt und der E r s t a r r u n g s p u n k t (beim Wiedererkalten) fallen praktisch zusammen.

T a b e l l e 3.

Metall	Spezifisches Gewicht	Schmelzpunkt 0	Metall	Spezifisches Gewicht	Schmelzpunkt 0
Weicher Stahl...	7,85	1500	Kupfer	8,9	1083
Harter Stahl....	7,8	1400	Aluminium....	2,7	658
Gußeisen......	7.25	1200	Zink.........	7,1	419
Platin...;....	21,4	1764	Blei	11,3	327
Gold	19,3	1063	Zinn.........	7,3	232
Silber........	10,5	961	(Messing).....	8,5	900

Fast alle Metalle dehnen sich beim Erwärmen aus, nehmen also dann einen größeren Raum ein, und ziehen sich beim Erstarren zusammen. Letztes, das „S c h w i n d e n", ist bei der Schweißung von besonderer Bedeutung, da die Spannungserscheinungen im Metall hierauf zurückzuführen sind (s. die späteren Abschnitte).

Auch das W ä r m e l e i t v e r m ö g e n des Metalls ist für den Schweißvorgang wesentlich. Alle Metalle sind zwar gute Wärmeleiter, immerhin aber mit deutlichen Unterschieden. Der beste Wärmeleiter ist Silber. Ihm folgen in absteigender Linie: Kupfer, Gold, Aluminium, Zink, Platin, Zinn, Eisen und Blei, so daß also von diesen Metallen Blei das

---

[1]) Schmelzpunkte nach „Werkstoffhandbuch Stahl und Eisen", 2. Aufl. 1937.

schlechteste Wärmeleitvermögen hat. Platin, Zinn und Eisen haben nahezu
dieselbe Wärmeleitfähigkeit; die des Aluminiums ist etwa 3½mal, die des
Kupfers etwa 6mal so groß.

Verschiedene Metalle haben die Eigenschaft, im flüssigen Zustande
stark Gase aufzusaugen, zunächst gelöst bei sich zu behalten und bei der
Abkühlung wieder abzustoßen. Das Gaslösungsvermögen ist z. B.
bei Stahl, Stahlguß und Kupfer besonders groß für Waserstoff, bei den
genannten Eisensorten, ferner bei Nickel und Platin auch groß für Kohlenoxyd. Das aufgenommene Gas — auch eine Stickstoffaufnahme findet statt
— führt zu mehr oder weniger großer Porigkeit der Schweiße. Langsames Abkühlen fördert das Entweichen der gelösten Gase· Außerdem
können auch geeignete Zusätze im Schweißstabe die Porigkeit vermindern,
indem sie sich mit den Gasen verbinden und mit diesen gasförmig entweichen oder in die Schlacke übergehen.

Warmverformung. Wird ein Metall oberhalb einer bestimmten Tem-
peraturgrenze verformt, so spricht man von einer Warmverformung
(Warmrecken), von einer Kaltverformung (Kaltrecken) dann, wenn
es unterhalb dieser Temperatur verformt wurde. Die wegen der besseren
technologischen Eigenschaften erwünschte Feinkornstruktur wird
erreicht, wenn nach dem Kaltrecken genügend hoch erhitzt oder warm-
verfestigt wird. Die für Stahl geeignete Temperatur liegt meistens zwischen
800 und 900⁰. Dem Schweißer ist bekannt, daß insbesondere Kupfer und
Aluminium in der Schweiße und deren Übergang ausgesprochen grobe
Kornbildung aufweisen, die im allgemeinen eine geringe Bruchfestigkeit und
Dehnung ergibt. Zur Verfeinerung des Gefüges muß diese Schweiße in der
Hitze gehämmert oder ausgeglüht und darauf durch Hämmern verfeinert
und damit verbessert werden.

Korrosion. Im allgemeinen versteht man unter Korrosion (wörtlich Zer-
nagung) eine von der Oberfläche eines metallischen Werkstoffs ausgehende
Zerstörung, die durch chemisch oder elektrochemisch wirksame Stoffe (Agen-
zien) herbeigeführt wird. Die dabei gebildeten Korrosionsergebnisse stellen
chemische Verbindungen zwischen dem angreifenden Stoff (Agens) und dem
korrodierten Metall dar und können sehr verschiedener Natur sein. Man
hat dabei zu unterscheiden zwischen vollkommener Unlöslichkeit (Beständigkeit gegen Korrosion) gegenüber dem angreifenden Stoff, vollkommener Löslichkeit (Unbeständigkeit) und teilweiser Löslichkeit. Im
ersten Falle bildet sich eine Schutzschicht, die einen weiteren chemischen
Angriff des Metalls abwehrt (z. B. Patina, Aluminiumoxydschicht), im
zweiten Falle wird das gesamte Metall mehr oder weniger rasch aufgezehrt
(z. B. Rost) und im dritten Falle wird der Werkstoff nur teilweise durch
die neue Oberflächenschicht geschützt und unterliegt allmählich der Zerstörung. Die Korrosionsvorgänge, die langsam oder schnell, gleichmäßig
oder ungleichmäßig verlaufen können, sind an sich sehr verwickelter Natur,
um so mehr als die verschiedensten Faktoren hierfür bestimmend sind, wie
Konzentration des angreifenden Stoffes, dessen Druck und Temperatur; sein
Aggregatzustand (fest, flüssig oder dampfförmig) und die Art der Einwirkung ob ruhend, bewegt, strömend, ständig oder wechselnd. Von gleichfalls großem Einflusse sind außerdem der Gefügeaufbau des Werkstoffs
(Grob- oder Feinstruktur), seine Dichte und sein Reinheitsgrad, die Oberflächenbeschaffenheit, die Art der vorausgegangenen Verformung und
Wärmebehandlung, der Spannungszustand und manches andere.

Daraus ergibt sich die Folgerung, daß die oft aufgeworfene Frage, inwieweit eine Schweißverbindung korrosionsbeständig sei, nicht ohne weiteres zu beantworten ist, sondern nur auf Grund von sicheren Erfahrungen und umfangreichen zuverlässigen praktischen, wenn auch Schnellkorrosionsversuchen geklärt werden kann. Erfahrungsgemäß und auf Grund planmäßig durchgeführter Versuche kann man etwa folgendes allgemein feststellen: Für die Korrosionsfestigkeit der Schweißverbindung sind günstig: möglichst gleiche Werkstoffbeschaffenheit (Schweiße und Werkstoff) feines Korn, Metallegierungen ohne Eutektikum (s. Unterabschnitt 3), glatte Oberfläche und große Dichte. Ungünstig sind neben grobem Korn und ungleicher Werkstoffbeschaffenheit, vor allem Kornverletzungen, gezwungene Formgebung, Spannungen, Gas- und Schlackeneinschlüsse, Flußmittelnester usw. Die Korrosionsbeständigkeit einer guten Schweiße steht der des Grundwerkstoffs nicht nach und übertrifft diese mitunter. So ist es z. B. bekannt, daß die gehämmerte Schweißhaut nicht selten widerstandsfähiger ist als die Walzhaut von Stahlblechen. Ungünstig verhalten sich Stahlschweißen insbesondere gegen den Einfluß von Salzlösungen (Sole) und Salzsäure, wobei in dem durch Kornvergröberung ausgezeichneten Übergangsgefüge starke Auszehrungen möglich sind.

Die Lieferwerke für bestimmte Metallegierungen, wie Monelmetall, Chrom-Nickelstähle, Nickel, Bronzen usw., machen in ihren Prospekten neben den Angaben über die Verwendbarkeit dieser Werkstoffe meist auch Angaben darüber, gegen welche angreifenden Stoffe sie unempfindlich und in welchem Grade sie gegen andere empfindlich sind.

B. Einteilung und Eigenschaften von Stahl und Eisen.[1]

Chemisch reines Eisen. Das reinste Eisen, E l e k t r o l y t e i s e n , hat noch 0,0013 vH S und 0,015 vH P, und besitzt eine Zugfestigkeit von 24 kg/mm² und eine Dehnung von 30 ··· 35 vH. Fast rein ist das A r m c o e i s e n (abgekürzt aus American Rolling Mill Co, in Deutschland von den Vereinigten Stahlwerken hergestellt) mit 0,015 vH C, 0,006 vH P und 0,03 vH S; es hat eine sehr gute elektrische und Wärmeleitfähigkeit und ist sehr witterungsbeständig.

Grundsätzliches über Stahl. Die schmiedbaren Eisensorten werden entweder im Puddelofen in teigigem Zustande hergestellt und dann S c h w e i ß s t a h l genannt, oder sie werden nach den neueren Verfahren flüssig erzeugt und in eiserne Blockformen (Kokillen) gegossen; sie heißen dann F l u ß s t a h l. Im einzelnen unterscheidet man beim Flußstahl noch nach dem Herstellungsverfahren: B e s s e m e r -, T h o m a s -, S i e m e n s - M a r t i n - S t a h l. Der im Tiegelofen verfeinerte Werkstoff ist als T i e g e l s t a h l oder Tiegelgußstahl zu bezeichnen (nicht mehr als „Gußstahl", da jeder Flußstahl auch ein Gußstahl ist) und der im Elektroofen gereinigte, besonders gute Werkstoff als E l e k t r o s t a h l. Aus den letzten beiden Sorten erhält man durch Zusatz von Chrom, Wolfram, Nickel usw. die S o n d e r s t ä h l e oder legierten Stähle. Diese, sowie Tiegel-.und Elektrostahl, werden auch E d e l s t ä h l e genannt.

Schon die H e r s t e l l u n g s v e r f a h r e n b e e i n f l u s s e n d i e G ü t e des Werkstoffs. Schweißstahl ist schlackenhaltiger als Flußstahl und

---

[1] s. P. O b e r h o f f e r : Das technische Eisen, Konstitution u. Eigenschaften, 3. Aufl., 1936. — Werkstoffhandbuch Stahl u. Eisen, 2. Aufl., 1937.

von geringerer Festigkeit. Das Siemens-Martin-Verfahren ergibt einen besseren Werkstoff als das Bessemer- u. Thomas-Verfahren und kommt insbesondere in Frage für Stabstahl und Bleche, aber auch für Baustähle, soweit man an sie erhöhte Festigkeitsanforderungen stellt. Der heute in Deutschland in wieder steigender Menge erzeuge Thomasstahl soll aber in verbesserter Form den Siemens-Martin-Stahl weitgehend ersetzen. An sich ist Thomasstahl besser warmverformbar als Siemens-Martin-Stahl, aber, infolge höheren Gehalts an Phosphor und Stickstoff, spröder bei der Kaltverformung. Er wird verbessert durch Einführung des b e r u h i g t e n S t a h l s (weitgehende Desoxydation durch Silizium oder Aluminium beim Vergießen) und des H P N - S t a h l s (Bezeichnung nach Versuchsschmelzen; Verringerung des Stickstoffgehalts durch zweckmäßige Birnenkonstruktion und Regelung des Kohlenstoff-, Phosphor- und Gasgehalts). Der HPN-Stahl kann beruhigt und unberuhigt sein. Der Tiegelstahl wird heute zum größten Teil durch den Elektrostahl ersetzt; dieser kommt vor allem für legierte Stähle (Werkzeugstähle· und hochbeanspruchte Maschinenteile) in Betracht.

Einfluß der Einzelbestandteile. Der K o h l e n s t o f f g e h a l t des Stahls beträgt praktisch 0,03 · · · 1,6 vH. Mit steigendem Kohlenstoffgehalt sinken Schmelztemperatur (bei weichem Stahl 1500⁰) und spezifisches Gewicht (bei weichem Stahl 7,85), steigt die Zugfestigkeit bis 0,9 vH C von 30 auf 100 kg/mm² (um dann wieder etwas abzunehmen), fällt die Dehnung von 28 auf 2 vH, steigt die Härte von etwa 100 auf 350 Brinelleinheiten und nimmt die Schweißbarkeit ab. Kohlenstoff ist der Hauptregler für die Festigkeitseigenschaften und gibt die Möglichkeit des Härtens und Vergütens. — S i l i z i u m (meist unter 0,5 vH) ist wertvoll zur Erzielung dichten Gusses, weil es das Austreten gelöster Gase verhindert; es steigert die Elastizitätsgrenze, vermindert aber die Schmiedbarkeit und auch die Schweißbarkeit, weil die Mischkristalle aus Eisen und Eisensilizid (FeSi) geringe Plastizität besitzen. — M a n g a n (bis etwa 1 vH) wirkt desoxydierend. Manganstahl (mit 6 · · · 15 vH Mn) ist stark verschleißfest. Mangan hebt bezüglich des Schweißens die ungünstige Wirkung des Siliziums auf. — Durch P h o s - p h o r wird die Widerstandsfähigkeit gegen schlagartige Beanspruchung und die Kaltbildsamkeit stark herabgesetzt (höherer Phosphorgehalt ergibt K a l t b r u c h); deshalb ist der Phosphorgehalt im allgemeinen unter 0,1 vH zu halten, bei hochbeanspruchtem Stahl sogar unter 0,03 vH. — Durch S c h w e f e l wird die Schlagfestigkeit stark verringert; außerdem reißt der Stahl bei über 0,2 vH S leicht in rotwarmem Zustande (R o t b r u c h), weil das Eutektikum Eisen-Schwefeleisen schon bei 985⁰ schmilzt, und der Schwefel neigt auch noch zum Ausseigern. Deshalb ist der Schwefelgehalt — abgesehen vom Automatenstahl, wo man einen kurzen, bröckeligen Span beim Abdrehen haben will — stets unter 0,1 vH, bei hochwertigem Stahl sogar unter 0,02 vH zu halten.

Stahlfehler und Verunreinigungen. Flüssiger Stahl besitzt eine bedeutende L ö s u n g s f ä h i g k e i t f ü r G a s e, besonders für Kohlenstoff, Stickstoff und Wasserstoff. Beim Erstarren des Stahlblocks in der Kokille scheiden sich diese Gase entweder in Blasenform aus (s. Abb. 14) oder entweichen durch das länger flüssig bleibende Blockinnere nach oben. Durch Zugabe von Silizium oder Aluminium wirkt man der Gasentwicklung entgegen (beruhigter Stahl). Durch das Schwinden beim Erkalten des Stahlblocks entstehen Hohlräume (L u n k e r) im Blockinneren, hauptsächlich

dicht unter der Oberfläche und trichterförm'g hinab-
reichend (s. Abb. 14). Diese Lunkerstellen müssen bei Verarbeitung der Blöcke zu hochwertigen Erzeugnissen abgeschnitten werden (verlorener Kopf). Ferner tritt während
des Erstarrens noch eine S e i g e r u n g von Bestandteilen
des Stahls ein (s. Abb. 14). Insbesondere neigen Phosphor
und Schwefel stark zum Ausseigern und ziehen sich nach
den länger flüssig bleibenden Blockteilen, der Blockmitte
und dem oberen Blockteil, hin. Die chemische Zusammensetzung eines Stahlblocks kann demnach ziemlich ungleichmäßig sein. Gegenmittel sind schnelle Abkühlung,
das absichtliche Anbringen eines verlorenen Kopfes und
höherer Siliziumgehalt, da silizierter Stahl schon bei 0,2 vH fast keine
Gase mehr enthält und deshalb wenig zur Seigerung neigt. S c h l a c k e n -
e i n s c h l ü s s e , bei Schweißstahl 1 ··· 3 vH, sind auch bei Flußstahl nicht
ganz zu vermeiden und verringern die Festigkeit.

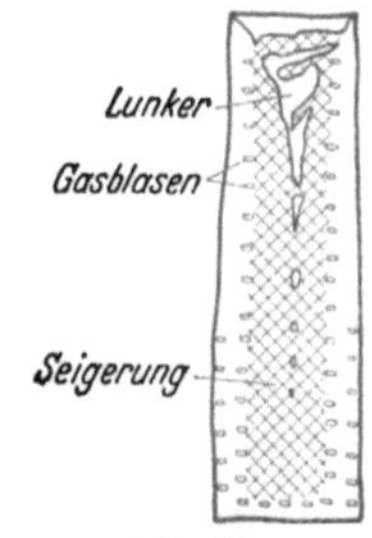

Abb. 14.
Lunker Gasblasen,
Seigerung.

Der Gehalt der technischen Stähle an S a u e r s t o f f beträgt 0,004 ··· 0,1
vH. Bei höherem Gehalt als etwa 0,1 vH — nach anderen Angaben
aber auch schon bei etwa 0,03 vH — macht der Sauerstoff den Stahl rot-
brüchig. Auch S t i c k s t o f f (im Thomasstahl bis 0,025 vH, im Siemens-
Martin-Stahl nur bis 0,009 vH) wirkt ungünstig hinsichtlich Dehnung und
Kerbschlagzähigkeit, kann jedoch vorteilhaft für Oberflächenhärtung und als
Zusatz zu Sonderstählen sein. W a s s e r s t o f f wird insbesondere beim
Beizen von Draht aufgenommen und ergibt große Sprödigkeit (Beizbrüchig-
keit), kann aber durch Erhitzen des Stahls auf etwa 200⁰ größtenteils wieder
ausgetrieben werden.

Sonderstähle[1]). Durch Einschmelzen normalen Stahls im Siemens-Martin-,
Tiegel- oder Elektrostahlofen unter Zusetzen von Chrom, Wolfram, Nickel,
Molybdän, Mangan usw. in reinem Zustande oder in Form der betreffenden
Eisenlegierungen erhält man Sonderstähle von erhöhter Festigkeit, Zähig-
keit und Elastizität. Der K o h l e n s t o f f g e h a l t dieser Stähle beträgt
meistens nur 0,1 ··· 0,5 vH. C h r o m wirkt stark karbidbildend, erhöht die
Festigkeit und Härte durch Kornverfeinerung und ist geeignet für
Baustähle, Werkzeugstähle, nichtrostende und hitzebeständige Stähle.
W o l f r a m wirkt stark karbidbildend (härtesteigernd), ist nicht über-
hitzungsempfindlich und für Werkzeugstähle und Hartmetalle sehr geeignet.
N i c k e l bildet keine Karbide, wirkt kornverfeinernd (größere Zähigkeit
und Festigkeit) und kommt für Baustähle, sowie nichtrostende und hitzebeständige Stähle in Betracht. M o l y b d ä n wirkt wieder stark karbidbildend, erhöht die Warmfestigkeit und unterdrückt die Anlaßsprödigkeit
(meist mit Chrom für Baustähle). V a n a d i n (noch stärker als Mo wirkend) und K o b a l t werden weniger benutzt. K u p f e r verbessert die
Rostbeständigkeit (St 52 hatte bisher bis zu 0,55 vH Cu).

L e g i e r t e B a u s t ä h l e sind in DIN 1662 ··· 1665 (s. später) und in
Tabelle 4 enthalten. Von den Hochbaustählen durfte der hochfeste Baustahl
St 52 bisher bis zu 0,2 vH C, 0,5 vH Si und wahlweise über 1,2 vH Mn
noch bis 1,5 vH Mn oder dafür bis 0,4 vH Cr oder dafür bis 0,2 vH Mo
enthalten, außerdem bis 0,55 vH Cu. Der P- und S-Gehalt darf höchstens
je 0,06 vH, P und S zusammen höchstens 0,1 vH betragen. Aus rohstoff-
wirtschaftlichen Erwägungen heraus läßt man zur Zeit den Zusatz von Cr,
Mo und Cu fort und läßt zusätzlich zu normal 1,2 vH Mn noch bis 0,4 vH

---

[1]) s. F. R a p a t z : Die Edelstähle, 3. Aufl. 1942.   2a*

Tabelle 4.

| Stahlart | Maßgebende Bestandteile (Mittelwerte) | | | | | | | Festigkeitswerte | | |
	C vH	Si vH	Mn vH	Ni vH	Cr vH	Mo vH	Cu vH	Streckgrenze kg/mm²	Zugfestigkeit kg mm²	Bruchdehnung vH
Hochbaustähle:										
Stahl 37 (St 37)	0,09	(0,01)	0,5	—	—	—	—	18···24	37···45	20···25
Stahl 48 (St 48)	0,30	(0,1)	0,6	—	—	—	—	29···32	48···58	18···20
Stahl 52 (St 52)	0,15	0,5	1,2	—	(0,4)	(0,2)	0,5	36···38	52···62	18···20
Konstruktionsstähle:										
C-Stahl (z. B. St 44)	0,25	—	—	—	—	—	—	24···35	44···52	20···24
Cr-Ni-Stahl	0,30	—	—	2,0	1,0	—	—	50···60	70···85	14···20
Cr-Mo-Stahl	0,35	—	—	—	1,0	0,2	—	60	80·100	10···16
Hoch verschleißfesterStahl	1,20	—	14,0	—	—	—	—	35	100	50
Nicht rostender Stahl . .	0,15	—	—	8,5	18,0	—	—	20	80	50

Mn und zu normal 0,6 vH Si noch bis 0,2 vH Si zu. Der P-Gehalt darf bis zu 0,07 vH, der P + S-Gehalt bis zu 0,11 vH betragen.

Rost-, säure- und hitzebeständige Stähle hängen eng miteinander zusammen. Chrom, Silizium und Aluminium geben große Beständigkeit, weil ihre bei Rostbildung, Erhitzung usw. entstehenden Oxyde dicht und undurchlässig für Sauerstoff sind. Cr und Ni ergeben sehr widerstandsfähige Mischkristalle. Daher nimmt man für rostfreie Stähle mindestens 15 vH Cr (Remanitstahl) oder noch hochwertiger 18 vH Cr und 1,5 vH Mo oder 18···20 vH Cr und 7···8 vH Ni (Kruppscher V2A-Stahl). Bei 1,5 vH Si und 30 vH Cr erreicht man eine Hitzebeständigkeit von 1100⁰, bei 1,0 vH Si, 22 vH Cr und 20 vH Ni eine solche von 1150⁰ Die auch hierher gehörenden Sicromalstähle enthalten 0,5···1,0 vH Si, 6,5···30 vH Cr und 0,9···9 vH Al und sind in der hochprozentigen Legierung bis 1200⁰ (kurzzeitig bis 1300⁰) hitzebeständig. Gut bewährt ,haben sich nach neueren Versuchen auch Stickstoffstähle (0,15···0,25 vH Stickstoff, ersetzen 2···6 vH Nickel). Als schwerrostende Stähle bezeichnet man Stähle mit einem gegenüber gewöhnlichen Stählen erhöhten Rostungswiderstand und dadurch erhöhter Lebensdauer (z. B. Schweißeisen, reine Eisensorten wie Armcoeisen und vor allem gekupferte Stähle mit 0,2···0,7 vH Cu).

Kesselbaustähle. Nach den „Werkstoff- und Bauvorschriften für Landdampfkessel des Deutschen Dampfkesselausschusses" kommen für Kesselbleche 4 Blechgüten zur Anwendung: Blechgüte I mit 35···44 kg/mm² Zugfestigkeit, II mit 41···50 kg/mm², III mit 44···53 kg/mm² und IV mit 47···56 kg/mm² bei Dehnungen von 26···20 vH. Ferner wird alterungsbeständiger Izettstahl (Izett = Immer zäh) in Gütestufen I···IV verwendet. Die geringere Alterungsneigung und größere Korrosionsbeständigkeit dieses Stahls wird durch Vergüten erreicht. Für Höchstdruckkessel kommen nur Izett IV oder legierte Stähle (0,8 vH Cr und 0,5 vH Mo bis 120 atü und 530⁰ ausreichend, darüber hinauf 2,5···6 vH Cr) in Betracht. Kesselrohre sind aus unlegiertem oder legiertem Stahl hergestellt, letztere mit 0,3···0,5 vH Mo und 0,8···6,5 vH Cr.

Werkzeugstähle. Die unlegierten Stähle haben die Härtegrade „weich" mit 0,65 vH C, „zäh" mit 0,85···0,9 vH C, „zähhart" und , mittel-

hart" mit 0,9 ··· 1,2 vH C und „hart" mit 1,4 ··· 1,5 vH C. Die Einsatz-
und Vergütungsstähle sind entweder unlegierte (DIN 1661) oder
legierte Stähle (DIN 1662 ··· 1665), im letzteren Falle mit Zusätzen von
1,5 ··· 4,75 vH Ni, 0,2 ··· 1,9 vH Cr, 0,2 ··· 0,4 vH Mo, 0,4 ··· 1,9 vH Mn
und in Sonderfällen bis 1,4 vH Si· Um 1900 wurde von White und Taylor
der erste Schnelldrehstahl (Schnellstahl) auf den Markt gebracht.
Er hält die Härte bei Erwärmung bis auf 600⁰ und hatte bisher die Zusammensetzung 0,7 ··· 1,4 vH C, 0,3 vH Si, 0,3 vH Mn, 0,01 vH P, 0,01 vH S,
3 ··· 5,5 vH Cr, 14 ··· 22 vH W (Wolfram) und in Sonderfällen zum Teil
noch bis 1,5 vH Molybdän, bis 5 vH Vanadin und bis 20 vH Kobalt. Nach
neuen deutschen Untersuchungen ergibt aber auch ein Stahl mit 9 ··· 12 vH W
mindestens dieselbe Schnittleistung wie der hochwolframhaltige Stahl und
ist dabei noch besser warmverformbar, allerdings etwas ·mehr überhitzungs-
empfindlich. Der Wolframgehalt kann sogar noch bis auf 4 vH gesenkt
werden, wenn der Gehalt an Molybdän auf 4 ··· 5 vH und an Vanadin
auf 2 ··· 3 vH gesteigert wird

Schneidmetalle. Sie können wie folgt gruppiert werden: 1. in gegossene
Stäbe aus Chrom-Mangan-Eisen-Legierungen, 2. in Stellite und
stellitartige Legierungen, die ebenfalls als gegossene Stäbe geliefert werden,
3. in gegossene Karbidhartmetalle und 4. in gesinterte
Karbidhartmetalle.

Die der 2. Gruppe angehörenden ·Stellite sind auf der Grundlage
Kobalt-Chrom-Wolfram legiert und enthalten etwa 0,1 ··· 2 5 vH C,
35 ··· 65 vH Co, 25 ··· 33 vH Cr, 4 ··· 25 vH W, 0 ··· 10 vH Fe und geringe
Mengen Mn und Si. Zuschläge an Ni sollen Kobalt ersetzen; andere, wie
Mn, Mo, Ta, Ti und Va, ersetzen Wolfram. Diese Stäbe (sie können eben-
falls nur gegossen hergestellt werden) lassen sich auf Stahl beliebiger Festig-
keit aufschweißen. Hartmetalle dieser Legierungsgruppe sind z. B. Stellit,
Percit, Caedit, Celsit, Durit, Tizit, Akrit und Real.

Die gegossenen Karbidhartmetalle der 3. Gruppe bestehen
hauptsächlich aus ungesättigten Karbiden des Wolframs und Molybdäns. Sie sind seltener mit Cr, Ti, Ta und Zr als Ersatz für Wolfram
und Molybdän legiert. Fe, Ni und Co werden zur Verminderung der Sprödigkeit zugesetzt.

Die der 4. Gruppe zugeordneten Hartmetalle bestehen aus gesättigten
und gesinterten Karbiden des ·Wolframs, Titans, Tan-
tals und Molybdäns oder aus Mischungen dieser Karbide. Ihnen
werden niedrigschmelzende Bindemittel, wie Co, Ni und Fe, beilegiert
(Firmenbezeichnungen: Böhlerit, Miramant, Rheinit, Titanit, Widia). Sie
halten die Härte bis 850⁰. Schweißtechnisch sind die Wolframkarbide
von großer Bedeutung. Zu ihnen gehören Verdur und Borod, die in
dünnen oft umhüllten Stahlblechröhrchen eingesintert sind.

Endlich ist noch eine Abart dieser Karbide zu erwähnen; es sind dies
reine Wolframkarbide in Pulver- oder Körnerform, die infolge
ihres sehr hohen Schmelzpunktes (etwa 2500⁰) nur mit dem Kohlelicht-
bogen aufgeschweißt werden können. Hartmetalle dieser Art sind unter
der Bezeichnung Carbon und Blackor bekannt geworden.

Stahlguß. Der Werkstoff ist Stahl — mit 0,1...1,0 vH Kohlenstoff — aus
dem Tiegel-, Martin- oder Elektroofen in Formen gegossen, also ·ein schmied-
bares Eisen, das sich, obwohl es schwer blasen- und lunkerfrei gießbar ist,
für Schweißungen recht gut eignet. Die Schweißstellen lassen sich sauber ver-

hämmern. Jeder Gußkörper ist mit Spannungen behaftet, was beim Schweißen besonders zu beachten ist. Jedoch sind beim Stahlguß diese Spannungen größtenteils durch Ausglühen nach dem Gießen beseitigt; sie sind auch bei dem dehnbaren Stahlguß nicht so gefährlich wie bei dem spröden Gußeisen.

Legierter Stahlguß. Durch Zusatz von Mn, Ni, Cr, Mo usw. erhält man gegenüber dem unlegierten Stahlguß, wie beim Sonderstahl, verbesserte Festigkeitseigenschaften. Manganhartstahlguß (mit 10···14 vH Mn) hat hohe Verschleißfestigkeit, Chromstahlguß (mit 13···18 vH Cr) ist rostfrei und warmfest bis 850⁰, mit 20···25 vH Cr und 4···16 vH Ni hitzebeständig bis 1100⁰. Zur Nickelersparnis kann man auch einen Cr-Mn-Si-Stahl (12···15 vH Cr, 10···15 vH Mn, 1···2 vH Si) nehmen.

Temperguß. Aus weißem Roheisen, das im Bruch weiß und strahlig aussieht, den ganzen Kohlenstoff gelöst, also keinen Graphit enthält und sehr hart ist, wird Temperguß gewonnen, indem die Gußstücke 4···6 Tage lang in Temperöfen geglüht werden, und zwar meistens eingebettet in sauerstoffabgebende Stoffe. Solche Stoffe sind Walzensinter, Eisenerze u. a., die bei dem Temperverfahren ihren Sauerstoff an einen Teil des Kohlenstoffs des Weißeisengusses abgeben, mit diesem Kohlenoxyd bildend. Der im Ausgangswerkstoff vorhandene, an Eisen gebundene Kohlenstoff wird also größtenteils entfernt, teilweise aber auch durch das Glühen in freien Kohlenstoff, Temperkohle, verwandelt; das entstandene Erzeugnis ist w e i ß e r T e m p e r g u ß (weiße Bruchfläche); es ist geschmeidiger und in beschränktem Maße schmiedbar geworden. Läßt man beim Glühen die sauerstoffabgebenden Stoffe fort, so wird der Kohlenstoff fast nur in Temperkohle verwandelt. Man erhält eine schwarze Bruchfläche und spricht dann von s c h w a r z e m T e m p e r g u ß (S c h w a r z g u ß). Verbindet man beide Verfahren, indem man den für Schwarzguß üblichen Rohguß einem Glühfrischen wie für dünnwandigen weißen Temperguß unterwirft, so entsteht ein weicher schwarzer Kern, umgeben von einem entkohlten weißen Rand (S c h w a r z k e r n g u ß).

Werkstücke in Temperguß werden nur in kleineren Abmessungen hergestellt. Beim Schweißen kommt es zunächst auf den Kohlenstoffgehalt des Tempergusses an, der nach den vorigen Ausführungen sehr verschieden sein kann. Ist das Werkstück lange getempert, so ist es kohlenstoffarm und infolgedessen verhältnismäßig leicht schweißbar. Ist das Stück dagegen nur kurze Zeit getempert, so wird es noch ziemlich kohlenstoffreich und in seinen Eigenschaften auch hinsichtlich der Spannungen, mehr oder weniger dem Gußeisen ähnlich sein. Ob der Temperguß mehr stahlähnlich oder mehr gußeisenähnlich ist, merkt man bei Beginn des Schweißens sehr bald am Fluß. Temperguß ist elektrisch besser schweißbar als autogen.

Gußeisen. Dieses Eisen wird aus grauem Roheisen durch Umschmelzen in Kupol-, Flamm- oder Tiegelöfen erzeugt. Der Kohlenstoff ist, je nach der Geschwindigkeit der Abkühlung und dem Siliziumgehalt des Gußeisens, in mehr oder weniger großen Mengen als reiner, freier Kohlenstoff — G r a p h i t — auskristallisiert. Gußeisen ist ein spröder, weder schmiedbarer, noch im Feuer schweißbarer Werkstoff. Mit steigendem Kohlenstoffgehalt sinkt sein Schmelzpunkt, der im allgemeinen 1200···1250⁰ beträgt. Das Gußeisen hat die Eigenschaften des gegossenen Werkstoffs; es hat die Geschmeidigkeit und Biegsamkeit des schmiedbaren Eisens eingebüßt und geht, was für den Schweißer wichtig ist, gleich in den flüssigen Zustand über, ohne vorher eine teigige Zone wie Stahl zu durchlaufen. Im übrigen ist Gußeisen unter Beobachtung gewisser, später näher behandelter Vorsichtsmaßregeln im allgemeinen gut schweißbar. Da der Schmelzpunkt des Eisenoxyds höher liegt als der des Gußeisens — im Gegensatz zum Stahl — so muß im allgemeinen, um die sich bildende Oxydhaut in eine leichtflüssige Schlacke zu verwandeln, ein Schweißpulver benutzt werden.

Neben 3···4 vH Kohlenstoff enthält Gußeisen in wechselnden Mengen Silizium, Mangan, Phosphor und Schwefel. Silizium (meist 1···3 vH) fördert die Ausscheidung des Kohlenstoffs als Graphit und macht infolgedessen den Guß weich. Der Siedepunkt des Siliziums liegt verhältnismäßig niedrig, weshalb es sich teilweise unter Einwirkung der Schweißflamme verflüchtigt (verdampft). Sorgt man daher nicht für ausreichenden Ersatz an diesem Element, so wird die Ausscheidung von Graphit beeinträchtigt, der Werkstoff wird hart. Mangan (meist 0,5···1 vH im Guß) behindert die graphitische Ausscheidung des Kohlenstoffs, es macht Gußeisen hart. Phosphor (0,1···1,25 vH im Guß) macht Gußeisen dünnflüssig, Schwefel hingegen dickflüssig und erhöht die Sprödigkeit. Der Schwefelgehalt der Gußstücke wird daher auch möglichst unter 0,1 vH gehalten.

In neuerer Zeit hat man nach verschiedenen Verfahren hochwertiges Gußeisen hergestellt, und zwar in der Hauptsache entweder durch weitgehende Entschweflung und Entgasung oder durch Verwendung kohlenstoffärmeren Gußeisens (mit etwa 2,4···3,0 vH Kohlenstoff) und heißes Vergießen, nachträgliches Glühen oder Verlangsamung der Abkühlung usw. Hierhin gehören u. a. der Perlitguß von Lanz, der Thyssen-Emmelguß und der Sternguß von Krupp. Alle diese verbesserten Gußeisensorten haben gegenüber gewöhnlichem Gußeisen höhere Zug- und Biegefestigkeit, eine gewisse Dehnung und sogar eine gewisse Bieg- und Hämmerbarkeit. Ihr Gefüge ist mehr oder weniger perlitisch, d. h. die Graphitausscheidung ist zum Teil unterbunden, der Kohlenstoff ist an das Eisen als Eisenkarbid gebunden; der Guß ist dichter und fester. Diese Gußeisensorten sind naturgemäß nicht schlechter, sondern eher besser schweißbar als der normale Guß, um so mehr, als sie auch weniger Spannungen im Gußstück ergeben. — Legierungszusätze — am besten noch 0,5···1,0 vH Ni oder Ni und Cr (mit 0,5 vH Cr) — haben bisher beim Gußeisen noch eine untergeordnete Bedeutung.

Hartguß entsteht, wenn Gußeisen in eiserne Formen gegossen wird, worin es an der Oberfläche rasch abkühlt. Rasche Abkühlung verhindert die Ausscheidung von Graphit und hat also Härte zur Folge. Demnach wird der Guß in seinen äußeren Schichten viel härter (Hartgußwalzen) als in den inneren. Hartguß ist meist mit starken inneren Spannungen (zwischen den Eisenkristallen) behaftet. An der Schweißstelle wird er ausgeglüht, und die Oberflächenhärte geht verloren.

Es gibt Gußsorten, die trotz Anwendung aller erdenklichen Mittel durchaus nicht schweißbar sind. Ein solcher Werkstoff ist vor allem verbrannter Guß, worunter man ein längere Zeit hindurch hohen Temperaturen, überhitztem Dampf oder offenem Feuer ausgesetzt gewesenes Gußeisen versteht. Diesem Guß ist ein großer Teil des Kohlenstoffs und Siliziums entzogen; es hat eine Verbrennung (Oxydation) dieser Bestandteile stattgefunden, und es ist ein Werkstoff mit vollkommen anderen Eigenschaften entstanden. Verbrannter Guß wird entweder gar nicht flüssig oder zerbröckelt wie trockener Kitt, ohne daß eine Verbindung herbeizuführen wäre; er erreicht Glashärte. Von der Schweißung solchen Gußeisens (Roststäbe, gußeiserne Kochkessel, Herdplatten, Verdampferschalen u. dgl.) ist im allgemeinen abzuraten.

Gußspannungen treten hauptsächlich an den Übergangsstellen vom schwachen zum stärkeren Querschnitt und in doppelwandigen Hohlkörpern (Zylindern), großflächigen Ebenen, Gittern, Rädern, Scheiben u. dgl. auf und sind ausnahmslos die Folge der Schwindung (Zusammenziehung), verbunden mit ungleichmäßiger Abkühlung des gegossenen Stückes. Sie lassen sich oft gar nicht beseitigen, da sich die dünneren Stellen des Gußstücks immer schneller abkühlen werden als die dickeren. Sitz und Größe der Spannungen richtet sich nach Abmessung und Form des jeweiligen Gußkörpers. Zu diesen, fast also in jedem Gußstück vorhandenen Spannungen treten beim Schweißen noch neue Spannungen hinzu, hervorgerufen durch Teilerhitzung des Schweißstücks. Übersieht oder mißachtet man die im Gußstück bereits vorhandenen und die durch das Schweißen neu hinzukommenden Spannungen, so verziehen sich die Körper, reißen, bersten, brechen und schlimmstenfalls fliegen sie in Stücke.

Werkstoffnormen. Der „Deutsche Normenausschuß" wurde 1917 gegründet. Seine bisher geleistete Arbeit umfaßt über 7700 Normblätter. Von den bisher erschienenen deutschen Werkstoffnormen sind Auszüge aus einigen wichtigen Normblättern in den Tabellen 5 ··· 8 wiedergegeben. Die Abkürzung DIN heißt: „Das ist Norm".

Tabelle 5 (Auszug aus DIN 1611)[1]).

Maschinenbaustahl
Schwefel und Phosphor nicht mehr als je 0,06 vH, zusammen jedoch nicht mehr als 0,1 vH·

Markenbezeichnung	Zugfestigkeit σ_B kg/mm^2	Bruchdehnung mindestens vH		Kohlenstoffgehalt $\approx$ vH	Eigenschaften
		δ_5	δ_{10}		
St 34 · 11	34···42	30	25	0;12	einsetzbar, feuerschweißbar
St 42 · 11	42···50	25	20	0,25	noch einsetzbar, schwer feuerschweißbar
St 50 · 11	50···60	22	18	0,35	nicht einsetzbar, kaum feuerschweißbar, wenig härtbar
St 60 · 11	60···70	17	14	0,45	härtbar, vergütbar
St 70 · 11	70···85	12	10	0,60	hoch härtbar, vergütbar

In Tabelle 5 bedeutet δ_5 die Bruchdehnung für eine Meßlänge gleich dem fünffachen Stabdurchmesser (kurzer Normalstab, Kurzstab), δ_{10} gilt entsprechend für den langen Normalstab (Langstab). Bei der Markenbezeichnung bedeutet St = Stahl, 34 = Mindestzugfestigkeit in kg/mm^2 und 11 = letzte beide Zahlen des Normblattes 1611. Bei Gewichtsberechnungen ist das spezifische Gewicht des Stahls mit 7,85 einzusetzen.

Nach DIN 1601 U (Umstellnorm) sind ab Juli 1942 die Phosphor- und Schwefelhöchstgehalte derart geändert, daß höhere Gehalte zugelassen werden, z. B. in DIN 1611 bei St 34···60 · 11 (Thomasgüte) bis 0,09 vH P, 0,06 vH S und 0,13 vH P + S.

Weitere wichtige Stahlnormen sind u. a.:
DIN 1613 Schraubeneisen, Nieteisen (St 38 · 13 usw.),
DIN 1621 Eisenbleche (St 00 · 21 usw.);

---

[1]) Die Tabellen 4 ··· 7 werden mit Genehmigung des Deutschen Normenausschusses abgedruckt.

Tabelle 6 (Auszug aus DIN 1612).

Markenbezeichnung	Güte	Zugfestigkeit σ_B	Bruchdehnung mindestens vH						Faltversuch α = Biegewinkel D = Dorndurchmesser a = Probedicke	
			am Kurzstab δ_k			am Langstab δ_l				
			Probedicke mm							
		kg/mm²	30...8	unter 8...7	unter 7...5	30...8	unter 8...7	unter 7..5		
St 37·12	Normalgüte	37···45	25	42	18	20	18	15	$\alpha = 180°$	$D = 0{,}5a$
St 34·12	Sondergüte	34···42	30	26	22	25	22	18	1	
St 42·12	Sondergüte	42···50	24	22	18	20	18	16	$\alpha = 180\alpha$	bis 20 mm Dicke: $D = a$ über 20 mm Dicke: $D = 2a$
St 44·12	Sondergüte	44···52	24	22	18	20	18	15	$\alpha = 180°$	$D = 3a$
St 00·12	Handelsgüte	Der Stahl darf weder kalt- noch rotbrüchig sein, d. h. die Proben müssen sich im warmen und kalten Zustande bis zum rechten Winkel ($\alpha = 90°$) biegen lassen bei einem Dorndurchmesser $D = 4a$								

[1] Die Probe muß sich, ohne Anrisse auf der Zugseite zu zeigen, kalt zusammenschlagen lassen, bis die Schenkel flach aneinander liegen.

DIN 1622 Stahlblech, Mittelblech (St 00 · 22 usw.),
DIN 1623 Stahlblech, Feinblech (St I 23 usw.),
DIN 1661 Einsatz- und Vergütungsstahl (St C 25·61 usw.),
DIN 1662 Nickel- und Chromnickelstahl (ECN 25 usw.),
DIN 1663 (Vornorm) Chromstahl, Chrom-Molybdänstahl (ECMo 80 usw.).
DIN E 1664 Chromstahl, Chrom-Mangan-Stahl (EC 30 usw.),
DIN E 1665 Chromstahl, Chrom-Mangan-Stahl, Manganstahl (VMC 140, VM 125 usw.).

In Deutschland ersetzt man seit einigen Jahren den Nickel- und Chromnickelstahl durch Chrom-Molybdän- und Chrom-Vanadinstahl, auch durch Chrom-Mangan-Stahl und Manganstahl.

DIN 1681 für Stahlguß enthält außer den Marken

Tabelle 7 (Auszug aus DIN 1681).

Stahlguß (Normalgüte)		
Markenbezeichnung	Zugfestigkeit σ_B kg/mm² mindestens	Bruchdehnung (δ_5) mindestens in vH
Stg 38 · 81	38	20
Stg 45 · 81	45	16
Stg 52 · 81	52	12
Stg 60 · 81	60	8

der Normalgüte, die in Tabelle 6 angegeben sind, noch 13 Marken „Sondergüte" und zwei Marken „Stahlguß mit besonderen magnetischen Eigenschaften", ferner Angaben über Probenahme, Prüfung und Wärmebehandlung der Stahlgußstücke. Sollen die Festigkeitswerte durch Zugversuch nachgeprüft werden, so sind sie an angegossenen oder ausnahmsweise an lose aus der Schmelzung mitgegossenen Probestücken zu ermitteln. Das spezifische Gewicht des Stahlgusses ist 7,85.

In DIN 1691 für Gußeisen wird nach dem Verwendungszweck unterteilt in: Normaler Grauguß (ausreichend für die allgemeinen Zwecke des Maschinenbaus), hochwertiger Grauguß (für hochbeanspruchte Teile), Sondergrauguß (nur für Ausnahmefälle) und Grauguß mit besonderen magnetischen Eigenschaften (in einer Sondertafel der DIN 1691 angegeben). Die Güteklassen sind in erster Linie nach der Zugfestigkeit eingeteilt. Besonders ist aber noch zu berücksichtigen, daß die Gefüge- und Festigkeitseigenschaften des Gußstücks außer von der chemischen Analyse auch von den Erstarrungs- und Abkühlungseigenschaften und somit von der Wanddicke abhängen. Deshalb sind die Festigkeitseigenschaften der einzelnen Marken auch nach der Wanddicke abgestuft. Zur Ermittlung der Zugfestigkeit dienen je nach Vereinbarung angegossene oder getrennt gegossene Probestücke in Form von Stäben, Leisten oder Platten. Für den B i e g e v e r s u c h sind Rundstäbe aus der gleichen Gießpfannenfüllung zu gießen, die für das Gußstück verwendet wird. Für die Form des Probestabs und die Durchführung des Zug- und Biegeversuchs gelten DIN Vornorm DVM-Prüfverfahren A 109 und A 110. — Alle in Tabelle 8 angegebenen Werte für Zug- und Biegefestigkeit und für Durchbiegung sind M i n d e s t w e r t e. Das s p e z i f i s c h e G e w i c h t von Grauguß ist bei Gewichtsrechnungen mit 7,25 einzusetzen. In DIN 1692 wird der Temperguß behandelt (Markenbezeichnung Te 32·92 usw.).

T a b e l l e 8 (Auszug aus DIN 1691).

Marken-bezeichnung	Wanddicke des Gußstücks mm	Rohgußdurch-messer oder Dicke der Zug-versuchsprobe mm	Zug-festigkeit kg/mm²	Biege-festigkeit kg/mm²	Durchbiegung mm
		Güteklasse: Normaler Grauguß			
Ge 12.91	8···50	30	12	—	—
Ge 14.91	8···15	20	16	30	4
	15···30	30	14	28	7
	30···50	45	11	24	10
Ge 18.91	8···15	20	20	36	4
	15···30	30	18	34	7
	30···50	45	15	30	10
		Güteklasse: Hochwertiger Grauguß			
Ge 22.91	8···15	20	24	42	5
	15···30	30	22	40	8
	30···50	45	19	36	11
Ge 26.91	8···15	20	28	48	5
	15···30	30	26	46	8
	30···50	45	23	42	11
		Güteklasse: Sondergrauguß			
Ge 30.91	15···30	30	30	48	8
	30···50	45	25	45	11

C. Grundlagen der Metallographie des Eisens.[1]

Erstarrungskurve. Mißt man die Temperaturen beim Erstarren eines Metalls in gewissen Zwischenräumen und trägt man die gemessenen Werte in ein Koordinatensystem ein — auf der Waagerechten (Abszisse) die Abkühlungszeiten, auf der Senkrechten (Ordinate) die Temperaturen —, so erhält man die Erstarrungskurve dieses Metalls. Bei einer Legierung wird diese Erstarrungskurve (Abb. 15 I) bei der Temperatur t_1 einen Knick zeigen (Punkt T_1), von da ab flacher und bei der Temperatur t_2 mit einem neuen

---

[1] s. P. G o e r e n s: Einführung in die Metallographie, 7. Aufl., 1942. — O. Mies: Metallographie, Werkstattbücher, Heft 64, 2. Aufl., 1942.

Knick (Punkt T_2) wieder parallel zur ursprünglichen Kurve verlaufen. Da der erstarrenden Legierung von außen her keine Wärme zugeführt wird, ist der flache Verlauf der Kurve — der auch zu einem kurzen waagerechten Stück führen kann (sog. „Haltepunkt") — nur erklärlich, wenn im Inneren der Legierung Wärme frei wird, die Kristallisationswärme. Wir erkennen also, daß von T_1 bis T_2 sich Kristalle in der Schmelze bilden, bei T_1 die ersten und bei T_2 die letzten, und daß unterhalb der Temperatur t_2 die Legierung ganz erstarrt ist, während sie oberhalb t_1 vollständig flüssig war.

Erstarrungsschaubild. Untersucht man in entsprechender Weise die v e r - s c h i e d e n s t e n Mischungsverhältnisse der Legierung mit den beiden Be-standteilen L_1 und L_2, von der wir v o r h i n n u r e i n e Mischung herausgegriffen hatten, und trägt man die Knickpunkte und etwaige Haltepunkte jeder Erstarrungskurve in ein Schaubild ein, dessen Senkrechte wieder die Temperaturen, dessen Waagerechte aber die Gewichtsprozente der Legierungsbestandteile sind, so erhält man ein Erstarrungsschaubild (auch Erstarrungs- oder Zustandsdiagramm genannt), im vorliegenden Fall zunächst das Erstarrungsschaubild II. In ihm entstehen durch Verbinden der verschiedenen Punkte M_1 und der entsprechenden Punkte M_2 die Kurven AM_1B und AM_2B. Oberhalb AM_1B sind alle Einzellegierungen, die ein solches Schaubild also zusammenfaßt, flüssig und unterhalb AM_2B sind sie fest. Dieses Schaubild kennzeichnet gleichzeitig eine der einfachsten Erstarrungsformen von Legierungen, nämlich die, bei der die Legierungsbestandteile im flüssigen u n d im festen Zustand vollkommen ineinander löslich sind. Man erhält beim Erstarren eine sog. „f e s t e L ö s u n g". Da diese festen Lösungen kristallisiert sind und in jedem Kristall beide Legierungsbestandteile L_1 und L_2 (z. B. Kupfer und Nickel) gemischt enthalten, nennt man sie auch „M i s c h k r i s t a l l e". Hat man also ein Schaubild nach Art von II vor sich, so kann man mit Bestimmtheit sagen, daß beim Erstarren der verschiedenen Mischungen stets nur Mischkristalle entstehen.

Anders sieht das Erstarrungsschaubild aus, wenn die Legierungsbestandteile zwar im flüssigen Zustand ineinander löslich sind — diese Bedingung muß jede brauchbare Legierung erfüllen —, aber im festen Zustand in-einander unlöslich sind (Fall III in Abb. 15). Bei Beginn der Erstarrung werden sich dann nicht Mischkristalle, sondern E i n z e l k r i s t a l l e bilden. Beim Fortschreiten der Erstarrung verändert naturgemäß der Rest der flüssigen Masse (der Schmelze) seine Zusammensetzung, bis ein für

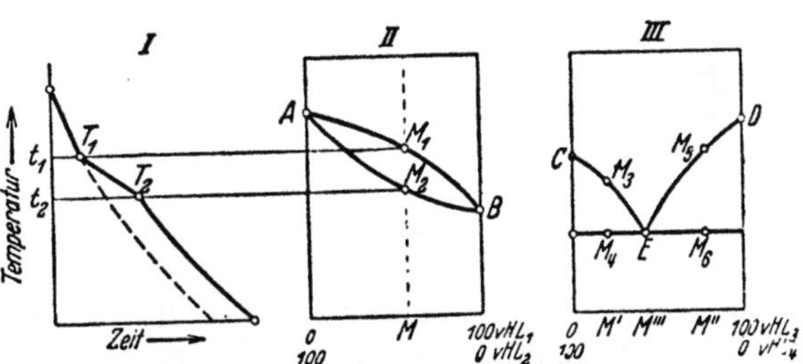

Abb. 15. Erstarrungskurve und Erstarrungsschaubilder.

beide Bestandteile gesättigter Schmelzrest entstanden ist, der dann sehr schnell unter gleichzeitiger Ausscheidung feiner Einzelkristalle von L_3 und L_4 erstarrt. Diese gewissermaßen günstigste Mischung heißt „e u t e k - t i s c h e (gutflüssige) L e g i e r u n g" oder „E u t e k t i k u m". Greifen wir aus III z. B. die dem Punkt M' entsprechende Legierung heraus, so werden sich bei deren Erstarrung zunächst unterhalb M_3 Einzelkristalle des Legierungsbestandteils L_4 bilden. Die Erstarrungskurve zeigt von M_3 ab einen Knick und ein flacher verlaufendes Stück, etwa wie das früher behandelte Stück T_1T_2 bei I, und geht dann bei M_4 in ein kurzes waagerechtes Stück (Haltepunkt) über. Dieses waagerechte Stück zeigt, daß für kurze Zeit kein Temperaturabfall eintritt, was wiederum nur durch sehr starke Kristallbildung (stark auftretende Kristallisationswärme) zu erklären ist. Das ist aber der Zeitpunkt der Bildung des Eutektikums. Unterhalb von M_4 ist die Legierung vollständig erstarrt und besteht nach vorigem aus Einzelkristallen L_4 und einer Grundmasse, nämlich dem Eutektikum. Die dem Punkt M'' entsprechende Legierung muß demgemäß bei M_5 die Bildung von Einzelkristallen L_3 und bei M_6 dasselbe Eutektikum wie vorhin ergeben, und schließlich wird folgerichtig die dem Punkt M''' entsprechende Legierung überhaupt keine Einzelkristallbildung, vielmehr bei E n u r das Eutektikum zeigen. Sie ist also die eutektische Legierung, die aus feinen Einzelkristallen von L_3 und L_4 besteht und plötzlich fest, auch beim Erhitzen wieder plötzlich flüssig wird (die gutflüssige Legierung).

Bei mehreren reinen Metallen und bei einer Anzahl von Legierungen treten nun im v ö l l i g   e r s t a r r t e n   Z u s t a n d e noch U m k r i s t a l l i - s a t i o n e n ein, die das mechanische Verhalten des Metalls bzw. der Legierung beeinflussen. Am bekanntesten sind sie beim Eisen und bei der Eisen-Kohlenstoff-Legierung und werden im folgenden noch näher behandelt.

Nach der Anzahl der verwendeten Einzelstoffe (Komponenten) spricht man von Z w e i s t o f f - (binären) L e g i e r u n g e n , D r e i s t o f f - (ternären) L e g i e r u n g e n usw. Bei Drei- und Mehrstofflegierungen begnügt man sich meistens damit, je zwei Stoffe herauszunehmen und diese, wie ausgeführt, näher zu betrachten.

Reines Eisen. Der Schmelzpunkt (Erstarrungspunkt) des reinen Eisens liegt bei 1530^0. Im kristallinen festen Zustand erleidet Eisen mehrere Umwandlungen (Umkristallisationen), die man an den Haltepunkten der Erstarrungskurve erkennt. Das erstarrte δ-Eisen wandelt sich bei 1401^0 in γ-Eisen um, dieses bei 898^0 in β-Eisen und letzteres bei 769^0 in α-Eisen, das sich bis zum vollständigen Kaltwerden nicht mehr verändert. β-Eisen ist unmagnetisch, α-Eisen dagegen magnetisch. Alle vier Abarten des Eisens heißen metallographisch F e r r i t (von ferrum = Eisen). Durch Hinzutreten von Eisenkarbid (Fe_3C) zum Eisen ergibt sich eine Zweistofflegierung. Sowohl der Schmelzpunkt wie auch die Temperaturen der Haltepunkte werden herabgesetzt.

Das Erstarrungsschaubild Eisen-Eisenkarbid (Abb. 16). Die Senkrechte zeigt links bei A den Schmelzpunkt (Erstarrungspunkt) des reinen Eisens, bei N, G und M die Umwandlungspunkte von δ- in γ-, - in β- und β - in α-Eisen. In der Waagerechten ist, wie allgemein üblich, der Kohlenstoffgehalt des Eisens angegeben. Darunter ist noch der Gehalt der Legierungsbestandteile Eisen und Eisenkarbid (Zementit) eingetragen worden.

Wir vergleichen das Schaubild zunächst am besten mit dem Schaubild III aus Abb. 15 und erkennen, daß bei C ein Eutektikum liegt, oberhalb $A\,C\,D$ alles flüssig, unterhalb $A\,E\,C\,F$ alles fest ist. Denken wir uns weiter das Bild durch eine Senkrechte in E — bei 1,7 vH Kohlenstoff, Grenze zwischen Stahl und Roheisen — in zwei Teile zerlegt, so entspricht der linke obere Teil einem Abschnitt aus dem Schaubild II der Abb. 15. Wir stellen demnach weiter fest, daß sich in diesem linken Teil — der dem Stahl entspricht — zunächst nur Mischkristalle aus Eisen- und Eisenkarbid bilden, so daß unterhalb AE nur noch eine feste Lösung (Mischkristalle) besteht. Im rechten Teil der Abbildung legen wir das Eutektikum bei C als eine feinkörnige Mischung von Mischkristallen und von Eisenkarbid fest; es hat die Bezeichnung L e d e b u r i t (nach dem deutschen Forscher L e d e b u r) erhalten. Unterhalb *E C* erhalten wir Mischkristalle, Eisenkarbid und Ledeburit, unterhalb *C F* nur Eisenkarbid und Ledeburit. Im übrigen befassen wir uns in der Hauptsache nur noch weiter mit dem Stahl im erstarrten Zustande.

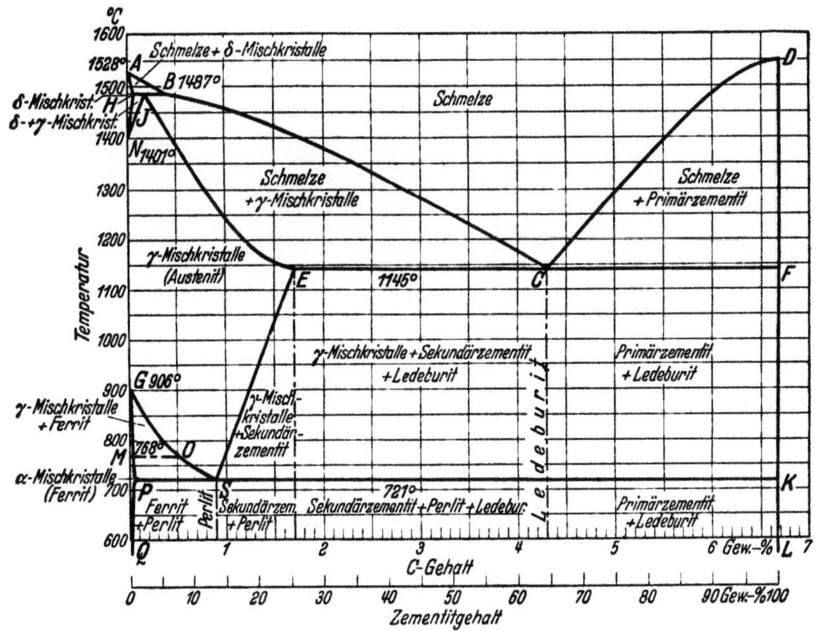

Abb. 16. Erstarrungsschaubild Eisen-Kohlenstoff.

Eisenkarbid wird metallographisch Z e m e n t i t genannt. Die Mischkristalle des erstarrten Stahls, die also aus Eisen (Ferrit) und Eisenkarbid (Zementit) bestehen, heißen A u s t e n i t. Die Linien *GOS* und *ES* und die Waagerechte durch *S* (bei 721°) zeigen uns, daß der Austenit im festen Zustande (in der Hauptsache in Rotglut) noch Umkristallisationen erfährt. Bei *S* (Temperatur 721°) wandelt er sich in eine eutektische feste Lösung um, die in Anlehnung an das Eutektikum als E u t e k t o i d bezeichnet wird, wegen ihres perlmutterartigen Glanzes und Aussehens (im Metallschliff) den Namen P e r l i t führt, aus feinen Kristallen von Ferrit und Zementit besteht und bei 0,9 vH Kohlenstoff liegt. Längs *GOS* scheiden sich überschüssige Ferritkristalle aus dem Austenit aus, so daß unterhalb *PS* nur Ferritkristalle in einer Grundmasse von Perlit vorhanden sein können, und zwar mit wenig Perlitinseln innerhalb der hellen Ferritkristalle (Abb. 17), wenn der Stahl nur etwa 0,1 vH Kohlenstoff enthält, und mit viel Perlit (Abb. 18), wenn er z. B. schon 0,4 vH Kohlenstoff hat. Längs *E S* scheiden sich dementsprechend überschüssige Zementitkristalle aus den Mischkristallen (Austenit) aus, so daß unterhalb der Waagerechten *P S K* rechts von *S* nur Zementitkristalle als helle Adern (Abb. 19) in der starkdunklen Grundmasse von Perlit in einem Stahl von z. B. 1,3 vH Kohlenstoff enthalten sein können. Die Struktur des Austenits (Mischkristalle) zeigt uns Abb. 20 und die des Eutektoids Perlit Abb. 21, letzteren in streifiger (lamellarer)

Form. Durch Glühen bei etwa 700⁰ kann man noch einen körnigen Perlit bekommen. Die Möglichkeit zur Mischung von Kohlenstoff und Eisen bei Raumtemperatur, d. h. zur Bildung von α-Mischkristallen, ist gering. Die Grenze ihres C-Gehalts ist durch die Linie GPQ gegeben. Bei s c h n e l l e r Erstarrung scheiden sich Ferrit, Perlit und Zementit nicht mehr regelmäßig ab, sondern in strahligen, gruppenförmigen, oft parallelen Schichten von zackiger unregelmäßiger Gestalt. Man nennt diese Struktur W i d m a n n s t ä t t e n s c h e s   G e f ü g e (auch Gußgefüge, Gußstruktur); es wurde zuerst von Widmannstätten beim Meteoreisen beobachtet. Abb. 22

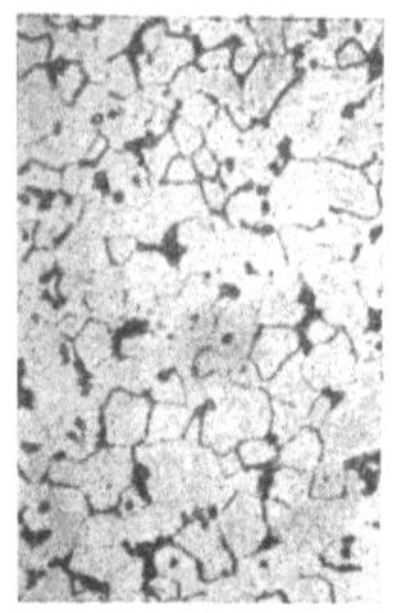

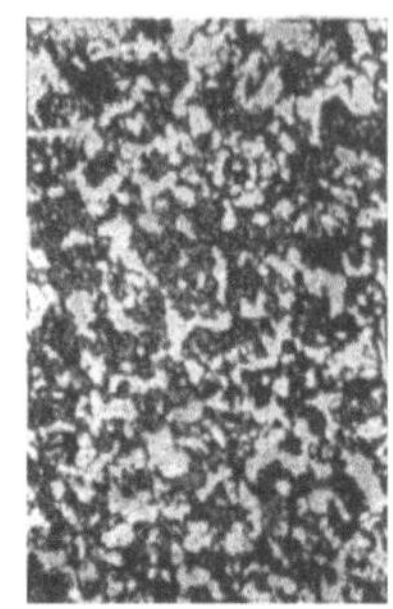

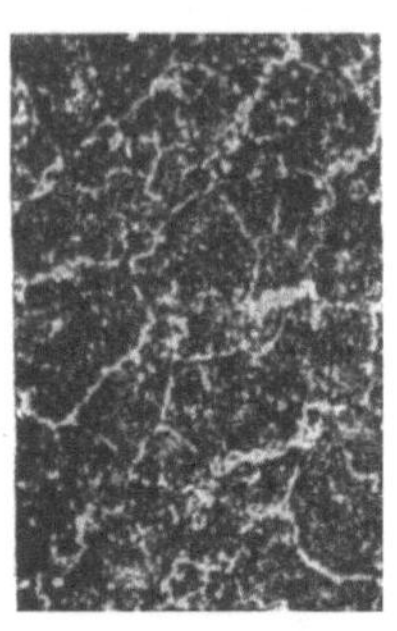

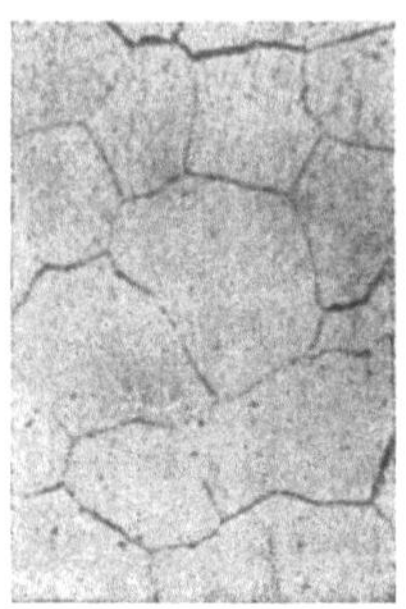

Abb. 17. Stahl mit 0,1 vH Kohlenstoff (v = 200).   Abb. 18. Stahl mit 0.4 vH Kohlenstoff (v = 200).   Abb. 19. Stahl mit 1,3 vH Kohlenstoff (v = 200).   Abb. 20. Austenit (v = 600).

zeigt ein solches Gefüge bei einem Stahlguß mit 0,3 vH C; es tritt auch in der Schmelzzone von Schweißungen auf. Ein derartiger Werkstoff ist empfindlich gegen Schlagbeanspruchung; Dehnung und Kerbzähigkeit werden stark herabgesetzt. Für einen Vergleich der Schliffbilder des vergrößerten Gefüges ist es übrigens wichtig, daß jedesmal die Vergrößerung angegeben wird (z. B. Abb. 20: v = 600, d. h. 600fach vergrößert).

Gußeisen, Temperguß. Alle bisher besprochenen Vorgänge haben zur Voraussetzung, daß die Abkühlung genügend langsam vor sich geht. Bei ganz langsamer Abkühlung einer höher gekohlten Schmelze (mit etwa 2,5···4,5 vH C), begünstigt durch einen hohen Siliziumzusatz, zerfällt der Zementit in G r a p h i t und F e r r i t; es entsteht das graue Roheisen bzw. G u ß e i s e n, das natürlich noch Reste von Zementit und dann auch Perlit enthalten kann. Graphit, Ferrit und auch Perlit sind weiche Bestandteile, Zementit ist demgegenüber außergewöhnlich hart. Schnell abgekühltes Roheisen und Gußeisen wird noch viel Zementit enthalten, also viel härter sein als langsam abgekühltes.

Die Fähigkeit des Zementits, sich zu zerlegen, bleibt nach dem Erstarren bis auf etwa 800⁰ erhalten. Man kann also durch längeres Ausglühen eines weißen Roheisens in Hitzegraden von etwa 800···1000⁰ freien Kohlenstoff, T e m p e r k o h l e genannt, in Form schwarzer Knötchen erhalten (T e m p e r g u ß).

Härten des Stahls. Auch ein langsam abgekühlter Stahl wird bei einem Gehalt bis etwa 0,9 vH Kohlenstoff weich sein, da er ja aus Ferrit und Perlit oder aus Perlit besteht. Kühlt man jedoch warmen Stahl von Temperaturen etwas oberhalb $GOSK$ sehr schnell ab, so unterbindet man die Umwandlung in Ferrit und Perlit ganz. Der Austenit (Mischkristalle) verwandelt sich dann nur noch in ein mehr oder weniger feinnadliges Gefüge, das wahrscheinlich einer festen Lösung von Eisenkarbid in α-Eisen entspricht und nach dem deutschen Forscher M a r t e n s als M a r t e n s i t bezeichnet wird. Dieser Martensit ist das Gefüge des gehärteten Stahls; er sieht grobnadlig aus (Abb. 23), wenn die Abschrecktemperatur verhältnismäßig hoch war, und feinnadlig bzw. fast strukturlos (Abb. 24, dann auch „Hardenit" genannt), wenn man nur kurze Zeit bis dicht über *GOSK* gegangen ist. Schroff abgeschreckter Stahl wird spröde („glashart"). Praktisch schreckt man aber weniger schroff ab oder erwärmt den Stahl nachträglich auf eine Zwischentemperatur zwischen Zimmerwärme und Abschreckhitze (A n - l a s s e n). Es entstehen dann Zwischenstufen zwischen dem labilen (stark zum Zerfall neigenden) Martensit und dem stabilen Perlit, die man im

Abb. 21. Perlit
(v = 600)

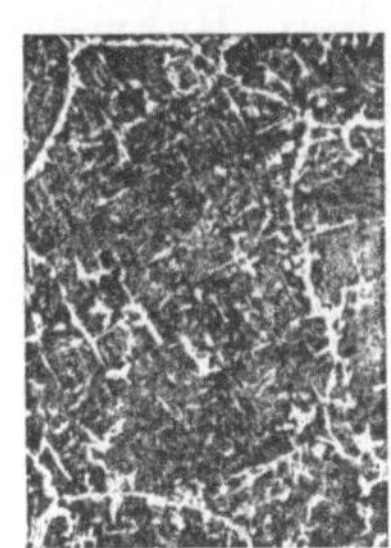

Abb. 22. Widmann-
stättensches Gefüge.
(v = 10).

Abb. 23. Grobnadliger
Martensit (v = 200).

Abb. 24. Feinnadliger
Martensit (Hardenit,
v = 200).

Schliffbild gut verfolgen kann. Die wesentlichste Zwischenstufe, der O s m o n d i t , entspricht bei 0,9 vH C einer Anlaßtemperatur von 400⁰. Weiteres über Härten s. Abschnitt D (Warmbehandlung von Stahl und Eisen).

Sonderstähle (l e g i e r t e S t ä h l e). Die zum Legieren benutzen Metalle (Nickel, Chrom, Wolfram, Mangan usw.) verschieben einmal die Umwandlungspunkte des Stahls, und zwar im allgemeinen nach unten, und machen außerdem den Stahl träger in der Umwandlung, so daß sich u. U. auch bei langsamer Abkühlung Martensit bildet oder sogar der Austenit erhalten bleibt. Man unterscheidet hiernach metallographisch:

P e r l i t i s c h e S t ä h l e. Sie haben geringe prozentuale Anteile an Legierungsbestandteilen. Ihr Gefüge ist Perlit mit etwas Ferrit bzw. Zementit Hierhin gehören die meisten Baustähle. Sie sind bei Verwendung geeigneter Schweißdrähte gut schweißbar.

M a r t e n s i t i s c h e S t ä h l e. Sie haben mittelhohe Gehalte an Ni, Cr oder Mn. Ihr Gefüge ist auch bei langsamster Abkühlung Martensit. Hierhin gehören die naturharten und selbsthärtenden Werkzeugstähle. Sie sind zum Schweißen ungeeignet, da die Schweiße spröde und sogar glashart wird.

A u s t e n i t i s c h e S t ä h l e. Sie haben hohe Gehalte an Ni, Cr oder Ni-Cr. Ihr Gefüge ist Austenit (Mischkristalle). Hierhin gehören die rostfreien und hitzebeständigen Stähle. Sie sind z. T. nur bei entsprechender Nachvergütung (Ausglühen) gut schweißbar.

D o p p e l k a r b i d - o d e r L e d e b u r i t s t ä h l e. Sie haben mittlere und hohe Gehalte an Cr und W. Ihr Gefüge sind Doppelkarbide (Eisen-Wolfram-Karbid) in einer Grundmasse von Austenit und Martensit. Sie werden als Werkzeugstahl (Schnelldrehstahl) verwendet. Sie sind nicht für

Verbindungsschweißungen, sondern nur wie die ihnen ähnlichen Hartmetalle, für Auftragsschweißungen geeignet.

Ferritische Stähle. Sie haben einen niedrigen C-Gehalt und hohen Cr-Gehalt, unter Umständen mit Zusatz von Si. Ihr Gefüge zeigt hauptsächlich Ferrit (grobes Korn). Hierhin gehören hochlegierte hitzebeständige Stähle. Sie sind bei Verwendung geeigneter Schweißdrähte schweißbar.

Dieser kurze Ausschnitt aus der Metallographie des Eisens möge hier zunächst genügen.

D. Warmbehandlung von Stahl und Eisen[1].

1. Härten, Vergüten, Glühen, Rekristallisation.

Härten. Hierunter versteht man das Abschrecken eines höher gekohlten Stahls aus Rotglut. Gehärtet werden vor allem Werkzeugstähle mit $0,6 \cdots 1,5$ vH C. Allgemein ergibt sich die zweckmäßige Härtetemperatur aus dem Eisen-Kohlenstoff-Schaubild (Abb. 16); sie soll $50 \cdots 100^{0}$ über der Linie $GOSK$ liegen. Dem Erhitzen in entsprechend gebauten Härteöfen folgt ein Ablöschen in Wasser oder Öl oder das Abkühlen im Luftstrom. Der jetzt glasharte Stahl ist auf $225 \cdots 330^{0}$ wieder zu erwärmen (anzulassen) und nochmals in Wasser abzulöschen. — Hochkohlenstoffhaltige und leicht legierte Stähle erfahren die Martensitumwandlung erst bei $200 \cdots 300^{0}$; sie sind daher zweckmäßig auf 200^{0} im Salzbad abzukühlen (Warmbadhärtung) und anschließend zum vollständigen Erkalten an die Luft zu legen.

Besondere Härteverfahren. Bei der autogenen Oberflächenhärtung (Flammenhärtung) wird die Oberfläche von Wellen, Zahnflanken usw. mit Hilfe großer Brenner (Brenngas: Azetylen oder Leuchtgas) schnell erhitzt, so daß eine Wärmestauung in der Außenschicht entsteht. Die Abkühlung durch Wasserbrausen folgt der Erwärmung unmittelbar. Da die Erwärmung schon in etwa $20\,\mathrm{s}$ (im Mittel) vor sich geht, so findet durch das Azetylen bzw. Leuchtgas keine Aufkohlung statt. Es handelt sich also nicht um eine Einsatzhärtung. Der benutzte Stahl muß daher auch $0,35 \cdots 0,6$ vH C haben oder legiert sein. Das Verfahren kann auch bei Gußeisen und Temperguß Anwendung finden. Ähnlich ist die Doppel-Duro-Härtung für Lagerzapfen von Kurbelwellen aus Cr-Mo-Stahl, bei der auch mit Azetylen erhitzt wird, und die Doppel-Duro-Tocco-Härtung, bei der die Erhitzung durch Induktion (hochfrequente Ströme) erfolgt. — Bei der Einsatzhärtung wird weicher Stahl (mit $0,08 \cdots 0,22$ vH C) oder schwach legierter Stahl (z. B. $1,5 \cdots 5$ vH Ni und bis $1,5$ vH Cr) an der Oberfläche gehärtet, indem man eine Außenschicht von etwa $1\,\mathrm{mm}$ Tiefe in kohlenstoffreichen Stahl verwandelt und das erwärmte Werkstück in Wasser ablöscht. Zu dem Zweck wird das Stück in einem kohlenstoffreichen Stoff (Holzkohle, Knochenmehl, auch Salztauchbäder) bei $800 \cdots 900^{0}$ etwa $5\,\mathrm{h}$ lang geglüht; es nimmt dann Kohlenstoff in der Außenschicht auf (Diffusionshärtung). — Bei der Nitrierhärtung (Stickstoffhärtung) werden die zu härtenden Werkstücke in Einsatzkästen im elektrisch geheizten Ofen $\frac{1}{2} \cdots 4$ Tage lang, bei $525 \cdots 550^{0}$ einem Ammoniakstrom (NH_3) ausgesetzt. Der Stickstoff diffundiert in das Werkstück und wird dort gelöst. Gewöhnlicher Kohlenstoff-

---

[1] s. K. Tewes: Stahl u. Eisen beim Schweißen, 1942.

stahl ist allerdings nicht gut nitrierbar, weil die gebildeten Eisennitride spröde und bröcklig sind; es sind Sonderstähle mit etwa 1,2 ··· 1,5 vH Al und ebenso viel Cr (auch Mo, Ti und V) zu verwenden, deren Nitride eine Gitterverspannung der Kristalle und damit eine Steigerung der Oberflächenhärte bewirken. Infolge der niedrigen Härtetemperatur und des langsamen Abkühlens an der Luft entstehen beim Nitrierhärten weniger leicht Spannungen und Risse; dabei ist die Härte der Außenschicht sehr groß (Brinellhärte 950 gegenüber 650 des normalen Einsatzstahls).

Kalthärtung. Durch Kaltformgebung (Kaltwalzen, Drahtziehen, Blechziehen usw.) werden die Kristalle mehr und mehr in Richtung der Beanspruchung gestreckt. Zugfestigkeit und Härte des Werkstoffs werden stark gesteigert, die Dehnung nimmt wesentlich ab. Diese Sprödigkeit des kaltverformten Stahls bezeichnet man als „Kalthärtung" und das erst nach Monaten erreichte Höchstmaß der Kalthärtung als „Alterung". Geringere Neigung zum Altern erreicht man durch Vergüten (als Vorsichtsmaßnahme) oder durch besondere Behandlung des Stahls bei seiner Herstellung (z. B. Kruppscher Izettstahl). Alle kaltverformten Werkstücke wird man zweckmäßig glühen, da hierdurch alle Merkmale der Kaltverformung, wie Kornstreckung usw., verschwinden.

Ausscheidungshärtung (Aushärtung). Als solche bezeichnt man eine allmähliche Härtesteigerung durch Alterung, wobei unter Alterung jede im Laufe der Zeit ohne äußere Einwirkung auftretende Eigenschaftsänderung eines Stoffes zu verstehen ist. Die Aushärtung erklärt man sich — im Gegensatz zur Martensithärtung — dadurch, daß Fremdatome, mit denen die Mischkristalle übersättigt sind, aus dem Raumgitter dieser Mischkristalle herauswandern. Das Gefüge wird hierdurch härter und spröder. Leicht auswandernde Fremdatome sind z. B. Kupfer, Titan, Molybdän und auch Stickstoff. Eine praktische Anwendung hat die Aushärtung bisher nicht

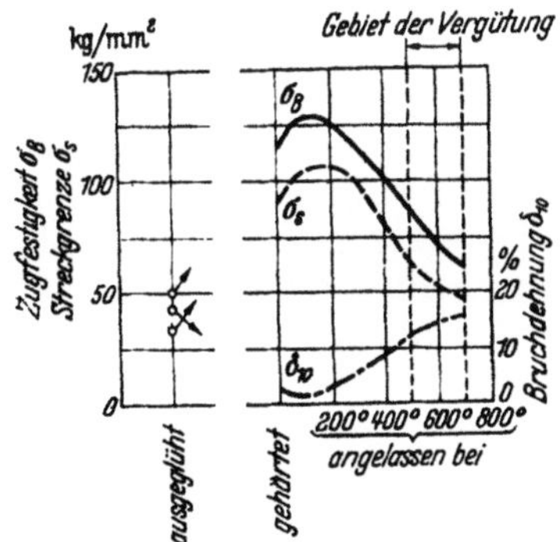

Abb. 25. Festigkeitswerte eines Vergütungsstahls mit 0,3 vH C.

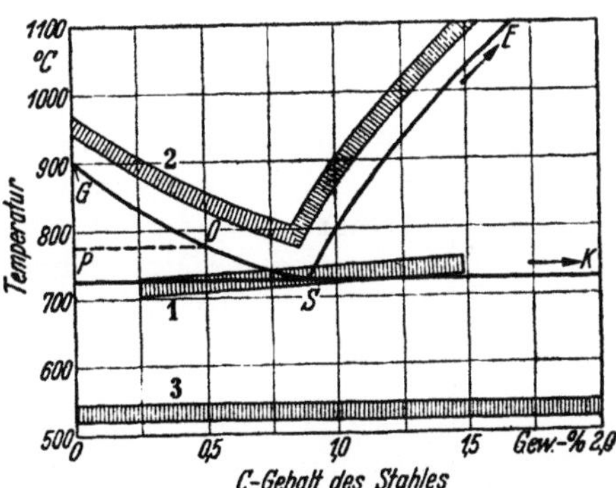

Abb. 26. Glühtemperaturen der Kohlenstoffstähle· 1 Weichglühen, 2 Normalglühen, 3 Spannungsfreiglühen. (Aus Scheer: Was ist Stahl, 7. Aufl.)

beim Stahl, wohl aber bei den Aluminiumlegierungen (s. diese) gefunden.

Vergüten. Im weiteren Sinne versteht man unter Vergüten jede Behandlung des Stahls, die eine Verbesserung seines Korngefüges und damit seiner mechanischen Eigenschaften zur Folge hat, und betrachtet dann das Härten als eine Sonderart des Vergütens. Im engeren Sinne ist Vergüten das Abschrecken eines niedriger gekohlten Stahls und das nachherige Anlassen auf so hohe Temperaturen, daß eine wesentliche Steigerung der Zähigkeit, Festigkeit und Dehnung eintritt. Vergütet werden meist Maschinen- und

Konstruktionsstähle (mit etwa 0,2···0,7 vH C), bzw. Sonderstähle. Das Erhitzen wird wie beim Härten durchgeführt, das Abschrecken meist in Öl. Das Anlassen erfolgt auf 300···700⁰ (engeres Gebiet für den Stahl 500···700⁰). Abb. 25 zeigt die Festigkeitswerte eines Vergütungsstahls mit 0,3 vH C.

Glühen. Man unterscheidet verschiedene Glühverfahren, deren wesentlichste in Abb. 26 wiedergegeben sind. Unter N o r m a l g l ü h e n (Normalisieren) des Stahls versteht man ein Erhitzen auf etwa 50⁰ über die obere Umwandlungslinie *G O S E* im Erstarrungsschaubild Eisen-Kohlenstoff mit nachfolgender Abkühlung in ruhender Atmosphäre. Hierdurch wird vor allem das durch Schmieden, Walzen oder Gießen ungleichartig gewordene Gefüge des Stahls wieder gleichartig und feinkörnig gemacht, also verbessert. Demgegenüber erfolgt das W e i c h g l ü h e n dicht am unteren Umwandlungspunkt des Stahls (721⁰), etwa auf der Linie *P S K* des Schaubildes. Der Hauptbestandteil des Stahls, der Perlit, ergibt sich normalerweise in streifiger Form (s. Ab. 21); es sind weiche Eisenkristalle, die von harten Eisenkarbidplatten (Streifen) durchzogen werden. Durch das Glühen bei 721⁰ verwandelt sich der streifige in körnigen Perlit (Abb. 27), das Eisenkarbid ballt sich zu kleinen Kugeln zusammen, die in der Grundmasse

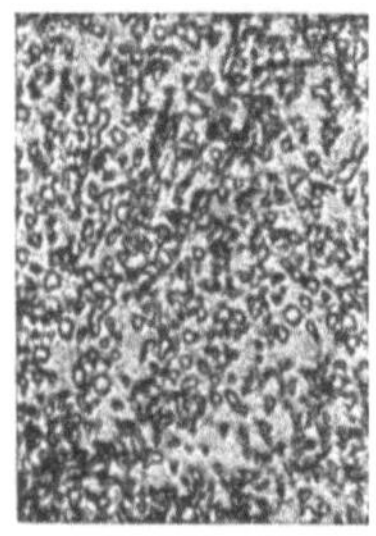

Abb. 27. **Körniger Perlit** (v = 500).

der weichen Eisenkristalle eingebettet sind; das Gesamtgefüge wird weicher. Als S p a n n u n g s f r e i g l ü h e n bezeichnet man ein Erhitzen auf 500···600⁰, wobei man also mit Absicht deutlich unter dem unteren Umwandlungspunkt bleibt. Hierbei tritt keine Kornumwandlung auf, vielmehr werden (infolge der dann noch sehr niedrigen Streckgrenze des Stahls) nur Spannungen beseitigt, die durch Gießen, Walzen, Schmieden und Schweißen entstanden sind. Erhitzt man nur auf 200···350⁰, so entsteht in der Blauhitze — der Stahl läuft blau an — eine gefährliche B l a u s p r ö d i g k e i t des Stahls. Eine Verformung bei diesen Temperaturen ist demnach streng zu verme den.

Nach oben hin darf weicher Stahl bis zur Weißglut (1200···1300⁰), harter Stahl bis zur Gelbglut (900···1000⁰) erwärmt werden. „Ü b e r h i t z t" ist ein Stahl, wenn er infolge zu langen Verweilens auf zu hohen Temperaturen grobkristallinisch und spröde geworden ist, ohne daß er sich chemisch verändert hat. Ein solches Gefüge zeigt Abb. 28. Die

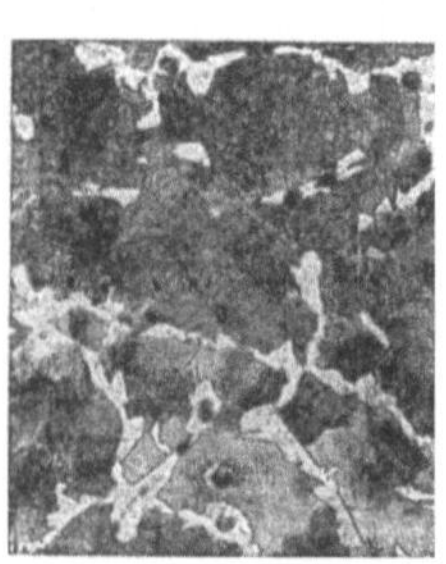

Abb. 28. **Überhitzter Stahl.** (v = 100).

Überhitzung kann teilweise durch Schmieden oder Walzen, besser aber durch ein Erhitzen bis wenig über die obere Umwandlungslinie *G O S* (Normalglühen) und Abkühlung an der Luft beseitigt werden, da sich dann wieder kleine Kristalle bilden. „V e r b r a n n t" ist der Stahl, wenn durch Wirkung der Luft oder der Flammengase bei sehr hoher Temperatur — an und oberhalb Linie *A E* im Zustandsschaubild, Abb. 16 — eine chemische Veränderung eingetreten ist. Es setzt dann schon ein teilweises Schmelzen ein; die Schmelzstellen verbrennen unter Bildung von Eisenoxyden, die sich zwischen den vorher schon durch Überhitzen grob gewordenen Kristallen sammeln. Verbrannter Stahl ist unbrauchbar. Verhältnismäßig leicht verbrennnen kohlenstoffreiche Stähle (Werkzeugstähle). In Abb. 28 zeigen einige dunkle Oxydpunkte bereits den Beginn des Verbrennens an.

Rekristallisation. Wird ein kalt verformter Stahl bei Temperaturen von etwa 550···750⁰ geglüht, so bilden sich aus den stark gestreckten Körnern völlig neue Kristalle. Man nennt diesen Vorgang „Rekristallisation". Das Endgefüge ist um so gröber (grobkörniger), je geringer die Kaltverformung war, und um so feiner, je größer diese Verformung war: Außerdem werden die Körner um so gröber, je höher die Glühtemperatur innerhalb des angegebenen Bereiches liegt. Man hat also immer Grobkornbildung zu erwarten, wenn man wenig kaltverformte Teile bei verhältnismäßig hohen Temperaturen glüht. Die „kritische Verformung" liegt z. B. bei weichem Stahl bei 8···20 vH; sie wird besonders gefährlich hinsichtlich der Grobkornbildung, wenn sie mit einer kritischen Glühtemperatur (etwa 650···800⁰) zusammentrifft. Im allgemeinen ist also Rekristallisation mit Grobkornbildung verbunden und daher schädlich. Sie kann aber, unter besonderen Bedingungen (hoher Verformungsgrad und richtige Glühtemperatur) zu einer Gefügeverbesserung führen, wie dies im Abschnitt „Die Güte der Schweißnaht und ihre Prüfung" für die Rekristallisationsvergütung von Gasschweißungen nach C z t e r n a s t y näher ausgeführt wird.

2. Gefügeaufbau einer Gasschweißung.

Allgemeiner Aufbau. Betrachtet man den K r i s t a l l a u f b a u einer Stahlschweiße an Hand der Darstellung Abb. 29, so ergibt sich folgendes Bild: Die linke Hälfte zeigt das n i c h t n a c h b e h a n d e l t e Gefüge, also die Rohschweiße, die rechte Bildhälfte das Gefüge einer n a c h g e g l ü h t e n u n d g e h ä m m e r t e n Schweiße. Es handelt sich um eine v-Schweiße an einem Flußstahlblech, das normale Zeilenstruktur, also Walzgefüge, besitzt.

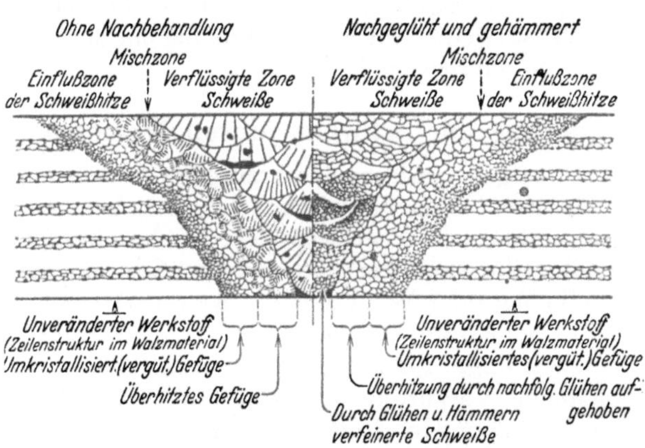

Abb. 29. Darstellung des Gefügeaufbaues einer Gasschweiße.

Von der Bildmitte ausgehend nach links ist zunächst die verflüssigte Zone, die Schweiße, angedeutet. An sie schließt eine Zone überhitzten Gefüges mit gegenüber dem Grundwerkstoff gröberen Kristallen an, deren Größe im weiter angelagerten Gebiete des durch Umkristallisation vergüteten Gefüges abnimmt, um schließlich in den durch den Schweißvorgang unverändert gebliebenen Grundwerkstoff auszulaufen. In der rechten Bildhälfte ist dagegen ein durch Glühen und Hämmern verfeinertes Schweißgefüge dargestellt und die in der Einflußzone der Schweißhitze entstandene Überhitzung aufgehoben. Allerdings ist praktisch der Übergang vom Gebiete der Umkristallisation zum Mutterwerkstoff im allgemeinen nicht so schroff, vielmehr verläuft er ganz allmählich.

Beispiel (Schliffbild). Das nicht nachbehandelte Gefüge einer Gasschweiße zeigt an vier Einzelbildern die Abb. 30, allerdings nur neben der eigentlichen Schweiße. Bei a, etwa 2 mm neben der Schweiße, findet man ein

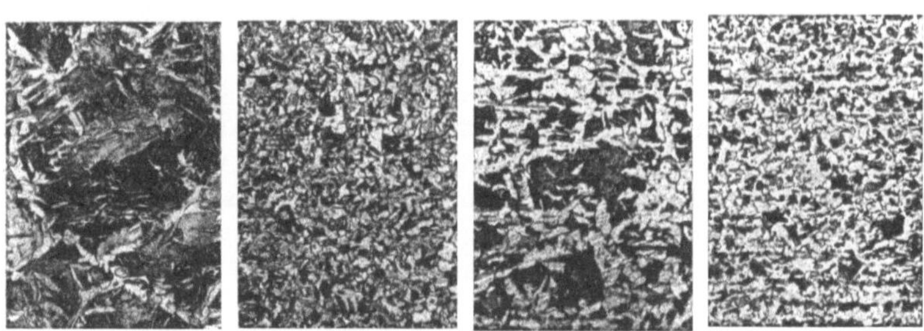

a   b   c   d

Abb. 30. Gefüge dicht neben einer Gasschweiße. (v = 100). (nach Mies).

a ... d. Kraftwagenrahmen, Nähe einer Gasschweißung. a) 2 mm neben der Schweißung: überhitzt, b) 5 mm neben der Schweißung: normalgeglüht, c) 9 mm neben der Schweißung: rekristallisiert, d) 20 mm neben der Schweißung: ursprüngliches Gefüge.

stark überhitztes Gefüge; bei b (5 mm neben der Schweiße) ist feines Korn infolge Normalglühens vorhanden; bei c (9 mm neben der Schweiße) haben wir ein durch Rekristallisation grob gewordenes Korn, das durch eine vorausgegangene Kaltverformung des Bleches (durch Walzen, Richten usw.) zu erklären ist, und bei d (20 mm neben der Schweiße) ist erst wieder das normale ursprüngliche Blechgefüge zu erkennen. — Die besonderen Verhältnisse einer Gußeisenschweiße werden zweckmäßig im späteren Kapitel IV G „Die Schweißung von Gußeisen" besprochen.

3. Veränderung der Schweiße durch Warmbehandlung.

Da sich nach vorigem auch bei sorgfältigster Beachtung aller Schweißbedingungen schädliche Gefügebildungen in und neben der Schweiße nicht vermeiden lassen, sucht man — insbesondere bei hochbeanspruchten Schweißungen — die Schweiße entweder während des Schweißens durch M e h r l a g e n s c h w e i ß u n g oder W a r m h ä m m e r n oder nach dem Schweißen durch N o r m a l i s i e r e n zu verbessern.

Mehrlagenschweißung. Eine von der Schweißdauer und dem Drahtdurchmesser abhängige Vergütung der Schweiße ist bereits durch die Glühwirkung der jeweils folgenden Lagen zu erzielen. Die Dreilagenschweiße (Abb. 31) läßt erkennen, daß die untere und die Zwischenlage (2.) durch die dritte, die Decklage, infolge Ausglühens eine Gefügeverfeinerung erfahren haben. Die oberste Lage wird entsprechend dem stärksten Wärmefluß immer das gröbste Korn im Schliffbild aufweisen. Die Mehrlagenschweißung hat außerdem den Vorteil, daß die zum Spannungsfreiglühen erforderlichen Temperaturen in den unteren Lagen erreicht und damit größere Spannungen ausgeglichen werden. Bei der G a s s c h w e i ß u n g wird die Mehrlagenschweißung, die sich bei der Lichtbogen-

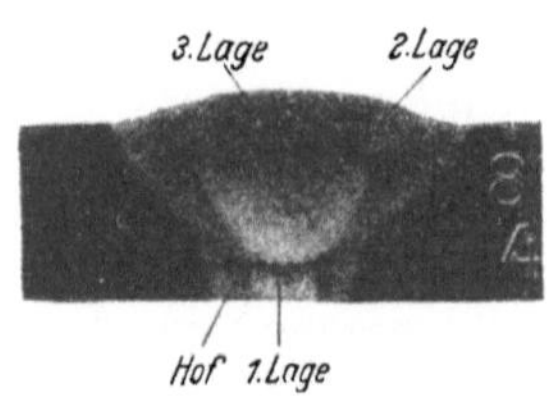

Abb. 31. In 3 Lagen geschweißte V-Naht.

schweißung von selbst ergibt, bei dicken Nähten mit Erfolg benutzt. Auch w u r z e l s e i t i g e s N a c h s c h w e i ß e n , das an dieser Stelle mit erwähnt sein darf, ist hinsichtlich der Gefügeverbesserung von *Vorteil.*

Normalisieren. Die wertvollste Glühbehandlung ist das N o r m a l g l ü h e n oder Normalisieren, das gemäß dem Eisen-Kohlenstoff-Schaubild (Abb. 16 u 26) oberhalb der Linie *G O S* (Ac$_3$-Punkt), also in einem Temperaturgebiet über 720° erfolgen muß. Glüh t e m p e r a t u r und Glüh d a u e r sind vom Kohlenstoffgehalt des Stahls abhängig. Je kohlenstoffärmer der Stahl ist, um so höher liegt die Glühtemperatur. Die an die Temperatur gebundene Glühdauer bewegt sich zwischen 20 min und 2 h und richtet sich außerdem nach der Werkstoffdicke. Die Abkühlung muß gleichmäßig und an ruhender Luft vor sich gehen; verzögerte Abkühlung ergibt ein grobes Korn, wie es bei Temperaturen oberhalb etwa 950° entstehen würde.

Das Normalisieren dient dem Zwecke der G e f ü g e v e r b e s s e r u n g und schließt gleichzeitig ein Spannungsfreiglühen in sich ein. Es tritt eine Kornverfeinerung durch Umkristallisation auf. Während ein längere Zeit auf über 900° erhitzter, sog. überhitzter Stahl durch Normalglühen ohne weiteres wieder verbessert werden kann, trifft dies für verbrannten Stahl nicht mehr zu; er ist endgültig verdorben.

Die W i r k u n g d e s N o r m a l g l ü h e n s bei einer Einlagenschweißung geht aus Abb. 32 hervor. Das Bild *I* zeigt den Übergang zwischen Grundwerkstoff *M* (Zeilenstruktur) und Schweiße *S* in 60facher Vergrößerung, Bild *II* ein der Mitte der Schweiße entnommenes Schliffbild in

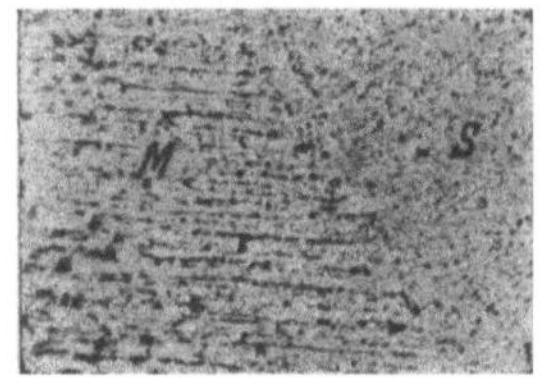 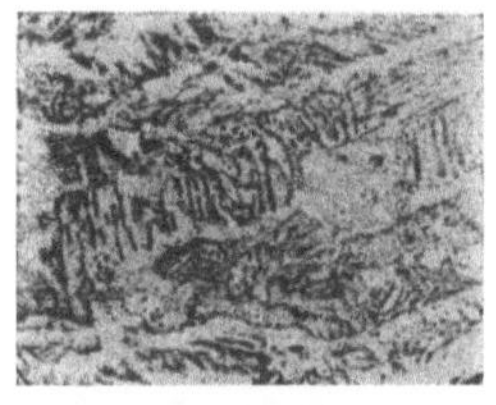 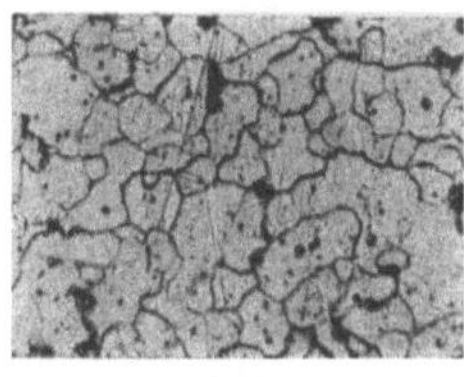

I   *II*   *III*

Abb. 32. Unbehandelte und vergütete Schweiße (V = 60 und V = 200).

200facher Vergrößerung mit Widmannstättenscher Gußstruktur, die sich durch ungleichmäßig verteilte, langgestreckte Kristalle auszeichnet. Endlich läßt Bild *III* das Gefüge derselben, aber normalgeglühten Schweiße bei gleicher Vergrößerung erkennen. Die gleichmäßigen kleinen Kristalle beweisen, daß das Gefüge durch das Normalglühen wesentlich verbessert worden ist.

Vom Normalisieren, das allerdings mit erheblichen betrieblichen Kosten verknüpft ist, wird heute viel Gebrauch gemacht. In manchen Fällen ist es vorgeschrieben, so z. B. im Kesselbau, wenn der Schweißfaktor 0,9 in Rechnung gesetzt werden darf. Ausgenommen ist die austenitische Schweißung. Unter einschränkenden Bestimmungen wird im Kesselbau auch das S p a n n u n g s f r e i g l ü h e n — bei 600° etwa 1 h lang je 25 mm Wanddicke — zugelassen, das den Vorteil geringerer Betriebskosten hat, aber nur die Spannungen beseitigt und nicht die gleiche technologische und metallurgische Güte wie das Normalisieren ergibt. Ein anderer Fall des Spannungsfreiglühens ist das Glühen geschweißter Rohrrundnähte an Ferngasleitungen größeren Durchmessers mit Hilfe von Mehrflammen-Ringbrennern. Das

Glühen mit der Schweißflamme an einzelnen Stellen eines geschweißten Werkstücks ist nur ein Behelfsmittel und von fraglicher Wirkung.

Hämmern. Das W a r m h ä m m e r n der Schweiße, das bei der Gasschweißung seit langer Zeit bekannt und in Anwendung ist, ruft neben der Einschränkung der Schrumpfspannungen eine gewisse Streckung des Korns und damit eine Gefügeverdichtung hervor, ferner eine Bildung neuer Körner durch Rekristallisation, die sich in höherer Zugfestigkeit, Dehnung und Kerbschlagzähigkeit auswirken kann. Abb. 33 zeigt eine nicht nachbehandelte Gasschweiße mit Überhitzungsgefüge und Abb. 34 dieselbe Schweiße nach dem Warmhämmern, das deutlich ein verbessertes feinkörniges Gefüge mit wesentlich erhöhter Kerbschlagzähigkeit nachweist. Schon im Abschnitt 1 wurde unter „Rekristallisation" darauf hingewiesen, daß der Rekristallisationsvorgang, wenn er sich günstig auswirken soll, sorgsam gesteuert werden muß. Voraussetzung für eine v e r g ü t e n d e   R e k r i s t a l l i s a t i o n ist hoher Verformungsgrad bei richtiger (möglichst niedriger) Glühtemperatur. Diese Bedingung wurde bisher beim Warmhämmern der Gasschweißungen wenig beachtet, läßt sich aber nach C z t e r n a s t y (s. Abschnitt „Die Güte der Schweißnaht und ihre Prüfung") zufriedenstellend erfüllen.

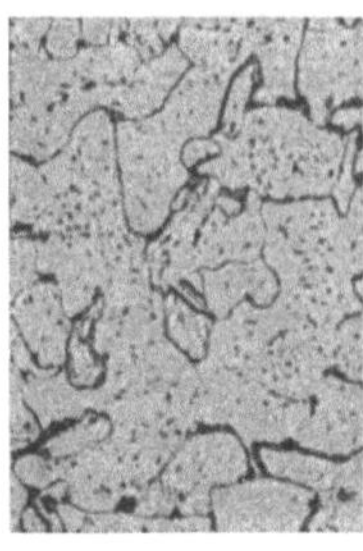

Abb. 33. Gasschweißung mit Überhitzungsgefüge. (v = 100)

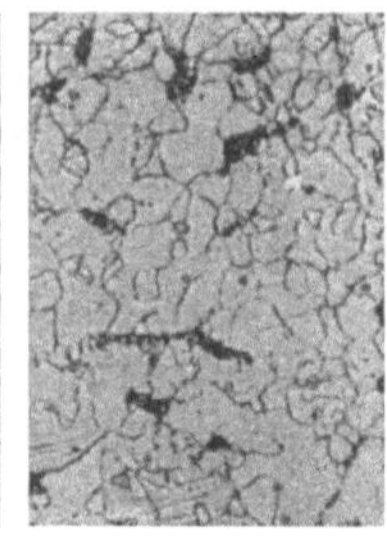

Abb.34.Gasschweißung, wie Abb. 33, warm gehämmert. (v = 100).

Es ist an sich selbstverständlich, möchte aber noch besonders herausgestellt werden, daß in dem Temperaturgebiet der B l a u h i t z e (200 ··· 350⁰) keinesfalls gehämmert werden darf, da sonst Risse entstehen. Ein K a l t - h ä m m e r n der Schweiße bei Raumtemperatur kann Schrumpfungen und Spannungen herabsetzen, jedoch steigen, wie bei jeder Kaltverformung, Zug - festigkeit und Härte des Werkstoffs, dagegen nimmt die Dehnung stark ab, und die Schweiße wird zu vorzeitiger Alterung und zu Laugensprödigkeit neigen.

4. Schrumpfungen und Spannungen.

Allgemeines. Die vom Werkstück aufgenommene Schweißwärme und sein Wiedererkalten, sowie das Zusammenziehen der Naht und der Schweiße selbst haben Schrumpfungen und Wärmespannungen zur Folge. Bleiben größere Spannungen in der geschweißten Konstruktion zurück, dann können sie diese während der betrieblichen Beanspruchung gefährden, wenn auch eine gewisse Selbsthilfe des Baustoffs ausgleichend wirken kann. Für die Gestaltung und Berechnung einer Schweißkonstruktion ist die Kenntnis der Größe, Richtung und Verteilung der zu erwartenden Schweißspannungen wichtig. Mittel, die Entstehung von Spannungen gänzlich zu unterbinden, gibt es nicht, jedoch können sie durch geeignete Maßnahmen vor dem Schweißen, während und nach der Schweißarbeit so stark beschränkt werden, daß sie unschädlich sind. Die Klärung der theoretischen Fragen, die mit den verwickelten Spannungsvorgängen während des Schweißens zusammenhängen, ist trotz vielseitiger und umfassender Forschungsarbeiten[1]) noch nicht erreicht worden, was

---

[1]) B i e r e t t : Versuche zur Ermittlung der Schrumpfspannungen in geschweißten Verbindungen usw. Mitteilungen d. dtsch. Mat.-Prüf.-Anstalt, Sonderheft 25. — Zur Festigkeitsfrage bei der Schweißung festerer Baustähle. Elektroschweißg., Heft 9. 1938. — Ermittlung der Schweißspannungen. Stahl und Eisen 1935. — B o l l e n -

wegen der mit den ungleichen Erhitzungs- und Schrumpfungsvorgängen stark
wechselnden Werte verständlich ist. Im folgenden sollen zunächst nur grundsätzliche Gesichtspunkte für die Gas- und Lichtbogenschweißung besprochen
werden.

Schrumpfungen. Die Größe der Schrumpfung hängt, außer von den
metallurgischen Eigenschaften des Werkstoffs, in erster Linie ab von der
Masse des eingeschmolzenen Schweißdrahts, von der Form des Nahtquer-
schnitts, der Schweißgeschwindigkeit, der Höhe und Gleichmäßigkeit der
zugeführten Wärme und von der Wärmeableitung. Für die Schrumpf-
geschwindigkeit sind maßgebend: die spezifische Wärme des Werkstoffs, mit
deren Höhe die Abkühlungsgeschwindigkeit abnimmt, und die Wärmeleitfähigkeit. Außerdem sind die mechanischen Eigenschaften des Werkstoffs,
wie die Streckgrenze, die Zugfestigkeit und der Grad der Verformbarkeit
von Einfluß, sowie metallurgische Faktoren, die sich aus dem oft sehr raschen
Erkalten der Schweiße dadurch ergeben, daß Verschiebungen der Gefüge-
umwandlungspunkte und damit Volumenänderungen eintreten, was Rißbildung besonders bei festeren Stählen zur Folge haben kann.

Man hat bei Blechen, auf die sich unsere Betrachtungen beschränken
sollen, zwischen Q u e r - und L ä n g s s c h r u m p f u n g e n zu unterscheiden.
Die in Richtung der Blechdicke auftretenden D i c k e n s c h r u m p f u n g e n
können ihrer Geringfügigkeit halber unberücksichtigt bleiben. Die Größe der
Q u e r s c h r u m p f u n g, die senkrecht zur Naht liegt, wächst mit der von
der Blechdicke abhängigen Fugenbreite und setzt sich aus einer P a r a l l e l -
und einer W i n k e l schrumpfung zusammen. Während die Parallel-
schrumpfung von der Blechdicke weniger abhängig ist, trifft dies im verstärkten Maße für die Winkelschrumpfung zu, da ja die Fugenbreite (V - Naht)
und damit die Menge des eingeschmolzenen Werkstoffs über der Nahtbasis
erheblich zunimmt. Der eine der Blechschenkel in Abb. 35 c wird beim Erstarren der Schweiße aus seiner ursprünglichen waagerechten Lage (frei
bewegliche Bleche vorausgesetzt) um der Winkel α durch Winkelschrumpfung
abgehoben. Demnach muß dieser Teil der Schrumpfwirkungen bei I-, U-,
Doppel- U- und X-Stößen geringer sein als bei V-Nähten, besonders dann,
wenn beiderseitig gleichzeitig (stehend) oder wechselseitig geschweißt wird.
Es ist wohl verständlich, daß die Winkelschrumpfung um so kleiner sein
muß, je gleichzeitiger der Zusatzdraht in den gesamten Nahtquerschnitt
eingetragen wird. Dies ist aber eine Forderung, der nur in wenigen Fällen
entsprochen werden kann. Demnach wird insbesondere bei der Lichtbogenschweißung die Winkelschrumpfung als der Hauptanteil an der Querschrumpfung immer verhältnismäßig groß sein müssen, da ja dickere Bleche
stets in mehreren Lagen geschweißt werden müssen und mit der Anzahl der
Lagen die Winkelschrumpfung wächst. Sie ist deshalb beim Lichtbogenschweißen auch größer als beim Gasschweißen. Im einzelnen ist noch in
Abb. 35 bei a die Schrumpfung durch Auftragsschweißung gezeigt, der man
nach b durch Vorbiegen des Bleches entgegenwirken kann. Die Verformung
des V-Stoßes (bei c) kann man nach d ausgleichen, indem man die Bleche
um den Winkel $d/2$ schräg zueinander legt. Das gleiche gilt für eine Kehlnaht (nach e). Die Querschrumpfung setzt unmittelbar nach dem Einbringen des Füllwerkstoffs ein, während sich der Blechwerkstoff infolge der

---

r a t h : Eigenspannungen bei der Lichtbogen- und Gasschweißung. Abhandlungen
des aerodyn. Instituts. T. H. Aachen 1934, Heft 14. — L o t t m a n n : Schweißen
im Schiffbau. Elektroschweißg. 1930, S. 133. — M a l i s i u s : Die Schrumpfung geschweißter Stumpfnähte. Elektroschweißg. 1936, S. 1—9.

aufgenommenen Schweißwärme noch ausdehnt. Während die Schweißnaht selbst noch flüssig oder plastisch ist, muß demnach die Wärmedehnung der inzwischen fest verbundenen Blechteile eine Verengung der Nahtfuge herbeiführen, die in erster Linie für das Gesamtmaß der Schrumpfung bestimmend ist. Die Schrumpfung der Schweiße selbst macht nur etwa 10 vH der durch die Blechdehnung bedingten Querschrumpfung aus.

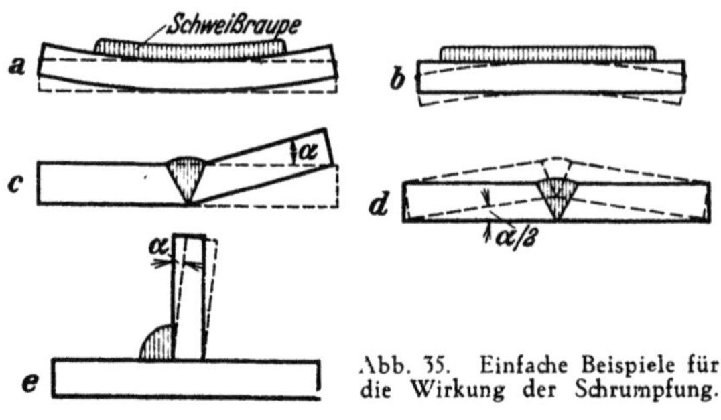

Abb. 35. Einfache Beispiele für die Wirkung der Schrumpfung.

Da bei der Kehlnaht die Einbrandzone nur einen beschränkten Teil der Blechdicke erfaßt, ist die Querschrumpfung kleiner als beim Stumpfstoß und von der Blechdicke viel weniger abhängig; sie erreicht in der unterbrochenen Naht ihre geringsten Werte. Zur Verminderung der Quer- und Winkelschrumpfungen sind geringste Wärmezufuhr und ein kleiner Nahtquerschnitt (soweit dies wegen der Kraftübertragung und der Rißgefahr der Wurzellagen möglich ist) anzuraten.

Die in Richtung der Naht auftretenden Längsschrumpfungen haben ihre Ursache vor allem in plastischen Stauchungen innerhalb der hocherhitzten Zonen der Bleche. Da der Formänderungswiderstand des Stahls erst unterhalb etwa 600⁰ einsetzt, tritt die größte Stauchung in unmittelbarer Nähe der Naht selbst ein. Das Maß der verhältnismäßig geringen, aber sehr störenden Längsschrumpfungen bewegt sich in den Größenordnungen von 0,3···1 mm/m, demgegenüber stehen jedoch hohe Längsspannungen. Die Hilfs- und Spannvorrichtungen zur Vermeidung von Verwerfungen dienen hauptsächlich der Beseitigung der oft sehr unangenehmen Verkrümmungen und Verwindungen, die den Längsschrumpfungen besonders bei langen Schweißnähten zuzuschreiben sind.

Spannungen. Ganz allgemein gesprochen kann man annehmen, daß die Spannung der innere Widerstand eines Körpers ist, den dieser einer äußeren Kraft entgegensetzt, gleichviel, ob sie mechanischer Art ist oder durch Temperaturveränderung veranlaßt wird. Untersucht man die Abhängigkeit der Dehnung eines Eisenstabes vom Belastungsgewicht auf der Zerreißmaschine, so erhält man ein S p a n n u n g s - D e h n u n g s - S c h a u b i l d (Abb. 36).

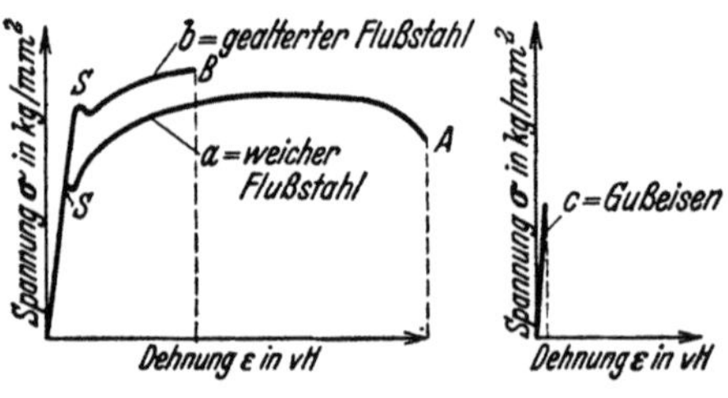

Abb. 36. Beziehungen zwischen Dehnung und Spannung bei Belastung.

Die Kurve a entspricht weichem, die Kurve b gealtertem Flußstahl und die Kurve c dem Gußeisen. Aus der Abbildung ist ersichtlich, daß die Kurven a und b zunächst geradlinig steil ansteigen, dann allmählich, um im Fall a schließlich noch wieder etwas abzufallen. Bei A bzw. B hört die Kurve plötzlich auf, der Stab ist zerrissen. Unterbricht man den Belastungsvorgang im Teile des geradlinig ansteigenden Kurvenastes, indem man die Belastungskraft auf 0 zurückgehen läßt, so wird der Stab auf seine ursprüngliche Länge zurückgehen. Würde man indessen den Zugversuch oberhalb des Punktes S (Streckgrenze) unterbrechen, so ergäbe die Messung eine bleibende Längung des Stabes. Demnach entspricht der geradlinige ansteigende Teil der Abbildung dem Gebiete der federnden Dehnung und die sich daran anschließende Kurve dem Gebiete der b l e i b e n d e n Dehnung. Da, wie die Kurve c zeigt, Gußeisen fast gar keine Dehnung hat und auch die Zugfestigkeit viel geringer ist, kann dieser Werkstoff nur sehr viel weniger Spannungen aufnehmen als Flußstahl.

Die D e h n u n g eines Stabes bezeichnet man mit ε und drückt sie im vH einer bestimmten Meßlänge aus; die S p a n n u n g wird mit σ bezeichnet und in kg/mm² angegeben. Das Verhältnis $\frac{\text{Dehnung}}{\text{Spannung}} = \frac{\varepsilon}{\sigma} = \alpha$ nennt man die D e h n u n g s z a h l. In dem geradlinig ansteigenden Teil der Kurve ist dieses Verhältnis immer gleich derselben Zahl, und zwar hat man durch Versuche festgestellt, daß eine Spannung von 1 kg/mm² bei Flußstahl eine Dehnung von 0,0000465 mm hervorruft. Da diese Zahl sehr klein ist, gibt man vielfach ihren umgekehrten Wert an: $\frac{\sigma}{\varepsilon} = \frac{1}{\alpha} = E$ und nennt diesen Wert E l a s t i z i t ä t s m a ß, das allgemein auf kg/cm² bezogen wird. Für Flußstahl ist demnach $E = \frac{1}{0,0000465} = 21\,00$ kg/mm² oder 2 150 000 kg/cm². Ist die Dehnung eines Stahlstabes bekannt, so kann die Spannung $\sigma = E \cdot \varepsilon = 2\,150\,000 \cdot \varepsilon$ kg/cm² berechnet werden. Wird z. B. auf einem Stahlstab eine Meßlänge von 100 mm aufgetragen und dieser einer Belastung unterworfen, so daß er sich um $\frac{1}{10\,000}$ mm längt, dann ist die Zugspannung $\sigma = E \cdot \varepsilon = (2{,}15 \cdot 10^6) \cdot (10 \cdot 10^{-5}) = 215$ kg/cm².

Beim Schweißen werden die S p a n n u n g e n d u r c h W ä r m e a u s - d e h n u n g o d e r S c h r u m p f u n g der Schweiße bzw. des Werkstoffs verursacht. Denkt man sich einen Stab eingespannt, so daß ihm die Möglichkeit sich auszudehnen oder zusammenzuziehen genommen ist, und erwärmt ihn, so müssen durch die Einspannung derartige Kräfte auftreten, daß eine der Wärmeausdehnung zwar gleich große, aber entgegengesetzt gerichtete Kraft entsteht. Bei einer Wärmeausdehnung werden demnach an den Einspannstellen Druckkräfte, beim Schrumpfen Zugkräfte entstehen. Durch genaue Meßversuche ist man in die Lage versetzt, für jeden Körper seine Längenausdehnung je Grad zu ermitteln. Diese gemessenen Werte bezeichnet man als L ä n g e n a u s d e h n u n g s z a h l e n oder Wärmedehnzahlen. Eisen hat eine Wärmedehnzahl von 1,1 · 10⁻⁵. Erwärmt man einen Eisenstab von 1 m Länge gleichmäßig um 100⁰, so wächst seine Länge um 1,1 mm. Die Größe der Kraftdehnung, wie die Dehnung des Stabes in der Zerreißmaschine bezeichnet werden soll, war so, daß 1 kg/mm² Spannung eine Dehnung von 0,0000465 mm hervorrief, d. h. also um einen Eisenstab von 1 m Länge um 1,1 mm zu dehnen, ist eine Kraft von $\frac{1{,}1}{1000 \cdot 0{,}0000465} = 23$ kg/mm² notwendig. Demnach hat man auf Grund der Wärmedehnzahl eine Beziehung zwischen Temperaturgraden und Spannung gefunden. Im Beispiel entspricht eine Erwärmung von 100⁰ einer Spannung von 23 kg/mm², und es würde, um 1 kg/mm² Spannung im Stabe zu erreichen, $\frac{100}{23} = 4{,}3^0$ Temperaturveränderung notwendig sein. Bei einer Erwärmung des eingespannten Stabes um etwa 100⁰ würde sich bereits eine Druckspannung ergeben, die zu einer bleibenden Verformung führt.

Hinsichtlich des geschilderten Zugversuchs muß ausdrücklich herausgestellt werden, daß sich diese Verhältnisse nur auf normale Temperaturen beziehen. Im Blaubruchgebiet (200···350⁰) tritt eine Verminderung der Verformungsfähigkeit bei steigender Festigkeit und Bruchgefahr ein. .Da die Streckgrenze im Temperaturgebiet zwischen 600 und 700⁰ erheblich abnimmt, und der Werkstoff gleichzeitig hohe Verformungsfähigkeit aufweist, können merkliche Spannungen erst unterhalb dieser Temperaturen (600⁰) auftreten. Erst hier setzt ein Formänderungswiderstand, die Ursache der Spannungen, ein.

Für das Ausmaß der Schweißspannungen gilt zunächst die grundsätzliche Überlegung, daß die der Erhitzung folgende Schrumpfung frei beweglicher Körper sehr groß ist, dafür aber die Wärmespannungen sehr gering sind. Umgekehrt wird beim starr eingespannten Körper die Schrumpfung einen Kleinstwert, dagegen die Spannung einen höchsten Wert annehmen. Da nun beim Schweißen selten weder der eine noch der andere Fall allein auftritt, sind die Spannungserscheinungen um so verwickelter, als die Naht, besonders die längere, ja nicht auf einmal gleichmäßig, sondern mit dem Schweißvorgang fortschreitend abschnittsweise erkaltet. Mit anderen Worten sind größere, bereits geschweißte Teile des Schweißkörpers, obwohl sie an sich frei beweglich sein mögen, als eingespannt zu betrachten; es bilden sich ständig wechselnde Spannungsfelder. Daraus ergibt sich auch die Folgerung, daß die Einspannvorrichtungen, die das Verwerfen oder Verkrümmen des geschweißten Körpers beseitigen sollen, eine höhere Restspannung verursachen, während anderseits diese ungewollten Verformungen der Konstruktion praktisch nicht in Kauf genommen werden können, obwohl hierdurch die Spannungen abgebaut würden. Allerdings ist eine so starre Einspannung, die eine vollkommene Unterdrückung des Schrumpfens bewirken könnte, nicht zu erreichen. Auch die Tatsache, daß sich erhitzte Bleche beim Erkalten mehr zusammenziehen als sie sich ausdehnten, da meist eine Stauchwirkung auftritt, ist die Ursache zurückbleibender Spannungen. Alles in allem ist demnach ein spannungsfreies Schweißen, so sehr es zu begrüßen wäre, praktisch unmöglich.

Größe und Verteilung der Schrumpfspannungen (Zug und Druck) im Gesamtfeld der Bleche können, schon auf Grund der Schweißgeschwindigkeit in weiten Grenzen wechseln, nur müssen sie, um den Gleichgewichtsbedingungen zu genügen, in jeder Kräfterichtung summarisch gleichwertig sein. In der Naht herrschen in Längsrichtung Zugspannungen, weil ja die in dieser Richtung eingespannten Bleche selbst am völligen Einschrumpfen behindert wurden. In der Nahtmitte tritt die Zugspannung, am stärksten auf und sie nimmt nach den Blechenden zu ab, während sich außerhalb der Naht Druckspannungen vorfinden. Die Verteilung der mit den Längsspannungen im Gleichgewicht stehenden Querspannungen ist vor allem von der Schweißgeschwindigkeit und davon abhängig, ob in einem Zuge, also durchlaufend, oder unterbrochen geschweißt wird. Das kommt in Abb. 37, die für eine Lichtbogenschweißung die Verteilung der Querspannungen über die Nahtlänge veranschaulicht, sinnfällig zum Ausdruck. In der bei *a* durchlaufend geschweißten Naht besteht im mittleren Gebiet Zug, der bei langen Nähten fast gleich Null werden kann, an den Enden herrscht Druck. Die erheblichen Druckspannungen der Nahtenden sind als eine natürliche Sicherung aufzufassen, da eine solche Naht günstiger beansprucht ist als eine unter Zugspannung stehende. Diese Druckspannungen an den Nahtenden sind immer vorhanden, auch bei einer unterbrochenen, und zwar sprungweise geschweißten Naht *b* (Pfeile). Entsprechend den einzelnen Schweißabschnitten wechseln Zug und Druck häufig und erreichen oft höhere Werte als bei der laufend geschweißten Naht. Daraus läßt sich der Schluß ziehen, daß der unterbrochenen Naht nicht immer das Wort gesprochen werden kann und daß sie folgerichtig angeordnet werden muß.

Die **Längsschrumpfspannungen** einer Naht sind um so größer, je schmaler die beiderseitigen Erhitzungszonen sind, je weniger verformbar der Werkstoff, also je fester er ist, und wenn er zur Härtung neigt. Breitere Erhitzungszonen können in gewissen Grenzen vorteilhaft sein. Die richtige Schweißfolge, Art und Größe der Wärmezufuhr, die für die Rißsicherheit, gegen Verwerfungen und für geringste Restspannungen erforderlichen Maßnahmen in einem logisch durchdachten **Schweißplan** vor Arbeitsbeginn zu entwickeln, gehört zweifellos zu den dankbarsten, aber

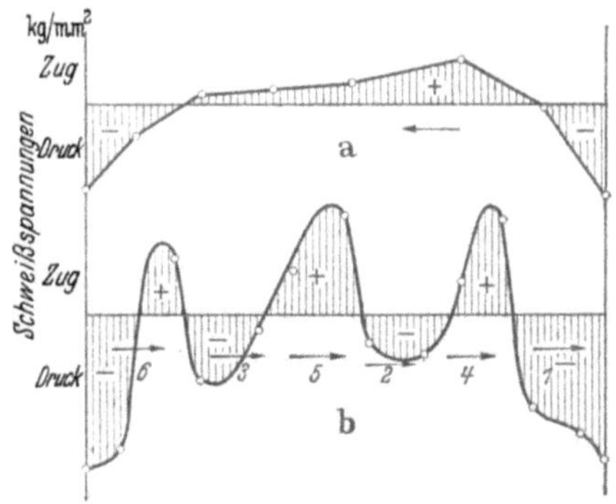

Abb. 37. Querschrumpfungen einer 600 mm langen Schweißnaht (v. Stoss) an 12 mm Blech.

auch schwierigsten Arbeiten des Schweißfachingenieurs. Daß die Spannungswerte fast immer die Streckgrenze des Werkstoffs erreichen und beim mehrachsigen Spannungszustand sogar weit überschreiten können, sollte zur Überschätzung der Spannungsgefahren keinen Anlaß geben, da ganz ähnliche Verhältnisse auch beim Walzen und anderen Fertigungsvorgängen auftreten. Dem kommt auch die **Selbsthilfe** eines genügend verformungsfähigen Werkstoffs entgegen, worunter man einen teilweisen Abbau der Spannungen durch ausgleichende Betriebsspannungen zu verstehen hat, d. h. die innere Spannung der Naht wird von den gefährdeten Stellen hoher Spannungsspitzen zu weniger gefährlichen Stellen abgedrängt. **Spannungsspitzen,** die durch Wärmestauung und das hiermit verknüpfte große Temperaturgefälle, besonders in der Längsrichtung elektrisch geschweißter Nähte auftreten, sind zwar besonders gefährlich, gefährden aber die Sicherheit der Konstruktion nur mittelbar, da sie erfahrungsgemäß während des Betriebes abgebaut werden. Das hat seine Ursache in einer Reckung, die durch äußere Belastung der Konstruktion über die Streckgrenze hinaus eintritt; der gereckte Werkstoff nimmt dann den ursprünglichen Spannungsanteil nicht mehr auf.

In diesem Zusammenhang ist darauf hinzuweisen, daß auch **Blasen** oder größere **Poren**, besonders dann, wenn sie scharfe Kanten und Ecken besitzen, also nicht kugelig sind, am Lochrande Spannungsspitzen verursachen, deren Höchstwert den der mittleren Spannungen um ein Mehrfaches übersteigt. Daß mit der Verringerung des Schweißquerschnitts durch Porenanteile ein proportionale Festigkeitsabnahme Hand in Hand geht, ist kaum zweifelhaft, dagegen können sie u. U. die Kerbschlagzähigkeit erhöhen.

Der natürliche Spannungszustand, wie er sich beim Schweißen uneingespannter, mithin ursprünglich frei beweglicher Bleche ergibt, wird durch **weitere Spannungsfelder** dann überlagert, wenn die Bleche auf einer starren Unterlage oder sonstwie so fest eingespannt werden, daß sie den Schrumpfkräften nur sehr wenig nachzugeben vermögen. Die Folge sind hohe Zugkräfte, die mitunter die ganze Nahtlänge in bedenklicher Weise erfassen.

Da bei **Kehlnähten**, auf Grund der sehr ungünstigen Einspannverhältnisse, das Ausdehnen und Schrumpfen der Schweiße unter starker Behinderung in Längs- und Querrichtung erfolgt und wahrscheinlich der weitaus größte Teil der Naht einen hohen räumlichen Spannungszustand aufweist, sind sie gegenüber der Stumpfnaht erhöhter Rißgefahr ausgesetzt. Diese Fragen sind zur Zeit noch wenig geklärt.

Über Hilfsmaßnahmen gegen Spannungsgefahren wird im Hauptabschnitt IV „Die Technik der Gasschweißung" das Erforderliche ausgeführt.

5. Rißgefahren.

Allgemeines. Zunächst können schon ungünstige Konstruktion und schweißtechnische Verhältnisse zu einer Rißgefahr führen. Diese ist z. B. dann gegeben, wenn zu starre Einspannungen und zu starke Vorspannungen vorliegen, weiter wenn im Verhältnis zum Werkstück die Schweißraupen lagen, vor allem die Wurzellagen zu dünn sind. Besonders bei Kehlnähten führt eine zu dünne Wurzellage fast immer zu Rissen. Eine sehr ungünstige Schrumpfwirkung ergibt sich auch bei Hohlkehlnähten. Außer diesen leichter zu beherrschenden Rißmöglichkeiten kommen aber noch ungünstige physikalische und metallurgische Eigenschaften der Schweiße und der Übergangszonen für eine Rißbildung in Frage. Sie sollen an Hand der Begriffe der Schweißempfindlichkeit, Schweißnahtrissigkeit und Schweißrissigkeit näher betrachtet werden.

Schweißempfindlichkeit. Eine wichtige Eigenschaft aller kohlenstoffreicheren Stähle, die beim Schweißen störend einwirkt, ist die, daß sie bei schneller Abkühlung aus hohen Temperaturen hart und spröde werden. Man spricht von einer „**Aufhärtung**", die bei St 34 und St 37 infolge des geringer Kohlenstoffgehalts von 0,1···0,15 vH noch nicht in Erscheinung tritt, sich aber z. B. bei St 52 und bei allen Kohlenstoffstählen über 0,15 vH C mehr oder weniger unangenehm bemerkbar macht. Diese Aufhärtung setzt sich beim Schweißen bis in die Übergangszonen hinein fort, und man spricht von „**Schweißempfindlichkeit**", wenn ein Stahl infolge zu harter Übergangszonen mit sehr geringem Formänderungsvermögen in Verbindung mit großen Schweißspannungen zu Rißbildungen neigt. **Die Risse nehmen ihren Ausgang von den Härtungszonen und können bis weit in den an die Schweiße angrenzenden Werkstoff hinein reichen.** Bei St 34 und St 37 ist Schweißempfindlichkeit nur dann zu erwarten, wenn z. B. bei Thomasstahl der Gehalt an Phosphor, Schwefel und Stickstoff das übliche Maß übersteigt. Die Gefahr der Rißbildung ist allgemein um so größer, je schmaler die Erhitzungszone ist. Die Risse stellen sich teils nach Beendigung der Schweißung ein, teils aber auch erst bei geringen äußeren Belastungen. Bauart, Werkstoffdicke und Lage der Nähte sind hierbei von Bedeutung, in erster Linie ist aber die Zusammensetzung des Baustoffs für die Schweißempfindlichkeit maßgebend.

Schweißnahtrissigkeit. Diese liegt vor, wenn **Risse in den Schweißnähten selbst** auftreten. Meist handelt es sich dabei um ausgesprochene **Warmrisse**, die sich schon während des Schweißens selbst bilden, und zwar teilweise in höheren Temperaturgebieten (über 600⁰), teilweise aber auch erst im Blaubruchgebiet (200···350⁰), also in einem Gebiet verringerter Formänderungsfähigkeit. Besonders gefährdet sind Wurzelnähte und schwache Kehlnähte. Man versucht die Rißbildung dadurch abzuwenden, daß man einen wenig empfindlichen Schweißdraht verwendet und einen genügend dicken Draht. Maßgebend sind also in der Hauptsache die Eigenschaften des Schweißdrahts.

Schweißrissigkeit. Hierbei handelt es sich um R i ß b i l d u n g e n n e b e n d e r S c h w e i ß n a h t, also im Übergangsgefüge von der Schweißnaht zum Ursprungswerkstoff. Sie wurden vor allem bei geringen Querschnitten von Stählen höherer Festigkeit beobachtet, z. B. bei Chrom-Molybdänstählen, wie sie im Flugzeugbau verwendet werden. Die Gefahr der Schweißrissigkeit steigt mit zunehmendem Gehalt an Kohlenstoff, Phosphor, Schwefel und Sauerstoff. Hauptsächlich sind Schwefel- und Phosphorgehalt mit steigendem Kohlenstoffgehalt eng zu begrenzen, und es ist guter Elektrostahl als Werkstoff zu wählen.

Allgemeine Beeinflussung der Rißbildungen. Außer den im vorigen bereits angegebenen einzelnen Abhilfemaßnahmen ist allgemein zu beachten: Die Ursachen der behandelten Rißbildungen liegen im Zusammentreffen hoher Spannungen bzw. Spannungsspitzen mit der Ausbildung eines spröden Gefüges in oder neben der Schweißnaht. Hiernach ist einmal für den Baustoff des Werkstücks und für den Schweißdraht der geeignete Stahl zu wählen, und zwar möglichst „umwandlungsfreudiger Stahl", d. h. ein solcher, der ein starkes Bestreben hat, die Austenitstruktur in Perlit umzuwandeln und damit die Rißgefahr herabzusetzen. Andrerseits ist schweißtechnisch vor allem auf nicht unnötig hohe Erwärmung und auf langsame Abkühlung zu achten, da jede schroffe Abkühlung zu Versprödungserscheinungen führt. Als günstig hat sich auch eine Vorwärmung der Arbeitsstücke auf 200···300⁰ erwiesen und unbedingt zu empfehlen ist auch das nachträgliche Glühen in der Form des Spannungsfreiglühens oder Normalglühens, soweit diese Verfahren im Einzelfall praktisch anwendbar und wirtschaftlich zu vertreten sind.

E. Eigenschaften der Nichteisenmetalle.[1]

Werkstoffumstellung[2]). Wir müssen heute in Deutschland die NE-Metalle hauptsächlich unter dem Gesichtspunkt der Werkstoffumstellung sehen. Diese wird verlangt infolge der Forderung nach weitmöglichster Verwendung der im Inland verfügbaren Werkstoffe und wegen der äußersten Beschränkung des Einsatzes von Fremdstoffen. Werkstoffumstellung heißt, entweder bei vorhandenen Konstruktionen den Werkstoff ändern oder neue Konstruktionen mit anderen Werkstoffen schaffen als sie früher für einen ähnlichen Zweck richtig gewesen wären.

K u p f e r und seine Legierungen können zum Teil durch Leichtmetalle, Zinklegierungen oder Kunststoffe ausgetauscht werden. Andernfalls ist stets die Eignung der Plattierungen zu prüfen.

B l e i ist vielfach ein Austauschwerkstoff statt Zinn, z. B. bei Lagermetallen. Es ist aber an den großen Verbrauchsstellen (chemische Apparate und Rohrleitungen) einzusparen und z. B. durch Kunststoffe, Glas, Porzellan usw. zu ersetzen.

Z i n k ist in Form geeigneter Legierungen Austauschwerkstoff für Armaturen, teils auch schon für Lager und als Spritzguß für auf Automaten hergestellte Teile.

Z i n n ist weitgehendst einzusparen. Die Umstellung bei Lagern auf Blei-, Zink- und Aluminiumlegierungen, auf Sintereisen und Kunststoffe ist

---

[1]) s. Werkstoffhandbuch Nichteisenmetalle 1928, teils 1938 u. 1940.
[2]) s. Werkstoffumstellung im Maschinen- u. Apparatebau (Vorträge im VDI). 1940. — Konstruieren in neuen Werkstoffen, VDI-Sonderheft 1942.

erprobt. Im Lötzinn ist der Zinngehalt zu senken, soweit nicht die Umstellung auf das Schweißen das Löten ersetzt.

Die Leichtmetalle (Aluminium und Magnesium) sind mit ihren Legierungen die Austauschstoffe für Kupfer, Zinn und Nickel. Ihr Einsatz statt Gußeisen und Stahl ist noch vorsichtig zu steuern.

Nickel ist weitgehendst einzusparen, nach Möglichkeit auch Chrom, Molybdän, Vanadin usw. Für legierte Stähle kommt die gesteigerte Verwendung von Mangan, auch Stickstoffzusatz in Frage.

Auch bei Gußeisen und Stahl ist sparsam zu konstruieren (Leichtbau).

Kupfer. Das Metall kommt nach DIN 1708 als Hüttenkupfer A···F mit einem Reinheitsgrad von mindestens 99,0···99,9 vH, als Hüttenkupfer S (sauerstofffrei) und als Kupfer E, Elektrolytkupfer (letzteres hauptsächlich für elektrische Leitungen, nicht nach dem Reinheitsgrad, sondern nach der elektrischen Leitfähigkeit beurteilt) in den Handel, und zwar meistens als gewalzter und gezogener Werkstoff (in Blech-, Rohr-, Stangen- und Drahtform). Sein Schmelzpunkt ist 1083^0 (Reinkupfer), sein Siedepunkt 2360^0. Kupfer hat eine lachsrote Farbe, ist sehr geschmeidig und dehnbar, aber schlecht gießbar, hat ferner eine große Leitfähigkeit für den elektrischen Strom und für Wärme. Hüttenkupfer und ungeschmolzenes Kupfer enthalten 0,5···1,0 vH Kupferoxydul (Cu_2O), entsprechend einem Sauerstoffgehalt von 0,05···0,11 vH. Kupferoxydul ist in flüssigem Kupfer löslich, in festem Kupfer dagegen gänzlich unlöslich. Über 0,9 vH Cu_2O setzt die Festigkeit des Kupfers herab. 3,45 vH Cu_2O (entsprechend dem Eutektikum Kupfer-Kupferoxydul) erniedrigt den Schmelzpunkt des Kupfers auf 1064^0. Kupfer neigt in flüssigem Zustande, insbesondere wenn es kupferoxydulhaltig ist, stark zur Wasserstoffaufnahme und stößt den Wasserstoff beim Erkalten unter Zurücklassung von Poren (Blasen, Lunkern) wieder aus (Spratzen des Kupfers).

Die Wärmeausdehnung des Kupfers beträgt bei einer Erwärmung von 10^0 auf 100^0 auf 1 m Länge 1,6 mm, also beim Erwärmen bis zum Schmelzpunkt etwa 26 mm, was beim Schweißen besonders zu beachten ist. Die Zugfestigkeit beträgt bei gegossenem Kupfer 15···20 kg/mm², bei gewalztem (geglühtem) 20···23 kg/mm², letzteres bei einer Dehnung von 38···40 vH. Normalisiertes Kupfer — ein Kupfer, das nach der Warm- oder Kaltverformung 1 h lang bei 650^0 ausgeglüht wurde — hat 20···24 kg/mm² Zugfestigkeit bei einer Dehnung von 40···60 vH. Für den Schweißer ist es wichtig zu wissen, daß die Zugfestigkeit des Kupfers mit steigender Temperatur stark abnimmt, und zwar z. B. auf 8,5 kg/mm² (bei 400^0), 3 8 kg/mm² (bei 600^0) und 0,8 kg/mm² (bei 970^0).

Im Feuer ist Kupfer nicht härtbar und nur sehr beschränkt schweißbar. Durch oberflächliche Oxydation wird es dunkelrot. Überhitztes und verbranntes Kupfer sieht in der Bruchfläche ziegelrot aus; es ist dann nicht mehr brauchbar und kann nicht wieder brauchbar gemacht werden.

Messing (auch „Gelbguß" genannt) ist eine Legierung von 58···67 vH Kupfer, Rest Zink, ausnahmsweise mit kleinen Zusätzen von Blei, und kommt als Hartmessing (Schraubenmessing), Schmiedemessing, Druckmessing und Gußmessing in den Handel (Näheres s. DIN 1709), ist gut gießbar und in kaltem Zustand hämmerbar, walzbar, ziehbar. Der Schmelzpunkt schwankt zwischen 800^0 und 900^0; er ist um so niedriger, je mehr Zink in der Legierung ist. Die Wärmeleitfähigkeit ist infolge des Zinkzusatzes bedeutend geringer als die des Kupfers. Messingähnliche Legierungen sind

Deltametall, Duranametall usw., die man jetzt auch als „S o n d e r m e s -
s i n g" bezeichnet. Sie enthalten, neben Kupfer und Zink, etwa 3···5 vH
Eisen, Mangan, Blei und Aluminium. Nach den Normen werden auch d.e
kupferreicheren Legierungen H a l b t o'm b a k (Lötmessing), Gelbtombak
(Schaufelmessing), Hellrottombak, Mittelrottombak und Rottombak, die
67···90 vH Kupfer enthalten, unter die Gruppe der Messinge gerechnet.

Die Zugfestigkeit der Messingsorten ändert sich innerhalb weiter Grenzen zwischen 25 und 70 kg/mm² je nach der Legierungssorte und je nachdem
ob weicher, ½ harter, harter oder federharter gewalzter Werkstoff vorliegt.
Dementsprechend wechselt auch die Dehnung stark (zwischen 5 und 50 vH).
Die Gefahr der Wasserstoffaufnahme ist bei Messing nur gering, da Zink
die Löslichkeit für Wasserstoff sehr stark herabsetzt. Dagegen neigt der
Zinkanteil des Messings zu schneller Verdampfung (Siedepunkt des Zinks
bei 907⁰), was beim Schweißen besonders zu beachten ist.

Bronze und Rotguß. B r o n z e ist eine Legierung aus 80···94 vH Kupfer,
Rest Zinn und kommt als Guß- oder Walzbronze in den Handel (DIN
1705). Die sog. „P h o s p h o r b r o n z e n" sind ebenso zusammengesetzt;
sie erhalten nur bei der Herstellung einen Phosphorzusatz zur Sauerstoff-
entfernung (Desoxydation). Der Phosphor soll sich mit dem Sauerstoff des
Kupferoxyduls verbinden — auf diese Weise das Kupferoxydul zerstören —
und in die Schlacke gehen. Diese Bronze wird also dichter im Gefüge. Die
„S o n d e r b r o n z e n" enthalten außer Kupfer und Zinn noch etwas Blei
oder Aluminium. Die Schweißung von Aluminiumbronze ist erst neuerdings
einwandfrei gelungen. Der Schmelzpunkt der Bronzen liegt zwischen 720⁰
und 1000⁰; je höher der Zinngehalt, um so niedriger der Schmelzpunkt. Alle
Bronzen sind gut gießbar, aber nur ein Teil ist schmiedbar.

R o t g u ß ist eine Legierung von 82···93 vH Kupfer, 4···10 vH Zinn
und 3···6 vH Zink, manchmal auch mit etwas Bleigehalt. Der Schmelzpunkt liegt zwischen 800⁰ und 900⁰. Die Legierung gibt infolge des Zinkzusatzes besonders dichten und guten Guß. Rotguß rechnet nach den Werkstoffnormen zu den Bronzen und führt auch den Namen „M a s c h i n e n -
b r o n z e".

Die Festigkeitsziffern sind je nach der Zusammensetzung sehr verschieden. Phosphorbronze hat ·60 kg/mm² Zugfestigkeit, Rotguß etwa
20 kg/mm² bei 6···25 vH Dehnung. Inzwischen wurden noch Einheitsblätter entwickelt, von denen DIN E 1726 für die Kupferlegierungen vorgesehen ist.

Aluminium wird aus Tonerde (Aluminiumoxyd) durch deren elektro-
lytische Zersetzung hergestellt und kommt nach DIN 1712 in den Handel
als: Al 99,8 H — Al 99,7 H — Al 99,5 H — Al 99 H (Reinaluminium H
in Blöcken und Barren), ferner als Reinaluminium U (umgeschmolzen) mit
Reinheitsgraden von 98,5···99,5 vH und als Reinaluminium im Halbzeug
mit den Reinheitsgraden 98···99,8 vH. Aluminium für die Elektrotechnik
(E-Al, auch Leitaluminium genannt) darf nicht mehr als 0,03 vH Ti + Cr + V
enthalten. Aluminium ist sehr leicht (spezifisches Gewicht 2,7), sein Schmelzpunkt liegt bei 658⁰, der Siedepunkt bei 2270⁰. Die Farbe ist weiß; der Werkstoff ist schmiedbar, streckbar, hämmerbar und auch genügend gießbar und
hat in seinen Eigenschaften manche Ähnlichkeit mit dem Kupfer. In Deutschland geht das Streben dahin, Aluminium oder seine Legierungen möglichst
viel an Stelle des hauptsächlich aus dem Ausland eingeführten Kupfers zu
verwenden. Aluminium wird bereits stark benutzt zur Herstellung von

Kochgeschirr und anderen Haushaltungsgegenständen, Gärbottichen, Milchversandbehältern, Verdampfern, Schmelzkesseln, sodann in der Automobil- und Flugzeugindustrie, in letzteren Fällen wie auch anderswo, oft in Form aluminiumreicher Legierungen; es hat eine starke Wärmeleitfähigkeit und eine große Verwandtschaft zum Sauerstoff. Letztere erschwert das Schweißen deswegen, weil das sich bildende Aluminiumoxyd einen viel höheren Schmelzpunkt (etwa 2050⁰) hat als Aluminium. Die beim Schweißen an der Oberfläche des Metalls sich absetzenden Oxydteilchen bilden ein derart widerspenstiges Häutchen, daß eine brauchbare Schweißung ohne Zerstörung der Oxydhaut unmöglich ist. Erst die Erfindung geeigneter Schweißmittel, die sich mit dem Aluminiumoxyd zu einer leichtflüssigen Schlacke verbinden, hat daher eine gute Aluminiumschweißung möglich gemacht.

Die Zugfestigkeit von gegossenem Aluminium beträgt 9···12 kg/mm², von Walzwerkstoff weichgeglüht, 7···9kg/mm² (Dehnung 25 vH), halbhart 9···11 kg/mm² (Dehnung 10 vH) und hart 11···13 kg/mm² (Dehnung 6 vH).

Aluminiumlegierungen. Das Normblatt DIN 1713 umfaßte früher 8 Gattungen von k n e t b a r e n und 8 Gattungen von G u ß - Legierungen. Sie sind 1943 nach DIN Einheitsblatt 1725 (Blatt 1···3) neu genormt worden. Ein Teil der Legierungen ist vergütbar (veredelbar) oder wie man jetzt allgemein sagt, a u s h ä r t b a r. Diese Aushärtung besteht in einer Erhitzung auf über 450⁰ (meist 500···560⁰) und darauf folgender genügend schneller Abkühlung. Anschließend härten die Legierungen entweder selbsttätig durch mehrtägiges Lagern bei Zimmertemperatur aus (erstmalig 1909 von W i l m beim D u r a l u m i n i u m durchgeführt) oder sie müssen bis zu 8 Tage lang auf 125···170⁰ angelassen werden. Bei der ersten Erhitzung findet eine Auflösung der Aluminiumzusätze zu Mischkristallen statt. Die anschließende Aushärtung erklärt man sich durch Ausscheidung bestimmter Kristallarten während des Lagerns in so fein verteilter Form, daß dadurch die Festigkeitseigenschaften besonders günstig beeinflußt werden.

Über die große Zahl der Aluminiumlegierungen kann im folgenden nur das Wichtigste gesagt werden.

A. K n e t l e g i e r u n g e n. Die zunächst benannten Legierungssorten sind a u s h ä r t b a r. Hierher gehören die Gattung Al-Cu-Mg mit 3,0···4,5 vH Cu und 0,9···1,4 vH Mg (neben bis zu 0,7 vH Si und 0,5···1,2 vH Mn), die Gattung Al-Mg-Si mit bis 0,1 vH Cu, 0,4···1,0 vH Mg, 0,5···1,2 vH Si, 0···1,0 vH Mn und die Gattungen Al-Mg 5-7 (mit 4···7,5 vH Mg), Al-Mg-Mn (mit 2···2,5 vH Mg, 0,8···1,3 vH Mn) und Al-Mn (mit 1,0···1,5 vH Mn). Die Festigkeiten dieser Legierungen schwanken zwischen 11 und 58 kg/mm², je nach dem Grade der Aushärtung und Kaltverfestigung. Zur G a t t u n g (Sorte) Al-Cu-Mg, die besonders hohe Festigkeit hat, gehören z. B. Duralumin, Aludur, Bondur, Silal usw. Die zur G a tt u n g Al-Mg-Si gehörigen Legierungen haben neben guter Korrosionsbeständigkeit den Vorzug guter Verform- und Polierbarkeit; zu nennen sind beispielsweise Aludur 533, Legal, Anticorodal, Pantal, Aldrey, Ulmal.

Die folgenden G a t t u n g e n sind n i c h t aushärtbar, dagegen alle von höherer Festigkeit (10···46 kg/mm²) als Reinaluminium und von hoher Korrosionsbeständigkeit, teils auch gegen Seewasser. Die G a t t u n g Al-Mg mit 4,0 ··· 7,5 vH Mg neben kleinen Mengen von Mn, Zn und Cu ist vertreten durch: Hydronalium, BS-Seewasser, Peraluman 7 und Heddronal. Mittleren Magnesiumgehält (1,5 ··· 2,5 vH) neben 2 vH Mn und 0 bis 0,2 vH Sb hat die Gattung Al-Mg-Mn, zu der Duranalium, KS-Seewasser und Peraluman gehören. Endlich ist die Gattung Al-Mn eine solche mit geringem Mangangehalt (1 ··· 2 vH). Ihr gehören an: Mangal, M 115, Aluman (AW 15), Silal K, Wicromal, Heddal und MN 20.

Der Schmelzpunkt dieser Legierungen liegt zwischen 570⁰ und 650⁰. Wie im Abschnitte „Nichteisenmetallschweißung" noch näher ausgeführt wird, sind einige dieser Legierungen nur in beschränktem Maße, die meisten aber gut schweißbar.

B. Gußlegierungen. In der Neuausgabe vom Dezember 1941 enthält DIN 1713, Blatt 2 auch nur noch 6 Gattungen, und zwar GAl-Si mit 11 ··· 13,5 vH Si und 0,3 ··· 0,45 vH Mn (Silumin); GAl-Si-Cu mit denselben Zusätzen und außerdem 0,7 ··· 1,0 vH Cu (Kupfersilumin); GAl-Si-Mg mit 0,2 ··· 0,5 Mg anstatt Cu (Silumin Beta). Diese 3 Gattungen sind nicht aushärtbar. Dann folgen die aushärtbaren Gattungen GAl Mg 3 ··· 7 mit 1,8 ··· 7,5 vH Mg und Zusätzen von Mn, Si, Cu, Ti und Sb (Hydronalium, BS-Seewasser); GAl-Mg-Si mit in der Hauptsache 0,3 ··· 3,0 vH Mg und 2 ··· 5,5 vH Si (Anticorodal, Pantal, Polital) und GAl-Cu-Ni mit 3,8 bis 4,2 vH Cu und 1,7 ··· 2,2 vH Ni (Nural, Y-Legierung). Die Zugfestigkeit der Al-Gußlegierungen beträgt bei unbehandeltem Sandguß 11 ··· 22 kg mm² und steigt bei ausgehärtetem Kokillenguß auf 16 ··· 34 kg/mm², die Dehnung liegt nur bei 0,3 ··· 8 vH. Neben diesen 6 Gattungen gibt es noch andere marktgängige Legierungen. Sie sind aus entwicklungstechnischen Gründen noch nicht aufgeführt. Alle Gußlegierungen sind gut schweißbar.

Alle Aluminiumlegierungen sind im Jahre 1942, nach Anordnung M 57 der Reichsstelle für Eisen und Metalle, in Hauptlegierungen (allgemein zugelassen), zweckgebundene Legierungen und Antragslegierungen aufgeteilt worden. Sodann wurden 1943 Einheitsblätter entwickelt, die alle zugelassenen Al-Legierungen umfassen (Din E 1725, Blatt 1 ··· 3).

Magnesium und seine Legierungen. Magnesium ist ein weißes, rein deutsches Heimmetall (aus Magnesit, Dolomit gewonnen) und noch leichter als Aluminium (spezifisches Gewicht 1,74). Sein Schmelzpunkt liegt bei 650⁰, der Siedepunkt bei 1107⁰. Reinmagnesium wird technisch noch wenig, hauptsächlich als Leitwerkstoff für Sammelschienen verwendet.

Die demgegenüber schon viel benutzten Magnesiumlegierungen sind in DIN 1717 genormt. Die Knetlegierungen Mg-Al 3, Mg-Al 6, Mg-Al 9 haben 3 bzw. 6 bzw. 9 vH Aluminiumzusatz, Mg-Zn hat 4 ··· 5 vH Zn und Mg-Mn enthält 1 ··· 2,5 vH Mn. Ihre Zugfestigkeit beträgt ohne Wärmebehandlung 24 ··· 37 kg/mm², ausgehärtet bis 43 kg/mm² bei Dehnungen von 1 ··· 18 vH. Die Gußlegierungen G Mg-Al und G Mg-Al-Zn enthalten bis 11 vH Al, bis 3,5 vH Zn und bis 0,5 vH Mn; G Mg-Mn hat nur 1 ··· 2,5 vH Mn und G Mg-Si nur 0,5 ··· 2 vH Si. Die Zugfestigkeiten liegen hier bei 8 ··· 24 kg/mm². Die Magnesiumlegierungen sind hauptsächlich unter den Bezeichnungen Elektron und Magnewin (seltener Magnesal und Magnedur) im Handel. Als Einheitsblatt für alle Mg-Legierungen ist DIN E 1729 im Jahre 1943 herausgekommen.

Reinmagnesium und alle seine Legierungen sind schweißbar. Gut schweißbar ist insbesondere die Knetlegierung Mg-Mn und die Gußlegierung Mg-Mn (Handelsbezeichnung AM 503). Die oft erwähnte Brenn - barkeit des Magnesiums und seiner Legierungen ist bei Werkstücken wegen der guten Wärmeleitfähigkeit gering. Dagegen können sich Späne und Staub bei unvorsichtiger Bearbeitung leicht entzünden. Magnesiumbrände[1]) sind keinesfalls mit Wasser zu löschen, da sich das Wasser unter Wasserstoff- (Stichflammen-) Bildung zersetzt, vielmehr mit Graugußspänen oder trockenem Sand oder der Löschflüssigkeit Magnewin.

Blei. Handelsblei hat 99,99 vH Blei, ist also sehr rein. Die neue Normung des Bleis (DIN 1719) sieht Feinblei und Hüttenblei in 7 Abstufungen mit 99,99 bis 98,5 vH Bleigehalt vor. Blei hat eine bläulich-weiße Farbe, sein Schmelzpunkt liegt bei 327⁰, sein Siedepunkt bei 1750⁰. Seine Zugfestigkeit beträgt nur $2 \cdots 3$ kg/mm² bei $40 \cdots 50$ vH Dehnung, es ist also sehr weich. Bleidämpfe sind giftig. Bleischweißer müssen daher Atmungsgasmasken (Respiratoren) tragen.

Zink. Das Normblatt DIN 1706 (2. Ausgabe Juli 1943) sieht vor: Feinzink in 3 Abstufungen mit $99,975 \cdots 99,995$ vH Zink, Hüttenzink in drei Abstufungen mit $97,5 \cdots 99,5$ vH Zink und Umschmelzzink (aus Abfällen) mit 96 vH Zink. Die Farbe des Zinks ist bläulichweiß, sein Schmelzpunkt liegt bei 419⁰, sein Siedepunkt schon bei 907⁰. Der Beginn des Verdampfens liegt aber schon bei 500⁰, was auch für die Messinglegierungen von Bedeutung ist. Die Zugfestigkeit von Gußzink beträgt nur $2 \cdots 3$ kg/mm² (Dehnung fast 0), bei Preß- oder Walzzink dagegen $14 \cdots 18$ kg/mm² (Dehnung $20 \cdots 60$ vH bei Preßzink, $20 \cdots 35$ vH bei Walzzink). Das spröde gegossene Zink wird bei $90 \cdots 120⁰$ und bei $140 \cdots 170⁰$ gut walzbar und preßbar, bei 200⁰ ist es wieder spröde mit Ausnahme des sehr reinen Elektrolytzinks, das noch bis 250⁰ walzbar ist. Die zugelassenen Zinklegierungen sind im Einheitsblatt DIN E 1724 zusammengefaßt. Sie umfassen für Druckguß 4 Legierungen (D Zn-Al 1 $\cdots$ D Zn Al 4-Cu 3), für Sand-, Kokillen- und Schleuderguß 3 Legierungen (G Zn-Al 1 $\cdots$ G Zn-Al 6-Cu 1) und für Knetlegierungen 4 Abstufungen (Zn-Al 1 $\cdots$ Zn-Cu 4-Pb 1). Wichtig ist, daß zu allen Legierungen Feinzink ($99,975 \cdots 99,995$ vH Zn) genommen werden muß, damit keine Zerfallserscheinungen auftreten.

Nickel. Das Normblatt 1701 sah bisher vor: Hüttennickel mit über 98,5 vH Ni, Kathoden- (Elektrolyt-) Nickel mit über 99,5 vH Ni und umgeschmolzenes Nickel mit über 96,75 vH Ni. Nickel sieht glänzend weiß aus und ist gut dehnbar und hämmerbar. Sein Schmelzpunkt liegt bei 1455⁰. Weichgeglüht hat es eine Zugfestigkeit von 45 kg/mm² und eine Dehnung von $40 \cdots 50$ vH, hartgewalzt ist die Zugfestigkeit 80 kg/mm² und die Dehnung nur 2 vH. Oktober 1943 ist ein Einheitsblatt DIN 1727 für Nickel und Nickellegierungen herausgekommen.

Monelmetall. Dies ist eine Natur-Nickellegierung, d. h. die Grundstoffe (67 vH Nickel, 28 vH Kupfer und 5 vH Mangan und Eisen) sind schon im Erz in dieser Zusammensetzung vorhanden. Es ist sehr witterungsbeständig und bearbeitbar wie Kupfer, sein Schmelzpunkt liegt bei 1360⁰.

Silber, Gold, Platin. Silber schmilzt bei 961⁰ und hat von allen Metallen die größte Leitfähigkeit für Wärme und Elektrizität. Gold schmilzt bei 1063⁰ und Platin bei 1774⁰. Alle drei Edelmetalle sind infolge ihres geringen Oxydationsvermögens gut schweißbar.

---

[1]) Siehe Sicherheitsvorschriften für Magnesiumlegierungen vom 28. Juli 1938.

Zusammenfassung der Schweißbarkeit der Werkstoffe. Damit man sich in der großen Anzahl der neueren Schweißverfahren und ihrer Anwendbarkeit, sowie der Schweißbarkeit der verschiedensten Werkstoffe zurechtfindet, ist ein tabellarischer Gesamtüberblick erwünscht, wie ihn Tabelle 9 bringt. In ihr sind nur die Verfahren erfaßt, die eine weitgehende Anwendung gestatten, während die Feuer- und Wassergasschweißung, die lediglich für die Verbindung von Stahl in Frage kommen, fortgelassen wurden. Nur in einigen Fällen ist die Feuerschweißung auch für Aluminium und Nickel und praktisch so gut wie gar nicht für Kupfer anwendbar. Ähnlich liegen die Verhältnisse beim Thermitschweißen, das sich auf Formstahl und Gußeisen beschränkt.

III. Die Einzeleinrichtungen für die Gasschweißung.

A. Die Schweißgase.

1. Sauerstoff.

Sauerstoff, ein ungiftiges, geruch-, geschmack- und farbloses Gas, ist selbst **nicht brennbar**, aber zu jeder Verbrennung erforderlich, da eine Verbrennung die Verbindung eines brennbaren Körpers mit Sauerstoff[1] ist. Weil der Sauerstoff weitaus höhere Verbrennungstemperaturen erzeugt als die atmosphärische Luft, wird er an deren Stelle allen Schweißflammen zugeführt (Luft besteht nur zu etwa $1/5$ aus Sauerstoff und zu $4/5$ aus dem nicht brennbaren, die Verbrennungstemperatur also stark herabsetzenden Stickstoff[2]). Sauerstoff ist, außer in der Luft, im Wasser und in vielen anderen Stoffen enthalten, aus denen er auf verschiedenste Weise gewonnen werden kann. Er wird jedoch für Industriezwecke in großen Mengen, von einigen nebensächlichen chemischen Verfahren abgesehen, hauptsächlich auf zweierlei Art erzeugt: durch Elektrolyse (s. Abschnitt Wasserstoff) und weitaus überwiegend durch Trennung verflüssigter Luft.

Sauerstoff ist 1,105mal schwerer als Luft. 1 m³ O (O ist das chemische Zeichen für Sauerstoff und rührt her vom lateinischen Oxygenium = Säurebildner) wiegt bei normalem Luftdruck und bei 0⁰ Temperatur etwa 1,43 kg, verflüssigt 1,33 kg. Die chemischen Verbindungen des Sauerstoffs mit den Metallen bezeichnet man als Oxyde.

Obwohl sich der Schweißereibetrieb mit der Herstellung des Sauerstoffs nur selten zu befassen hat, besteht für die Sauerstoffgewinnung doch meist ein großes Interesse aller die damit zu arbeiten haben, weshalb hierauf kurz eingegangen werden soll.

Die chemische Darstellung des Sauerstoff hat, von der elektrochemischen (elektrolytischen) Gewinnung aus Wasser abgesehen, nur noch geschichtlichen Wert. Man hat sich vielmehr hauptsächlich das bedeutendste Sauerstofflager, die atmosphärische Luft, als Quelle der physikalischen Gewinnung des Sauerstoffs nutzbar gemacht. Seine Herstellung auf diesem Wege kann nur fabrikmäßig geschehen (in besonderen Sauerstoffwerken), und zwar

---

[1] Es sei an dieser Stelle ausdrücklich darauf hingewiesen, daß Sauerstoff niemals an Stelle von Preßluft, Kohlensäure u. dgl. zum Ausblasen, Reinigen und Anlassen von Motoren benutzt werden darf. Dies hat schon häufig zu schweren Explosionen Veranlassung gegeben.

[2] Die neben Stickstoff in dem $4/5$ der Luft enthaltenen anderen Gase, wie Helium, Argon, Neon (Edelgase) usw. können hier unberücksichtigt bleiben.

Tabelle 9. Schweißbarkeit der Werkstoffe.

++ = gut schweißbar   ○ = schlecht schweißbar (nur unter bestimmten Bedingungen)
 + = im allgemeinen schweißbar   — = nicht schweißbar oder nicht angewandt

| Werkstoff | Schmelzschweißung | | | Widerstandsschweißung | | Bemerkungen |
	Autogen	Lichtbogen	Arcatom	Stumpfschw. u. Abbrennen	Punkt-schweißung	
Stahl — Kohlenstoffstähle C < 0,3 vH	++	++	++	++	++	—
Kohlenstoffstähle C > 0,3 vH	+/○	+	+	++	++	Meist Vorwärmung; auch nachträglich glühen. Rißgefahr, Härtezone am Schweißübergang.
Niedriglegierte Stähle	++	++	++	++	++	teilweise Rißgefahr
Hochlegierte, austenitische Stähle	++	++	++	++	++	Schweißbare Sonderlegierungen (mit Ti-, Ta-, Nb-Zusatz). Widerstandsschweißen unter besond. Bedingungen
Guß — Stahlguß	++	++	++	++	+	geeignete Warmbehandlung zur Spannungsverteilung
Gußeisen warm	++	++	—	—	—	Lichtbogenkaltschweißung undicht; Haarrisse; Künstl. Verstiftung od. Verlaschung; Harte Übergangszonen
Gußeisen kalt	++	○	—	—	—	
Temperguß	+/○	+	+	+	—	nur gut durchgetemperter Werkstoff, sonst besser Hartlöten
NE-Schwermetalle — Kupfer	+	+	—	+	○	autogen nur mit Hämmern
Messing	++	—	+	+	+	autogen mit O_2-Überschuß
Bronze	++	+	+	—	+	z. T. spannungsempfindlich, im rotwarmen Zustand geringe Festigkeit u. Dehnung
Nickel	+	+	+	—	+	Spannungsempfindlich, kein Nachschweißen; Sonderflußmittel
Nickellegierung (Monel)	++	++	+	—	+	Sonderflußmittel; leichter schweißbar als Nickel
Zink/Legierungen	++/○	—	—	—	++	Schweißbarkeit je nach Legierung. Bei höherem Al-Gehalt nicht schweißbar
Blei	++	—	+	—	—	— keine schweißtechnischen Schwierigkeiten
Edelmetalle	++	—	++	++	++	Für Lichtbogenschweißung keine Anwendungsmöglichkeit
Leichtmetalle — Aluminium	++	+	++	+	+	Wegen Korrosionsgefahr Flußmittel gut entfernen
Al-Legierungen	++/○	+/○	++	+/○	+/○	Bei ausgehärteten kaltverfestigten Legierungen Verlust an Festigkeit
Mg-Legierungen	++/○	—	++	—	++/○	Flußmittel auch gegen Entzündung

derart, daß man ihn aus dem mechanischen Gasgemisch der Luft auch mechanisch austreibt. Die Luft wird verflüssigt, indem man sie stark verdichtet (komprimiert) und dann plötzlich entspannt (expandiert), und zwar von etwa 200 at auf 1 at und weniger. Durch die plötzliche Entspannung der Luft von hohem auf niederen Druck tritt eine Abkühlung von $\frac{1}{4}^0$ je atü Druckunterschied ein, so daß die mit etwa $+ 10^0$ und auf 200 atü verdichtete in der Gegenstromschlange des Verflüssigungsapparats (Wärmeaustauschers) eintretende Hochdruckluft um $^{200}/_4 = 50^0$, mithin von $+ 10$ auf $- 40^{\prime}$ abgekühlt wird. Wird diese nun ihrerseits wiederum entspannt, so nimmt sie eine Temperatur von $- 90^0$ an, die sie der neu zuströmenden Luft vermittelt, bevor sie zur Entspannung kommt. Dieses Spiel wiederholt sich so lange, bis ein Teil der Luft bei etwa $- 140^0$ (der sog. kritischen Temperatur) flüssig wird und in den Beharrungszustand eintritt.

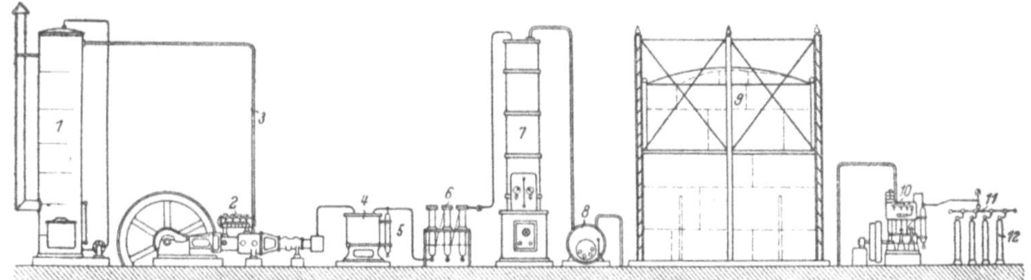

Abb. 38. Grundform einer Sauerstofferzeugungsanlage.

Im Lufttrennungsapparat (kurz Trenner) wird die nunmehr flüssige Luft in Sauerstoff und Stickstoff getrennt, da der Stickstoff ($- 196^0$) einen um 13^0 niedriger liegenden Siedepunkt hat als der Sauerstoff ($- 183^0$) und demnach zuerst gasförmig entweicht, eine sauerstoffreichere Flüssigkeit zurücklassend, ein mit fraktionierter Destillation bezeichneter Vorgang. Er läßt sich des besseren Verständnisses halber praktisch mit einem Gemisch aus Wasser und Alkohol vergleichen, wobei das Wasser (Siedepunkt 100^0) dem Sauerstoff und der Alkohol (Siedepunkt $78,4^0$) dem Stickstoff entspricht. Beim Erwärmen muß zuerst der Alkohol verdampfen und ein wasserreicheres Gemisch zurücklassen. Die sauerstoffreichere flüssige Luft wird nun beim Verdampfen durch geeignete Mittel (Rektifikation) mehrmals von Stickstoff gereinigt, bis endlich ein fast chemisch reines Sauerstoffgas[1]) gewonnen wird. Unter Rektifikation versteht man roh gesprochen einen Austausch der Dämpfe flüchtiger und weniger flüchtiger Bestandteile in sog. Kolonnen (Reaktionstürmen). Das Sauerstoffgas wird mit einer Reinheit von 97 bis 99,5 vH in Stahlflaschen verdichtet in den Handel gebracht.

Die Einrichtung einer Luftverflüssigungs- und Sauerstoffgewinnungsanlage ist in Abb. 38 grundsätzlich veranschaulicht. Der Luftkompressor 2 saugt die Luft, nachdem diese im Apparat 1 von Kohlensäure befreit wurde, durch das Rohr 3 an und drückt sie in hochverdichteter Form (bei normalem Arbeitsgang mit etwa 80 at, zu Betriebsbeginn mit 150 at und mehr) durch die Flaschenbatterie 6 zum Verflüssigungsapparat 7. Die Kühlung der beim Verdichten stark erhitzten Luft erfolgt in Kühlschlangen, die im Kühler 4 untergebracht sind. Die Abscheidung von Öl erfolgt in der Abscheide-

---

[1]) Elektrolytisch gewonnener Sauerstoff darf (nach der Polizeiverordnung) höchstens 4 vH Wasserstoff als Verunreinigung enthalten.

flasche 5. Die Stahlflaschen 6 enthalten ein chemisches Präparat (meist Kali- oder Natronlauge), das die Aufgabe hat, die verdichtete Luft zu trocknen und von den letzten Resten an Kohlensäure zu befreien. Der wichtigste Bestandteil der gesamten Anlage ist der Trenner 7. In ihm findet die Verflüssigung und Trennung der Luft in ihre beiden Bestandteile Sauerstoff und Stickstoff (von Nebengasen abgesehen) statt. Erster tritt in gasförmigem Zustand und mit normaler Temperatur rechts oben aus und bewegt sich durch die Gasuhr 8, woselbst die erzeugte Sauerstoffmenge gemessen wird, zum Sammelbehälter (Gasometer) 9. Von hier wird der Sauerstoff durch den Sauerstoffabfüllkompressor 10 angesaugt und in die Stahlflaschen 12 hineingedrückt, die an die Verteilerleitung 11 angeschlossen sind. Von einer näheren Besprechung des Trennungsapparates muß hier Abstand genommen werden, da sich dessen Wirkungsweise nicht mit kurzen Worten verständlich machen läßt. Abb. 39 zeigt eine solche Sauerstoffgewinnungs-

Abb. 39. Sauerstoffgewinnungsanlage.

anlage, die für eine stündliche Leistung von 120 m³ Gas bestimmt ist. Selbstverständlich konnte hier nur eine einfache Anlage in groben Zügen geschildert werden.

Wegen des hohen Gewichtes der Stahlflaschen und des in ihnen zum Versand kommenden geringen Gewichtes des Sauerstoffs ging schon lange das Bestreben dahin, den Sauerstoff nicht gasförmig, sondern flüssig dem Verbraucher anzuliefern und damit an Frachtkosten zu sparen.

Flüssiger Sauerstoff wird heute in Tankwagen von großem Fassungsvermögen zugestellt, beim Verbraucher in besondere Behälter, sog. Vergaser (Kalt- und Warmvergaser) umgefüllt und verdampft in diesen selbsttätig. Der gasförmige Sauerstoff wird ebenfalls selbsttätig in ortsfeste Flaschen (Batterien) geleitet, diesen über einen Druckregler entnommen und den einzelnen Schweißstellen durch Rohrleitungen zugeführt. Da diese Gesamtanordnung einer Flaschenbatterie und besonderer Einrichtungen bedarf, kann Flüssigsauerstoff nur im ortsfesten Betriebe verwendet werden. Ein besonderer Vorteil des Flüssigsauerstoffs ist seine Wasserfreiheit, während, wie noch gezeigt werden soll, gasförmig gelieferter Sauerstoff stets mehr oder weniger große Wasserdampfmengen enthält.

2. Brenngase.

Wasserstoff. Wasserstoff, ein ebenfalls ungiftiges, geschmack-, geruch- und farbloses Gas, ist im Gegensatz zum Sauerstoff brennbar; er verbrennt mit schwachbläulicher Flamme. Das chemische Zeichen für dieses Gas ist H, herrührend von Hydrogenium = Wasserbildner. 1 m³ H wiegt nur 90 g (0,09 kg), er ist demnach 15,9mal leichter als ein gleicher Raumteil O.

Wasserstoff kann zunächst durch Zersetzung des Wassers (einer chemischen Verbindung H_2O von zwei Teilen Wasserstoff [H] und einem Teil Sauerstoff [O]) gewonnen werden, und zwar unter Zuhilfenahme des elektrischen Stromes (Elektrolyse). Das in besonderen Gefäßen (Elektrolyseuren) befindliche Wasser wird dem Durchgang des elektrischen Stromes ausgesetzt, wobei sich an den —-Polplatten (den *negativen Elektroden*) Wasserstoff, an den +-Polplatten (den positiven Elektroden) Sauerstoff abscheidet. Beide Gase werden durch Diaphragmen (Scheidewände) getrennt aufgefangen, gereinigt, in Gasbehältern gesammelt und ebenfalls in Stahlflaschen auf 150 at verdichtet. Bei dieser Wasserzersetzung wird also als Nebenerzeugnis Sauerstoff gewonnen. Der größte Teil des in den Handel kommenden Wasserstoffs wird nicht durch Zersetzung reinen Wassers, sondern durch Zersetzung von Chlorkalium- oder Chlornatrium- (Steinsalz-) Lösungen mittels Elektrolyse gewonnen. Dieser Gewinnungsart aus dem Wasser stehen neuerdings eine Reihe wirtschaftlichere, teils chemische, teils physikalische Verfahren zur Seite, die mehr oder weniger stark in Aufnahme gekommen sind und kurz gestreift werden sollen.

Das rein physikalische heute üblichste L i n d e - F r a n k - C a r o - V e r - f a h r e n beruht darauf, Wassergas unter Druck und Abkühlung (ähnlich der Luftverflüssigung) in seine Bestandteile zu zerlegen. Wassergas setzt sich zusammen aus rund 50 vH H, 40 vH CO (Kohlenoxyd) und geringeren Mengen Kohlensäure (CO_2) und Stickstoff (N).

Das R e t o r t e n k o n t a k t - und das K o n t a k t d a u e r v e r f a h - r e n sind chemischer Natur. Ersteres beruht darauf, hocherhitztem Wasserdampf (H_2O, wie die Formel für Wasser) durch glühendes Eisen den Sauerstoff (O) zu entziehen, wobei neben der Bildung einer Eisen-Sauerstoffverbindung (Fe_2O_3, Eisenoxyd) Wasserstoff (H) frei wird. Beim zweiten Verfahren wird Kohlenoxyd (CO) mit Hilfe von Wasserdampf zu Kohlensäure oxydiert, wobei der Wasserstoff des Wasserdampfs frei wird. Es verbindet sich demnach der O des H_2O mit dem CO zu CO_2 und H_2 bleibt zurück. Auf weitere Wasserstoffgewinnungsarten, wie das D e k a r b u r a - t i o n s - und das S c h a c h t v e r f a h r e n kann hier nicht eingegangen werden.

Ein Gemisch von zwei Teilen Wasserstoff und einem Teil Sauerstoff heißt K n a l l g a s , weil es entzündet unter lautem Knall explodiert. Die untere Explosionsgrenze eines Wasserstoff-Luftgemisches liegt bei 9 vH Wasserstoff und 91 vH Luft, die obere bei 68 vH Wasserstoff und 32 vH Luft. Nach der Polizeiverordnung darf Wasserstoff bis zu 2 vH Sauerstoff als Verunreinigung enthalten.

Leuchtgas. Das weniger für Schweißzwecke als für Schneid- und Lötzwecke geeignete Leuchtgas wird in Gasanstalten durch Vergasung von Steinkohlen in Retorten oder Kammeröfen (Erhitzung unter Luftabschluß = trockene Destillation) erzeugt. Leuchtgas — Steinkohlengas Stadtgas — ist ein im wesentlichen aus Wasserstoff und Kohlenwasserstoffen (Methan, CH_4 und Aethylen, C_2H_4, chemische Verbindungen von Wasserstoff mit Kohlenstoff) bestehendes Gas von bekanntem Geruch. Neben Teer und Ammoniak wird vor allem Koks als Nebenerzeugnis gebildet. Nach gründlicher Reinigung wird das Gas in großen Gassammlern aufgespeichert und durch Rohrleitungen den einzelnen Verwendungsstellen zugeführt. Neben anderen Mängeln besitzt Leuchtgas eine sehr verschiedene Zusammensetzung an den verschiedenen Plätzen und ist erheblichen örtlichen Druckschwankungen unterworfen. Infolge seines Gehalts an Kohlenoxyd (CO) ist Leuchtgas giftig. Gas-Luftgemische sind explosiv, wenn sie mindestens 6···8 vH Leuchtgas enthalten, und bleiben es bis zu einem Mischungsverhältnis von 22 vH Leuchtgas und 78 vH Luft. Demnach sind verhältnismäßig große Luftmengen erforderlich, um Leuchtgas explosibel zu machen. Leuchtgas ist kohlenstoffarm, reich an Wasserdampf- und Schwefelverbindungen und hat demnach für Schweißzwecke ungünstige Eigenschaften. Man hat neuerdings Hilfsmittel ersonnen, um Leuchtgas wirksam und auf einfachem Wege mit Kohlenstoff anzureichern (zu karburieren, wie man sagt). Eine solche Vorrichtung ist in Abb. 40 im Schnitt dargestellt. Dem mit abnehmbarem Deckel versehenen Blechkasten d wird bei a in Richtung des Pfeils Leuchtgas zugeführt. Bis zur Höhe der Mündung des Rohres a ist der Kasten mit Benzol angefüllt. Benzol (C_6H_6) hat einen hohen Kohlenstoffgehalt und dient deshalb als Karburationsmittel. Um dem durchstreichenden Leuchtgas eine größere Berührungsfläche mit dem flüssigen Benzol zu geben, sind eine Anzahl am Deckel befestigte Dochte g eingehängt, f ist ein Schwimmer, h der Fülltrichter, e ein Kontrollhahn und b die Ausgangsrohrleitung für das kohlenstoffangereicherte Gas. Das Gefäß wird zwischen Rohrnetz und Sicherheitswasservorlage geschaltet. Die Vorlage wird demnach bei b angeschlossen.

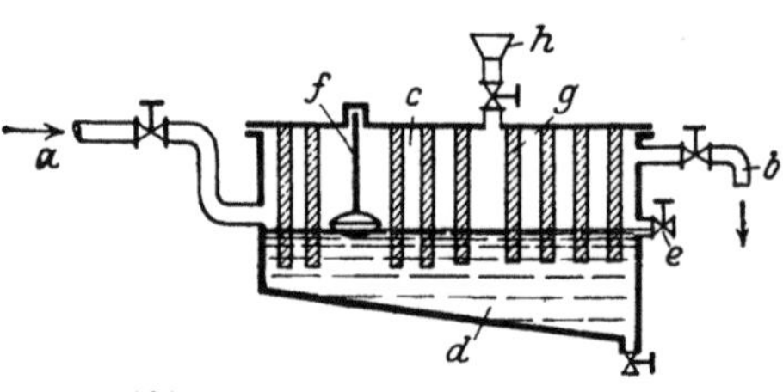

Abb. 40. Benzolvorlage (Karburator).

Die Leistungszahlen für die Schweißung mit karburiertem Gase sind jedoch immer noch viel zu unwirtschaftlich (2 mm-Blech etwa $4 \cdots 5$ m/h bei ~ 215 l Gasverbrauch je m Naht). Auch Versuche durch gesteigerten Gasdruck (2 atü) die Ausströmungsgeschwindigkeit am Schweißbrenner und damit die Flammentemperatur zu erhöhen, sind praktisch nicht befriedigend ausgefallen. In den letzten Jahren wurden neue Anstrengungen gemacht, Leuchtgas als Schweißgas wettbewerbsfähig zu machen, indem man es mit Azetylen mischte (etwa 30 vH Azetylen). Nach Auffassung der Verfasser sind alle diese Bestrebungen ziemlich aussichtslos und werden dem Leuchtgas das Schweißgebiet kaum erschließen können.

Methan und andere Kohlenwasserstoffe. Außer dem elementaren, d. h. einstoffigen Wasserstoff, sind alle für Schweißzwecke in Frage kommenden Brenngase Kohlenwasserstoffe, d. h. Verbindungen zwischen Kohlenstoff und Wasserstoff. Demnach auch Äthylen, Methan, Azetylen usw. Das zu 5 vH im Leuchtgas enthaltene Ä t h y l e n (C_2H_4, „ölbildendes Gas") und das zu etwa 40 vH im Leuchtgas vorhandene M e t h a n (CH_4, Grubengas) werden ebenfalls gasförmig, in Flaschen auf 150 at verdichtet, in den Handel gebracht; eine 40-l-Flasche enthält dann, wie bei H und O, rund 6 m^3 Gas. Äthylen und Methan werden wegen ihrer geringen Flammentemperatur (bis zu 2000^0) weniger zu Schweißzwecken als wegen ihres sparsamen Verbrauchs zu Schneidzwecken verwendet. Der Explosionsbereich liegt für Äthylen zwischen $4,0 \cdots 14,7$ vH (Rest Luft), für Methan zwischen $6,0 \cdots 13,0$ vH (Rest Luft). Um die Heizkraft des nicht gut geeigneten Methans zu steigern, wird es häufig mit Wasserstoff oder mit Äthylen, seltener mit Azetylen gemischt und kommt dann unter verschiedenen Bezeichnungen, wie Methan B, Methan L usw., in den Handel.

Zu den sog. ungesättigten Kohlenwasserstoffen gehören außer Äthylen noch Propylen (C_3H_6), Butylen (C_4H_8) und Allylen (C_3H_4), die als Schweißgase praktisch fast gar keine Bedeutung haben, während das weitaus wichtigste Azetylen (und das Benzol), das hierher gehört, besonders besprochen wird.

Zu den gesättigten Kohlenwasserstoffen gehören außer Methan noch Äthan (C_2H_6), Propan (C_3H_8). Butan C_4H_{10}), Pentan (C_5H_{12}) und Hexan (C_6H_{14}, Benzin), von denen nur dem letzteren und Propan geringe, den anderen gar keine schweißtechnische Bedeutung zukommt.

Blaugas. Gewöhnliches Leuchtgas läßt sich im allgemeinen nicht, wie die anderen bisher genannten Gase, in Flaschen unter hohem Druck verdichten, da es sich beim Zusammenpressen zersetzt. Erst ganz kürzlich ist dies nach einem besonderen Verfahren gelungen. Nach den Patenten von Blau wird eine dem Leuchtgas sehr ähnliche, indessen weniger giftige Gasart dargestellt, und zwar durch trockene Destillation von Rohpetroleum, von Nebenerzeugnissen der Stein-, Braunkohlen- und Ölindustrie. Dieses Blaugas wird in Stahlflaschen als leichtbewegliche, wasserhelle Flüssigkeit unter Druck verschickt, die bei Entspannung auf niederen Druck (durch Druckminderventile) gasförmigen Zustand annimmt. Abgesehen von der etwas umständlichen Entspannung des flüssigen Gases aus den Stahlflaschen in dauernd bereitstehende Gaskessel oder Gasflaschen (B in Abb. 13), ferner abgesehen von dem viel geringeren Heizwert gegenüber dem Azetylen kommt Blaugas auch deshalb nicht in Frage, weil es nur in Augsburg hergestellt wird. Die hohen Hin- und Rückfrachten für die Flaschen schließen die Verwendung dieser Gasart als Schweißgas in den meisten Fällen aus. Eine 40-l-Flasche enthält bei 100 at Druck rund 16 m^3 Gas. 1 kg flüssiges Blaugas entspricht 772 l luftförmigen Gases; demnach wiegt 1 l Gas etwa 1,29 g. Die untere Explosionsgrenze eines Blaugas-Luftgemisches liegt bei etwa 4 vH Blaugasgehalt.

Benzol. Von den flüssigen Kohlenwasserstoffen, die für Schweißzwecke Verwendung finden, soll nur der wichtigste, das Benzol (C_6H_6), angeführt werden, obwohl auch die Schweißung mit Petroleum, Benzin u. a. Brennstoffen möglich ist. Benzol (Phenylwasserstoff, Steinkohlenbenzin) ist eine mit stark rußender Flamme brennende, leichtbewegliche, stark lichtbrechende Flüssigkeit von üblem Geruch. Die Einatmung des Benzoldampfes verursacht vielfach Schwindel, Brech- und Hustenreiz, Trunkenheit und ähnliche Zustände. Benzol wird in den Gasanstalten oder Zechenkokereien bei der Destillation des Steinkohlenteers gewonnen, und zwar insbesondere aus dem sog. leichten Öl (Vorlauf). Dem Benzolschweißbrenner (Abb. 12 E) wird es unter Druck zugeführt und gelangt im Brenner selbst zur Vergasung. Die Explosionsgrenzen eines Benzoldampf-Luftgemisches liegen eng zusammen; die obere beträgt 6,7 vH, die untere 2,6 vH Benzol (Rest Luft). Die Explosionsgrenzen der nur sehr selten angewandten flüssigen Brennstoffe Benzin und Spiritus liegen wie folgt: Benzin 4,8 $\cdots$ 2,5 vH, Spiritus 13,6 $\cdots$ 4,0 vH, Rest Luft.

Azetylen. Wenn man Kalziumkarbid mit Wasser in Berührung bringt, entsteht Azetylen, volkstümlich auch wohl „Karbidgas" genannt. Da beide Rohstoffe überall zu haben sind, ist die Erzeugung des aus ihnen gebildeten Azetylens auch allerorts möglich. So stellt schon die alte, heute überlebte Fahrradlaterne in gewissem Sinn eine kleine, überhaupt·die kleinste, selbständige Azetylen-Gasanlage dar. Der Verbrauch an Azetylen für Schweiß- und Schneidezwecke geht in Deutschland jährlich in die vielen Millionen m^3 und übersteigt alle anderen Schweißgase an Bedeutung bei weitem. Aus diesem Grunde, und vor allem deshalb, weil das Azetylen vom Verbraucher meist selbst erzeugt wird, müssen wir uns mit dieser Gasart eingehender befassen.

Kalziumkarbid (CaC_2, aus einem Teil Kalzium [Ca] und 2 Teilen Kohlenstoff [C] bestehend) hat ein spezifisches Gewicht von 2,22. Die elektrische Leitfähigkeit entspricht annähernd der der Kohle. Reines CaC_2 hat durchsichtige weiße Kristalle. Karbid entsteht, wenn man ein mechanisches Gemisch von etwa 100 Teilen Kalkstein ($CaCO_3$, kohlensaurer Kalk) und 60 $\cdots$ 65 Teilen Kohle der hohen Temperatur des elektrischen Lichtbogens aussetzt. Theoretisch sind für 64 kg r e i n e s CaC_2 erforderlich: 56 kg gebrannter Kalk (rein), 36 kg reiner C, wobei 28 kg reines CO gebildet werden.

Die Herstellung erfolgt in besonderen elektrischen Schmelzöfen mit einem Energieaufwand bis zu mehreren Zehntausend KW je Ofen, mit außerordentlich hohen Stromstärken und 40 $\cdots$ 100 V Spannung. Beim Zusammenschmelzen der beiden Rohstoffe Kalkstein und Kohle wird dann neben gasförmig abziehendem Kohlenoxyd Karbid gewonnen, das man absticht und in Blöcken erstarren läßt.

In die Form einer chemischen Gleichung gebracht, läßt sich der Vorgang im elektrischen Ofen folgendermaßen erläutern:

$$CaCO_3 \quad = \quad CaO \quad + \quad CO_2 \nearrow$$
$$\text{Kohlensaurer Kalk} = \text{Kalziumoxyd} + \text{Kohlendioxyd,}$$

d. h. zunächst zerfällt der kohlensaure Kalk in Kalziumoxyd und Kohlensäure und in der zweiten Stufe:

$$CaO \quad + \quad 3\,C \quad = \quad CaC_2 \quad + \quad CO \nearrow$$
$$\text{Kalziumoxyd} + \text{Kohlenstoff} = \text{Kalziumkarbid} + \text{Kohlenoxyd}$$

wird durch die Anwesenheit von überschüssigem Kohlenstoff das Kalziumoxyd reduziert zu Kalziumkarbid. Das daneben gebildete Kohlenoxyd kann zur Vorwärmung des Rohstoffgemisches dienen.

Entsprechend der bisherigen Konstruktion der Azetylenentwickler (Gaserzeuger) kommt das Karbid in verschiedenen Größen in den Handel. Technisches Karbid ist von blaugrauem bis grauschwarzem, kalksteinartigem Aussehen und ein kristalliner, steinharter, nicht brennbarer, sehr hygroskopischer (d. h. Feuchtigkeit anziehender) Körper, der außer in Wasser in allen wasserfreien Lösungsmitteln unlöslich ist. Auch konzentrierte Säuren greifen Karbid nur wenig an. Der jährliche Karbidverbrauch für Schweißzwecke beläuft sich in Deutschland auf mehrere 100 000 t.

Normale Karbidgrößen (Körnungen) sind:

$$
\begin{aligned}
2 &\div\ 4 \text{ mm granuliertes Karbid,}\\
4 &\div\ 7 \text{ mm feinkörniges Karbid,}\\
7 &\div 15 \text{ mm Karbid in Haselnußgröße,}\\
15 &\div 25 \text{ mm Karbid in Walnußgröße,}\\
25 &\div 30 \text{ mm kleines Stückkarbid,}\\
25 &\div 50 \text{ mm Stückkarbid mittelgroß,}\\
50 &\div 80 \text{ mm Stückkarbid in Faustgröße.}
\end{aligned}
$$

Vorweg sei auf die immer bessere Eignung des Stückkarbids gegenüber den anderen Körnungen hingewiesen. Auf gewisse Schattenseiten, die dem Feinkornkarbid anhaften, wird später noch eingegangen. Da außerdem die je Kilogramm erzeugte Gasmenge beim Stückkarbid größer ist, d. h. die V e r g a s u n g s w e r t i g k e i t höher liegt als beim Feinkornkarbid, wird schon aus diesem Grunde dem ersten häufig der Vorzug gegeben. Überdies ist auch der rasche Zerfall des feinkörnigen Karbids (infolge der erheblich größeren Gesamtoberfläche, die es gegenüber einer gleichen Gewichtsmenge Stückkarbid dem Einflusse der Luftfeuchtigkeit aussetzt) ein nicht zu unterschätzender Nachteil.

Nach der Karbidkörnung richtet sich auch die V e r g a s u n g s -
g e s c h w i n d i g k e i t, sie wächst mit abnehmender Korngröße und beträgt
im Mittel bei Größe:

$$2 \div 4 \text{ mm} \quad 3 \text{ min/kg, } 98,2 \text{ vH in } 1 \text{ min,}$$
$$4 \div 7 \text{ mm} \quad 10 \text{ min/kg, } 98,4 \text{ vH in } 2 \text{ min,}$$
$$7 \div 15 \text{ mm} \quad 13 \text{ min/kg, } 97,3 \text{ vH in } 3 \text{ min,}$$
$$15 \div 25 \text{ mm} \quad 14 \text{ min/kg, } 95,9 \text{ vH in } 4 \text{ min,}$$
$$25 \div 80 \text{ mm} \quad 24 \text{ min/kg, } 85,8 \text{ vH in } 7 \text{ min.}$$

Der Versand des Karbids erfolgt in dünnwandigen Blechtrommeln mit
einem Inhalt von 50, meist jedoch 100 kg. Die Deckel dieser Trommeln sind
in Deutschland gefalzt. Andernorts etwa aufgelötete Deckel (ein heute seltener
Fall) d ü r f e n k e i n e s f a l l s d u r c h e i n e
F l a m m e, sondern nur durch nicht funkenreißende
Werkzeuge (Kupferstab und Holzhammer) vorsichtig
geöffnet werden, da sonst Explosionsgefahr besteht. Die
A u f b e w a h r u n g d e s K a r b i d s darf nicht in
Kellerräumen und m u ß im T r o c k n e n erfolgen, weil
es leicht Feuchtigkeit anzieht und sich bei Einwirkung
von Feuchtigkeit sofort Azetylengas entwickelt, das, mit
Luft gemischt und durch irgendeinen Zufall zur Zündung gebracht, zu heftigen Explosionen führen kann
(daher eben Anwendung von brennenden oder glühenden Gegenständen beim Deckelöffnen streng verboten).
Schon durch Luftfeuchtigkeit allein wird Karbid zersetzt,
weshalb es empfehlenswert ist, geöffnete Karbidbüchsen
mit einem kleinen Sandsack abzudecken oder, was noch

Abb. 41. Deckel für
Karbidtrommeln.

besser ist, den Trommelinhalt in einen besonders zur
Karbidaufbewahrung gewählten, luftdicht verschließbaren Behälter (Milch-
kannen ähnlich) umzufüllen. Diesem Behälter entnimmt man dann immer
nur die jeweils erforderliche Menge Karbid und verschließt ihn sofort
wieder. Praktisch ist auch die Anordnung eines über den Rand der Trommel
greifenden Deckels, wie dies in Abb. 41 skizziert ist. Neuerdings sind auch
Deckel im Handel, die ein luftdichtes Abschließen der Trommelöffnung,
z. B. durch Bajonettverschluß, gewährleisten. Die Trommeln sind erhöht,
auf einem Holzrost zu lagern, damit sie im Falle eines Wasserrohrbruchs
oder sonstwie nicht dem Zutritt von Wasser ausgesetzt sind.

In Werkstätten darf nur 1 Trommel (100 kg) Karbid gelagert werden,
in Verkaufsräumen $100 \cdots 200$ kg, größere Mengen nur in besonderen
Lagerräumen ($100 \cdots 1000$ kg). Bei Lagerung in Schuppen und im Freien
sind auch Mengen über 1000 kg zulässig, wenn für gute Lüftung und Schutz
dieser Lagerplätze gegen offenes Feuer und Zutritt von Wasser gesorgt ist.
Leere Trommeln sind sorgfältig von Karbidstaub zu säubern; sie dürfen
nicht als Schweißtisch verwendet, und es darf in sie nicht mit offener Flamme
hineingeleuchtet werden.

Technisches Karbid ist nie chemisch rein, sondern enthält im Mittel
etwa 0,7 vH verunreinigende chemische Bestandteile. Für die Einwurfentwickler ist insbesondere das metallische F e r r o s i l i z i u m, das sich im
Mittel bis zu 0,3 vH im Karbid vorfindet (mechanische Verunreinigung),
insofern gefahrenbildend, als es beim Aufschlagen auf Blechwände Funken
bilden und außerdem zu Betriebsstörungen im Entwickler führen kann. Die
Gesamtverunreinigung des Karbids (ohne Staub) beträgt zwischen 1 und
2,5 vH. Die Menge des Karbidstaubs soll 4 vH nicht übersteigen.

Karbid ist eine Verbindung zwischen Kohlenstoff und einem Metall. So gibt es neben weniger wichtigen eine große Anzahl durch Wasser zersetzbarer Karbide, wie Natrium-, Lithium-, Barium- und Strontiumkarbid, die Azetylen liefern. Technisch kommt nur das billigste aller Karbide, das Kalziumkarbid, in Frage, wenngleich es eine geringere Gasausbeute (300 l je Kilogramm) besitzt als beispielsweise das Lithiumkarbid, das je kg 580 l Azetylengas liefert, aber zu teuer ist.

Nach den Normen des Deutschen Verbandes für Schweißtechnik und Azetylen (DVSA) soll die R o h a u s b e u t e des Kalziumkarbids mindestens betragen bei:

$$25 \div 50 \text{ und } 50 \div 80 \text{ mm Körnung je kg } = 300 \text{ l Azetylen}$$
$$15 \div 25 \qquad\qquad\qquad \text{„} \qquad \text{„} \quad \text{„ „} = 280 \text{ l} \qquad \text{„}$$
$$4 \div 7 \text{ „} \qquad 7 \div 15 \text{ „} \qquad \text{„} \qquad \text{„ „} = 260 \text{ l} \qquad \text{„}$$

bei $+ 15°$ C und 760 mm QS.

Die Gasausbeute des B e a g i d s (s. weiter hinten) oder des P a t r o n i d s liegt etwas tiefer.

Azetylen (C_2H_2, 2 Raumteile Kohlenstoff und 2 Raumteile Wasserstoff) entsteht, indem man Karbid mit Wasser in Berührung bringt. In die Form einer allgemeinen Gleichung gebracht, kann man sich ausdrücken:

$$\text{Metallkohlenstoffverbindung} + \text{Wasser} = \text{Azetylen} + \text{Metalloxyd}.$$

Bezieht man die Umsetzung dieser beiden Stoffe auf Kalziumkarbid, so entsteht — normale Temperatur vorausgesetzt — in jedem Verhältnis Azetylen nach der einfachen chemischen Gleichung:

$$CaC_2 \quad + 2\,H_2O \;= \quad Ca(OH)_2 \quad + \quad C_2H_2 \uparrow$$
$$\text{Kalziumkarbid} \; + \; \text{Wasser} \;=\; \text{Kalkrückstand} \; + \; \text{Azetylen}$$
$$64 \text{ GwT} \quad + 36\,\text{GwT} = \quad 74 \text{ GwT} \quad + \; 26 \text{ GwT}.$$

Gesetzmäßig müssen auf beiden Seiten dieser Gleichung dieselben Gewichtsmengen auftreten, und wir ersehen aus ihr, daß 64 GwT (Gewichtsteile) Karbid mit 36 GwT Wasser zusammengebracht, außer 26 GwT Azetylen 74 GwT Kalkrückstand (Kalkhydrat, Ätzkalk, Kalziumhydroxyd) in Schlammform ergeben. Nach dieser Gleichung läßt sich ferner bestimmen, daß 1 kg Karbid: $\frac{36}{64} = 0{,}562$ kg = rund 0,5 l Wasser zersetzt, wobei sich $\frac{74}{64} = 1{,}15$ kg Schlamm und 0,406 kg = 347 l Azetylen entwickeln (855 l Azetylen = 1 kg; 1 m³ = 1,17 kg). 1 kg Karbid soll demnach 347 l Gas ergeben. In der Praxis kann jedoch insbesondere bei Kleinentwicklern nur mit einer Ausbeute von 250 l A z e t y l e n   a u f 1 kg K a r b i d gerechnet werden, da einmal die Güte des Karbids Schwankungen unterworfen ist, zweitens durch unvergast gebliebene Stücke und durch Undichtheit in den Apparaten und Leitungen Gasverluste entstehen, und endlich, weil eine bestimmte Menge Gas mit dem Entwicklerwasser abgeleitet wird. Man muß also rechnen: Es werden für 1000 l = 1 m³ Azetylen: $\frac{1000}{250} = 4$ kg K a r b i d benötigt. Mit dieser Berechnung kommt man, wie die Praxis gezeigt hat, gut zurecht. 100 cm³ Azetylen enthalten 100 cm³ Wasserstoff außer 0,108 g Kohlenstoff, und wiegen 0,117 g. Der Heizwert des Azetylens beträgt etwa 13 500 WE je m³ oder 14 900 WE je kg.

Azetylen hat das spezifische Gewicht (Einheitsgewicht) 0,906 und ist demnach ein wenig l e i c h t e r als die atmosphärische Luft (1,00). Mit Azetylen gefüllte Gefäße entleeren sich nicht von selbst und müssen vor Inangriffnahme von Schweiß- oder Lötarbeiten mit heißem Wasser, Kohlensäure oder Stickstoff ausgespült werden. Azetylen zeichnet sich unter allen

Gasen durch seinen knoblauchartigen, starken Geruch aus (der vor allem
von der Anwesenheit von Phosphorwasserstoff herrührt), ist jedoch wegen
Fehlens von Kohlenoxydgas viel weniger giftig als Leuchtgas und in mäßigen
Mengen eingeatmet im allgemeinen unschädlich.

Wir haben gesehen, daß nur Zersetzung von 1 kg Karbid ½ l Wasser
nötig ist; diese Wassermenge reicht allerdings nicht aus, um die beim Zersetzen des Karbids entstehende große Wärmemenge, die unter Umständen
zu Explosionsgefahren Veranlassung geben kann, unschädlich zu machen.
Diese Wärmemenge, die beim Umsetzen von Wasser und Karbid zu Azetylen f r e i w i r d , beträgt rund 400 WE[1]) je kg vergasten Karbids. Bei
Besprechung der Azetylenentwickler haben wir auf diesen Umstand noch
näher einzugehen.

Verunreinigungen des Azetylens. Alles aus handelsüblichem Karbid erzeugte Azetylen ist n i e c h e m i s c h r e i n , sondern stets durch verschiedene Stoffe chemisch und mechanisch verunreinigt. Diese V e r u n r e i -
n i g u n g e n rühren zum Teil von den Ausgangsstoffen der Karbidfabri-
kation (Kalkstein und Kohle) her, können jedoch auch beim Zersetzen des
Karbids selbst, je nach Güte der Azetylenentwickler, in mehr oder weniger
großen Mengen gebildet werden. Solche Verunreinigungen sind in der
Hauptsache: S c h w e f e l w a s s e r s t o f f (0,5 ··· 1,0 vH), P h o s p h o r -
w a s s e r s t o f f (0,03 ··· 0,08 vH), A m m o n i a k (etwa 0,1 vH), S i l i -
z i u m w a s s e r s t o f f (etwa 0,7 vH) und W a s s e r d a m p f (etwa 2 vH)
(auch Kohlenoxyd, Kohlensäure, Methan und Luft). Im allgemeinen kommen
nur jene Verunreinigungen in Betracht, die sich später im Gas vorfinden;
die im Kalkschlamm verbliebenen Bestandteile sind für uns belanglos.

Die chemischen Verunreinigungen des Azetylens sind in a l l e n Fällen
unerwünscht, teilweise weil sie giftig sind (Schwefelwasserstoff und Phosphorwasserstoff), teilweise infolge ihrer zerstörenden Wirkungen auf Zubehör-
teile und Leitungen der Anlage (Phosphorwasserstoff), ferner wegen ihres
oft schädlichen Einflusses auf die mit der Azetylenflamme bearbeiteten Metalle und schließlich, weil das diese Verunreinigungen enthaltende Gas gesteigerte Explosionsmöglichkeiten bietet. Verschiedene Verunreinigungen des
Karbids bilden mit dem immer vorhandenen Kalkschlamm seifenähnliche Erzeugnisse, die mitunter in Form starrer Häutchen an der Oberfläche des Entwicklerwassers abgeschieden werden. Mit dem Finger zerstört, machen sie
den Eindruck kleiner zersplitterter Eisschollen. Eine unmittelbare Gefahr
für den Entwickler bilden diese Häutchen nicht; sie sind im allgeme nen
belanglos. Im Schrifttum hin und wieder anzutreffende Ansichten, ein Überschuß von Phosphorwasserstoff oder überhaupt dessen Anwesenheit in der
Schweißflamme sei erwünscht, sind unrichtig; praktisch ist dieser Überschuß
auch gar nicht ohne weiteres herstellbar. Selbst der bei flüchtiger Überlegung scheinbar unschädliche Wassergehalt, den das Azetylen mit sich
führt und der sich infolge der Zersetzungswärme aus dem Entwicklerwasser
in mehr oder weniger großen Mengen bildet, ist wirtschaftlich nachteilig, da
er unter Wärmeverbrauch verdampft werden muß, wodurch die Flammentemperatur herabgesetzt wird. W i ß hat bei besonders ungünstigen Entwicklern (mit hoher Entwicklerwassertemperatur) bis zu 6 vH Wassergehalt im

---

[1]) Unter WE = Wärmeeinheit oder Cal (Calorie) versteht man diejenige
Wärmemenge, die notwendig ist, um die Temperatur von 1 l Wasser um 1⁰ zu
erhöhen. Angenommen, 1 l Wasser habe eine Temperatur von 18⁰ und später, nach
Erwärmung, eine solche von 68⁰, dann sind zu dieser Temperaturerhöhung 68—18 =
50 Cal erforderlich gewesen.

Azetylen festgestellt. Auch beim Durchgang des Azetylens durch die Wasservorlage steigt der Wassergehalt des Gases mit zunehmender Temperatur des Sperrwassers in der Vorlage (bei 6^0 um 0,8 vH, bei 18^0 um 2 vH, bei 25^0 um 3,2 vH, bei 30^0 um 4,5 vH usw.). Der hohe Gehalt des Azetylens an Wasserdampf macht sich schweißtechnisch insofern unangenehm bemerkbar, als er die Arbeitsgeschwindigkeit herabdrückt. Im Mittel vermindert je 1 vH Wasserdampf die Schweißleistung um etwa 3,6 vH. Eins der einfachsten und billigsten Mittel, dem Azetylen seinen Feuchtigkeitsgehalt restlos zu entziehen, ist Karbid, über das man das Gas hinwegleitet. Die Trocknung mit Chlorkalzium ist unwirtschaftlich. Neuerdings trocknet man Azetylen auch durch Vereisung seines Feuchtigkeitsgehalts nach dem Sulzerverfahren. In einem Röhrenkühler, der auf -5^0 gehalten wird, wird das im Gas enthaltene Wasser in Form von Schnee und Eis niedergeschlagen und durch Umschalten der Anlage von Zeit zu Zeit abgetaut.

Wasser wirkt sowohl als Flüssigkeit wie als Dampf (Wasserdampf von sehr hoher Temperatur und Eis wirken wenig oder gar nicht) auf das Karbid ein. Aus diesem Grunde muß auf möglichst niedrige Zersetzungstemperatur im Entwickler geachtet werden, um den Gehalt des Gases an Wasserdampf möglichst gering zu halten. Bei Abstellung der Gasentwicklung kühlt sich der Vergaser des Entwicklers ab, was einen Niederschlag des gebildeten Wasserdampfs zur Folge hat. Abgesehen von der Gefahr der Bildung eines Unterdrucks im Entwickler kann das Kondenswasser größere Mengen von Azetylen in der Nachentwicklungszeit erzeugen und zu starkem Übergasen des Entwicklers Veranlassung geben. Jedes Gramm Wasser kann bis zu 0,73 g oder 0,62 l Azetylen entwickeln.

Die wasserentziehende Kraft des Karbids zieht Wasser auch aus physikalischen und chemischen Verbindungen, z. B. entzieht Karbid kristallwasserhaltigen Verbindungen das Wasser und verwandelt das Kalziumhydroxyd (Ca[OH]$_2$) bei Anwesenheit freier Feuchtigkeit in Kalziumoxyd:

$$CaC_2 + Ca(OH)_2 = C_2H_2 + 2\,CaO$$
$$\text{Karbid} + \text{Kalziumhydroxyd} = \text{Azetylen} + \text{Kalziumoxyd}$$

Diese Tatsache ist für die Schlammgruben von Wichtigkeit, in denen unvergaste Karbidreste zersetzt werden können, weshalb für eine gute Entlüftung abgedeckter Kalkschlammgruben zu sorgen ist.

Nachweis der Verunreinigungen des Azetylens. Dieser ist werkstattmäßig einfach und mit billigen Mitteln zu erbringen. Mit Hilfe von Reagenzpapieren[1]) kann festgestellt werden die Anwesenheit von:

Schwefelwasserstoff (H$_2$S), indem man das Azetylen gegen ein mit Quecksilberchlorid imprägniertes (schwarz aussehendes) Fließpapier ausströmen läßt; das Papier wird weiß gefärbt. In größeren Mengen färbt H$_2$S die Flamme bläulich, wie Sauerstoffüberschuß.

Phosphorwasserstoff (PH$_3$), indem man dasselbe Papier verwendet oder eine 5prozentige Höllensteinlösung (Silbernitrat, wasserhelles Aussehen) der Einwirkung des Azetylens aussetzt; die Lösung wird, je nach dem Grade der Azetylenverunreinigung, in wenigen Sekunden gelb bis schwarz gefärbt. PH$_3$ färbt die Flamme gelblichweiß.

Siliziumwasserstoff (SiH$_4$) und Ammoniak (NH$_3$) mittels gewöhnlichen, leicht erhältlichen roten Lackmuspapiers, das bei Vorhandensein dieser Verunreinigungen blaue Färbung annimmt.

---

[1]) Ähnlich dem in der Elektrotechnik gebräuchlichen Polreagenzpapier, unter dessen Zuhilfenahme man + - und — Pol unterscheiden kann.

Nach neueren Forschungen sind 0,1 vH der Verunreinigungen auf die Schweiße ohne Einfluß, erst Mengen über 1 vH führen ein Schäumen des Schmelzbads herbei.

Befreiung des Azetylens von seinen Verunreinigungen. Um Schwefelwasserstoff, Siliziumwasserstoff und Ammoniak zu entfernen, genügt schon ein gründliches Waschen des Gases in reinem Wasser, an welches die Verunreinigungen gebunden werden; allerdings nimmt das Lösungsvermögen des Wassers für Schwefelwasserstoff mit sinkender Temperatur ab (Wintermonate). Die im Rohazetylen vorhandenen geringen Mengen an Schwefelwasserstoff, die an sich für die Schweißung unschädlich sind, können bis auf Spuren entfernt werden, wenn für rechtzeitiges Erneuern des ,Waschwassers gesorgt wird. Dagegen ist der schlimmste Begleiter, der Phosphorwasserstoff, ein ziemlich hartnäckiger Geselle, dem man mit besonderen Mitteln zu Leibe gehen muß. Da geschieht in besonderen, mit chemischen Präparaten angefüllten Reinigern (s. später). Auf Grund praktischer Versuche kann aber festgestellt werden, daß die im Rohazetylen auftretenden Mengen an Phosphorwasserstoff praktisch 0,06 vH kaum erreichen und auf das Schweißergebnis — auch bei empfindlichen Stählen — keinen schädlichen Einfluß ausüben. Die Reinigungsmassen werden entweder pulver- oder stückförmig in die Reiniger eingebracht; sie sind teils von oxydierender, teils von ausfällender Wirkung. Wird die Verunreinigung durch Oxydation zerstört, so bedient man sich meist der Chromsäurepräparate in Mischung mit geeigneten anderen Stoffen. Werden die Verunreinigungen durch Ausfällen (Umwandlung in unlösliche Stoffe) aus dem Gase entfernt, so bevorzugt man saure Metallsalze, z. B. Kupferchlorür in salzsaurer Lösung.

Bekannte Reinigungsmassen sind: Frankolin, eine sowohl stückförmig als pulverisiert erhältliche, weniger hygroskopische Masse von brauner Farbe, und das ihm ähnliche pulverförmige Heratol. Ferner sind noch auf dem Markte: Griesogen, Karburylen, Radikal, Euflamol, Katalysol usw., von denen das letzte in Pulverform gern bei Großanlagen verwendet wird. Die stückförmigen, weißen, stark porösen und sehr hygroskopischen Chlorpräparate (z. B. Puratylen) sind aus dem Handel zurückgezogen worden, weil die Gefahr des Freiwerdens von Chlor besteht[1]). Da die Reinigungsmassen teilweise stark ätzend sind und Eisenblech angreifen, müssen die entsprechenden Reinigergefäße mit säurebeständigem Farbanstrich versehen sein.

Wie eingehende praktische Versuche ergaben, kann eine merkliche chemische Reinigung des Azetylens nur dann eintreten, wenn die Durchflußgeschwindigkeit des Gases nicht zu hoch und die Bemessung des Reinigers genügend groß ist. Demnach sind reichliche Abmessungen der Reiniger eine Grundbedingung für das Ausscheiden von Verunreinigungen des Azetylens, was aber nur bei Großentwicklern (ortsfesten Anlagen) möglich ist. Die Reiniger von beweglichen Entwicklern werden auf Grund dieser neueren Erkenntnis daher heute fast kaum noch mit chemischen Reinigungsmassen, sondern mit Koks, Kies, Schwämmen und ähnlichen mechanischen Reinigungsmitteln gefüllt, um so mehr als die praktisch vorhandenen Mengen an schädlichen Verunreinigungen die Schweiße nur in seltenen Fällen ungünstig beeinflussen.

---

[1]) Es dürfen nur von der Prüfstelle des DVSA zugelassene Reinigungsmassen verwendet werden.

Ungleichmäßige Azetylenentwicklung. Der Verlauf der Azetylenentwicklung, d. h. der Karbidzersetzung, ist sehr ungleichmäßig. Kurze Zeit nach dem Entwicklungsbeginn setzen Unregelmäßigkeiten ein, die um so ausgeprägter sind, je weiter die Zersetzung des Karbids fortschreitet. Eine der Hauptursachen dieser Erscheinung ist die Schwerlöslichkeit des Kalkschlamms, der das von Wasser angegriffene Karbid einhüllt und den Angriff frischer Wassermengen sehr behindert, wodurch eine Abnahme der Vergasung bedingt ist. Sobald eine solche Schlammschicht (durch Bewegung des Wassers, durch Rutschen des Karbids usw.) vom Karbid abfällt, wird dem Wasser Gelegenheit gegeben, das plötzlich freigelegte Karbid anzugreifen und eine beschleunigte Zersetzung zu verursachen. Das gilt insbesondere für Wasserzulaufentwickler.

Man hat nun versucht, diesen Schwankungen in der Zersetzung des Karbids dadurch zu begegnen, daß man das Karbid mit indifferenten (wörtlich: gleichgültigen) Stoffen behandelt (imprägniert) und präpariert. Derartiges Karbid wird als „Beagid[1]" oder „Patronid[2]" in den Handel gebracht. Beide Körper werden in Form kleiner Walzen (Patronen) von etwa 80 mm Durchmesser und 100 mm Höhe geliefert und entstehen durch Behandlung mit zuckerhaltigen Stoffen und durch Tränkung feinkörnigen Karbids mit indifferenten, wasserunlöslichen Stoffen, wie: Öl, Petroleum, Teeröl, Schwefel, Asphalt, Fett, Stearin, Wachs, Harz usw., die die Oberfläche des Karbids gegen die Einwirkungen des Wasserdampfs schützen und damit die Nachvergasung stark verringern. Durch die Anwesenheit solcher Stoffe wird der Zerfall des Karbids an der Luft stark vermindert. Infolge des etwas höheren Herstellungspreises werden solche Karbidpräparate zurzeit nur für bewegliche Entwickler verwendet. Beagid kostet etwa 33 RM. je 100 kg, während gewöhnliches Karbid nur 24 RM. kostet. Die Beagidapparate haben sich vorwiegend als kleinere Werkstatt- und Montageentwickler gut eingeführt. Die Gasausbeute aus Beagid ist etwas geringer als die des Karbids. Wenn man für Karbid eine normale Ausbeute von 300 l je Kilogramm annimmt, so beträgt diese unter sonst gleichen Voraussetzungen (760 mm QS, 15⁰) beim Beagid 280 l je Kilogramm, beim Patronid 240 l je Kilogramm.

Sonstige Verwendung des Azetylens. Azetylen ist auch der Ausgangsstoff für die synthetische Herstellung sehr wichtiger anderer Stoffe, was nur nebenbei angedeutet sei. Mit Hilfe von Katalysatoren wird aus C_2H_2 Azetaldehyd gewonnen und hieraus durch katalytische Hydrierung (Wasserstoffanlagerung) Äthylalkohol, durch Oxydation Essigsäure (Abspaltung von $CO_2 + H_2O$), weiterhin Kunst- und Preßstoffe, synthetischer Kautschuk (Buna) usw. Außerdem wird C_2H_2 auch als Ausgangsstoff für die synthetische Herstellung von **Azeton** genommen, das als Lösungsmittel für Azetylen benötigt wird

Die Explosionsgefahr des Azetylens. Hierüber bestehen in weitesten Kreisen die verschiedensten, oft widersinnigsten Ansichten. Manche Explosion hätte bei einigermaßen vernünftiger Behandlung der Azetylenanlage verhütet werden können. Da in Deutschland nur behördlich geprüfte und von sachverständiger Stelle abgenommene Azetylenentwickler Verwendung

---

[1] Beagid wird in Deutschland nur von der Dr. Alex. Wacker Ges. in Lechbruck (Bayern) hergestellt. Die Bezeichnung „Beagid" rührt her von den Anfangsbuchstaben der Bosnischen Elektr. A. G., die ursprünglich Herstellerin dieses Karbidpräparates war.

[2] Patronid wird hergestellt von der Fa. Wiedes Karbidwerk, Freyung.

finden dürfen, kommen Explosionen solcher Anlagen, soweit sie auf Konstruktionsfehler·zurückzuführen sind, kaum noch vor.· Wir möchten daher auch an dieser Stelle vor Selbstanfertigung irgendwelcher Azetylenanlagen d r i n g e n d warnen.

In vorschriftsmäßig konstruierten Entwicklern hergestelltes Azetylen ist unter zugelassenem Druck und bei normaler Temperatur n i c h t e x p l o - s i b e l. Welche Umstände können nun die U r s a c h e v o n A z e t y l e n - e x p l o s i o n e n sein? Zunächst muß für E r n e u e r u n g d e r c h e m i - s c h e n R e i n i g u n g s m a s s e gesorgt werden, und zwar in 'gewissen Zeitabständen, wie sie vom Hersteller vorgeschrieben werden. Weitaus wichtiger ist jedoch die F e r n h a l t u n g d e r L u f t aus den Entwicklern, da ihr Vorhandensein nicht allein eine erhöhte Explosionsgefahr an und für sich bedeutet, sondern auch die ·Explosionstemperatur des Gases ganz erheblich herabsetzt, d. h. Explosionen können, wenn Luft eindringt, unter bestimmten Voraussetzungen schon bei verhältnismäßig tiefen, ganz normalen Entwicklungstemperaturen eintreten. Demnach müssen alle Gasentwickler und Gassammler besonders dicht gehalten werden. Die Explosionsgrenzen von Azetylen-Luftgemischen liegen zwischen 3···65 vH Azetylen, d. h. eine Mischung von 3 Teilen Azetylen und 97 Teilen Luft ist explosiv und bleibt es bis zu einem Mengenverhältnis von 65 Teilen Azetylen zu 35 Teilen Luft[1]). Azetylen ist somit außerordentlich explosionsempfindlich; sein Explosionsgebiet ist 13,5 mal größer als das des am wenigsten empfindlichen Methans, während Leuchtgas nur 4,2 und Wasserstoff 12,7mal so große Explosionsgebiete haben als Methan.

D r u c k, T r o c k e n h e i t und zunehmende T e m p e r a t u r steigern die Explosionsgefahr bedeutend. Schon in der Gegend von 2 atü Druck explodiert angezündetes Azetylen o h n e Gegenwart von Luft; Azetylen darf deshalb keinesfalls unter höheren Druck gebracht werden (s. gelöstes Azetylen). Beim Zerfall von 1 kg Azetylen werden 2070 WE frei . Die Explosionstemperatur beträgt etwa 2800⁰, der Explosionsdruck das Elffache des Anfangsdrucks. Zur Verhütung unzulässig hoher Temperaturen im Azetylenentwickler ist für gute Ableitung der beim Zersetzen des Karbids entwickelten Wärme zu sorgen. Über 70⁰ darf die Temperatur des Entwicklerwassers nie steigen. Bei Arbeitsüberlastung, d. h. bei Entnahme besonders großer Gasmengen aus dazu vielleicht noch ungenügend leistungsfähigen Apparaten, kann die höchste gesetzlich zugelassene Entwicklungswärme von 100⁰ weit über dieses Maß hinaus gesteigert und das zur Zersetzung des Karbids bestimmte Wasser zum Sieden gebracht werden. Die Kühlhaltung der Azetylenentwickler ist also mit eine der wichtigsten sicherheitstechnischen Aufgaben des Schweißers.

Die Entzündungstemperatur[2]) des Azetylen-Luftgemisches liegt je nach Gemisch bei 330···380⁰, Temperaturen, die normalerweise im Entwickler nicht erzeugt werden, aber durch Zufälligkeiten entstehen können. So ist ja bekannt, daß sich Karbidstaub und gelegentlich auch kleinere Karbidstückchen im Entwickler auf Rotglut erhitzen können. Bei ausgeprägtem Mangel an Entwicklungs- und Kühlwasser oder, was· gleichbedeutend damit ist, bei ungenügender Ableitung der Zersetzungswärme, können sehr wohl Tem-

---

[1]) Nach neueren Untersuchungen der CTR (Chemisch Technischen Reichsanstalt) soll der obere Wert höher liegen, und zwar bei 80 vH Azetylen, nicht bei 65 vH.

[2]) Es ist dies die Temperatur, bis zu welcher ein Gas vorgewärmt werden muß, um mit Luft oder Sauerstoff entzündet werden zu können.

peraturen von 350⁰ und noch viel mehr entstehen, so daß bei Anwesenheit von Luft (Öffnen des Entwicklers) Explosionsgefahren vorhanden sind. Mies und Rimarski haben an glühendem Karbid Temperaturen von bis zu 1050⁰ errechnet und auch praktisch festgestellt. Der Zerfall des Azetylens tritt um so eher ein, je trockener und wärmer es ist. Der Feuchtigkeitsgehalt des Azetylens setzt dessen Zerfallgrenze herauf, so daß der technisch unerwünschte Wassergehalt des Gases in sicherheitstechnischer Hinsicht vorteilhaft erscheint.

Offenes Licht und Feuer, brennender Tabak, elektrische Kontakte und Schalter, glühende Körper u. dgl. sind Azetylenanlagen auf wenigstens 3 m Abstand fernzuhalten. Bei ortsfesten Anlagen bestehen besondere Vorschriften. Azetylenentwickler, welcher Konstruktion sie auch sein mögen, dürfen für Schweißzwecke o h n e Zwischenschaltung einer amtlich geprüften S i c h e r h e i t s v o r l a g e u n t e r k e i n e n U m s t ä n d e n v e r w e n d e t w e r d e n ! Kupferne Teile (Armaturen usw.) dürfen an Azetylenanlagen n i c h t a n g e b r a c h t werden (wohl aber Kupferlegierungen), da Kupfer mit Azetylengas eine explosive Verbindung (C_2Cu_2 + H_2O, Azetylenkupfer) eingeht. Azetylenkupfer ist ein roter, in Wasser unlöslicher Niederschlag; er bildet sich auch in Kupferrohren und ruft dann mitunter heftige Explosionen hervor, die durch Schlag oder Stoß ausgelöst werden können. Auch die Azetylenide einiger anderer Metalle (Silber, Gold, Quecksilber) sind explosiv.

Weitere Schutzmaßnahmen sind in dem Abschnitte „Die Behandlung der Azetylenentwickler" angegeben.

Gelöstes Flaschengas (Azetylen-Dissous) nach C l a u d e und H e ß. Die hervorragenden Eigenschaften des Azetylens als Schweißgas ließen bald den Gedanken aufkommen, es ähnlich dem Wasserstoff, Blaugas und anderen Brenngasen in Stahlflaschen verdichtet aufzuspeichern und somit gebrauchsfertiges Azetylen auf den Markt zu bringen. Die großen Schwierigkeiten, die sich der Verdichtung des Gases entgegenstellten, infolge seines großen Explosionsvermögens schon bei 2 atü Druck, wurden durch sinnreiche Anwendung verhältnismäßig einfacher Mittel behoben. Um lohnende Mengen Gas in Stahlflaschen normaler Größe unterbringen zu können, machte man sich zunächst das große Lösungsvermögen des A z e t o n s für Azetylen nutzbar. Auch andere Flüssigkeiten vermögen Azetylen zu lösen, z. B. Wasser (1 : 1,1), Kalkmilch (1 : 0,75), Benzol (1 : 4), Alkohol (1 : 6) usw. Wir kommen auf die Wichtigkeit der Lösung von Azetylen in Wasser noch zu sprechen.

A z e t o n ($CH_3 \cdot CO \cdot CH_3$, Essiggeist, Siedepunkt 57⁰, spezifisches Gewicht 0,795 bei + 15⁰, Verdampfungswärme 125 WE) wird heute aus Azetylen gewonnen. Die frühere Gewinnung aus roher Essigsäure wird jetzt weniger angewandt. Azeton ist eine wasserhelle Flüssigkeit, die einen dem Essigäther ähnlichen Geruch hat. 1 l Azeton löst bei atmosphärischem Druck etwa 24 l Azetylen. Die Lösungsfähigkeit wächst entsprechend der Drucksteigerung, so daß bei 15 atü Druck 1 l Azeton etwa 24 · 15 = 360 l Azetylen gelöst aufnehmen kann. Bei der Aufnahme von 24 l Azetylen je Liter Azeton dehnt sich letztes um nur rund 5 vH = 0,05 l aus, so daß bei einem Druck von 15 atü (360 l Gas) die Ausdehnung jedes Liters Azeton etwa 80 vH ausmacht, d. h. 1 l Azeton nimmt dann einen Raum von 1,8 l ein. Diese Zahlen sind nur angenähert richtig, da diese Verhältnisse von den sehr verschiedenen Eigenschaften der porösen Massen in hohem Maße abhängig sind. Daraus erklärt sich auch die Abweichung der in Abb. 42 angeführten Raumprozente. Mit steigender Temperatur sinkt das Lösungsvermögen des Azetons ziemlich rasch. Bei Druckentlastung, also beim Öffnen des Flaschenventils, wird das von dem flüssigen Azeton aufgesaugte Azetylen je nach Temperatur in schwankenden Mengen freigegeben, ohne daß dabei, wie bei Blaugas und flüssigem Methan, die Zwischenschaltung eines Ausdehnungsbehälters notwendig ist. Man kann sich den Vorgang am einfachsten klarmachen, wenn man dabei an eine Selterswasserflasche denkt, aus der beim Öffnen durch Druckabnahme im Flascheninnern die vom Wasser verschluckte Kohlensäure stürmisch austritt.

Die unter 1 at absolutem Druck erstmalig eingefüllte Gasmenge kann der Flasche nicht mehr entnommen werden, da sonst ein Unterdruck gebildet, bzw. die Flasche erwärmt werden müßte. Es müssen demnach stets mindestens $16 \cdot 24 = 384$ l A z e t y l e n   i n   d e r   F l ü s s i g k e i t   g e l ö s t   v e r b l e i b e n, die dem Verbraucher nicht in Rechnung gesetzt werden .

Als besonders nachteilige Verunreinigung des Azeton ist Wasser anzusehen. Es setzt das Lösungsvermögen des Azeton für Azetylen stark herab, und zwar genügt schon ein Wassergehalt von 2,5 vH, um das Aufnahmevermögen des Azetons für Azetylen von 24 auf 21 l herabzudrücken, weshalb das Azetylen gründlich getrocknet in die Flaschen eingefüllt wird.

Die Lösung des Azetylens in Azeton ist auch bei hohem Druck nicht explosiv, wohl aber der über der Flüssigkeit befindliche Dampf von verdichtetem Azetylen. Aus diesem Grunde müssen wirksame Zwischenträger die Ausscheidung bzw. Ansammlung solcher verdichteter Dämpfe zuverlässig verhindern, und das geschieht, indem man die Azetylenflasche mit einer Masse von großer Porosität anfüllt. Die Masse als solche hat demnach vor allem die Aufgabe, in ihren Poren das mit Azetylen angereicherte Azeton in möglichst feiner Verteilung aufzunehmen und dadurch die Weiterleitung eines örtlich einsetzenden Zerfalls des Gases zu behindern, bzw. völlig zu unterbinden. Für diesen Zweck sind verschiedene Grundkörper sowohl organischer als anorganischer Natur, mit starren und elastischen Eigenschaften einzeln wie auch in Gemischen zur Anwendung gekommen, wie z. B. Holundermark, Sägespäne (Holzschliff), Torf, Seide, Kapok, Zellstoff, Leder; B i m s s t e i n, Tone, H o l z k o h l e, Asbest, S i l i k a g e l (Kieselgur) usw. Die porösen Massen werden entweder trocken in die Flaschen eingebracht, wie dies meist der Fall ist, oder feucht, zu einem Brei angerührt, in die Flaschen eingestampft, längere Zeit gerüttelt, nachgefüllt und im Trockenofen getrocknet, wobei das Wasser verdampft und weitere Poren in der Masse hinterläßt. Die Porosität der Massen beträgt bis zu 80 vH, d. h. das mit ihnen

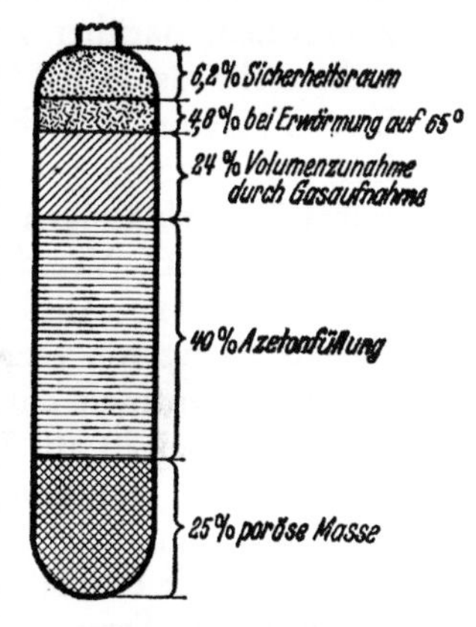

Abb. 42. Raumverteilung in einer Azetylenflasche.

ausgefüllte Flascheninnere bleibt bis zu 4/5 seines Raumes hohl und für Azeton und Gas aufnahmefähig. Dabei sind die kleinen Hohlräume sowohl auf die Stoffe (Füllmasse) selbst als auf die Zwischenräume zwischen diesen zurückzuführen. Das Litergewicht der Massen[1]) schwankt zwischen 230 und 460 g.

---

[1]) Wegen ihrer sicherheitstechnischen Bedeutung dürfen nur solche porösen Massen für Azetylenflaschen verwendet werden, die vom D r u c k g a s a u s s c h u ß zugelassen sind. Mit der Erprobung, Prüfung und laufenden Überwachung der Herstellung dieser Massen ist die Chemisch-Technische Reichsanstalt (CTR) Berlin, beauftragt.

Das Azetonieren, die Menge des in die Flaschen eingefüllten Azetons, macht etwa 4/10 (40 vH) des Flascheninhalts aus. Eine normale (40 l-) Flasche enthält demnach rund 16 l Azeton. Etwa 6···7 vH des Rauminhalts dienen als sog. Sicherheitsraum (für Raumzunahme bei Temperatursteigerung). Die prozentuale Raumverteilung[1]) in einer Flasche für gelöstes Azetylen kommt am besten an einer grundsätzlichen Darstellung (Abb. 42) zum Ausdruck, wobei jedoch ausdrücklich darauf hingewiesen wird, daß die anteiligen Stoffe: Masse, Azeton, Gas n i c h t r ä u m l i c h g e t r e n n t, sondern unter sich verkettet in der Flasche vorhanden sind. Nach Sättigung der Masse mit Azeton wird gut gereinigtes, trockenes Azetylengas bis zu dem höchst zulässigen Druck von 15 atü in die Stahlflaschen hineingepreßt. Flaschen von 10···40 l Wasserinhalt fassen dann 1000···6000 l[2]) Gas, die Normalflasche von 40 l Wasserinhalt bei 15 atü rund 6000 l. Die Gasentnahme geschieht, wie beim Sauerstoff mittels eines Druckminderventils. Eine Sicherheitsvorlage ist beim Schweißen mit Flaschenazetylen n i c h t erforderlich. Allerdings macht sich hier ein anderer unangenehmer Umstand geltend, der besonders bei Entnahme größerer Gasmengen beachtet werden muß. Das Azeton wird in kleineren oder größeren Mengen, je nach Gasentnahme, vom Azetylen mitgerissen, weshalb es bei starker Gasentnahme notwendig ist, mehrere Gasflaschen zusammenzuschließen. Hierfür kann folgende Regel gelten: Einer Azetylenflasche sollen minutlich höchstens 20 l Gas entnommen werden, was einem stündlichen Verbrauch von 1200 l entspricht; doch sollte dieses Höchstmaß nicht erreicht werden. In der Praxis ist es empfehlenswert, derart zu verfahren, daß man beim Schweißen von mehr als 10 mm dicken Blechen mehrere Flaschen zusammenschließt, und zwar bei 10···20 mm Blech 2 Flaschen, darüber hinaus 3 Flaschen, so daß jeder Flasche s t ü n d l i c h nicht mehr als 1 0 0 0 l entnommen werden, da auch bei diesem Gasverbrauch bereits Azeton in Nebelform mitgerissen wird. Auf diese Weise ist es möglich, dem Azeton genügende Mengen Gas zu entziehen, ohne Teile von ihm selbst in unzulässigen Mengen mit in die Schlauchleitung zu reißen, woselbst es später zum Verschmieren und zur Verstopfung der Brennerbohrungen führen würde. Ähnlich dem Feuchtigkeitsgehalt des Gases wirkt auch ein Gehalt an Azeton verzögernd auf den Schweißvorgang. Nach den W i ß schen Versuchen enthielt das entspannte Flaschenazetylen bei nur 100 l stündlicher Entnahme bei 20 atü Flaschendruck 1,25 vH Azetondampf, bei 10 atü 3 vH, bei 5 atü 4,5 vH und bei 1 atü Flaschendruck sogar 7,8 vH Azetondampf. Demnach nimmt der Azetongehalt des entspannten Azetylens mit fallendem Flaschendruck erheblich zu. Die Temperatur für obige Zahlen beträgt + 20⁰. Bei höheren Temperaturen und bei höherer Entnahmegeschwindigkeit sind die Azetonmengen im entnommenen Gase noch wesentlich größer. Aus diesem Grunde müssen die Flaschen möglichst kühl gehalten werden, und es dürfen ihnen über das oben angegebene Maß hinausgehende Mengen nicht entnommen werden. Die Schweißminderleistung beträgt etwa 1,8 vH für je 1 vH Azetongehalt im Gas. Durch Überleiten des Azetylens über einen Reiniger mit einer Lösung von Natriumbisulfit läßt sich das Azeton entfernen. Zur Filterung des Gases von Füllmassenstäubchen und um mit-

---

[1]) Nach R i m a r s k i.
[2]) Nach den neuen DIN 4664 gibt es 50 l-Flaschen nicht mehr.

gerissenes Azeton nach Möglichkeit abzufangen, sind manche Flaschen im Hals mit einem Bausch Glaswolle versehen. Die Freigabe des Azetylens aus dem Azeton bedingt Wärmeverbrauch, der zu einer *inneren Abkühlung* der Flasche führt. Die Abkühlung kann bei zu großer Gasentnahme bis zur äußeren Vereisung der Flasche getrieben werden, eine Erscheinung, die ebenfalls dafür spricht, die oben angeführten Entnahmeziffern nicht zu überschreiten.

Schon bei ordnungsmäßiger Gasentnahme werden jeder Azetylenflasche während ihrer völligen Entleerung im Mittel etwa 350 cm^3 Azeton entzogen, die vom Füllwerk zwecks Herstellung des normalen Ladungsvermögens er-

Abb. 43. Erzeugungsanlage für gelöstes Azetylen.

setzt werden müssen. Neben anderen ist dies auch ein Hauptgrund, weshalb, um weitere Azetonverluste zu vermeiden, ein guter Verschluß des Flaschenventils nach Arbeitsbeendigung und vor Versand der entleerten Flasche zu beachten ist. Ungewöhnliche Verluste an Azeton werden dem Verbraucher vom Füllwerk in Rechnung gestellt.

Die Flaschen sind vorsichtig zu behandeln und dürfen weder geworfen noch gestoßen werden, da sich sonst in der Flasche größere Hohlräume bilden können, die sich mit explosiblem verdichteten Azetylen anfüllen. Flaschen ohne große Hohlräume haben den bedeutenden Vorteil, daß ihre Füllmassen Flammenrückschläge glatt zum Stillstand bringen und einen Zerfall des Gases in der Flasche verhindern, was sonst nicht der Fall wäre.

Es sei betont, daß f l ü s s i g e s Azetylen (bei 22 atü Druck und 0⁰ wird Azetylen flüssig) in der Technik nicht verwendbar ist und nicht hergestellt werden darf; es ist außerordentlich explosiv und gilt laut Gesetz als Sprengstoff. In den Stahlflaschen ist es, worauf immer wieder hingewiesen werden muß, nur g a s f ö r m i g   g e l ö s t , also nicht flüssig, enthalten.

Eine übersichtliche Darstellung einer Erzeugungsanlage für gelöstes Azetylen zeigt Abb. 43. Im Vordergrunde links befinden sich die beiden Azetylenentwickler, dahinter der Gassamler, hinten links an der Rückwand die chemischen Reiniger und die Trockner, daneben eine Trockenflaschenbatterie und davor der Azetylenabfüllkompressor. Entlang der rechten Seitenwand sieht man die Abfüllrampe mit den nebeneinandergeschalteten Flaschenbatterien für gelöstes Azetylen. In größeren Azetylenwerken sind Entwicklerraum, Kompressoren- und Abfüllraum getrennt.

B. Azetylenanlagen, Schweißgeräte und deren Behandlung.

1. Stahlflaschen für verdichtete Gase.

Die Stahlflaschen. Da die wirtschaftliche Selbsterzeugung der zum Schweißen und Schneiden erforderlichen Gase nur sehr selten möglich und vor allem an bedeutenden Verbrauch gebunden ist, sind die weitaus meisten Betriebe, selbst größere Schweißereien, für den Bezug von Sauerstoff, Wasserstoff usw. auf besondere Werke angewiesen. Mit Rücksicht auf den hohen Füllungsdruck, den die in diesen Gaswerken gefüllten Gastransportflaschen auszuhalten haben, wird für solche Stahlflaschen nur hochwertiger Baustoff verwendet. Die Verwendung von vergüteten Leichtmetallen, z. B. von

Tabelle 10.

Rauminhalt der Stahlflaschen nach DIN 4664, Tafel 16a

Rauminhalt in l Wasser	5	10	20	27	40
Gasinhalt in l bei 150 atü	750	1500	3000	4000	6000

Lautal, als Flaschenbaustoff scheint aussichtsreich zu sein, ist aber zur Zeit noch nicht spruchreif. Der Inhalt der Flaschen wird nach ihrem Wasserfassungsvermögen bestimmt. Je nach ihren Abmessungen fassen die Flaschen 5···40 l Wasser (DIN 4664, Tab. 10). Im Schweißereibetrieb finden ziemlich ausschließlich die Normalflaschen mit 40 l Wasserinhalt Verwendung, die bei einem Durchmesser von etwa 200 mm eine Höhe von etwa 1800 mm haben. Solch eine Flasche nimmt bei 150 at Füllungsdruck 6000 l = 6 m³ verdichtetes Gas auf (gasförmig, nicht flüssig wie Kohlensäure oder Blaugas); Gewicht der Flasche leer: etwa 73 kg, mit Sauerstoff gefüllt etwa 81 kg. 1 m³ Sauerstoff wiegt 1,43 kg, 6 m³ wiegen demnach 8,58 kg; das Gesamtgewicht wäre mithin $73 + 8,58 = 71,58$ kg. Da Wasserstoff nur 90 g je m³ wiegt, ergibt sich bei der Vollflasche ein Gewicht von $73 + 0,540 = 73,54$ kg. Azetylen wiegt je m³ 1,17 kg, mithin eine 6 m³-Flaschenfüllung 7,02 kg.

Das Aussehen der Flasche zeigt Abb. 44 im Schnitt. Ein Stahlrohr a von 5···8 mm Wanddicke ist unten flachbogenförmig oder kugelrund geschlossen und oben bei b halsförmig eingezogen. Der meist durch einen warm aufgezogenen Sprengring h verstärkte Flaschenhals b besitzt außen ein zylindrisches Rohrgewinde e, das im Gegensatz zur Abbildung heute meist am Sprengring angebracht ist und zum Aufschrauben der Schutzkappe f, die das Flaschenventil d (DIN 477) während der Beförderung der Flasche zu schützen hat, dient. Um die senkrechte Stellung der Flasche zu ermöglichen, ist am unteren Flaschenende ein Fuß i (DIN 4667) warm aufgezogen, der durch die quadratische Form seiner Grundfläche auch das Fortrollen der liegenden Flasche verhindert. Bei k, unterhalb des Flaschenhalses, sind eingeschlagen: der Name des

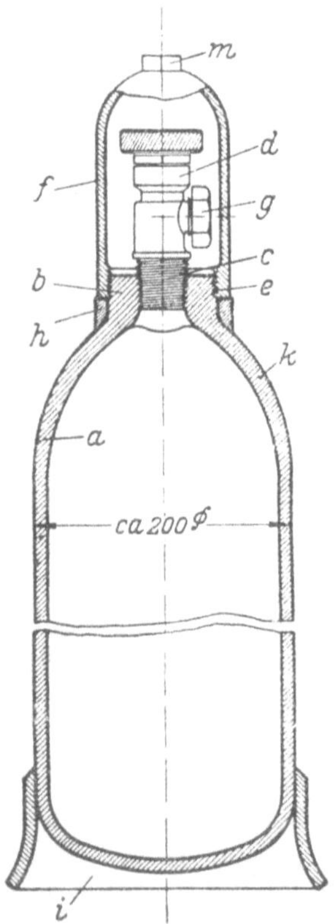

Abb. 44. Schnitt durch die Stahlflasche.

Eigentümers, die Flaschennummer, die Gasart (Sauerstoff, Wasserstoff usw.), das Flaschengewicht samt Kappe und Ventil, der Probedruck (225 at), der zulässige Füllungsdruck, sowie der Wasserinhalt der Flasche (DIN 4671). Der Probedruck für Azetylenflaschen beträgt 60 at, liegt mithin um 300 vH höher als der Füllungsdruck. Ganz allgemein beträgt der Probedruck für Flaschen mit verflüssigten Gasen das Doppelte des Betriebsdrucks, mindestens aber 15 at mehr, bei verdichteten Gasen in der Regel 50 vH mehr. Das Gewicht der Azetylenflasche bezieht sich auf die mit Masse und Lösungsmittel gefüllte Flasche, jedoch ohne Schutzkappe. Änderungen an den Inschriften der Flasche dürfen nur an entleerten Flaschen und nur mit ausdrücklicher Genehmigung der amtlichen Prüfstelle vorgenommen werden.

In Anbetracht der hohen Füllungsdrücke und der damit verbundenen Gefahren, unterliegt nicht allein die Herstellung der Flaschen einer gewissenhaften Prüfung amtlicher Organe nach gesetzlichen Vorschriften[1]), sondern die Flaschen werden auch alle fünf Jahre einer behördlichen Nachprüfung unterzogen. Die Gasfüllwerke sind angewiesen, diese Nachprüfung der Stahlzylinder auf Kosten des Flascheneigentümers zu veranlassen. Widersetzt sich der Eigentümer der Flasche der amtlichen Prüfung, so hat das Gasfüllwerk die Füllung der Flasche abzulehnen. Der Flaschenanstrich (dessen Farbe infolge der häufigen Beförderung der Flaschen selten deutlich zu erkennen ist) soll ein äußeres Kennzeichen für die in der Flasche befindliche Gasart sein. Vorgeschrieben ist als Anstrichfarbe blau für Sauerstoff, rot für Wasserstoff und die übrigen brennbaren Gase. Azetylenflaschen tragen gelben Farbanstrich, Stickstoffflaschen sind grün und Flaschen für Preßluft und andere Gase grau zu streichen, dabei genügt es, einen ausreichend breiten Farbring auf grauem Grundanstrich anzubringen.

Die Füllwerke unterscheiden zwischen Leih- und Eigentums-, bzw. Kundenflaschen. Unter Leihflaschen versteht man die vom Werk auf bestimmte Zeit kostenlos beigestellten Flaschen; die Eigentumsflaschen sind Besitz des Verbrauchers. Nach Ablauf von vier Wochen, während welcher die Flaschen normalerweise vom Werk kostenlos gestellt werden, wird je Tag und Flasche eine Leihgebühr von 5 Pf., nach Ablauf von acht Wochen 10 Pf. je Tag und Flasche berechnet. Eine Benutzungsgebühr für Eigenflaschen kommt natürlich nicht in Frage; im Gegenteil tritt beim Bezuge von Gasen eine Preisermäßigung von meist 10 Pf. je m³ Gas ein, so daß sich bei großem Verbrauch ein entsprechender Park an Eigenflaschen sehr wohl lohnt.

Flaschenventile[2]). Das am Flaschenkopf in das innere, konische Gewinde c eingeschraubte Flaschenventil d (nach DIN 477) hat den Hauptzweck, die gefüllte Flasche zu verschließen und das zur Gasentnahme unter beliebig hohem Druck notwendige Druckminderventil möglichst einfach anzuschließen. Das Ventil d darf vom Verbraucher niemals entfernt werden. Der Gewindekonus hat den Zweck, das Ventil fest in die Flasche einschrauben zu können, damit es ohne fremde Dichtungsmittel gegen den hohen Druck abdichtet (deshalb auch der Sprengring h am Flaschenhals).

---

[1]) Polizeiverordnung über die ortsbeweglichen geschlossenen Behälter für verdichtete, verflüssigte und unter Druck gelöste Gase (Druckgasverordnung) vom 2. Dezember 1935.

[2]) In den in Vorbereitung befindlichen neuen DIN werden die Flaschenventile für alle Schweißgase vereinheitlicht.

Abb. 45 zeigt ein solches Flaschenventil im Schnitt, das sich auf Grund seiner zweckmäßigen Konstruktion sehr gut eingeführt hat. Das Handrad *a* wirkt durch Vierkant auf die Oberspindel *k*, die durch eine lose Messingmuffe *e* mit der den Abdichtungsstöpsel *f* (aus Hartgummi) tragenden Unterspindel verbunden ist. Nach DIN 477 kann der Hartgummi auch durch einen Metallkonus ersetzt werden. Die Feder *b* preßt die Oberspindel *k* an die Dichtung *d* an; sie sitzt geschützt in einer Ausdrehung des Handrads unter einem verschraubbaren Deckel *g*. (Die neueren Ventile dieser Bauart haben gegenüber der in Abb. 45 gezeigten, eine geringe Änderung des Handrades *a* und des Deckels *g* erfahren, was aber die Arbeitsweise des Ventils

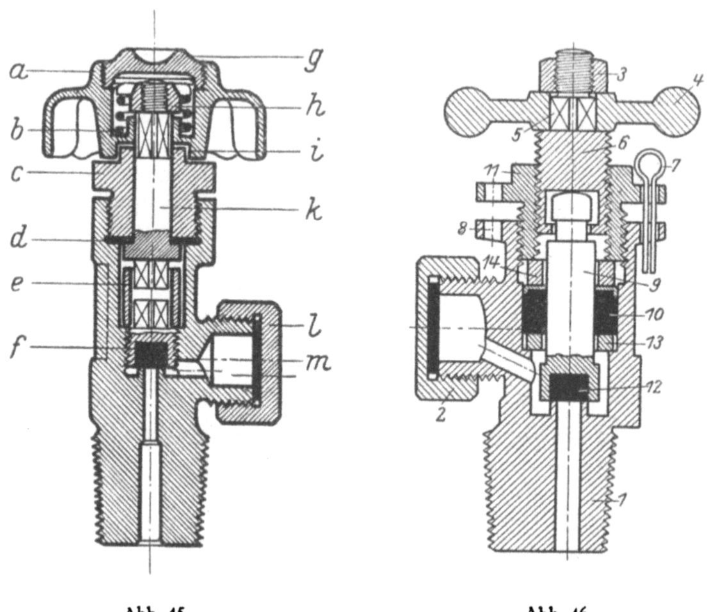

Abb. 45.   Abb. 46.

Flaschenventile im Schnitt.

nicht berührt.) Die Ventilspindeln werden meist aus nichtrostendem Stahl hergestellt. Die abdichtende Mutter *c* ist oben mit einem Ansatz *i* versehen, um das früher so häufige Verbiegen der Oberspindel durch das Handrad zu verhindern. Bei *m* ist der Anschluß für das Druckminderventil, der während der Beförderung und bei Nichtbenutzung durch eine Verschlußmutter *l* verschlossen ist. Über Behebung von Undichtigkeiten am Flaschenventil wird später noch das Erforderliche ausgeführt. Die verschiedenen auf dem Markte befindlichen Ventilkonstruktionen unterscheiden sich vor allem in der Art ihrer Abdichtung *d* und der Kupplung *e*. Ein Flaschenventil mit Stopfbüchsendichtung zeigt Abb. 46. Der Fiberring der Abb. 45 ist durch einen Gummizylinder 10 ersetzt, der gegen die Metallringe 13 und 14 gepreßt wird. Die Oberspindel 6 trägt oben einen Vierkant 5 zur Aufnahme des Handrädchens 4. An ihrem unteren Ende befindet sich ein Schlitz, der beim Drehen des Handrädchens die Unterspindel 9 zwangsläufig mitnimmt. 12 ist der in die Unterspindel eingesetzte Hartgummipfropfen, 11 ist die Stopfbüchse mit Feststellsplint 7. Die Teile 1 und 2 entsprechen der Abb. 45.

Das A n s c h l u ß g e w i n d e (Withworthrohrgewinde) d e r F l a s c h e n v e n t i l e (nach DIN 477 und 1908) für das Druckminderventil

ist nach bestimmten Normen bemessen und, um Verwechslungen beim Füllen
der Flaschen und damit Explosionsgefahren vorzubeugen, für die verschiedenen Gasarten verschieden. Alle S a u e r s t o f f f l a s c h e n tragen
R e c h t s gewinde, alle W a s s e r s t o f f f l a s c h e n L i n k s gewinde. Nach
der Druckgasverordnung sind die in Tabelle 11 aufgeführten Gewindeanschlüsse vorgeschrieben.

Die Flaschenventile für gelöstes Azetylen
weichen von den übrigen Ventilen insofern
ab, als sie k e i n e n Gewindeanschluß, sondern einen Zapfenanschluß tragen (s. Abb. 47).
Ein mittels Fiberring h abgedichteter, in eine
entsprechende Ringnuht f passender rohrartiger Zapfen g, wird durch einen Bügel i, den
Flaschenbügel nach DIN 1909 (der über das
Flaschenventil hinüberreicht), mit Hilfe einer
Schraube k fest angepreßt. An Stelle des
Handrades in Abb. 46 tritt bei diesem Ventil
ein Vierkant bei a. Am oberen Ende der

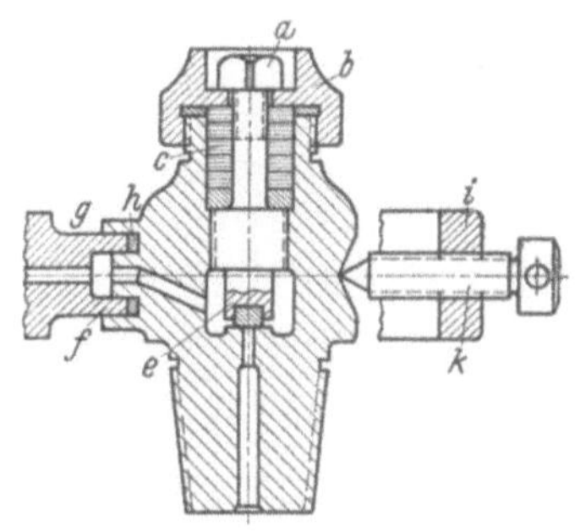

Abb. 47. Azetylenflaschenventil.

Schutzkappe dieser Flaschen ist ein steckschlüsselähnlicher Vierkantansatz angebracht, der zum Öffnen des Flaschenventils dient. Diese Art des Druckminderventilanschlusses ist n u r bei
Azetylenflaschen gebräuchlich. Neuerdings gelangen auch Azetylenflaschen
in den Verkehr, bei denen der Vierkant a durch ein kleines Handrad von
elliptischer Form ersetzt ist, so daß sich der Flaschenbügel
überschieben läßt. Ein für Handradregelung bestimmtes
Azetylenventil zeigt Abb. 48. Seine Bauart entspricht der
der Abb. 46, nur tritt hier eine Feststellschraube b an die
Stelle des Splintes 7, und der Vierkant a ist zur Aufnahme des Handrädchens verlängert. Während der
Drucklegung dieser Auflage haben sich die beteiligten
Kreise dazu entschlossen, eine Einheitsbauart für solche
Ventile auf den Markt zu bringen, bei der der Zapfenanschluß ganz entfällt und dafür eine Gewindeanschluß-
mutter für ¾″ linksgängiges Gasgewinde vorsieht. Diese
längst erwartete und begrüßenswerte Änderung soll in
3 bis 4 Jahren an allen Flaschen für gelöstes Azetylen
durchgeführt sein. Für die Übergangszeit ist das Ventil
so eingerichtet, daß es für Bügel- und für Gewindeanschluß verwendet werden kann. Fast sämtliche Flaschenventile für Schweißgase werden aus Druckmessing,
seltener aus Bronze hergestellt; eine Ausnahme machte
lediglich das früher schmiedeeiserne Flaschenventil für
gelöstes Azetylen, das heute ebenfalls aus Messing be-

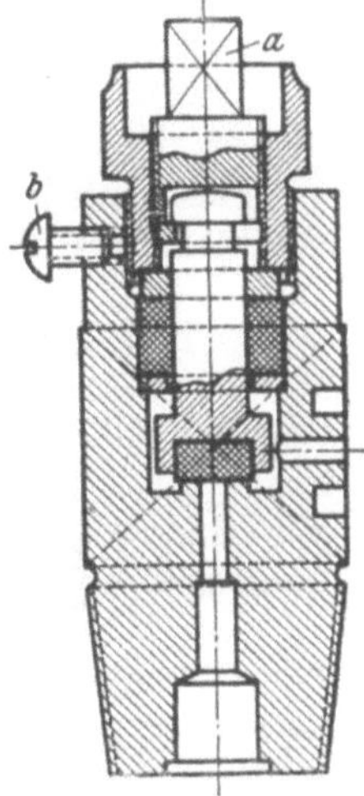

Abb. 48. Azetylen-
Flaschenventil.

steht. Während des zweiten Weltkrieges sind alle Armaturen ganz oder teilweise aus Austauschwerkstoffen hergestellt, z. T. auch als Einheitsgeräte ausgebildet worden, wie Schweißbrenner, Azetylenentwickler u. a.

Flaschenprüfung. Auf die fünfjährige amtliche Prüfung der Stahlflaschen
war bereits hingewiesen worden. Der Prüfungsdruck für verdichtete Gase
liegt um 50 vH höher als der Betriebsdruck, mithin bei 150 + 75 = 225 at.
Während der Prüfung wird das Flaschenventil ausgebaut und ein Prüfungs-
gewindestück aufgeschraubt. Die Druckprüfung erfolgt durch Wasser, wobei
sich der Durchmesser des Stahlzylinders nicht vergrößern darf. Nach erfolgter

Prüfung wird die Flasche abgestempelt und eine besondere Prüfungsbescheinigung ausgestellt. Azetylenflaschen, die ja eine poröse Masse enthalten, dürfen nicht mit Wasser abgedrückt werden. Hier wird Stickstoff verwendet oder das Lösungsmittel Azeton selbst (Warmwasserbad).

Die wiederkehrende Prüfung der Flaschen ist von großer Wichtigkeit und erfolgt auch im Interesse aller beteiligten Kreise sowie der öffentlichen Sicherheit. Wird ein Gewichtsverlust von mehr als 2 kg festgestellt (durch Abrostung im Flascheninnern), so ist die Flasche auszusetzen und aus dem Betriebe zurückzuziehen. (Manche Flaschen, die Gase enthalten, welche den Stahl leicht angreifen, sind sogar alle 2 Jahre zu prüfen.) Heute häufig zusätzlich angewandte Mittel der Flascheninnenprüfung sind die Durchleuchtung mit Röntgenstrahlen und das Ausleuchten.

T a b e l l e 11.

Gasart	Kennfarbe	Art des Anschlußgewindes
Sauerstoff	blau	$^3/_4''$ Withworthrohrgewinde (Außengewinde), rechtsgängig, 26,174 mm Gew.-$\varnothing$, 14 Gang auf $1''$ (DIN 259)
Wasserstoff u. a. Brenngase	rot	Sondergewinde, Withworth, Außengewinde-Durchmesser 21,8 mm, 14 Gang auf $1''$ (DIN 259)
Azetylen	gelb	Z. Zt. kein Gewindeanschluß sondern Zapfenanschluß nach DIN 1908. Änderung siehe Text
Stickstoff	grün	Rechtsgängiges Außengewinde (Withworth) 24,3 mm Außen-$\varnothing$
Preßluft	grau	$^5/_8''$ rechtsgängiges Rohrgewinde, Innengewinde, nach DIN 259

Flaschenbehandlung. Bei Eingang des kurz mit Flasche bezeichneten Stahlbehälters hat man sich zunächst von seinem Inhalt zu überzeugen. Dies ist, neben der Bestimmung durch Wiegen, nur durch Ermittlung des Gasdrucks und entsprechende Umrechnung möglich und im ureigensten Interesse des Verbrauchers gelegen, weil im Füllwerk durch Unachtsamkeit und schlechte Überwachung, ungenügende Auffüllung oder auch durch Undichtheiten am Flaschenventil während der Beförderung Gasverluste eintreten können, die unter Umständen den größeren Teil des eigentlichen, in Rechnung gestellten Inhalts ausmachen.

Zur Flascheninhaltsprüfung wird zunächst die Schutzkappe f Abb. 44 abgeschraubt (immer durch Linksdrehung). Mitunter kommt es vor, daß diese Schutzkappe festgerostet oder festgeklemmt ist und nicht ohne weiteres durch Drehung des am Sechskant m angesetzten Schlüssels gelöst werden kann. Leichtes Anschlagen mit dem Flaschenschlüssel wird die festsitzende Kappe f immer lockern. Nach Entfernung der Kappe überzeugt man sich zunächst davon, ob das Handrad am Flaschenventil richtig geschlossen ist (nach rechts fest andrehen), damit im gegenteiligen Falle die Gewindeschutzmutter g nicht durch den hohen Gasdruck fortgeschleudert werden kann, wenn nur noch einige Gänge eingeschraubt sind. In geräuschvollen Betrieben (z. B. Kesselschmieden) wird das Ausblasen von Gasen meist überhört, deshalb ist doppelte Vorsicht am Platze. Nunmehr wird die Mutter g (bei Sauerstoff durch Links-, bei Wasserstoff durch Rechtsdrehung) abgeschraubt, indem man, wie b e i a l l e n H a n d g r i f f e n an der Gasflasche, l i n k s o d e r r e c h t s, n i e m a l s aber vor dem Gasausströmungskanal des Ventils Stellung nimmt. Diese Vorsicht dient zur persönlichen Sicherheit; man schützt sich so gegen das Abfliegen vielleicht locker gewordener Teile des Druckminderventils. Jetzt öffnet man vorsichtig und l a n g s a m das Flaschenventil durch etwa ¼ Drehung (90⁰) und läßt *eine halbe Sekunde* lang das Gas ausströmen, damit etwa vorhandene Rost- und Schmutzteilchen abgeblasen und nicht in das anzuschraubende Ventil hinübergedrückt werden und dort Verstopfungen hervorrufen. Nun kann das Druckminderventil oder — falls ein solcher vorhanden — der besondere Prüfdruckmesser aufgeschraubt und der in der Flasche herrschende Gasdruck abgelesen werden. Die Abdichtung zwischen Druckminder- und Flaschenventil erfolgt durch Zwischenlage eines Fiberringes, der stets mit den Ventilen geliefert wird. Natürlich ist Voraussetzung, daß der Inhaltsdruckmesser des Druckminderventils (über dieses und seine Behandlung siehe nächsten Abschnitt) in Ordnung ist und möglichst fehlerfrei anzeigt.

Unter normalen Verhältnissen sind D r u c k u n t e r s c h i e d e , die sich beim Nachprüfen des Flascheninhalts gegenüber dem in Anrechnung gebrachten Druck ergeben, bis zu 5 vH als zulässig anzusehen, da die Druckmesserwerte trotz geeichter Skalen oft voneinander abweichen und auch der Temperaturunterschied zwischen Fabrikations- und Verbrauchsort der Gase zu berücksichtigen ist. Ergeben sich größere Druckunterschiede als 5 vH, so sind Beanstandungen beim Gasfüllwerk im allgemeinen berechtigt. Sind also z. B. 150 at Sauerstoff berechnet, so muß der Mindestdruck 5 vH unter 150, demnach 150—7,5∼142 at betragen. Man wird normalerweise bei mehr als 140 at Druck n i c h t beanstanden. Allgemein wird von den Gaswerken der Inhalt der Flasche nach Litern oder m³ berechnet und nicht nach Atmosphärendruck. Gelöstes Azetylen wird nach G e w i c h t berechnet. Die entsprechende Ausrechnung ergibt sich aus dem nächsten Absatz. Bei der Inhaltsbestimmung sind Raumtemperaturen unter $+15^0$ nicht normal und hierbei ablesbare Druckunterschiede dürfen nicht ohne weiteres beanstandet werden; bei Temperaturabnahme tritt Druckabfall, bei Temperatursteigerung Druckzunahme ein.

Einer Sauerstoff- bzw. Wasserstoffflasche sollen minutlich nicht mehr als 200 l Gas (12 000 l stündlich) entnommen werden; das ist gleichbedeutend mit der Entleerung einer 6 m³-Flasche in 30 min. Doch sollte mit Rücksicht auf die Einfriergefahr praktisch dieser Wert nie erreicht werden. Andernfalls kuppelt man mehrere Flaschen gleicher Gasart zusammen.

Die Berechnung des Gasinhalts der Stahlflasche. Sie geschieht nach dem B o y l e schen (M a r i o t t e schen) Gesetz, das allgemein besagt: das Produkt aus Druck und Volumen einer Gasmasse ist bei gleichbleibender Temperatur konstant $(v_1 \cdot p_1 = v_2 \cdot p_2)$.

$$v_f \quad \times \quad p_i \quad = \quad v_g \quad \times \quad 1$$
Flascheninhalt $\times$ Druck am Inhaltsmesser = Gasinhalt $\times$ Atmsophärendruck.

Ist v_f = 40 l (Normalflasche) und p_i = 150 atü (Normaldruck), dann ist v_g = 40 × 150 = 6000 l. In einfachen Worten ausgedrückt: man multipliziert den Wasserinhalt der Flasche (am Flaschenhals vermerkt) mit der Anzahl Atmosphären, die am Inhaltsdruckmesser des Druckminderventils ablesbar ist. Nach dem obigen Beispiel, das des besseren Verständnisses wegen wiederholt sei, ergibt sich: 40 (l Wasserinhalt) × 150 atü = 6000 l = 6 m³ Gas von normalem Druck. Man kann demnach bei überschläglicher Berechnung auch sagen, daß bei dieser Flaschengröße 1 m³ Gas 25 at entspricht. Hat eine Flasche nur 30 l Wasserinhalt und zeigt der Inhaltsmesser 80 at an, so sind in dieser Flasche 30 × 80 = 2400 l = 2,4 m³ Gas enthalten. Man rechnet also stets die kleine Menge hochgespannten Gases in der Flasche um in eine große Menge niedriggespannten Gases von atmosphärischem Druck (1 at). Mit niedrigem Drucke wird das Gas ja auch tatsächlich verbraucht. Im letzten Beispiel haben wir also, genau genommen, umgeformt 30 l × 80 at in 2400 l × 1 at.

Die Bestimmung des Gasverbrauches geschieht nach der Gleichung:

$$(p_{i_1} - p_{i_2}) \times v_f = v_g$$

Anfangsflaschendruck − Endflaschendruck × Flascheninhalt = Verbrauch an Gas
(zu Beginn der Arbeit) (nach Vollendung in l in l
der Arbeit)

Den Verbrauch an Sauerstoff oder Wasserstoff für eine bestimmte Schweiß- oder Schneidarbeit kann man also einmal nach vorigem feststellen, indem man den Flascheninhalt bei Arbeitsschluß vom Flascheninhalt bei Arbeitsbeginn abzieht. Beispiel: Wasserinhalt der Flasche = 40 l. Der Inhaltsmesser zeige bei Arbeitsbeginn 128 at, bei Arbeitsschluß 71 at. Wir haben also in der Flasche bei Arbeitsbeginn 128 × 40 = 5120 l, bei Arbeitsschluß 71 × 40 = 2840 l; der Unterschied 5120—2840 = 2280 l ist der Gasverbrauch. Einfacher ist es, entsprechend der eben genannten Gleichung den Druck bei Arbeitsschluß von dem Druck bei Arbeitsbeginn abzuziehen und diesen Unterschied mit dem Wasserinhalt der Flasche zu multiplizieren. Im Beispiel also: 128—71 = 57 at Druckunterschied und daraus: 57 × 40 = 2280 l Gasverbrauch.

Diese Rechnungsweise ergibt für die Praxis ausreichend genaue Werte, obwohl dieselben nur angenähert richtig sind, da in die Rechnung noch die jeweilige Temperatur einzusetzen ist. Eine genaue Berechnung unter Berücksichtigung des Einflusses der Temperatur erfordert jedesmal die Multiplikation mit dem Temperaturkoeffizienten, also

Inhaltsdruck (150 at) × Wasserinhalt der Flasche (40 l) × Temperatur-koeffizient.

Bezeichnet man die Temperatur mit t und den entsprechenden Koeffizienten mit k, dann erhält man folgende Übersicht über die Größe des Temperaturkoeffizienten bei

$t = + 30°$	$k = 0{,}950$		$t = \pm 0°$	$k = 1{,}054$
$t = + 25°$	$k = 0{,}966$		$t = - 5°$	$k = 1{,}074$
$t = + 20°$	$k = 0{,}983$		$t = -10°$	$k = 1{,}095$
$t = + 15°$	$k = 1$		$t = -15°$	$k = 1{,}116$
$t = + 10°$	$k = 1{,}017$		$t = -20°$	$k = 1{,}137$
$t = + 5°$	$k = 1{,}035$		$t = -25°$	$k = 1{,}156.$

Aus der Übersicht geht hervor, daß ohne Berücksichtigung der Temperatur errechnete Daten bei +15⁰ stimmen, da bei k bei +15⁰ = 1 ist. Zum Unterschied sei aber ein Fall angenommen, in welchem eine Gasflasche im Winter bei einer Außentemperatur von − 15⁰ im Freien benutzt wird. Der Gasdruck betrage 110 at bei 40 l Inhalt der Flasche. Demnach würde die Flasche ohne Berücksichtigung des Temperaturunterschiedes 110 × 40 = 4400 l enthalten; den Temperaturkoeffizienten k eingesetzt erhalten wir indessen 110 × 40 × 1,116 = 4910 l, woraus folgt, daß 4910—4400 = 510 l zu wenig ermittelt wurden.

Umgekehrt liegen die Verhältnisse, wenn die Temperatur oberhalb 15⁰ gelegen ist. Es herrsche z. B. eine Temperatur von +25⁰, dann ist nach der Tabelle k = 0,966. Dies in unser Beispiel eingesetzt ergibt: 110 × 40 × 0,966 = 4250 l, während bei oberflächlicher Berechnung 4400 also 4400 − 4250 = 150 l zuviel festgestellt worden sind. Daher ist zu beachten, daß der ohne Berücksichtigung der Temperatur ermittelte Gasvorrat bei Temperaturen über $+15^0$ zu groß, bei unter $+15^0$ zu gering wird, da ja auch nach der Übersicht oberhalb $+15^0$ die Werte für k unter 1, unterhalb $+15^0$ über 1 gelegen sind. Der Einfachheit halber kann man annehmen, daß die Korrektur für je 10^0 Temperaturunterschied ausgehend von $+15^0$, im Mittel etwa 4 vH ausmacht.

1. Beispiel:

Bei $+15^0$: $110 \times 40 = 4400$ l.

Bei $+30^0$: $110 \times 40 = 4400 - 6$ vH $= 4400 - 264 = 4136$ l in Wirklichkeit.

2. Beispiel:

Bei $+15^0$: $110 \times 40 = 4400$ l.

Bei $- 5^0$ $110 \times 40 = 4400 + 8$ vH $= 4400 + 352 = 4752$ l in Wirklichkeit.

Sind die Werte k (Temperaturkoeffizienten) nicht bekannt, so kann noch eine andere, die eigentlich ursprüngliche Rechnungsweise Anwendung finden, bei der die absolute Temperatur -273^0 (absoluter Nullpunkt, tiefste Temperatur überhaupt) zum Ansatz gebracht wird. Angenommen die Flasche befinde sich im Freien bei einer Außentemperatur von -10^0 ($273 - 10^0 = 263^0$ absolut), dabei zeigt der Inhaltsdruckmesser 137 atü an. Wie hoch steigt der Druck nun an, wenn die Flasche in einen Raum von $+ 18^0$ Temperatur ($273 + 18 = 291^0$ abs.) gebracht wird?

$$\frac{p_{+18^0}}{p_{-10^0}} = \frac{291}{263}; \; p_{+18} = \frac{291}{263} \times 137 \cong 151 \text{ atü,}$$

oder angenähert wie folgt:

$$p_{+18^0} = \frac{28}{273} \times 137 + 137 = 151 \text{ atü.}$$

Der Flascheninhalt und Verbrauch bei Flaschenazetylen (gelöstem Azetylen) läßt sich nicht ohne weiteres durch eine solche Rechnung feststellen, weil das Azetylen in der Flasche in flüssigem Azeton gelöst ist und dieses sehr große Azetylenmengen in sich aufnehmen kann, und zwar um so mehr, je höher der Druck in der Flasche ist. Man kann aber annehmen, daß 1 l Azeton bei einer Druckzunahme von 1 at etwa 24 l[1]) Azetylen von atmosphärischem Druck aufnimmt. Da die Flasche etwa zu 40 vH mit Azeton gefüllt ist, so enthält eine Flasche von 40 l Wasserinhalt bei 1 at Druck: $\frac{40}{100} \times 40 \times 24 = 384$ l Azetylen und bei 15 at Druck: $\frac{40}{100} \times 40 \times 24 \times 15 = 5760$ l Azetylen (von atmosphärischem Druck). In dieser Rechnung kommt, wie wir sehen, wieder der Wasserinhalt der Flasche (40 l) und der Flaschendruck (15 at) vor, und wir können annähernd auch den Flascheninhalt durch Multiplikation von: Wasserinhalt $\times$ Flaschendruck $\times$ 10 feststellen. Beim letzten Beispiel ergäbe das: $40 \times 15 \times 10 = 6000$ l Azetylen. Entsprechend läßt sich dann auch der Verbrauch an Azetylen ausrechnen. Eine genauere Bestimmung der Azetylenmenge kann man nur durch Abwiegen der Flasche vor und nach der Schweißarbeit vornehmen. Beispiel: Eine Flasche wiege vor der Arbeit 79,9 kg und nach der Arbeit 78,3 kg. Dann wiegt das verbrauchte Azetylen $79,9 - 78,3 = 1,6$ kg. Nun nimmt 1 kg Azetylen bei atmosphärischem Druck einen Raum von 855 l ein. Also beträgt der Azetylenverbrauch in unserem Fall $855 \times 1,6 = 1368$ l.

---

[1]) Praktisch rechnet man mit $22 \cdots 23$ l je Liter Azeton, jedoch hängt die Lösungsfähigkeit von der Oberfläche ab, auf der das Azeton verteilt ist, mit anderen Worten spielt der Grad der Kapillarität der Füllmassen (porösen Massen) eine wesentliche Rolle.

Roh angenähert kann man schließlich den Azetylenverbrauch, auch für Niederdruckazetylen (also im Apparat an Ort und Stelle erzeugt), aus dem Sauerstoffverbrauch feststellen, indem man auf 1 m³ Sauerstoff rund 1 m³ Azetylen rechnet. Oder man stellt den Gewichtsverlust der Flasche nach Vollendung der Arbeit fest und teilt den ermittelten Gewichtsunterschied durch die Zahl 1,17 (Gewicht von 1 m³ Azetylen). Im obigen Beispiel wäre dann zu rechnen: $\frac{1,6}{1,17} = 1,361 \text{ m}^3 = 1361 \text{ l}$. Da das in Flaschen in den Handel kommende gelöste Azetylen aber nicht, wie die übrigen Gase nach Litern, sondern nach Kilogramm, also n a c h G e w i c h t v e r k a u f t w i r d , spielt die Berechnung des Azetylenverbrauchs·nach Litern nur eine untergeordnete Rolle.

In diesem Zusammenhang interessieren die Gewichte der wichtigsten Schweißgase. Es wiegen: Luft = 1,294 kg je m³, Sauerstoff = 1,43 kg, Wasserstoff = 90 g und Azetylen = 1,17 kg je m³ Gas.

In den Azetylenfüllwerken wird das Gas nach folgender Skala in die Flaschen gedrückt:

Bei einer Raumtemperatur von:

−5°	±0°	+5°	+10°	+15°	+20°	+25°	+30° C
auf 8,8 ·	10,0	11,4	13,1	15	17	19	22 at Druck.

Im Gegensatz zu anderen verdichteten Gasen herrscht innerhalb einer Azetylenflasche während der Gasentnahme ein unterschiedlicher Druck, was darauf zurückzuführen ist, daß aus dem oberen Teile der Flasche mehr Gas entweicht als aus dem unteren. Es ist dies die Folge der Widerstände, die das ausströmende Gas innerhalb der porösen Masse zu überwinden hat, außerdem wohl auch die Folge ungleich rascher Abgabe des Gases aus dem Azeton. Dies ist einerseits der Grund dafür, daß der Gasverbrauch aus der Ablesung des Druckmessers n i c h t bestimmbar ist, anderseits aber auch dafür, daß sich der Druck nach einiger Zeit erholt. Wird nach einer beliebigen Gasentnahme ein bestimmter Druck am Druckmesser abgelesen und die Ablesung nach einigen Stunden, während welcher der Flascheninhalt zur Ruhe gekommen ist, wiederholt, so wird man infolge des Druckausgleiches innerhalb der Flasche einen nennenswert höheren Druck feststellen können, als dies unmittelbar nach Arbeitsvollendung der Fall war. Erst dieser Wert würde die Unterlage für eine genaue rechnerische Ermittelung des Gasverbrauches geben.

Undichtigkeiten an Stahlflaschenventilen. Diese kann man an Ventilen neuerer Konstruktion meist selbst beheben; Voraussetzung ist allerdings, daß man auch bei gelockertem Handrad den Verschluß des Ventilsitzes ermöglichen kann. Eine solche Konstruktion haben wir in Abb. 44 vor uns. Ursache der Undichtheit ist mit geringen Ausnahmen in der Abnutzung oder Beschädigung des Dichtungsrings d zu suchen, welcher zeitweise erneuert werden muß. Wenn ein Nachziehen der Stopfbuchsenmutter c nicht mehr genügt, erfolgt die Erneuerung des Dichtungsrings dadurch, daß man nach festem Andrehen (Rechtsdrehung) des Handrades der Reihe nach folgende Teile abmontiert: g, h, b, a und c. Darauf wird ein neuer Dichtungsring d (Ersatz soll immer zur Hand sein), der die Abdichtung des Ventils gegen die Atmosphäre zu besorgen hat, eingelegt und der Einbau der vorhin genannten Teile in umgekehrter Reihenfolge vorgenommen. Während der Entfernung der einzelnen Teile bürgt der in Gewinde geführte Ventilstöpsel f für guten Verschluß des Gasausgangskanals. Solche Arbeiten erfordern

Sachkenntnis und Gewissenhaftigkeit und sollen nur von hierzu bestimmten Personen am besten im Füllwerk selbst vorgenommen werden. Fehler am Hartgummistöpsel f sind nur bei entleerter Flasche im Gasfüllwerk zu beheben, wie auch sonstige Hantierungen an den Flaschenventilen ganz unzulässig sind. Flaschenventile, die keine im Gewinde geführte Unterspindel besitzen oder keine ähnliche Einrichtung tragen, dürfen unter Flaschendruck nicht zerlegt werden, da sonst alle eingebauten Teile durch den Gasdruck herausgeschleudert werden. Vorsichtshalber wird die Mutter l während des Ausbaus der Oberspindel k abgeschraubt.

Die Ursache des Undichtwerdens liegt meist darin, daß der beim Füllen der Flasche Feuchtigkeit aufnehmende Dichtungsring d während des Lagerns der Flasche trocknet und einschrumpft. Häufig genügt deshalb auch ein völliges Öffnen des Ventils, d. h. das Handrad a wird ohne Anwendung von Gewalt solange nach links gedreht als es sich bewegen läßt, wodurch der unter d gelegene Dichtungswulst der Oberspindel gegen den Ring d gedrückt wird und die Abdichtung herstellt. Im allgemeinen soll man die Oberspindel nur dann in der vorhin beschriebenen Weise ausbauen, wenn kein anderes Mittel mehr die Abdichtung ermöglicht.

Undichtheiten am Ventil Abb. 45 werden entweder ebenfalls durch völliges Öffnen und Andrücken des unteren Ansatzrandes von 9 gegen 13 behoben oder dadurch, daß man bei geschlossenem Ventil die Mutter 3 abschraubt, das Handrad 4 abstreift, den Splint 7 entfernt und darauf die Stopfbuchse 11 nach rechts anzieht. Ist das Ventil dann dicht, so wird der Splint 7 in die entsprechenden Löcher 8 eingesetzt und damit die Büchse gegen Verstellen geschützt.

Vor allem ist zu beachten: Öl oder fetthaltige Stoffe, wie Mennige, Hahnfett, mit fetthaltigen Stoffen getränkte Pappe oder Wollpackung, auch Klingerit oder Leder (wenn auch trocken) usw. dürfen weder mit dem Flaschen- noch mit dem Druckminderventil der Sauerstoffflaschen in Berührung gebracht werden, da hierdurch schwere Explosionen verursacht werden können. Die Explosion (der Zerknall) des mit stark verdichtetem Sauerstoff in Berührung kommenden Öls ist darauf zurückzuführen, daß die Verbrennung des Öls außerordentlich plötzlich einsetzt. Es ist sehr zu empfehlen, Fett und Öl auch allen Ventilen der übrigen Schweißgase fernzuhalten, da etwaige, durch Reibung oder sonstwie (z. B. Funkenflug) entstehende Zündung durch solche Stoffe weitere Nahrung erhält. Schwergängige und verrostete Kappengewinde werden mit einer Drahtbürste gereinigt, gegebenenfalls mit einem Glyzerin-Wassergemisch eingeschmiert.

Die Prüfung des Flaschenventils auf Dichtheit kann bei Sauerstoffflaschen — und nur bei diesen — durch Ableuchten mit einem glimmenden Holzspan geschehen, wobei sich undichte Stellen durch Aufflammen des glimmenden Spanes deutlich bemerkbar machen. Auch verfährt man wohl bei Sauerstoffflaschen ebenso wie bei Azetylen- und Wasserstoff- (überhaupt Brenngas enthaltenden) Flaschen so, daß man das Ventil entweder mit Seifenwasser einpinselt oder den Flaschenkopf in ein Becken mit Wasser taucht und auf etwaige Blasenbildung achtet. Die Unsitte vieler Schweißer, beim Einlegen neuer Dichtungsringe (Abb. 47 h) in Azetylenflaschenventile die alten Ringe zu belassen, hat häufig zu Flaschenventilbränden Veranlassung gegeben. Dabei wird der Zapfen g exzentrisch angezogen und ungenügend geführt. Die alten Ringe sind deshalb unbedingt zu entfernen, sobald neue eingesetzt werden.

Prüfung der chemischen Reinheit des Gases. Für eine genauere Prüfung empfiehlt es sich, Analysen durch einen Chemiker vornehmen zu lassen, da die Prüfung außer einiger Erfahrung auch zweckmäßige Analysenapparate erfordert, die in kleinen und mittleren Betrieben selten zur Hand sein werden, obwohl es neuerdings einige sehr brauchbare und handliche Analysenapparate auf dem Markte gibt. Ein zur Bestimmung des Reinheitsgrades des Gases anwendbares, einfaches Mittel besteht darin, daß man be.spielsweise bei Wasserstoff durch einen an das Druckminderventil angeschlossenen Schlauch w e n i g Gas in ein offenes Gefäß mit Seifenwasser eintreten läßt. Ist der Wasserstoff rein, so b r e n n t er, an den Seifenblasen durch ein Zündholz entzündet, mit ruhiger, blauer Flamme ab. Enthält er hingegen mehr Verunreinigungen (Sauerstoff) als zulässig, so explodieren die Seifenblasen unter Knallen; das in der betreffenden Flasche befindliche Gas darf nicht verwendet werden. Derselbe Versuch kann beim Sauerstoff zum Ziele führen, sofern dieser auf e l e k t r o l y t i s c h e m Wege, d. h. durch Zersetzung des Wassers, gewonnen wurde (aus flüssiger Luft hergestellter Sauerstoff läßt sich auf diese Weise nicht prüfen). Das in den Seifenblasen enthaltene Gas darf dann n i c h t brennen, auch nicht zerknallen, da es andernfalls Wasserstoff in unzulässig großen Mengen enthält. Eine genauere Feststellung der Verunreinigungen in Prozenten ist natürlich bei diesen beiden Proben ausgeschlossen.

Lagerung der Stahlflaschen. Sie soll am besten liegend erfolgen, um die Flaschen vor Umfallen zu schützen. Auch an Arbeitsstellen im Freien, besonders an Baustellen, ist die liegende Anordnung vorzuziehen, sofern die Flasche nicht durch Rohrschellen (Bindfaden ist kein Befestigungsmittel) an festen Körpern oder durch ähnliche Sicherheitsvorrichtungen wie Flaschenständer, Karren u. dgl. gegen Umstürzen gesichert ist. Azetylenflaschen dürfen n u r s t e h e n d in Gebrauch genommen werden. Innerhalb der Werkstätte ist aufrechte Stellung der Flasche vorteilhafter; vor Umfallen ist sie am besten durch Anbringen von Rohrschellen zu bewahren. Ferner s nd gefüllte Flaschen vor Sonnen- und Wärmestrahlen zu schützen und dürfen demnach auch nicht in unmittelbarer Nähe von Feuer oder vor großen in Rotglut befindlichen oder vorgewärmten Arbeitsstücken Aufstellung finden. Gase dehnen sich, wie alle Körper, bei Wärmeeinwirkung aus. Die Erwärmung fällt bei Gasen unter Druck (Flaschengasen) um so mehr ins Gewicht, als sie keine Ausdehnungsmöglichkeit haben, was notwendigerweise Drucksteigerung im Flascheninnern zur Folge haben muß, und diese soll man vorsichtshalber stets verhindern. Starke Kälte, also Frost, ist für die Flaschen ebenfalls schädlich, da der Stahl durch Kälte leicht spröde und brüchig wird, was beim Fallen unter hohem Innendruck stehender Flaschen deren Zerknall zur Folge haben kann. Man wird deshalb die Flaschen im Winter nicht grimmiger Kälte aussetzen.

Weder die Leer- noch die Vollflaschen dürfen, wegen der damit verbundenen Gefahr, während der Beförderung geworfen werden. Die Gasflaschen sind vor Stößen und anderen Erschütterungen zu bewahren. Die Beförderung der Flaschen an Magnetkränen ist verboten. Da die Leihflaschen nur bis zu 30 Tagen mietefrei sind, darüber hinaus aber eine tägliche Leihgebühr berechnet wird, ist für sofortige Rücksendung nach Entleerung Sorge zu tragen. Bei R ü c k s e n d u n g d e r F l a s c h e n darf das Aufschrauben von Schutzmutter *g* (Abb. 44) und Schutzkappe *f* nicht vergessen werden, da der Verbraucher sowohl hierfür als auch für etwaige Schäden, die infolgedessen den Flaschen bei Beförderung zustoßen, haftet. Auf dem Frachtbrief sind die Flaschennummern anzuführen.

Festverlegte Sauerstoffleitung. In Betrieben, wo mehrere Schweißstellen in Tätigkeit sind, empfiehlt es sich, neben der von der Azetylenzentrale kommenden Gasleitung auch eine solche für Sauerstoff zu schaffen, indem man eine Anzahl Sauerstoffflaschen zu einer B a t t e r i e zusammenschließt. Zweckmäßig wird man diese Flaschenbatterie außerhalb der Werkstätte in einem kleinen besonderen Raum, unter Umständen in einem durch Brandmauer getrennten Nebenraum des Azetylenhäuschens aufstellen, jedenfalls aber an einem Orte, der ein leichtes Hantieren mit den Flaschen gestattet. Dadurch entfällt die umständliche Beförderung der Stahlflaschen zu und von den Schweißstellen. Der die Azetylenanlage bedienende Arbeiter versorgt auch die Sauerstoffflaschenbatterie, so daß durch Auswechseln der Flaschen und der Druckminderventile entstehende Arbeitsstörungen für den Schweißer fortfallen und Gefahren, verursacht durch die Beförderung und die Aufstellung der Flaschen innerhalb der Arbeitsräume, abgewendet werden.

Von der Sauerstoffzentrale (die Anzahl der zusammenzuschließenden Flaschen richtet sich natürlich nach der Anzahl der Schweißstellen und nach dem stündlichen Gasverbrauch) führt eine Rohrleitung nach den einzelnen Schweißstellen, woselbst die Druckminderventile angeschlossen werden und dauernd befestigt bleiben (am besten gleich neben der Azetylen-Sicherheitswasservorlage). Die Rohrleitungen sind mit dem üblichen Gefälle zu verlegen, an den tiefsten Stellen sind Wasserablaßventile und in jedem Werkstättenhauptstrang Manometer anzubringen. Als Werkstoff dient auf längere Strecken nahtloses Stahlrohr, auf kürzere Strecken Kupferrohr. In kleineren Betrieben kann auch eine kleinere Batterie in einer Ecke der Werkstatt Aufstellung finden und mit den Ventilen durch eine Kupferrohrleitung verbunden werden. Die Wanddicke der Stahlrohre muß betragen bei 10 mm l. W.: 4 mm. bei 20 mm l. W.: 5 mm, bei 30 mm l. W.: 6 mm und bei 50 mm l. W.: 8 mm. Der hohe Druck erfordert eine gewissenhafte Verlegung der Rohrleitung entsprechend den Bestimmungen für Hochdruckrohrleitungen. Die Wahl ausreichender Rohrquerschnitte ermöglicht weitgehende Gasentnahme und Ausnutzung des Flascheninhalts bis auf geringe Drucke. In Tabelle 12 sind die Rohrweiten bei verschiedener Stranglänge der Hauptleitung, bei 1 at Druckabfall und Ausnutzung des Gasdrucks der Sammelbatterie bis auf 5 at, zusammengestellt. Für die Anschlußrohre vom Hauptrohr zum Druckminderer genügen 4···5 mm l. W.

Abb. 49 veranschaulicht eine Gasflaschenbatterie mit 5 Flaschen und 5 Reserveflaschen. Häufig verbindet man die Batterie mit einem Hauptdruckminderventil und schickt das Gas unter einem Drucke von 10···20 at in die Gebrauchsleitung bzw zu den Einzeldruckminderventilen. Im Bedarfsfalle kann auch W a s s e r s t o f f auf diese Weise in Rohrleitungen fortgeleitet werden, g e l ö s t e s

T a b e l l e 1 2.

Länge des Rohrstrangs in m	Lichter Durchmesser in mm bei einer Durchflußmenge an Sauerstoff je Stunde in m³					
	1	2	4	6	8	10
10	3	4	5	6	7	8
20	3,5	4,5	5,5	6,5	7,5	8,5
30	4	5	6	7	8	9
50	4,5	5,5	7	8	9	10
100	5	6	7,5	9	10	11
200	6	7	9	10	11	12
500	7	9	11	12	13	15

A z e t y l e n jedoch niemals unter vollem Flaschendruck, da es in den Leitungen explodieren kann, w o r a u f a u s d r ü c k l i c h h i n g e w i e s e n s e i.

Explosionsgefahr der Flaschen. Soweit durch starke, chemische oder auch ungewöhnlich große mechanische Verunreinigung der Gase selbst Gefahrenquellen bestehen, kann der Verbraucher sich leider kaum schützen, doch sind solche Fälle, trotz der außerordentlich hohen Anzahl im Verkehr befindlicher Stahlflaschen, glücklicherweise selten geworden. Im übrigen können wir auf alle die mannigfaltigen, überhaupt möglichen Explosionsursachen nicht eingehen; für uns ist allein wichtig, wie bei Behandlung der Flaschen Gefahren abgewendet werden können. Einige Punkte haben bereits Erwähnung ge-

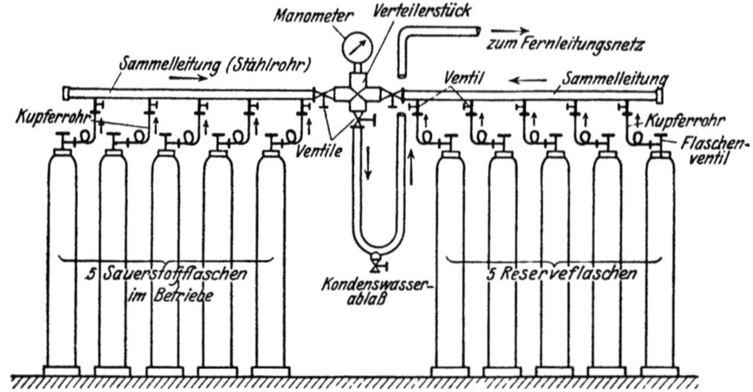

Abb. 49. Festverlegte Sauerstoffleitung mit Flaschenbatterie.

funden: Flaschen nicht werfen; keine fetthaltigen Stoffe an die Ventile bringen; Flaschen vor Wärmestrahlen schützen usw. Selbst bei stärkster Erwärmung der Flasche dürfen Gesamtdrucke von 200 at für Sauerstoff und Wasserstoff und von 40 at für gelöstes Azetylen nicht erreicht werden. Hinzugefügt sei noch: das Flaschenventil ist i m m e r l a n g s a m , nicht ruckweise zu öffnen und nicht durch endloses Drehen des Handrades, sondern durch nur e i n e volle Drehung von 360⁰ (nach links). Erst wenn der Flascheninhalt zur Neige geht, oder bei besonders starker Gasentnahme ist eine weitere ganze Umdrehung des Handrädchens am Flaschenventil erforderlich. Durch diese Vorsicht ist man in die Lage versetzt, im Falle einer Gefahr das Ventil rasch zu schließen. Undichtheiten am Flaschenventil sind sofort abzustellen; erforderlichenfalls ist die Flasche unentleert mit entsprechendem Vermerk bezüglich des Mangels ans Werk zurückzusenden. Mit Rücksicht auf die besondere Gefahr, die mit der Erhitzung von Azetylenflaschen verknüpft ist, bedürfen diese Flaschen auch einer besonderen Behandlung. Tritt aus irgendeinem Grunde eine völlige oder auch örtliche starke Erwärmung der Flasche durch Unvorsichtigkeit oder durch Ventilbrand ein, so ist das F l a s c h e n v e n t i l unverzüglich zu s c h l i e ß e n , die Flasche sofort ins Freie zu schaffen und aus gedeckter Entfernung gut mit Wasser zu berieseln, da auch nach Stunden noch die Möglichkeit des Zerknallens infolge Zerfalls des Gases besteht, wenn nicht für rasches und wirksames Abkühlen der Flasche Sorge getragen wird.

Zusammenfassung der Flaschenbehandlung.

1. Schutzkappe abnehmen.
2. Nachsehen, ob Handrad am Flaschenventil (nach rechts) gut geschlossen ist.

3. Seitlich von der Flasche, **n i e   v o r** dem Ventilauslaß, Aufstellung nehmen!

4. Schutz- (Verschluß-) Mutter lösen.

5. Gas **k u r z** abblasen lassen.

6. Druckminderventil (mit zwischengelegtem Fiberring) anschrauben.

7. Flaschenventil **l a n g s a m** öffnen (eine volle Drehung am Handrad nach links). Nur bei starker Gasentnahme (großer Brenner, Schneiden) darf eine zweite Drehung der Ventilspindel erfolgen.

8. Dichtheit des Ventils prüfen; vorhandene Undichtheiten durch Anziehen der Stopfbuchse oder Einlegen eines Fiberringes beheben.

9. Nach Arbeitsbeendigung Flaschenventil schließen.

10. **F e t t   u n d   ö l h a l t i g e   S t o f f e   u n d   D i c h t u n g e n** den Ventilen aller Art, bei Sauerstoff unter allen Umständen, **f e r n h a l t e n!**

11. Die Flaschen nicht werfen!

12. Die Flaschen vor Fall schützen!

13. Die Flaschen vor Wärme- und Sonnenstrahlen schützen!

14. Bei Rücksendung der Flaschen Mutter und Kappe aufschrauben.

2. Druckminderventile.

Zur Entnahme des Gases aus den Stahlflaschen bedient man sich der Druckreduzier- oder Druckminderventile, die das Gas von hohem Flaschendruck (150 at) auf den zur Schweiß- bzw. Schneidarbeit erforderlichen niedrigen Arbeitsdruck (meistens 0,1 ··· 6 at) zu bringen haben.

Konstruktion und Arbeitsweise. Gute Ventile müssen ganz aus Messing, Druckmessing oder Bronze hergestellt sein; aus Gußeisen oder anderen Metallegierungen hergestellte Ventile sind minderwertig. Gußeisen ist nach den Verordnungen der Eisen- und Stahlberufsgenossenschaft als Werkstoff für Druckminderer verboten. Aussehen und innere Konstruktion des Ventils richten sich nach Leistung und Zweck, denen das Ventil zu dienen hat. Zur besseren Unterscheidung sind die Ventile je nach Gasart durch einen Anstrich gekennzeichnet (DIN 1906), und zwar tragen Ventile für Sauerstoff blaue, solche für Wasserstoff rote und jene für Flaschenazetylen gelbe Farbe, gemäß den zugehörigen Flaschenfarben. Diese Farben sind vorgeschrieben und daher einheitlich. Entsprechend den Flaschenanschlußgewinden (am Flaschenventil) haben die Sauenstoffventile Rechts-, die Wasserstoffventile Linksgewinde. Die übrige Konstruktion kann bei beiden Ventilarten dieselbe sein. Azetylenventile haben, wie wir bereits wissen, statt des Gewindes einen Flaschenanschlußzapfen (DIN 1909).

J e d e s Druckminderventil (DIN 1906) **m u ß 2 M a n o m e t e r** (Röhrenfeder-Druckmesser nach DIN 1907) tragen, einen **I n h a l t s d r u c k** messer und einen **A r b e i t s** druckmesser. Die Stellung der beiden Druckmesser zueinander, ob über-, neben- oder hintereinander, sowie die Anzahl der im Ventilinnern befindlichen Hebel ist im wesentlichen mehr für die Form und Bauart des Ventils als für dessen Arbeitsweise ausschlaggebend. Die Manometereinteilungen sollen nicht verdeckt, sondern leicht übersichtlich sein. Je nach der Konstruktion kann die Flaschenanschluß-Überwurfmutter links oder rechts am Ventil angeordnet sein. Am Grundgedanken der Arbeitsweise ändert dies so gut wie nichts.

Wir müssen uns nun vorerst über den Grundgedanken der Druckverminderung und über die Arbeitsweise der Ventile klar werden. Da Schnittzeichnungen durch die Ventilkonstruktionen immer etwas verwickelt erscheinen und ihr Verständnis dem Schweißer Schwierigkeiten verursacht, soll zur Erleichterung unserer Betrachtungen eine einfache Grundform, Abb 50, herangezogen werden. Mit der Größe des Schweißbrenners wechselt auch die Höhe des erforderlichen Gasdrucks (verdichtete Gase), weshalb man in der Lage sein muß, den hohen Druck des in der Flasche verdichteten Gases auf den jeweils erforderlichen viel niedrigeren Arbeitsdruck zu bringen, der etwa zwischen 0,1 und 3 at (beim Schweißen) liegt. Hierzu würde schon ein ganz gewöhnliches Nadelventil ausreichen, das an die Flasche angeschlossen würde. Nun kommt aber ein weiteres, sehr wichtiges Erfordernis hinzu: Der Arbeitsdruck muß beliebig lange Zeit unverändert bleiben, d. h. er darf nicht abfallen, was infolge des bei anhaltender Gasentnahme fortschreitenden Druckabfalls in der Flasche unbedingt eintreten würde. Mit anderen Worten, dem Druckminderventil fallen folgende Aufgaben zu: Leichte Gasentnahme, Druckverminderung und Gleicherhaltung des Arbeitsdrucks während beliebig langer Arbeitsdauer.

In Abb. 50 ist A das Druckminderventil, das mit der Flasche durch ein Rohr 2 in Verbindung steht. Beim Öffnen des Flaschenventils tritt das Gas

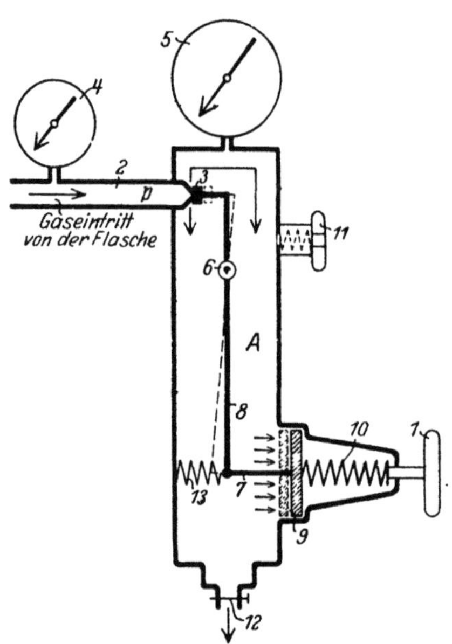

Abb. 50.   Grundform eines einhebligen Druckminderventils.

unter vollem Flaschendruck in das Rohr 2 ein, und zwar bis zur durch 3 verschlossenen Rohrmündung. Gleichzeitig tritt das Gas in den Inhaltsmesser 4 ein und gibt den in der Flasche vorhandenen Gasdruck an. Im Gehäuse A des Ventils ist ein in 6 drehbar gelagerter, doppelarmiger Hebel 8 eingebaut wovon ein Ende mit einer Stange 7 in Verbindung steht, während der andere obere Arm einen Hartgummikegel 3 trägt, der die Bohrung des Gasaustrittskanals (2) verschlossen hält. Die Schließfeder (Spiralfeder) 13 drückt den Hebel 8 und mit ihm den Hartgummi 3 fest gegen die Bohrung von 2. Zur Gasentnahme ist es erforderlich, durch Rechtsdrehung der Schraube 1 die Einstellfeder 10 zusammenzudrücken, die ihrerseits die Metallscheibe 9 und die Stange 7 nach links drückt. Dadurch wird auch der schwächere Gegendruck der Schließfeder 13 überwunden, und da ferner eine Bewegung des Hebels 8 oberhalb des Drehpunktes 6 nach rechts erfolgt, wird der Gummikegel 3 vom Sitz abgehoben, und dem Gas ist nun der Zugang zum Innern des Gehäuses A freigegeben. Je nachdem die Schraube 1 mehr oder weniger tief hineingeschraubt wird, steigert oder verringert sich der Druck innerhalb von A, was am Arbeitsdruckmesser 5 ununterbrochen ablesbar ist. Die Fortführung des Gases erfolgt bei 12 (Pfeilrichtung) durch ein Ventil. Die immer wiederkehrende Frage ist nun die: Warum steigt der Druck nicht im Gehäuse A, wenn 12 geschlossen wird? Es ist doch anzunehmen, daß solange

Gas aus der Flasche nach A überströmt, bis in beiden Kammern Druckgleichheit herrscht. Gerade aber dieser Umstand soll ja durch das Ventil beseitigt werden. Wodurch geschieht das?

Sobald bei 3 Gas nach A ausströmt, drückt dies gleichmäßig in Pfeilrichtung auf alle Wandungen des Raumes A, mithin auch auf den beweglichen Teil 9, einem kolbenartigen Metallteller (der auf einer die Kammer abschließenden Gummimembrane ruht) ganz gleich, ob 12 geöffnet oder geschlossen ist. Da nun die Fläche von 9, auf welche das Gas drückt, sehr viel größer ist als bei 3, wo das Gas nur durch eine kleine Bohrung austritt, so besteht ein großes Übersetzungsverhältnis und der viel geringere Druck in A kann deshalb dem hohen Druck in 2 die Waage halten. Wird z. B. bei 12 mehr Gas entnommen, so nimmt der Druck in A ab und wird demnach auch auf 9 geringer werden. Die Folge davon ist, daß die Feder 10 den Teller 9 nach links drückt und damit den Gasdurchgang bei 3 mehr öffnet. Umgekehrt wird bei fallender Entnahme bei 12 der Druck innerhalb A höher, 9 nach rechts gedrückt und 3 mehr geschlossen. Auf diese einfache Weise wird durch das Spiel der Kräfte zwischen Gasdruck in A auf 9 und Federdruck 10 auf 9, der Metallteller 9 als Druckregler verwendet. Die Regelung erfolgt nur bei 1, und ein einmal hier eingestellter Druck bleibt annähernd gleichmäßig während der ganzen Dauer der Gasentnahme. Vollständige Genauigkeit ist mit Rücksicht auf die Verschiedenheit zwischen Änderung der Federkraft und Abnahme des Gasdrucks nicht zu erwarten, doch reicht die Arbeitsgenauigkeit gut konstruierter Ventile für die Praxis vollkommen aus. 11 ist das Sicherheitsventil, das bei einem einstellbaren Höchstdruck im Ventilgehäuse A selbsttätig abbläst und nach neueren Vorschriften so angebracht sein muß, daß es den Gasüberdruck n a c h o b e n ins Freie austreten läßt. Der höchstzulässige Arbeitsdruck ist am Niederdruckmesser 5 meist durch einen roten Strich am Ziffernblatt angedeutet.

Abb. 50 zeigt ein sog. e i n s t u f i g e s und e i n h e b l i g e s Ventil, das ebensowenig wie m e h r h e b l i g e Ventilkonstruktion die Bedingung der Erhaltung gleichmäßigen Arbeitsdruckes restlos zu erfüllen vermochte. Deshalb ist man in neuerer Zeit immer mehr vom Bau der Hebelventile abgegangen und hat h e b e l l o s e Ventile entwickelt, die außerdem z w e i s t u f i g eingerichtet sind und den Anforderungen der Schweißtechnik am besten genügen. Durch die Druckminderung in z w e i S t u f e n wird zwar das Gerät etwas verwickelter und in der Anschaffung teurer, aber seine Vorzüge sind so unverkennbar, daß in Kürze diese Konstruktion ausschließlich den Markt beherrschen wird.

Abb. 51 zeigt ein solches zweistufiges Ventil hebelloser Konstruktion in der Grundform. Betrachtet man zunächst die erste Stufe 4, so wird durch Rechtsdrehen der Stellschraube 3 das darüber liegende Entspannungsventil 5 geöffnet. Das Gas strömt so lange über 6 nach 8, bis der in der Zwischenkammer 11 steigende Druck, der auch auf die an der Ventilstange befestigten beweglichen Platte drückt (Pfeile), so groß geworden ist, daß dadurch die Kraft der im Gehäuse 4 erkennbaren Feder überwunden und somit das Ventil geschlossen ist. Derselbe Vorgang wiederholt sich auch bei der zweiten Stufe. Wird jetzt bei geöffnetem Ablaßventil 10 Gas entnommen, so fällt der Druck in der Arbeitskammer 12 ab, damit wird die an der Ventilstange sitzende bewegliche Platte entlastet, und die Federkraft kann das Ventil 13 wieder öffnen. Der gleiche Vorgang stellt sich rückwärts wirkend dann bei der ersten Druckstufe ein. Bei konstanter Gasentnahme tritt unverzögert ein Beharrungszustand ein, d. h. beide Ventile bleiben geöffnet und lassen stetig das Gas durchströmen. Der Gasdruck in der Zwischenkammer und in der Arbeitskammer ist bedingt durch die mehr oder minder große Öffnung des Ventildurchganges, die wieder durch entsprechendes Rechts- oder Linksdrehen der Stellschrauben geregelt wird. Bei den meisten Konstruktionen ist die erste Druckstufe bereits vom Hersteller aus auf einen

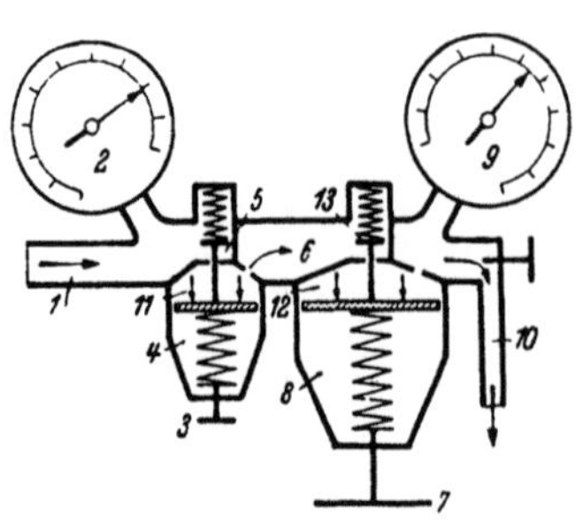

Abb. 51.   Grundform eines zweistufigen hebellosen Druckminderventils.

bestimmten Druck in der Zwischenkammer fest eingestellt und auch nicht ohne weiteres veränderlich. Der Schweißer kann also nur das Ventil der zweiten Druckstufe bedienen und einstellen. Die Überschreitung des für das Gehäuse und die Manometer zulässigen Höchstdruckes wird durch ein über dem Ventil 13 angeordnetes Sicherheitsventil verhütet.

Ventile dieser Konstruktion haben den Vorteil, daß der Zwischendruck nur in geringen Grenzen schwankt und daß diese Schwankungen den Arbeitsdruck, der durch die zweite Druckstufe entnommen wird, nicht mehr beein- flussen. Außerdem wirkt die doppelstufige Entspannung von hohem auf niedrigen Gasdruck insofern praktisch besonders günstig, als sie die Einfrier- gefahr der Ventile, wovon noch später die Rede ist, bedeutend vermindert.

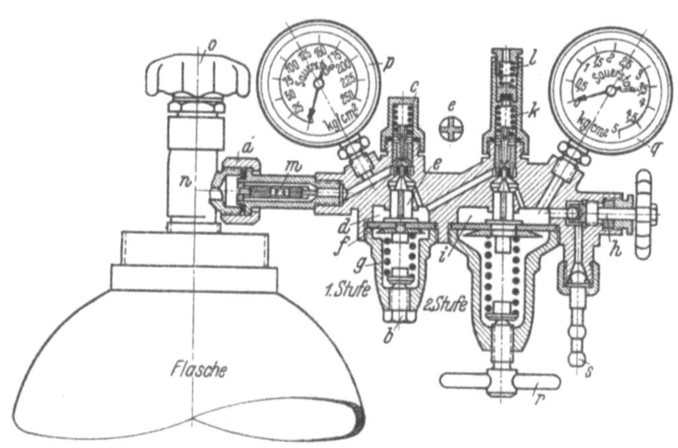

Abb. 52.   Schnitt durch ein zweistufiges hebelloses Druckminderventil.

Den Schnitt durch die Konstruktion eines im Sinne der Grundform Abb. 51 dargestellten Druckminderventils zeigt Abb. 52. Das Ventil wird durch die Überwurfmutter a an dem Anschlußgewindezapfen des Flaschenventils n be- festigt. Bei dessen Öffnen durch Linksdrehen des Handrädchens o tritt Gas durch den Kanal m nach der 1. Stufe des Ventils über und zeigt gleichzeitig am Druckmesser p den Inhaltsdruck der Flasche an.   Der in der 1. Druckstufe gewünschte Gasdruck wird bei b einmalig eingestellt, was durch Rechtsdrehen der Schraube, Zusammendrücken der Spiralfeder g und Durchdrücken der Membran f nach der Zwischenkammer d hin geschieht. e ist der Ventilkegel, der das darüber befindliche Ventilsystem samt dessen Hartgummiabschluß betätigt. Nunmehr strömt das Gas durch den schrägen Verbindungskanal zum Druckminderventil k der 2. Druckstufe, dem eigentlichen Arbeitsventil, dessen Regelung durch die Einstellung der Stellschraube *r* in gleicher Weise wie bei *b* erfolgt. Der Schweißer hat jedoch, nach dem vorhin Gesagten, lediglich die Knebelschraube *r* zu betätigen, um den *gewünschten Arbeitsdruck*, der am Manometer *q* ablesbar ist, einzustellen. Die Gasentnahme geschieht über das Absperrventil *h* an der Schlauchanschlußtülle *s*. Oberhalb *k* ist das Sicherheitsventil *l* angeordnet, das vorschriftsmäßig den etwaigen Überdruck an Gas nach oben abblasen läßt.

Das äußere Aussehen eines solchen Ventiles veranschaulicht Abb. 53; es kann, wie Abb. 52, sowohl für Sauerstoff als für Wasserstoff Verwendung finden, wobei nur das Gewinde der Überwurfmutter (Abb. 52 a) zu der jeweiligen Gasart passen muß. Am Ventilgehäuse ist links unten die erste Druckstufe mit dem darüberliegenden Inhaltsdruckmesser zu erkennen. Zwischen diesen und dem rechts oberhalb der 2. Druckstufe gelegenen Arbeitsdruckmesser befindet sich das Sicherheitsventil; ganz unten sind

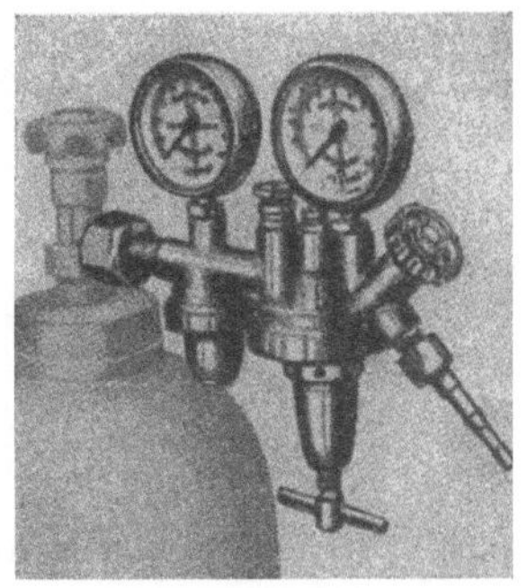

Abb. 53. Doppelstufiges Druckminderventil.

die Druckeinstellschraube und rechts der Schlauchanschluß und das Absperrventil angeordnet.

Ein Ventil **f ü r g e l ö s t e s A z e t y l e n** mit Flaschenanschlußbügel und nur einer Druckstufe (Abb. 50) zeigt Abb. 54. Selbstverständlich können alle Konstruktionen dieser oder ähnlicher Art, abgesehen von dem Anschlußbügel, auch für die übrigen Schweißgase Verwendung finden, wie ja auch die oben beschriebenen hebellosen und zweistufigen Ventile mit Bügelanschluß versehen und für gelöstes Azetylen benutzt werden können.

Obwohl es sich bei diesen Druckminderventilen ja ausschließlich um **H o c h d r u c k v e n t i l e** handelt, unterscheidet man trotzdem häufig noch zwischen diesen und **N i e d e r d r u c k v e n t i l e n**, wobei allerdings nur die Höhe des Arbeitsdrucks bestimmend ist. Man sagt, ein für Schweiß- und normale Schneidarbeiten (bis 100 mm Schnittdicke)

Abb. 54. Druckminderventil für gelöstes Azetylen.

gebautes Ventil mit einer Arbeitsmanometerskala bis etwa 10 at sei ein Niederdruckventil, während die bis 20 und noch mehr Atmosphären reichende Arbeitsdruckskala (Ventile für schwere Schneidarbeiten) die Bezeichnung Hochdruckventil begründet. Im allgemeinen reicht das sog. Niederdruckventil für alle Durchschnittsarbeiten aus, wo minutliche Gasdurchgangsleistungen von über 150 l nicht in Frage kommen. Das Hochdruckventil ist schwerer und größer gebaut und gestattet bei größeren Bohrungen eine Höchstgasentnahme von normal 1200 l in der Minute (Flaschenbatterie). In einigen wenigen Fällen ist auch eine Vereinigung beider Ventile erwünscht; wir haben dann ein sog. D o p p e l d r u c k m i n d e r v e n t i l vor uns, wie es für Schneidarbeiten in besonderen Fällen verwendet wird. Ein solches Ventil ist nur für Sauerstoff bestimmt und seine Einrichtung in Abb. 55 grundsätzlich angedeutet. An einem U-förmigen Anschlußrohr 1 befindet sich der gemeinsame Inhalts-druckmesser 2 und hinten die Flaschenanschlußmutter 3. An der linken Seite

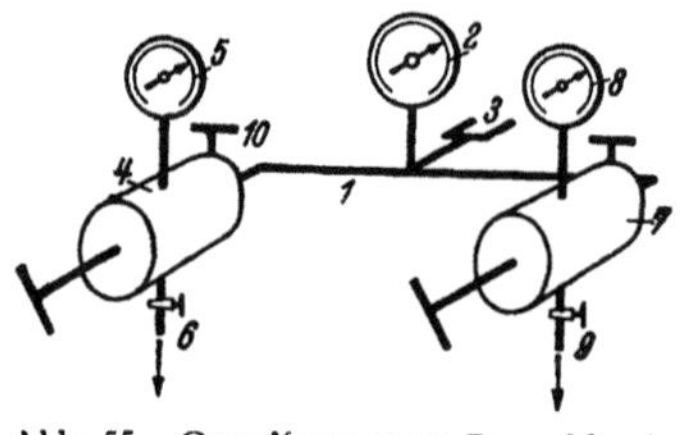

des U-Rohres ist das Niederdruckventil 4, an der rechten das Hochdruckventil (Schneid-ventil) 7 angebracht, die je eine Druckeinstell-schraube, einen Schlauchnippel (6 und 9), je einen Arbeitsdruckmesser (5 und 8), sowie Sicherheitsventile (10) tragen. Hoch- und Niederdruckseite können sowohl hebellose als Hebelventile mit einer oder zwei Druckstufen sein.

Abb. 55.   Grundform eines Doppeldruck-minderventils.

Bei Gleichdruckschweißanlagen können auch vereinigte Druckminderventile Verwendung finden, bei denen die Drucke für Azetylen und Sauerstoff in einem Gehäuse gegenseitig g e m e i n s a m g e r e g e l t werden. Ein solches Ventil veranschaulicht Abb. 106 im Schnitt und ist dort beschrieben.

Eine im Auslande entstandene Neukonstruktion weicht von allen bisher bekannten dadurch ab, daß das Druckminderventil in die kleinste mögliche Form gebracht unmittelbar mit dem Flaschenventil zusammengebaut und mit diesem fest verbunden ist. Die Flaschenkappe schützt dann gleichzeitig Flaschen- und Druckminderventil. Da einer solchen an sich unverständlichen Bauweise viele Mängel anhaften und da sie für unsere Verhältnisse kaum in Frage kommen dürfte, kann von ihrer Schilderung abgesehen werden.

Einzelheiten der Ventileinrichtungen. Sie beziehen sich hauptsächlich sicherheitstechnische Rücksichten. Eine solche Einrichtung ist z. B. das wieder-holt erwähnte Sicherheitsventil, das die Überschreitung eines höchstzulässigen Drucks im Ventilgehäuse verhüten soll. Die übrigen hier kurz angeführten Konstruktionsteile sind zwar für das Verständnis der Arbeitsweise eines Druckminderers belanglos, aber für die Betriebssicherheit so wichtig, daß einige Hinweise unvermeidlich sind.

An erster Stelle kommt dem sog. A u s b r e n n s c h u t z Bedeutung zu, der ein Ausbrennen von Sauerstoffventilen verhüten soll.

Der Vorgang des selbsttätigen A u s b r e n n e n s von Sauerstoffventilen ist kurz folgender: Die Praxis hat gelehrt und Versuche haben bewiesen, daß bei schnellem Öffnen des Flaschenventils o (Abb. 52) die von diesem Ventil bis nach e hin vorhandene Luft oder der Sauerstoff (aus einem früheren Arbeitszeitabschnitt) so stark verdichtet wird, daß Temperatursteigerungen vorkommen können, die genügen, eine Entflammung des Hartgummistöpsels (Entzündungstemperatur 300 ··· 400⁰) hervorzurufen. Die Verdichtungswärme ist natürlich bei 3 (Abb. 50) zunächst besonders groß. Der Hartgummistöpsel (Kegel) ist aber durch das häufige An- und Abdrücken an die scharfen Kan-ten der Bohrung p meist an der Sitzfläche etwas angerauht und enthält dann mikroskopisch feine, gelockerte Fäserchen, die sich in Anwesenheit des reinen, verdichteten Sauerstoffs und bei der erhöhten Temperatur entzünden. Die Verbrennung greift außerordentlich rasch auf den Hartgummikegel selbst und von hier auf das ganze Ventil über, das dadurch in wenigen Augenblicken gänzlich zerstört wird. Um sich gegen diese Erscheinung zu schützen, hat man einen sog. A u s b r e n n s c h u t z gebaut, der heute in fast allen Ventil-konstruktionen vorgesehen ist.

Die Wirksamkeit des Ausbrennschutzes wird *auf verschiedene Weise* erreicht und die einfachste und älteste Form beruht darauf, in den Gaskanal (Abb. 50 p und Abb. 52 m) ein kupfernes Röhrchen einzubauen, das die Ver-dichtungswärme rasch ableitet. Im Ausbrennschutz m (Abb. 52) wird durch eine eingesetzte Büchse mit radialen Kanälen der Gasstrom mehrfach um-geleitet. Dadurch wird ein beim schnellen Öffnen der Sauerstoffflasche ein-setzender plötzlicher Gasstoß stark verlangsamt. Außerdem leitet die durch die Büchse, die größere Bohrung des Kanals und ein eingelegtes Drahtsieb erzielte bedeutende Vergrößerung der Oberfläche die entstehende Verdich-tungswärme mehr ab. Schließlich wird jede bis an das Ventil der 1. Stufe gelangende übermäßige Drucksteigerung durch das darüber befindliche Sicher-heitsventil abgeleitet, so daß ein gefährlicher Druck und damit gefährliche Wärmemengen das Ventil nicht mehr treffen können. Der Ausbrennschutz schützt demnach das Druckminderventil gegen Gefahren, die ihm von der Flasche drohen.

Eine Einrichtung, die das Ventil und die Flasche gegen Gefahren schützen soll, die ihnen vom Brenner her drohen, ist die S c h u t z p a t r o n e (Rückschlag-patrone, Abb. 56). Sie besteht aus einem zwischen das Auslaßventil und die Schlauchtülle eingebauten Gehäuse, in dem

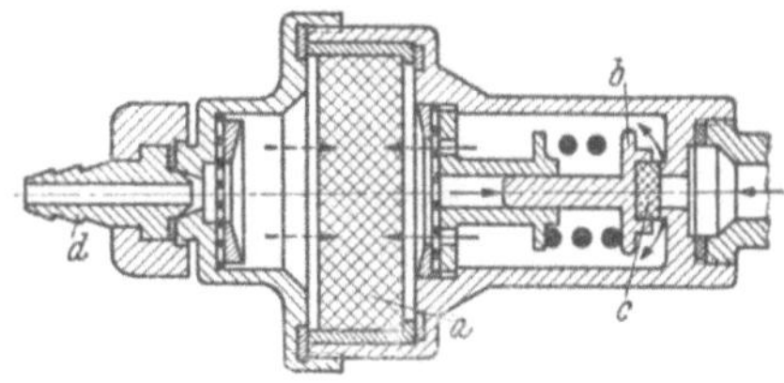

Abb. 56.
Schnitt durch eine Rückschlag-Schutzpatrone.

ein poröser Tonzylinder a angeordnet ist. Das in Pfeilrichtung kommende Gas drückt unter Überwindung des Federdruckes den Bolzen b, in welchem sich der Hartgummiverschluß c befindet, ab und strömt in Richtung der Pfeile durch die poröse Masse zum Brennerschlauchanschluß d. Beim Rücktritt von Gas oder bei Flammenrückschlägen hält der Zylinder die Explosionswelle auf, und das Rückschlagventil wird durch den Druck, unterstützt durch die Feder-kraft, geschlossen. In gleicher Weise wird der Rücktritt des Gasgemisches (insbesondere beim Schneiden) verhütet. Da die Patronenmasse dem Gas-durchgang einen gewissen Widerstand entgegensetzt, sind die normalen Gas-drücke bei Verwendung einer solchen Schutzvorrichtung um 10 vH höher ein-zustellen. Beim Flammenrückschlag zerstörte Platten sind leicht aus-wechselbar.

Manometer (Druckmesser). Die S t r i c h t e i l u n g d e r D r u c k -m e s s e r ist meist nach dem Dekadensystem (Zehnzahlordnung) eingerichtet und zeigt den Druck in kg/cm² = at (Atmosphären) an (DIN 1907). Nach den Normen gibt es 2 Druckmessermuster, von denen das erste einen Anzeigen-bereich von 0,6 · · · 5, das zweite einen solchen von 0,6 · · · 200 atü aufweist, wo-bei die Skalenhöchstwerte zwischen 10 und 300 atü liegen. Beim Arbeitsdruck-manometer, dem Niederdruckmanometer, findet man vereinzelt noch eine den Schweißbrenner-Düsengrößen (Nummern) angepaßte Druckteilung vor: diese Teilung ist jedoch weniger üblich und hat auch mancherlei Nachteile. Im Inneren sind die Druckmesser so eingerichtet, daß durch den in eine Röhren-feder eintretenden Gasdruck diese sich streckende rundgebogene Metall-röhrenfeder ihre Streckbewegung mittels einer kleinen Zahnradübersetzung auf den Zeiger überträgt. Eine bestimmte Größe der Streckbewegung ent-spricht einem bestimmten, an der Skala ablesbaren Druck.

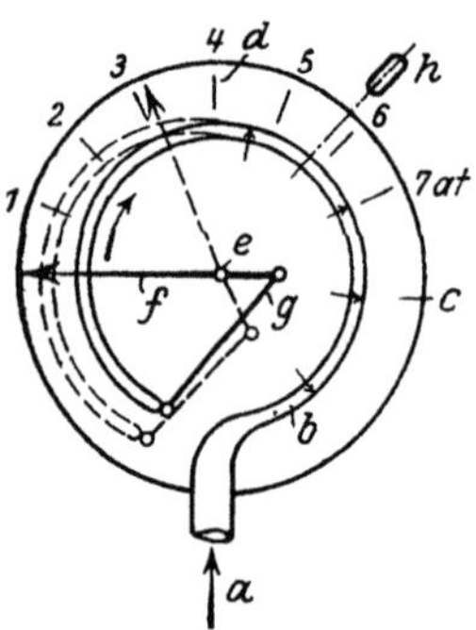

Abb. 57. Grundform eines Druckmessers.

Bei *a* Abb. 57 tritt das Gas in die Feder *b* von etwa elliptischem Querschnitt *(h)* ein und versucht diese in einem dem Gasdruck entsprechenden Maße aufzurunden und geradezustrecken. Nimmt z. B. Rohr *b* die punktiert gezeichnete Lage an, dann folgt Hebel *g* dieser Bewegung zwangsläufig, den Zeiger *f*, der sich um *e* dreht, in der Pfeilrichtung mitnehmend. *c* ist ein über den Mechanismus gelegtes Glas (Blech oder Pappe) mit einer dem Ausmaße der jeweiligen Streckbewegung bei bestimmten Gasdrucken angepaßten Einteilung *d*, an welcher der augenblickliche Gasdruck unmittelbar in Atmosphären ablesbar ist. Zur Erweiterung des Zeigerausschlags und Erhöhung der Deutlichkeit ist meist zwischen Zeiger *f* und Federrohr *b* noch eine kleine Zahnradübersetzung eingebaut.

Auf die Berechnung des Gasinhaltes und -verbrauchs an Hand des am Inhaltsmesser jeweils ablesbaren Drucks wurde schon früher hingewiesen. Um diese Umrechnung zu ersparen, sind sog. M a n o s k o p e auf dem Markte, die mit zwei konzentrischen und in entgegengesetzter Richtung steigenden Einteilungen ausgerüstet sind, von denen eine drehbare bei Arbeitsbeginn auf 0 eingestellt wird und dann die unmittelbare Ablesung des Gasverbrauchs in jedem Augenblicke des Arbeitsfortschrittes gestattet.

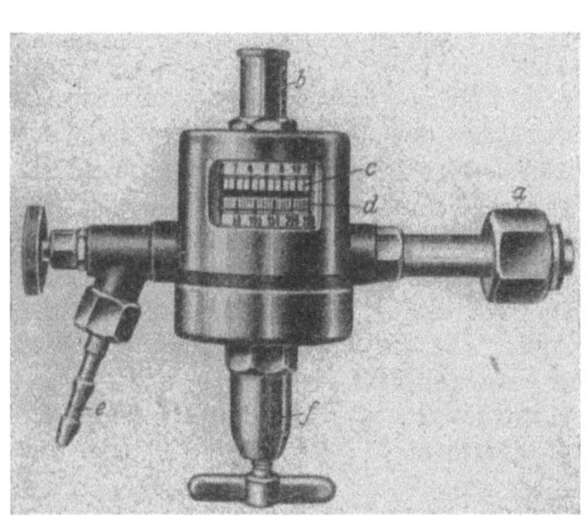

Abb. 58.
Druckminderventil mit besonderer Druckmesserkonstruktion.

Hinsichtlich der Gestaltung der Druckmesser und ihrer Anordnung bestehen noch einige Sonderkonstruktionen, wovon die eine an Stelle der zwei Einzelmanometer ein D o p p e l m a n o m e t e r trägt, auf dem 2 Zeiger und 2 Einteilungen im gleichen Gehäuse exzentrisch zueinander angeordnet sind. Ganz abweichend von allen Bauarten ist die der Abb. 58. Der Mechanismus des Hoch- und Niederdruckmanometers ist unter einer gemeinsamen Schutzhaube des eigentlichen Ventilkörpers angebracht. Das Ventil ist hebellos und unterscheidet sich von anderen Konstruktionen noch dadurch, daß der den Hochdruckraum abschließende Kegel während des Betriebes unbelastet und in seiner Führung frei beweglich ist. *a* ist die Anschlußmutter, *b* das Sicherheitsventil, *c* die Arbeitsdruck- und *d* die Inhaltsdruckeinteilung, *f* die Druckregelschraube und *e* der Schlauchanschluß.

Zusammenschluß mehrerer Flaschen. Nicht allein der mit festverlegter Ringleitung ausgerüstete Werkstättenbetrieb bedingt den Zusammenschluß mehrerer Flaschen zu einer Batterie (Abb. 49). Häufig sind auch am Einzelplatz in der Werkstatt oder auf Montage erhebliche Mengen an Schweißgasen erforderlich, die über die bereits angegebene Höchstentnahme weit hinausgehen und deshalb die Kupplung mehrerer Flaschen notwendig machen. Z. B. beim Brennschneiden dicker Werkstücke und beim Schneiden unter Wasser tritt großer Sauerstoffverbrauch ein, *beim Schweißen* schwerer Werkstücke außerdem auch großer Flaschenazetylenbedarf. Es ist selbstverständlich, daß nur Flaschen g l e i c h e r G a s - a r t und mit anfänglich g l e i c h e m I n h a l t s - d r u c k zusammengeschlossen werden dürfen. Die von Schweißern häufig vertretene Meinung, daß hierbei eine Summierung der einzelnen Flaschendrücke eintrete, ist natürlich irrig, da bei parallelgeschalteten Flaschen, gleich welcher Anzahl, sich nur die Gasmengen addieren, niemals aber die Drücke. Man kann ohne weiteres 2, 3 oder beliebig viel Flaschen mittels

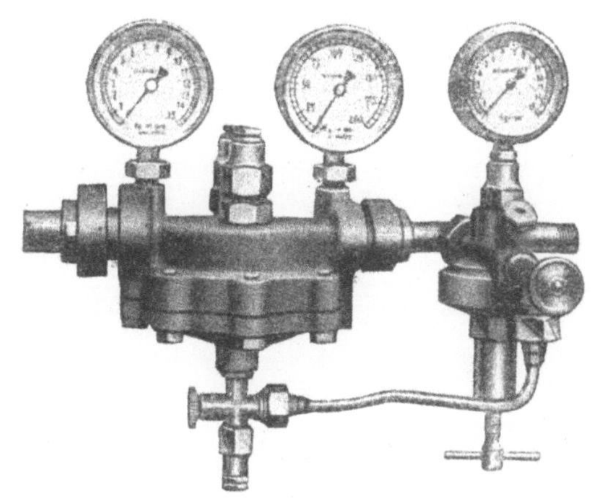

Abb. 59. Zentraldruckminderventil für Flaschenbatterie.

kupferner (ausgenommen Azetylen), messingner oder stählener Trompeten- oder Spiralrohre zusammenschließen, wie dies z. B. in Abb. 60 bei 3 Sauerstoff- und in Abb. 61 bei 3 Azetylenflaschen (Stahlrohr) der Fall ist.

Aus beiden Bildern geht deutlich hervor, daß den einzelnen Flaschen der Batterie das Gas über ein g e m e i n - s a m e s Druckminderventil (meist Hochdruckventil schwerer Bauart) entnommen wird, so daß dessen Durchgangsbohrungen genügend groß bemessen sein müssen. Diese Z e n t r a l - oder H a u p t d r u c k m i n d e r v e n - t i l e werden, je nach Erfordernis, mit besonderen Druckregelautomaten oder mit Feineinstellungen für bestimmte oder konstante Drücke eingerichtet (K o n s t a n t - o d e r G l e i c h - d r u c k v e r f a h r e n) Abb. 107. Das in Abb. 59 gebrachte Zentralventil (auch für festverlegte Rohrleitungen bestimmt) ist für einen Sauerstoffdurchlaß von 120 m³/h verwendbar. Seine Regelung und Feineinstellung wird durch eine im Bilde unten sichtbare Umgehungsleitung bewirkt. Durch die Druckregelung des vor dem Hauptventil eingebauten normalen Druck

Abb. 60.
Zusammenschluß dreier Sauerstoffflaschen.

minderers wird die Membran des Hauptventils erregt und gesteuert.

Behandlung der Ventile. Vom Druckminderventil ist das Schweißerzeugnis sowohl in der Güte wie in der Menge in hohem Maße abhängig, weshalb dieses Gerät besonders sorgfältig behandelt werden muß. Die nachfolgenden Anleitungen können sinngemäß Anwendung finden. Außerdem empfiehlt es sich, den besonderen Anweisungen der das Ventil liefernden Firma nachzukommen.

Das Ventil darf weder gestoßen noch geworfen werden, andernfalls die Druckmesser nicht mehr einwandfrei arbeiten. Es darf beim Befördern der Flasche nicht als Handgriff dienen, da hierbei Teile des Ventils abbrechen können und durch Fall der Flasche Gefahren entstehen. Wenn die beiden Druckmesser geschont werden und ihren Dienst lange und ohne Mucken verrichten sollen, darf vor allem das Handrad o am Flaschenventil n (Abb. 52) — zum wiederholten Male gesagt — nicht plötzlich und ruckweise, sondern nur allmählich gedreht werden (wegen unmittelbarer Druckwirkung auf den Inhaltsanzeiger und wegen der Ausbrenngefahr). Um sich bei alten Ventilen, die den früher erwähnten Ausbrennschutz nicht besitzen, gegen etwaige Gefahren des Ausbrennens zu schützen, kann man bei einstufigen Ventilen auch so zu Werke gehen, daß man vorsichtig die Regelschraube r ein klein wenig anzieht, bis sich der Gegendruck der Feder in c bemerkbar macht, und dann die Flasche öffnet. Dadurch gibt der Verschlußstöpsel oberhalb e den Gasaustritt etwas frei, so daß ein wenig Gas nach i gelangen und sich eine Erhitzung von e durch Gasstauung nicht einstellen kann. Im allgemeinen soll das Flaschenventil n n u r dann g e ö f f n e t werden, wenn die Feder c durch Zurückdrehen der Stellschraube r e n t l a s t e t ist. Erst bei geöffnetem Flaschenventil stellt man durch Hineinschrauben der Stellschraube den für die jeweilige Arbeit erforderlichen Druck ein. Die Druckregelung erfolgt bei geöffnetem Ventil h, das bei kurzen Arbeitspausen geschlossen wird, ohne daß sonst Hantierungen am Ventil notwendig sind. Bei längerer Arbeitsunterbrechung wird, um eine Entlastung der Druckeinstellfeder zu erreichen, die Druckschraube r herausgedreht und das Flaschenventil n ganz geschlossen. Bei Wiederbeginn der Arbeit wiederholt sich das Spiel von neuem. Regelungen am Abblasventil l sind unbedingt zu unterlassen.

Infolge der Gasentspannung von hohem auf niederen Druck entsteht Kälte, die während der Wintermonate, und bei großer Gasentnahme auch zu anderer Jahreszeit, zum E i n f r i e r e n des Ventilgehäuses führen kann; die Feuchtigkeit der Luft schlägt sich in Eisform am Ventil nieder. Noch unangenehmer wirken Wasser- und Kohlensäuregehalt des Sauerstoffs, die durch die entstehende Kälte (beim Entspannen) ausgeschieden werden und sich als Eis in den Durchgangskanälen der Ventile festsetzen. Dadurch tritt ein Drucknachlaß ein, der sich äußerlich am ruckweisen Fallen und Steigen des Druckmesserzeigers, hauptsächlich aber durch starkes Zucken der Flamme. bemerkbar macht. Das Schwanken der Gasdurchflußmengen hat übrigens

Abb. 61. Zusammenschluß dreier Azetylenflaschen.

auch häufiges Knallen des Brenners zur Folge. Auftaumittel in solchem
Falle sind heiße Sandsäckchen, Dampf oder warmes Wasser, welches in
gewissen Zeitzwischenräumen über das Ventilgehäuse (nicht über die Manometer) geschüttet wird, oder es wird ein zeitweise mit warmem Wasser ge-
tränkter Lappen über das Ansatzstück am Ventil gehängt. Das Auftauen
der Ventile durch Bestreichen mit der Brennerflamme oder mit glühendem
Eisen ist verboten, da es neben Gefahrenquellen verschiedener Art auch zur
Zerstörung der Druckmesser führt.

Sind mehrere Flaschen zusammengeschlossen, dann ist auch die An-
ordnungsweise der Abb. 62 empfehlenswert, wobei allerdings die Flaschen
nicht waagerecht lagern sollten, sondern etwas schräg, mit dem Flaschenhals erhöht, damit etwa in der Flasche befindliches Wasser nicht zum Ventil
fließt. Das den 3 Flaschen entnommene Gas wird durch 6 kupferne Schrau-

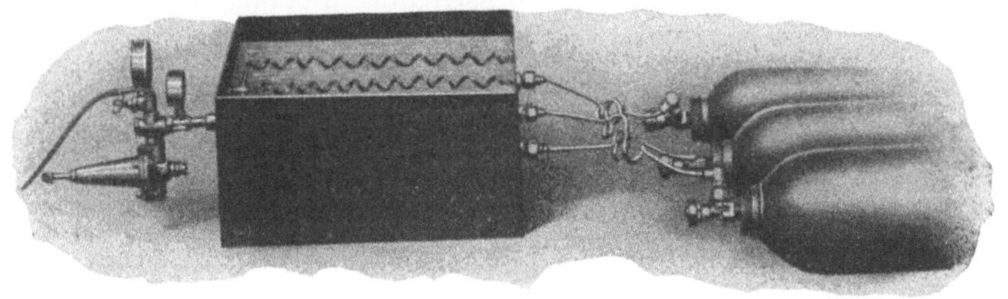

Abb. 62. Vorrichtung gegen Einfrieren des Ventils.

benrohre (Spiralen) geleitet, die in einem Blechkasten angeordnet sind und
in ein links im Kasten sichtbares Verbindungsstück münden. Das Druckminderventil liegt außerhalb des Blechgefäßes. Der Kasten wird mit Wasser
von 30···40⁰ angefüllt und die Temperatur durch öfteres Zuschütten heißen
Wassers oder durch zeitweiliges Einwerfen heißer Schlacke u. dgl. auf mindestens + 5⁰ gehalten. Um Sauerstoff-Druckminderer für große Gasentnahme
gegen Einfrieren zu schützen, was besonders bei Zentraldruckreglern an
Flaschenbatterien ratsam ist, können elektrische Heizspiralen in ein um den
Zuflußkanal des Ventils angeordnetes Gehäuse eingebaut werden. Naturgemäß ist eine solche Heizvorrichtung (mit Steckeranschluß) an das Vorhandensein eines elektrischen Stromnetzes gebunden.

Zeitweilige Prüfung der Ventile auf Dichtheit ist nicht
allein aus sicherheitstechnischen, sondern auch aus Gründen der Wirtschaftlichkeit ratsam, da nicht selten durch Unachtsamkeit oder durch Überhören
im geräuschvollen Betriebe bedeutende Gasverluste eintreten. Eine einfache
Prüfung auf Dichtheit beruht bei einstufigen Ventilen darauf, bei geöffnetem
Flaschenventil n (Abb. 52) und einem beliebig eingestellten Arbeitsdruck die
Drosselschraube h abzusperren und darauf das Flaschenventil bei o zu
schließen. Der Inhaltsmesser darf dann nicht abfallen, d. h. dessen Zeiger
muß auf dem jeweiligen Flaschendruck stehenbleiben. Wird sodann die
Stellschraube r ganz zurückgedreht und das Ventil von der Flasche abgenommen, so darf, nach anfänglich geringem Zurückgehen des Zeigers am
Arbeitsdruckmesser, nach einer Stunde und länger ein Abfallen des Nieder-
druckmessers nicht eintreten, andernfalls ist das Ventil nicht mehr dicht. Undicht werden leicht: der Anschluß an der Überwurfmutter a in Abb. 52 (Einlegen eines neuen Fiberringes), bei längerem Gebrauch die Gummimembran f

(durch Brüchigwerden) und jene im Ventil *h*. Die Auswechslung kann man bei einiger Sachkenntnis selbst ausführen, wobei jedoch immer für festes Anziehen aller Gewindeteile zu sorgen ist. Blasen der Gewindestutzen an den Druckmessern werden durch Einlegen von Fiberringen behoben.

Ausbesserungen am Ventil dürfen, mit Rücksicht auf Gefahrenbildung (infolge der hohen Betriebsdrücke, denen das Ventil ausgesetzt ist), nur Sonderfirmen überlassen werden; jedenfalls ist anzuraten, nur bei sicherer Fachkenntnis Ausbesserungen selbst auszuführen. Versagen der Druckmesser (möglicherweise geplatzte Röhrenfedern) und abgenutzte oder ausgebrannte Hartgummistöpsel machen etwa 80 vH aller Ventilausbesserungen aus. Hart, brüchig und undicht gewordene Gummiteile müssen von Zeit zu Zeit gegen neue ausgewechselt werden. Tritt trotz völlig herausgedrehter Flügelschraube (1 in Abb. 50) Gas aus, was auch bei geschlossenem Ventil 12 am steigenden Zeiger des Druckmessers 5 beobachtet werden kann, dann ist die Sitzfläche des Hartgummikegels 3 beschädigt und muß sorgfältig geglättet bzw. muß der Kegel erneuert werden.

Zusammenfassung der Ventilbehandlung.

1. Bevor Flaschenventil geöffnet wird, Schraube für Einstellung des Arbeitsdrucks zurückschrauben, bis die Feder entlastet ist.
2. Flaschenventil langsam öffnen!
3. Drosselventil öffnen.
4. Arbeitsdruck einstellen durch Rechtsdrehung der Regelschraube bei geöffnetem Brennerhahn.
5. Bei kürzerer Arbeitspause Drosselventil schließen.
6. Bei längerer Arbeitsunterbrechung Flaschenventil schließen und Druckregelschraube zurückdrehen.
7. Öl- und fetthaltige Stoffe vom Sauerstoffventil fernhalten!
8. Eingefrorene Ventile durch warmes Wasser auftauen!
9. Ventile nicht stoßen oder werfen!
10. Am Sicherheits- (Überdruckabblas-) Ventil nichts verstellen!
11. Ventil zeitweise auf Dichtheit prüfen.

3. Azetylenerzeugungsanlagen.

a) Allgemeines und Einteilung der Entwickler.

Aus Gründen der Wirtschaftlichkeit kommt heute noch der Schweißung mit in besonderen Entwicklern selbst erzeugtem Azetylen die größere Bedeutung zu, wenn auch die unverkennbaren Vorteile des Flaschenazetylens nicht bestritten werden können. Diese Azetylenerzeugungsanlagen kommen in außerordentlich mannigfachen und grundverschiedenen Bauarten auf den Markt, was daraus hervorgeht, daß es im Reiche über 300 behördlich zugelassene Konstruktionen gibt, die eine Gesamtzahl von etwa 250 000 Entwicklern erreicht haben. Im Hinblick auf diese Zahlen ist es praktisch unmöglich, alle Konstruktionen hier zu schildern, vielmehr können nur die bekanntesten, wichtigsten oder kennzeichnendsten Vertreter der verschiedenen Bauarten Erwähnung finden und auch diese nur soweit, als es für das Verständnis der grundsätzlichen Arbeitsweise der Azetylenentwickler erforderlich ist. Den an besonderen Konstruktionen im einzelnen Interessierten stehen die Lieferfirmen mit Unterlagen gern zur Verfügung, jedoch sind betriebs- und sicherheitstechnische Fragen, die für alle Konstruktionsarten der Entwickler von Wichtigkeit sind, im folgenden hinreichend berücksichtigt.

Allgemeine Genehmigungsvorschriften. Alle für Schweißzwecke bestimmten Azetylenerzeuger sind genehmigungspflichtig und z. T. polizeilich anzumelden. Die mit der Genehmigung und dem Betriebe von Azetylenanlagen, mit der Verwendung von Azetylen, sowie mit der Lagerung von Karbid zusammenhängenden Vorschriften sind in der „Azetylenverordnung" zusammengefaßt[1]). Die theoretische Vorprüfung und die praktische, betriebsmäßige Prüfung der Entwickler erfolgt durch die hierfür beauftragte Untersuchungs- und Prüfstelle des Deutschen Verbandes für Schweißtechnik und Azetylen (DVSA) in Berlin, ihre Zulassung ausschließlich durch den Deutschen Azetylen-Ausschuß[2]) (DAA).

Kennbuchstaben und Zulassungsnummern. Sämtliche Azetylenentwickler erhalten entsprechend ihrer Größe und ihrem Verwendungszweck bei der Zulassung durch den DAA einen Kennbuchstaben und eine Zulassungsnummer, die auf dem Entwickler-Firmenschild zu vermerken sind.

Die ohne Wasservorlage verwendbaren Beleuchtungsentwickler tragen den Kennbuchstaben **B**, Azetylenfackeln, die zur Beleuchtung im Freien (Baustrecken) und offener Montagehallen dienen, den Kennbuchstaben **F**. Beide Typen interessieren uns hier weiter nicht.

Die mit dem Buchstaben **M** typisierten freizügigen Kleinentwickler für Montagezwecke, mit einer Höchstfüllung von neuerdings 2,5 kg Karbid und die mit dem Buchstaben **J** zugelassenen Werkstatt-Innenraum-Entwickler mit bis zu 10 kg Karbidfüllung, werden noch ausführlich besprochen. Mit diesen Buchstaben versehene Entwickler haben hinsichtlich ihrer Aufstellung, bzw. polizeilichen Anmeldung bei Inbetriebnahme besondere Vergünstigungen und sind von der Abnahme durch Sachverständige befreit.

Das Firmen- und Leistungsschild der M- und J-Entwickler wird im Herstellerwerk ˚abgestempelt und der dazugehörige Abstempelungsschein dem Käufer mitgeliefert. Während der abgestempelte M-Entwickler ohne polizeiliche Anmeldung in Betrieb genommen werden darf, sind die J-Entwickler bei Inbetriebsetzung der zuständigen Polizeibehörde zu melden. Zu dieser Meldung sind sowohl der Hersteller wie der Käufer verpflichtet.

Endlich werden alle mit einer Karbidfüllung von über 10 kg eingerichteten ortsfesten Entwickler (stationäre Großentwickler), die in einem besonderen Entwicklerraum aufzustellen sind, mit dem Kennbuchstaben **S** versehen. Damit sind alle Entwicklertypen eindeutig gekennzeichnet.

Das abgestempelte Firmenschild hat folgende Aufschriften zu tragen:

1. Name und Wohnort des Herstellers oder Verkäufers,
2. Typenzeichen und Zulassungsnummer,
3. Höchstleistung in l/h,

---

[1]) Diese Verordnung vom 17. November 1923 hat folgenden Titel: „Polizeiverordnung über die Herstellung, Aufbewahrung und Verwendung von Azetylen, sowie über die Lagerung von Kalziumkarbid", Kurztitel: „Azetylenverordnung" (AVO). — Vogel-Rühl, Kommentar zur Azetylenverordnung, Verlag Karl Marhold, Halle/Saale.

[2]) Der Deutsche Azetylen-Ausschuß (DAA) setzt sich zusammen aus fachmännischen Vertretern der Regierung und Sachverständigen technischer Verbände (Deutscher Verband für Schweißtechnik und Azetylen [DVSA], Deutsche Berufsgenossenschaft, Feuerversicherungsverbände usw.).

4. Höchstzulässiger Betriebsgasdruck in mm WS oder atü,
5. Karbidfüllung in kg,
6. Karbidkörnung in mm,
7. Jahr der Anfertigung,
8. Herstellungsnummer.

Aus diesen Ausführungen ergibt sich, daß alle Entwickler einer Bauart-(Typen-)Prüfung unterliegen. Der Aufstellungsraum bei J- und S-Entwicklern ist vom zuständigen Sachverständigen abzunehmen. Die Übereinstimmung der Entwicklerabmessungen und -bauarten mit den tatsächlich getypten wird beim Erzeuger durch hierfür Beauftragte (Gewerbeaufsichtsamt, Technischer Überwachungs-Verein), festgestellt und durch Stempelung des Entwicklerschildes (Hoheitszeichen auf Kupferniet oder Zinntropfen) und Ausfertigung des Abstempelungsscheines bestätigt[1]). Fehlt die Abstempelung, so sind die Entwickler nicht genehmigt und dürfen nicht in Betrieb genommen werden. Es liegt daher im Interesse des Käufers, auf diese Vorschrift besonders zu achten.

Nichtzugelassene, d. h. z. B. selbstgebaute Entwickler unterliegen gemäß § 21 der Azetylenverordnung der Einzelprüfung, einem ebenso kostspieligen wie meist langwierigen Verfahren und sind von allen Vergünstigungen, die getypte Entwickler genießen, ausgeschlossen. Solche Fälle sind heute überaus selten.

In diesem Zusammenhange muß vor dem Erwerb alter, gebrauchter Azetylenapparate nachdrücklichst gewarnt werden, sofern nicht deren Genehmigung durch das gestempelte Firmenschild nachgewiesen ist.

Einteilung der Entwicklergrößen. Hinsichtlich ihres Verwendungszweckes und ihrer Leistung, bzw. nach dem Karbidaufnahmevermögen, werden die Entwickler nach folgenden Gesichtspunkten unterteilt:

1. Bewegliche Montageentwickler (M-Entwickler) mit einer Höchstfüllung von 2,5 kg Karbid. Diese Entwickler dürfen ohne polizeiliche Anmeldung auf Montage verwendet und vorübergehend überall aufgestellt werden. Die Höchstleistung beträgt 2500 l/h. Entwickler dieser Art werden bereits mit einer Karbidfüllung von 0,2 kg gebaut. Mit Schweißbrennern ausgerüstet, ist die Zwischenschaltung einer Wasservorlage Bedingung; sie kann nur dann in Fortfall kommen, wenn das Gerät als Lötapparat eine Höchstfüllung von 1 kg hat und der Brenner weder mit Sauerstoff noch mit Druckluft betrieben wird (Bunsenprinzip).

2. Ortsveränderliche Werkstätten-, also Innenraumentwickler, J-Entwickler mit 2 bis zu 10 kg Karbidfüllung und einer Höchstleistung von 6000 l/h. Eine Normung der z. Zt. regellos gebauten Zwischengrößen (3, 4, 5, 6, 8 kg) ist vorgesehen. Wie weiter oben ausgeführt, dürfen diese trag- oder fahrbaren Anlagen nach erfolgter polizeilicher Anmeldung ohne weiteres auf Montage, besonders aber auch als

---

[1]) In Ergänzung der Azetylenverordnung hat der DAA eine Änderung vorgenommen, die voraussichtlich in der zu erwartenden neuen Verordnung als allgemein gültig aufgenommen werden wird. Unter Aufsicht des TÜV, der zu Stichproben berechtigt ist, kann von der Abstempelungsvorschrift bei Entwicklern und Wasservorlagen insofern abgewichen werden, als die Abstempelung durch ein anerkanntes und verantwortliches Gefolgschaftsmitglied des Herstellerwerkes mit einem zugeteilten Zeichen vorgenommen werden darf. Desgleichen entfällt bis auf weiteres die polizeiliche Anmeldungspflicht für den J-Entwickler.

Innenraumentwickler in Werkstättenräumen benutzt und dauernd zur Aufstellung gebracht werden. Nach der Azetylenverordnung ist dabei Voraussetzung, daß unabhängig von Größe, Bauart und System, der *Arbeitsraum* (Werkstätte) eine Grundfläche von mindestens 20 m² und einen Luftraum von mindestens 60 m³ hat und mit guter Lüftungseinrichtung ausgestattet ist. Da bei einem oft unvermeidlichen Übergasen (Nachvergasen) und bei gelegentlichen, betriebsmäßig zu erwartenden Störungen, beim Entschlammen udgl., wenn auch geringere Mengen an Azetylen in den Aufstellungsraum austreten können, ist diesen Abzugsvorrichtungen (möglichst an höchster Stelle des Raumes) besonderes Augenmerk zu schenken, um Zerknalle zu verhüten. Werden mehrere Anlagen im gleichen Raume benutzt, so muß ihr Abstand voneinander mindestens 6 m betragen. Von offenem Licht, Feuer- und Schweißstellen müssen die Entwickler mindestens 3 m Abstand haben; die Länge der Brennerschläuche soll deshalb mindestens 5 m betragen. Von den letztgenannten Bedingungen darf, soweit es die ohne Wasservorlage zugelassenen M-Entwickler anbelangt, im Bedarfsfalle abgewichen werden.

3. **Ortsfeste** (stationäre) **Anlagen** (S-Entwickler) mit über 10 kg und nach oben unbegrenzt großer Karbidfüllung. Bezüglich ihrer Genehmigung gilt das oben Gesagte. Sie müssen außerhalb der Arbeitsräume in besonderen Gebäuden (Azetylenentwickler-Häuschen) untergebracht werden und sind mit den Schweißplätzen durch festverlegte Rohrleitungen zu verbinden.

Während die frostsichere Aufstellung der J-Entwickler in Arbeitsräumen wohl kaum Schwierigkeiten begegnet, sind Azetylenhäuser besonders zu beheizen (Dampf- oder Warmwasserheizung), um ein Einfrieren der Entwickler in den Wintermonaten während längerer Betriebspausen, beispielsweise über Nacht, zu verhüten. Die Entwicklerräume müssen dichte und feuersichere Wände, leichte Bedachung und genügendes Tageslicht haben. Soweit künstliche Beleuchtung erforderlich ist, sind elektrische schlagwettersichere Beleuchtungskörper anzubringen und Schalter, Motoren, Kontaktvorrichtungen usw. außerhalb des Raumes anzuordnen. In der Decke müssen ausreichende Lüftungsvorrichtungen vorgesehen sein. Türen und Fenster sollen nach außen und ins Freie aufschlagen. Für die Aufstellung von Entwicklern in abgetrennten Räumen, aber unterhalb von Menschen betretenen Räumen bestehen besondere Vorschriften (Anlage A der Technischen Grundsätze A Ziff. 35 der AVO).

Offene Kalkschlammgruben bzw. deren offenen Teile sind zu umwehren, dicht abgedeckte mit einer wirksamen Entlüftungseinrichtung zu versehen.

Höchstleistung der Entwickler. Sie wird auf Grund der jeweiligen Betriebsprüfung ermittelt und gibt an, daß bei einwandfreiem Arbeiten des Entwicklers und bei einer Restkarbidmenge von 10 vH der einmaligen Füllung, keine sicherheitstechnischen Bedenken bestehen, diese Leistung je Stunde vorübergehend zu entnehmen. Die Dauerleistung, die z. Zt. von keiner Normung erfaßt ist, liegt z. T. erheblich tiefer. Daraus ergibt sich die Folgerung, daß besonders für Schweißzwecke besser etwas größere als zu kleine Entwickler zu bevorzugen sind, um bei längeren Schweißzeiten das lästige und zu häufige Neufüllen mit Karbid und damit Betriebsunterbrechungen zu vermeiden. Die unerheblich höheren Anschaffungskosten werden hierbei durch gesteigerte Wirtschaftlichkeit aufgewogen.

Karbidfüllung und -körnung. Die auf dem Firmenschild angegebene höchstzulässige Karbidfüllmenge darf nicht überschritten und von der ebenfalls angegebenen Karbidkörnung darf nicht abgewichen werden. Für Werkstättenentwickler sind aus bereits früher erwähnten Gründen die Körnungen 25···50 und 50···80 mm üblich. Ganz besonders unstatthaft ist, bei Verdrängungsentwicklern durch Einlegen von Drahtgeflecht in die Karbidkörbe, das Füllen mit Karbid kleinerer Körnung anzustreben. Der Wechsel in der von der vorgeschriebenen Karbidgröße abweichenden Körnung kann nicht allein unangenehme Betriebsstörungen zur Folge haben, sondern durch veränderte Vergasungsverhältnisse auch sicherheitstechnisch recht bedenklich sein. Ebenso ist aus dem gleichen Grunde ein Austausch zwischen Karb d und Preßkarbid (brikettiertes Karbid), wie Beagid und Patronid, in jedem Fall unstatthaft.

Bauliche Gestaltung der Entwickler. Danach kann man folgende Unterteilung vornehmen:

1. Nach der Art der Beschickung:
   a) Von Hand bediente Entwickler (kaum noch verwendet),
   b) Selbsttätige Entwickler (die hier ausschließlich besprochen werden).

2. Nach dem Ladungsvermögen mit Karbid:
   Entsprechend den voraufgegangenen Erläuterungen.
   a) M-Entwickler mit einer Höchstfüllung von 2,5 kg,
   b) J-Entwickler mit einer Höchstfüllung von 10 kg,
   c) S-Entwickler mit einer unbegrenzten Höchstfüllung.

3. Nach der Karbidkörnung:
   a) Entwickler für Staubkarbid (selten und nur bei Großanlagen),
   b) Entwickler für Feinkornkarbid,
   c) Entwickler für Stückkarbid,
   d) Entwickler für brikettiertes Feinkornkarbid.

4. Nach der Höhe des Gasdruckes:

a) Niederdruck-Entwickler mit Betriebsdrücken von etwa 80 bis zu 300 mm WS (~ 1/30 atü). Solche Entwickler haben in der Regel Gasbehälter mit beweglicher (schwimmender) Glocke. Die Grundform entspricht I in Abb. 63. Das unter dem Druck h, der durch den jeweiligen Stand der Glocke bestimmt wird, im Raum a aufgespeicherte Gas steht unter Niederdruck.

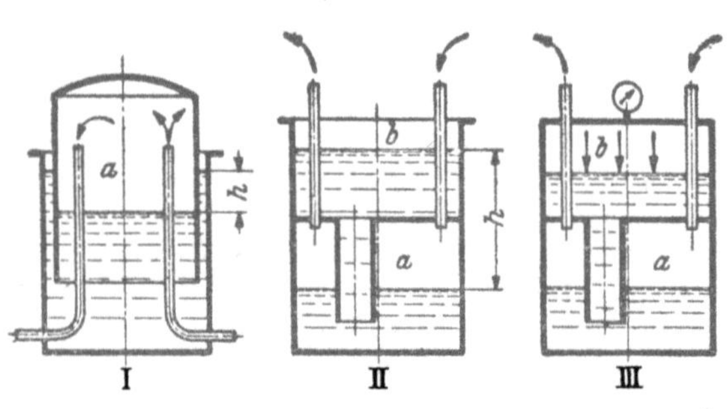

Abb. 63. I Niederdruck-Entwickler, II Mitteldruck-Entwickler, III Hochdruck-Entwickler.

b) Mitteldruck-Entwickler mit Betriebsdrücken bis zu 2000 mm WS (0,2 = 1/5 atü). Diese Entwickler haben im allgemeinen feststehende (unbewegliche) Gassammler, wie dies II in Abb. 63 veranschaulicht. Das im Sammelraum a unter dem Wassersäulendruck h stehende Gas verdrängt das Wasser aus a in den offenen Ausgleichbehälter b, wodurch ein erhöhter Druck entsteht, der bei offenen Entwicklern bis zu 1000 mm WS ausmachen kann.

c) Hochdruck-Entwickler mit Betriebsdrücken bis zu 15 000 mm WS (1,5 atü). Diese Anlagen sind von geschlossener Bauart und haben demnach einen gegen die Atmosphäre abgeschlossenen Gasbehälter (III in Abb. 63). Das im Gassammler a aufgespeicherte Gas verdrängt das Wasser nach dem geschlossenen Ausgleichbehälter b und preßt die hierin befindliche Luft zu einem den Druck bestimmenden Luftpolster zusammen. Diese geschlossene Bauweise ergibt Drücke bis zu 1,5 atü. Ein höherer Druckanstieg wird durch ein Sicherheitsventil ausgeschlossen.

Die Unterscheidung der drei Druckstufen ist, soweit es sich um die Entwickler handelt, verhältnismäßig leicht, nicht aber hinsichtlich der Wasservorlagen. Es ist deshalb zu erwarten, daß man künftighin entweder nur zwischen Nieder- (z. B. bis 1000 mm WS) und Hochdruck-Entwicklern (bis 1,5 atü) unterscheidet oder die Einteilung in Druckstufen ganz unterläßt.

5. Nach der Art der Anordnung des Vergasungs- und Gassammelraumes:

a) Die Vergasung geht im Gassammelraum vor sich..

b) Vergasungsraum und Gassammelraum sind voneinander getrennt, mitunter durch einen Wasserverschluß.

Tabelle 13.

<table>
<tr>
<th colspan="6">Vergasung im Gassammelraum</th>
<th colspan="9">Vergasungsraum und Gassammelraum getrennt</th>
</tr>
<tr>
<th colspan="3">Vermischungsvergasung</th>
<th colspan="3">Berührungsvergasung</th>
<th colspan="6">Vermischungsvergasung</th>
<th colspan="3">Berührungsvergasung</th>
</tr>
<tr>
<th colspan="3">Einfallsystem</th>
<th>Tauch-system</th>
<th colspan="2">Verdrängungs-system</th>
<th colspan="3">Einfallsystem</th>
<th colspan="3">Zuflußsystem</th>
<th colspan="3">Verdrängungssystem</th>
</tr>
<tr>
<th colspan="2">Wasser-verschluß</th>
<th>abge-schlossene Bau-art</th>
<th colspan="2">Wasser-verschluß</th>
<th>abge-schlossene Bau-art</th>
<th colspan="2">Wasser-verschluß</th>
<th>abge-schlossene Bau-art</th>
<th colspan="2">Wasser-verschluß</th>
<th>abge-schlossene Bau-art</th>
<th colspan="2">Wasser-verschluß</th>
<th>abge-schlossene Bau-art</th>
</tr>
<tr>
<td>Beweg-liche Glocke</td>
<td>Wasser-verdräng.</td>
<td>Bau-art</td>
<td>Beweg-liche Glocke</td>
<td>Wasser-verdräng.</td>
<td>Bau-art</td>
<td>Beweg-liche Glocke</td>
<td>Wasser-verdräng.</td>
<td>Bau-art</td>
<td>Beweg-liche Glocke</td>
<td>Wasser-verdräng.</td>
<td>Bau-art</td>
<td>Beweg-liche Glocke</td>
<td>Wasser-verdräng.</td>
<td>Bau-art</td>
</tr>
</table>

6. Nach der Art, in der Karbid und Wasser zusammengebracht werden:

a) Vermischungsvergasung. Karbid und Wasser werden getrennt gespeichert und in bestimmten, durch den Gasbedarf geregelten Mengen miteinander vermischt, so daß die Gasentwicklung erst zum Stehen kommt, wenn der eine der Stoffe erschöpft ist.

α) Einfall- oder Einwurfbauart. „Karbid ins Wasser". Das Karbid wird in abgeteilten Mengen in den Wasservorrat eingeworfen.

β) Zuflußbauart. „Wasser zum Karbid". Das Wasser fließt in abgeteilten Mengen dem Karbidvorrat zu.

b) Berührungsvergasung. Karbid und Wasser werden im gleichen Raum in der Anlage gespeichert und dem Gasbedarf entsprechend miteinander in Berührung gebracht, bzw. voneinander getrennt, so daß nach Trennung nicht der gesamte miteinander in Berührung gewesene Vorrat zu vergasen braucht.

α) Tauchsystem. Das Wasser steht fest und der Karbidkorb taucht zeitweise ein und wird ausgehoben.

β) Verdrängungssystem. Das Karbid liegt fest und das Wasser fließt zu und wird durch das sich entwickelnde Gas abgedrängt.

Bei Berücksichtigung der in vorstehenden Unterteilungen enthaltenen verschiedenen Gesichtspunkte ergibt sich die in obiger Tabelle 13 zusammengestellte Übersicht.

Auch bei ortsfesten Azetylenanlagen macht der Entwickler als solcher den Hauptbestandteil aus; alle anderen Teile der Anlage (Wäscher, Reiniger, Gassammler usw.) sind ihm gegenüber von untergeordneter Bedeutung.

Die selbsttätige Beschickung verursacht bei ortsfester Bauart keinerlei Schwierigkeiten, um so mehr jedoch bei beweglichen Entwicklern nach dem System „Karbid ins Wasser" mit Stückkarbidfüllung. Da bei ortsfesten Anlagen eine Gewichtsersparnis keine unmittelbar ausschlaggebende Konstruktionsbedingung ist, finden wir hier fast immer Entwickler, Gassammler, Reiniger und Wäscher, schon mit Rücksicht auf ihre Abmessungen, getrennt vor (als Einzelteile), seltener Erzeuger und Gassammler vereinigt. Hingegen bedingt die leichte Beweglichkeit tragbarer Entwickler möglichst geringes Gewicht bei ebenfalls geringsten Abmessungen; daher sind bei diesen Entwicklern in den weitaus meisten Fällen Entwickler und Gassammler (Glocke) in einem Körper zusammengebaut.

In der vorstehenden Unterteilung ist kurz darauf hingewiesen worden, daß von Hand bediente Entwickler schweißtechnisch keine Anwendung mehr finden, sondern nur selbsttätige, bei denen Karbid oder Wasser, je nach Konstruktion, durch verschiedene Regelorgane in Teilmengen bewegt werden.

Die günstigen Verhältnisse der Hochdruckentwickler haben zu deren bevorzugter Anwendung geführt; insbesondere werden heute bewegliche Apparate meist als Hochdruckentwickler benutzt. Erhöhter Azetylendruck hat den Vorteil einer besseren Gasmischung in der Flamme und deren größeren Stabilität. Außerdem können Lötwerkzeuge ohne Sauerstoff betrieben und auch den entfernt liegenden Zapfstellen einer ortsfesten Hochdruckanlage jederzeit genügende Gasmengen entnommen werden. Nachteilig ist jedoch die meist bedeutende Druckschwankung, die durch den Einbau geeigneter Druckregler (auch bei beweglichen Entwicklern) verhütet werden muß. Zur Erzielung des höheren Gasdrucks dient meist Wasserdruck oder der Druck des Entwickler- oder Sperrwassers gegen ein Luftkissen (Gegendruckraum, Abb. 63 III).

Wegen ihrer wesentlich höheren Wirtschaftlichkeit ist, wo nur eben angängig, eine *ortsfeste Anlage* jeder beweglichen vorzuziehen. Sie wird durch festverlegte, genügend weit bemessene Rohrleitungen beliebiger Länge mit den einzelnen Schweißstellen des Betriebes verbunden, wobei jedem Schweißbrenner eine Wasservorlage vorzuschalten ist. Panzerschläuche sind nur in Ausnahmefällen als Verbindung zwischen Entwickler (J-App.) und Wasservorlage zulässig.

Tabelle 14.

Länge der Rohrleitung in m	Rohrweite in Zoll bei einer stündlichen Gasdurchgangsmenge von m^3 (Azetylen)					
	$1\ m^3$	$2\ m^3$	$4\ m^3$	$6\ m^3$	$8\ m^3$	$10\ m^3$
10	$^3/_4$	1	$1^1/_4$	$1^1/_2$	$1^3/_4$	$1^3/_4$
20	$^3/_4$	$1^1/_4$	$1^1/_2$	$1^3/_4$	$1^3/_4$	2
30	1	$1^1/_4$	$1^1/_2$	$1^3/_4$	2	$2^1/_2$
50	1	$1^1/_2$	$1^3/_4$	2	$2^1/_2$	$2^1/_2$
100	$1^1/_4$	$1^1/_2$	2	$2^1/_2$	$2^1/_2$	3
150	$1^1/_4$	$1^3/_4$	2	$2^1/_2$	3	3
200	$1^1/_2$	$1^3/_4$	$2^1/_2$	3	3	$3^1/_2$

Rohrleitungen. Die Querschnittsbemessung einer Azetylenrohrleitung hängt von der Höhe der stündlichen Gasdurchflußmenge, vom Gasdruck und der Länge des Rohrnetzes ab, wobei die Druckverluste zu berücksichtigen sind. Unter- und Überbemessung der Querschnitte sind falsch, jedoch sollen die Durchgänge so ermittelt werden, daß an keiner Entnahmestelle Gasmangel und Störungen im Schweißbetrieb auftreten können. Die für einige Rohrstranglängen und Durchflußmengen erforderlichen mittleren Rohrweiten (bei mittlerem Druckabfall) sind in Tabelle 14 zusammengestellt. Diese Zahlen sind nur für Niederdruckazetylen gültig.

Das Nomogramm Abb. 64 (nach Holler) gestattet die Bestimmung der Gasdurchflußmengen in Abhängigkeit vom Rohrdurchmesser und der Druckhöhe durch Ablesen an 3 Leitern. Da die Druckhöhe in jedem Falle bekannt ist, wird zur Ermittlung des zu einer bestimmten Durchflußmenge gehörigen Rohrdurchmessers ein Lineal quer über die Leitern (vom Druck ausgehend) gelegt und an der 1. Leiter der gesuchte Wert abgelesen. Beispiel: Es handele sich um einen Mitteldruckentwickler, der hinter der Hauptwasservorlage einen Gasdruck von 1000 mm WS abgebe und um einen Rohstrang, der je Stunde 35 m³ Gas fördern soll. Durch Anlegen des Lineals bei 1000 mm WS (3. Leiter) und 35 m³/h (2. Leiter) ist an Leiter 1 ein Rohrdurchmesser von 50 mm ablesbar. In gleicher Weise kann vom Rohrdurchmesser ausgehend und durch Anlegen des Lineals an die Druckleiter die Gasdurchflußmenge in m³/h oder in l/s an Leiter 2 abgelesen werden.

Rechnerisch läßt sich der Rohrdurchmesser an Hand einer Faustformel bestimmen, die für Stranglängen von ~ 100 m und einen mittleren Druckverlust Gültigkeit hat. Sie lautet:

$$F = \frac{Q}{0,36 \times v}$$

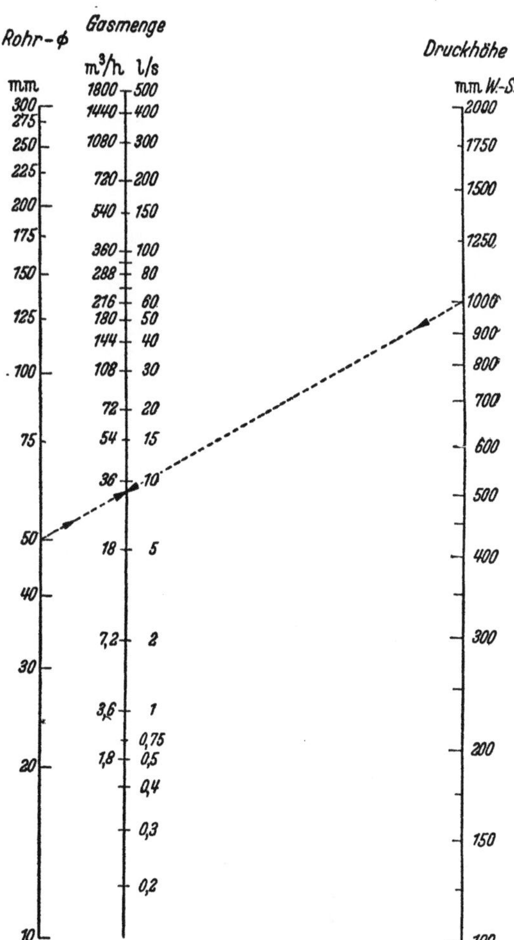

Abb. 64. Nomogramm für Ermittlung von Rohrdurchmessern.

In ihr bedeuten F den Querschnitt des Rohres in cm², Q die Gasdurchgangsmenge in m³/h, v die Strömungsgeschwindigkeit in m/s und 0,36 einen Erfahrungsfaktor. v wird für Nieder- und Mitteldruckgas mit ~ 2 m/s, für Hochdruck mit 5 m/s angesetzt.

Azetylenrohrleitungen sollen im allgemeinen, zumindest innerhalb von Arbeitsräumen, oberirdisch, offen und leicht zugänglich verlegt werden, am besten erhöht und nicht am Fußboden. Beim Verlegen in Kanälen (im Freien) sollen diese nur der Azetylenleitung dienen und dürfen mit anderen Kanälen nicht in Verbindung stehen.

b) Entwicklerkonstruktionen.

Entwickler mit Vermischungsvergasung. Entwickler dieser Bauart können sowohl Einfall- als Zuflußkonstruktionen sein. Betrachten wir zunächst die

„Einfall"-Bauart (Einwurfsystem) oder Bauart „Karbid ins Wasser". Diese nur selten als J-Entwickler, dagegen sehr häufig als S-Entwickler anzutreffende Bauart, bei welcher bestimmte Karbidmengen zum ruhenden, in reichlichem Überschuß vorhandenen Wasser bewegt werden, ist in ihrer Grundform in Abb. 65 skizziert. Aus einem Behälter c wird über einen Verschlußtrichter Karbid in den Wasserbehälter a geworfen, wo es auf einem Rost vergast und als Kalkschlamm bei e entnommen wird. Das in der Glocke b aufgefangene Azetylen wird bei f abgeleitet. Es handelt sich hierbei also um einen Entwickler, bei dem die Vergasung im Gassammelraum mit beweglicher Glocke erfolgt (Niederdruckentwickler), eine offene Bauart, die kaum noch vorzufinden ist, aber die Urform dieser Art darstellt. Die Regelung der Karbidzufuhr (in der Abb. 65 durch Handradbetätigung angedeutet) ist vom jeweiligen Glockenstand, d. h. der Gasentnahme, abhängig; bei den wenigen Hochdruckentwicklern dieser Bauart geschieht sie durch Drucksteuerung. Auf Grund der weiter oben diesbezüglich gemachten Ausführungen, kommt, soweit es sich um J-Entwickler handelt, ausschließlich eine kleine Karbidkörnung von 4 … 7, bzw. 7 … 15 mm zur Verwendung.

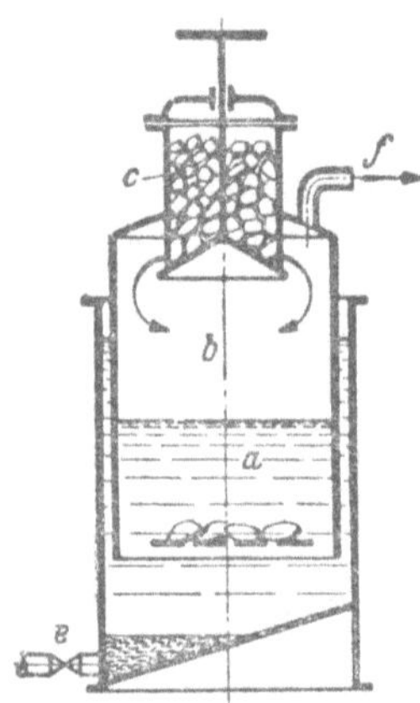

Abb. 65. Grundform der Einwurfbauart.

Einen sinnfälligen Vertreter dieser Bauart (Vergasung außerhalb des Gassammelraumes) veranschaulicht Abb. 66. Dieser Entwickler arbeitet insofern ununterbrochen, als er selbsttätig für Wasserzufuhr und Entschlammung sorgt und sich die Bedienung auf das Nachfüllen mit Karbid beschränkt. Das im Vorratsbehälter a befindliche Karbid wird durch einen Füllschacht ins Wasser geworfen, und zwar dann, wenn der in die Frischwasserzuleitung b (Wasserleitungsanschluß) eingebaute kleine Wassermotor c bei einem der Gasentnahme entsprechenden Tiefstand der schwimmenden Glocke (Niederdruckgas) anläuft, die Karbidfördervorrichtung antreibt und außerdem das als Förderschnecke ausgebildete Rührwerk e betätigt. Mit der Steuerung findet gleichzeitig eine Verteilung und Weiterbeförderung des eingeworfenen Karbids durch das Rührwerk statt, wobei das verschlammte Entwicklerwasser selbsttätig bei f abgeleitet wird. Unvergasbare, feste Rückstände, müssen zeitweise nach Öffnen des Apparates entfernt werden.

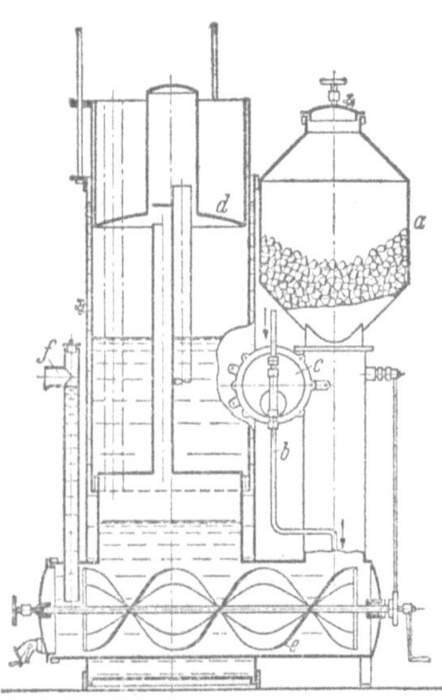

Abb. 66. Einwurfentwickler.

Der gleichen Bauart gehört die in Abb. 67 dargestellte ortsfeste für Grobkarbidvergasung (25…50 mm) bestimmte Großentwickleranlage — Oberfluranlage — für Hochdruckazetylen an. Das Karbid wird über einen Vorfüller und durch eine Schleuse in den Vorratsbehälter eingebracht und über eine vom Gasbehälter gesteuerte Verteilertrommel in bestimmten Teilmengen dem Entwicklerwasser zugeführt. Der Schleuse fällt die Aufgabe zu, Betriebsunterbrechungen beim Nachfüllen mit Karbid und ein Absinken des Gasdrucks zu vermeiden. Der Weg des Gases ist durch neben die Rohrleitungen eingezeichnete Pfeile vermerkt. Durch Öffnen eines Entschlammungsverschlusses wird der sich am Boden ansammelnde Kalkschlamm in einen Kanal abgeleitet. Vom Vergasungsraum des Entwicklers strömt das Gas über einen Wäscher, der gleichzeitig als Wasserverschluß dient, zum geschlossenen Gassammler, von hier zum Reiniger und schließlich durch die Hauptwasservorlage und einen Druckregler zur Verbrauchsleitung. Gesteuert wird der Karbideinwurf durch den im Gassammelturm eingebauten Schwimmer, der nach Einwurf steigt und bei Druckabfall infolge Gasabnahme absinkt und dabei über ein Drahtseil den Karbidbeschicker des Entwicklers betätigt. Je nach Regelung des Schwimmers können Drücke von 0,2···1 atü eingestellt werden.

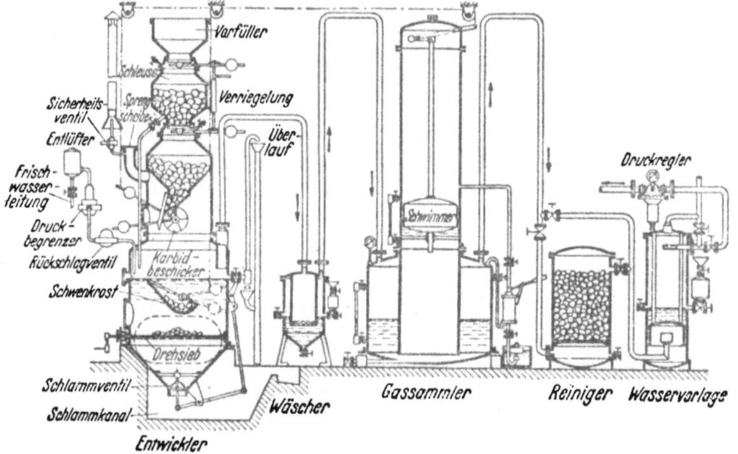

Abb. 67. Große ortsfeste Azetylenanlage.

Nach der eben geschilderten Einwurfbauart arbeiten die meisten Großentwickler, gleichgültig, um welche Gasdruckstufe es sich handelt.

Eine von allen bisherigen Bauarten des Einwurfsystems abweichende Konstruktion stellt der in Abb. 68 veranschaulichte „Schlammlos"-Entwickler für Niederdruckazetylen dar, der nur als ortsfeste Anlage für 100 und 250 kg Karbidbeschickung gebaut wird. Das in einem Vorfüller a untergebrachte Karbid wird über einen Trichter dem Karbidspeicher b zugeführt, von wo aus es durch eine Fördereinrichtung d, betätigt durch ein mit der Gasglocke in Verbindung stehendes Drahtseil, auf die Karbidvergasungsvorrichtung verteilt wird. Sie ist im Verhältnis zur Leistung der Anlage ungewöhnlich klein, weil nur das zur restlosen Vergasung notwendige Wasser bei e auf die Kabidlagen gesprengt wird. Der Karbidschlamm wird nicht, wie sonst üblich, in eine Schlammgrube abgeleitet, sondern in dünnen Schichten auf einer sich drehenden Trockenvorrichtung g gelagert und nach völliger Trocknung in einer Auffangvorrichtung i entnahmefertig bereitgehalten. Der Antrieb der Karbidfördereinrichtung, der Wasserberieselungs- und Schlammtrocknungsvorrichtung erfolgt durch einen Elektromotor m, der über ein Steuergerät geregelt wird. Das Azetylen strömt über ein Kalkstaubfilter und einen Wäscher zum Gassammler und von hier über einen chemischen Reiniger und eine Hauptwasservorlage zur Werkstättenrohrleitung. Neben einem sparsamen Karbid- und Wasserverbrauch hat diese Bauart den Vorteil, daß sie keinen nassen Kalkschlamm anfallen läßt, sondern einen als Streudünge- und Baukalk geeigneten trockenen staubförmigen Kalk liefert, der wie handelsüblicher Sackkalk an der tiefstgelegenen Stelle des Entwicklers entnommen werden kann. Das Merkmal des Entwicklers ist die Ausnutzung der Zersetzungswärme zur Trocknung des Naßkalks.

Zur Gruppe der Vermischungsvergasung gehört auch die Zuflußbauart „Wasser zum Karbid", die sich ausschließlich der sog. Schubladen- oder Retortenentwickler bedient, deren Urtyp der Abb. 69 entspricht und die mit Großkarbid beschickt werden. Umgekehrt zum vorigen System lagert hier das Karbid in einer in mehrere Fächer unterteilten Schublade a und das Wasser wird aus einem seitlich angebrachten besonderen Gefäß durch das Rohr e zugeführt. Das hier entwickelte und durch die Wassermengen in b gekühlte Gas wird in c aufgefangen und durch das Rohr d abgeleitet. Werkstattentwickler sind meist mit einer oder zwei Schubladen, Groß

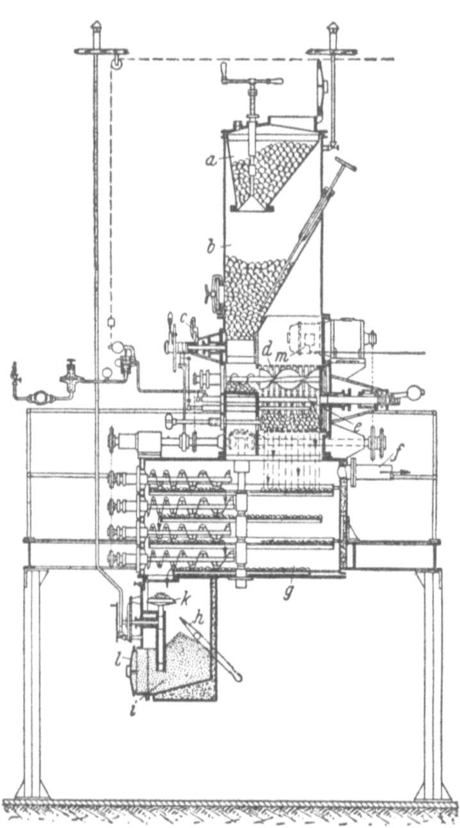

Abb. 68. Trockenentwickler „Schlammlos".

entwickler auch mit mehreren versehen, um einen ununterbrochenen Betrieb bei Neufüllung mit Karbid sicherzustellen. Neben den später geschilderten Verdrängungsentwicklern sind die Retortenentwickler im Werkstattbetrieb und auf Montage am häufigsten anzutreffen.

Einen Zuflußentwickler neuerer Bauart kennzeichnet der in Abb. 70 veranschaulichte Hochdruckentwickler geschlossener Bauart. Dem in den vier Kammern der Schublade c gelagerten Stückkarbid wird von b aus Wasser zugeführt. Das entwickelte Gas strömt aus der Retorte g durch das Rohr d über ein Rückschlagventil e in den Gassammler a und verdrängt aus diesem mit steigendem Druck das Wasser in den Gegendruckraum f so lange, bis der Wasserspiegel unterhalb b sinkt und damit der Wasserzufluß zur Retorte unterbrochen wird. Bei einem der Gasentnahme entsprechenden

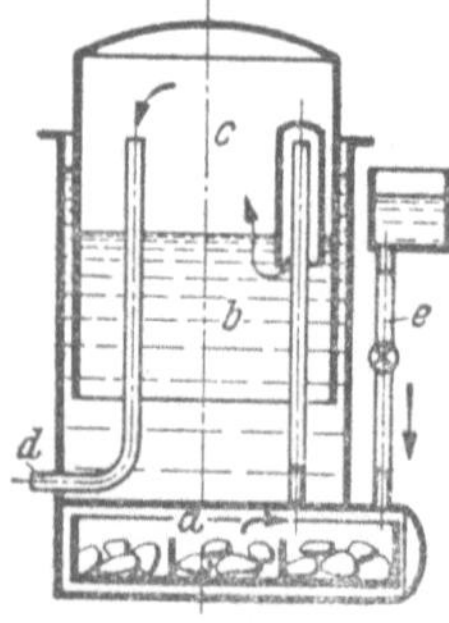

Abb. 69. Grundform eines Retortenentwicklers.

Druckabfall steigt der Wasserspiegel allmählich wieder an und läßt der Retorte neue Wassermengen zufließen. Da das zur Gaserzeugung notwendige

Entwicklerwasser einem rechts oben angeordneten offenen Behälter entnommen und dieser durch das Vorhandensein der Wasserschleuse h auch während des Betriebes nachgefüllt werden kann, dient das in a und f vorhandene Wasser zur Druckerzeugung und der Kühlung der Vergaserretorte g. Zu den Armaturen des Entwicklers gehören vor allem das bei 1,5 atü abblasende Sicherheitsventil k und ein Druckmesser.

Sind bei Entwicklern dieser Bauart mehrere Retorten vorhanden, dann wird auf die Zwangsläufigkeit der Verriegelung der jeweils im Betriebe befindlichen Schublade erhöhter Wert gelegt, was dadurch erreicht wird, daß ein Hebelverschluß einen Dreiwegehahn und dieser den Wasserzufluß zu nur eine Retorte regelt und deshalb das gleichzeitige Inbetriebnehmen zweier Schubladen verhütet. Das Einschleusen des Wassers zum Vergaserraum erfolgt außer der bereits geschilderten Art entweder durch Anschluß an die Wasserleitung oder durch eine Pumpe, manchmal auch durch beides. In Anbetracht der verhältnismäßig größeren Nachvergasung sind die Gassammelräume dieser

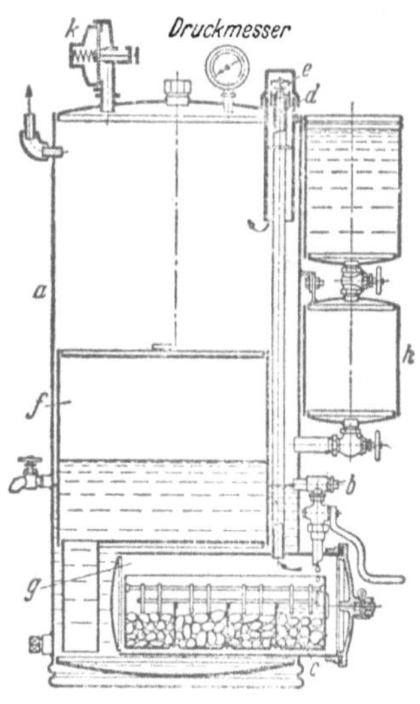

Abb. 70. Hochdruckentwickler.

Entwickler normalerweise größer als beispielsweise bei Verdrängungsentwicklern. Ein Nachteil dieser Bauart ist die erhöhte Vergasungstemperatur in den Retorten, ein Vorteil die geringe Menge an verschlammtem Wasser, die bei jeder Karbidneufüllung mit entfernt wird.

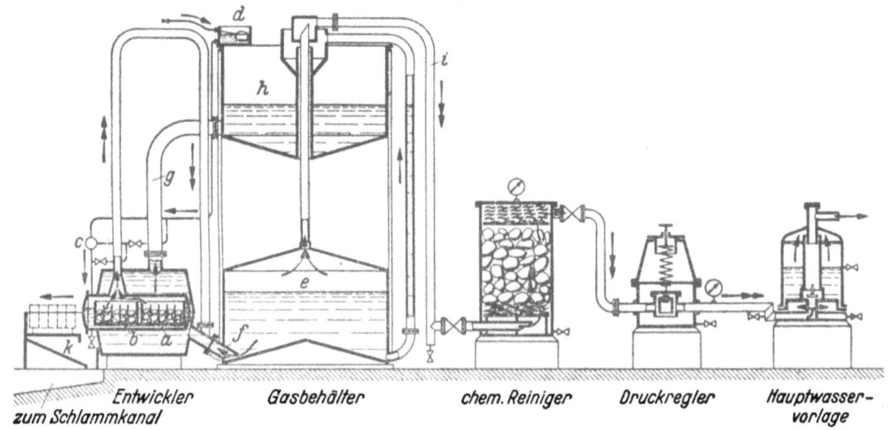

Abb. 71. Ortsfeste Hochdruck-Azetylenanlage.

In Abb. 71 ist eine ortsfeste Hochdruck-Azetylenanlage nach der Wasserzuflußbauart veranschaulicht. In dem Entwickler sind zwei Vergasungsretorten a nebeneinander angeordnet (im Längsschnitt ist nur die eine Retorte sichtbar), in denen die für Stückkarbidbeschickung eingerichteten Doppelschubladen b Platz finden. Das für die Entwicklung notwendige Wasser wird über ein Regelventil c aus einem Schwimmerbehälter d gespeist. Aus den

Retorten gelangt das Gas in Richtung der Pfeile durch Rohrleitung zum Gassammler e, in welchem es das hier befindliche Wasser durch die Rohre f und g in den Wasserbehälter h verdrängt. An der höchsten Stelle des Gassammlers abgenommen, wird es durch die Rohrleitung i über einen chemischen Reiniger, einen Druckregler und die Hauptwasservorlage der Betriebsrohrleitung zugeführt. Vor dem Entwickler ist bei k eine Entschlammungsvorrichtung angeordnet, auf welche über auf Schienen laufenden Rollen die Schubladen eingefahren werden. Die zwischen den Behältern im Umlauf befindlichen Wassermengen sorgen für eine gründliche Wärmeableitung des in b entwickelten Azetylens, woraus sich die gedrängte Bauart des Vergasers ergibt.

Entwickler mit Berührungsvergasung. Sie sind ebenfalls durch zwei Bauarten vertreten, und zwar durch die T a u c h - und die V e r d r ä n g u n g s b a u a r t. Die erste, vor Jahren oft benutzte Bauart, hat heute praktisch keine Bedeutung mehr, weshalb sie nur mit einem Beispiel abgetan werden soll. Bei der Tauchbauart erfolgt die Vergasung fast immer im Gassammelraum.

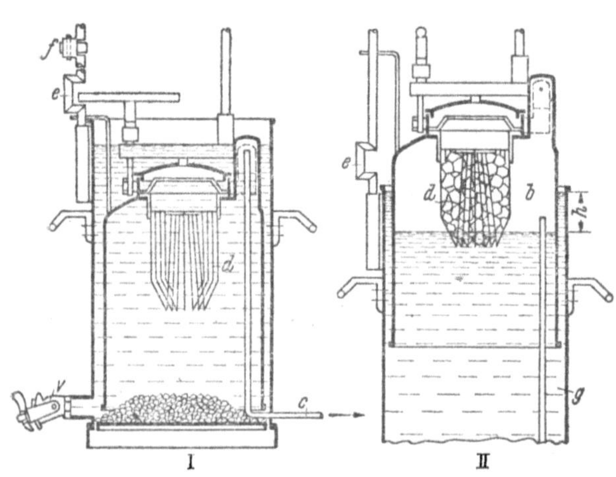

Abb. 72. Tauchentwickler für Stückkarbid.

In Abb. 72 ist ein solcher Entwickler in zwei Betriebszuständen dargestellt, und zwar zeigt *I* den Zustand nach völliger Vergasung des Karbids und *II* den Vergasungszustand.

Das Karbid wird in einem in die Glocke b eingehängten Drahtkorb d untergebracht. Bei Gasentnahme sinkt die Gasglocke, der Karbidkorb taucht in das Wasser, und das entwickelte Azetylen treibt die Gasglocke samt Karbidkorb wieder in die Höhe. Eine Stange der Führungseinrichtung für die Gasglocke besitzt unmittelbar über der Oberkante des Sperrwasserbehälters g eine Kröpfung e und in einem bestimmten Abstande davon (etwas größer als die Eintauchtiefe des Karbidkorbes in das Entwicklerwasser bei tiefster Glockenstellung) einen Schnapper f. Die Kröpfung hat den Zweck, daß ein Öffnen des Bügelverschlusses der Gasglocke nur bei tiefster Glockenstellung möglich ist (Verringerung des Gasraumes der Glocke beim Öffnen). Die Schnappervorrichtung soll das Schließen (nicht aber ein Öffnen) des Bügelverschlusses des Gasbehälters bei hochstehender Glocke ermöglichen, damit der Karbidkorb beim Einsetzen nicht sofort in das Entwicklerwasser taucht und Azetylen schon bei offenem Gassammler entwickelt wird. Die Gasentnahme erfolgt bei c. Der Schlamm wird aus dem Ablaßhahn v entnommen. Das Entwicklerwasser ist vom Sperrwasser des Gasbehälters nicht getrennt.

Entwickler dieser zwar sehr einfachen Bauart sind deshalb verlassen worden, weil sie sicherheitstechnisch sehr bedenklich sind. Beim Öffnen des Glockendeckels wird der hocherhitzte Karbidkorb jedesmal ergiebig von Luft umspült, wodurch Zündgefahr besteht.

Die Grundform der **Verdrängungsbauart**, die **Kipp**sche Flasche, ist in Abb. 73 wiedergegeben. Ist der Gasvorrat in C erschöpft, so wird das im Trichter B befindliche Wasser durch das Rohr A im Raume D hochsteigen, bis es mit dem in C gelagerten ·Karbid in Berührung kommt. Das jetzt sich bildende Gas verdrängt das Wasser wieder in das Rohr A, wodurch gleichzeitig dem Gas ein von der jeweiligen Wassersäule abhängiger, schwankender Druck verliehen wird. Bei niedrigem Wasserstand (im Raume D) ist also der Gasdruck hoch, bei hohem Wasserstand ist er gering, da die Größe des Gasdrucks ein von der Höhe der Wassersäule in A abhängiger Faktor ist. Sinken und Steigen des Wasserspiegels wiederholt sich, solange nach Karbid in C vorhanden ist. Gleicher Gasdruck, d. h. verharrender Wasserstand, tritt nur dann ein, wenn Gasentwicklung und Gasverbrauch gleich groß sind.

Diese Grundform findet sich, wie ihre Einfachheit erwarten läßt, sehr häufig vor, sowohl bei Entwicklern mit beweglicher (Niederdruckentwickler) wie mit feststehender (Mitteldruckentwickler) Gasglocke. Dabei ist noch zu unterscheiden zwischen Entwicklern mit **getrenntem** Vergasungs- und Gassammelraum und solchen, bei denen die Vergasung **im Gassammelraum** erfolgt.

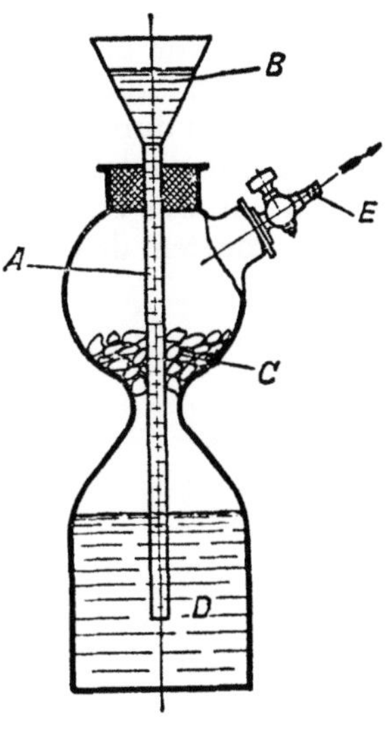

Abb. 73. Grundform der Wasserverdrängungsbauart.

Die Entwickler der Verdrängungsbauart zeichnen sich durch einfachste Bauweise aus. Zu Betriebsstörungen Anlaß gebende bewegliche Teile, wie Hebel, Räder, Ventile usw. sind weniger oder gar nicht vorhanden. Den Entwicklern fehlt außerdem jede zwangsläufige Betätigung ihrer einfachen Konstruktionsteile; das bewegliche Vermittlungsglied ist Wasser allein. Im übrigen werden sie nur mit Großkarbid (oder Beagid) betrieben. Es ist deshalb verständlich, wenn gerade Entwickler dieser Bauart in besonders hoher Anzahl im Betriebe stehen, sowohl als Montage- wie als Werkstättenentwickler für alle Druckstufen. Aus diesem Grunde muß gerade auf diese kurz „**Verdränger**" genannten Entwickler etwas ausführlicher eingegangen werden.

Einen **Mitteldruckverdränger** offener Bauart mit Vergasung außerhalb des Gassammelraumes zeigt Abb. 74. Er besitzt eine feste Glocke g und erzeugt demnach das heute weitaus stärker in Aufnahme gekommene Azetylen höheren Druckes. In einem vom Gassammler völlig getrennten Einsatzgefäß (Eimer) a befindet sich die Vergasungshaube b mit Karbidkorb c. Das entwickelte Gas strömt durch das Rohr e und die Kupplung f in den festen Gassammler g und von hier durch ein mit Entlüftungsventil k ausgerüstetes Rohr i zur Wasservorlage. Ist genügend Gas vorhanden, dann verdrängt dieses das in b befindliche Wasser in den Eimer a, wodurch ein der höheren Wassersäule entsprechend erhöhter Gasdruck entsteht und gleichzeitig das Wasser vom Karbidkorb abgedrängt wird. Bei weiterer Gasentnahme fällt der Wasserspiegel in a wieder ab, steigt in b an und umspült wiederum den Karbidkorb. Dieses Spiel wiederholt sich, so lange noch Karbid vorhanden ist. Im regelmäßigen Betriebe, d, h. bei gleichbleibender Gasentnahme tritt ein Beharrungszustand ein, in welchem Gasentwicklung und -entnahme angenähert im Gleichgewicht stehen, so daß sich aus der anfänglich wechselnden Wassersäule ergebende Druckschwankungen ausgleichen und erst nach Drosselung der Gasentnahme wieder auftreten.

Der in Abb. 75 gezeigte **Beagidentwickler** erfreut sich besonderer Beliebtheit als Montage- und Werkstattentwickler und ist deshalb häufig anzutreffen. Er unterscheidet sich von der vorigen Bauart vor allem dadurch, daß bei ihm die Vergasung innerhalb des Gassammelraumes erfolgt und an Stelle von Stückkarbid Beagid vergast wird. Bei Inbetriebnahme wird der Behälter *a* durch den Schacht *n* bis an die vorgeschriebene Marke *o* mit Wasser angefüllt, so daß die in der festen Glocke *b* befindliche Luft ausgetrieben wird und ein Gas-Luftgemisch sich nicht bilden kann. Darauf werden die mit *e* bezeichneten, den Karbidkorb *f* und die Beagidpatrone *d* tragenden Einhänge-

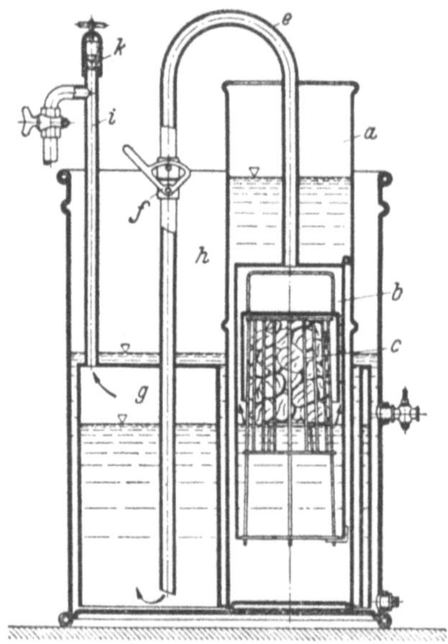

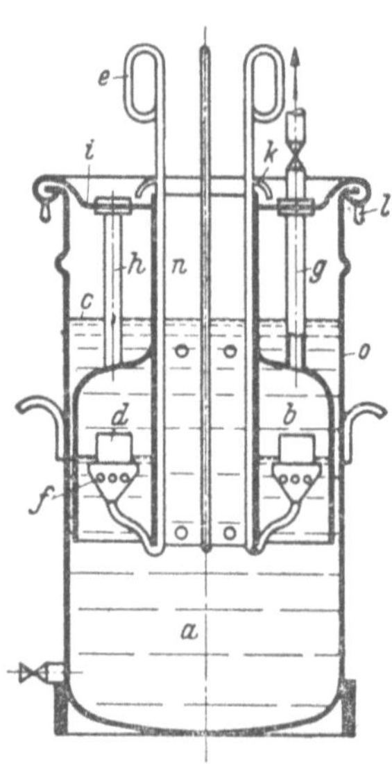

Abb. 74. Mitteldruckverdränger.   Abb. 75. Beagidentwickler.

stäbe durch den Schacht *n* unter die Glocke *b* gehängt und bei *k* am Schachtrande verriegelt. Das unter *b* entwickelte Gas verdrängt das Wasser in den Behälter und der Unterschied zwischen den Wasserspiegeln in *b* und *c* bestimmt den Gasdruck. Die Gasentnahme erfolgt durch das Rohr *g*. *h* ist ein Blindrohr und dient zur Versteifung der Konstruktion, die zusammenhängend an einer bei *e* befestigten Blechbrücke *i* verriegelt ist. Beim Abstellen der Gasentnahme wird die Entwicklung selbsttätig unterbrochen. Vorteilhaft sind die leichte Zugänglichkeit des Entwicklers, die geringe Nachvergasung (daher der kleine Gasraum) und hauptsächlich die während des Betriebes mögliche Nachfüllung mit Beagid. Der in Abb. 75 veranschaulichte Verdränger ist vorwiegend für den Werkstättenbetrieb gedacht. Montageentwickler dieser Bauart sind kleiner und nur mit einem Karbidkorb versehen.

Die Einrichtung einer o r t s f e s t e n Oberflur-Groß-Azetylenanlage nach der Verdrängungsbauart zeigt Abb. 76. Die Anlage besteht aus zwei Entwicklern *E*, einem Gasbehälter *G*, einem Wäscher *W* und sonstigen Nebeneinrichtungen, und ist in einem den behördlichen Bestimmungen entsprechenden Gebäude untergebracht. Die beiden Entwickler, die sowohl wechselweise (einzeln) als auch gleichzeitig (gemeinsam) arbeiten können, haben eine Karbidfüllung von je 1500 kg (Stückkarbid 50/80 mm), und eine Gesamtleistung von 500 000 l Gas je Stunde, was einer täglichen Vergasung von etwa 40 000 kg Karbid (in 24 h) entspricht. Die Glocke G faßt 15 000 l. Die Entwickler E sind als Doppelschacht ausgebildet, unten durch einen Trichter abgeschlossene stehende Zylinder. Am Ende des Trichters ist ein Schlammschieber S angebracht, der mit dem Schlammkanal in Verbindung steht. Der untere Teil des Entwicklers ist Wasserraum, der obere Gasraum; letzter ist wegen rascher Ableitung der Zersetzungswärme von einem Kühlmantel für fließendes Wasser umgeben. Über dem Wasserraum liegt ein Rost, der als Traggerüst für den Karbidbehälter dient. Nach oben erfolgt der Entwickler-

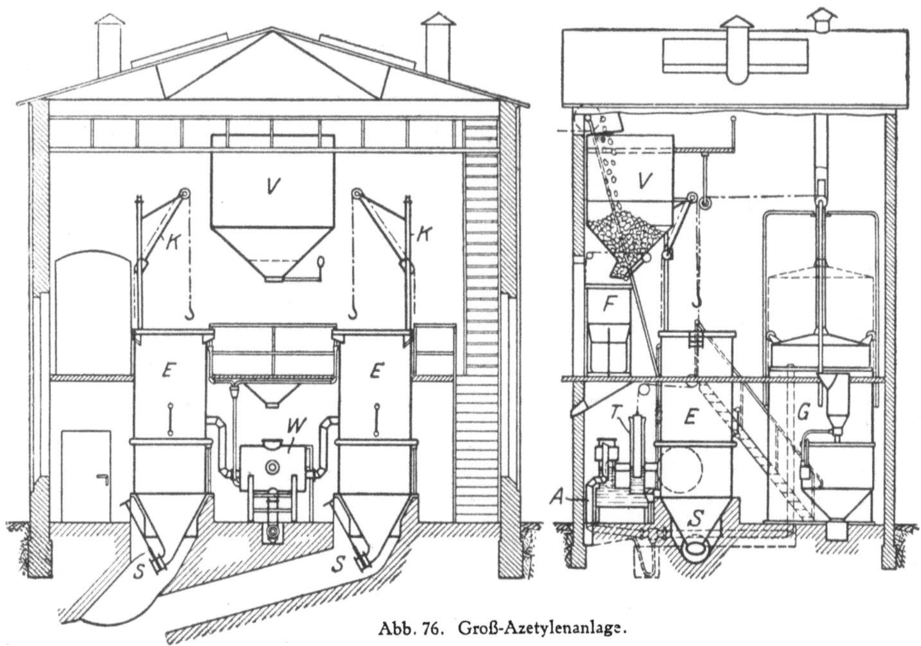

Abb. 76. Groß-Azetylenanlage.

abschluß durch Wasserverschluß mit Hilfe einer in den Kühlmantel eintauchenden Glocke. Das Karbid wird aus dem Lagerbecken V in das Gefäß F über eine Rutsche entnommen und das Gefäß mit Hilfe des Schwenkkrans K in den Entwickler eingeführt. Der Entwickler arbeitet mit ständig durchfließendem Wasser, welches durch einen Frischwasseranschluß von genügend hohem Druck eintritt und durch einen Überlauf und ein Abfallrohr in den Schlammkanal abläuft. Der Wasserstand im Entwickler selbst wird durch einen von der Gasglocke gesteuerten Tauchkolbenregler (bewegliche Überlaufleitung) T geregelt und stellt sich selbsttätig nach dem jeweiligen Gasverbrauch ein. Vom Entwickler strömt das Gas zum Wäscher W und über zwei Reiniger zur Verbrauchsleitung.

Wir kommen nun zu den häufig verwendeten Verdrängern geschlossener Bauart, also zu Hochdruckentwicklern. Auch hier kann die Vergasung inner- und außerhalb des Gassammelraumes vor sich gehen. Abb. 77 bringt einen Hochdruckverdränger für Vergasung im Gassammler. Er arbeitet folgendermaßen:

Wird der am Entwicklerdeckel befestigte Einsatz a samt Karbidkorb b und Schlammfänger c bei geschlossenem Anstellventil d in den vorschrifts-

mäßig bis *f* gefüllten Hauptwasserbehälter *e* eingebracht, so steigt das Wasser
bis zum oberen Rande des Behälters und verdrängt die darin enthaltene Luft.
Nach Öffnen des Anstellventils *d* ist der Entwicklungszylinder *a* durch die
Überleitungsstutzen *g* und *g₁* mit dem Gegendruckraum *e* verbunden. Durch
Druckausgleich gelangt das Wasser ans Karbid und die Gasentwicklung beginnt. Das entwickelte Azetylen strömt durch den Stutzen *g*, das Regel-
gehäuse *i* und den Stutzen *g₁* in den Gegendruckraum *e* und treibt das überschüssige Wasser durch den geöffneten Wasserauslaufhahn *k* solange aus, bis
der Wasserstand so weit gesunken ist, daß die Schwimmerkugel herabfällt und
durch eine Gummischeibe den Wasserabfluß abschließt. Mit Ansteigen des
Drucks wird die durch eine Feder gespannte Membran *l* nach oben durchgebogen und schließt durch ein Gestänge *m* das Übertrittventil *n*. Das zu-

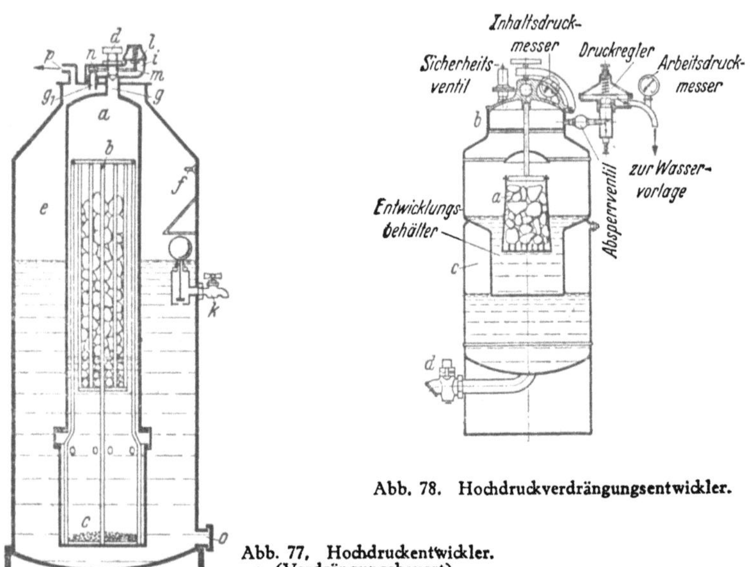

Abb. 78.   Hochdruckverdrängungsentwickler.

Abb. 77.   Hochdruckentwickler.
(Verdrängungsbauart).

nächst im Entwicklungszylinder *a* nachentwickelte Gas drückt das Wasser vom
Karbid weg, wodurch die Gasentwicklung aufhört. Sinkt durch Gasentnahme
bei *p* der Druck, so federt die Membran *l* zurück und wird nach unten durchgebogen, das Gestänge gibt den Gasübergang zwischen den beiden Behältern
frei, das Wasser tritt wieder zum Karbid, und die Gasentwicklung beginnt
von neuem. Die Entschlammung erfolgt bei *o*. Auf dem Deckel des Entwicklers ist noch ein Druckmesser für die jeweilige Druckanzeige und ein
Sicherheitsventil zum Ablassen des überschüssigen Gases angeordnet. Infolge
seiner gedrängten Bauweise eignet sich dieser Verdränger besonders auch für
Montagezwecke.

Einen ebenfalls häufig vorzufindenden Hochdruckentwickler gleicher Bauart für Stückkarbid und für den gleichen Zweck zeigt Abb. 78. Seine Arbeitsweise entspricht der in Abb. 77 beschriebenen. Der Karbidkorb *a* ist am
Deckel *b* aufgehängt und das im Vergaser entwickelte Azetylen verdrängt das
Wasser in den Ringraum *c*. Die Entschlammung erfolgt bei *d*, die Gasentnahme über einen Druckregler.

Für größere Leistungen werden diese Anlagen mit zwei getrennten und
durch Rohrleitung verbundenen Entwicklern gleicher Art gebaut, die einen

gesonderten Trockenbehälter speisen, von dem aus das Gas der Vorlage zugeleitet wird. Ein zwischen die Vergaser eingebauter Dreiwegehahn gestattet eine ununterbrochene Betriebsführung mit beiden Entwicklern.

c) Allgemeine Einrichtungen und Behandlung der Azetylenentwickler.

Für Konstruktion und Einrichtung der Azetylenentwickler bestehen in den Bauvorschriften der AVO umfangreiche Bestimmungen, auf die wir hier nicht näher eingehen können. Sie beziehen sich, außer auf die Art des Bau stoffs und allgemeine Abmessungen, vor allem auf sicherheitstechnische Fragen. Z. B. muß einer bestimmten Karbidmenge eine bestimmte Menge an Entwicklerwasser entsprechen (zur Vermeidung hoher Temperaturen, eine Ausnahme macht der unter b) beschriebene „Schlammlos"-Entwickler), der nutzbare Rauminhalt der Glocke hat zu dem Umfange der für jeden Füllungsvorgang möglichen Karbidvergasung in entsprechendem Verhältnis zu stehen usw. Andere Bestimmungen beziehen sich auf die Aufstellung der Entwickler. Einige allgemeine Einrichtungen der Entwickler müssen wir aber kurz besprechen, und an dieser Stelle besonders betonen, daß für die Bedienung von Azetylenentwicklern nur zuverlässige Personen eingesetzt werden dürfen, die das 16. Lebensjahr überschritten haben.

Entschlammung. Bei allen Azetylenentwicklern muß, wenn der beim Karbidzersetzen gebildete Schlamm nicht jedesmalig bei Neubeschickung mit Karbid, mitsamt dem Karbidbehälter entnommen werden kann (z. B. bei Retortenentwicklern), eine genügend große E n t s c h l a m m u n g s v o r - r i c h t u n g vorgesehen sein. Die Entschlammung soll besonders bei orts-
festen Anlagen so erfolgen, daß während ihrer Dauer keine Luft ins Innere des Entwicklers eintreten oder hineingesaugt werden kann. Dies wird dadurch erreicht, daß man entweder so viel frisches Wasser zufließen läßt, wie man im Augenblick an Schlamm entnimmt, oder daß man durch Öffnen eines Zwischenhahns (F in Abb. 63) eine Verbindung zwischen Gasglocke und Entwickler herstellt, damit eine der abgelassenen Schlammenge entsprechende Gasmenge von der Glocke zum Entwickler strömen kann. Seltener werden

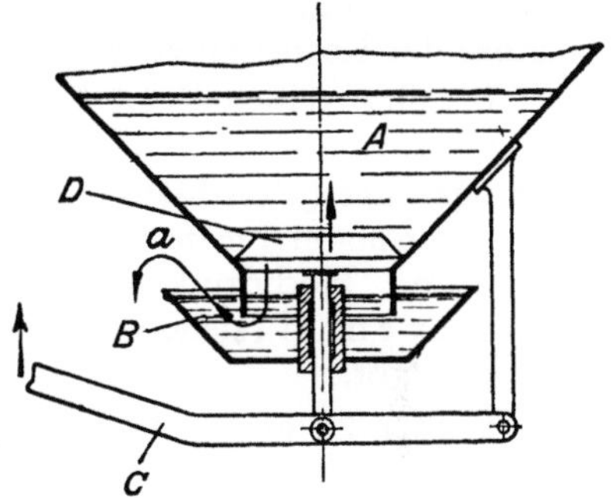

Abb. 79. Kalkschlammablaß.

auch kleine Hilfsentwickler aufgestellt, die während des Entschlammens des ortsfesten Entwicklers diesen mit Azetylen anfüllen. Dadurch kann sich im Entwickler kein Unterdruck bilden, und die Gefahr des Luftansaugens ist beseitigt. Abb. 79 veranschaulicht einen bei Gasgeneratoren gebräuchlichen und auch für Azetylenentwickler angewandten Wasserverschluß einfachster Art (ähnlich Abb. 67). Am Entwicklerboden A ist eine wassergefüllte Tasse B angeordnet, in welche der untere zylindrische Teil des Entwicklers A hineintaucht. Hierdurch wird ein dauernder Abschluß des Entwicklers gegen die atmosphärische Luft auch beim Schlammablassen in Richtung a, also bei gehobenem Hebel C und geöffnetem Ventil D, gewährleistet. An Stelle dieser Bauart haben sich neuerdings vor allem V e n t i l s c h i e b e r für diesen Zweck eingeführt, wie z. B. in Abb. 76 bei S.

Übergasung. Die bei plötzlicher Drosselung der Gasentnahme bei allen Entwicklern auftretende N a c h v e r g a s u n g (Nachentwicklung) infolge Vergasens bereits stark angenäßten Karbids muß von den Glocken aller beweglichen Anlagen fast restlos aufgenommen werden können, ohne daß etwaige Ü b e r g a s u n g der Entwickler, wie sie allerdings nicht immer ganz vermeidbar ist, sicherheitstechnisch bedenklich wird. Ü b e r g a n g s r o h r e dürfen an beweglichen Entwicklern n i c h t angebracht sein, sind aber bei allen ortsfesten Anlagen Gegenstand besonderer Vorschriften. Wir finden dort i n s F r e i e , zum Teil durch einen Sicherheitstopf führende Übergasungsrohre.

Aus Gründen sicherheitstechnischer wie auch wirtschaftlicher Natur ist bei Einwurfentwicklern eine zweckmäßige Vorkehrung zu treffen, die verhütet, daß ins Entwicklerwasser fallendes, frisches Karbid in bereits vorhandenen Kalkschlamm fällt. Durch Einbettung frischen Karbids in oft teigigen, zumindest aber dickflüssigen Schlamm bildet sich bei spärlichem Wasserzutritt zum Karbid örtliche Überhitzung, und außerdem werden oft nennenswerte Mengen unvergaster Karbidstücke beim Entschlammen mit abgeführt. Diesem Übel kann man in einfachster Weise durch Anbringung eines durchlöcherten Bodens begegnen. Eine drehbare Anordnung dieses Z e r s e t z u n g s r o s t e s (auf ihm erfolgt die Karbidzersetzung, der Schlamm fällt unten durch; man kann deshalb jenen Teil des Entwicklers, in welchem die Zersetzung des Karbids stattfindet, auch als V e r g a s e r bezeichnen) erhöht seine Wirksamkeit, weil sein Wenden (in gewissen Zeitzwischenräumen) durch Spülung die restlose Vergasung etwa noch unvergast zurückgebliebener Karbidstücke verbürgt. In Abb. 67 ist ein derartiger Entwicklerrost (Drehsieb) zu erkennen; allerdings sind solche Vorrichtungen nur bei Stückkarbid notwendig, da Feinkornkarbid rasch vergast und durch die Löcher des Rostes fallen würde.

In allen selbsttätigen Entwicklern ortsfester Anlagen sind ferner gegen gefahrbringende Gasdrucksteigerungen, wie sie infolge Verstopfung der Gasabgangsrohre (Verschlammung, Einfrieren u. dgl.) eintreten können, geeignete Sicherheitsmaßnahmen zu treffen; z. B. Anbringen von Ü b e r d r u c k - r o h r e n . Hochdruckentwickler aller Größen müssen mit einem Ü b e r - d r u c k v e n t i l (siehe weiter unten) ausgerüstet sein, das bei 1,5 atü Höchstdruck abläßt.

Weiter ist es wichtig, den E i n t r i t t v o n L u f t ins Entwicklerinnere, besonders bei Einfallentwicklern a u c h w ä h r e n d d e r B e s c h i c k u n g m i t K a r b i d , soweit nur möglich einzuschränken, am besten gänzlich zu unterbinden. Wenngleich es in den seltensten Fällen gelingt, diese Aufgabe bei beweglichen Entwicklern befriedigend zu lösen, und ihr dort auch nicht die große Bedeutung zukommt, wie bei ortsfesten Anlagen, so ist dieser Anforderung bei letzten verhältnismäßig leicht nachzukommen, beispielsweise durch Anbringen eines ebenfalls bei Entwicklern oft vorzufindenden B e - s c h i c k u n g s v e r s c h l u s s e s (Schleuse in Abb. 67).

Richtige Retortenfüllung. F ü r d i e R e t o r t e n e n t w i c k l e r nach Abb. 70 und 71 sind besondere Vorschriften vorhanden, deren wesentlichste sich auf die R e g e l u n g d e s W a s s e r z u f l u s s e s zu den Vergasungsretorten erstreckt. Danach soll der Retorte entweder das zur vollkommenen Zersetzung der gesamten Karbidmenge erforderliche Wasser auf einmal zufließen (wobei genügend groß bemessene Gasglocken Voraussetzung sind; man spricht dann von einer „Totalvergasung") oder eine kleinere Wassermenge mit entsprechend kleineren Karbidmengen in Berührung gelangen. Da jedoch die gänzliche Vergasung des gesamten Karbidvorrats zugleich unverhältnismäßig große Gasglocken bedingt, sind fast alle Entwickler dieser Bauart so gebaut, daß kleineren Mengen Karbid geringe Wassermengen zufließen. Im allgemeinen werden die Retorten mit leichter Neigung zum Verschlußdeckel hin angeordnet. um den selbsttätigen Wasser- und Schlammabfluß beim Herausnehmen der Schubladen zu erreichen. Die in die Vergasungsretorten eingeführten, schubladenartigen Karbidbehälter sind deshalb meist durch eine Anzahl stegförmiger Zwischenwände (d in Abb. 80) in einzelne Kammern (Fächer) getrennt. In Abb. 80, die uns den Längsschnitt durch

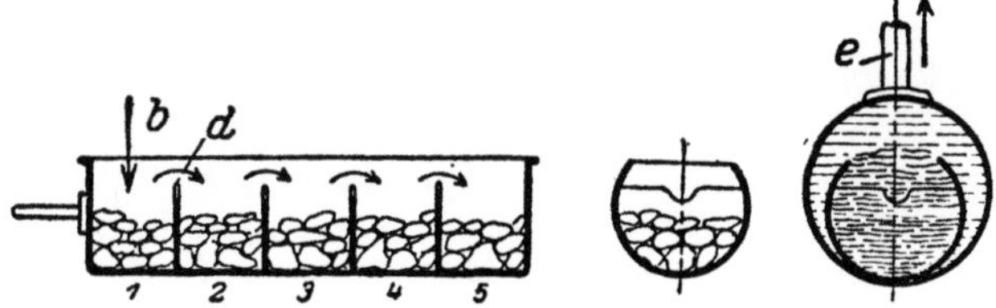

Abb. 80. Richtige Karbidfüllung der Retorten.

eine solche Schublade zeigt, sind 5 Kammern angebracht, wovon zunächst der mit 1 bezeichneten Wasser zugeführt wird (in Pfeilrichtung *b*). Ist in der ersten Kammer der Vorrat an Karbid zersetzt, so fließt das Wasser von der ersten zur zweiten Kammer selbsttätig über, da die Stege gegen den oberen Rand des Einsatzes zurückstehen. Nach Vergasung des Inhalts von Kammer 2 läuft das (immer bei *b* zufließende) Wasser zum dritten Fach usw., bis schließlich die ganze Retorte mit Wasser überschwemmt ist. Darauf kann der Einsatz mit dem Schlamm herausgezogen werden. Wird der gesamte Gasvorrat der Glocke entnommen, dann entsteht in dieser ein so niedriger Druck, daß das noch zu den Retorten nachfließende Wasser z. B. im Rohr *d* der Abb. 70 hochsteigen und Schlamm in das Wasser des Raumes *a* überführen kann. Unter allen Umständen ist auf vorschriftsmäßige Füllung der Kammern mit Karbid zu achten. Wie Abb. 80 zeigt, dürfen **a l l e K a m m e r n n u r b i s z u r H ä l f t e m i t K a r b i d a n g e f ü l l t w e r d e n**. Da der bei der Karbidzersetzung zurückbleibende, aufquellende Kalkschlamm annähernd den doppelten Raum des reinen Karbids einnimmt und nicht absinken kann, wird nach beendeter Karbidzersetzung jede einzelne Kammer des Einsatzes normalerweise gerade ganz angefüllt sein, wie dies Abb. 80 rechts darstellt. Deshalb sind die Schubladen so eingerichtet, daß durch eine Begrenzungs-Vorrichtung (Gitter, Rost) die vorgeschriebene Ladeschichthöhe nicht überschritten werden kann (Abb. 70). Nach der AVO ist doppelte Raumgröße vorgeschrieben. Als Folge der Mißachtung des Überladungsverbots der Kammern ist nicht allein eine Verstopfung der Rohröffnungen mit Schlamm zu gewärtigen, sondern auch eine sehr unvollkommene Vergasung des Karbids, weil es in den etwa 50 vH leichteren Schlamm eingeschlossen wird. Hierdurch entsteht, abgesehen von der gesteigerten Entwicklungstemperatur, auch nach Entleerung der Einsätze die starke Gefahr der Nachentwicklung und Bildung explosibler Gas-Luftgemische in den Schlammgruben. Trotz Einhaltung dieser Vorschrift und ständiger äußerer Kühlung der Retorten durch das an der Entwicklung nicht beteiligte Wasser sind bei starker Gasentnahme beachtliche Temperatursteigerungen im Retorteninnern kaum zu vermeiden. So ist einwandfrei festgestellt, daß die bei jeder Entwicklungsperiode in

Schubladenentwicklern entstehende Temperatur etwa 90° erreicht, demnach für diese Entwickler als normal angesprochen werden kann. Die höchstzulässige Temperatur im Vergaser darf 100° nicht überschreiten. Im Gassammler darf eine Höchsttemperatur von nur 50° bestehen. Die zu erwartende neue Azetylenverordnung sieht auch hier Veränderungen vor, die sich aus der Berücksichtigung neuerer Azetylenentwicklerarten ergeben haben.

Die gegenüber den Einsätzen im Durchmesser größer gehaltenen Retorten sind vor neuer Karbidbeschickung jedesmal mit Wasser gründlich auszuspülen, damit der in ihrem Innern zurückgebliebene Kalkschlamm entfernt wird. Bei Entfernung des Schlammes aus den Schubladen und Reinigung der beweglichen Teile der Begrenzungsvorrichtung ist die Verwendung von Gummihandschuhen zum Schutze gegen die stark ätzende Wirkung der im Schlamm zurückgebliebenen Phosphor- und Schwefelverunreinigungen sehr angebracht.

Karbidkörbe. Da das Karbid mit fortschreitender Vergasung zum Zusammenbacken und zum Festwerden neigt, was empfindliche Betriebsstörungen verursachen kann, ist der richtigen Gestaltung der Karbidkörbe besondere Aufmerksamkeit zu schenken. Für die Verdränger ist deshalb der Karbidkorb das, was für die Zuflußentwickler die Schubladen sind. Sie müssen, bei genügender Stabilität der Drahtstege oder -maschen, so eingerichtet sein, daß sie beim Nachrutschen des noch unvergasten, lose eingebrachten und nicht festgepreßten Karbids das Absinken des bereits verschlammten ohne Klemmen und Stauen ermöglichen. Darum werden bei der Betriebsprüfung die Körbe und ihr Verhalten eingehend beobachtet und nur einwandfreie Ausführungen zugelassen. Änderungen an diesen Körben sind in jedem Falle unstatthaft.

Allgemeine Behandlung der Azetylenentwickler[1]). Leider lassen die Bedienungsvorschriften den die Anlage bedienenden Arbeiter mitunter über wichtige Einzelheiten im unklaren. Es möge trotzdem vorweg gesagt sein: Außer den im folgenden gegebenen Vorschriften ist natürlich den besonderen Anweisungen der einzelnen Betriebsvorschriften, auf deren Vorhandensein und Anbringen an deutlich sichtbarer Stelle bestanden werden muß, Folge zu leisten. Oft haben Fahrlässigkeit des Schweißers oder Versäumnis scheinbar als nebensächlich betrachteter Handgriffe zu Explosionen Anlaß gegeben, die bei vorschriftsmäßiger Behandlung der Entwickler ausgeschlossen sind.

Die Entwickler sind bei der Aufstellung möglichst gut in die Waage zu bringen, da s c h i e f s t e h e n d e Entwickler falsche Wasserstände im Wäscher (und Wasserverschluß) und in der Vorlage zur Folge haben und häufig zum Festhängen der schwimmenden Glocke im Gestänge führen. Der Entwickler soll nie in einer dunklen Ecke, sondern genügend im Hellen stehen, damit seine Teile gut übersehen und Bedienungsfehler vermieden werden können.

Inbetriebsetzung. Bei I n b e t r i e b s e t z u n g von Azetylenanlagen, ganz nebensächlich welcher Bauart und welcher Größe, sind vor allem sämt-

---

[1]) Es sei auf das vom Ausschuß für wirtschaftliche Fertigung (AWF) unter Mitwirkung des DVSA herausgegebene M e r k b l a t t f ü r G a s s c h m e l z - s c h w e i ß e r hingewiesen, das im Buchhandel als Beuth-Heft Nr. 5 erhältlich ist und alle für den Schweißer notwendigen Sicherheitsvorschriften enthält.

S. auch S c h e r u n, Der Azetylenapparat in der Werkstatt und auf Montage. Verlag Carl Marhold, Halle/Saale.

L o t t n e r : Störungen beim Betriebe von Azetylenapparaten und ihre Beseitigung. Verlag Carl Marhold, Halle/Saale.

liche für Wasser bestimmten Gefäße anzufüllen (mit der vorschriftsmäßigen Menge), wobei durch Öffnen der Hähne für Entweichen der Luft zu sorgen ist. Die Hähne sind darauf sofort wieder zu schließen. Nun erst darf die zulässige Karbidbeschickung vorgenommen werden. Karbidstaub ist zurückzulassen, da er teils zu Verstopfungen, teils unter bestimmten Umständen zu Gefahren Veranlassung geben kann. Lagert sich der Karbidstaub im Vorratsraum des Entwicklers ab (bei Anlagen nach der Einwurfbauart) und wird er von feuchtem Gase bespült, so können so hohe Temperaturen eintreten, daß bei Zutritt von Luft plötzliche Zündung und Explosion erfolgt. Die Temperatur des Karbidstaubs kann sich bei Anwesenheit von Luft, sogar ohne Wasserzutritt, bis zur Glühhitze steigern. Aus diesem Grunde haben Entwickler, die zur Vergasung von Karbidstaub bestimmt sind, besondere Einrichtungen nötig. Ausnahmsweise zu große, d. h. sog. spießige Karbidstücke sind erforderlichenfalls in $3 \div 4$ m Abstand vom Entwickler (bei ortsfesten Anlagen außerhalb des Entwicklerraumes) mit dem Hammer zu zerkleinern (Augenschutz durch Drahtbrillen!) oder zurückzuhalten. Die ersten Liter erzeugten Gases sind, abgesehen vom Beagidentwickler, immer mit Luft gemischt; man läßt deshalb dieses Gas-Luftgemisch einige Zeit entweichen[1]), bis sich Azetylen allein durch seinen knoblauchartigen Geruch bemerkbar macht. Der Gasverlust ist hierbei so gering, daß er belanglos ist; deshalb der Grundsatz: Erst Entlüften, dann Brenner anzünden!

Da nach Außerbetriebsetzung des Entwicklers, je nach Bauart und Größe, eine mehr oder weniger große Nachvergasung einsetzt, sollte man dies beim Beschicken des Entwicklers kurz vor Arbeitsende berücksichtigen und deshalb nur die voraussichtlich erforderliche Menge an Karb d nachfüllen. Für ortsfeste Anlagen kommt dies allerdings nicht in Frage, weil die genügend groß bemessenen Gasbehälter die Nachgasmengen aufzunehmen in der Lage sind. Nach Arbeitsbeendigung werden alle erforderlichen Gas- und Wasserhähne abgesperrt.

Luftzutritt. Luftzutritt zu den Entwicklern ist sowohl im als nach dem Betriebe unbedingt zu verhüten. Die zur Erforschung von Ursachen bei Azetylenentwicklerexplosionen und deren Begleiterscheinungen aufgestellten Statistiken haben den mit praktischen Erfahrungen übereinstimmenden Beweis erbracht, daß die folgenschwersten und meisten Unfälle dann eintraten, wenn der Entwickler kurze Zeit nach der Entschlammung und Reinigung wieder in Betrieb gesetzt wurde und während der Entschlammung und Füllung (auch mit Karbid) unzulässig viel Luft zutreten konnte. Da die Anwesenheit von Luft, insbesondere bei ortsfesten Entwicklern nach der Einwurfbauart, eine größe Gefahr bedeutet, sind Bestimmungen erlassen worden, die eine möglichste Beschränkung der toten Räume (Lufttaschen) nach bestimmten Richtlinien vorschreiben.

Einfrieren. Im Winter etwa eingefrorene Entwickler, Anlagenteile und Rohrleitungen dürfen nur durch heißes Wasser oder Dampf, nie mit glühenden Stangen oder gar offenen Flammen aufgetaut werden. Verstöße gegen dieses Verbot haben des öfteren zu Unglücksfällen geführt. Ein gutes Mittel gegen Einfrieren des Entwickler- bzw. Sperrwassers in den übrigen Teilen der Anlage ist das Frigidol, das im Wasser leicht löslich ist und eine schwache alkalische Reaktion besitzt. Es erniedrigt den

---

[1]) Die Entlüftungszeiten für Kleinentwickler sind auf den Betriebsvorschriften vermerkt und betragen zwischen 15 und 60 Sekunden.

Gefrierpunkt des Wassers auf —40°, ist auf den Zersetzungsvorgang ohne erheblichen Einfluß und greift die Metalle nicht an.

Nach R i m a r s k i sind Lösungen von Viehsalz (Badesalz, Kochsalz) oder von Karnallit in geeigneter Konzentration für in Arbeitsräumen aufgestellten Entwickler brauchbar. Sie sind als wirksamer Frostschutz bis —9° anzusehen, jedoch nur für Gassammler, Wäscher und Vorlagen, k e i n e s f a l l s a b e r f ü r d e n V e r g a s e r r a u m selbst. Für im Freien aufgestellte Entwickler sind diese Mittel deshalb nicht zu empfehlen, weil eine stärkere Konzentration notwendig wäre, die die Gefahr der Salzausscheidung bedingt. Dafür sind Chlorkalziumlösungen besser geeignet. Einer der Vorteile liegt in der Verhinderung der Sprengwirkung des Wassers bei tiefen Temperaturen. Einigermaßen auch brauchbar ist eine in Drogerien erhältliche Magnesiumchloridlösung, die dem Wasser stark verdünnt zugesetzt werden kann, aber den Nachteil hat, die Metallteile des Entwicklers korrodierend anzugreifen. Glyzerin ist zu teuer. Da fast alle Frostschutzmittel eine mehr oder weniger große Rostgefahr mit sich bringen, ist dieser durch geeigneten Farbanstrich (s. „Verrosten") vorzubeugen.

Alle Entwickler, welcher Bauart sie auch seien, dürfen unter keiner Bedingung ohne Zwischenschaltung einer W a s s e r v o r l a g e (s. später) benutzt werden.

A u s b e s s e r u n g e n an Azetylenentwicklern dürfen nur von Fachleuten und nur nach A u ß e r b e t r i e b s e t z u n g , auch nur bei Tageslicht, nie bei künstlichem Licht, vorgenommen werden. Die Ausführung der Ausbesserung hat bei beweglichen Entwicklern im Freien zu geschehen. Lötung und Schweißung undichter Stellen sind nur auszuführen, nachdem der Gas- und Karbidraum des Entwicklers selbst geöffnet, geleert und mit heißem Wasser oder mit Kohlensäure gründlich ausgewaschen wurde.

Verrosten. Zur Abwendung der Rostgefahr sind alle Teile des Entwicklers (ausgenommen der Vergaserraum) mit Rostschutzmitteln zu versehen. Hierfür werden neben der weitaus dauerhafteren Verzinkung Lack-, Firnis- und Teerfarben verwendet, die in regelmäßigen Zeitabständen neu aufzutragen sind und gut trocknen müssen, weil sonst eine besonders vom Terpentinzusatz beeinflußte Schaumbildung eintritt, die einer geregelten Entwicklung zeitweilig im Wege steht.

Der beste Rostschutz ist der Kalkschlamm selbst, weshalb die im Vergaser befindlichen Eisenteile nur sehr selten rosten. Es wird daher zuweilen und mit Recht vorgeschlagen, dem Sperrwasser geringe Mengen an Karbidkalkmilch zuzusetzen, die sich allmählich an den Blechwänden als dünner Film absetzt und das Rosten völlig unterbindet. Die chemischen Reiniger werden, falls die Masse mit den Metallwänden unmittelbar in Berührung kommt, zweckmäßig mit alkalibeständigen Zellubroseschutzfarben konserviert.

Sicherungen gegen Explosion. Trotz strengsten Verbots wurden zuweilen Azetylenhäuschen mit offenem Licht betreten, was meistens zu folgenschweren Raumexplosionen führte. Es sei daher mit allem Nachdruck darauf hingewiesen: d a s B e t r e t e n v o n A z e t y l e n a n l a g e n h ä u s c h e n m i t o f f e n e m L i c h t , m i t b r e n n e n d e n , g l i m m e n d e n u n d g l ü h e n d e n G e g e n s t ä n d e n , s o w i e d a s R a u c h e n in diesen Räumen in unmittelbarer Nähe beweglicher Entwickler und der Karbidschlammgruben ist ä u ß e r s t g e f ä h r l i c h u n d d a h e r s t r e n g v e r b o t e n . Wird an Arbeitsstellen außerhalb des Betriebes (an Bauten, auf Straßen, Plätzen usw.) mit Azetylenentwicklern gearbeitet, so sind Fremde auf diese Vorschrift, mit entsprechendem Hinweis auf die Gefahr, aufmerksam zu machen. Ferner ist vor der Anordnung einer unter Umständen als Zünd-quelle dienenden, elektrischen Signalvorrichtung an den Entwicklern und Gas-sammlern (welche Karbid- oder Wassermangel, eigentlich Gasmangel, an-zeigen soll) zu warnen, da durch überspringende Kontaktfunken Explosions-möglichkeit besteht. Offene Beleuchtungskörper sollen mindestens 3 m nach jeder Richtung vom Entwickler entfernt sein. Insbesondere beim Heraus-nehmen der Karbidbehälter und beim Schlammablassen sind brennende, über-haupt zündende Körper vom Entwickler fernzuhalten. Azetylen-, mehr noch Karbidlagerbrände, können nicht mit Wasser gelöscht, sondern dadurch höch-stens noch mehr entfacht werden. Zur Löschung solcher Brände wird Erde und Sand verwendet, sofern nicht geeignete Trocken- oder Schaumlöscher zur Verfügung stehen. Mit Tetrachlorkohlenstoff beschickte Feuerlöschgeräte haben sich nach Versuchen von M i e s am besten bewährt.

Das Schlammablassen. Das S c h l a m m a b l a s s e n z u r r e c h t e n Z e i t — soweit der Schlamm nicht mit den Karbideinsätzen herausgezogen wird — zählt zu den wichtigsten Hantierungen am Entwickler und beeinflußt die Betriebssicherheit in hohem Maße. Merkwürdigerweise besteht in dieser Hinsicht oft größte Unkenntnis, so daß man nicht selten völlig verschlammte Entwickler sicherheitswidrig im Betriebe antrifft.

Wie früher errechnet, sind zur vollkomenen Zersetzung von 1 kg Karbid 0,562 = rund ½ kg = ½ l Wasser erforderlich. Das entspricht z. B. bei einem Entwickler mit 4 kg Karbidfüllung 2 l Wasser. An gleicher Stelle wurde nebenbei auf die Zersetzungswärme hingewiesen, die rund 400 WE auf 1 kg vergastes Karbid beträgt. Um diese nicht unerhebliche Wärmemenge un-schädlich zu machen, muß ein ausreichender Überschuß an aktivem (d. h. un-mittelbar an der Azetylenerzeugung beteiligtem) Entwicklerwasser vorhanden sein, und zwar soll dieser Überschuß nach den gesetzlichen Bestimmungen 10 l auf 1 kg Karbid betragen. Demnach muß ein 2 kg-Entwickler mindestens $2 \times 10 = 20$ l, ein 4 kg-Entwickler mindestens 40 l E n t w i c k l e r w a s s e r enthalten. Dies entspricht dem 20fachen Betrage der zur Zersetzung selbst erforderlichen Wassermenge. Obwohl diese Bedingung in erster Linie auf ortsfeste Anlagen Bezug nimmt, ist sie für bewegliche Entwickler nicht minder wichtig und auch leicht einzuhalten. Bei einer Anfangstemperatur des Ent-wicklungswassers von 15⁰ ergibt sich für einen 10 kg-Entwickler dann durch dessen Temperatursteigerung infolge der Reaktionswärme des zersetzten Karbids eine Endtemperatur von $\frac{400 \times 10}{100} + 15 = 55^0$. Praktisch bleibt diese Temperatur etwas tiefer, da die Wärmeableitung an das Metall und an die umgebende Luft mit in Rechnung zu stellen ist.

Nun vermag aber Wasser Azetylen zu lösen, d. h. aufzunehmen. Das L ö s u n g s v e r m ö g e n d e s W a s s e r s f ü r A z e t y l e n beträgt über 100 vH; z. B. lösen 100 Teile Wasser bei 14⁰ 118 Teile Azetylen. Die Löslich-keit des Azetylens nimmt mit steigendem Druck zu und mit steigender Tem-peratur ab. So löst 1 l Wasser von 4⁰ etwa 1,53, bei 10⁰ 1,31 und bei 60⁰ etwa 0,85 l Azetylen. Da im Kalkwasser Azetylen weniger löslich ist als in reinem Wasser, wirkt durch Kalkschlamm verunreinigtes Entwicklerwasser der Lös-lichkeit von Azetylen entgegen. In der Regel wird daher der betriebsmäßige Verlust an Azetylen beim Entschlammen nur zwischen etwa 2 ··· 10 vH liegen. Kalkschlamm selbst ist praktisch azetylenfrei und enthält nur wenig Gas in Bläschenform mechanisch zurückgehalten.

Die Löslichkeit des Azetylens ist nebenbei bemerkt der Grund, weshalb beim erstmaligen Füllen des Entwicklers mit Karbid nicht sofort die Glocke steigt. Obwohl die Gasentwicklung sofort einsetzt, sättigt sich zuerst das Wasser teilweise mit Azetylen; erst der restliche Teil des Gases wird unter der Gasglocke aufgefangen. Nun geht zwar mit dem jedesmaligen Entschlammen ein in Lösung befindlicher Teil des Azetylens, wie bereits erwähnt, nutzlos verloren, trotzdem muß das für die Betriebssicherheit wichtige, sorgfältige Entschlammen ohne Verzug erfolgen, sobald es Anzeichen im Betriebe des Entwicklers bedingen, und zwar aus folgender Überlegung: In verschlammten Entwicklern oder auch in überlasteten — Überlastung tritt dann ein, wenn entgegen der Vorschrift zeitweise große Gasmengen, die über die Leistungsfähigkeit des Entwicklers hinausgehen, entnommen werden — steigert sich infolge Mangels an aktivem Wasser die Wassertemperatur sehr rasch und kann gegebenenfalls 100⁰, also den Siedepunkt des Wassers, erreichen. Damit verbundene Gefahren (Selbstzündung, Explosion bei Luftzutritt usw.) sind unverkennbar und wachsen besonders dann, wenn die Gasglocke oder die Karbidbehälter aus dem Entwickler entfernt werden, wobei durch Luftzutritt zum überhitzten Gas oft Unglücksfälle entstanden sind. Durch die geringe Wärmeableitung, hauptsächlich durch die überaus mangelhafte Karbidzersetzung in stark verschlammten Entwicklern, bildet sich sog. ü b e r h i t z t e s A z e t y l e n mit seinen nicht allein vielseitigen, sicherheitstechnischen Gefahrenquellen, sondern auch bedeutenden, technischen Nachteilen; die sich erst in der fertigen Schweiße bemerkbar machen. Die Überhitzung des Azetylens kann sogar soweit getrieben werden, daß überhaupt kein reines Azetylengas mehr entsteht, sondern ein Gemisch von verschiedenen Z e r s e t z u n g s e r z e u g n i s s e n des Azetylen. Dieses Gas ist für Schweißzwecke nicht mehr brauchbar. Zersetzungserscheinungen machen sich auch im Karbidschlamm durch gelbe, braune, ja sogar schwarze, teerartige Rückstände bemerkbar.

Nach vorigem muß die Temperatur des sowohl aktiv als passiv (unmittelbar und mittelbar) an der Karbidzersetzung beteiligten Wassers in normalen Grenzen gehalten werden. Dampft der Entwickler, weil das Wasser zu heiß wird, und hat die Wassertemperatur 70⁰ erreicht, so muß frisches Wasser nachgefüllt und eine entsprechende Menge verschlammtes Wasser gleichzeitig abgelassen werden. Stark verschlammte Entwickler sind völlig frisch zu füllen. Die Sicherheit gegen Überhitzung ist eben wichtiger als der Verlust an Azetylen im verschlammten Wasser. Bei großen, ortsfesten Anlagen begegnet man diesem Azetylenverlust, indem man das abgeschlammte Wasser durch Pumpen in besondere, hochgelegene Behälter befördert und nach erfolgter Klärung, noch mit dem aufgesaugten Azetylen gesättigt, den Entwicklern wieder zufließen läßt.

Soweit die jeweilige Betriebsvorschrift nichts anderes vorschreibt, und der Schlamm nicht mit den Karbideinsätzen herausgezogen wird, wie dies bei Schubladen- und manchen Verdrängungsentwicklern der Fall ist, mag -als Regel für den Z e i t p u n k t   d e r   E n t s c h l a m m u n g der Entwickler folgende Rechnung gelten:

Unter normalen Voraussetzungen, ferner wenn z. B. das Sechsfache der zur Karbidzersetzung nötigen Wassermenge vorhanden ist und wenn der Entwickler 100 l = 100 kg Wasser faßt, so muß der Schlamm ganz abgelassen und frisches Wasser nachgefüllt werden nach Zersetzung von $\frac{100}{6} = \sim 17$ kg Karbid oder, was dasselbe ist, nach Entwicklung von $17 \times 250 = 4250\,l =$

4,25 m³ Azetylen, denn 1 kg Karbid liefert nach ungünstigster Rechnung ja 250 l Azetylen.

Der Schlamm darf nicht in Kanäle, vielmehr nur in eigens hierfür bestimmte K a l k g r u b e n oder Behälter geschüttet werden, durch deren örtliche Lage Nachvergasungen aus dem Schlammwasser nicht gefährlich werden können.

Beförderung der Entwickler. Auch hierfür sind vom DAA besondere Richtlinien herausgegeben worden, die im wesentlichen besagen: Innerhalb des Betriebes sollen Entwickler beim Befördern n i c h t a u s e i n a n d e r g e n o m m e n werden und möglichst ohne größeren Gasinhalt sein. Bei längerem Beförderungswege ist das im Entwickler befindliche Karbid zu entfernen; alle Hähne und Ventile sind zu schließen. Für häufige Ortsveränderungen innerhalb des Betriebes selbst sind fahrbare Anlagen besonders zu empfehlen.

Müssen Entwickler in Anbetracht ihres Gewichtes oder längerer Beförderungsstrecken (außerhalb des Betriebes), im auseinandergenommenen Zustande bewegt werden, dann sind Gas, Wasser und Karbid zu entfernen und alle Entwicklerteile gründlich bis zum Überlaufen mit Wasser auszuspülen und alle Gasreste zuverlässig zu beseitigen.

Zusammenfassung der Behandlung der Azetylenentwickler.

1. Alle aus den Betriebsvorschriften ersichtlichen Anweisungen sind lückenlos zu befolgen.

2. Zur Aufstellung von beweglichen Entwicklern bestimmte Arbeitsräume müssen mindestens 60 m³ Luftinhalt und 20 m² Fläche haben. In diesen Räumen dürfen leicht brennbare Stoffe, wie Benzin, Öl u. dgl. nicht aufbewahrt werden.

3. Offenes Feuer und Licht müssen vom Entwickler allseitig mindestens 3 m entfernt sein. Unmittelbar über ihm darf sich keine offene Lampe befinden.

4. Ortsfeste Anlagen (mit über 10 kg Karbidfüllung) müssen in besonderen, den gesetzlichen Bestimmungen entsprechenden Häuschen untergebracht werden.

5. Das Rauchen und Hantieren mit Licht, Feuer und glühenden Körpern in der Nähe von Azetylenerzeugern, Schlammgruben, Karbidlagern, besonders innerhalb der Gashäuschen, ist streng verboten; Laien sind erforderlichenfalls hierauf aufmerksam zu machen.

6. Die Entwickler und Nebenteile der Anlage müssen gut in der Waage stehen, um Betriebsstörungen durch Festklemmen der Glocken und ähnliches zu vermeiden.

7. Bei Inbetriebsetzung der Anlage sind zunächst sämtliche hierzu vorgesehene Gefäße vorschriftsmäßig mit Wasser zu füllen, und zwar bei geöffneten Hähnen, damit die Luft entweichen kann.

8. Nach erfolgter Füllung mit Wasser sind alle Hähne sofort zu schließen.

9. Hierauf erst kann die Füllung mit Karbid vorgenommen werden.

10. Erstes Gas-Luftgemisch vorsichtig ins Freie lassen.

11. Bei Arbeitsunterbrechungen von länger als 10 min Dauer Gashahn am Entwickler bzw. an der Vorlage (nicht allein am Brenner) abstellen.

12. Entwickler zeitweise vorsichtig entschlammen, unter Beachtung aller im vorstehenden besprochenen Einzelheiten.

13. Schlamm nicht in Kanäle abfließen lassen, da Nachvergasung in diesen böse Folgen zeitigen kann, wofür der Besitzer der Anlage haftbar ist.

14. Beschwerung des Gasglocken zur Erhöhung des Gasdrucks ist untersagt. Soweit dies zugelassen, erfolgt Gewichtsanordnung durch den Hersteller.

15. Eigenmächtige Verstellung oder Entfernung zwangsläufiger Konstruktionsteile der Entwickler, um eine größere Leistung zu erzielen, ist in allen Fällen unzulässig.

16. Ausbesserungen an Azetylenanlagen dürfen nur von Fachleuten ausgeführt werden.

17. Ausbesserungen sind nur bei Tageslicht, bei beweglichen Entwicklern auch nur im Freien vorzunehmen.

18. Jeder Ausbesserung, besonders solcher, die eine Anwendung von Löt- oder Schweißflammen erheischt, hat eine sorgfältige und gründliche Reinigung des betreffenden Anlagenteiles vorauszugehen. Nichtbeachtung dieser Vorschrift hat wiederholt Schweißern das Leben gekostet.

19. Eingefrorene Entwickler und Rohrleitungen dürfen niemals mit brennenden oder glühenden Gegenständen aufgetaut werden; als Auftaumittel ist allein heißes Wasser oder Dampf zulässig.

20. Prüfung der Anlage und Rohrleitungen auf Dichtheit hat ausschließlich durch Einpinseln der betreffenden Teile mit Seifenwasser zu geschehen, keinesfalls durch Ableuchten.

21. Undichtheiten sind sofort zu beheben bzw. dem Vorgesetzten zu melden.

22. Sollen in einem Arbeitsraum mehrere bewegliche Entwickler aufgestellt werden, so müssen diese mindestens 6 m Abstand voneinander haben.

d) Nebeneinrichtungen der Azetylenerzeuger.

Als Nebeneinrichtungen der Azetylenanlage sind zu bezeichnen: Gassammler, Wäscher, Reiniger, Trockner, Sicherheitstöpfe, Sicherheitsventile, Stoßfänger, Druckregler, Gasmesser, Druckmesser usw. Hiervon interessieren uns vor allem die gesperrt gedruckten Einrichtungen; die übrigen kommen fast nur für große Azetylengaswerke in Frage und sollen hier unberücksichtigt bleiben. Im weiteren Sinne ist auch die bei Schweißanlagen notwendige Wasservorlage zu den Nebeneinrichtungen der Azetylenerzeugungsanlage zu zählen, doch ist dieser Vorrichtung, ihrer Wichtigkeit und eigentlichen Zugehörigkeit zu den Schweißgeräten halber, ein besonderer Unterabschnitt vorbehalten.

Wäscher. Der Wäscher, der vielfach auch als Wasserverschluß dient, ist zwischen Entwickler und Gassammler angeordnet. Ihm fallen drei Aufgaben zu: 1. Die Kühlung des im Entwickler erzeugten Gases; 2. das Waschen des Gases, d. h. dessen möglichst gründliche Befreiung von Schwefelwasserstoff, Siliziumwasserstoff und Ammoniak; 3. die Verhütung des Rücktritts von Gas aus dem Gassammler zum Entwickler. Aus dem letztgenannten Grunde finden wir den Wäscher daher auch als Wasserverschluß bei einigen beweglichen Entwicklern für Niederdruckazetylen. Auf seine vorschriftsmäßige Füllung ist stets zu achten, wenn Gasverluste unterbleiben sollen.

Größe und äußere Form der Wäscher richten sich natürlich nach Umfang und Konstruktion der Azetylenanlage, sind aber für die Arbeitsweise bedeutungslos. Wäscherbauarten für ortsfeste Anlagen sind in den Abb. 67 und 76 dargestellt. In allen diesen Fällen dienen sie auch als Wasserverschluß zwischen Gassammler (Glocke) und Entwickler.

Gassammler. Er dient in allen Fällen als Ausgleichstelle zwischen erzeugter Gasmenge und Gasabnahme, und seine Inhaltsbemessung ist ein von der Leistungsfähigkeit des Entwicklers abhängiger Faktor. Dabei ist die bedeutende Raumvergrößerung zu berücksichtigen, die sich bei der Zersetzung des Karbids ergibt. 1 kg Karbid nimmt einen Raum von rund 1 l ein, das aus ihm gewonnene Gas aber den 300fachen Raum, mithin 300 l. Der Gassammler ist bei beweglichen Anlagen in überwiegender Mehrzahl mit dem Entwickler zusammengebaut und an zwei oder drei Stellen geführt. Getrennt stehende Gasbehälter ortsfester Anlagen haben oft bedeutende Abmessungen. Von der jeweiligen Standhöhe der Gasglocke und deren Eigengewicht ist das im Schweißbrenner bestehende Druckverhältnis der Gase direkt abhängig. Bei hohem Glockenstand ist der Gasdruck natürlich größer als bei niedrigem. Im übrigen wird auf Seite 98 verwiesen. Gassammler fester Bauart zeigen die Abb. 71, 74, 75, 77 und 78, solche schwimmender Konstruktion die Abb. 66, 72 und 76.

Chemischer Reiniger. Er hat in der Hauptsache den Zweck, den Phosphorwasserstoff des Gases zu absorbieren, d. h. an bereits erwähnte chemische Präparate zu binden. Inwieweit dies bei Kleinentwicklern möglich ist, wurde auf S. 63 erörtert. Konstruktion, Größe und Aussehen des Reinigers richten sich nach der Leistungsfähigkeit des Entwicklers und ferner nach der Art der zur Verwendung gelangenden chemischen Reinigungsmasse, ob pulver- oder stückförmig. Mit stückförmiger Reinigungsmasse beschickte Reiniger sind in den Abb. 67 u. 71 dargestellt. Auf die Konstruktionseinzelheiten einzugehen erübrigt sich. Einen für pulverförmige Reinigungsmassen bestimmten Reiniger zeigt Abb. 81, der aus einem Blechgefäß mit 5···6 ge ochten B echböden F besteht; auf sie wird die Reinigungsmasse auf roher Watte oder lockerem Filz in dünnen Schichten gleichmäßig verteilt aufgetragen. Der Gaszugang erfolgt bei D (in Pfeilrichtung), der Abzug bei C. B ist ein mittels Gummi abgedichteter Deckel, E ein Kondenswasserablaßhahn.

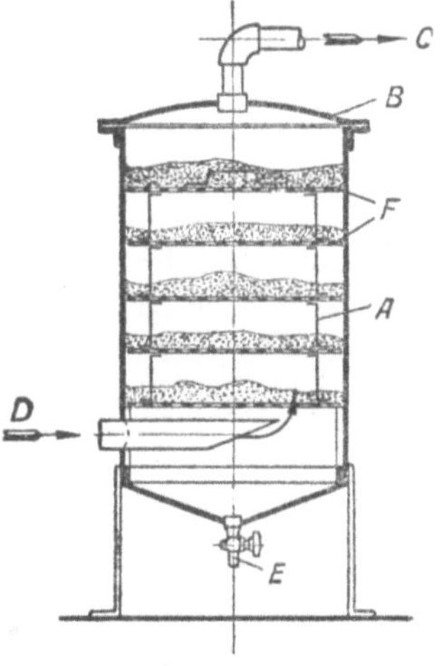

Abb. 81. Chemischer Reiniger für pulverisierte Reinigungsmasse.

Die Strömungsrichtung des Gases ist für Reiniger mit stückförmiger Masse vorteilhaft von oben nach unten, bei Verwendung pulverförmiger Masse entgegengesetzt zu wählen, doch ist dies nicht Bedingung und von noch anderen Umständen abhängig. Bei stückförmiger Masse sind hordenartige Wechselschichten aus Holzwolle oder Stroh üblich. Die Füllung beläuft sich bei beweglichen Entwicklern, sofern überhaupt chem. Mittel und nicht Koks, Schwämme, Holzwolle und ähnliches Verwendung finden, auf 1···2 kg Reinigungsmasse (mitunter etwas mehr), bei ortsfesten Anlagen hingegen auf bis zu 50 kg für einen Reiniger. Bezüglich der Auswechslung verbrauchter Reinigungsmassen halte man sich an die jeweiligen Angaben der Lieferanten. Die Auswechslung der verbrauchten Reinigungsmasse wird in sehr verschiedenen Zeitabschnitten erforderlich. Auf das Kilogramm Reinigungsmasse bezogen, schwanken die Angaben der Lieferfirmen zwischen 10 und 30 m³ Azetylen, nach deren Verbrauch die Reinigungsmasse auszuwechseln ist. Es ist ausdrücklich darauf hinzuweisen, daß die Reinigungsmassen nur so stark beansprucht werden dürfen, wie dies die Gebrauchsanweisung angibt, da sonst beim Entfernen stark verunreinigter Massen gesundheitliche Schädigungen (Gesichtsnervenlähmung) eintreten können. Außerdem kann ja eine übersättigte Masse nicht mehr wirksam sein.

Nach V o g e l beanspruchen die Reinigungsmassen je Kilogramm etwa folgenden Raum, der bei der Bemessung des Reinigers zu berücksichtigen ist:

Frankolin	1,17 l	Stückförmiges Heratol	1,78 l
Katalysol	1,17 l	Karburylen	1,39 l
Stückförmiges Frankolin	1,84 l	Euflamol	1,17 l
Heratol	1,17 l		

Koks eignet sich nicht als c h e m i s c h e Reinigungsmasse. Eine durch ihn erreichbare Reinigung kann nur m e c h a n i s c h e r Natur sein. Infolge des geringen chemischen Reinigungsgrades bei K l e i n e n t w i c k l e r n werden deren Reiniger, wie bereits betont, heute fast durchwegs mit Koks oder Schwämmen angefüllt.

Die vom Gase mitgerissenen, mechanischen Verunreinigungen (aus dem Karbid und der Reinigungsmasse herrührend) werden in einem Gasfilter, dem m e c h a n i s c h e n R e i n i g e r, entfernt, z. B. durch in gußeiserne, tellerförmige Gehäuse eingespannte Diaphragmen (Filzplatten, Rohwatte, Frauenhaar). Die mechanischen Reiniger finden, von den koksgefüllten abgesehen, nur bei ortsfesten Anlagen Verwendung und werden immer zwischen der Azetylenanlage und der Wasservorlage in die Rohrleitung eingeschaltet. An Stelle des Diaphragmas wird heute ein Gefäß bevorzugt, das mit leicht geölten Glaskugeln oder -röhrchen angefüllt ist und die mechanische Reinigung gründlicher und sicherer gewährleistet.

Sicherheitsventile und Druckmesser. Infolge der vorhandenen Wasserverschlüsse und der stets offenen Bauweise bei Nieder- und Mitteldruckentwicklern, die den höchstmöglichen Gasdruck zwangsläufig begrenzen, sind bei diesen Bauarten weder Sicherheitsventile noch Druckmesser notwendig. Dagegen ist für alle Entwickler geschlossener Bauart (Hochdruckentwickler) die Begrenzung des höchstzulässigen Drucks von 1,5 atü durch Einbau eines Sicherheitsventils und für die Druckanzeige ein Druckmesser vorgeschrieben. Von der Vorschrift der alle 2 Jahre stattfindenden Nachprüfung dieser Ventile sollen die neueren, unter dem Kennbuchstaben *H V* (Hochdruckventile) zugelassenen, künftighin befreit werden, da sie sich in der Praxis als ausreichend sicher bewährt haben. Dabei ist es an sich nebensächlich, ob das Ventil Gas oder Wasser durchläßt. Fast alle Konstruktionen beruhen auf der Wirkung einer federbelasteten Membran. Da die Einstellung des Federdrucks amtlich festgestellt ist und Änderungen nicht vorgenommen werden dürfen, sind die Ventile durch Plombierung gesichert. Die Einfachheit des in Abb. 82 gezeigten Sicherheitsventils erübrigt weitere Erläuterungen. Die Druckmesser sind die gleichen wie sonst in der Technik üblich; sie werden ebenfalls amtlich geprüft.

Druckregler. Sie dienen der Gleichhaltung des Gasdrucks und damit der den Schweißgeräten zufließenden Gasmengen, was eine wesentliche Bedingung für einwandfreies Arbeiten ist. Während diese Forderungen bei Niederdruckentwicklern und bei Flaschenazetylen als erfüllt anzusehen sind, trifft dies für Mitteldruckentwickler selten und für Hochdruckentwickler nie zu, weshalb besonders Hochdruckentwickler aller Leistungen mit einem solchen, auch hier federbelasteten Membranregler ausgerüstet sind, wie dies z. B. in den Abb. 70 und 78 der Fall ist.

Wie wirksam solche Druckregler sind, geht aus dem Leistungsschaubild Abb. 83 hervor, das von der Untersuchungs- und Prüfstelle des DVSA an einem Verdränger geschlossener Bauart aufgenommen wurde. In ihm bedeuten: *a* die Leistung, *b* den Druck im Vergaserraum, *c* den Druck hinter dem Regler und *d* den Druck im Brennerschlauch.

e) Sicherheitsvorlage (Wasservorlage).

Notwendigkeit und Zweck der Vorlage. Hinsichtlich der Wirkung und Arbeitsweise einer Wasservorlage bestehen vielfach noch abwegige Vorstellun-

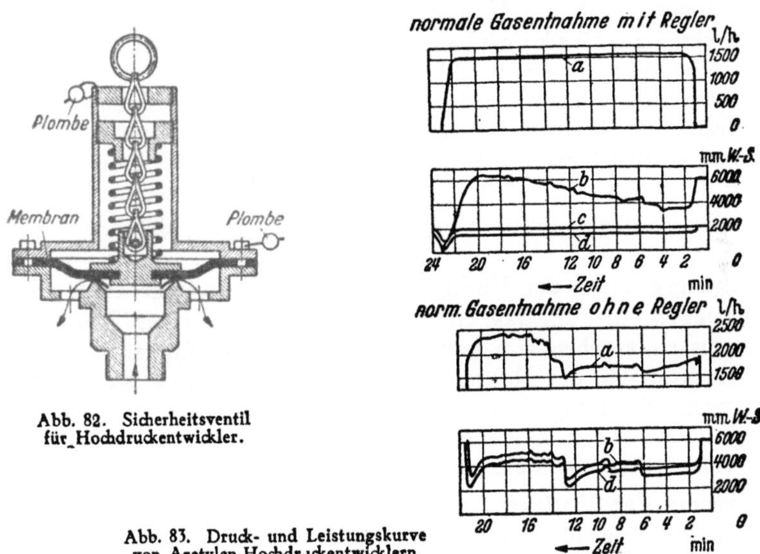

Abb. 82. Sicherheitsventil für Hochdruckentwickler.

Abb. 83. Druck- und Leistungskurve von Azetylen-Hochdruckentwicklern.

gen, obwohl gerade diese Nebeneinrichtung, entsprechend ihrer sicherheitstechnischen Wichtigkeit, eine besonders sorgfältige Überwachung verlangt. Die Wasservorlage ist jedem Azetylen- oder Leuchtgasschweiß- oder -schneidbrenner vorzuschalten, sofern das Brenngas einem Entwickler unmittelbar oder einer Betriebsgasleitung entnommen wird. Die Verbindung zwischen Vorlage und Brenner wird durch einen Gummischlauch hergestellt.

Für unter höherem Druck stehende Flaschenbrenngase, wie gelöstes Azetylen, Wasserstoff, Propan und auch für Benzol ist eine Vorlage nicht erforderlich, soweit das Gas dem Behälter (Flasche) ohne Zwischenorgane unmittelbar durch Schläuche entnommen wird. Bei Entnahme aus festverlegten Gasrohrleitungen kann im allgemeinen nur dann auf das Vorschalten einer Vorlage verzichtet werden, wenn der Betriebsgasdruck etwa dem des höchsten Sauerstoffdrucks entspricht, der dem Brenner aus der Sauerstoff-Flasche oder einer Rohrleitung zugeführt wird, andernfalls ist auch hier (besonders bei Azetylenflaschenbatterien) die Einfügung von Gebrauchsstellenvorlagen ratsam, wenn auch z. Zt. noch nicht vorgeschrieben, hauptsächlich bei längeren Rohrsträngen.

Die Vorlage dient dem Zwecke, den Azetylenentwickler und die Gasleitung vor Zerknall zu schützen, der durch die Bildung von Gasluft- oder Gassauerstoff-Gemischen auftreten kann.

Anforderungen an die Wasservorlage. Die Sicherheitsvorlage hat demnach drei wichtige Aufgaben zu erfüllen: den Rücktritt von Sauerstoff (vom Brenner her) zum Entwickler oder in die Rohrleitung sicher aufzuhalten, Flammenrück- oder Durchschläge abzufangen und das Ansaugen von Luft in Azetylenentwickler offener Bauart sicher zu verhüten.

S a u e r s t o f f r ü c k t r i t t ist beispielsweise dann zu erwarten, wenn durch irgendwelche praktisch vielfach möglichen Ursachen eine Verstopfung der Brennerdüsenbohrung eintritt, oder wenn die Anschlußmutter (Überwurfmutter, DIN 1904 Blatt 1) des Brennereinsatzes nicht genügend angezogen wird. Daneben muß die Vorlage so eingerichtet sein, daß sie dem Fortschreiten einer z u r ü c k s c h l a g e n d e n F l a m m e oder E x p l o s i o n s w e l l e unbedingt entgegenwirkt und sie unschädlich macht. Die Ursache von Flammenrückschlägen werden im Abschnitt „Schweißbrenner" näher erörtert. Schließlich besteht eine dritte und letzte Gefahrenquelle darin, daß bei Gasmangel infolge Unterdrucks und der Saugwirkung des Sauerstoffinjektors L u f t in den Entwickler offener Bauart a n g e s a u g t werden kann, so daß sich bereits im Gassammler (Glocke) ein zerknallfähiges Gas-Luftgemisch vorfindet.

Wirkungsgrenzen der Vorlage. Aus den oben angegebenen vielseitigen Anforderungen, die an das einwandfreie Arbeiten einer Vorlage gestellt werden müssen, ergeben sich bestimmte konstruktive Rücksichten hinsichtlich ihrer Abmessungen, der Rohrquerschnitte, der Gas- und Wasserräume, der Durchgangsgeschwindigkeit und Durchflußmengen, sowie des Höchstdruckes. Demnach kann eine bestimmte Bauart nicht jeden möglichen Betriebsbedingungen entsprechen, vielmehr nur einem begrenzten Arbeitsbereich.

Zulassung der Vorlagen. Neben der sicherheitstechnischen Bedeutung ist die amtliche Prüfung und Zulassung aller Wasservorlagenbauarten herauszustellen. Die praktische Prüfung erfolgt im Auftrage des D e u t s c h e n A z e t y l e n a u s s c h u s s e s bei der Prüfstelle des D e u t s c h e n V e r b a n d e s f ü r S c h w e i ß t e c h n i k u n d A z e t y l e n (DVSA) und beim zuständigen Versuchsfeld der C h e m i s c h - T e c h n i s c h e n R e i c h s a n s t a l t (CTR). Die Zulassung der Bauart wird durch den Deutschen Azetylenausschuß ausgesprochen; die Konstruktion erhält jeweils eine Z u l a s s u n g s n u m m e r, wobei die unter den neueren verschärften Bedingungen geprüften Bauarten für Niederdruckazetylen eine Zulassungsnummer ü b e r 5 0 0 und die für Hochdruckazetylen (bis 1,5 atü) eine solche ü b e r 1 0 0 0 erhalten. Vorlagen niedrigerer Zul.-Nr. sind veraltet, ihr baldiger Austausch gegen solche nach neuesten Gesichtspunkten geprüften ist ratsam.

Alle Vorlagen sind mit einem Schild zu versehen, auf dem 1. die Z u l a s s u n g s n u m m e r vermerkt ist, 2. der höchstzulässige B e t r i e b s g a s d r u c k, der nicht überschritten werden darf, 3. die höchstzulässige stündliche G a s d u r c h g a n g s m e n g e, deren Angabe auf den älteren Bauarten fehlt, 4. der Name des H e r s t e l l e r s, 5. das B a u j a h r und 6. die H e r s t e l l u n g s n u m m e r.

Schaltung der Vorlagen. Die am Arbeitsplatz angeordneten Vorlagen führen auch die Bezeichnung G e b r a u c h s s t e l l e n v o r l a g e zum Unterschied von der H a u p t w a s s e r v o r l a g e, auf die noch eingegangen wird. Den Normalfall einer Vorlage mit e i n e r Entnahmestelle zeigt I in Abb. 84; *a* ist der Werkstattentwickler, *b* die mit diesem durch Rohr festverbundene Vorlage. Findet der Entwickler entfernt dem Schweißplatze Aufstellung, oder sollen mehrere Schweißplätze von einer ortsfesten Azetylenentwickler-Anlage betrieben werden, dann ist der Fall II gegeben, bei dem eine festverlegte Rohrleitung *c* besteht, der das Azetylen über eine beliebige Anzahl Gebrauchsstellen- (also Einzel-) Vorlagen entnommen wird. Mehrere Entnahmestellen an einen Entwickler gekoppelt, bedingen entweder e i n e für größeren Gasdurchgang und besonders zugelassene Vorlage mit einem Zweiweghahn (III) oder z w e i mit dem Entwickler *a* unmittelbar fest verbundene Einzelvorlagen *b* (IV). Im Regelfalle gilt die Parallelschaltung (IV) nur der gleichzeitigen Gasentnahme zweier Schweißgeräte, nicht aber als

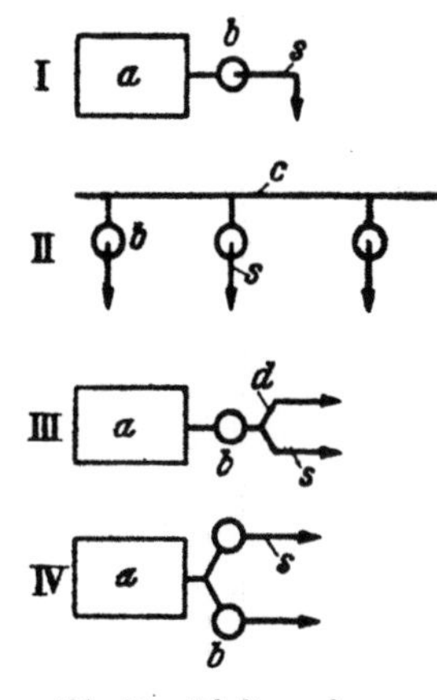

Abb. 84. Schaltung der Wasservorlagen.

Ersatz für eine größere Vorlage mit gesteigerten Gasdurchgangsmengen für einen Brenner.

Hauptwasservorlage. Um die Sicherheit ortsfester Anlagen von der Zuverlässigkeit des Schweißers (Füllung und Prüfung der Gebrauchsstellenvorlagen) unabhängig zu machen, besteht die behördliche Vorschrift, daß bei mehreren Schweißstellen, also bei Vorhandensein von mehr als einer Vorlage im Betriebe, eine sog. H a u p t w a s s e r v o r l a g e vorzuschalten ist. Obwohl durch das Sperrwasser dieser Vorrichtung ein weiterer Druckverlust statt-

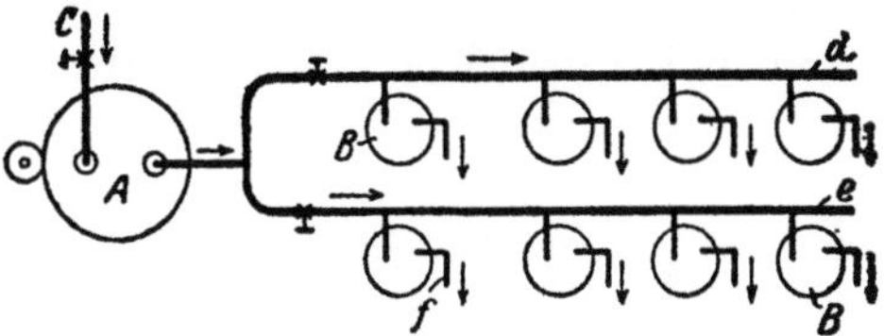

Abb. 85. Hauptwasservorlage und Einzelvorlagen.

findet ist die Vorlage dringend notwendig. Sie soll am besten außerhalb des Entwicklerraumes Aufstellung finden. Die Grundform des Zusammenschlusses zwischen den Vorlagen zeigt Abb. 85. Das Gas tritt bei *C* in die Hauptvorlage *A* ein und strömt von hier durch das Verteilungsrohrnetz *d* und *e* den Einzelvorlagen *B* der verschiedenen Schweißstellen zu. Im Falle des Versagens einer Einzelvorlage tritt die Hauptvorlage in Tätigkeit. Vorlagen dieser Art werden heute für Durchflußmengen von $20 \cdots 50\,000$ l/h geprüft. Die Zulassungsnummern der nach verschärften Bedingungen geprüften Hauptvorlagen liegen für Niederdruckgas oberhalb 1500, die für Hochdruckgas oberhalb 2000.

Vorlagen „offener Bauart". Entsprechend dem Betriebsgasdruck hat man zwischen Nieder-, Mittel- und Hochdruckvorlagen zu unterscheiden. Neuerdings gehen die Bestrebungen mit Recht dahin, nur zwischen N i e d e r - und H o c h d r u c k v o r l a g e n zu unterscheiden, wie dies auch für Entwickler gilt. Unter „o f f e n e r B a u a r t" versteht man Vorlagen für Nieder- und Mitteldruck, unter „geschlossener Bauart" solche für Hochdruck.

Bau- und Arbeitsweise. Zum besseren Verständnis möge die Grundform einer **N i e d e r d r u c k** wasservorlage, Abb. 86 dienen. Zwei Rohre münden mit verschiedener Tauchtiefe in ein bis zu bestimmter Höhe mit Wasser angefülltes zylindrisches Gefäß F (Abb. 86 I). Am Schlauchhahn eines Anschlusses im oberen Teil von F wird das Gas entnommen. Der durch Rohrleitung mit dem Reiniger verbundenen Vorlage wird das Gas rechts oben (in Pfeilrichtung) zugeführt. Es muß demnach, um in den Gasraum F der Vorlage zu gelangen, die Säule des Sperrwassers durchströmen (Pfeilrichtung) und kann dann durch die mit dem Schlauchhahn hergestellte Schlauchverbindung dem Brenner zugeführt werden. Die Füllung der Vorlage mit Wasser geschieht oben am mit Füll- und Steigetrichter bezeichneten Teil, über dessen Boden mehrere kleine Löcher im Steigerohr angebracht sind.

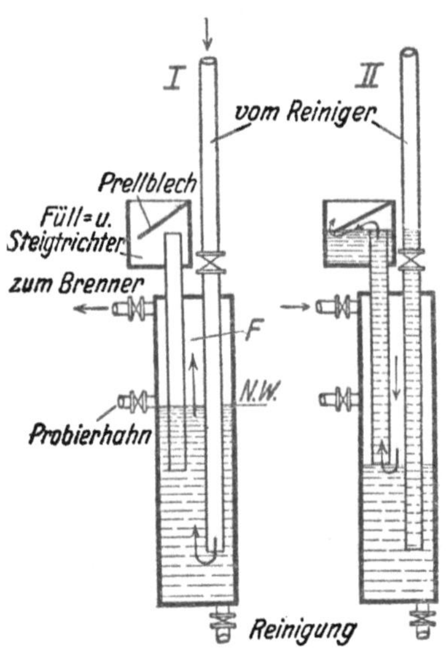

Abb. 86. Grundform der Wasservorlage.

Angenommen, es trete nur durch den Gasentnahmehahn (links) vom Brenner aus **S a u e r s t o f f z u r V o r l a g e z u r ü c k** (Abb. 86 II), so drückt dieser, da sein Druck größer ist als der im Vorlageinnern herrschende Gasdruck, das Sperrwasser in den beiden Tauchrohren in die Höhe. Im Gaszuflußrohr (rechts) besteht dann eine schwebende Wassersäule, die infolge genügender Höhe des Rohres nicht zum Entwickler, bzw. zur Rohrleitung, übertreten kann und den Durchgang von Sauerstoff in umgekehrter Strömungsrichtung (zum Entwickler hin) unmöglich macht. Indessen steigt der andere Teil des Wassers in dem linken Steigerohr von geringerer Tauchtiefe in die Höhe, schnellt gegen das am oberen Rande des Trichters angebrachte Prell-(Spritz-)blech und sammelt sich im Steigetrichter an. Da nun die untere Öffnung des Steigerohrs inzwischen freigelegt wurde, kann der Sauerstoff durch dieses und durch den Schlitz zwischen beiden Prellblechen des Trichters ins Freie gelangen. Der Schweißer wird durch ein gurgelndes, vom Sprudeln des Wassers herrührendes Geräusch auf den Rücktritt von Sauerstoff aufmerksam gemacht. Außerdem muß er merken, daß sich das am Brenner ausströmende Gas nicht entzünden läßt, da es reiner Sauerstoff ist. Brenngas kann nicht zuströmen, weil seine Zufuhr durch die Wassersäule im Gaszuleitungsrohr der Vorlage unterbunden ist. Wird der Sauerstoffrücktritt abgestellt, so fließt infolge der Schwere natürlich das Wasser aus beiden Rohren selbsttätig wieder in die Vorlage zurück und stellt den alten, normalen Sperrwasserstand wieder her.

Bei Eintritt von **G a s m a n g e l** wird durch den Fülltrichter soviel Luft angesaugt (vom Brenner her), als der fehlenden Gasmenge entspricht. Die Luft wird demnach dem Brenner, niemals jedoch dem Azetylenentwickler, zugeleitet. Starkes Glucksen des Sperrwassers kennzeichnet Luftansaugen und damit Gasmangel. Im übrigen sind Sauerstoffrücktritt und Gasmangel dem Geräusche nach leicht zu unterscheiden. Wichtig ist, daß am unteren ins Wasser tauchenden Ende des Gaszuführungsrohres (I oder II) eine Verteilervorrichtung angeordnet ist, die den Gasstrom so unterteilt, daß keine zusammenhängende Blasenkette auftritt, da sonst durch diese die Flamme durchschlagen kann.

Flammenrückschläge oder Explosionswellen von seiten des Brenners nehmen denselben Weg wie rückströmender Sauerstoff, also durch den Steigetrichter ins Freie, wobei immer der Zutritt zum Gaszuführungsrohr durch dessen größere Tauchtiefe wirksam unterbunden wird. Schlägt die Flamme bis zur Vorlage zurück, so schließe man am besten den Durchgangshahn im Gaszutrittsrohr und fülle die Vorlage mit frischem Wasser an.

Die Überwachung des richtigen Wasserstandes geschieht am Prüfhahn und stets bei geschlossenem Hahn der Gaszuflußleitung.

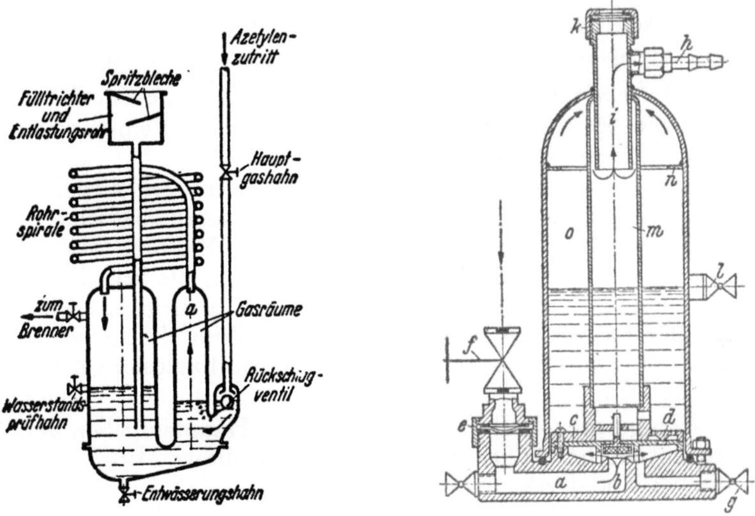

Abb. 87. Mitteldruckvorlage mit Spiralrohr.   Abb. 88. Schnitt durch eine Hochdruckwasservorlage.

Andernfalls steht die Vorlage unter Gasdruck und läßt am Prüfhahn solange Wasser ausfließen, bis die untere Öffnung des linken Steigerohrs frei liegt, wodurch nur eine vermeintlich richtige Füllung bewirkt und Gas statt zum Brenner durch den Trichter ins Freie geleitet wird. Zur gründlichen Reinigung des Vorlageninneren und dessen Überwachung durch amtliche Organe ist der Boden oder der Deckel der Vorlage laut behördlicher Vorschrift abnehmbar anzubringen.

Zur Herabsetzung der Flammenrückschlaggeschwindigkeit kann man sich verschiedener Verzögerungsmittel bedienen, z. B. des Einbaues von mit vielen kleinen Durchgangskanälen versehenen Körpern, die eine Fortpflanzung des Flammenrückschlags überhaupt zu unterbinden in der Lage sind. Da jedoch zerknallstarke Gasgemische Bohrungsbündel von nur je etwa 0,02 mm verlangen und hierbei immer untragbar hohe Druckverluste beim Gasdurchgang auftreten, kommen solche Einrichtungen praktisch kaum in Frage. Auch andere Versuche, die darauf beruhten, die Flammengeschwindigkeit durch starke Oberflächenabkühlung der Rohrleitung oder durch plötzliche Entspannung des Gasdrucks herabzusetzen, konnten in der Praxis keinen Eingang finden. Lediglich ein Verzögerungsmittel ist heute von praktischer Bedeutung, der sog. „lange Weg", ein Gedanke, welcher der Konstruktion der Spiralwasservorlage (Abb. 87) zu Grunde liegt. Dabei können die spiralförmigen Rohrschlagen Längen von 2 bis 5 m haben. Das Gas strömt über ein Rückschlagventil zum Eintrittsbehälter der Vorlage und von hier durch eine Rohrspirale zum Austrittsbehälter, an welchem es entnommen wird. Bei Sauerstoffrücktritt schließt das Rückschlagventil durch Gegendruck das Zuleitungsrohr ab. Schlägt die Flamme zurück, so wird sie durch den Umweg über die Rohrspirale so verzögert, daß inzwischen durch den Explosionsdruck Wasser vom linken in den rechten Behälter gedrückt und das Ventil geschlossen ist, bevor die Welle nach *a* kommen kann.

Vorlagen „geschlossener Bauart". Im Gegensatz zur Niederdruckvorlage, die infolge ihrer offenen Bauart und ihrer Verbindung mit der Außenluft die konstruktiv einfachste darstellt, bedürfen Vorlagen für Betriebsdrücke von mehr als 800 mm WS besonderer Einrichtungen, da sonst die Entlastungsrohre viel zu hoch sein müßten. Man schließt deshalb diese Konstruktionen gegen die Atmosphäre und kommt damit zur „geschlossenen Bauart".

Bau- und Arbeitsweise. Eine Hochdruckvorlage geschlossener Bauart zeigt als Beispiel für viele Abb. 88. Das bei *a* über ein Reinigungssieb *e* eintretende Gas (Zugangshahn *f*) hebt das Rückschlagventil *b* an und strömt durch die in der Grundplatte *c* verteilten feinen Bohrungen *d* in das Vorlageinnere *o*. An der Leiste *n* wird mitgerissenes Wasser abgesetzt. Das Gas strömt durch die Löcher im Rohr *m*, wechselt die Richtung und tritt durch Rohr *i* zum Entnahmenippel *h*. *k* ist eine Zinnfolie, die bei rückschlagender Explosionswelle gesprengt wird und damit einen Austritt ins Freie schafft. In neuer Zeit gehen die Bestrebungen dahin, die Zinnfolie zu vermeiden und die Vorlagen so kräftig auszubilden, daß sie den Explosionsdruck schadlos aufnehmen können.

Wir haben gesehen, daß das Sperrwasser die Hauptaufgaben der Vorlage zu erfüllen hat; es ist ein leicht und sicher bewegliches Mittel. Rückschlagventile, die bei Hochdruckvorlagen kaum entbehrlich sind, Hebelübersetzungen, Schwimmer, Federn, Alarmsignale und ähnliche Hilfsvorrichtungen sollten an Niederdruckvorlagen gänzlich fehlen, da beim Einrosten, Verschlammen oder Festklemmen solcher Vorrichtungen das zuverlässige Arbeiten der Vorlage sofort in Frage gestellt ist, da ferner die Arbeitsdrücke zu gering sind und die Trägheit der Mechanik zu groß ist.

Wegen der Wichtigkeit, die der guten Wirkungsweise der gegenwärtig noch immer allein zuverlässigen Wasservorlage zukommt, darf ihre sachgemäße und gewissenhafte Behandlung niemals außer acht gelassen werden. Gerade hierauf soll der Schweißer nachdrücklichst aufmerksam gemacht sein.

Zusammenfassung der Behandlung der Sicherheitswasservorlage.

1. Die Ausführung von Schweiß- und Schneidarbeiten ist n u r dann gestattet, wenn dem Azetylenerzeuger eine Vorlage (oder ein anderes, behördlich zugelassenes Sicherheitsorgan) vorgeschaltet ist.

2. Die Wasservorlage ist vor Arbeitsbeginn und außerdem täglich mehrmals auf den vorgeschriebenen Wasserstand am Prüfhahn zu prüfen.

3. Die Vorlage ist nur dann richtig gefüllt, wenn bei geschlossenem Gaszutritts- und geöffnetem Gasaustrittshahn etwas Wasser aus dem Prüfhahn abfließt.

4. Nach Füllung der Vorlage bleibt der Prüfhahn solange geöffnet als Wasser ausfließt, da bei zu hohem Wasserstand Gasmangel (infolge zu

großen Gegendrucks der Wassersäule [Widerstand]) eintreten oder vom Brenner Wasser angesaugt werden kann. Nach erfolgtem Ablauf überschüssigen Wassers ist der Prüfhahn jedesmal sofort zu schließen.

5. Durch Verdunstung (besonders im Sommer und beim Arbeiten mit großen Brennern) oder andere beliebige Ursache (Rückschlag usw.) verloren gegangenes Wasser ist unverzüglich zu ersetzen.

6. Das Vorlageninnere ist monatlich einmal durch Ausspülen mit Wasser gründlich zu reinigen und von anhaftenden Rost- und Schmutzteilchen zu befreien.

7. In demselben Zeitzwischenraum sind alle an der Vorlage etwa vorhandenen, mechanisch betätigten Vorrichtungen (Ventile, Hebel u. dgl.) auf ihre einwandfreie Wirkungsweise zu prüfen.

8. Ausbesserungen an der Vorlage dürfen nur nach Außerbetriebsetzung vorgenommen werden. Undichtheiten sind sofort zu beheben.

9. Nach Flammenrückschlag ist die Vorlage sofort auf ihren richtigen Wasserstand zu prüfen, etwa zerstörte Zinnfolien sind zu erneuern.

10. Bei Austritt von Gas aus dem Fülltrichter oder bei am Sicherungsventil entstehenden Bränden ist der Gaszufuhrhahn sofort zu schließen und die Vorlage auf Dichtigkeit zu prüfen.

11. Insbesondere ist auch den einzelnen, den Anlagen beigegebenen Betriebsvorschriften restlos nachzukommen.

f) Sicherheitsvorlage (Trockenvorlage).

Allgemeines. Das Erfordernis einer ständigen sorgfältigen Überwachung des Wasserstandes und das Ergänzen des Wasserinhalts, sowie die Gefahr des Einfrierens, sind neben dem oft erheblichen Druckverlust (bei Niederdruckgas) unverkennbare Nachteile, die es auch nicht an Bestrebungen fehlen ließen, die Wasservorlage durch mechanische, also Trockenvorlagen zu ersetzen. Solche selbsttätigen Vorlagen sind zwar in großer Zahl konstruiert und erprobt worden, sie haben aber, abgesehen von einer einzigen Bauart, die am Schlusse dieses Abschnitts geschildert wird, bisher den scharfen Prüfbedingungen der genannten Prüfstellen nicht zu entsprechen vermocht. So sind beispielsweise kleine Rückschlagventile mit Kugelverschluß auf den Markt gekommen, die in den Gasschlauch, und zwar unmittelbar hinter die Anschlußtülle des Brennergriffs eingebaut werden. Von einem Ersatz der Wasservorlage kann auch hierbei angesichts der nach kurzen Betriebszeiten auftretenden Unzuverlässigkeit keineswegs gesprochen werden. Man kann mit Recht behaupten, daß solche Organe nur als zusätzliche Einrichtungen mäßigen Wertes aufzufassen sind und daß sie nur dann bedenkenlos zwischengeschaltet werden dürfen, wenn hierdurch die einwandfreie Wartung der Wasservorlage nicht vernachlässigt wird.

Es sei nur der Vollständigkeit halber erwähnt, daß auch andere, z. T. sehr verwickelte und kostspielige Wege beschritten wurden, um ähnliche Einrichtungen zu schaffen. So z. B. wurden Versuche angestellt, als Auslösungsmittel für mechanische Abschlußorgane das Licht der rückschlagenden Flamme auszunutzen, z. B. durch Fotozellen, oder auch auf geringe Drücke ansprechende Magnete und Relais einzubauen. Voraussichtlich wird es hier bei Versuchen bleiben.

Trockenvorlagen. Als Beispiel für eine Trockenvorlage kann Abb. 89 gelten. Das Ventil ist im Normalzustand bei Gasdurchgang zum Brenner dargestellt. Die im Gehäuseunterteil befindliche Feder e drückt, unterstützt durch den Druck des bei a einströmenden Gases, die Gummimenbran c nebst der Spindel b nach oben gegen den Sitz g und sperrt das Ventil nach außen ab. Das Gas nimmt seinen Weg durch die mit f verbundenen Radiallöcher, tritt, nachdem es die schwach federbelastete Kugel k angehoben und die Bohrungen i durchflossen hat, in den Gehäuseoberteil ein, um bei h entnommen zu werden. Erfolgt Rückschlag oder Sauerstoffrücktritt, so soll der Federdruck e überwunden, die Membran c nach unten gedrückt und das Kugelventil k geschlossen werden, wobei gleichzeitig g geöffnet wird und der Austritt ins Freie gegeben ist. Auf Grund praktischer Erfahrungen darf gesagt werden, daß ein störungsfreies Arbeiten solcher Ventile für geringe Drücke schon nach kurzer Betriebsdauer sehr fraglich und deshalb eine Gewähr für ausreichenden Schutz nicht gegeben ist.

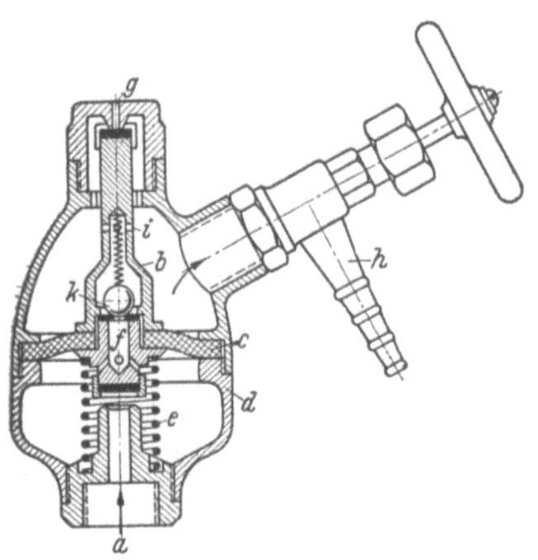

Abb. 89. Trockenrückschlagsicherung.

Die bereits erwähnte, zunächst in einer beschränkten Anzahl (200 Stück) zugelassene und für Hochdruckgas bestimmte Trockenvorlage ist in Abb. 90 dargestellt. Das durch Federkraft gespannte Ventil a wird unter Gaszuführungsdruck durch die Betätigung des Druckknopfes b eingeschaltet, wodurch das in die Vorlage einströmende Gas den Membrankörper c anhebt und über die Sicherheitspatrone d dem Brenner bei f zugeführt. Bei Flammenrückschlag wird die Explosionswelle durch die poröse Masse in d gelöscht, und der Explosionsdruck schließt das Ventil e, wobei gleichzeitig das Ventil a ausklinkt und geschlossen wird. Die Sicherheitspatrone d muß ausgewechselt werden. Bei Sauerstoffrücktritt sinkt der Membrankörper c v o r Druckausgleich nach unten, klinkt die Sperrung des Ventils a aus und schließt damit die Gaszufuhr ab. Beim Abstellen des Brenners schließt sich das Ventil nach kurzer Zeit selbsttätig.

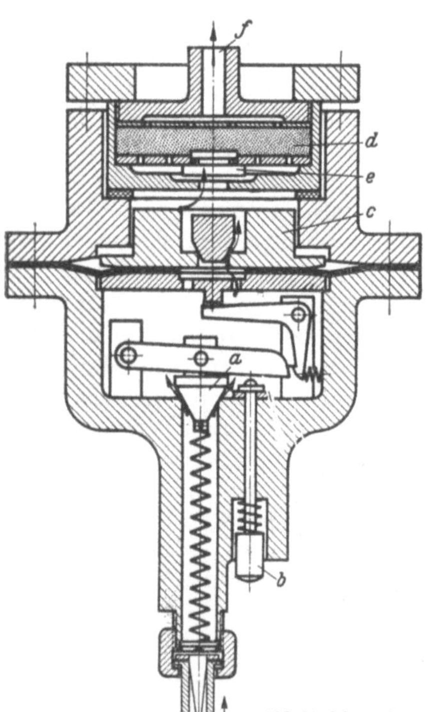

Abb. 90. Schnitt durch eine Trockenvorlage.

Nachteilig sind die nach jedem Flammenrückschlag notwendige Auswechslung der Patrone d und die verhältnismäßig hohen Gestehungskosten der

Vorlage, die längere Zeit im praktischen Betriebe erprobt und als zuverlässig erkannt wurde.

4. Schweißbrenner.

a) Konstruktion und Arbeitsweise.

Mit dem Schweißbrenner (kurz Brenner genannt) ist uns ein einfaches Mittel an die Hand gegeben, zwei Gase grundverschiedener Art innig zu mengen und durch Verbrennung des entstandenen Brenngas-Sauerstoffgemisches große Wärmemengen auf kleinstem Raume in Form der Schweißflamme zu erzeugen. Der Schweißbrenner macht den wichtigsten Bestandteil der Schweißanlage aus; von seiner richtigen Wirkungsweise ist der Erfolg der Schweißarbeit im höchsten Maße abhängig. Deshalb erfordert die Brennerherstellung besondere Sorgfalt und gründliche Kenntnis der Arbeitsweise dieses Geräts.

Als Baustoff für Schweißbrenner werden hauptsächlich Messing, daneben auch Leichtmetall, für die Brennerspitzen Kupfer, seltener Aluminiumbronze oder Messing verwendet.

Die Konstruktion des Brenners richtet sich in der Hauptsache nach folgenden Gesichtspunkten: Art, Dichte und Druck des Brenngases, Abmessungen des zu schweißenden Gegenstands, Geschmack des Konstrukteurs. Wir können uns auf die verschiedenen Konstruktionsmöglichkeiten, sowie auf Abmessungs- und Bohrungsverhältnisse des Brenners an dieser Stelle nicht einlassen, vielmehr nur jene Einzelheiten erörtern, deren Kenntnis für ein lückenloses Verständnis der Arbeitsweise des Brenners und seiner Behandlung wünschenswert ist.

Allgemeine Brennereinteilung. Je nach den Drücken, unter welchen die Gase dem Brenner zuströmen, hat man zunächst zwischen Mischdüsen- und Injektorbrennern zu unterscheiden. Strömt das Brenngas dem Brenner unter höherem, dem Sauerstoffdruck annähernd gleichem Drucke selbständig zu (Flaschenazetylen, Wasserstoff, Blaugas), so genügt als Mischvorrichtung für die Gase die Mischdüse; fällt dem Sauerstoff aber die Arbeit des Ansaugens eines Brenngases von geringem Druck zu (Azetylen, Leuchtgas), dann wird die Mischdüse durch den Injektor ersetzt. Man kann berechtigterweise auch von Hochdruck, (Gleichdruck-) und von Niederdruck-(Saug-)brennern sprechen.

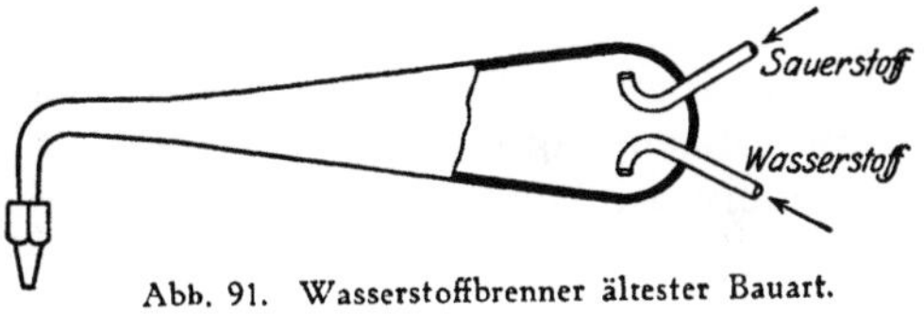

Abb. 91. Wasserstoffbrenner ältester Bauart.

Wasserstoffbrenner. Man glaubte, in Verkennung der praktischen Erfordernisse, zunächst mit einem überaus einfachen Gerät auszukommen, wie ein solches in Abb. 91 in der Grundform dargestellt ist. Ein aus dünnem Eisenblech hergestelltes Rohr, das nach hinten birnenförmig erweitert war, mit Schweißspitze und zwei Rohrstückchen war der ganze Brenner. Durch die beiden innen gebogenen Rohransätze wurden die beiden Gase Sauerstoff und Wasserstoff zugeleitet. Wenn der bei dieser Konstruktion häufige Flammenrückschlag eintrat, so brannte das Gasgemisch im Rohrinnern weiter und das Rohr wurde sofort rotglühend, so daß Brandwunden an der den Brenner führenden Hand nicht gerade selten waren. Obwohl dieser Mangel durch geeignete Isolations- und Schutzmittel hätte verhütet werden können, stellten sich aber noch andere erhebliche Nachteile ein, die eine völlig geänderte Konstruktion notwendig machten, eine Konstruktion, die mit geringen Abweichungen noch heute fast allen Wasserstoffbrennern zugrunde liegt und die in Abb. 92 veranschaulicht ist. Es handelt sich dabei um den sog. Mischdüsenbrenner. Hinter dem Absperr- und Regelhahn f werden die Gase noch getrennt weitergeleitet bis zu den V-förmig zueinanderliegenden Kanälen a, an deren gemeinsamer Mündung eine Mischdüse b mit Gewinde aufgeschraubt ist. Da der Wasserstoff dem Brenner unter höherem Drucke zugeführt, und die Saugwirkung des Sauerstoffs nicht in Anspruch genommen wird, hat das an den Mischraum c anschließende Mischrohr d den Zweck,

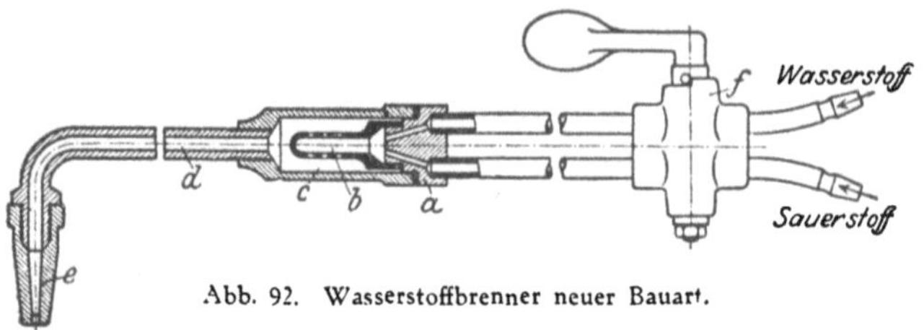

Abb. 92. Wasserstoffbrenner neuer Bauart.

eine weitere gute Mischung zwischen Wasserstoff und Sauerstoff zu gewährleisten. Auf das untere Ende des Mischrohrs wird die Brennerspitze e aufgeschraubt, an deren Austrittsbohrung das Gasgemisch entzündet wird Abb. 93 veranschaulicht einen Wasserstoffbrenner gleicher Bauart in der Ansicht.

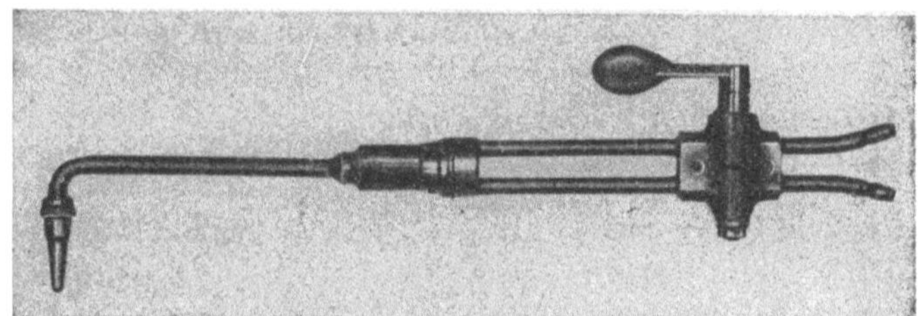
Abb. 93. Wasserstoffbrenner in Ansicht.

Brenner für andere, unter höherem Druck zuströmende Gasarten, z. B. für Flaschenazetylen, Blaugas und Benzolgas sind ähnlich eingerichtet. Um die Schweißflammengröße, je nach den zu bearbeitenden Werkstoffdicken rasch verändern zu können, genügt neben der Regelung der Gasdrücke an den Druckminderventilen eine Auswechslung der Brennerspitzen mit verschiedener Durchgangsbohrung. Der in Abb. 92 u. 93 abgebildete Brenner besitzt sechs Stück **a u s w e c h s e l b a r e S p i t z e n**. Folglich wird man Schweißbrenner dieser Art fast immer mit einem Satz (4···8 Stück) auswechselbarer Spitzen (für verschiedene Flammengrößen bzw. Blechdicken) ausrüsten und seltener für jede Flammengröße einen besonderen Brenner anschaffen.

Niederdruckazetylenbrenner (Injektor- oder Saugbrenner). Anders als bei den Brenngasarten mit höherem Druck liegen die Verhältnisse beim Niederdruckazetylen oder beim Leuchtgasbrenner, da man hier die für die Zeiteinheit erforderliche Gasmenge nicht durch Druckveränderung des Brenngases beliebig vermindern oder vergrößern kann, vielmehr die Abmessungs- und vor allem die Bohrungsbeziehungen zwischen Injektor und Mischkammer sich mit dem Wechsel der Flammengröße verändern. Man hat deshalb zwei Gruppen von Azetylenschweißbrennern, die sog. Einzelbrenner und die Wechselbrenner, nach den neuen Normungsvorschlägen auch einfach „Schweißbrenner" und demgegenüber „Wechselschweißbrenner" genannt.

Die Grundform eines Injektorbrenners bildet der in Abb. 94 skizzierte „D a n i e l l s c h e H a h n", der als Vorläufer aller Schweiß- und Lötbrenner angesprochen werden kann. Sauerstoff (Luft) wird dem Brenner durch das mittlere, auf eine längere Strecke vom Brenngas getrennte Rohr zugeführt und mischt sich mit dem Brenngas erst kurz vor der Austrittsdüse des Gasgemisches. Solche Brenner haben aber als Hauptmangel eine völlig unzulängliche Mischung der beiden Gase. Man hat deshalb die Sauerstoffinjektordüse weiter nach Innen verlegt und ist zur Grundform der Abb. 95 gekommen. Durch das Rohr 2 tritt das Brenngas ein und sammelt sich im Raume 3 an, von wo es durch den bei 1 eintretenden Sauerstoff durch die

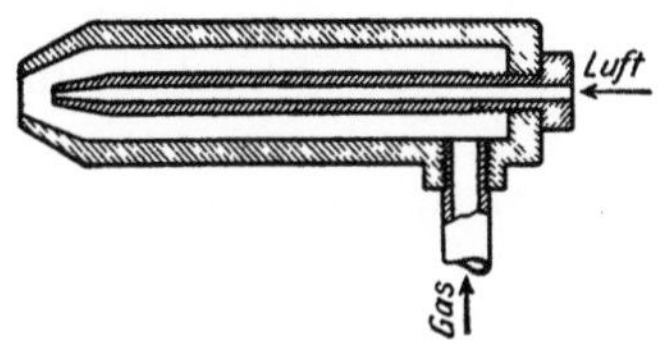

Abb. 94. Urform eines Injektorbrenners.

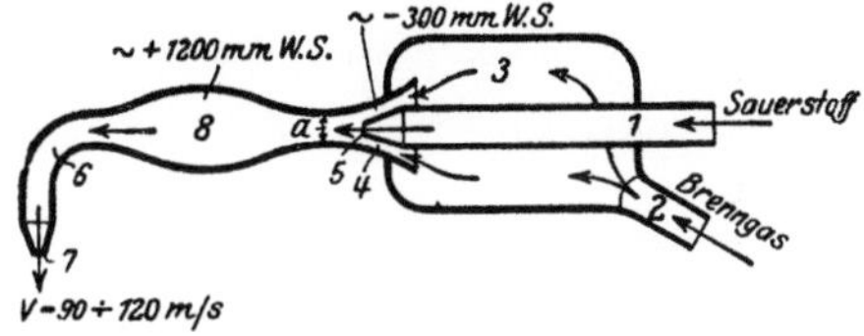

Abb. 95. Wirkungsweise eines Niederdruckbrenners.

Saugdüse 4 mitgerissen wird. Der Sauerstoff kommt durch die feine Bohrung 5, die in der Mitte der Saugdüse 4 liegt, und tritt dann gemeinsam mit dem Gas seinen Weg durch das Mischrohr 6 an, und das Gasgemisch gelangt an der Spitze 7 zur Verbrennung. Messungen der Druckverhältnisse im Brenner haben folgende Durchschnittswerte ergeben: In der Saugdüse 4 (Abb. 95) besteht ein Unterdruck von etwa 300 mm W.S., im Mischraum 8 ein Überdruck von etwa 1200 mm W.S. Um die Beziehungen zwischen Bohrungs- und Druckverhältnissen aufrecht zu erhalten, ist es notwendig, daß die Kanäle 5, a und 7 mit der Brennereinsatzgröße geändert werden. Darum genügt beim Niederdruckbrenner die Auswechslung der Brennerspitze allein nicht.

Die E i n z e l b r e n n e r sind nur für die Bearbeitung einer bestimmten Blechdicke bzw. für eine kleine, engbegrenzte Gruppe von Metalldicken verwendbar, wie sie den einzelnen Brennerspitzen entspricht. Z. B. soll man mit einem „Schweißbrenner „4···6" Bleche von 4···6 mm schweißen. Die Stufung „4···6" ist in die Brennerspitze eingeprägt. Diese Zahlenangaben sind übrigens die Vorschläge des Normenausschusses. Vordem trugen die Brenner nur Nummern. Spitzen und Injektor sind n i c h t a u s w e c h s e l b a r. Man wird diese Sorte Brenner dann bevorzugen, wenn dauernd ein und dieselbe Werkstoffdicke geschweißt werden soll z. B. zur Schweißung in der Massenfertigung.

Für Montagearbeiten, wo mit Schwankungen in den Werkstoffdicken innerhalb weitester Grenzen gerechnet werden muß, im Ausbesserungsschweißerei-

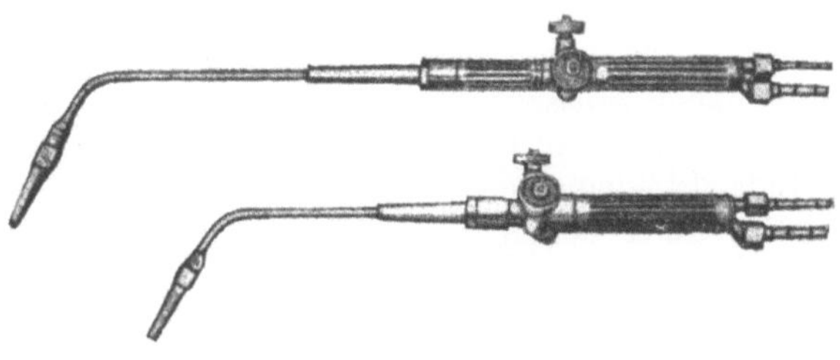

Abb 96. Einzel- (unten) und Wechselschweißbrenner für Azetylen.

betrieb oder überhaupt dort, wo die Schweißung verschiedenster Metalldicken und -arten vorkommt, ist der W e c h s e l b r e n n e r entschieden vorzuziehen. Dieser gestattet, wie der Wasserstoffbrenner, die Bearbeitung einer großen

Gruppe von Werkstoffdicken, ohne daß der Brenner selbst von den Schläuchen gelöst zu werden braucht. Mischkammer, Injektor und Spitze des Brenners werden hierbei in einem Stück, dem sog. S c h w e i ß e i n s a t z (Abb. 98), ausgewechselt.

Einzelteile der Niederdruckbrenner. Abb. 96 zeigt zwei Azetylenbrenner, Abb. 97 einen Leichtmetall- und einen Messingbrenner in der Ansicht.

Abb. 97. Azetylenbrenner.

Für das Brennergewicht ist hauptsächlich das Griffrohr ausschlaggebend. An ihm sind die Absperrhähne ausnahmslos, die Schlauchanschlüsse zum Teil fest angeordnet. Zweifellos liegt ein möglichst geringes Gewicht des Brenners im Interesse des Schweißers, doch darf die Gewichtsersparnis nicht auf Kosten stabiler Konstruktion und einwandfreier Wirkungsweise des Brenners gehen. Trotzdem es für die Arbeitsweise des Brenners belanglos ist, ob die Gasrohre getrennt liegen und in dieser Form als Handgriff dienen oder in einem als Handhabe ausgebildeten Rohr ineinandergelagter sind, verdient die letzte Ausführungsart bei Azetylenbrennern wohl immer den Vorzug, weil sie die stabilste ist und eine Beschädigung des Brenners am besten verhindert. Da ferner das Handrohr für große Brennerflammen möglichst lang sein soll, um die Hand des Schweißers vor übergroßer, lästiger Wärmestrahlung zu schützen, hingegen schwache Brenner recht kurze und leichte Hand-

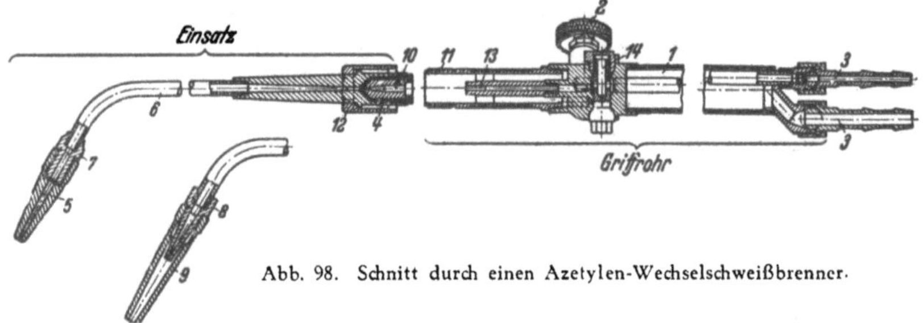

Abb. 98. Schnitt durch einen Azetylen-Wechselschweißbrenner.

rohre haben müssen, ist es auch verständlich, weshalb man Wechselbrenner nur bis zu einer gewissen Mindest- und Höchstgrenze ausbauen kann. Gerade die kleinsten und die größten Brenner wird man also am besten als Einzelbrenner bauen, wie das ja praktisch tatsächlich auch geschieht. Eine Erleichterung des Handgriffs läßt sich auch durch Verwendung geeigneter Leichtmetalle bewerkstelligen, wie dies z. B. in Abb. 97 geschehen ist.

Die E i n z e l t e i l e (Hauptbestandteile) eines Brenners sind aus dem Schnitt Abb. 98 zu ersehen. Zum Handgriff 1 (rechte Bildfläche) gehören: die Anschlußtüllen (Verschraubungen mit Schlauchtüllen) 3 für den Sauerstoff- (oben) und Azetylen- (unten) schlauch, die Regelventile 2 (das zweite Ventil für Azetylen hat man sich in der abgeschnittenen Bildhälfte zu denken), der Ansatz 13 für die Sauerstoffinjektordüse 10 und das Anschlußgewinde 11 für den Schweißeinsatz. Zum Schweißeinsatz gehören: Die Injektoreinrichtung 4 mit der Injektordüse 10, die Befestigungsüberwurfmutter 12, das Mischrohr 6, das Zwischenstück 7 und die Brennerspitze 5. Die Brennernormen und die für seine Einzelteile sind in DIN 1902, 1903, 1904 und 1941 zusammengefaßt.

Über die zweckmäßige Lage der Regelventile sind die Ansichten sehr geteilt und vielfach von Gewohnheit und Erfahrung bestimmt. Im allgemeinen werden heute nur noch Brenner mit zwei getrennten Ventilen verwendet. In letzter Zeit bevorzugt man Brenner mit vor der Hand (im Brennerrohr und nicht an den Schlauchtüllen) gelegenen Ventilen, da bei dieser Anordnung eine unbeabsichtigte Verstellung der Ventile durch den Rockärmel verhütet wird. Auch alle „Einhandbrenner" sind so eingerichtet; die Ventile sind hierbei so untergebracht, daß ihre Bedienung auf die den Brenner führende Hand beschränkt bleibt. Der selten bei Azetylen, bei Wasserstoff fast immer übliche Doppelhahn (Abb. 92) regelt natürlich beide Gase gemeinsam, wobei sein Gehäuse so eingerichtet sein muß, daß ein Übergang des einen Gases zum anderen am Hahnkegel unmöglich ist. Das wird durch einen durchgehenden Schlitz im Hahngehäuse erreicht, durch welchen das jeweilige Gas ins Freie, aber nicht in die andere Gasleitung gelangen kann.

Die Schlauchanschlußnippel (Schlauchtüllen, DIN 1902 und 1903) sind teils fest, teils als Verschraubung ausgebildet (nach dem neuen DIN-Entwurf 1940 nur fest). Bei der Verschraubung erfolgt die Abdichtung der Überwurfmuttern sowohl durch Fiberringe als durch konische Flächendichtung der Nippel selbst. Sind die Anschlußnippel am Brenner nicht besonders bezeichnet, so dient immer der Anschluß mit größerer Bohrung für den Brenngasschlauch, der kleinere für Sauerstoff, wie dies beispielsweise aus Abb. 98 hervorgeht.

Die Hauptaufgabe des Brenners besteht in der richtigen M i s c h u n g der beiden Gase der Menge nach, die so erfolgen muß, daß Störungen im Gleichgewichtszustand zwischen Ausfluß- und Zündgeschwindigkeit ausgeschlossen sind[1]). Diese wichtige Bedingung erfüllt die M i s c h d ü s e im besonderen, weitmehr aber noch der Injektor. Die Injektorkonstruktion beruht darauf, daß die Saugwirkung eines durch eine feine Düse unter höherem Druck ausströmenden Gases (Dampfes) ausgenutzt wird. Auf den Schweißbrenner übertragen, läßt sich an Hand der Abb. 98 der Vorgang wie folgt schildern: Der aus der Bohrung des Injektors 10 ausströmende Sauerstoff saugt ringsum das unter niedrigem Druck stehende Azetylen an, reißt es mit in den Mischkanal 6 und mischt sich mit ihm auf dem Wege zur Austrittsöffnung der Brennerspitze. Der Sauerstoff verleiht gleichzeitig dem Gasgemisch die erforderliche Strömungsgeschwindigkeit. Die Injektoreinrichtung 4 ist in den Schweißeinsatz eingebaut und ist mit diesem gemeinsam auswechselbar. Für die innige Mischung der Gase und für gute Flammenbildung ist ein längeres Mischrohr 6 von Vorteil; die Flammenkerne sind länger und stabiler. Bei den Brennern Abb. 92 und 93 wird bekanntlich nur die Brennerspitze ausgewechselt; das Mischrohr ist im rechten Winkel zum Hand-

---

[1]) Unter Zündgeschwindigkeit versteht man die Geschwindigkeit, mit der sich die Zündung im ruhenden Gasgemisch fortpflanzt. Die Ausfluß- oder Strömungsgeschwindigkeit des Gases muß immer größer sein als die Geschwindigkeit der Zündung, andernfalls schlägt die Flamme ins Brennerinnere zurück. Die Strömungsgeschwindigkeit beträgt etwa 90···160 m/s, normalerweise nicht über 130 m/s. Diese Erläuterung wird hier auch deshalb gegeben, weil häufig die Frage aufgeworfen wird, warum die Flamme zurückschlägt.

rohr abgebogen, so daß die Flamme das Schweißgut auch im rechten Winkel trifft. Dagegen bildet das Brennermundstück des gewöhnlichen Azetylenbrenners mit dessen Handrohr immer einen stumpfen Winkel von annähernd 120⁰, was später noch als vorteilhaft nachgewiesen wird.

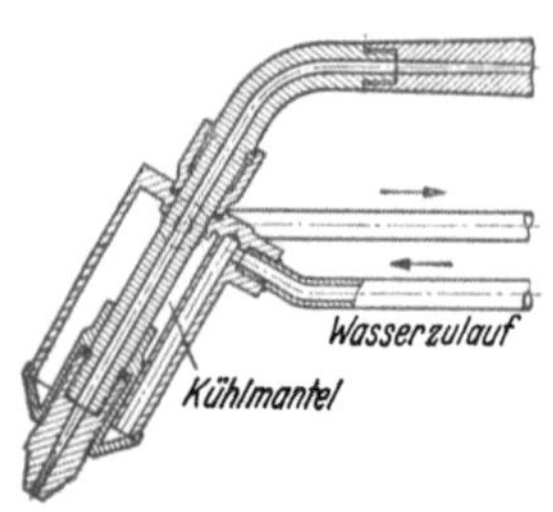

Abb. 99. · Wassergekühlter Maschinenschweißbrenner

Die Mischrohre sind meist aus Messing, und die Spitzen bei Azetylen immer aus Kupfer, bei Wasserstoff und Leuchtgas immer aus Messing, bei gelöstem Azetylen sowohl aus Messing als aus Kupfer hergestellt. Die Schweißeinsätze werden durch Sechskantüberwurfmuttern (12 in Abb. 98) mit einem Schlüssel, Rundmuttern (seltener) nur von Hand gut angezogen.

Kühlung und Rückschlagsicherungen. Unter anderen Konstruktionen sind auch Brennerdüsen mit S a u e r s t o f f k ü h l u n g auf den Markt gekommen, was den Vorteil der Verhütung von Flammenrückschlägen gewährleisten soll, praktisch aber so wenig Erfolg hatte, daß man diese Bauart verlassen hat. W i r k s a m e K ü h l u n g d e r D ü s e n ist sehr günstig, aber nur durch W a s s e r erreichbar. Brennerdüsen von Schweißmaschinen sind stets wassergekühlt, derart, daß die Mischdüse mit einem Kühlmantel umgeben ist, in welchem fließendes Wasser kreist. Seltener trifft man diese Vorkehrung auch wohl bei ganz großen, von Hand geführten Brennern für schwere und schwerste Werkstücke an. Den Kopf eines wassergekühlten Maschinenschweißbrenners veranschaulicht Abb. 99. In wieder anderen Brennern findet man Einrichtungen, um von außen eine V e r s t e l l u n g d e r I n j e k t o r d ü s e bewerkstelligen zu können. Auch diese Sonderheit bringt keinerlei praktischen Nutzen. Dagegen ist der Einbau von Rückschlagsicherungen, die einen Durchschlag der Flamme zur Gasquelle (zur Sicherheitsvorlage oder zum Druckminderventil) verhüten sollen, zu begrüßen.

Aus den auf dem Markte befindlichen R ü c k s c h l a g s i c h e r u n g e n[1]) sei eine herausgegriffen, die den Flammenrückschlag durch eine besondere Ausgestaltung der Injektordüse verhindern soll. Abb. 100 zeigt den Längsschnitt durch den betreffenden Brennerteil. Man hat sich links das Mischrohr und rechts das Handrohr fortgesetzt zu denken. Das Azetylen wird durch eine große Zahl feiner Bohrungen a hindurchgeleitet, in einem

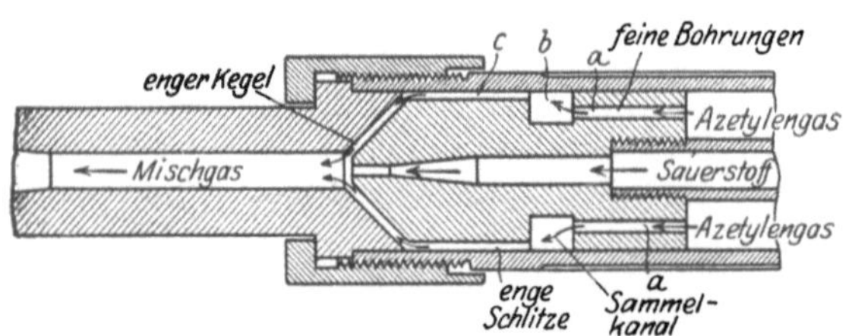

Abb. 100. Schweißbrenner mit Rückschlagsicherung

Ringkanal b gesammelt und abermals durch eine gleiche Anzahl rechteckiger Schlitze c getrennt, vor die Injektorbohrung geführt, wo es mit dem Sauerstoffstrom zusammentrifft. Die beabsichtigte Wirkung soll also hervorgerufen werden durch Druckverteilung auf feine Strahlen und durch Wärmeableitung an größere metallische Massen. Aber auch diese Konstruktion ist nur von bedingtem Wert. Zwar kann sie das Weiterbrennen

---

[1]) Die Bezeichnung Rückschlagsicherung ist nicht einwandfrei, da diese Vorrichtung den D u r c h s c h l a g der Flamme zur Gasleitung aufhalten soll, nicht aber einen Rückschlag ins Brennerinnere verhindern kann.

der zurückgeschlagenen Flamme in der Azetylenleitung bis zu einem bestimmten Grade erschweren, doch kommen nicht selten dennoch Rückschläge bis zur Wasservorlage vor, weshalb die Verwendung solcher Brenner die sorgfältige Beobachtung und Wartung der Sicherheitswasservorlage keineswegs ausschließt. Ein Vorteil dieser Brennerbauart ist darin zu erblicken, daß nach erfolgtem **Flammenrückschlag** das Zünden der Flamme meist sofort wieder selbsttätig (am glühenden Arbeitsstück) stattfindet, so daß unliebsame längere Arbeitsunterbrechungen vermieden werden.

Die Verhütung von Flammenrückschlägen (**Knallen des Brenners**) überhaupt dürfte praktisch wohl kaum er-

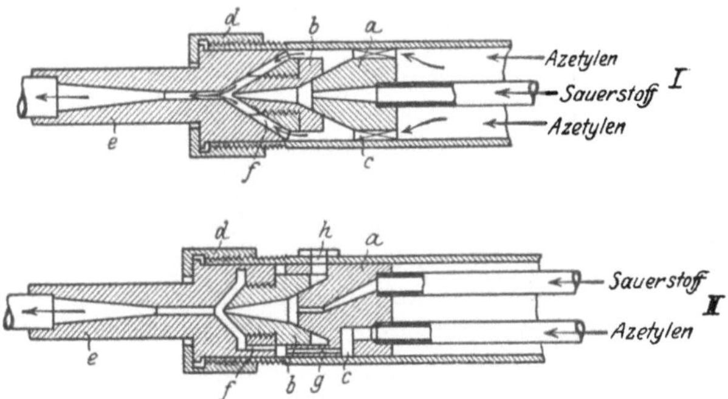

Abb. 101 Schweißbrenner mit Sauerstoffrücktrittsicherung

reichbar sein, um so weniger, als der schleichende Rücktritt von Sauerstoff in die Brenngasleitung nicht ausgeschaltet werden kann. Diese Aufgabe hat sich der Erbauer eines Brenners gestellt, welchen Abb. 101 *II* im Längsschnitt darstellt. Zum Vergleich ist bei *I* ein Brenner der gleichen gewöhnlichen Bauart gegenübergestellt. Bei *I* tritt der Sauerstoff in der Mitte, ringsum das Azetylen zu. Dieses passiert die Schlitze *c* des Kopfes *a* und gelangt durch die Kanäle *f* des eingeschraubten Sauerstoffinjektors *b* in den Mischkanal *e*. Die Skizze läßt erkennen, daß es sich um einen Wechselbrenner handelt. Die in *II* veranschaulichte Ausführung besitzt zwei im Handrohr getrennt geführte Rohre, wovon das eine für Sauerstoff, das andere für Azetylen bestimmt ist. Das Brenngas tritt dann nur an einer Stelle, bei *c g* in einen Ringkanal und aus diesem durch den Schlitz *f* in den Mischkanal. Entsteht nun durch irgendeine Ursache an der Sitzfläche der Injektordüse *b (I)* auf *a* eine Undichtheit, dann tritt Sauerstoff in die Azetylenleitung zurück. Solch eine Undichtheit kann entstehen durch nicht genügendes **Anziehen der Überwurfmutter** *d*, durch ein Fremdkörperchen, das sich an der Dichtungsfläche festgesetzt hat, oder durch einen Grat, eine Scharte usw. Dies kommt nicht gerade selten vor. Die Bauart *II* sieht nun bei *h* eine Öffnung vor, durch die sofort der Sauerstoff ins Freie kann, sobald die Flächen zwischen *a* und *b* nicht richtig abdichten. Man darf also den Austritt des Sauerstoffs ins Freie mit einiger Sicherheit dann erwarten, wenn eine Undichtheit beim Zusammenschrauben des Brenners (beim Auswechseln der Düsen) entsteht, **nicht** aber, falls sich die Mündung der Schweißspitze verstopft, was ebenso oft, wenn nicht häufiger, vorkommt. Damit ist auch der Wert dieser Neuerung beschränkt; auch sie macht trotzdem die so oft erwähnte Sicherheitsvorlage nötig.

Sonderbrenner. Außer den bisher erwähnten Einzel-, Wechsel- und Maschinenschweißbrennern sind noch zu nennen: die **vereinigten Schweiß- und Schneidbrenner** (s. Abschnitt Brennschneiden) und der sog. **Universal-** oder **Mischgasbrenner**. So ist z. B. der Brenner Abb. 98 so eingerichtet, daß der Schweißeinsatz durch einen Schneideinsatz ersetzt und damit das Schweißgerät auch zum Schneiden verwendet werden kann. In diesem Falle wird die nur beim Schweißen eingebaute Vorrichtung 14 entfernt und der Anschlußstutzen des Schneideinsatzes eingesetzt.

Da natürlich die auf die physikalischen Eigenschaften eines bestimmten Gasgemisches abgestimmten Brennereinrichtungen nicht ohne weiteres auch für jedes beliebige andere Gasgemisch brauchbar sein können, ist der Gebrauch von Universalbrennern für S c h w e i ß z w e c k e nicht zu empfehlen (beim Schneiden fällt dies weniger ins Gewicht). Im allgemeinen sind allerdings für gewöhnliches Azetylen gebaute Schweißbrenner auch für Flaschenazetylen verwendbar, nie aber umgekehrt Hochdruckbrenner für Niederdruckazetylen.

Eine von den bisherigen Schweißspitzen (Spitzdüsen) mit nur einer zentralen, zylindrischen Bohrung abweichende Konstruktion, die zwar weniger für Azetylen als für Leuchtgas in Frage kommt, sind die sog. S i e b d ü s e n b r e n n e r (Brausekopf). Die zylindrische, nicht konische Düse, wird mit einer größeren Anzahl kleiner, ringförmig angeordneter Löcher versehen und ergibt an jedem dieser Löcher eine kleine, selbständige Flamme. Brennerspitzen dieser Art sind vor allem für Vorwärme- und Lötzwecke gebräuchlich. Auch der Brenner Abb. 98 ist außerdem als L ö t b r e n n e r verwendbar, wenn der Schweißeinsatz durch einen Löteinsatz ersetzt wird, dessen Lötdüse 9 an ein besonderes Zwischenstück 8 anzuschrauben ist.

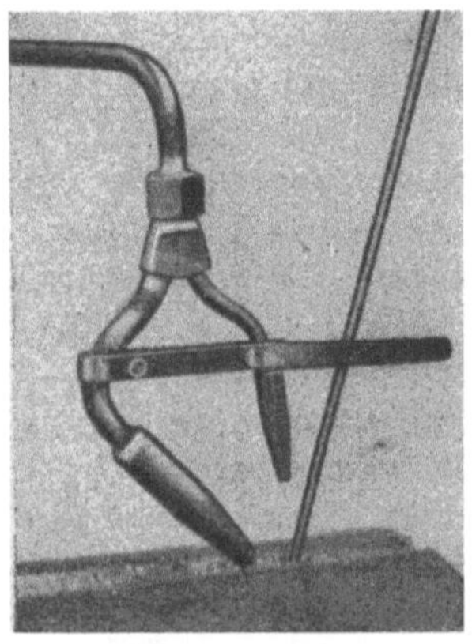

Abb. 102. Zweiflammenbrenner für Schweißstabvorwärmung.

Vielseitige Abarten von Brennern, wie solche mit ausziehbaren, in bestimmten Grenzen in der Länge verstellbaren Mischrohren (6 in Abb. 98), sog. T e l e s k o p b r e n n e r, und andere mit Mischrohren aus biegsamem Weichkupfer, die ein Verwinden in Fällen schlechter Zugänglichkeit zum Werkstück (Ausbesserungs-Schweißungen) gestatten, sollen nur erwähnt werden. Wieder andere Brenner besitzen besondere Ventile zur Einstellung und Unterhaltung einer Z ü n d f l a m m e und ähnliches, Konstruktionen, die immer seltener werden.

Mehrflammenbrenner. Unter den Sonderbrennern kommt dem Z w e i f l a m m e n b r e n n e r eine besondere Bedeutung zu. Man unterscheidet hierbei zwischen Brennern für Stabvorwärmung und für Kantenvorwärmung. Beide eignen sich nur für die Nachrechtsschweißung. Der Zweiflammenbrenner für die S c h w e i ß s t a b v o r w ä r m u n g, dessen Bauweise aus Abb. 102 hervorgeht, hat sich nur wenig eingeführt. Die Bewegung des Brenners in der Abbildung hat man sich von rechts nach links vorzustellen, wobei die linke, größere Düse die Werkstoffkanten vorzuwärmen und den zufließenden Draht mit diesem zu verschmelzen hat. Die kleinere, rechte Düse wärmt den Draht vor. Diese Brenner sind für Blechdicken über 10 mm bestimmt.

Ebenfalls für das Schweißen dickerer Bleche ist der n o r m a l e Z w e i f l a m m e n b r e n n e r der Abb. 103 bestimmt, der nicht zwei getrennte, sondern zusammenhängende Düsen hat, deren gemeinsame Fläche schräg steht (α), so daß die Schweißflamme gegen die Vorwärmeflamme etwas vorsteht. Von der Anwendung dieser Brenner ist noch später die Rede.

Brenner, mit mehr als zwei Flammen, sog. **Mehrflammenbrenner**, kommen nur bei Schweißmaschinen vor. Auch hier sind, wie die Abb. 104 (Sechsflammenbrenner) zeigt, die Flammen hintereinander angeordnet. Der Zweck dieser Mehrflammenbrenner ist eine erhebliche Steigerung der Schweißgeschwindigkeit.

Ein in Amerika angewandtes Schweißverfahren, das in Deutschland sich nicht einzuführen vermochte, ist das mit dem „**Lindewelder**" (Abb. 105), das nur der Vollständigkeit halber hier abschließend erwähnt werden soll. Das Zweiflammengerät wird auf dem Werkstück durch zwei Kufen gestützt und der Schweißdraht durch eine besondere Einrichtung geführt. Der Drahtvorschub erfolgt über einen Spiralfederzug. Die Vorwärmeflamme wärmt den Draht vor seiner Niederschmelzung an. Die erzielbare höhere

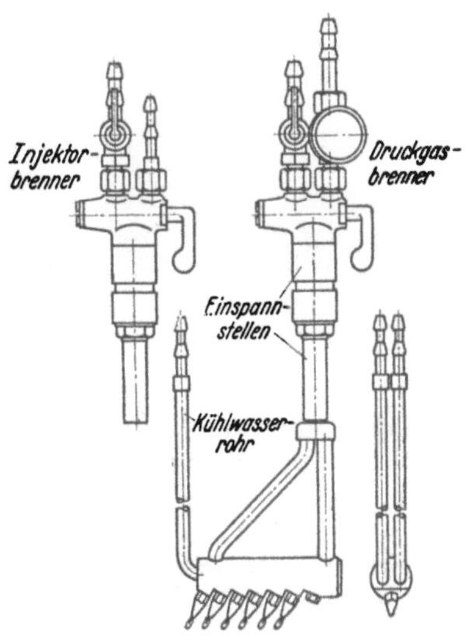

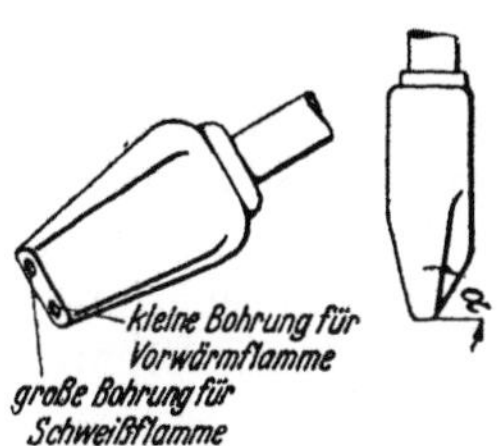

Abb. 103. Normaler Zweiflammenbrenner (für Kantenvorwärmung).

Abb. 104. Mehrflammen-Maschinen-Schweißbrenner.

Schweißgeschwindigkeit, die außerdem von einer besonderen Einstellung der Schweißflamme abhängt, bedingt große Übung und Fertigkeit. Als wesentliche Eigenschaft dieses Verfahrens wird die Schmelzpunkterniedrigung des Werkstoffs durch Azetylenüberschuß in der Flamme herausgestellt.

Framabrenner. Er ist injektorlos eingerichtet und besitzt eine anders geartete Mischeinrichtung, der beide Gase (Sauerstoff und Azetylen) unter gleichem Druck zugeführt werden. Die genaue Regelung gleicher Gasdrücke wird durch eine besondere Bauart des Druckminderventils erreicht, in welchem Gummimembranen und Druckfedern die wirksamen Bestandteile sind. Der Brenner bedingt erhöhten Gasdruck, weshalb er sich besonders für die Verwendung von Flaschenazetylen (und Hochdruckazetylenentwicklern)

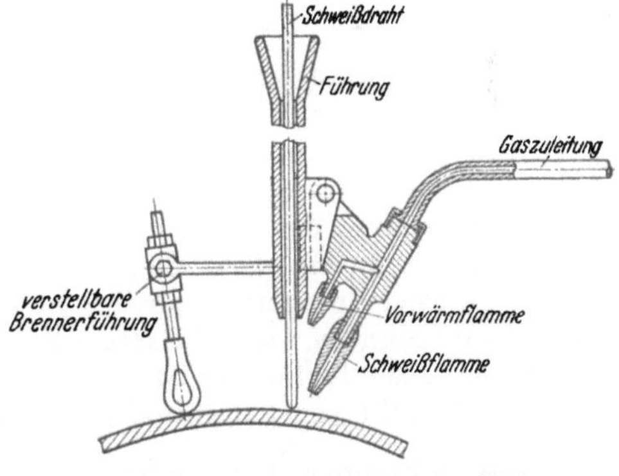

Abb. 105. Grundform des „Lindewelder".

eignet. Niederdruckgas muß erst durch Verdichtungseinrichtungen (Kompressoren) auf höheren Druck (bis 0,7 at) gebracht werden.

Abb. 106 zeigt den Schnitt durch das dazugehörige Gleichdruckventil, in welchem die Druckgleichheit der Gase zwangsläufig (automatisch) geregelt

wird, und zwar wird im Teile *E* des Ventils zunächst das Gas vom Flaschendruck auf geringeren Druck entspannt und dann dem Druckregelventil *D*
zugeleitet. *A* ist der Anschlußbügel für die Azetylenflasche, *B* ist der An-
schlußzapfen. Der Sauerstoffschlauch wird nicht unmittelbar mit dem Brenner,
sondern mit der Schlauchtülle *F* des Ventilgehäuses *D* verbunden. Der Sauerstoff drückt gegen die Doppelmembran *C*, die ihrerseits das Azetylenventil *G*
zwangsläufig steuert und die Gasdrücke regelt. Die Wirkung des Geräts ist

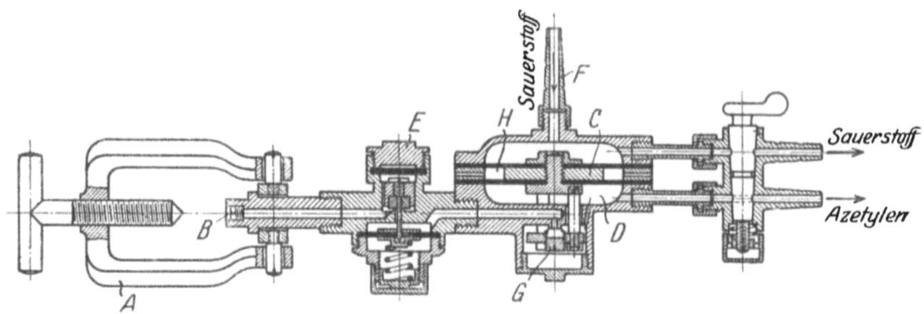

Abb. 106. Gleichdruckventil für Sauerstoff und Azetylen.

demnach jener eines Zweistufenventils ähnlich. Um eine Mischung der Gase
im Ventil selbst auszuschließen, steht der Zwischenraum *H* zwischen den Membranen mit der Außenluft in Verbindung. Wird eine der Membranen undicht, so entweicht das Gas ins Freie. Die beiden Gehäusehälften des Teiles *D*
sind mit je einer Schlauchtülle versehen, an die die zum Brenner führenden

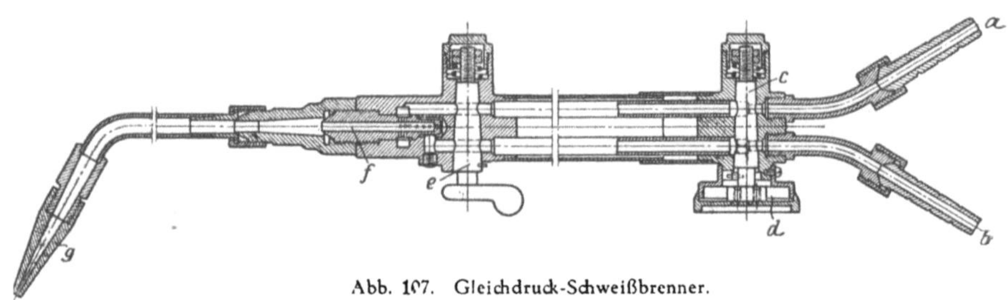

Abb. 107. Gleichdruck-Schweißbrenner.

Schläuche angeschlossen werden. Beide Gase treten mit gleichem Druck von
nur 0,2 ··· 0,7 at in den Brenner ein, dessen Einrichtung in Abb. 107 dargestellt ist. Das Azetylen tritt bei *a*, der Sauerstoff bei *b* in den Brenner ein.
Die Gasmengenregelung erfolgt am sog. Dosierhahn *c*, an dessen Handrad *d*
eine Strichteilung, der jeweiligen Brennerspitze entsprechend einzustellen ist.
e ist lediglich ein Absperrhahn, *f* ist die Mischdüse und *g* die Brennerspitze,
die als einziger Brennerteil mit der zu schweißenden Blechdicke (wie bei allen
Hochdruckbrennern, s. Wasserstoffbrenner) ausgewechselt werden muß.
Hauptzweck der Erfindung ist gleiches Gasgemisch zu jeder Zeit der Arbeits-
periode ohne die sonst notwendige Regelung der Flamme.

Schweißbrenner für andere Brenngase. Die Bauform der übrigen
Brenner paßt sich im allgemeinen den beschriebenen Konstruktionen an.

Beim L e u c h t g a s brenner, der ja erheblich größere Mengen an Gas
verbraucht als der Azetylenbrenner, da der Heizwert des Steinkohlengases
wesentlich niedriger ist, sind entsprechend größer bemessene Kanäle und
Bohrungen erforderlich. Die Einrichtung einer Brennerkonstruktion, bei

welcher zwischen Ventilgehäuse und Schweißspitze ein biegsamer Schlauch angeordnet ist, wird sich nicht durchsetzen. Der Schlauch soll den Zweck haben, die Handhabung des Brenners durch verringertes Gewicht zu erleichtern. Das Ventilgehäuse bleibt auf dem Arbeitstische liegen und nur der Schlauch wird geführt.

Auch die Ausbildung des B l a u g a s brenners erfordert gegenüber den angeführten Schweißbrennertypen keine Sonderkonstruktionen, da ja das Blaugas beim Entspannen vom hohen auf den niedrigen Arbeitsdruck von selbst aus dem flüssigen in den gasförmigen Zustand übergeht (wie Kohlensäure) und demnach dem Brenner gleich gasförmig zugeführt wird.

Anders liegen die Verhältnisse bei unter normalem Druck und bei normaler Temperatur f l ü s s i g e n B r e n n s t o f f e n. Hier werden die Brennstoffe dem Brenner in flüssiger Form zugeführt, so daß dem Brenner die Vergasung der Flüssigkeit zufällt. Praktische Bedeutung hat hier nur der B e n z o l s c h w e i ß b r e n n e r nach F e r n h o l z erlangt. Die Einrichtung einer B e n z o l schweißanlage wurde bereits in Abb. 12 dargestellt. Das Arbeiten mit dem Benzolbrenner ist umständlicher und schwieriger als das mit dem Azetylenbrenner.

Normung der Schweißbrenner. In die vom deutschen Normenausschuß in Angriff genommene Normung der Autogengeräte sind grundsätzlich nur solche Teile eingeschlossen worden, deren Auswechselbarkeit beim Bezug von verschiedenen Werken Vorbedingung für die Weiterverwendung der Haupteinrichtungen ist, oder deren Normung für die Vereinfachung der Lagerhaltung von besonderem Belang erschien. Auf einige Einzelheiten war weiter oben bereits hingewiesen worden. Für den praktischen Schweißer sind hauptsächlich die Arbeitsbereiche der Brennereinsätze von Interesse. Nach dem Neuentwurf DIN 1941 gilt die in Tab. 15 angegebene Einteilung der Schweißbereiche bei gleichzeitig aufgeführtem Gasverbrauch.

T a b e l l e 15.

Gasverbrauch ± 5 v. H.	Schweißbereich der Einsätze								
	0,3···0,5	0,5···1	1···2	2···4	4···6	6···9	9···14	14···20	20···30
Sauerstoff	45	80	165	330	550	850	1300	1900	2750
Azetylen	45	80	165	330	550	850	1300	1900	2750

Diese nur für den Azetylenbrenner gedachte Normung bezeichnet n e u n S c h w e i ß e i n s ä t z e nach der bearbeitbaren Werkstoffdicke und sieht, bei einem Mischungsverhältnis von 1:1, je mm Blechdicke einen mittleren Verbrauch an Sauerstoff und Azetylen von 110 l/h vor. Dabei soll der einheitliche Sauerstoffdruck (Konstantdruckbrenner) für alle E i n s ä t z e 2,5 atü betragen (bisher 2 und 3 atü). Der Schweißbereich und der Sauerstoffdruck sind auf dem Mischrohr des Brennereinsatzes, der Schweißbereich ist außerdem auf der Brennerspitze anzugeben.

b) D i e S c h w e i ß f l a m m e n.

Allgemeines. Die Entstehung einer Schweißflamme beruht auf der Verbrennung eines Brenngas-Sauerstoffgemisches an der Luft. Unter Verbrennung verstehen wir die Verbindung eines brennbaren Körpers (in unserem Falle: eines brennbaren Gases) mit Sauerstoff und nennen diesen Vorgang Oxydation. In bezug auf die G e s c h w i n d i g k e i t, mit der sich der

Verbrennungsvorgang vollzieht, unterscheidet man die l a n g s a m e oder
r u h i g e (normale) Verbrennung wie am Schweißbrenner und die
h e f t i g e, schnelle (Explosion). Die Verbrennung kann eine unvollständige
oder eine vollständige sein, je nachdem ob dem Brenngas nicht genügende
oder genügende Mengen Sauerstoff zugeführt werden. Bei unvollständiger
Verbrennung sind also in der Schweißflamme noch unverbrannte Gase, die
dann das Bestreben haben, sich mit dem Sauerstoff der die Flamme umgebenden Luft zu verbinden; sie entziehen der Luft den Sauerstoff. Eine
Entziehung des Sauerstoffs aus einem Körper — der Gegensatz zu dem
Hinzuführen von Sauerstoff, der Oxydation — nennen wir eine Reduktion.
Wir sprechen also bei einer Flamme, die nicht genügend Sauerstoff erhält
und Sauerstoff aus der Luft entzieht, auch von einer „r e d u z i e r e n d e n
F l a m m e“. Hat, im Gegensatz dazu, die Flamme mehr als genügend
Sauerstoff, d. h. Sauerstoffüberschuß, so ist sie eine „o x y d i e r e n d e
F l a m m e“; sie gibt beim Schweißen Sauerstoff an die Schweißstelle ab, was
nur schädlich wirken kann.

Die als Reduktionsstoffe in den Schweißflammen wirksamen Gase sind
Wasserstoff und Kohlenoxyd. Bringt man den Vorgang in die Form einer
Gleichung, und zwar auf W a s s e r s t o f f bezogen, dann ist das Oxyd des
Metalls Me so reduzierbar:

$$MeO \quad + \quad H_2 \quad = Me \quad + \quad H_2O$$
$$\text{Metalloxyd} + \text{Wasserstoff} = \text{Metall} + \text{Wasserdampf.}$$

Auf Eisen übertragen:

$$Fe_3O_4 \quad + \quad 4\,H_2 = 3\,Fe + \quad 4\,H_2O$$
$$\text{Eisenoxyduloxyd} + \text{Wasserstoff} = \text{Eisen} + \text{Wasserdampf.}$$

Die Reduktion der Metalle durch K o h l e n o x y d verläuft nach der
Gleichung:

$$MeO \quad + \;. \; CO \quad = Me \quad + \quad CO_2$$
$$\text{Metalloxyd} + \text{Kohlenoxyd} = \text{Metall} + \text{Kohlensäure.}$$

Die L e u c h t k r a f t, d. i. die Helligkeit der Flamme, hängt ab von
der Natur der in ihr verbrennenden Stoffe, von ihrer Temperatur und Dichte.

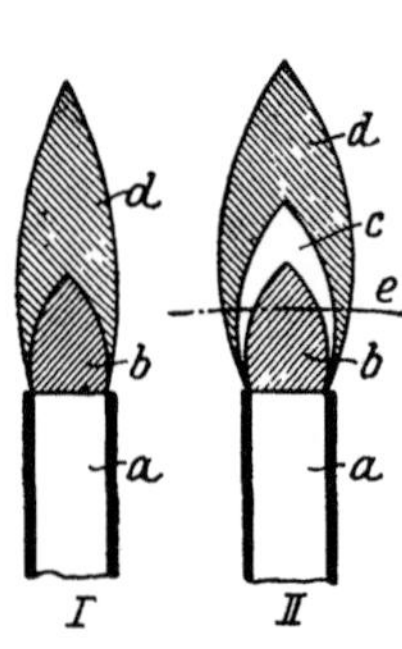

Abb. 108. Flammen-
aussehen.

Das Leuchten der Flamme hat seine Ursache im allgemeinen
darin, daß feste Körper in ihr vorhanden sind, die in der
Flammenhitze glühend werden und um so mehr leuchten, je
heißer die Flamme ist. Diese Stoffe können der Flamme
sowohl von außen zugeführt, als auch während der Verbrennung vom Brennstoff selbst ausgeschieden werden. Der
erste Fall (Gasglühlicht) hat für uns hier kein Interesse.
Zu den Flammen mit aus dem Brennstoff ausgeschiedenen
festen Stoffen, denen die Leuchtkraft zu verdanken ist,
gehören alle kohlenstoffhaltigen Gase, wie Azetylen,
Leuchtgas, Benzol, Blaugas usw. Hier bildet überall die
Leuchtkraft der Flamme feinverteilter, fester Kohlenstoff
(Ruß), der durch Zerfall entsteht und zum Glühen erhitzt
wird, bevor er zur Verbrennung gelangt.

Man kann sich das an den Skizzen der Abb. 108 am besten klarmachen.
Die Verbrennung des am Rohrmundstück *a* (Bild *I*) austretenden Gasstromes
geht nur dort vonstatten, wo der Brennstoff mit dem Luftsauerstoff in Berührung kommt, also an der äußeren Flammenbegrenzung. Im Aufbau der
Flamme lassen sich zwei Zonen gut unterscheiden, und zwar der dunkler
aussehende Flammenkern *b* und der Flammenmantel *d* von größerem Um-

fange. Im Kern *b* befinden sich unverbrannte, glühende Gase, was sich folgendermaßen beweisen läßt: Hält man ein dünnes Röhrchen in den dunklen Kern *b*, dann steigen die unverbrannten Gase in diesem in die Höhe und können an dessen oberer Mündung verbrannt werden. Die L ä n g e der Flamme ist vom Gasdruck abhängig; sie steigert sich mit dem Drucke. Ihre Form steht im übrigen in Abhängigkeit vom Querschnitt der Austrittsbohrung des Brenners. Die kegelförmige Gestalt der Flamme wird durch die Einwirkung der ringsum zuströmenden Luft bedingt; je länger diese in den Gasstrom eindringt, um so mehr muß der Flammenquerschnitt (mit der Entfernung von der Austrittsöffnung) abnehmen.

Wird ein kohlenwasserstoffhaltiges Gas in gleicher Weise zur Verbrennung gebracht, so ergibt sich, entsprechend dem Zerfall des Kohlenstoffs, eine etwas verwickeltere Flammenform. Diese ist in Abb. 108 *II* wiedergegeben. *b* ist wiederum der Kern, gebildet aus unverbrannten Gasen, und *d* der Flammenmantel, innerhalb dessen die restlose (vollständige) Verbrennung der Gase vor sich geht. Zwischen beiden liegt jedoch eine leuchtende Zwischenzone *c*, aus glühendem Kohlenstoff bestehend. Die Gegenwart unverbrannten Kohlenstoffs läßt sich dadurch nachweisen, daß man in diesem Mantel *c* auf kurze Zeit eine Glasscheibe oder ein Kartenblatt *e* waagerecht hineinhält. Nimmt man es heraus, so zeigt sich, entsprechend dem Querschnitt dieser Zone, ein kreisringförmiger Rußfleck.

Um die T e m p e r a t u r einer Flamme zu steigern, bedient man sich der sog. Gebläsebrenner, denen man, je nach Verwendungszweck, die Bezeichnung Heiz-, Löt- oder Schweißbrenner beilegt. Sie werden entweder mit Luftzufuhr (Bunsenbrenner) oder, zur Erzielung der erreichbar höchsten Temperaturen, mit Sauerstoffzufuhr (D a n i e l l scher Hahn) versehen; im letzten Falle haben wir es mit dem Schweißbrenner zu tun.

Die F a r b e der Flamme wird von den in ihr vorhandenen dampfförmigen Stoffen bestimmt.

Die Azetylen-Sauerstoff-Flamme. Azetylen (C_2H_2) besteht aus zwei Teilen Kohlenstoff und zwei Teilen Wasserstoff. Zur vollständigen Verbrennung von 1 m³ Azetylen sind 2,5 m³ Sauerstoff (oder 12,5 m³ Luft) erforderlich. Das Mischungsverhältnis beträgt demnach 1 : 2,5. In die Form einer chemischen Gleichung gebracht, würde man den Verbrennungsvorgang so zum Ausdruck bringen:

$$2\,C_2H_2 + 5\,O_2 = 4\,CO_2 + 2\,H_2O$$

Azetylen + Sauerstoff = Kohlendioxyd + Wasser
(Kohlensäure)   Wasserdampf.

Im Brenner kommt das Azetylen zunächst nur mit etwa gleichen Teilen Sauerstoff zusammen, da ja auf die Beteiligung des Luftsauerstoffs an der Verbrennung Rücksicht genommen werden muß. Es findet deshalb vorerst nur eine unvollständige Verbrennung statt, wobei sich folgender Vorgang vollzieht:

$$2\,C_2H_2 + 2\,O_2 = 4\,CO + 2\,H_2$$

Azetylen + Sauerstoff = Kohlenoxyd + Wasserstoff.

Azetylen hat sich also mit Sauerstoff verbunden zu Kohlenoxyd und Wasserstoff. Durch Hinzuziehung des die Flamme umgebenden Luftsauerstoffs schreitet diese unvollständige Verbrennung zu der vollständigen fort nach der Gleichung:

$$4\,CO + 2\,H_2 + 3\,O_2 = 4\,CO_2 + 2\,H_2O$$

Kohlenoxyd + Wasserstoff + Sauerstoff = Kohlensäure + Wasser
(Wasserdampf).

Mit anderen Worten: Teilweise verbrennt der Luftsauerstoff mit dem Kohlenoxydgas zu Kohlensäure (Kohlendioxyd), einem nicht mehr brennbaren Gas; teilweise verbindet er sich mit dem freien Wasserstoff zu Wasser. W a s s e r und K o h l e n s ä u r e sind demnach die Erzeugnisse der vollständigen Verbrennung des Azetylens. In Raummengen ausgedrückt würde die Azetylenflamme, wie wir sahen, zur vollständigen Verbrennung des Azetylens auf je 1 Teil Azetylen 2,5 Teile Sauerstoff notwendig haben, wobei je 1 m³ verbrannten Azetylens 2 m³ Kohlensäure (CO_2) und 1 m³ Wasserdampf (H_2O) gebildet werden.

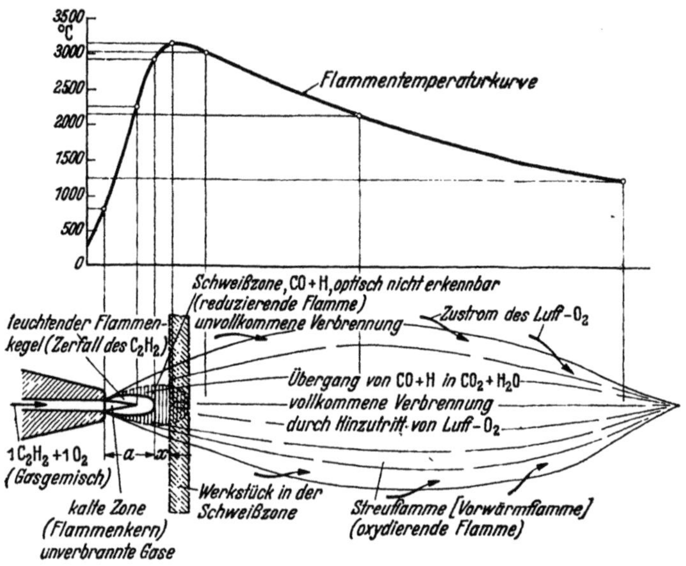

Abb. 109. Überblick über die chemischen und physikalischen Eigenschaften der Azetylen-Sauerstoff-Flamme.

Die Zerfallwärme des Azetylens beträgt bei v o l l s t ä n d i g e r Verbrennung nach obiger Gleichung 312 Cal. Davon entfallen auf

$$
\begin{aligned}
CO_2 &= 190 \text{ Cal} \\
H_2O &= 68 \text{ Cal} \\
C_2H_2 &= 54 \text{ Cal} \\
\hline
&= 312 \text{ Cal.}
\end{aligned}
$$

während bei der u n v o l l s t ä n d i g e n Verbrennung die Verhältnisse so liegen:

$$
\begin{aligned}
CO &= 58 \text{ Cal} \\
C_2H_2 &= 54 \text{ Cal} \\
\hline
&= 112 \text{ Cal.}
\end{aligned}
$$

Wenn man den weiter oben in Form chemischer Gleichungen betrachteten Verbrennungsvorgang zeichnerisch darstellt, dann erhält man das in Abb. 109 skizzierte Flammenbild, in welchem die Verbrennungsstufen (Zonen) deutlich zum Ausdruck kommen. Innerhalb des als Kern, im Bilde mit kalter Zone bezeichneten Teiles findet sich nur ein mechanisches Gemisch aus Sauerstoff und Azetylen vor, beide in gänzlich unverbranntem Zustande. Das kennzeichnendste Merkmal der Flamme ist der blendend weiß leuchtende Flammenkegel, dessen Länge mit *a* bezeichnet ist und der seine scharfbegrenzte Umrandung dem plötzlichen Zerfall des Azetylens in seine beiden Bestandteile Kohlenstoff und Wasserstoff verdankt. Bei kleineren Flammen hat dieser Teil das Aussehen eines schlanken Kegels (ähnlich dem Kern, der stets kegelförmig ist), der mit zunehmendem Sauerstoffdruck, besser mit wachsender Flammengröße in die Form eines stäbchenartigen, annähernd zylindrischen, vorn am Kopf flach abgerundeten Prismas übergeht. Abweichungen von dieser normalen Flammenkegelform, z. B. zu kurzer, zackiger, schiefer, an der Spitze bauchig erweiterter oder auch zu langer Kegel, sind kennzeichnend für schadhafte Brennerbohrungen oder falsche Einstellung der Brennerventile. Die Länge a des Kegels steht in Abhängigkeit von den Bohrungs- und Druckverhältnissen des Brenners und sie wächst mit der Ausströmungsgeschwindigkeit. Mit der Länge a steigt normalerweise auch die Starrheit, d. h. die „Härte" der Flamme.

Dem Flammenkegel lagert sich die weitaus wichtigste Zone des gesamten Flammenbildes vor, die leider optisch nicht erkennbar und deshalb in der Abbildung gestrichelt, entsprechend ihrer Bedeutung aber leicht schraffiert dargestellt ist. In dieser sog. Schweißzone finden sich die Ergebnisse der ersten, der unvollständigen Verbrennung vor, das sind Kohlenoxyd und Wasserstoff, beides Gase von reduzierender Wirkung. Deshalb, und weil außerdem in diesem Flammengebiet die höchste Temperatur besteht, wird die Schweißung des Werkstücks in dieser Zone durchgeführt, wie die Abbildung zeigt. Es ist darum von Wichtigkeit zwischen der Spitze des Kegels und der Schmelzbadoberfläche einen Abstand x einzuhalten, der sich nach der Größe der Flamme (des Brenners) richtet und zwischen $2 \cdots 5$ mm beträgt. Hierauf wird später noch näher eingegangen.

Im weiteren Verlaufe der Verbrennung werden durch den Zutritt des Luftsauerstoffs (am äußeren Flammenmantel) die im Zwischenerzeugnis entstandenen Gase, also Kohlenoxyd und Wasserstoff, zum Endergebnis, d. s. Kohlendioxyd (Kohlensäure) und Wasser (Wasserdampf) verbrannt. Diese vollkommene Verbrennung geschieht innerhalb der dritten Flammenzone, der sog. oxydierenden oder S t r e u f l a m m e.

Die Temperaturverhältnisse innerhalb der Flamme sind in Abb. 109 oben in einer Kurve aufgetragen und sie lassen erkennen, daß die höchste Temperatur von 3100^0 nur innerhalb der flächenschraffierten Schweißzone besteht.

Es wurde schon gesagt, daß der Kegel in gewissem Sinne einen Gleichgewichtszustand kennzeichnet, wie er zwischen der Verbrennungs- und Ausflußgeschwindigkeit des Gasgemisches besteht. Die Stabilität der Flamme kann nun durch mannigfache Ursachen aufgehoben werden, worauf die Flamme unter lautem Knall ins Brennerinnere zurückschlägt. Der Anlaß zu solchen F l a m m e n r ü c k s c h l ä g e n (die durch die Wasservorlage unschädlich gemacht werden sollen) kann sein: Verstopfen der Düsenöffnung durch beim Schweißen abspritzende Metallkörnchen oder aus dem Brennerinnern kommende Kohlenstoffteilchen[1]), plötzliche Abnahme der Ausflußgeschwindigkeit des Gases durch Verminderung des Sauerstoffdrucks (wie solche beim Einfrieren des Ventils, bei Druckabfall infolge bereits weit fortgeschrittener Flaschenentleerung, bei unabsichtlicher Drosselung des Schlauch-

---

[1]) Alle kohlenstoffhaltigen Gase, also auch das Azetylen, haben das Bestreben, ihren Kohlenstoff an heißen, metallischen Körpern in Form von Ruß abzuscheiden. Infolgedessen setzt sich ein Teil des Kohlenstoffs des Azetylens an den Wandungen der Brennerbohrungen ab, weshalb auch zeitweise eine gründliche Reinigung des Schweißeinsatzinneren angebracht ist. Das geschieht am besten durch Auswaschen mit Benzin oder starker Lauge.

querschnitts infolge Drauftretens usw. eintreten kann), zu starke Erhitzung
der Brennermisch- und -schweißdüse u. dgl. Zu diesen Ursachen rein zu-
fälliger Art kommt noch eine Reihe am Brenner selbst auftretender Mängel,
z. B. Undichtigkeit, Gratbildung an der Düsenbohrung und ähnliches mehr
(s. „Behandlung der Brenner").

Die Gleichheit des Mischungsverhältnisses zwischen den beiden Gasen muß während der ganzen Dauer der Schweißarbeit peinlich überwacht werden, da ein zeitweiliger Überschuß an diesem oder jenem Gase anstatt einer Temperatursteigerung einen Wärmeverbrauch verursacht. Die hin und wieder anzutreffende Meinung, die Flamme durch einen Überschuß an Azetylen „weicher" zu machen, ist unrichtig. Weich wird die Flamme nur bei geringst bemessener Ausflußgeschwindigkeit des Gasgemisches (unter 120 m/s); Gasüberschuß ist, von wenigen Ausnahmen abgesehen, meist schädlicher als eine geringer Überschuß an Sauerstoff. Versuche haben gezeigt, daß gesteigerte Austrittsgeschwindigkeit zwar eine Steigerung der Arbeitsleistung im Gefolge hat, doch sind aus den bereits erwähnten Gründen „harte" Flammen weniger zu empfehlen, da sie, von nicht geübter Hand geführt, zu leicht Fehlschweißungen ergeben können.

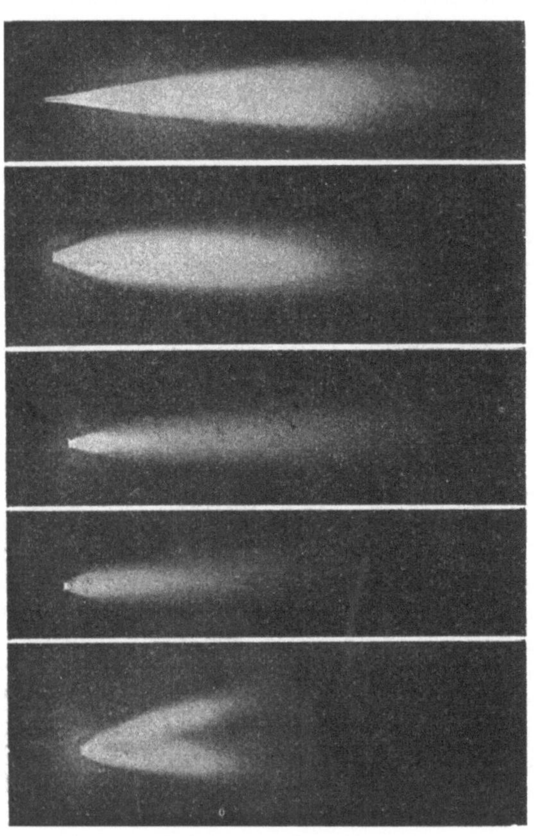

Abb. 110.   Azetylenflammen.

Es sei noch ein mit „Entmischung" bezeichneter Vorgang erwähnt,
der wegen seiner schädlichen Einwirkung auf das Schweißstück besonderes
Interesse verdient. Nach Verlauf eines gewissen Betriebsabschnitts in der
Brennertätigkeit tritt, weniger infolge Wärmeableitung von der Flamme her
als infolge vom Schweißstück zurückgeworfener Wärmestrahlen, eine erhebliche Erwärmung des Mischkanals ein, so daß eine Änderung im Mischungsverhältnis der Gase stattfindet, der man den Namen „Entmischung" gibt.
Es handelt sich bei dieser Erscheinung in erster Linie um eine Abnahme der
ursprünglichen, an der Schweißspitze ausströmenden Azetylenmenge, was
z. T. von der mit wachsender Wärme abnehmenden Dichte des Gases und
der geringeren Saugwirkung des Injektors herrührt. Die Dichte ändert
sich bei Azetylen ungleich mehr als bei dem infolge seiner Entspannung
kälteren Sauerstoff. Abgesehen von seiner ungünstigen Einwirkung auf das

Schweißstück infolge oxydierend wirkender Flamme kann neben anderem auch dieser Vorgang die Ursache von Flammenrückschlägen sein, da andere Gasdichteverhältnisse auch andere Zündgeschwindigkeiten bedingen. Die Flamme brennt dann im Brennerinnern weiter, weil der zur Verbrennung des Gases notwendige Sauerstoff zugegen ist. Zur Vermeidung von An- und Ausschmelzungen metallischer Teile ist es dann von großer Wichtigkeit, das B r e n n e r v e n t i l, insbesondere jenes für Brenngas, s o f o r t a b z u s p e r r e n, um ein Weiterbrennen der Flamme im Brennerinnern auszuschließen.

Zum Schlusse mögen einige, von einem der Verfasser aufgenommene Lichtbilder das Aussehen der Flamme noch näher kennzeichnen. Abb. 110 a zeigt die Flamme des ohne Sauerstoffzufuhr verbrennenden Flaschenazetylens; b die richtig eingestellte Normalflamme mit Sauerstoffzufuhr. Der stäbchenartige, scharfe Kegel geht verloren und macht einem flackernden, helleuchtenden Mantel Platz, sobald ein Überschuß an Azetylen besteht (c). Der Kegel wird verkürzt, schwach violett gefärbt, und die Gesamtgröße der Flamme stark verringert, wenn ein Überschuß an Sauerstoff besteht (d). Ein Überschuß an Sauerstoff darf nicht mit erhöhtem Sauerstoffdruck verwechselt werden. Sauerstoffüberschuß ist gleichbedeutend mit Azetylenmangel. Endlich veranschaulicht e die Flammenbildung, wie sie Brennern mit verstopften oder beschädigten Düsenbohrungen eigentümlich ist.

Die Wasserstoff-Sauerstoff-Flamme (Knallgasflamme). Ihr fehlt der scharfumrissene Kern völlig, und obwohl der Verbrennungsvorgang bei dieser Flammenart bedeutend einfacher ist, ist dennoch die genaue Regelung der Flamme schwieriger. Die Verbrennung der Wasserstoffflamme geht vor sich nach der Gleichung:

$$2\,H \; + \; O \; = \; H_2O$$

Wasserstoff + Sauerstoff = Wasser (Wasserdampf).

Das Verbrennungsergebnis ist die chemische Verbindung zwischen den beiden Elementen, demnach Wasser bzw. Wasserdampf.

Theoretisch wird zunächst eine vollständige Verbrennung von zwei Raumteilen Wasserstoff mit einem Raumteil Sauerstoff erreicht, wobei eine Flammentemperatur von etwa 3500° entwickelt werden müßte. Leider liegen die praktischen Verhältnisse weit ungünstiger, weil das Verbrennungsprodukt, der Wasserdampf, bei so hohen Temperaturen in der Flamme nicht beständig ist, sondern in seine Bestandteile, d. h. wieder in Wasserstoff und selbständigen Sauerstoff zerfällt (der Vorgang des chemischen Zerfalls heißt „Dissoziation"). Dieser Zerfall geht auf Kosten der Verbrennungstemperatur vor sich und hat ferner eine Oxydationswirkung des freien Sauerstoffs auf das Schweißgut im Gefolge. Zur Abschwächung dieses Mißstandes, zugleich auch zur Minderung der hohen Zündgeschwindigkeit, gibt man der Flamme einen erheblichen Überschuß an ausgleichend wirkendem Wasserstoff. Das praktische Mischungsverhältnis beträgt vier Raumteile Wasserstoff zu einem Raumteil Sauerstoff, die erzielte Flammentemperatur etwa 2100°.

Die Schwierigkeit in der richtigen Einstellung der Wasserstoffflamme liegt in der mangelhaften Sichtbarkeit des Flammenkegels begründet, der sich kaum feststellbar, blau bis hellviolett gefärbt, von der übrigen Flammenmasse nur schwach abhebt (Abb. 111 d). Nur ein erfahrener, geübter Schweißer vermag die Wasserstoffflamme zuverlässig einzustellen.

Auch bei dieser Flamme besteht im Innern des Kegels freier Sauerstoff neben freiem Wasserstoff, so daß, ähnlich der Azetylenflamme, eine bestimmte, allein wirksame Stelle des Flammenkörpers zur Schweißung verwendet werden muß. Diese liegt einige Millimeter vor der Kegelspitze; ein auf der Schweißfläche in der Flammenmitte erscheinender dunkler Punkt ist das einzige Merkmal dafür, daß der Flammenkegel zu nahe an den Werkstoff gekommen ist. Die dunkle Stelle beruht auf der Kühlwirkung des im Kegel vorhandenen, unverbrannten Gasgemisches auf die sonst ringsum durch die übrige Flamme vorgewärmte Metallfläche.

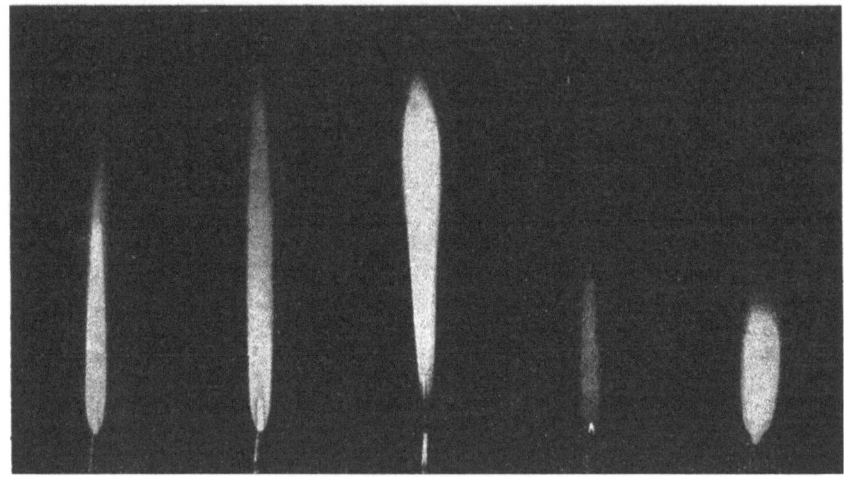

Abb. 111. Verschiedene Brenngas-Sauerstoffflammen.

Verschiedene Brenngas-Sauerstoff-Flammen. Andere Flammen, wie die Benzol- und Leuchtgas-Sauerstoffflamme, sind untergeordneter Natur. Erste erreicht eine Temperatur von etwa 2500⁰, letzte von etwa 2000⁰. Die nächst der Azetylenflamme meist angewandte Benzolflamme ist der Azetylenflamme äußerlich ähnlich; die Leuchtgasflamme gleicht eher der Wasserstoffflamme, unterscheidet sich von dieser aber durch ihren schärferen, deutlicher sichtbaren Kegel. Abb. 111 zeigt der Reihe nach eine Äthan- (a), Äthylen- (b), Methan- (c), Wasserstoff- (d) und Azetylen- (e) Schweißflamme. Die Leuchtgasflamme ähnelt dem Flammenbild von c, die Benzolflamme jenem von b.

c) Behandlung und Handhabung der Brenner.

Behandlung der Brenner. Der Schweißbrenner ist stets sachgemäß zu behandeln. Der Brenner ist kein Hammer; er darf nicht zum Schlagen, Ausrichten und ähnlichen Handgriffen herangezogen werden; er darf nicht geworfen, und besonders die Düse darf keinerlei Beschädigung ausgesetzt werden. Auf Montagen oder während mehrtägiger Arbeitsunterbrechung im Betrieb ist es ratsam, die Brenner und ihre Einsätze mit den übrigen Schweißgeräten in hierzu vorgesehenen Geräte-(Werkzeug-)kästen unterzubringen, um sie vor Beschädigungen aller Art zu schützen.

Hat man sich von der Dichtheit der Schlauchanschlüsse am Brenner überzeugt, die zur Ausführung der Schweißarbeiten jeweils notwendige Düsen- oder Brennergröße gewählt und die übrigen Geräte vorschriftsmäßig in Ordnung gebracht, dann prüft man zunächst, ob der Brenner bei geöffnetem Sauerstoffhahn ansaugt und nicht infolge irgendeiner Störung etwa Sauerstoff in die Gasleitung zurückdrückt. Das läßt sich feststellen, wenn man einen Finger an den Azetylenanschlußnippel des Brenners hält und die Saugwirkung des Injektors prüft (natürlich bei geöffnetem Brenngasventil am Brenner). Das Anzünden der Flamme erfolgt bei Wasserstoff und Leuchtgas, indem man zuerst das Brenngas allein entzündet und darauf Sauerstoff zugibt. Umgekehrt verfährt man beim Abstellen des Brenners, wobei also zuerst der Sauerstoff und darauf das Brenngas abgestellt wird. Infolge seines hohen Kohlenstoffgehalts verbrennt Azetylen an der Luft mit stark rußender, qualmender Flamme, weshalb man beim Anzünden der Azetylenflamme (auch bei Flaschenazetylen) nie das Gas allein, sondern immer gleich mit der schätzungsweise (oder am Brenner angegebenen) notwendigen Sauerstoffmenge gemischt entzündet. Bei zu hoch eingestelltem Sauerstoffdruck fliegt die Flamme fort, d. h. sie verläßt die Brennermündung und verschwindet schließlich, erlöschend in Richtung des Gasstroms. Zu niedrig eingestellter Sauerstoffdruck führt zum Rückschlage der Flamme ins Brennerinnere. Der beim Anzünden entstehende, mit der Brennergröße zunehmende Knall, welcher auf der großen Zündgeschwindigkeit dieses Gasgemisches beruht und durchaus ungefährlich ist, flößt Anfängern häufig Angst ein. Dieser Knall ist vermeidbar, wenn man aus dem Brenner zuerst Sauerstoff allein ausströmen läßt, die Brennermündung über eine Zündflamme hält und dann erst das Azetylenventil allmählich öffnet, worauf sich die Flamme mit zischendem Geräusch entzündet. Damit die Zündflamme durch den hohen Sauerstoffdruck nicht ausgelöscht wird, muß der Brenner beim Anzünden so gehalten werden, daß seine Düse mit der Flammenspitze nach oben einen spitzen Winkel bildet. Auf Funkenzündung (mittels Cereisenfeuerzeugs) findet diese Maßnahme keine Anwendung. Umgekehrt wie beim Anzünden hat das Abstellen des Brenners zu geschehen. Ist am Brenner ein Doppelhahn angebracht (z. B. beim Framabrenner), so werden beide Gase ja gemeinsam abgesperrt; andernfalls schließt man zuerst das Azetylenventil, darauf das Sauerstoffventil. Geschieht das An- und Abstellen des Brenners gegen diese Regeln, so ist fast immer Flammenrückschlag zu erwarten.

Da infolge des flackernden Mantels ein Gasüberschuß viel leichter erkennbar ist als ein Sauerstoffüberschuß, so erfolgt die Regelung des Brenners ausnahmslos derart, daß man vom Gasüberschuß auf den normalen, scharfbegrenzten Flammenkern herunterdrosselt (am Gasventil), d. h. man gibt der Flamme zunächst zuviel Brenngas und regelt so lange am Ventil, bis sich der vorschriftsmäßige Flammenkegel bildet. Die Regelungen für die Feineinstellung der Flamme werden also stets am Brennerventil, niemals am Druckminderventil oder an der Vorlage vorgenommen.

Tritt aus irgendeiner Ursache Flammenrückschlag ein, ganz gleich bei welcher Gasart und Brennerkonstruktion, so darf nie, wie man dies bei Neulingen öfter sieht, der Brenner aus unbegründeter Furcht fortgeworfen, vielmehr muß er abgesperrt werden, indem das Brenngasventil, am besten auch das Sauerstoffventil geschlossen wird. Geschieht dies nicht, so brennt die zurückgeschlagene Flamme heftig zischend im Brennerinnern weiter (der Brenner „hustet", wie der Schweißer sagt). Nach einer Arbeitspause von etwa 5 s wird sich in den meisten Fällen die normale Flamme wieder einstellen lassen. Geöffnet werden dürfen die Brennerhähne jedenfalls erst, nachdem das Zischen im Innern aufgehört hat und die Flamme erstickt ist. Die vielen Schweißern eigene U n s i t t e , die zurückschlagende Flamme durch Aufstoßen der Schweißspitzenbohrung auf Eisenplatten zu ersticken, ist u n t e r a l l e n U m s t ä n d e n z u v e r m e i d e n , insbesondere bei geöffneten Brennerventilen; denn diese widersinnige Handlung leitet die Flamme, bzw. das Gasgemisch, gewaltsam zur Brenngasleitung zurück und hat fast immer eine Beschädigung der Spitzenbohrung und schlechte Flammenbildung zur Folge.

D i e R e i n i g u n g v e r s t o p f t e r D ü s e n b o h r u n g e n muß ebenfalls, zur Verhinderung von Ausweitungen der Düsenbohrung, recht sorgfältig durchgeführt werden. Man bedient sich hierzu am besten eines Stückchens konischen oder angespitzten harten Rundholzes oder einer Messing- oder Kupfernadel (Draht), damit die Spitze nicht aufgerieben wird. Stark verstopfte Düsen sind mittels Spiralbohrer passender Dicke, die den Brennern satzweise mitgeliefert werden (sog. Düsenreinigungsnadeln), zu reinigen. An der Austrittsöffnung der Düse sitzender Grat ist durch leichten, behutsamen Feilstrich mit einer feinen Schlichtfeile oder auch mit feinem Schmirgelleinen, zu entfernen. Schwach aufgeweitete Austrittsöffnungen können durch sanften Schlag mit einem Niethämmerchen auf die Fläche des abgestumpften Düsenkegels gestaucht werden; darauf folgt leichtes Aufreiben und Runden mit der Reibahle. Durch häufiges Reinigen stark aufgeweitete Spitzen sind durch neue zu ersetzen. Von Zeit zu Zeit ist das ganze Brennerinnere gründlich zu r e i n i g e n , indem man Dampf von 1 ··· 2 at statt der Gase durch den Brenner leitet, wodurch aller Schmutz, Rost, Kohlenstoff (Ruß) usw. abgelöst und ausgeblasen wird. Zur Säuberung können außerdem Seifenwasser, Lauge und ähnliches dienen.

Handelt es sich um die Schweißung größerer Werkstücke oder um Schweißarbeiten in Hohlkörpern, in Ecken, oder sonst beengten Stellen, wo umfangreiche Wärmestrahlung des Schweißguts schnelle und starke Erhitzung der Spitze zur Folge hat, dann ist zeitweiliges K ü h l e n d e r B r e n n e r - s p i t z e unerläßlich; sie wird sonst zu heiß, und es tritt infolge der vergrößerten Zündgeschwindigkeit der erhitzten Gase Flammenrückschlag ein. Wie oft die Kühlung zu erfolgen hat, dafür läßt sich eine bindende Regel nicht aufstellen; das beste Kennzeichen ist die außergewöhnliche, schlechte Flammenkernbildung. Die Kühlung des Brenners aus Gründen zu starker Erwärmung oder daraus folgenden Knallens (Flammenrückschlag) ist am wirksamsten, wenn man ihn in ein immer bereitstehendes, mit kaltem Wasser gefülltes Gefäß einige Sekunden eintaucht; h i e r b e i i s t d i e B r e n n g a s z u f u h r (am Brennerventil) a u s z u s c h a l t e n , da sonst die Flamme im Brenner bei Rückschlag trotzdem weiterbrennen kann. Außerdem kann das unter Wasser angesammelte Gas, durch Funkenflug oder sonstige Ursachen zur Zündung gebracht, heftige Explosionen und eine Zersprengung des Kühlwassergefäßes herbeiführen. Nichtbeachtung dieser Vorsichtsmaßregel hat vielerorts Unglücksfälle heraufbeschworen. Jedoch ist es empfehlenswert, Sauerstoff ausströmen zu lassen, damit kein Wasser ins Brennerinnere gelangt.

Um ein An- oder Abschmelzen der Brennerspitze zu verhüten, ist auf richtige Haltung des Brenners zu achten (s. später). Metallteilchen, winzig kleine Körnchen, welche vom Schweißgut abspritzen und sich mit der Zeit schichtenförmig an der Spitze ablagern, entfernt man zweckmäßig mittels feiner Schmirgelleinwand. Durch die Hitze tritt eine Dehnung des Kupfers ein, so daß sich die Kupferspitze mit der Zeit mehr oder weniger im Gewinde lockert, und an dieser Stelle die Flamme unter lebhaftem Knistern herausschlägt. Dieser Mangel wird durch zeitweiliges vorsichtiges Anziehen des Gewindes mittels passender Schraubenschlüssel abgestellt, sofern die Düsen nicht hart aufgelötet sind, wie dies heute meist der Fall ist.

Bei dieser Gelegenheit sei auf stets vorsichtigen Umgang mit der Schweißflamme hingewiesen. Unbesonnenes Hantieren und Herumfuchteln mit der Flamme hat nicht selten dem Schweißer selbst, wie seinen Mitarbeitern bedeutende Brandwunden eingetragen. Wird ein größeres Schweißgut mit zwei oder mehr Brennern zu gleicher Zeit bearbeitet, so ist erhöhte Vorsicht im Umgange mit der Flamme geboten. Die im Leben so oft wiederkehrende Tatsache, daß Menschen, einmal an bekannte Gefahren gewöhnt, leichtsinnigerweise mit ihnen spielen, wiederholt sich leider auch hier.

Während kurzer Arbeitsunterbrechung abgelegte, noch angezündete Brenner müssen so gelegt werden, daß sie sich weder überschlagen, noch ihre Lage selbsttätig verändern können. Zu diesem Zweck ist die Benutzung von Brennergestellen oder auch sog. Gassparapparaten (s. nächsten Unterabschnitt) empfehlenswert.

Undichte Brennerhähne, soweit sie an Stelle von Ventilen noch vorhanden sind, müssen, wenn sie durch leichtes Anziehen der Hahnkegel nicht dicht zu bringen sind, neu eingeschliffen werden, wozu am besten ein breiiges Gemisch von Öl und Glaspulver verwendet wird. Vorsicht beim Schleifen! Nicht zu stark aufdrücken, damit keine Kratzer und Rillen an den Dichtungsflächen entstehen. Nachher ist das Schleifmittel restlos zu entfernen und der Hahnkegel mit Hahnfett (Gemisch von Wachs und Talg) gut einzuschmieren. Das Fett schützt die metallischen Gleitflächen gegen rasche Abnutzung und bewirkt Dichtheit der Hähne.

Bezüglich der Behandlung von Sonderbrennern und solchen für flüssige Brennstoffe halte man sich an die eweils besonderen Bedienungsvorschriften.

Zusammenfassung der Behandlung der Schweißbrenner.

1. Der Brenner ist vorsichtig zu behandeln; er darf weder gestoßen noch geworfen, noch als Hammer benutzt werden.

2. Auf Montage und während längerer Arbeitsunterbrechung ist der Brenner in zweckmäßigen Werkzeugkästen aufzubewahren.

3. Vor Entzündung der Flamme sind die Schlauchanschlüsse am Brenner auf Dichtigkeit zu prüfen.

4. Prüfen, ob Sauerstoff am Brenngasnippel saugt.

5. Die Zündung kann an offener Flamme, an glühenden Körpern oder mittels Gasanzünder erfolgen.

6. Bei Brennern für Wasserstoff und Leuchtgas wird stets zuerst das Brenngas allein entzündet, darauf wird Sauerstoff zugegeben.

7. Beim Absperren dieser Brenner wird umgekehrt zunächst der Sauerstoff und dann das Brenngas abgestellt (bei Doppelhähnen natürlich beide Gase gleichzeitig).

8. Die Azetylenflamme wird gleich mit Sauerstoffzufuhr entzündet.

9. Beim Azetylenbrenner ist zuerst das Azetylenventil und darauf das Sauerstoffventil zu schließen.

10. Tritt Flammenrückschlag ins Brennerinnere ein, ist die Brenngaszufuhr sofort abzusperren, bis die Flamme erloschen ist.

11. Die Brenner sind während des Betriebes durch zeitweises Eintauchen in bereitstehende Wassergefäße zu kühlen, wobei jedesmal das Ventil für Brenngas abzusperren ist.

12. Angezündete Brenner müssen vorsichtig aus der Hand gelegt werden, und zwar so, daß sie nicht selbständig ihre Lage verändern können. Es ist unter allen Umständen unstatthaft, daß angezündete Brenner an den Gasflaschen aufgehängt werden, da hierbei leicht Anschmelzungen und heftige Explosionen eintreten können.

13. Mit der Schweißflamme muß vorsichtig hantiert werden; Herumfuchteln ist streng zu unterlassen.

14. Undichtigkeiten am Brenner sind sofort zu beseitigen. Undichte Ventile sind nachzuschleifen, mit Hahnfett zu versehen, erforderlichenfalls gegen neue auszutauschen.

15. Verstopfte Düsenbohrungen werden mittels Rundholzstäbchen oder Messingnadeln, am besten mit entsprechenden Düsenbohrern (Reinigungsnadeln) gereinigt.

16. Durch öfteres Reinigen aufgeriebene Düsenbohrungen können durch vorsichtiges Stauchen und nachheriges, sorgfältiges Aufreiben ausgebessert werden. Stark ausgeweitete Brennerspitzen sind durch neue zu ersetzen.

17. Anhaftende Metallteilchen werden durch leichtes Feilen (Schlichtfeile) oder mittels Schmirgelleinen von der Brennerspitze entfernt.

5. Zentrale Konstant- und Gleichdruck-Schweißanlagen.

Allgemeines. Bisher war stillschweigend angenommen worden, daß ein oder mehrere Brenner an die Sicherheitsvorlagen eines Kleinentwicklers oder an die einer ortsfesten Großanlage mit Ringleitung angeschlossen sind. Der Sauerstoff kann dabei den an jedem Arbeitsplatz aufgestellten Einzelflaschen oder auch den an die Ringleitung einer Flaschenbatterie angeschlossenen Druckminderventilen entnommen werden.

In größeren Schweißereibetrieben ist man vielfach zu anderen Einrichtungen, sog. Zentralanlagen, mit einem besonders hierauf zugeschnittenen Ringnetz übergegangen, wobei meist ein konstanter oder auch gleicher Druck für Azetylen und Sauerstoff angewendet wird. Das Azetylen wird ausschließlich Großentwicklern (meist mit Nieder- oder Mitteldruck) entnommen, der Sauerstoff stets dem Rohrnetz einer Flaschenbatterie.

Konstantdruckanlagen. Eine Anlage dieser Art ist in Abb. 112 dargestellt. Das Azetylengas wird entweder einem Niederdruckentwickler entnommen und in einem Kompressor auf etwa 0,1 atü verdichtet, oder aus einer Mittel- oder Hochdruckanlage über einen Druckregler dem Werkstättennetz zugeleitet. An den Arbeitsplätzen sind für jeden Brenner Hochdruckvorlagen mit Absperrventilen — aber ohne Druckregelventile — angeordnet. Der von einer Flaschenbatterie gelieferte Sauerstoff strömt über ein Zentraldruckminder- und Regelventil, durch das er auf etwa 3 atü konstanten Druck eingestellt und den Arbeitsplätzen durch ein Rohrnetz zugeleitet wird. Die Brennerschläuche stehen einerseits (*a*) mit den Sicherheitsvorlagen, anderseits mit der Sauerstoffleitung bei *c* in Verbindung. Da letztere einen konstanten Druck von 3 atü hat und alle Schweißeinsätze auf diesen Druck abgestimmt sind, fallen die Druckminderventile am Arbeitsplatz fort und werden durch gewöhnliche Absperrventile *c* ersetzt. Nach dem Gesagten arbeiten diese Anlagen mit konstantem Sauerstoff-

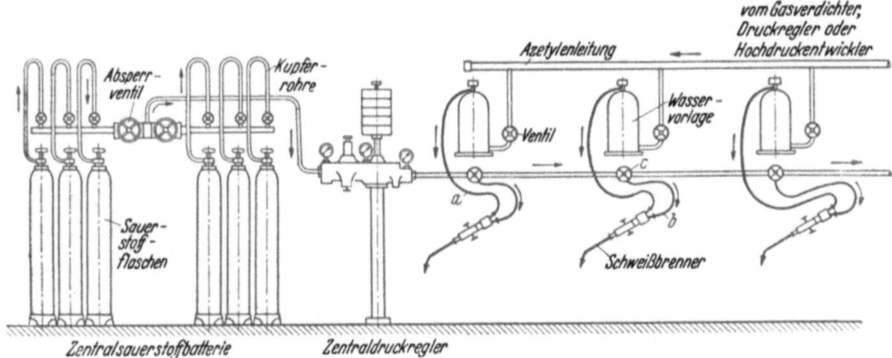

Abb. 112 Konstantdruck-Schweißanlage.

und Azetylendruck, aber mit einem unter sich ungleich hohen Druck und mit einem ungleichen Gasmengenverhältnis (etwa 1 Sauerstoff zu 1,1 Azetylen).

Gleichdruckanlagen. Sie arbeiten mit konstanten u n d g l e i c h e n Gasdrücken und mit gleichen Gasmengen (1 : 1). Der Unterschied zwischen

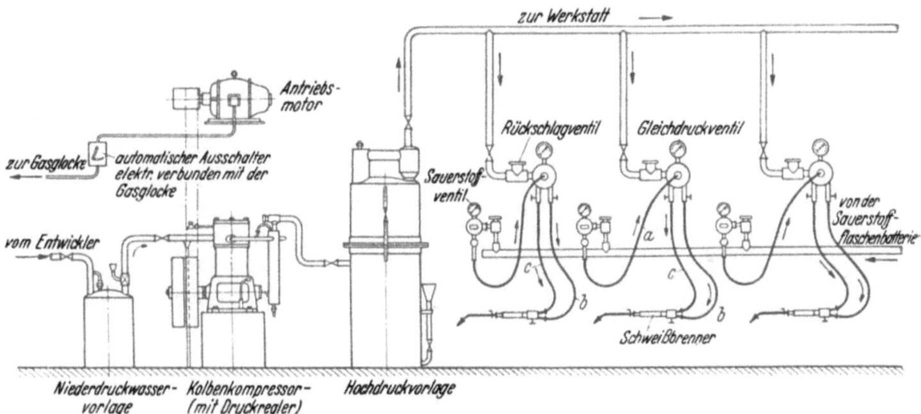

Abb. 113. Gleichdruckanlage mit Einzelplatzregelung.

den beiden in Abb. 113 u. 114 dargestellten Gleichdruckanlagen besteht darin, daß die erste Einzelplatzregelung, die andere Zentraldruckregelung für beide Gase besitzt. Bleiben wir zunächst bei Abb. 113. Das Azetylen strömt, vom Großentwickler kommend, über eine Niederdruckvorlage, von hier durch einen Umlaufkompressor, in welchem es auf etwa 0,5 atü verdichtet wird, und dann über eine Hochdruckvorlage zum Werkstattnetz. An dessen Zapfstellen befindet sich je ein Rückschlagventil und ein Doppeldruckminderventil für Gleichdruck, das durch einen Schlauch *a* mit dem Druckminderventil der Sauerstoffleitung verbunden ist. Die Arbeitsweise dieses Gleichdruckventils ist uns durch Abb. 106 klar geworden. Seine beiden

Anschlüsse sind mit dem Brenner durch Schläuche *b* und *c* gekuppelt. Mengenmäßig gleich werden beide Gase am Hahn des Brenners eingestellt (Abb. 107).

Man ist dann, wie Abb. 114 zeigt, noch weiter gegangen, indem man die Einzelventile nicht mehr am Arbeitsplatze bediente, sondern einen ZentralGleichdruckregler in die beiden Gasleitungen einschaltete. Sowohl das vom Rotationskompressor kommende Azetylen wie der aus der Flaschenbatterie zuströmende Sauerstoff werden gemeinsam im Drucke geregelt über Druckwasservorlagen geleitet und den Betriebsrohrnetzen zugeführt. Am Arbeitsplatz ist lediglich ein gemeinsames Absperrventil für beide Gase zu bedienen.

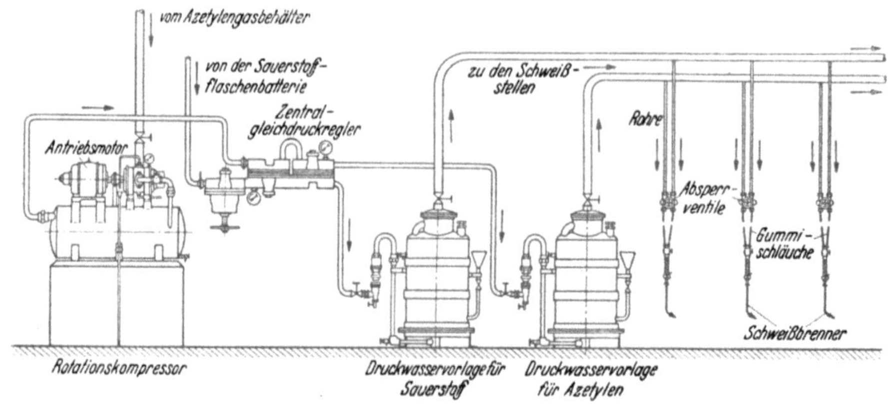

Abb. 114. Gleichdruckanlage mit Zentraldruckregelung.

6. Schweißmaschinen.

Allgemeines. Das seit einer langen Reihe von Jahren verfolgte Ziel, die Handarbeit durch Maschinenarbeit zu ersetzen, ist nur im beschränkten Umfange erreicht worden. So lange es sich um das Schweißen dünner Bleche handelt, die ohne Zusatzdraht stumpf durch Zusammenschmelzen verbunden werden können, ergeben sich keine erheblichen Schwierigkeiten. Verarbeitet man jedoch dickere Bleche, deren Schweißung das automatische Bewegen und das Einschmelzen von Zusatzdraht bedingen, dann liegen die Verhältnisse um vieles ungünstiger. Deshalb sind die meisten Autogenschweißmaschinen vor allem auf die Bearbeitung von F e i n b l e c h e n· eingerichtet. Blechzylinder, Fässer, Kannen, Eiszellen, Blechrohre u. a. können auf solchen Maschinen längs- und rundnahtgeschweißt werden, wobei es gleichgültig ist, ob das Werkstück oder der Brenner bewegt und das eine oder andere eingespannt wird. Der Antrieb der Maschinen erfolgt in der Regel elektromotorisch. Die wassergekühlten Brenner, meist Mehrflammenbrenner, entsprechen den Abb. 99 u. 104.

Längs- und Rundnahtschweißmaschinen. Eine Schweißmaschine für L ä n g s n ä h t e an Feinblechzylindern veranschaulicht Abb. 115. Am unteren Auslegerarm wird das Werkstück mittels besonderer Einspannvorrichtungen festgehalten. Der obere Ausleger trägt einen Einflammenbrenner, der auf einem Support befestigt ist und im Schlitten motorisch bewegt wird. Drahtzusatz erfolgt hierbei nicht. Die Schweißgeschwindigkeit ist über ein Getriebe regelbar. Bei dickeren Blechen, die einen Drahtzusatz notwendig machen, erfolgt dieser in ähnlichen Maschinenarten selbsttätig.

Das Zusammendrücken der Blechränder besorgt ein am Support angebrachter verstellbarer Amboß, der bei Rohrschweißmaschinen durch Druckrollen ersetzt wird.

Beim Schweißen von R u n d n ä h t e n wird stets das Werkstück bewegt, und der über eine Umlaufkühlpumpe gekühlte Brenner ist eingespannt.

Abb. 115. Längsnahtschweißmaschine

Am Arbeitsvorgang wird dadurch nichts geändert. Diese Maschinen werden für Nahtlängen bis zu 3 m und für das Schweißen von 0,5 ··· 5 mm dicken Stahlblechen gebaut. Die erreichbaren Schweißleistungen sind folgende:

$$0,5 \text{ mm Blech } 24 \text{ m/h}$$
$$1 \quad „ \qquad 20 \quad „$$
$$2 \quad „ \qquad 15 \quad „$$
$$3 \quad „ \qquad 12 \quad „$$
$$5 \quad „ \qquad 5 \quad „$$

Rohrschweißmaschinen. Die maschinelle Fertigung sog. Autogenrohre, die in großen Mengen in der Fahrrad- und Installationsindustrie benutzt

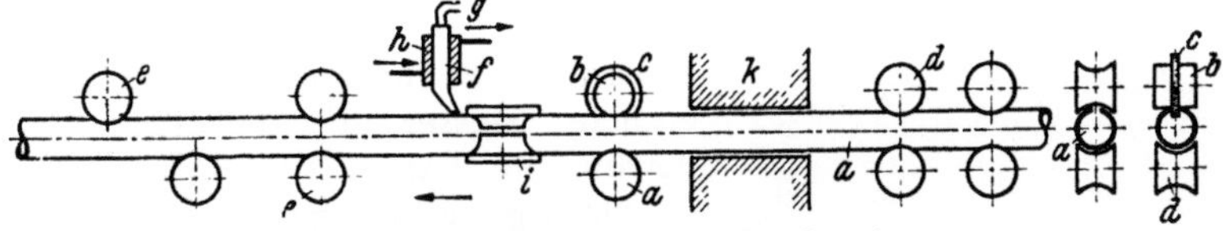

Abb. 116. Grundform einer Rohrschweißmaschine.

werden, ist das zurzeit wichtigste Anwendungsgebiet der Autogen-Schweißmaschine. Dabei handelt es sich um die Längsnahtschweißung von aus langen Blechstreifen eingerollten Schlitzrohren, ein Verfahren, das seit längerem in wirtschaftlicher Weise angewendet wird. Die von einer Haspel ablaufenden Blechbänder werden in besonderen Maschinen zu Schlitzrohren eingerollt und diese geschweißt, was vielfach auf mehrstraßigen Schweißmaschinen geschieht. Die grundsätzliche Einrichtung solcher Maschinen zeigt Abb. 116. Der Rohrstrang *a* wird in Richtung des Pfeiles, also von rechts nach links

durch eine gewisse Zahl von Förderrollen *d* und *e* bewegt, die gleichzeitig
der Rohrführung dienen. Am Maschinenzugange sind diese Rollen außerdem Vorrichter (*d*), am Ausgange Nachrichter (*e*). Die dazwischen liegenden
Rollen sind vor allem Druck- (*i*) und Nahtführungsrollen (*b* und *c*). *k* ist
eine Muffel, in welcher Rohre dickerer Wandung vorgewärmt werden. Bei

Abb. 117.   Zweistraßige Rohrschweißmaschine.

neueren Maschinen mit Mehrflammenbrennern (Abb. 104) entfällt diese Muffel
meist. Während des Vorschubes der zunächst endlosen Rohre durch die
Schweißmaschine bleibt der Schlitz stets nach oben liegend, wie dies aus den
beiden im Bilde rechts skizzierten Seitenansichten erkennbar ist. Um eine
Verwindung des Schlitzes besonders kurz vor der Schweißflamme zu verhüten, ist eine Rolle *b* mit Führungs- und
Trennmesser *c* angeordnet, an dem die
Blechränder entlang geführt und gerichtet
werden. Dahinter befinden sich die waagerecht gelagerten Druckrollen *i*, die für ein
Zusammendrücken der durch *c* getrennten
Blechränder zu sorgen haben. Erst jetzt
setzt die Schweißung vor dem eingespannten Brenner *f* ein, dessen Kühlwassermantel *h* und Gasanschlüsse *g* nur andeutungsweise gezeichnet sind. Zur Beseitigung der beim Schweißen etwa auftretenden Rohrverwindung sind mehrere Nachrichtrollen *e* vorhanden, hinter denen geeignete Messer die fertigen Rohre auf
gewünschte Länge schneiden.

Abb. 118.   Einzelheiten der Rohrschweißmaschine Abb. 117.

Häufig werden statt der endlosen Bandeisen auch solche von bestimmter Länge
(3 ··· 6 m) zu Rohren eingerollt, gezogen
oder gewalzt und diese hintereinander
ohne Abstand in die Schweißmaschine geschickt, so daß sich das Abschneiden
auf Maß nach dem Schweißen erübrigt. In besonderen Fällen werden die
fertig geschweißten Rohre zwecks Kalibrierung über Richtdorne gezogen.

Eine doppelstraßige Autogen-Rohrschweißmaschine für 15 ··· 50 mm
Stahlrohre von 1 ··· 3 mm Wanddicke zeigt Abb. 117. Sie erreicht eine Leistung von 2,5 ··· 12 m/min. Der Antrieb erfolgt durch den Motor *a* über das

Getriebe b, das mit den beiden Rohrstraßen (im Bilde nur die vordere sichtbar) gekuppelt ist. Die Anordnung der Leit- und Druckrollen, die in einem gemeinsamen Maschinenständer c untergebracht sind, entspricht der Grundform der Abb. 116; sie werden durch Spindelräder betätigt. In der Mitte des Maschinenständers befindet sich die Schweißplatte d mit den je 4 Druckrollen e und je einem Mehrfachschweißbrenner f, deren Einzelheiten aus Abb. 118 deutlich zu ersehen sind. Das mit dem Schlitz nach oben liegende, also bereits eingerollte Rohr g wird zwischen den Druckrollen e hindurchgezogen und unter dem 20-Flammenbrenner f verschweißt. h sind die Zu- und Abflußrohre für die Brennerwasserkühlung und i die Wasserzuflußrohre für die Kühlung der Druckrollen, die über die Handräder k geregelt werden.

C. Das Schweißzubehör.

1. Schläuche.

Die Verbindung zwischen Schweiß-, Löt- oder Schneidbrennern einerseits und den Gasquellen Sauerstoff (Druckminderventil) und Brenngas (Druckminderventil oder Wasservorlage) anderseits wird ausschließlich durch Gummischläuche hergestellt. Mit Rücksicht auf die immer erforderliche Bewegungsfreiheit kommen weniger als 5 m Schlauchlänge nicht in Frage; abgesehen davon ist auch eine Entfernung der Flamme vom Azetylenerzeuger von mindestens 3 m vorgeschrieben. Natürlich richtet sich die Schlauchlänge auch nach den örtlichen Verhältnissen der Schweißanlage. Der Schlauch muß aus bestem Gummi hergestellt und mit ein oder zwei Hanfeinlagen gegebenenfalls auch mit leinenen Umlagen (Umwicklung) versehen sein. Gewöhnlicher Gasschlauch kann n i c h t verwendet werden. Wanddicke und Bohrung des Schlauchs sind vom durchgeleiteten Gasdruck und von der Größe des Brenneranschlusses abhängig; für Brenngas ist nach DIN 1901 eine Wanddicke von 3,5 mm, für Sauerstoff eine solche von 4,5 ··· 5,5 mm ausreichend. Die den Ventil- und Brenneranschlüssen angepaßten, lichten Schlauchdurchmesser betragen für Sauerstoff meist 4 ··· 9 mm, für Brenngas 6 ··· 11 mm. Um Verwechselungen vorzubeugen, sollen die Schläuche durch bestimmte Farben (Brenngas rot, Sauerstoff schwarz) gekennzeichnet sein. Neue Schläuche müssen vor Verwendung gut ausgeblasen und von Talkumstaub, der von der Herstellung herrührt, gesäubert werden, damit sich die Brennerbohrungen nicht verstopfen.

Von der B e h a n d l u n g d e r G u m m i s c h l ä u c h e hängt zum großen Teil die Betriebssicherheit und Wirtschaftlichkeit einer Schweißanlage ab. Für dauernde Dichtheit der Schläuche, besonders der Anschlüsse, ist zu sorgen, wenn Gasverluste und Gefahren verhütet werden sollen. Die Schläuche sind an den jeweiligen Anschlußstücken ausnahmslos durch geeignete S c h l a u c h k l e m m e n zu befestigen. Häufiges Umwickeln mit Draht und wieder Lösen des Drahts führt rasch zur Zerstörung der Schlauchenden, die nach und nach abgeschnitten werden müssen, bis schließlich der ganze Schlauch verschnitten ist. Beim Schweißen, noch mehr beim Schneiden, ist für richtige Lage der Schläuche zu sorgen, am besten erhöht vom Fußboden, damit man nicht darauf herumtritt, und sie nicht von abfliegenden und abtropfenden, glühenden oder geschmolzenen Eisenteilchen verbrannt werden. Tritt eine Undichtheit im Schlauche auf (Riß, Loch, durchlässige Stelle), die durch einfaches Umwickeln mit Isolierband nicht zu beheben ist, so schneidet man die Schlauchlänge an dieser Querschnittstelle durch und verfährt nach Abb. 119, indem man die beiden Schlauchenden auf ein in ihre Bohrung passendes Metallröhrchen aufschiebt und durch 1,0 ··· 1,5 mm dicken Messing- oder Kupferdraht in genügend langer Umwicklung befestigt. Hier wird Draht verwendet, weil die Verbindung ständig bestehen bleibt.

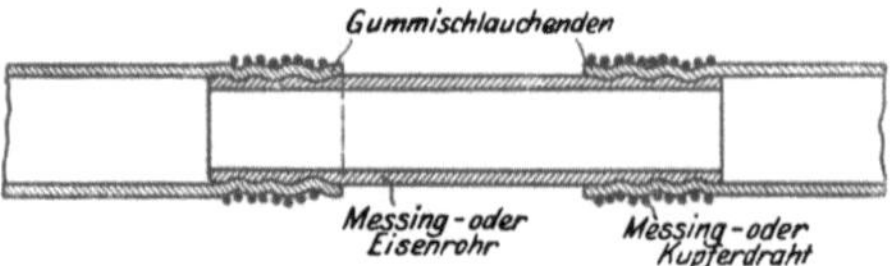

Abb. 119. Verbindung zweier Schlauchenden.

Wenngleich diese Schläuche Arbeitsdrücke von 10 at, wie sie auch für normale Schneidarbeiten immer ausreichend sind, ohne weiteres aushalten, erfordert das Schneiden sehr dicker Werkstücke höhere Sauerstoffdrücke und entsprechend widerstandsfähigeren Sauerstoffschlauch. Man verwendet dann sog. Hochdruck- oder Panzerschlauch, dessen innerer, vielfach mit Hanfeinlagen versehener Kern aus Gummi, entweder mit einem engmaschigen Stahldrahtgewebe oder mit biegsamem Stahlschlauchmantel umgeben ist. Wo nicht unbedingt erforderlich, sollte man von der Verwendung solcher empfindlicher und schwer auszubessernder Schläuche besser Abstand nehmen. Mitunter genügt schon ein mit Stahldraht umwickelter Gummischlauch mit Hanfeinlage.

Das Einknicken des Schlauchs (an den Übergangsstellen zu den Schlauchanschlußnippeln am Brenner und an der Vorlage) kann durch Überziehen dieser Schlauchenden mit einer versteifenden Stahldrahtspirale verhindert werden.

2. Brillen.

Zur Ausrüstung des Schweißers gehört eine mit dunklen Gläsern versehene Schutzbrille (DIN 4652). Man trifft zuweilen Gehäuse-, zuweilen Muschel- und auch klappbare Brillen mit blauen, grünen und grauen Gläsern an, wovon die letztgenannten für das Schmelzschweißen am geeignetsten sind. Die Brille soll nicht aus brennbaren Stoffen (z. B. nicht aus Horn oder Zelluloid) bestehen; metallische Teile der Brille sollen die Haut nicht unmittelbar berühren. Seitenschutz an der Brille ist vorteilhaft, wird der Wärme wegen aber vielfach als lästig empfunden und muß so angeordnet sein, daß die Gläser nicht beschlagen. Im übrigen sollte man dem Schweißer hinsichtlich Brillenform und Glasfärbung freie Wahl lassen. Beim Leichtmetallschweißen sind hellere Gläser zu empfehlen, die noch das Lesen gestatten.

Auch beim Schneiden ist das Tragen einer, weniger gegen die große Lichtfülle als gegen sprühende, glühende Eisen- und Oxydteilchen schützenden Brille sehr zu empfehlen. Es genügt hier unter Umständen, was jedoch nicht ratsam ist, eine engmaschige Drahtgeflechtbrille mit Ledereinfassung (ohne Glas). Einige Brillenarten sind in Abb. 120 zusammengestellt.

3. Verschiedenes Zubehör.

Zur Reinigung der Düsenbohrungen in Schweißbrennern bedient man sich kleiner Reinigungsnadeln aus Messing- oder Kupferdraht, die etwas kleiner im Durchmesser sind als die Spitzenbohrung, oder entsprechender Spiralbohrer, welche zweckmäßig in geeigneten Haltern mit

Spannfuttern festgeklemmt werden. Mit einem Satz von 6···8 Nadeln verschiedener Größe wird man wohl immer zurechtkommen.

Wenn für die Schweißung in der Massenfertigung besondere Vorrichtungen nicht getroffen sind, wird für diese, wie für alle Schweißarbeiten ein aus Winkeleisen oder Rohr hergestellter, in seiner Arbeitsfläche oft mit Schamottesteinen ausgelegter S c h w e i ß t i s c h die beste Unterlage für Schweißstücke sein. Jedoch ist darauf zu achten, daß die erhitzten Werkstücke (Blechfugen) nicht unmittelbar mit den Schamottesteinen in Berührung kommen, da sonst eine Umsetzung kohlenstoffhaltiger Eisenlegierungen mit kieselsäurehaltigen Stoffen des Schamottes nach der Gleichung: $SiO_2 + 2\,C = Si + 2\,CO$ stattfindet, wodurch die Legierung an C ärmer wird und entsprechende Siliziummengen in Lösung gehen, die Brüchigkeit und Porenbildung in der Schweiße zur Folge haben. Das Auslegen der Platte mit Ziegelsteinen, wie man dies häufig sieht, ist nicht ratsam, da die Steine in der hohen Hitze platzen und die abspringenden Steinstückchen geschoßartig fortgeschleudert werden.

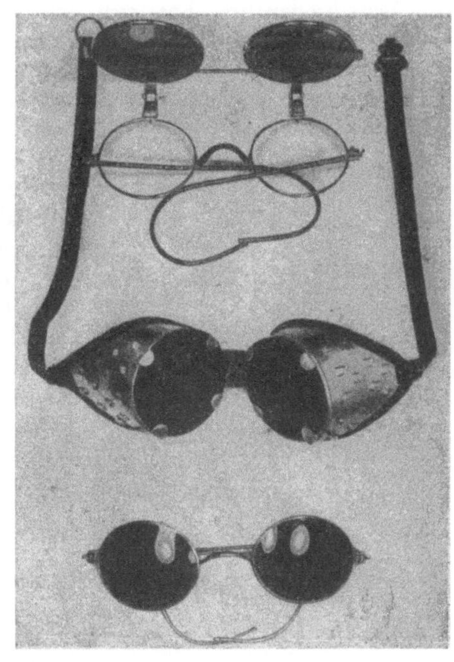

Abb. 120. Schweißerbrillen.

Im allgemeinen genügt als Schweißtisch ein Eisenrost mit in 50 mm Abstand angeordneten Hochkantflachstäben.

Auf die Vielgestaltigkeit der für die Massenfertigung üblichen Aufspannvorrichtungen, Drehtische u. a. kann hier nicht eingegangen werden.

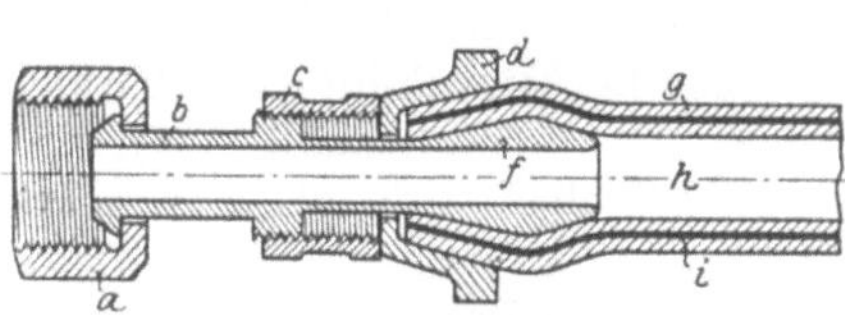

Abb. 121. Schlauchanschlußvorrichtung

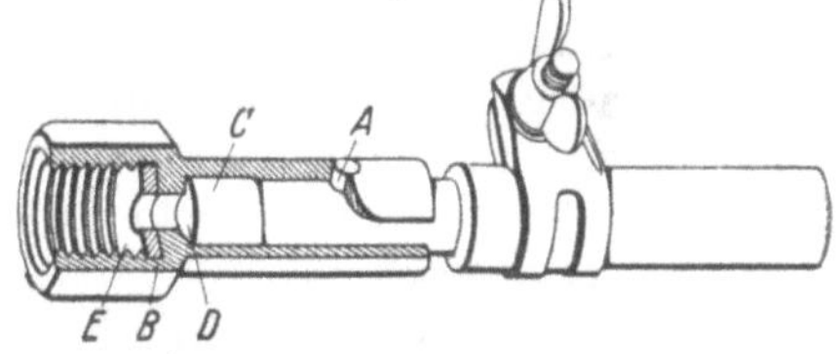

Abb. 122. Schnellschlauchkupplung.

Zur Befestigung der Schläuche an den Schlauchanschlußstücken (Tüllen) bedient man sich meist normaler messingner Schlauchklemmen mit Flügelschrauben. Etwas anderes zeigt die in Abb. 121 im Schnitt dargestellte S c h l a u c h v e r b i n d u n g. *a* ist die Anschlußüberwurfmutter, die über einem Nippel *b* sitzt; auf dem doppelkonischen Ende des letzteren sitzt der Schlauch *g* (mit Hanfeinlage *i*). Die Bohrung von *b* entspricht jener von *g* (*h*). Das Schlauchende wird durch einen kegelförmigen Messingüberwurf *d* festgehalten, der durch eine Mutter *c* festangezogen und in seiner Lage fixiert wird. Eine sog. Schnellschlauchkupplung zeigt Abb. 122. Im Hülsenteil *B*, der fest mit dem Brenner verbunden ist, sitzt ein Gummipuffer *C* mit vorgelagertem Sieb *D*. Das mit dem Schlauch durch Klemmen verbundene Stück *A* trägt einen Stift, der in die entsprechende Führung des Bajonettverschlusses in *B* paßt. Der Gummipuffer *C* ist zeitweise auszuwechseln.

Verschiedentlich hat sich ein als Gassparapparat bezeichnetes Gerät eingeführt, das dazu dient, bei jeder Arbeitsunterbrechung den Schweißbrenner durch Drosselung der Gaszufuhr selbsttätig auszuschalten. Der Brenner wird auf einen Bügel gelegt oder gehängt, der seinerseits zwei mit der Gas- und Sauerstoffzuleitung in Verbindung stehende Ventile absperrt. Beim Abheben des Brenners öffnen sich die Ventile wiederum selbsttätig, und der Brenner kann an einer stetig brennenden Zündflamme des Apparates entzündet werden. Da dieser Apparat nur dann seinem Namen Sparapparat Ehre macht, wenn seine vier Schlauchanschlüsse und die Ventile peinlich dicht halten, ist hierauf besonderes Gewicht zu legen. Bei hohen Gaspreisen dürfte sich eine solche Einrichtung dort, wo sie gut anwendbar ist, sehr bald bezahlt machen.

Zur Sonderausrüstung des Schmelzschweißers gehört unter anderem der Mund und Nase bedeckende Respirator (Atmungsmaske), ein für Zink-, Blei-, Bronze- und Messingschweißer sehr dienliches Gerät,

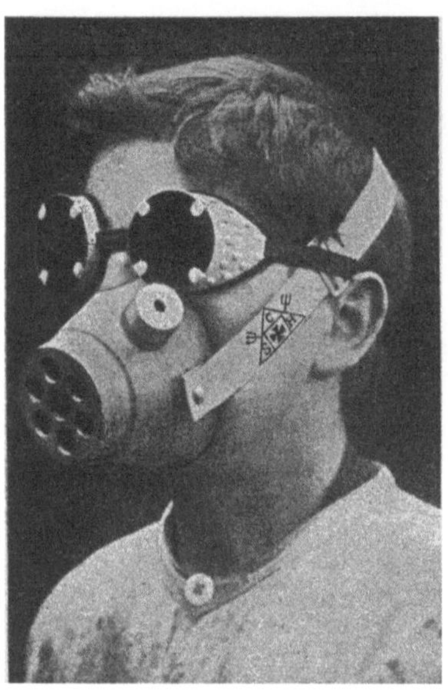

Abb. 123. Atmungsmaske (Lungenschützer).

Abb. 123. Die beim Schweißen dieser Metalle sich bildenden, z. T. giftigen Dämpfe werden dadurch unschädlich gemacht. Andernfalls müssen am Schweißtisch geeignete Absaugevorrichtungen angebracht werden.

Zum Schutz gegen übergroße Hitzewirkungen (im Feuer liegender oder darin vorgewärmter schwerer Werkstücke) auf die Haut des Arbeiters ist die Benutzung zeitweise in Wasser abzukühlender Asbesthandschuhe erforderlich. Wenn notwendig, kann die Schutzbekleidung noch durch Asbestmasken (mit Glimmerfenstern in Augenhöhe), Asbestschürzen oder durch ganze Asbestanzüge vervollständigt werden. Leder- oder Deutschlederschürzen haben sich als besonders geeignet erwiesen.

Endlich mag noch der Muffelofen als Teil der Schweißereiausrüstung genannt sein. In ihm sollen vor allem mit Spannungen behaftete Gußkörper vor dem Schweißen vorgewärmt und nach dem Schweißen gleichmäßig abgekühlt werden.

Der in Abb. 124 veranschaulichte Muffelofen ist zweiteilig und für Gasheizung bestimmt. Er dient der Vorwärmung von Autozylindern, Motor- und Pumpengehäusen usw. Beim Einsetzen größerer Werkstücke wird die mittlere Trennwand herausgenommen. Der Ofen besteht aus einem Eisenblechgerüst, dessen Inneres mit Schamotte ausgemauert und gut verankert ist. Die Gußstücke werden auf einen eisernen Tisch gelegt, der von unten durch mehrere Gas-Luftgebläseflammen geheizt wird. Ist die notwendige Rotwärme des Gußstücks erreicht, was durch eine Luke festgestellt werden kann, dann wird die vordere Tür nach unten geklappt, das Werkstück mittels einer Gabelstange samt dem eisernen Schlitten herausgezogen und auf diesen geschweißt. Inzwischen wird die Schiebetür zugezogen, um Wärmeverluste zu verhüten. Nach beendeter Schweißung wird die Schiebetür hochgezogen, das Ganze wieder in den Ofen eingebracht und die Haupttür geschlossen.

Abb. 124. Gasmuffelofen.

4. Zulegewerkstoff (Schweißdraht).

Allgemeines. Zur Ausfüllung und Verdickung der Schweißfugen, sowie zum Ausgleich der beim Zusammenschmelzen der Werkstoffkanten auftretenden Metallverluste und außerdem bei der Auftragsschweißung, benötigt man Zulegewerkstoff, der in Form von Stäben oder Stangen als S c h w e i ß - d r a h t in das Schmelzbad eingeschmolzen wird.

Jeder Schweißdraht steht, abgesehen von seiner Zusammensetzung, für das gewünschte Ergebnis mit einer Reihe anderer Faktoren in inniger Wechselwirkung; es sind dies: Zusammensetzung und Güte des Grundwerkstoffs (des Schweißstücks), Art und Beschaffenheit der Schweißgase, Flammeneinstellung, Brenner- und Drahtführung, Nachbehandlung der Schweiße u. a. Ihr richtiges Zusammenwirken vorausgesetzt, hängt die Güte der Schweiße, die durch mancherlei Prüfverfahren festgestellt werden kann, in ihren verschiedenen physikalischen und chemischen Eigenschaften von der geeigneten Legierung des Schweißdrahtes[1] und von seinem Verhalten beim Schweißen (Verschweißbarkeit) ab. So sind Porenfreiheit, Farbengleichheit (Messing und Bronze), Korrosionsbeständigkeit, Bearbeitbarkeit (Eisenguß), Rauchlosigkeit (Messing) und viele andere Bedingungen, sowohl bei Stahl- als bei allen anderen Metallschweißdrähten zu erfüllen. Deshalb hat die Auswahl des Zulegewerkstoffs eine viel höhere Bedeutung, als ihr oft zugemessen wird. An Stelle der gezogenen Schweißdrähte können in einigen besonderen

---

[1] S t r e b : Autogene Metallbearbeitung, 1932, Heft 4. S t r e b u. K e m p e r : Autogene Metallbearbeitung, 1933, Heft 1.

Fällen, auf die später hingewiesen wird, auch aus dem gleichen Werkstoff abgeschnittene Blechstreifen als Schweißstab dienen.

Äußere Kennzeichen sind: unterscheidende Merkmale, wie farbige Köpfe (Stirnflächen) oder Einprägungen von Firmen- oder Sortennamen, Form und Abmessung, sowie die Oberflächenbeschaffenheit. Im allgemeinen sind die Schweißdrähte rund gezogen oder gegossen (für Gußschweißungen) als 1000 bis 500 mm lange Stäbe oder in Ringen, die man sich selbst auf Stablängen zuschneiden muß (seltener), handelsüblich. Die Oberfläche soll glatt sein, frei von Zunder, Rost, Fett, Öl oder sonstigen Verunreinigungen. Dagegen sind mitunter besondere, sehr dünne fremdmetallische Überzüge erwünscht, z. B. bei Stahldrähten Kupfer-, seltener Nickelhüllen, bei Messingdrähten Silberüberzüge, bei Nickel Kobalt usw., worüber an entsprechenden Stellen noch einiges auszuführen sein wird.

a) Stahlschweißdrähte.

DIN-Vornorm. Für die Schweißung von Stahl sind in der DIN-Vornorm 1913, die zur Zeit geltenden Gesichtspunkte für die Lieferung von Schweißdraht für Verbindungs- und Auftragsschweißung zusammengestellt und die Sorten nach mechanischen Gütewerten, die der Stahlnormung angepaßt sind, unterschieden (Tabelle 16). Sie beschränkt sich auf Festigkeiten bis zu 42 kg/mm².

Tabelle 16. Schweißdraht für Gasschweißung.

Schweißdraht					Geschweißte Probe				
Sorte			Zulässige Beimengungen P | S v. H. höchstens		Zugfestigkeit σ_B kg/mm² mindestens	Biegewinkel Grad mindestens, nur für Blech bis 10 mm Dicke	Kerbschlagzähigkeit mkg/cm² mindestens	Schmiedbarkeit	Brinellhärte H_n kg/mm²
Art	Marke	Kennfarbe	P	S					
Verbindungsdraht	G 34	gelb	0,04	0,03	34	180°	7**	ja	—
	G 37/42	rot	0,04	0,03	37/42*	150°	5	ja	—
Auftragdraht	Ga 150	weiß	—	0,03	—	—	—	—	125 … 175
	Ga 200	orange	—	0,03	—	—	—	—	175 … 225
	Ga 250	braun	—	0,03	—	—	—	—	225 .. 275
	Ga 350	violett	—	0,03	—	—	—	—	350 … 450
	Ga 500	grau	—	0,03	—	—	—	—	≧ 500

* Die Mindestfestigkeit muß der Nennfestigkeit entsprechen.
** Bei Proben, die in der Schweißwärme gehämmert werden.

Die Mindestfestigkeit der Schweiße muß der Nennfestigkeit des Werkstoffs entsprechen. Die Brinellhärte ist nur im Bedarfsfalle zu prüfen oder wenn der Draht für Auftragsschweißung verwendet wird. Bezüglich der chemischen Zusammensetzung sind nur wenige Höchstwerte für die unerwünschten Stahlbegleiter Phosphor und Schwefel angegeben, um die noch im Flusse befindliche Entwicklung des Legierens der Schweißdrähte nicht zu hemmen.

Die Unterteilung erfolgt in erster Linie nach der Stahlsorte, weil der Zusatzwerkstoff dem Grundwerkstoff möglichst ähnlich sein soll. Da beim Schweißen einzelne Legierungsbestandteile mehr oder weniger herausbrennen, sind die Schweißstäbe mitunter an diesen Stoffen etwas höher legiert. Die Drähte haben einen Durchmesser von 1···8 mm, neuerdings auch quadratischen oder dreieckigen Querschnitt. Durch das raschere Anschmelzen der Kanten soll eine 10···15 vH größere Abschmelzgeschwindigkeit (bezogen auf den gleichen Querschnitt runder Stäbe) erreicht werden. Die Drähte werden meist schwarz geglüht in den Handel gebracht und tragen daher eine leichte Oxydhaut, die auf der Schmelze einen dünnen Schlackenfilm ergibt. Deshalb werden die Drähte mitunter auch blank gezogen oder gebeizt und verkupfert geliefert. Mit Rücksicht auf die Gefahr der Wasserstoffaufnahme darf die Verkupferung nur bei geglühten Drähten vorgenommen werden. Diese hauchdünne Kupferschicht bietet einen Schutz gegen die Rostgefahr beim Lagern und gegen ein vorzeitiges Verzundern beim Einführen in die Schweißflamme. Auch Nickelüberzüge sollen infolge besserer Wärmeübertragung die Schmelzgeschwindigkeit fördern und die Bildung von Schlackeneinschlüssen an den Korngrenzen unterbinden.

Zunächst sei festgestellt, daß die übliche chemische Analyse wohl die verschiedenen Legierungsgruppen zu unterscheiden gestattet, für das verschiedene Verhalten von Drähten gleicher Zusammensetzung aber kein eindeutiges Maß ist. Nach neueren Erfahrungen ist dafür besonders der Sauerstoffgehalt ausschlaggebend, da Einsatz, Schmelzführung, Desoxydation, Art des Ziehens, sowie Oberflächenbeschaffenheit von Einfluß sind. Vor allem sind es drei Erscheinungen, die bei der Verarbeitung des bisher üblichen, niedrig gekohlten Flußeisenschweißdrahtes auftreten, der wegen der hohen Dehnung und des großen Biegewinkels der Schweiße bevorzugt wird, nämlich das Spritzen, das Kochen und Schäumen sowie das Steigen[1]).

Spritzen, Kochen, Steigen. Neben immer auftretenden ganz feinen Funken ist unter S p r i t z e n das Herausschleudern einzelner kleiner Metallkügelchen zu verstehen, das durch plötzliche Gasausscheidungen aus dem ververflüssigten Metall bewirkt wird. In erster Linie gibt hierzu der im flüssigen Eisen nicht lösliche Wasserdampf Veranlassung, der infolge Reduktion des Eisenoxyduls der Schweiße durch den Wasserstoff der Flamme entsteht ($FeO + H_2 = Fe + H_2O$). Wenn auch der Kohlenstoff und Sauerstoff der Schweiße eine gasentwickelnde Reaktion eingehen, so verläuft diese Umsetzung doch zu langsam, um das Spritzen zu veranlassen.

Das K o c h e n der Schweiße ist ein Austreten von Gasen aus einer völlig flüssigen Schmelze, während unter S c h ä u m e n das Ausstoßen von festen Schlackenteilchen und -häuten vermischt mit Gasen zu verstehen ist. Diese Erscheinungen verlaufen so langsam, daß ein Spritzen nicht unbedingt damit verbunden zu sein braucht. Die Abscheidung einer allerdings nur leichten Schlackenhaut aus Kieselsäure oder dgl. ist als ein Schutzmittel gegen Luftzutritt (Sauerstoff- und Stickstoffaufnahme) anzusehen.

Mit S t e i g e n bezeichnet man das Auftreten von größeren Poren, Trichtern und Aufblähungen in der Schweißnaht, die durch das Auftreten von Gasen infolge verringerter Löslichkeit bei der Erstarrung hervorgerufen werden und die bei schneller Erstarrung der Oberfläche der Schmelze infolge zu langsam verlaufender Gasreaktion nicht mehr austreten können. Unterstützt wird dieser Vorgang durch zunehmende Überhitzung, weil dann Gasreaktion und Gaslöslichkeit größer werden. Deshalb darf auch der Querschnitt des Schweißdrahtes im Verhältnis zur Flammengröße nicht zu gering

---

[1]) H o r n u. T e w e s : Über Blasen und Poren in Metallen und Schweißen. Autogene Metallbearbeitung, 1932, Heft 6.

11*

bemessen werden. Gegebenenfalls muß mit kleinerer Flamme und damit mit geringerer Schweißgeschwindigkeit gearbeitet werden.

Schweißdrahtdicke. Praktisch ist es üblich, die Dicke des Schweißdrahts von der Blechdicke abhängig zu machen. Im allgemeinen kommt man zu angenäherten Werten, wenn man bei Blechen bis zu 5 mm Dicke (d) $d = 1$ setzt, d. h.: für 1 mm-Blech nimmt man 1 mm Drahtdurchmesser, für 3 mm-Blech 3 mm-Draht usw. Für $6 \cdots 12$ mm Blechdicke ist $\frac{d}{1,5...2}$ zu setzen, für $13 \cdots 20$ mm-Blech gilt $\frac{d}{2,5}$, d. h. für ein 16 mm-Blech, z. B. wird die Drahtdicke mit $\frac{16}{2,5} = 6 \cdots 7$ mm Durchmesser gewählt. Im übrigen ist die Drahtdicke gefühlsmäßig zu wählen, da es auch auf die Lage der Naht (waagerecht, senkrecht, überkopf) und auf ihre Art, ob V- oder Kehlnaht, sowie auf die Form der Schweißmulde und den Grad ihres Ausfüllens ankommt. Soweit Stahlschweißdrähte mit quadratischem oder rechteckigen Querschnitt geliefert werden, entsprechen sie zwar quantenmäßig denen runden Querschnitts, erfüllen aber die ihnen zugedachten wirtschaftlichen Vorteile nicht.

Die G e w i c h t e runder Stahldrähte sind etwa folgende:

Je 1 m Draht von				Je 1 m Draht von		
1 mm	$\varnothing = \sim$	6 g		4 mm	$\varnothing = \sim$	100 g
2 „	$\varnothing = \sim$	25 „		5 „	$\varnothing = \sim$	150 „
3 „	$\varnothing = \sim$	55 „		6 „	$\varnothing = \sim$	225 „

Gewöhnlicher Stahlschweißdraht. Beim Schweißen von gewöhnlichem weichen Kohlenstoffstahl in Handelsgüte, ist der Werkstoff, vor allem bei dünnen Blechen, von größerer Bedeutung als der Zusatzdraht. Erst mit zunehmender Blechdicke gewinnt der Schweißdraht immer mehr an Bedeutung, weil der Anteil der in die Schweiße eingeschmolzenen Drahtmenge erheblich anwächst. Zusatzdrähte aus weichem Martinstahl haben ungefähr folgende Zusammensetzung:

$$\left.\begin{array}{l}\text{Kohlenstoff . . . . . 0,05...0,15 vH}\\ \text{Mangan . . . . 0,30..0,60 vH}\\ \text{Silizium . . . . höchstens 0,08 vH}\\ \text{Schwefel . . . . höchstens 0,03 vH}\\ \text{Phosphor . . . . höchstens 0,03 vH}\end{array}\right\} \begin{array}{l}\text{Gewöhnlicher}\\ \text{Stahlschweißdraht}\\ \text{(Gruppe I)}\end{array}$$

Drähte dieser Zusammensetzung erreichen eine Festigkeit bis zu 34 kg/mm², also nicht die nach DIN 1913 verlangten 37 kg/mm².

Der Kohlenstoff brennt, da andere rascher oxydierende Legierungsbestandteile fehlen, aus der Schweiße weitgehend heraus, und Sauerstoff tritt auch bei neutraler Flammeneinstellung in die Schweiße ein, so daß sie einen unruhigen Fluß aufweist. Die Drähte spritzen und Festigkeit und Dehnung fallen gering aus.

Diese Erkenntnis führte zur Entwicklung einer anderen Gruppe von Z u s a t z d r ä h t e n a u s b e r u h i g t e m S t a h l, was durch Erhöhung der desoxydierenden Beimengungen von Mangan und Silizium erreicht wurde. Da sich ein angenähert konstantes Verhältnis zwischen Eisenoxydul und Manganoxydul einstellt, reicht Mangan zur vollständigen Desoxydation allein nicht aus, sondern erst im Zusammenwirken mit einem Siliziumzusatz kann das Spritzen beseitigt werden. Eine aus Silizium und Mangan gebildete leichtflüssige Schlacke schützt bei Dickblechschweißungen vor der Einwirkung der Flammengase und dem Ausbrennen des Kohlenstoffs. Bei niedrigem Mangangehalt soll aber Silizium 0,2 vH nicht übersteigen, da sonst, wie dies bei allen hochsilizierten Blechen der Fall ist, eine zu zähe Schlackenhaut aus Kieselsäure gebildet wird, die bei normaler Schweißgeschwindigkeit das Austreten gelöster Gase verhindert und poröse Schweißen zur Folge hat. Der Siliziumgehalt darf nur dann bis 0,5 vH ansteigen, wenn der Mangangehalt um 0,5 vH höher liegt als dieser.

Höher legierter Stahlschweißdraht. Da sich Fehler und Poren bei Schweißen mit verhältnismäßig niedriger Festigkeit weniger äußern als bei hoher Nahtfestigkeit, wird auch für die Gasschweißung von St 34···42 eine Nahtfestigkeit von 100 vH bei hoher Dehnbarkeit, auch im Hinblick auf die höhere Dauerfestigkeit, gefordert werden müssen. Der Übergang zu höher legierten Schweißdrähten war deshalb unausbleiblich. Der Mangangehalt ist auf 0,6···1,0 vH heraufgesetzt worden, wodurch eine Festigkeitssteigerung und Erhöhung der Streckgrenze ohne Dehnungsverminderung und ohne zu starke Schlackenbildung erreicht wird. Der Kohlenstoffgehalt ist ebenfalls heraufgesetzt worden, wodurch die Festigkeit zu-, die Dehnung jedoch abnimmt Da letzte aber bis zu einem ausreichenden Grade erhalten bleiben soll und muß, darf der Kohlenstoffgehalt trotz eines gewissen Abbrandverlustes nicht zu weit getrieben werden, ungefähr bis 0,2, höchstens aber 0,25 vH. Übrigens tritt dadurch außer den typischen Kohlenstoffunken nicht etwa ein Spritzen oder Blasenbildung auf. Schwefel und Phosphor sind schon immer als schädlich erkannt worden, da sie die Dehnung herabsetzen und Rot-, bzw. Kaltbrüchigkeit nach sich ziehen. Beider Anteile niedrig zu halten, muß also stets gefordert werden. Für einen Draht dieser höher legierten Gruppe, der für St 34···42 Verwendung finden soll, kommt etwa folgende Zusammensetzung in Frage:

Kohlenstoff . . . . 0,15...0,25 vH		höher legierter
Mangan . . . . 0,60...1,00 vH		Stahlschweißdraht
Silizium . . . . 0,10...0,20 vH		(Gruppe II)
Phosphor . . . . . höchstens 0,05 vH		
Schwefel . . . . . höchstens 0,04 vH		

Zum Schweißen von Grundwerkstoffen über 42···60 kg/mm² Festigkeit müssen dem Schweißdraht noch weitere Legierungsstoffe zugefügt werden, z. B. Chrom, Nickel, Kupfer, Molybdän, Vanadin und Titan in verschiedenen Verhältnissen und Mengen. Durch diese Zusätze werden die Merkmale des Drahtes nach verschiedenen Richtungen hin verändert, so daß man dieser dritten Gruppe die Bezeichnung Sonderzusatzdrähte gegeben, sie aber infolge ihrer Vielfältigkeit, die obendrein noch im Flusse ist, bisher in die Normung noch nicht eingereiht hat. Zehn erprobte Drahtanalysen sind in Tabelle 17 zusammengestellt. Die Verarbeitung dieser Stäbe erfordert einige Übung, da z. B. bei nickelhaltigen Stäben (3···4 vH Ni) infolge großer Leichtflüssigkeit durch Vorlaufen im Schmelzbade Kaltschweißstellen und bei chrom-molybdänhaltigen Drähten infolge zäher Schlackenbildung leicht Poren eintreten können. Die gekupferten (0,4···0,6 vH Cu) CrNi- oder CrMo-Stähle sind bei niedrigem C- und Mn-Gehalt gut verschweißbar und weisen eine gewisse Rostträgheit auf; erst bei höherem C-Gehalt (0,15···0,25 vH) und hohem Mn-Gehalt (0,6···0,8 vH) ist die Schweißbarkeit merklich herabgesetzt.

Für ausgesprochen **nichtrostende Stähle** (z. B. V 2 A, SAS) nimmt man Stäbe mit dem Grundwerkstoff möglichst sehr ähnlichen Legierungen, also eine Grundzusammensetzung mit:

Kohlenstoff . . . . 0,07... 0,15 vH
Chrom . . . . 18,00...20 vH
Nickel . . . . 8,00..10 vH

Um interkristalline Korrosionen, auch bei nicht nachtbehandelten Schweißen auszuschließen, werden geringe Anteile an Titan (0,5 vH) oder Tantal

(1,3 vH), Vanadin, Molybdän u. a. zulegiert. Es sei gleich an dieser Stelle betont, daß das Schweißen reiner Chromstähle mit 17···30 vH Cr wegen außerordentlich großer Schweißspannungen bedenklich und deshalb nicht ratsam ist.

Tabelle 17.

Draht sorte	C	Mn	Si	Cu	Cr	Ni	Mo	S	P	
1	0,10	0,49	0,18	0,15	0,06	2,14	0,14	—	—	
2	0,15	0,49	0.21	0,08	0,67	3,44	—	—	—	
3	0,15	0,56	0,26	0,15	0,10	3,43	—	—	—	
4	0,34	2,05	0,14	0,24	0.05	—	—	—	—	
5	0,30	0,52	0,31	0,12	0,89	—	0,21	—	—	
6	0,20	1,09	0,60	0.01	—	—	—	—	—	Sonderzusatzschweißdrähte (Gruppe III)
7	0,10 ...0,15	0,60 ...0,80	0,20 ...0,0	0,40 0,50	0,30 ...0,40	—	0,10 ...0,15	<0,03	<0,03	
8	0,15 ..0,25	0,60 ...0,80	—	—	—	3,00 ...4,00	—	<0,03	<0,03	
9	0,06 ...0,09	0,20 ...0,35	—	0.45 ..0,35	0,10 ..0,20	—	0,10	—	—	
10	0,05 ...0,07	0,15 ...0,18	—	0,40 ...0,60	0,15	0,10	—	—	—	

Draht für Auftragsschweißungen. Hierbei kann im allgemeinen auf Dehnungs- und Verformungsmöglichkeit verzichtet werden, wohingegen meist eine mehr oder weniger hohe Verschleißhärte Bedingung ist. Neben geeigneter Warmbehandlung, hauptsächlich Abschrecken, muß die Härte durch geeignete Drahtlegierungen beeinflußt werden. Vor allem wird der Kohlenstoff bis zu 0,7 vH erhöht, auch Mangan und Silizium müssen zum Schutze gegen unzulässig starkes Ausbrennen ausreichend vorhanden sein, um die nach DIN 1913 geforderte mittlere Härte von 150 Brinelleinheiten zu erreichen. Zur Erzielung der nächst höheren Härtestufen von 200 Brinelleinheiten und mehr, muß der Kohlenstoffgehalt auf 1 vH gesteigert werden und Silizium ausreichend (0,2 vH) vorhanden sein. Um über 300 Brinelleinheiten zu erhalten, können außer 1 vH Kohlenstoff noch Chrom (1,1 vH) und Wolfram (1,5 vH) oder Mangan (2 vH) zulegiert werden. Ein bevorzugt angewendeter Auftragsschweißdraht, der zwar weniger harte, dafür aber verschleißfeste Schweißen ergibt, ist der **austenitische Manganstahl,** der bei 1,5 vH C ungefähr 14 vH Mn enthält, das mit etwa 2 vH Abbrandverlust bei gleichbleibendem Kohlenstoffgehalt in die Schweiße übergeht. Da die durch Abschrecken erzielte hohe Härte durch höhere Betriebstemperaturen wieder verloren geht, greift man in solchen Fällen zur Verwendung von eisenarmen oder eisenfreien Hartlegierungen auf der Basis Kobalt-Chrom-Wolfram (Stellite) oder zu Hartmetallen (Wolframkarbid), deren Härte auch bei sehr hoher Temperatur beständig ist.

Draht für Stahlgußschweißungen. Hierfür können Schweißstäbe der Gruppe II, gegebenenfalls auch die der Gruppe III verwendet werden, letzte dann, wenn es sich um Stahlguß von hoher Festigkeit handelt.

b) Gußschweißstäbe

Graugußstäbe. Für die Schweißung von Grauguß werden Gußeisenschweißstäbe von rundem, ovalem oder quadratischem Querschnitt von 3···15 mm Durchmesser und 400···1000 mm Länge verwendet. Da bei Gußeisenschweißungen Flußmittel nötig sind, werden u. a. ⎡-förmige Stäbe in den Handel gebracht, die in ihrer breiten Nut mit solchen Mitteln angefüllt sind. Gußschweißstäbe müssen einen hohen Kohlenstoff- und Siliziumgehalt aufweisen, weil beide Bestandteile aus der Schmelze verdampfen oder oxydieren und z. T. in die Schlacke übergehen. Da die Schweiße stets viel rascher erkaltet als das Werkstück nach dem Gießen, muß man darauf achten, daß die zur Weicherhaltung des Gußeisens erforderliche Graphitausscheidung schnell genug herbeigeführt wird, was man durch einen geringen Mangangehalt und hohen Siliziumgehalt erreicht. Hochsilizierte Gußstäbe genügen infolge dichten Gefuges in der Mehrzahl der Fälle, für besondere Abstufungen in der Festigkeit können weitere Legierungsbestandteile wie Titan, Vanadin und Nickel zugesetzt werden. Im DIN Entwurf 1 E 2301 ist folgende Richtanalyse angegeben:

Kohlenstoff . . . . . 3.. 3,6 vH
Silizium . . . . 3...3,8 vH
Mangan . . . . 0,5...0,8 vH
Phosphor . . . . . 0,4...0,8 vH
Schwefel . . . . . . bis 0,10 vH

Die Stäbe dürfen keine Formsandnester und keinesfalls dicke Gußhäute aufweisen, da diese in das Schmelzbad übergehen und harte Stellen zur Folge haben. Die Oberfläche der Stäbe soll nicht übermäßig rauh und gegebenenfalls durch Reinigung im Sandstrahlgebläse geglättet sein.

Tempergußstäbe. Sie sind im Handel nicht zu haben, außerdem ist das Inlösunggehen der Temperkohle beim Einschmelzen des Stabes unvermeidlich. Je nach dem Temperungsgrade des Werkstücks werden Stahl- oder Gußstäbe als Zusatzwerkstoff genommen. Über die Schweißarbeit des getemperten Werkstoffs entscheidet allein der Schmelzversuch mit der Schweißflamme. Die Schweißarbeit von Temperguß fällt sehr verschieden aus. Bindet nicht Stahl, sondern nur Gußeisen ab, dann muß auf die Schmiedbarkeit der Schweiße verzichtet werden. In solchen Fällen ist von der Schweißung besser abzusehen und eine Hartlötung mit Bronze ratsam.

c) Nichteisenmetall-Schweißstäbe.

Allgemeines. Neben den bisher erwähnten grundlegenden Bedingungen, die von Schweißstäben zu erfüllen und die sinngemäß auch auf die Nichteisenmetalle (NE-Metalle) zu übertragen sind, müssen diese noch einigen besonderen Bedingungen entsprechen:

1. Reine, öl-, fett-, oxyd- und schmutzfreie Oberfläche. Drähte, die längere Zeit gelagert haben, schmutzig oder angelaufen sind, werden zweckmäßig mechanisch (Abschmirgeln!) oder durch Beizen gereinigt.

2. Die Drähte sollen möglichst wenig Dämpfe oder Gase entwickeln, da diese auf ein Ausbrennen von Legierungsbestandteilen hinweisen.

3. Die Drähte dürfen nur sehr wenig spritzen; gegebenenfalls ist die Höhe des Spritzverlustes durch Wiegen zu bestimmen.

4. Das Drahtgefüge soll gleichmäßig, ohne Schlacken-, Seigerungs- und Gaseinschlüsse sein (Untersuchung mit einer Lupe).

5. In legierten Drähten dürfen außer den Grundelementen nur solche Stoffe enthalten sein, die der Schweißung nicht schädlich sind und technologisch einwandfreie Schweißgefüge ergeben. Diese meist geringen Zusätze und die Spuren von Stoffen, die aus einem etwaigen metallischen Oberflächenüberzuge herrühren, müssen im Schweißquerschnitt gleichmäßig verteilt sein, damit sie nicht korrosionsfördernd wirken können.

6. Ein fast immer zuverlässiges Mittel zur Feststellung der Brauchbarkeit eines Schweißdrahtes ist die Abschmelzprobe. Der Draht darf nicht schäumen, er muß gute Kletterfähigkeit haben; es sollen sich langsam kugelförmige Tropfen ablösen und das Stabende soll eine halbkugelförmige, kalottenartige Oberfläche zeigen, ohne Poren, Zacken, Spitzen und grießige Häute. Der Draht soll gleichmäßig abfließen, auch dann, wenn er längere Zeit dem Einfluß der Flamme ausgesetzt wird. Er muß einen guten, nicht zu trägen Fluß besitzen.

7. Der Grad der Verformbarkeit, Festigkeit, Spaltbarkeit und andere Eigenschaften des Drahtes sind für seine Beurteilung ohne Bedeutung, da nur der umgeschmolzene Draht und dessen Eigenschaften für die Schweiße bestimmend sind.

Die Drahtdicke hat sich mehr noch als bei Stahl nach der zu schweißenden Blechdicke zu richten. Um Überhitzungen zu vermeiden, soll der Draht eher verhältnismäßig etwas dicker als dünner gewählt werden. Ganz allgemein kann man, von einigen wenigen Ausnahmen abgesehen, folgende Verhältnisse zugrunde legen:

Blechdicke in mm . . .	bis 1	1...2	2...3	4...5	6...8	8...10	über 10
Drahtdicke in mm . . .	1...1,5	2	3	4	5...6	6... 8	8...10

Eine besonders abweichende Ausnahme hiervon macht eigentlich nur Zink, das ohne Spalt stumpf geschweißt wird und für dessen praktisch vorkommende Dicken fast immer 1,5 · · · 3 mm Draht ausreichend ist. Hinsichtlich der Stabform machen ebenfalls Zink und neben diesem Blei eine Ausnahme. Beide Metalle sind zu weich, um in längeren Stäben benutzt werden zu können. Deshalb bezieht man diese Drähte in Ringen, von denen man Stücke von gewünschter Länge abschneidet und wegen der besseren Handhabung zu einem flachen Bund (Spule) wickelt.

Kupferschweißdraht. Reiner Elektrolytkupferdraht eignet sich nur für dünne Bleche und auch dann nur, wenn die Schweißnähte wenig beansprucht und keinen Verformungsarbeiten (Biegen, Strecken, Treiben) unterzogen werden. Im allgemeinen finden Sonderdrähte Verwendung, die einen gleichmäßigen Fluß bewirken und der Oxydbildung und Gasaufnahme entgegen arbeiten. Die bekannten Kupferschweißdrähte enthalten neben anderen Elementen meist auch Phosphor. Außerdem finden sich in den Stäben eines der Elemente Silber, Nickel, Silizium, Mangan, Titan, Vanadin u. a. oder mehrere dieser Stoffe gemeinsam vor. Eine DIN-Vornorm für Kupferschweißdraht sieht (auszugsweise) folgendes vor:

„Die Oberfläche des Drahtes soll metallisch rein sein, besondere Überzüge sind zulässig. Der Draht muß gleichmäßig fließen und darf nur wenig spritzen. Für Senkrecht- und Überkopfschweißung muß er genügende Kletterfähigkeit besitzen, und er muß von schädlichen Bestandteilen technisch frei sein. Sein Gehalt an Kupfer soll mindestens 98 vH betragen. Folgende Höchstgrenzen an Beimengungen dürfen nicht überschritten werden: 0,5 vH Arsen, 0,08 vH Phosphor, 0,03 vH Blei, 0,03 vH Eisen, 0,03 vH Sauerstoff. Die Drähte werden in Stablängen von 1000 mm und in Dicken von 1 · · · 10 mm geliefert."

Kupfersonderlegierungen. Für die Schweißung von Kuprodur und einigen anderen, in Deutschland weniger üblichen Sonderlegierungen Everdur und Herkuloy, verwendet man Schweißdrähte derselben Zusammensetzung. Unter diesen Legierungen ist Everdur (mit etwa 95 vH Cu, 4 vH Si, 1 vH Mn) am besten schweißbar. Obwohl sich auch Reinkupfer mit Everdurdrähten gut schweißen läßt, sollte man hiervon Abstand nehmen, da die bezüglich der Korrosionsfestigkeit gemachten praktischen Erfahrungen nicht günstig sind.

Messing- und Bronzeschweißdrähte. Unter der nicht einwandfreien Bezeichnung „Bronzeschweiß- und Lötdraht" gelangen verschiedene S o n d e r - m e s s i n g d r ä h t e in den Handel, die geringe Mengen an Silber, Zinn, Silizium, Aluminium, Mangan u. a. enthalten. Die sog. T o b i n b r o n z e , die Vorläuferin einer großen Anzahl ähnlicher Legierungen, enthält 60 vH Kupfer, 39 vH Zink und 1 vH Zinn. Unter der Bezeichnung S i l i z i u m - b r o n z e kommen die gleichen Legierungen mit einem Zusatz von 0,1 bis 0,25 vH Silizium auf den Markt. Alle diese Messinge, von denen eine Sorte oberflächenversilbert geliefert wird, eignen sich zum Schweißen und Hartlöten gleich gut. Sie sind auch zur Lötung (fälschlich Bronzeschwei- ßung) von Grauguß geeignet. Gewöhnlicher Messingdraht, z. B. Ms 63, ist nur sehr schwer porenfrei verschweißbar, weshalb er nur in seltenen Fällen benutzt wird. Eine Hauptaufgabe, die von Messingschweißdrähten zu erfüllen ist, ist die größtmögliche Einschränkung der Zinkverdampfung.

Für verschleißfeste Auftragsschweißungen (Ventilsitze an Lokomotiv- und Motorzylindern) eignet sich M a n g a n b r o n z e am besten, z. B. eine solche aus etwa 57 vH Kupfer, 39 vH Zinn, 1 vH Zink, 1,5 vH Mangan und 1,5 vH Eisen. Auf die Anwendbarkeit hochnickelhaltiger Bronzedrähte wird später noch hingewiesen.

Zur Schweißung von W a l z b r o n z e verwendet man entweder die üblichen Sondermessingdrähte oder, wenn es auf Farbengleichheit und besondere technologische Gütewerte ankommt, Streifenabschnitte desselben Werkstoffs. G u ß b r o n z e und M e s s i n g g u ß (Gelbguß) können gleichfalls mit Sondermessingdrähten geschweißt werden, sofern es sich nicht — wie oft bei Bronze — um große Querschnitte handelt und nicht bestimmte Gesichtspunkte die Verwendung gegossener Bronzestäbe derselben oder ähnlicher Legierung erforderlich machen, wie dies z. B. bei der Schweißung von Kirchenglocken, wo es auf die Erhaltung der Tonlage ankommt, zutrifft. Unter den Bronzelegierungen ist die in den letzten Jahren besonders in Aufnahme gekommene A l u m i n i u m w a l z b r o n z e (mit einem Al-Gehalt bis zu 14 vH) am schwierigsten schweißbar. Die Schwierigkeit wächst mit steigendem Al-Gehalt; die Höchstgrenze der Schweißbarkeit überhaupt scheint bei etwa 6 vH Al zu liegen. Als Schweißdraht wird Werkstoff der gleichen Zusammensetzung verwendet.

Leichtmetall-Schweißdrähte. Hier sind an erster Stelle R e i n a l u m i - n i u m d r ä h t e (99,5 und 99 vH Al-Gehalt) zu nennen, die für die Schwei- ßung von R e i n a l u m i n i u m ganz allgemein in Frage kommen. Bindende Grenzwerte für die Begleiter des Aluminiums kann man nicht angeben, doch sind Zusätze an Kupfer, Zink und Eisen schädlich und daher unerwünscht, jedoch Beimengungen an Titan und Silizium (0,1 vH) mitunter insofern vorteilhaft, als sie auf das Schweißgefüge stark kornverfeinernd wirken. Oxyd- bzw. Tonerdeeinschlüsse dürfen im Al-Draht nicht vorhanden und er sollte stets weich geglüht sein. Dickere Oberflächenhäute (Oxydschichten), wie sie sich bei längerem Lagern bilden und die den Tropfenübergang vom Stabe zum Schmelzbade empfindlich stören können — besonders bei dünneren Blechen — sind in einem Gemisch von 15 vH Natronlauge und 5 vH Chlornatrium abzubeizen und darauf in 3 vH Salpetersäure abzuspülen.

Grundsätzlich gilt zunächst — und das insbesondere für alle korrosionsempfindlichen Metalle —, daß nach Möglichkeit „Gleiches zu Gleichem" zugesetzt werden soll. Wenn man z. B. bei titanhaltigem Drahte von dieser Regel bewußt abwich, dann nur deshalb, weil ein solcher Draht ein außerordentlich feinkörniges Schweißgefüge, auch im ungehämmerten Zustand ergibt und der geringe Zusatz an Titan auf die Korrosionsfestigkeit nur sehr geringen Einfluß ausübt. Ausnahmen von obiger Regel sind auch dann am Platze, wenn bestimmte Sonderlegierungen des Aluminiums vorliegen, worauf später noch eingegangen wird, und sie sind dann von selbst gegeben, wenn die Zusammensetzung der Legierungen unbekannt ist. Auf Grund einfacher werkstattmäßig durchführbarer Prüfungen kann man häufig die Zusammensetzung der jeweiligen Legierung angenähert bestimmen und demgemäß die Wahl für einen ähnlich legierten Schweißdraht treffen, falls nicht, was besser ist, Streifenabschnitte des gleichen Bleches herstellbar sind. Ist beides nicht möglich, dann hilft man sich meist mit Silumindraht, wobei man sich jedoch damit abfinden muß, daß an die technologischen und chemischen Eigenschaften der Schweißverbindung keine hohen Anforderungen gestellt werden können.

Während die Aluminium-Knetlegierungen, insbesondere die aushärtbaren (z. B. Lautal, Duralumin) nicht ohne weiteres alle schweißbar sind, trifft dies im allgemeinen für die Gußlegierungen des Al zu. Die bekanntesten Al-Gußlegierungen, die „Deutsche Legierung" (mit 8 ··· 12 vH Zink, 2 ··· 5 vH Kupfer), die „Amerikanische Legierung" (mit 7 ··· 9 vH Kupfer) und „Siluminguß" (mit 11 ··· 13,5 vH Silizium) sind sehr gut und einwandfrei schweißbar, wenn Zusatzstäbe der gleichen Legierung benutzt werden, was noch mehr für die durch höheren Magnesium- und Mangangehalt ausgezeichneten Legierungen, wie z B. Hydronalium, Anticorodal und Pantal zutrifft. Obwohl eine Verbindung zwischen Aluminiumdraht und gewöhnlichem Aluminiumguß möglich ist, wovon im Notfalle zuweilen Gebrauch gemacht wird, sollten Gußlegierungen nur mit Stäben gleicher oder hierfür besonders hergestellter Art verschweißt werden.

Eine von den geschilderten Aluminiumlegierungen abseits stehende Magnesiumlegierung ist die Leichtmetallegierung Elektron, die gut schweißbar ist, abgesehen von einer mit AZM bezeichneten Blechlegierung (mit 6,5 vH Aluminium und 1 vH Zink), die nur in kurzen Nahtlängen geschweißt werden kann· Für die Schweißung von Blechen, die praktisch nur in geringen Dicken verarbeitet werden, sind ausschließlich Elektrondrähte (AM 503, mit 2 vH Mangan) anwendbar. Andere Leichtmetalle, wie z. B. Aluminium, sind hierfür gänzlich unbrauchbar. Desgleichen kann Elektronguß nur mit Stäben gleicher Art geschweißt werden, was auch für Magnewin gilt.

Schweißdrähte für Nickel und nickelhaltige Legierungen. Nickel- und nickelhaltige Schweißdrähte dürfen weder Gasblasen- noch Schlackeneinschlüsse enthalten. Ihr Gehalt an Schwefel, der Nickel brüchig macht, soll nur sehr gering (nicht über 0,02 vH) sein. Magnesium (bis zu 0,2 vH) und geringe Mengen an Mangan, welche die Schweißbarkeit fördern, sind unbedenklich. Für die Schweißung von Reinnickel haben sich außerdem Nickeldrähte mit einem Kobaltüberzug als besonders geeignet erwiesen.

Nickelin wird mit Nickelindrähten, die im Handel (als Widerstandsdraht) erhältlich sind und Neusilber mit Draht ähnlicher Zusammensetzung oder mit Blechabschnitten desselben Werkstoffs geschweißt.

Die Kupfer-Nickellegierungen, mit 10···45 vH Nickel, von denen schweißtechnisch hauptsächlich die mit 20···30 vH Nickel (Rest Kupfer) in Frage kommen, schweißt man durchweg mit Drähten gleicher Zusammensetzung.

Monelmetall wird ausschließlich mit Moneldraht geschweißt, dem geringe Zusätze an Silizium beigegeben sein können.

Schweißdrähte für die übrigen Metalle. Zu den übrigen schweißbaren Metallen gehören in erster Linie noch Zink und Legierungen, sowie Blei, die beide mit Drähten desselben Werkstoffs oder derselben Legierung geschweißt werden. Die Drähte dürfen, besonders hier, nicht aus Abfällen (Krätze) hergestellt sein. Für Zink ist am besten ein Raffinadezink-, für Blei ein Reinbleidraht zu verwenden. Die Oberfläche des Zinkdrahtes bleibt unbehandelt, die des Bleis wird mit Schabern oder Schmirgelleinen metallisch blank gemacht.

Zur Schweißung der seltener verarbeiteten Edelmetalle Gold, Platin und Silber, die sich auf Grund ihrer geringen Oxydationsneigung vorzüglich schweißen lassen, werden dünne Blechstreifen oder Drähte aus dem betreffenden Metall als Zusatzwerkstoff benutzt.

5. Flußmittel (Schweißpulver).

Allgemeines. Dem Flußmittel oder Schweißpulver fällt die Aufgabe zu, an der Oberfläche des Schmelzbades vorhandene oder sich im Verlaufe des Schweißvorgangs bildende Verunreinigungen, vor allem Metalloxyde zu lösen und mit diesen eine leicht schmelzbare Schlacke zu bilden. Diese Flußmittel sind nur bei den Metallen erforderlich, die leicht und stark oxydieren und wo die an sich reduzierende Wirkung der Schweißflamme allein nicht ausreicht, um die Oxyde in ausreichendem Maße zu reduzieren; außerdem sorgen sie für einen dünnen Fluß des Schmelzbades·

Ohne Schweißpulver sind schweißbar: Stahl, Stahlguß, Gold, Platin, Silber, Blei und guter Temperguß.

Mit Schweißpulver schweißt man: Gußeisen (Temperguß), einige Sonderstähle, Kupfer und alle seine Legierungen, z. B. Bronze, Messing, Rotguß, Tombak, Kupfernickel; ferner Zink und Nickel und deren Legierungen, sowie alle Leichtmetalle, Aluminium, Magnesium und ihre Legierungen. Unterteilt man die Flußmittel nach ihrem Aggregatzustande a feinpulverig (trocken), b pastenförmig (breiig) und c flüssig (wässerig), dann erhält man folgende Übersicht:

a. Mit pulverförmigen Flußmitteln werden geschweißt: Sonderstähle; Gußeisen, Kupfer und seine Legierungen, wie oben angeführt; gegossene Leichtmetalle der Aluminium- und Magnesiumgruppe.

b. Mit pastenförmigen Flußmitteln werden geschweißt: Kupfer und seine Legierungen; Nickel und alle Knetwerkstoffe des Aluminiums und seiner Legierungen. Dabei kann die Paste streichfertig bezogen oder auch Pulver mit Wasser vermengt werden.

c. Mit flüssigen Flußmitteln werden geschweißt: Magnesiumknetlegierungen, Zink und alle seine Legierungen.

Daraus folgert, daß gegossene Werkstoffe meist mit pulverförmigen Mitteln bearbeitet werden, hingegen Knetwerkstoffe derselben Metalle mit pastenförmigen oder flüssigen.

Anforderungen an das Flußmittel. Die beim Abschmelzen des Schweißdrahtes entstehenden Tropfen und die Oberfläche des Schmelzbades überziehen sich oft rasch mit einer aus Fremdstoffen gebildeten Haut, die durch die Gegenwart von Flußmitteln entfernt wird. Demnach handelt es sich viel weniger darum, das Innere des Schmelzbades und des Metalltropfens zu beeinflussen — was in Anbetracht des raschen Erstarrungsvorganges, dem die erforderliche Diffusion (Durchdringung) nicht zu folgen vermag, nicht möglich ist — als meist allein darum, die Oberfläche der geschmolzenen Metalle chemisch zu verändern und die Vereinigung zwischen Werkstoff und Schweißdraht zu fördern. Die chemische Zusammensetzung der Schweiße durch Flußmittel zu beeinflussen, bzw. sie zu ändern oder zu verbessern, ist ein Wunsch, der praktisch kaum erfüllbar sein dürfte, da das Innere der Metallschmelze der Einwirkung des Flußmittels größtenteils entzogen ist. Außerdem ist es wichtig, daß die Flußmittel rechtzeitig, d. h. vor dem Erstarren der Schmelze aus dieser ausgeschieden und dann rasch an deren Oberfläche getrieben werden, damit sie nicht als schädliche Fremdkörper (Nester) zurückbleiben und wie vor allem bei Aluminium und Elektron, korrosionsfördernd sein können. In der Mehrzahl der Fälle ist die Entfernung der nichtmetallischen Verunreinigungen ein Lösungsvorgang und keine Reduktion. Da die Gewichtsmengen an Verunreinigungen außerordentlich gering und die Flußmittel wohl immer in großem Überschuß vorhanden sind, genügen für den teils chemischen, teils physikalischen Lösungsvorgang mitunter schon Bruchteile von Sekunden[1]). Die beim Schweißen sich bildenden Oxyde sind vorwiegend B a s e n , wie Kupfer-, Nickel- und Zinkoxyd, die zweckmäßig durch Säuren, z. B. Bor- und Kieselsäure verschlackt werden, wobei Borate und Silikate das Ergebnis der chemischen Lösung sind. Daneben werden Gemische von Basen, z. B. Natriumkarbonat, dann verwendet, wenn sich saure Oxyde (z. B. Kieselsäure, SiO_2) bilden. Da es sich meist nicht nur um einen Fremdstoff handelt, den das Flußmittel lösen soll, sondern um mehrere unter sich sehr verschieden geartete Fremdstoffe, verwendet man nicht einfache Chemikalien, wie Borax, Borsäure, Soda u. a., sondern verwickelte Gemische wirksamster Stoffe. Überwiegend sind im Flußmittel natürlich jene Stoffe vertreten, die allein schon von besonderer Wirksamkeit sind, z. B. für Gußeisen Natrium- und Kaliumkarbonat.

Zwei weitere Forderungen, welche die Flußmittel zu erfüllen haben, sind eine gute Einstellung auf die A r b e i t s t e m p e r a t u r und eine größtmögliche A u s b r e i t f ä h i g k e i t . Die Wirkungstemperatur des Flußmittels liegt je nach der Metallart, die geschweißt werden soll, innerhalb weiter Grenzen, und zwar etwa zwischen 500⁰ und 1450⁰. Daraus ergibt sich eine auf jedes einzelne Metall, zumindest auf eine bestimmte Legierungsgruppe abgestimmte S c h m e l z t e m p e r a t u r des Flußmittels, bei welcher es besonders wirksam ist. Es ist praktisch oft erwiesen, daß ein Flußmittel, dessen vor allem hohe chemische Wirksamkeit auf eine bestimmte niedrige Arbeitstemperatur abgestellt ist, fast unwirksam werden kann, wenn es bei höheren Temperaturen verwendet wird, und umgekehrt kann es völlig unwirksam bleiben, wenn es für hohe Arbeitstemperaturen bestimmt ist und bei niedrigen benutzt wird. Ähnlich liegen die Verhältnisse bei der A u s b r e i t f ä h i g k e i t . Sie muß den Arbeitstemperaturen angepaßt und so groß sein, daß möglichst große Zonen des zum Schmelzen gebrachten Werkstoffs von Flußmitteln abgedeckt und damit eine glatte Verbindung an der Schweißstelle und weitgehende Lösung der Oxyde erreicht werden. Allerdings darf das Maß der Ausbreitfähigkeit nicht auf Kosten der Wirksamkeit gehen, d. h. das Flußmittel darf nicht zu dünn und demzufolge nicht zu schwach sein.

---

[1]) E. L ü d e r: Flußmittel zum Schweißen. Schmelzschweißung. 1931, Heft 8 u. 9.

Aus der Summe der vielseitigen Anforderungen, die an brauchbare, d. h. tatsächlich wirksame Flußmittel im einzelnen zu stellen sind, läßt sich unschwer folgern, daß es „U n i v e r s a l f l u ß m i t t e l", also solche, die für alle Metalle gleich gut verwendbar sind, praktisch n i c h t geben kann. Diese können nur für ein jeweils bestimmtes Metall, vielleicht auch für eine begrenzte Legierungsgruppe wirksam sein, während sie für andere Stoffe fast unwirksam sind und deshalb einen Anspruch auf die Bezeichnung „Universalschweißpulver" nicht erheben können. Abgesehen davon, sprechen neben schweißtechnischen Rücksichten auch solche wirtschaftlicher Natur dagegen, wenn man überlegt, daß z. B. Aluminiumschweißpulver das 5 · · · 8fache eines Gußeisenschweißpulvers kostet.

Zusammensetzung der Flußmittel. Die immer wiederkehrende Frage, aus welchen Chemikalien die üblichsten Schweißpulver oder Schweißpasten bestehen, ist nur beschränkt beantwortbar, weil die Lieferfirmen die Zusammensetzung meist als Herstellungsgeheimnis betrachten. Das einfachste Flußmittel ist gut gebrannter, von Kristallwasser befreiter B o r a x (Natriumbiborat [$Na_2 B_4 O_7 + 10 H_2O$]), der sich jedoch leider nur für Hartlötarbeiten, n i c h t aber für Schweißzwecke eignet. Wasserhaltiger Borax bläht sich beim Erhitzen dampfbildend auf und ist viel weniger wirksam, als die geschilderten Sonderflußmittel es sind. Besonders bei Gußeisen ist seine Verwendung sehr nachteilig, da leicht harte und unbearbeitbare Schweißstellen entstehen. Einigermaßen brauchbar ist zur Paste angerührter Borax bei Messing. Im übrigen findet er sich als ein Bestandteil vieler auf s a u r e r Grundlage aufgebauter Flußmittelgemische vor, neben Borsäure (B_2O_3), Wasserglas (kieselsaures Kali), Glaspulver u. a. Stoffen, die zum großen Teil aus Kieselsäure (SiO_2) bestehen und glasige, oft schwer entfernbare und in Wasser unlösliche dichte Schlacken bilden. Ferner spielen neben Bortrioxyd und Borax einige Phosphorsalze, wie Natriumphosphat (Na_2HPO_4) und Natriumammoniumphosphat ($NaNH_4 . HPO_4$) in den Schweißpulvern für K u p f e r u n d s e i n e L e g i e r u n g e n eine große Rolle. Ein Gemisch von Wasserglas, Borsäure und Borax zu gleichen Teilen ist ein gutes Flußmittel für rostfreie, also chrom- und nickelhaltige Stähle.

Auf b a s i s c h e r Grundlage aufgebaute Flußmittel finden vor allem bei der G u ß e i s e n schweißung Verwendung. Infolge der großen Verwandtschaft des Siliziums zum Sauerstoff bildet sich vornehmlich Siliziumdioxyd, das neben den gleichfalls anfallenden Oxyden des Mangans, Eisens und Phosphors durch einen Überschuß an Natrium und Kaliumkarbonat im Flußmittel gelöst wird, wobei sich außer Silikaten des Natriums und Kaliums Manganit und Phosphat bilden. Als einfachstes Flußmittel für Gußeisen kann k a l i z i n i e r t e S o d a ($Na_2O, CO_2 + 10 H_2O$) angesehen werden, die im Notfälle gute Dienste leisten kann. Hingegen sind Beimengungen an Manganchlorür ($Mn Cl_2$) und Eisenchlorür ($Fe Cl_3$) schädlich, da sie bei Zutritt von Feuchtigkeit außerordentlich starkes Anrosten zur Folge haben. Beimengungen an Ferrosilizium ($Fe Si$) und Graphit sind vorteilhaft.

Die Vorgänge beruhen nach dem bisher Gesagten auf chemischen Reaktionen zwischen Basen und Säuren; die physikalischen Lösungsvorgänge sind von untergeordneter Bedeutung. Daneben gibt es sehr wichtige Flußmittel, deren Wirksamkeit weniger chemischer als physikalischer Natur ist. Die bedeutendsten Vertreter dieser Gruppe sind Gemische aus Halogensalzen, die die Grundlage fast aller guten Flußmittel für L e i c h t m e t a l l e darstellen, z. B. Mischungen aus Fluoriden, wie Natrium-, Kalium-, Lithium- und Natriumaluminiumfluorid. Diesen Salzen werden zur Unterstützung ihrer

Wirksamkeit und zur Herabsetzung ihres Schmelzpunktes noch andere kleinere Zusätze, meist Chloride, wie Natrium-, Kalium-, Lithium- und Kalziumchlorid, beigegeben. Nebenbei bemerkt, sind Zink- und Ammoniumchlorid die wesentlichsten Bestandteile brauchbarer Z i n k schweißpasten.

Alle Flußmittel aus Alkalisalzen sind stark hygroskopisch (also Wasser aufnehmend) und wirken, falls sie an oder in der Schweiße verbleiben, korrodierend. Für Sonderfälle, z. B. beim Schweißen in Ecken, wo die Entfernung des Flußmittels Schwierigkeiten verursacht, hat man nichthygroskopische, sog. korrosionsfreie Chemikaliengemische verschiedener Art zusammengestellt, die leider an Wirksamkeit einbüßen.

Diese sog. n e u t r a l e n Flußmittel, die besonders dann von geringerer Wirksamkeit sind, wenn sie einen höheren Gehalt an B o r a t e n besitzen, sind insofern vorteilhaft, als sie nicht a u s b l ü h e n und deshalb ohne Nachbehandlung der Schweißverbindung (siehe später) auf dieser belassen werden können. Die Wirksamkeit neutraler Flußmittel kann jedoch durch Verwendung komplexer B e r y l l i u m f l u o r i d e als Grundlage der Mischungen gefördert werden.

Aufbewahrung und Anwendung. Die Flußmittel werden je nach ihrem physikalischen Verhalten, wobei die Aufnahme von Luftfeuchtigkeit die größte Rolle spielt, in verschiedenen Behältern geliefert. P u l v e r f ö r m i g e Flußmittel, die in Blechbüchsen oder Glasflaschen, seltener in Pappkartons oder Leinensäckchen auf den Markt kommen, können im Bedarfsfalle mit Wasser, gegebenenfalls auch mit Spiritus zu einer Paste beliebiger Konzentration angerührt werden. P a s t e n f ö r m i g e, immer gebrauchsfertige Flußmittel kommen in Steinkruken oder Glasflaschen, seltener in Papp- oder Blechdosen und die flüssigen Schweißmittel in Glas-, weniger in Blechflaschen in den Handel.

Die pulverförmigen Flußmittel dürfen nicht flüssig werden, noch zusammenbacken und die pastenförmigen nicht festtrocknen, da sie sonst an chemischer Wirksamkeit vorzeitig verlieren und dann nur noch beschränkt brauchbar sind. Aus diesem Grunde entnimmt man diesen Gefäßen jeweils nur solche Mengen in kleine Porzellan- oder Blechschalen, die dem voraussichtlichen Tagesbedarf entsprechen, hält alle Gefäße gut unter Verschluß und lagert sie trocken. Das gilt besonders von den Schweißpulvern für Leichtmetalle. Verdickte Pasten können, wenn sie sonst gut erhalten sind, durch Wasser verdünnt werden. Streichfertige, also pastenförmige oder flüssige Schweißmittel werden beiderseits der Nahtränder (oben, unten und zwischen diesen) je nach Blechdicke in genügender Breite und auf den Schweißdraht mit einem sauberen Haarpinsel aufgetragen. Gelangt das Flußmittel pulverförmig zur Anwendung (besonders beim Schweißen gegossener Metalle), dann wird das erhitzte Drahtende in das Pulver eingetaucht, so daß es gut an diesem haftet. Taucht man den glühenden Draht in das Aufbewahrungsgefäß, dann wird durch die örtliche Erhitzung das Pulver zusammengeballt, bröcklig und unwirksam. Einem großen Schmelzbade, beispielsweise bei Gußeisenwarmschweißungen, führt man kleinere Mengen des Pulvers von Hand (aufstreuen), größere Mengen am besten mit einem langstieligen Eisenlöffel zu.

IV. Die Technik der Gasschweißung.

A. Allgemeines über die Technik des Schweißens.

1. Die Schweißflamme.

Allgemeines. Sofern nicht besonders bemerkt, beziehen sich die folgenden Betrachtungen ausschließlich auf das Schweißen mit der weitaus meist angewandten Azetylen-Sauerstoff-Flamme. Die Einstellung der Schweißflamme richtet sich nach den Eigenschaften der verschiedenen Metalle und ihrer Legierungen. Abgesehen davon, daß die physikalischen Bedingungen des Flammenbildes durch den Schweißer in nur engen Grenzen beeinflußt werden können, weil bestimmte Ausströmungsverhältnisse nicht ohne Störung des Brennerbetriebes willkürlich verändert werden können, ist in manchen Fällen ein von der normalen „neutralen" Flamme abweichendes Gasmischungsverhältnis erwünscht. Damit dürfen die Begriffe „weiche" oder „harte" Flamme, die vom Sauerstoffdruck abhängig sind, nicht verwechselt werden.

Neutrale Flamme. Bei der Schweißung von Stahl ist, von wenigen, später erwähnten Fällen abgesehen, auf eine neutrale Einstellung der Flamme zu achten und die mit „Entmischung" bezeichnete Erscheinung im Verlaufe der Schweißung durch erhöhte Azetylenzufuhr zu beseitigen (Regelung am Brennerventil). Unter den gleichen Bedingungen werden geschweißt: Stahlguß, Temperguß, Kupfer, Bronze, Aluminiumbronze, Nickel, Zink und Blei. Versäumte Flammennachregelung während des Schweißens hat stets Sauerstoffüberschuß zur Folge, der vor allem bei der Schweißung von Kupfer und Nickel peinlichst vermieden werden muß, weil sich Oxydeinschlüsse bei diesen Metallen besonders ungünstig auswirken (Sprödigkeit, Dickflüssigkeit, Überhitzung). Die anderen Metalle sind weniger empfindlich. Auch ein Azetylenüberschuß wäre falsch, da dessen Zerfallstoffe Kohlenstoff und Wasserstoff vom Schmelzbade aufgenommen werden können. Eine Kohlenstoffaufnahme ist hauptsächlich bei niedrig gekohltem Stahl und Stahlguß, sowie bei Chromnickelstählen zu erwarten und eine solche von Wasserstoff bei Stahlguß, Kupfer, Aluminium und Nickel (Porenbildung, Rißgefahr), die sich während des Schweißens im Schäumen des Bades bemerkbar macht. Aus diesem Grunde ist ein langsames Erstarren der Schmelze erwünscht, um dem etwa gelösten Gas ein Entweichen zu ermöglichen. Der Begriff „harte" oder „weiche" Flammen hat mit den chemischen Eigenschaften der Schweißflamme nichts zu tun; sie sind vom Gas-Sauerstoff-Mischungsverhältnis völlig unabhängig. Sowohl eine neutrale Flamme, wie eine solche mit Überschuß an dem einen oder anderen Gas kann weich oder hart sein. Dieser Flammenzustand ist rein physikalischer Natur und durch die Höhe der Ausströmungsgeschwindigkeit bedingt. Geringe Ausströmungsgeschwindigkeiten (zwischen etwa 80 und 110 m/s) ergeben weiche, $100 \cdots 130$ m/s normale Flammen und höhere (über $130 \cdots 160$ m/s) harte Flammen. Erste sind für den Anfänger angenehmer und bei dünnen Werkstoffen bevorzugt, harte Flammen steigern die Arbeitsgeschwindigkeit und sind bei größeren Werkstoffquerschnitten am Platze, wobei allerdings der Sauerstoffdruck nicht so weit getrieben werden darf, daß Teile des Schmelzbades durch die lebendige Kraft der Flamme aus der Schmelzfuge herausgedrückt werden.

Azetylenüberschuß. Er wird dort angewendet, wo Sauerstoffempfindlichkeit der Schmelze vorliegt, z. B. in geringem Ausmaße bei hochgekohltem Stahl, oder umgekehrt, wo eine C- oder H-Aufnahme nicht eintritt. Auf diese Weise soll der durch Oxydation verloren gegangene Kohlenstoffanteil ersetzt werden. Das gleiche gilt für Gußeisen, bei dem der Azetylenüberschuß sogar reichlich sein kann, zumal bei diesem für eine Weicherhaltung der Schweiße gesorgt werden muß. Obgleich eine metallurgische Begründung für die in der Praxis häufig vertretene Ansicht, auch Aluminium mit hohem Azetylenüberschuß schweißen zu müssen, nicht erbracht werden kann, wird eine Flammeneinstellung auf geringen Gasüberschuß vom Standpunkt verminderter Oxydationsmöglichkeit vertreten werden können, da eine Kohlenstoffaufnahme nicht stattfindet. Dabei darf jedoch der Gasüberschuß nur gering bemessen werden, weil sonst mit einer porenbildenden Wasserstoffaufnahme zu rechnen ist.

Sauerstoffüberschuß. Unter allen Metallen ist lediglich Messing mit einem erheblichen Sauerstoffüberschuß zu schweißen. Dieser kann 30 vH und mehr betragen und soll — wie später bei der Besprechung der Messingschweißung noch dargelegt wird — die Ausdampfung von Zink und damit die Porenbildung verhindern. Ein noch höherer Überschuß an Sauerstoff (bis zu 50 vH) ist bei einigen Sondermessingen notwendig. Neuere, z. T. aushärtbare Kupfer-Sonderlegierungen, die sich beim Schweißen dem Messing ähnlich verhalten, werden ebenfalls mit bis zu 20 vH Sauerstoffüberschuß geschweißt. Der Sauerstoffüberschuß muß gefühlsmäßig und nach dem Auge eingestellt werden (Flammenkegelfärbung hellbau).

Mit Rücksicht darauf, daß auch bei der neutral eingestellten Flamme innerhalb ihres Kerns Azetylen und Sauerstoff im unverbrannten Zustande vorhanden sind, können beim Eintauchen dieses Kerns in das Schmelzbad dieselben Vorgänge eintreten, wie dies für mit Sauerstoff- oder Azetylenüberschuß eingestellte Flammen dargelegt wurde. Daher muß schon aus diesem Grunde der früher angegebene Abstand zwischen Kegelspitze und Werkstoffoberfläche eingehalten werden (2 bis 5 mm, je nach Flammengröße). Außerdem hat das Eintauchen des Flammenkegels in das Schmelzbad eine starke Erhitzung der Schweißdüse und damit häufiges Knallen des Brenners, schlimmstenfalls sogar Abschmelzung der Kupferspitze zur Folge. Durch eine Verkürzung der Entfernung zwischen Brennerspitze und Werkstoffoberkante wird außerdem das Arbeitsvermögen der zu nahe gebrachten Flamme erhebliche Mengen geschmolzenen Metalls aus dem Schmelzbade herausschleudern, und es entstehen unsaubere, schlecht verbundene Schweißstellen.

Flammengröße. Die auf den Brennereinsätzen eingeschlagenen Größenangaben beziehen sich durchweg auf die Schweißung von Stahlblechen. Für die Wahl der Flammengröße sind jedoch nicht allein die Blechdicke, sondern auch die Masse des Werkstücks, die Art des Metalls, dessen Schmelzwärme, Wärmeleitfähigkeit u. a. maßgebend. Gerade dem Anfänger verursacht es einige Schwierigkeiten, sich gefühlsmäßig auf diese Dinge einzustellen, um so mehr, als man allgemein gültige Regeln hierfür nicht aufstellen kann. So macht z. B. Kupfer unter allen Metallen insofern eine Ausnahme, als es trotz seines wesentlich niedrigeren Schmelzpunktes größere Schweißflammen. erfordert als Stahl, weil das Wärmeleitvermögen des Kupfers etwa neunmal so große ist. Das Aluminium, dessen Wärmeleitvermögen annähernd in der Mitte zwischen Stahl und Kupfer liegt und dessen Schmelzpunkt nur etwas mehr als die Hälfte desjenigen des Kupfers beträgt, kann im allgemeinen mit derselben Flammengröße wie Stahl bearbeitet werden.

Im Gegensatz hierzu werden wärmeempfindliche Stähle und solche mit geringem Wärmeleitvermögen, z. B. Chromnickelstähle, mit viel kleineren Flammen geschweißt als Stahl. Im einzelnen wird hierauf noch eingegangen. Im Hinblick darauf, daß die Schweißzeit und die Dauer der Einwirkung des Luftsauerstoffs und -stickstoffs, sowie die Endergebnisse der Flammenverbrennung für die Güte der Schweiße ausschlaggebend sind, wird im allgemeinen eine größere Flamme günstiger sein. Mit anderen Worten: Je schneller eine Schweißung durchgeführt wird, um so besser und auch um so wirtschaftlicher ist sie. Jedoch darf die Flammengröße nicht auf Kosten der Güte der Schweißung übersteigert werden, vor allem dann nicht, wenn es sich um die Bearbeitung wärmeempfindlicher Werkstoffe handelt.

2. Die Führung des Schweißbrenners.

Schweißrichtung. Ursprünglich, als nur die Schweißung mit Wasserstoff-Sauerstoff ausgeübt wurde, benutzte man das nach heutigen Begriffen mit Rechtsschweißung bezeichete Verfahren. Mit der Einführung der Azetylenschweißung ergaben sich hauptsächlich bei der Bearbeitung dünner Bleche, die anfänglich allein in Frage kamen, insofern Schwierigkeiten, als die heißere Flamme leicht zu Lochschmelzungen führte. Das dürfte der einzige Grund dafür gewesen sein, weshalb man die Schweißrichtung änderte und die mit Linksschweißung bezeichnete Art einführte. Erst nachdem auch dickere Bleche in steigendem Maße geschweißt wurden und die Wasserstoffflamme ihre einstmalige Bedeutung gänzlich einbüßte, besann man sich wieder auf die Rechtsschweißung. In diese Zeit fallen die unterscheidenden Bezeichnungen „Vorwärts"- und Linksschweißung, sowie „Rückwärts"- und Rechtsschweißung, die im folgenden durch die eindeutigen Begriffe N a c h links- und N a c h rechtsschweißung ersetzt werden.

Nachlinksschweißung. Sie wird hauptsächlich bei der Verarbeitung von Stahlblechen bis zu etwa 4 mm Dicke, bei Gußeisen, Temperguß und anderen gegossenen Werkstoffen fast ganz allgemein und auch bei den meisten Nichteisenmetallen, unabhängig von deren Dicke, angewendet. In einigen wenigen Fällen, wie z. B. bei Reinnickel und Chrom-Molybdänstählen, wird schon eine Werkstoffdicke von 1,5 mm nachrechtsgeschweißt (Maßnahme gegen Schweißrissigkeit).

Die H a l t u n g d e s B r e n -
n e r s bei Parallelführung zwischen
Handgriff (Brennerschaft) und
Schweißnaht geht aus Abb. 125
hervor. Bekanntlich bildet die
Mischdüse mit dem Brennergriff
normalerweise einen Winkel von
etwa 135°. (Neuerdings nach DIN
1904, Blatt 2, nur 120°.) Daraus
ergibt sich bei Parallelführung des
Handrohres mit der Schweißfläche
ein Schweißwinkel von angenähert

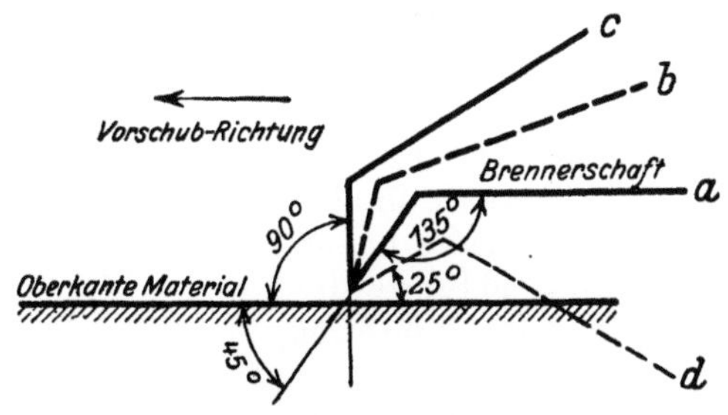

Abb. 125. Anstellwinkel des Schweißbrenners beim Nachlinksschweißen.

45°, wie er für die Schweißung der am häufigsten vorkommenden Blechdicken gerade passend ist. Die Stellung entspricht der Lage *a* in Abb. 125. Für die Schweißung dünnerer Bleche (unter 2 mm) ist ein so großer Einstellwinkel unzweckmäßig, weil leicht Löcher eingeschmolzen werden. Man wird daher bei dünneren Blechen, besonders aber auch bei der Schweißung dünner Nichteisenmetalle mit niedrigerem Schmelzpunkt, wie z. B. bei Aluminium, Zink und Blei, dem Brenner einen kleineren Anstellwinkel von etwa 25° geben (*d* in Abb. 125) und den Brennerschaft rechtwinklig zur Naht halten, da sonst das Handrohr in das Blech hineinragen müßte, was natürlich unmöglich ist. Zur Verhütung des Fortblasens geschmolzenen Metalles aus der Schweißfuge auf noch ungenügend vorgewärmte, d. h. nicht im Flusse befindliche Metallstellen, erhöht man bei Verwendung größerer Brenner (bei Blechen über 5 mm) den Anstellwinkel über 45° hinaus (*b* in Abb. 125), bis er schließlich bei dicken Blechen etwa 90° erreicht (Stellung *c*). Hierdurch ist auch ein besseres Durchschweißen gewährleistet. Die Haltung des Brenners richtet sich demnach in erster Linie nach der Blechdicke, ferner danach, ob waagerecht, senkrecht oder überkopf gearbeitet wird.

Aus dem jeweiligen Wärmezustand der Schweißnaht sind drei verschiedene S c h w e i ß g e s c h w i n d i g k e i t e n abzuleiten, auf die bei der H a l t u n g d e s B r e n n e r s Rücksicht zu nehmen ist. Zunächst wird bei Beginn der Schweißung ein größerer Teil der Flammenwärme an das Werkstück abgegeben; es dauert eine gewisse Zeit (entsprechend dem Wärmeleitvermögen des Metalls), bis die Schweißstelle in Fluß kommt (Vorwärmzeit). Man wird darum die Flamme zu Arbeitsbeginn möglichst senkrecht auf das Schweißgut halten, um es örtlich rascher zu verflüssigen (*c*, Abb. 125). Dann tritt nach dieser verzögerten Arbeitsgeschwindigkeit die normale ein, während welcher der Brenner in der vorher geschilderten Weise geführt wird. Gegen Ende der Schweißnaht staut sich die Wärme, da ja die Flamme der Kante des Bleches immer näher kommt. Man merkt dies sehr bald daran, daß die Naht das Bestreben hat, breiter zu werden. Um die Naht auf ihrer ganzen Länge gleich breit zu halten, muß die Arbeitsgeschwindigkeit gegen Ende der Schweißung beschleunigt werden. Die Flamme wird schräger gehalten (*d*, Abb. 125), damit sie über das Blech hinwegstreicht und den Werkstoff weniger stark erhitzt.

Im übrigen hat sich die Brennerführung den Abmessungen des Werkstücks und der Stellung anzupassen, die der Schweißer zu diesem einzunehmen gezwungen ist. Auch bei der Schweißung dicker Bleche wird man, um die brennerführende Hand vor der rückstrahlenden Wärme zu schützen, den Brenner rechtwinklig zur Naht halten, so daß sich die Hand nicht über, sondern neben der Naht befindet.

Wie Abb. 126 zeigt, wird bei der Nachlinksschweißung — man hat sich vor dem Schweißer stehend zu denken — der Schweißdraht, bezogen auf die Bewegungsrichtung, vor der Flamme abgeschmolzen. Die rechte Hand führt den Brenner, die linke den Schweißdraht, was auch für die Nachrechtsschweißung das gleiche bleibt. Bei der Nachlinksschweißung wird der von rechts nach links geführte Brenner bei dünneren Blechen geradlinig, bei dickeren pendel- oder kreisförmig bewegt. Die geradlinige Bewegung ist im allgemeinen nur bei unabgeschrägten Blechkanten, also beim Bördel- oder I-Stoß möglich, während bei abgeschrägten Blechkanten (V- und X-Stoß) die Flamme auch quer zur Naht bewegt werden muß, um eine ausreichende Verflüssigung der Werkstoffränder zu erzielen. In der unteren Skizze der Abb. 126 ist eine pendelförmige Bewegung der Flamme angedeutet; der Schweißdraht kann bei dünnen Blechen gegebenenfalls geradlinig bewegt werden. Dagegen erfordert die Schweißung dickerer Bleche in jedem Fall auch eine kreisende Bewegung des Drahtes.

Es ist verständlich, daß sich aus diesen Möglichkeiten eine **Verschiedenartigkeit der Brennerbewegung** entwickelt hat, wie sie in Abb. 127 veranschaulicht ist. Die einfachste Brennerbewegung ist natürlich die, bei welcher der Brennervorschub gleichmäßig und geradlinig erfolgt, wobei eine schmale, flache oder schwachkonkave (wenn ohne Draht geschweißt wird), dabei aber gleichmäßig saubere Naht von einem der Lötnaht ähnlichen Aussehen entsteht, etwa entsprechend *a* in Abb. 128. Auch die wellenförmige Bewegung im Sinne von *a* in Abb. 127, die selten angewendet wird, kommt nur für dünne Bleche und Bördelnähte in Frage. Bei Verwendung von Zusatzdraht wird eine konvexe Nahtüberhöhung dadurch erzielt, daß man, wie das Bild zeigt, jedesmal dann einen Tropfen flüssigen Metalles zusetzt, wenn

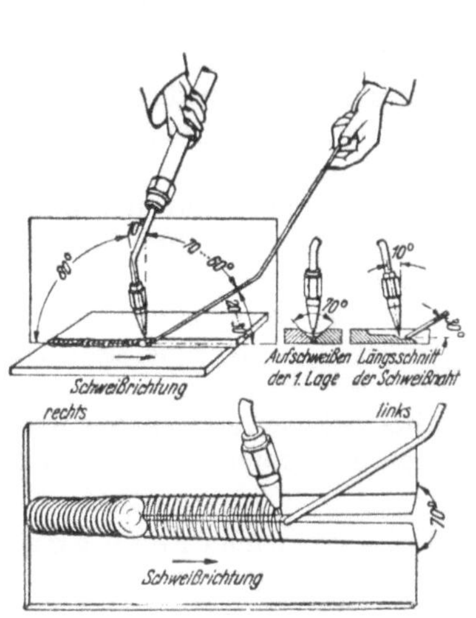

Abb. 126. Nachlinksschweißung.

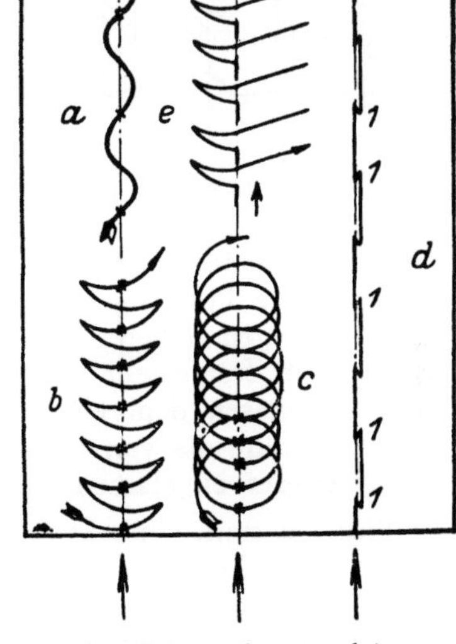

Abb. 127. Brennerbewegung beim
Nachlinksschweißen.

die Schlangenlinie die Schweißfuge schneidet. Die weitaus meist gebräuchliche Brennerbewegung entspricht *b* in Abb. 127, wobei eine Kette kreissegmentartiger Pendelbewegungen entsteht. Die Flamme wird während des Vorschubs von der Nahtmitte in gleichen Abständen seitlich hin und her bewegt. Die nur bei dicken Blechen und selten anzutreffende spiralförmige Brennerbewegung (*c* in Abb. 127) setzt eine Steilhaltung der Flamme voraus. Während bei der Brennerbewegung nach *a* und *b* in Abb. 127, je nachdem, ob Draht zugesetzt wird oder nicht, die in *a*, *b*, *c* und *e* der Abb. 128 skizzierten gleichmäßigen Schuppennähte (Raupen) entstehen, sind bei abweichender Bewegungsart ungleichförmige Oberflächen der Schweiße fast unvermeidlich. Nebenbei bemerkt, lassen sich aus dem Nahtaussehen auch auf den Schweißwinkel Rückschlüsse ziehen. Eine steile Brennerhaltung zeitigt angenähert kreisförmige Schuppenbildung (*e* in Abb. 128). Wird der Brenner unter etwa 45° geführt, so entspricht das Nahtaussehen *b*, und bei besonders großer Schräghaltung der Flamme von etwa 30° weist die Nahtbildung *c* eine länglich geformte Schuppenkette auf. Zusammengefaßt: Je steiler die Brennerhaltung, um so kreisrunder die Schuppen.

Eine glücklicherweise seltenere, streng genommen als töricht zu bezeichnende, ebenso s c h l e c h t e wie widersinnige F l a m m e n f ü h r u n g ist bei *e* in Abb. 127 skizziert. Die Flamme wird ein kurzes Stück auf der Mitte der Stoßfuge nach links oder rechts, jedoch nur nach einer Seite, segmentbogenartig bewegt, dann bei jedesmaligem Vorschub seitlich abgelenkt. Das ist schon aus dem Grunde falsch, weil beim Abgleiten der Flamme die hocherhitzte Schweißstelle jedesmal der oxydierenden Einwirkung des Luftsauerstoffs ausgesetzt wird. Diese und alle ähnlichen Brennerbewegungsarten sind zu vermeiden. Während der ganzen Dauer der Schweißung darf die Flamme von der Naht nicht abgehoben werden.

Das tropfenweise Einschmelzen des Drahtendes in die Schweißfuge erfolgt an den in Abb. 127 mit „$\times$" gekennzeichneten Stellen, demnach immer nur dann, wenn die Flamme die Mitte der Stoßfuge trifft.

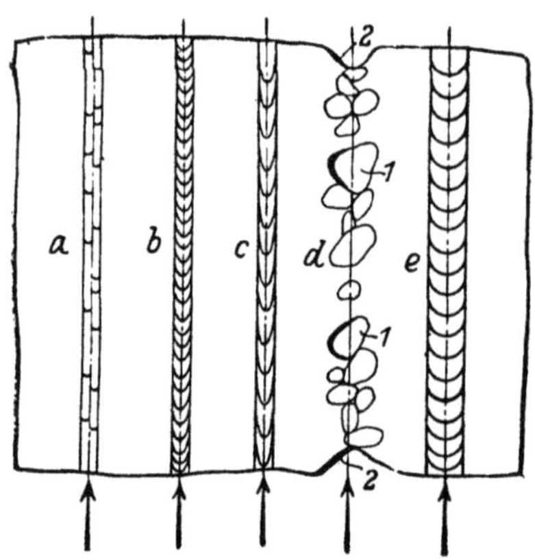

Abb. 128. Aussehen der Schweißnaht.

Es mag dies zunächst als unausführbar angesehen werden, da diese fast maschinenmäßige Führung von Brenner und Draht abwegig erscheint und der gefühlsmäßigen Arbeit des Schweißers offenbar zu wenig Spiel läßt. Demgegenüber muß festgestellt werden, daß keine der als richtig gekennzeichneten Arbeitsweisen dem erfahrenen Schweißer Schwierigkeiten verursacht. Im einzelnen sollte die von ihm geübte Arbeitsweise, sofern sie zweckmäßig ist, ohne weiteres zugelassen werden.

Endlich sei noch eine w e n i g e r ü b l i c h e B r e n n e r b e w e g u n g erwähnt, wie sie *d* in Abb. 127 kennzeichnet. Die bisherigen Darstellungen *a* bis *c* waren so aufzufassen, daß man von oben die Bewegung der Brennerspitze verfolgte, *d* ist eine Seitenansicht. Beim Vorschub der Flamme wird an den Punkten 1 Werkstoff eingeschmolzen und darauf die Flamme um eine sehr kurze Strecke rückwärts bewegt, im übrigen aber geradlinig ohne seitliche Ablenkung und ohne Höhenunterschiede gearbeitet. Diese Arbeitsweise gewährleistet ein gutes Verschmelzen des aufgetragenen Werkstoffs mit dem Grundmetall, kommt aber nur bei der Schweißung d ü n n e r Bleche vor.

Beim Zusammenschweißen u n g l e i c h d i c k e r B l e c h e ist natürlich die Flamme immer mehr auf den die größere Masse ausmachenden Teil, bei Blechen also auf das dickere zu halten, damit beide Teile an der Schweißstelle möglichst gleichzeitig flüssig werden. Künftighin ist die Richtung, in welcher die Flamme das Schweißgut treffen soll, in allen Abbildungen durch kleine Pfeile angedeutet.

Der von u n g e ü b t e n , l e r n e n d e n S c h w e i ß e r n a u s g e f ü h r t e n N a h t fehlt jede Gleichmäßigkeit, und der aufgetragene Werkstoff ist ganz wahllos, meist auf noch nicht im Flusse befindliche Stellen, verteilt. Die Enden des Blechstoßes (2 in Abb. 128d) sind angeschmolzen, und die angeklebten „Patzen" liegen häufig zu mehreren nebeneinander, ohne daß sie miteinander verbunden sind. Mitunter ist die Flamme vorgeeilt, ohne die Blechkanten geschmolzen zu haben, oder es bilden sich Löcher (1 in

Abb. 128*d*), die beim Versuche, sie zuzuschweißen, mangels Übung statt kleiner immer größer werden. Daß solche Nähte gänzlich unbrauchbar sind, braucht wohl nicht besonders betont zu werden.

Muß die S c h w e i ß u n g aus irgendeinem Grunde v o r z e i t i g u n t e r b r o c h e n werden (Gasmangel, Arbeitspause, Ausrichten usw.), dann ist darauf zu achten, daß das Ende der bereits geschweißten Naht vor dem Auftragen neuen Drahtes gut angewärmt und je nach Blechdicke auf 5···20 mm Länge wieder aufgeschmolzen wird, damit die Stelle, an der die Arbeit unterbrochen wurde, nicht unverbunden bleibt und nicht undicht wird. Es ist immer darauf Wert zu legen, Schweißarbeiten möglichst ununterbrochen zu Ende zu führen, schon um die an sich großen Wärmeverluste nicht unnütz zu steigern.

In diesem Zusammenhange muß ausdrücklich betont werden, daß durch bestimmte Fehler in der Arbeitsweise und Brennerhaltung die W i r t s c h a f t l i c h k e i t des Schweißens wesentlich geschmälert werden kann.

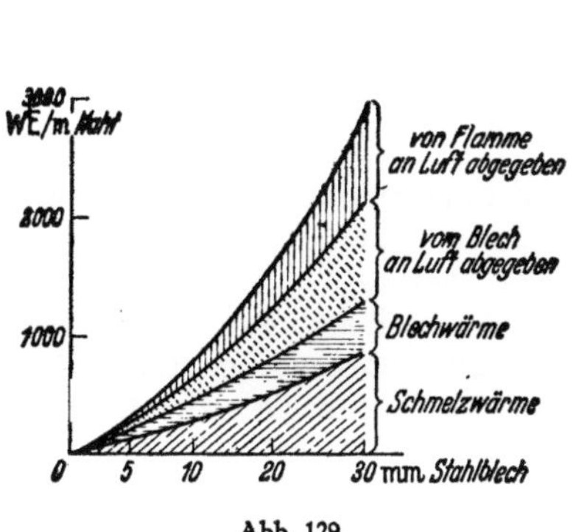

Abb. 129.
Wärmebilanz der Nachlinksschweißung.

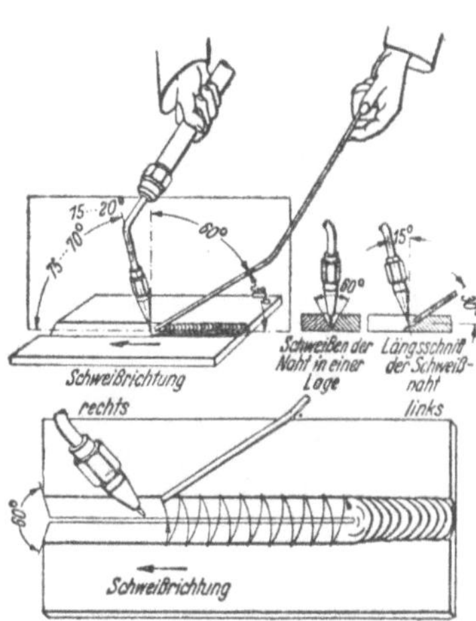

Abb. 130. Nachrechtsschweißung.

Zu große Entfernung der Flamme vom Schmelzbade, ihr häufiges Abheben, zwecklos rasches Bewegen und Umherirren mit der Flamme, unzulängliche Arbeitsgeschwindigkeit, zu dünner Schweißdraht u. a. sind stets falsch und wärmevergeudend. Trägt man die auf eine regelrechte Stahlblechschweißung bezogene W ä r m e b i l a n z f ü r 1 m Naht zeichnerisch auf, so entsteht etwa das Schaubild der Abb. 129. Es läßt bedeutende Wärmeverluste erkennen und zeigt, wie nur ein Bruchteil der aufgewendeten Wärme für den eigentlichen Schweißvorgang nutzbar gemacht werden kann, während der viel größere Rest durch Ableitung und Strahlung verloren geht. Damit wird die durch schlechte Arbeitsweise gesteigerte Unwirtschaftlichkeit verständlich.

Als ein besonderer N a c h t e i l d e r N a c h l i n k s s c h w e i ß u n g muß der Umstand angesehen werden, daß vor allem bei dicken Blechen die Gefahr des V o r l a u f e n s verflüssigten Werkstoffs auf noch nicht aufgeschmolzene Blechteile gegeben ist, wodurch nur ein „Kleben" und keine haltbare Verbindung entsteht. Die Neigung zum Vorlaufen flüssigen Metalls und dessen Herausschleudern aus dem Schmelzbade wächst mit der Starrheit der Flamme (Austrittsgeschwindigkeit). Aus diesem Grunde ist Anfängern bei der Nachlinksschweißung dickerer Bleche ein Schräglegen des zu schweißenden Stoßes (in der Arbeitsrichtung steigend) anzuraten. Die Schweißung beginnt dann am tiefsten Punkte der unter etwa 25° gelegten Bleche. Hierdurch kann man einigermaßen damit rechen, daß die Naht in der richtigen Dicke aufgetragen und das flüssige Eisen nicht vor der Flamme hergetrieben wird.

Außerdem tritt bei der Nachlinksschweißung eine oft unerwünscht rasche Erstarrung der hinter der Flamme gelegenen fertigen Schweiße ein, da ja, wie Abb. 131 *I* etwas deutlicher veranschaulicht, der größere Flammenteil *c* auf die offene Nahtfuge gerichtet und damit nebenbei auch die Möglichkeit stärkeren Verzuges der Blechränder gegeben ist. Im Gegensatz zur Nachrechtsschweißung wird der Schweißer bei dieser Arbeitsweise gern dazu verleitet, die Flamme auf die bereits fertige Schweiße zurückzuziehen, um deren Oberfläche mit oder ohne Drahtzusatz zu glätten.

Nachrechtsschweißung. Sie wird hauptsächlich bei der Verbindungsschweißung von über 4 mm, seltener 3 mm dicken Stahlblechen angewendet, weniger bei bestimmten Nichteisenmetallen und praktisch kaum bei gegossenen Werkstoffen. Sie unterscheidet sich, wie Abb. 130 zeigt, von der Nachlinksschweißung grundsätzlich dadurch, daß bei ihr die Flamme nur geradlinig und nicht pendelnd, dagegen der Draht seitlich schnell hin und her bewegt wird. Auf die Schweißrichtung bezogen, wird der Draht nicht vor, sondern hinter der Flamme geführt; die Schweißung verläuft, vom Standort des Schweißers aus gesehen, von links nach rechts. Dabei entsteht naturgemäß auch eine entgegengesetzt gerichtete Schuppenkette (Raupe), wie dies in Abb. 131 *II* zum Ausdruck kommt. Hinter der geradlinig geführten Flamme *b* folgt der im Schmelzbade kräftig schürfende oder schabende Bewegungen ausführende und seitlich schnell

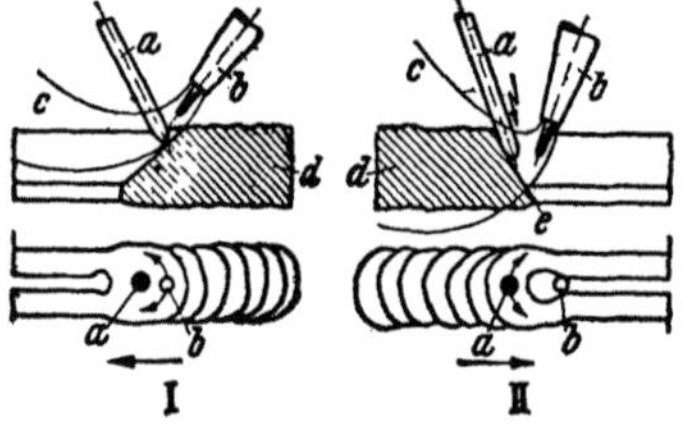

Abb. 131. Draht- und Brennerführung sowie Schuppenkette (I Nachlinksschweißung, II Nachrechtsschweißung).

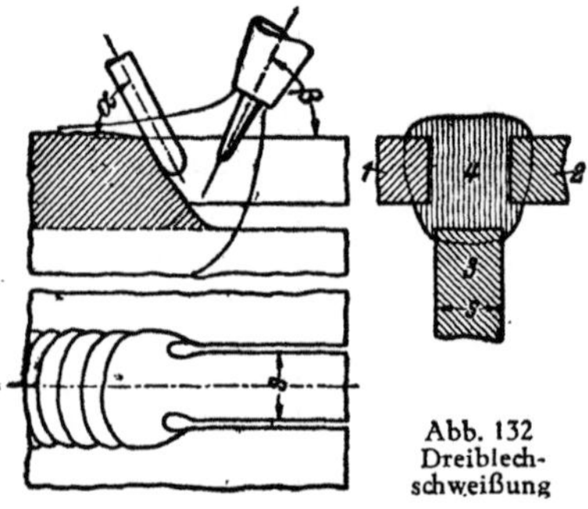

Abb. 132
Dreiblechschweißung

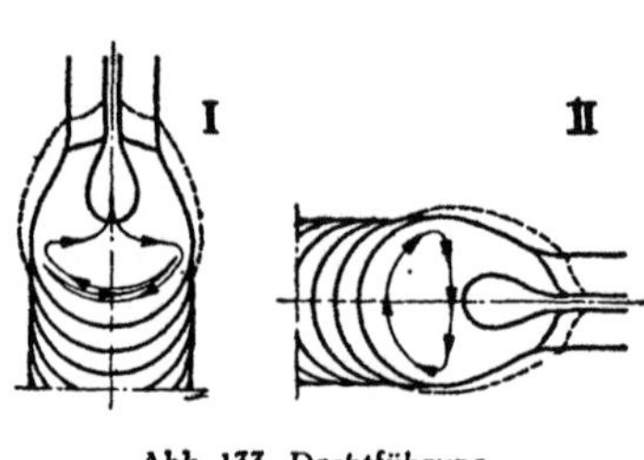

Abb. 133. Drahtführung bei der Nachrechtsschweißung. (Nach Holler)

pendelnde Draht *a*. Mithin ist dem Schweißer keine so große Freiheit in der Brennerführung und -bewegung belassen wie beim Nachlinksschweißen. Die Flamme ist auf die fertige Schweiße gerichtet, ihr oberer Teil bestreicht die Oberfläche der fertigen Raupe, ihr unterer Teil die Fugenränder von unten und wärmt sie für ein gutes Durchschweißen vor. Die Stellung des Drahtes ($\not\prec$ α) und der Flamme ($\not\prec$ β) zueinander innerhalb der Schweißfuge kommt besser noch in Abb. 132 zum Ausdruck, die eine sog. Dreiblechschweißung darstellt. Daß sich diese Winkel praktisch nicht genau und ununterbrochen einhalten lassen, ist selbstverständlich. Doch gibt es ein einfaches Mittel zur Beobachtung der richtigen Arbeitsweise und Flammengröße, das ist eine die Nachrechtsschweißung besonders kennzeichnende birnenförmige Erweiterung des Fugengrundes unmittelbar unterhalb der Flammenkegelspitze, wie dies bei *b* in Abb. 131 *II* angedeutet ist. Diese Erweiterung, d. h. Ausschmelzung der Fugenkanten auf das etwa 1,5fache des Spaltes bietet die Gewähr für ein gutes Durchschweißen, was gerade bei dieser Schweißart leicht erreicht wird. Am Fugengrunde bildet sich eine gleichmäßige Unterraupe aus, die gut abbindet und ein äußerliches Kennzeichen für einwandfreies Durchschweißen darstellt. In seinem Heftchen „Autogenpraxis ohne viel Worte" stellt H o l l e r die Nachrechtsschweißung, wie Abb. 133 zeigt, zeichnerisch dar. Die Pfeillinien deuten die Bewegungen des im Schmelzbade geführten Drahtendes an (die Flamme wird geradlinig, ohne Pendeln bewegt). Man erkennt, daß z. B. beim Senkrechtschweißen (I) — von unten nach oben — der einigemal hin und her bewegte Draht in die birnenförmige Fugenerweiterung hingedrückt wird, um ein gutes Durchschweißen und eine gleichmäßige Unterraupe zu erreichen. Die ausgezogenen Begrenzungslinien stellen die Blechränder bzw. Raupen, die gestrichelten die Schmelzzonen dar. Bei Schweißen waagerechter Nähte an senkrechter Wand wird der Draht im Sinne von Abb. 133 *II* geführt.

Die Gefahr des Vorlaufens flüssigen Werkstoffs auf noch unangeschmolzene Metallteile ist viel geringer und die Ausübung dieser Arbeitsweise leichter als bei der Nachlinksschweißung. Da sich dem Schweißer keine Möglichkeit bietet, die bereits erstarrte Raupe durch Zurückstreichen der Flamme nochmals anzuschmelzen und oberflächlich auszugleichen, haben die Raupen gegenüber den nachlinksgeschweißten meist ein etwas weniger schönes, d. h. weniger gleichmäßiges Oberflächenaussehen. Dafür aber ist, und das ist viel wesentlicher, das Schweißgefüge besser, Bindefehler und Oxydeinschlüsse sind viel seltener, und außerdem ist diese Arbeitsweise infolge günstiger Wärmeausnutzung wirtschaftlicher. Die Schwierigkeiten, die manche alte Schweißer bei der Umstellung auf die erwiesenermaßen wesentlich bessere und zuverlässigere Nachrechtsschweißung machen, entspringen einem Trägheitsgefühl, das nicht berücksichtigt werden kann. Abgesehen davon, steht eine Vorschrift in Aussicht, dieses Verfahren in Sonderfällen anwenden zu müssen.

Sonderverfahren. Im Laufe der letzten Jahre haben sich zwei neue, in sich verwandte Verfahren entwickelt, wovon das eine als T i e f s c h w e i ß u n g , das andere als S t i c h f l a m m e n - L o c h s c h w e i ß u n g bezeichnet wird. Im Bestreben, die Schweißgeschwindigkeit und damit die Wirtschaftlichkeit des Nachrechtsschweißens noch weiter zu steigern, ging A. R. G u n n e r t dazu über, auch Blechdicken über 6 mm im I-Stoß, also unabgeschrägt zu schweißen und die Flamme zur günstigsten Wärmeausnutzung möglichst tief in den Schweißspalt einzuführen, woher die Bezeichnung „T i e f s c h w e i ß u n g" rührt. Weitere Arbeitsbedingungen sind: Flamme neutral, hart, schmal und spitz, senkrecht angestellt, ohne Pendeln vorangeführt und bis auf halbe Blechdicke oder noch tiefer in den Stoß gehalten. Um die harte Flamme zu erzielen, beträgt die Austrittsgeschwindigkeit des Gasgemisches 130 ··· 175 m/s, wobei die geringere Geschwindigkeit für dickere

Bleche gilt. Der Gasverbrauch entspricht dem der normalen Nachrechtsschweißung (etwa 100 l/h für je 1 mm Blechdicke). Der Schweißdraht, dessen Dicke der halben Blechdicke entsprechen soll (besser dünner zu wählen), wird kreisförmig und sehr rasch schürfend bewegt und unter 45°, bei Dünnblechen auch steiler gehalten. Da das Verfahren gegen wechselnde Spaltbreiten sehr empfindlich ist, müssen die Blechkanten genau parallel verlegt und gut eingespannt oder geheftet werden, andernfalls sackt die Schweiße ab. Infolge des schmalen Spaltes und der hieraus sich ergebenden geringen Abschmelzmenge wird die Arbeitsgeschwindigkeit gesteigert und sie kann bei Verwendung eines mit Bowdenzug betätigten Führungswagens noch weiter anwachsen. Nach diesem aus Schweden stammenden Verfahren, das sich bisher in Deutschland noch nicht einzuführen vermochte, sind viele $2 \cdots 6$ mm dicke Behälter aus legiertem Stahl mit bestem Erfolg geschweißt worden. Die obere Grenze der Werkstoffdicken liegt normalerweise bei 12, ausnahmsweise bei 16 mm. Ob sich dieses in Deutschland zum Patent angemeldete Verfahren zur Automatisierung eignet und in größerem Umfange einführen wird, bleibt abzuwarten.

„Stichflammen-Lochschweißung" nennt sich ein Verfahren, das bei seiner ersten Veröffentlichung (1938) in Deutschland schon 2 Jahre angewandt wurde, und zwar vor allem für Cr- und Cr-Ni-Stähle bis zu 8 mm Dicke. Parallel ausgelegte I-Stoßkanten werden hierbei allerdings n a c h l i n k s und mit einer sehr langen, spitzen Flamme geschweißt, die nur von Düsen mit besonderer Ausbohrung erzielt wird und bis ins untere Blechdrittel zu halten ist. Dabei ist die Flamme kleiner als normal und wird mild und mit geringem Azetylenüberschuß eingestellt. Auch der Draht wird dünner als üblich gewählt. Die Bildung einer geschlossenen Unterraupe ist hervorzuheben.

3. Vorbereitung der Werkstücke.

Allgemeines. Die dem Schweißvorgang folgerichtig angepaßte Werkstückvorbereitung hat zwei Aufgaben zu erfüllen:

1. Sie soll ein gutes Durchschweißen der vollen Werkstoffdicke und eine einwandfreie Verschmelzung zwischen Werkstoff und Schweißdraht gewährleisten.

2. Sie soll die durch die Wärmebehandlung auftretenden Schrumpfungs- und Spannungserscheinungen sowie Verwerfungen berücksichtigen.

Beide Punkte werden des besseren Verständnisses halber getrennt behandelt. Die Vorbereitung richtet sich außerdem nach der Schweißungsart, ob Nachrechts- oder Nachlinks-, ob Auftrags- oder Verbindungsschweißung. Die Auftragsschweißung verlangt nur eine oberflächliche Säuberung der aufzutragenden Teile von Schmutz, Öl, Rost usw. Dagegen macht die Verbindungsschweißung meist eine Bearbeitung der Schweißränder notwendig, z. B. durch Bördeln, Auskreuzen, Abschrägen, Abdrehen usw., wobei es gleichgültig ist, ob es sich um gewalzten oder gegossenen Werkstoff und um die verschiedenen Metalle handelt.

Für alle praktisch möglichen Verbindungsformen hat der „Fachausschuß für Schweißtechnik" im VDI in Zusammenarbeit mit dem Deutschen Normenausschuß das Normblatt DIN 1912 herausgegeben, in welchem schweißtechnische Zeichen und Begriffe in Skizzen erläutert und in Sinnbildern für Zeichnungen festgelegt sind[1]). Eines der Blätter soll hier als Beispiel gebracht werden (Tab. 18).

Stumpfschweißung.
Alle Verbindungen, die in planparalleler Lage der Bleche — und um solche handelt es sich zunächst — hergestellt sind, bezeichnet man mit Stumpfschweißung. Abb. 134 bietet eine Übersicht über die verschiedenen betriebsmäßig angewendeten Stumpfstöße, deren Gestaltung ausschließlich von der Blechdicke a abhängt. Bleche zwischen 1,5 und 4 mm Dicke sind am leichtesten schweißbar, dünnere und dickere verlangen eine größere Handfertigkeit und Anstrengung des Schweißers.

Tabelle 18.

Benennung	Grundzeichen	Sinnbilder			
		überwölbt	flach	hohl	wurzelseitig nachgeschweißt
Bördelnaht	⟋⟍	⟌⟍	⟍⎮		
I-Naht	=	⟹	=⎮		
V-Naht	<	<)	<⎮		⎮<)
U-Naht	⊂	⊂)	⊂⎮		⎮⊂)
X-Naht	×	(×)	⎮×⎮		
Doppel U-Naht	⊃⊂	(⊃⊂)	⎮⊃⊂⎮		
Kehlnaht	L	◠	△	◥	
Ecknaht					
Dreiblechnaht	⊔	◠	⊓		
½ V-Naht	◿	◿)	◿⎮	◹	⎮◿⎮
K-Naht	⋊	(⋊)	⎮⋊⎮	)⋊(	
Loch- und Schlitznaht	±	±			

Dicke sind am leichtesten schweißbar, dünnere und dickere verlangen eine größere Handfertigkeit und Anstrengung des Schweißers.

Zu den mit Buchstaben a bis f bezeichneten Stumpfverbindungen (Abb. 134) zählen: Der Bördelstoß (a), der I (J)-Stoß (b), der V (Vau)-Stoß (c und d) und der Doppel-V- oder X (Jx)-Stoß ($e + f$). Der bei der Lichtbogenschweißung, aber auch dort nur für sehr dicke Bleche angewandte U- oder Doppel-U-Stoß[2]) kommt für die Gasschweißung nicht in Frage.

Bleche von 1 ⋯ 3 mm Dicke schweißt man meist im I-Stoß, also im Sinne der Skizze b, und zwar in Nachlinksschweißung. Die beiden Blechstöße werden stumpf gegeneinander gelegt, wobei ein geringer Abstand d von 1 ⋯ 2 mm zweckmäßig sein kann, um ein gründliches Durchschweißen zu gewährleisten. Die Blechränder brauchen demnach nicht besonders bearbeitet zu werden.

In Abb. 136 sind einige **Sonderfälle** mit B und C bezeichnet, wie sie bei der Schweißung sehr dünner Nichteisenmetalle vorkommen, deren Übergang vom festen in den flüssigen Zustand sehr plötzlich einsetzt. Dabei haben die der Schmelzstelle benachbarten, hocherhitzten Teile oft so geringe Festigkeit, daß sie schon durch die Last ihres Eigengewichtes einbrechen, wodurch Einsenkungen (B) oder gar Lochbildungen auftreten können. Man kann dem entgegenwirken, indem im Gegensatz zur bisher und auch späterhin als freiliegend zu denkenden Schweißfuge eine Unterlage, z. B. eine Flacheisenschiene (C), vorgesehen wird. Der erhitzte Werkstoff wird dann von der Unterlage getragen, und der geschmolzene Werkstoff kann nur den Raum der Nute ausfüllen, aber nicht absacken.

---

[1]) Auf die Wiedergabe aller Normblätter wird hier mit Rücksicht auf den Raummangel verzichtet. Sie sind durch den Beuth-Vertrieb, Berlin, erhältlich.

[2]) S. Schimpke-Horn: Bd. II.

Auch Bleche **u n t e r** 1 mm Dicke lassen sich bei einiger Übung nach Abb. 134 *b* schweißen. Doch ist, wo eben angängig, die Bordschweißung (*a*) anzuraten, die das Arbeiten sehr erleichtert. Hier wird nur der möglichst geringe Bord *c* (je nach Blechdicke möglichst nur 1···2 mm hoch) bis zur Blechoberfläche niedergeschmolzen, und zwar ohne Zusatzwerkstoff, da der Bord den Schweißdraht ersetzt. Die Bord- oder **B ö r d e l s c h w e i ß u n g** hat den Vorteil, daß die unter Einwirkung der Flamme sich stark verziehenden dünnen Bleche sich weniger werfen und weniger Übung erforderlich ist. Aus diesem Grunde verfährt man ebenso bei der Herstellung aus zwei Teilen bestehender gestanzter oder gepreßter Blechhohlkörper. Zotten, Henkeln, Stockgriffen, Türdrückern, Radiatoren und ähnlichen aus zwei Teilen zusammengesetzten Blechkörpern gibt man, ganz gleich ob sie von Hand oder maschinell geschweißt werden, stets einen entsprechenden Schweißbord. Die hin und wieder anzutreffende Ansicht, Dünnbleche zu falzen und dann einseitig entlang dem Falze zu schweißen, ist unrichtig, da solche Nähte sehr unsauber aussehen und der Blechkörper sich meistens stark wirft. Entweder falzt man oder man schweißt; eine Ausnahme ist nur dann am Platze, wenn die gefalzte Naht im Betriebe nicht dicht zu bringen ist.

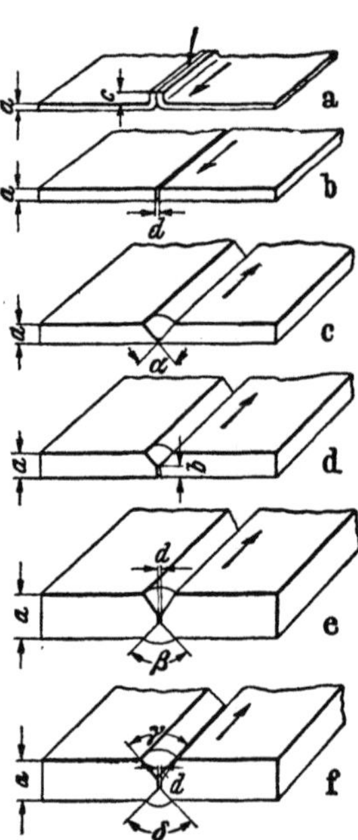

Abb. 134. Stumpfschweißungen.

Über 4 mm dicke **B l e c h e** werden meist nach Art der Skizze *d* in Abb. 134 vorbereitet, d. h. die zu verbindenden Blechkanten werden abgeschrägt, so daß eine Schweißmulde mit dem Winkel *α* entsteht. Dieser Winkel beträgt 60···70° und ist davon abhängig, ob nachlinks- oder nachrechtsgeschweißt wird. Im letzten Falle kommt der kleinere Winkel zur Anwendung. Die beiderseitige Abschrägung macht demnach 30···35° aus. Da die hierdurch entstehende Schweißfuge — manchmal mit Schweißhaltung bezeichnet — V-förmig ist, spricht man von einem V-Stoß. Die Mulde wird durch Schweißdraht ausgefüllt, wie dies bereits für den Spalt *d* in Skizze *b* gesagt worden ist. Um Zweifel auszuschließen, sei jedoch darauf hingewiesen, daß bis zu 2 mm dicke Bleche, nach *b* geschweißt, auch ohne Drahtzusatz verbunden werden können, wenn eine besondere Festigkeitsbeanspruchung nicht vorliegt. Der Unterschied zwischen *c* und *d* beruht darauf, daß die Abschrägung der Blechränder bei *d* nicht bis auf den Grund erfolgt, sondern vielmehr eine geringe Höhe *b* von etwa 1,5···3 mm unabgeschrägt stehen bleibt. Hierdurch wird erreicht, daß scharfe Blechkanten vermieden werden, da diese beim Schmelzen erfahrungsgemäß durch Wärmestauung leicht überhitzt oder gar verbrannt werden. Es ist selbstverständlich, daß eine Flamme, die die volle Blechdicke durchzuschmelzen vermag, auch die geringe stehengebliebene Kante *b* erfaßt und ein gutes Durchschweißen gewährleistet ist. Über die Notwendigkeit des Belassens des Stoßes bei *b* ist man in Fachkreisen verschiedener Meinung. Tatsache ist, daß die Mehrzahl der Schweißer, u. E. mit Recht, scharfe Kanten durch Meißeln oder Feilen brechen und die in Abb. 134 angedeuteten unabgeschrägten Flächen oft nachträglich herstellen. Für die Lichtbogenschweißung ist diese Vorbereitung weniger zwingend erforderlich.

Bei Blechdicken über 15 mm verfährt man meist nach Skizze *e*. Die Blechränder werden, sofern eine doppelseitige Schweißung technisch durchführbar ist, beiderseitig ausgevaut, so daß sich ein X-förmiger Blechstoß ergibt. Diese Vorbereitung setzt eine beiderseitig gleichzeitige und stehende Schweißung voraus. Die Abschrägungswinkel β, die gleichförmig sind, betragen $50 \cdots 70°$ und der Schweißspalt *d* beträgt $2 \cdots 3$ mm. Die im Scheitel unabgeschrägt bleibende Kante entspricht *b* in Abb. 134 *d*. Da das doppelseitig gleichzeitige Schweißen mit zwei Flammen wegen der besseren Wärmeausnutzung nicht allein wirtschaftlich, sondern auch schweißtechnisch günstiger ist, werden häufig auch schon dünnere Stahlbleche, fast immer aber Kupferbleche von über 5 mm Dicke in dieser Weise verschweißt.

Schließlich ist die Vorbereitung eines ungleichen X-Stoßes bei *f* angedeutet. Er wird dann vorgesehen, wenn nicht beiderseitig gleichzeitig geschweißt werden kann. In diesem Falle wird zuerst die größere Mulde γ $(60 \cdots 70°)$ und nach deren Fertigstellung die Gegenseite, die Mulde δ von $40 \cdots 50°$ Abschrägung geschweißt. *d*, *e* und *f* werden meist in Rechtsschweißung ausgeführt.

Stumpfstöße ungleicher Blechdicken. Bisher wurde die Bearbeitung gleich dicker Bleche angenommen. In der Praxis trifft dies jedoch häufig nicht zu. Selbst im Apparatebau sind dünne und dicke Bleche oder Formstahl mit Blechwänden u. a. miteinander zu verbinden, was eine besondere Vorbereitung der Schweißränder notwendig macht, wie dies in Abb. 135 veranschaulicht wird. Ist der Unterschied in den zu verbindenden Blechdicken unerheblich, so verfährt man nach *a*, indem beide Blechränder mit gleichen Winkeln abgeschrägt werden. Wenn der Unterschied in der Blechdicke fast das doppelte oder mehr ausmacht, dann muß das dickere Blech (135 *b* bei *a*) stärker abgeschrägt und allmählich an die Schweißnaht verlaufend angeschlossen werden. Machen konstruktive Gründe das Ansetzen des dünneren Bleches an etwa die Mitte des dickeren Bleches notwendig, dann kann dies nach *c* geschehen, wobei das dickere Blech (*b*) vorbereitet wird. Grundsätzlich f a l s c h wäre *d*, da ein solcher Stoß niemals einwandfrei geschweißt werden kann, ganz gleich ob die Bleche in der Mitte oder am Rande (wie bei *a*) zusammenstoßen.

Eine ausgefallene Verbindung zwischen ungleich dicken Blechen, die möglichst vermieden werden soll, ist in Abb. 136 bei *A* skizziert. Das Bild zeigt,

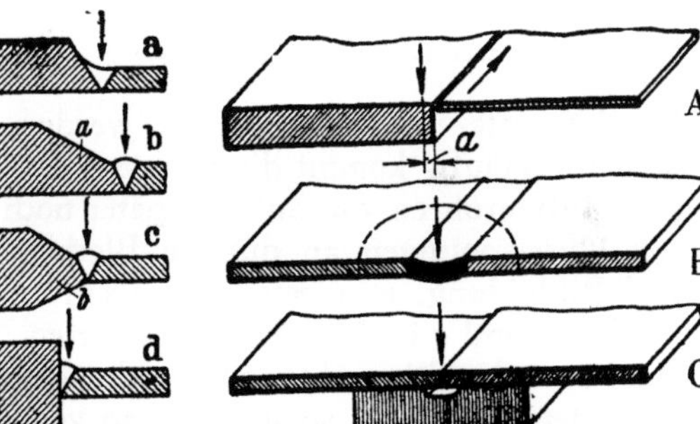

Abb. 135.
Stumpfstöße
ungleicher
Blechdicken.

Abb. 136. Vorbereitungsarbeiten bei
besonderen Schweißungen.

wie die Brennerflamme stets mehr auf das dickere Blech zu halten ist, da sonst das dünnere abschmelzen würde, bevor das dickere auf Schmelzwärme gebracht werden kann. Natürlich wächst die Entfernung *a*, in welcher die Flamme neben der Schweißfuge entlang zu führen ist, mit dem Unterschied der Blechdicke.

Winkel- und Überlappstöße. Neben den bisher besprochenen Stumpfstößen sind verschiedene Winkel- und Überlappstöße üblich, deren wichtigste

Vertreter in Abb. 137 zusammengestellt sind. Eine besondere Bearbeitung der Blechkanten ist hierbei nicht erforderlich. Erfolgt die Schweißung von außen an spitz-, recht- oder stumpfwinklig gestoßenen Blechkanten, wie bei *a*, so spricht man von Eck- oder Kantennähten, die sich grundsätzlich von der V-Nahtschweißung kaum unterscheiden, meist sogar leichter ausführen lassen. Sind an dünnen Blechen Ecknähte auszuführen, dann kann eines der Bleche etwa um Blechdicke überstehen und ohne Drahtzusatz mit der Fläche des zweiten Bleches verschmolzen werden (Abb. 138a), allerdings ist dies nur bei Blechdicken bis zu 3 mm möglich. Eine in das Innere des Winkelstoßes verlegte Schweißung (*b*) wird als K e h l n a h t bezeichnet; die doppelseitige Kehlnaht setzt den sog. T-Stoß (*c*) voraus. Alle Kehlnähte können je nach Erfordernis „leicht" (konkav) oder „voll" (konvex) sein. Eine leichte Kehlnaht zeigt z. B. *b* in Abb. 137c, eine volle Kehlnaht zeigt *c* in der gleichen Abbildung. Die erste ist in den meisten Fällen zu bevorzugen, da sie zumindest bei dynamischer Beanspruchung der Naht wesentlich günstiger ist.

Es muß ausdrücklich darauf aufmerksam gemacht werden, daß die bei *d* gezeigte Ü b e r l a p p s c h w e i ß u n g nur bei dickeren Blechen anzuwenden ist und, wenn nicht zwingende Gründe vorliegen, umgangen werden sollte.

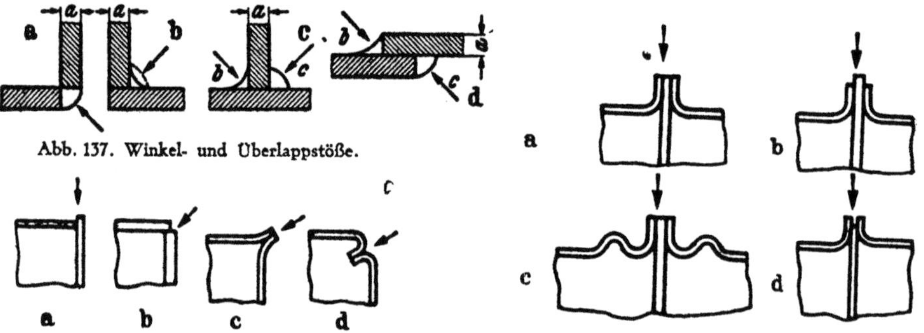

Abb. 137. Winkel- und Überlappstöße.

Abb. 138. Sonderfälle für Eck- und Kantennähte.

Abb. 139. Dreiblechbördelnähte (Rundnähte).

Im Apparate- und Behälterbau werden solche Nähte meist elektrisch geschweißt. Häufig kommt die autogene Überlappschweißung bei der Verlegung von Muffenrohren vor, auf die später noch eingegangen wird. Die Schweißung von Überlappungen an dünnen Blechen läßt immer erhebliche Spannungs- und Rißbildung, mindestens aber ein starkes Werfen der Bleche erwarten. Die bei *b* und *c* in Abb. 137d skizzierten Nähte führen auch die Bezeichnung Flanken- oder Stirnnähte, entsprechend der Beanspruchung. Liegt die Naht längs dem Kraftfluß, so spricht man von Flankennähten, liegt sie quer (rechtwinklig) hierzu, so nennt man sie Stirnnähte.

Sonderfälle. Einige A b a r t e n v o n E c k n ä h t e n sind in Abb. 138 dargestellt, teils für Fein-, teils für Mittelbleche. So veranschaulicht *b* eine nur selten angewandte Eckverbindung in Fällen, wo es auf Festigkeit und Dichte nicht ankommt, da ein Durchschweißen der Naht nicht möglich ist; gutes Heften und Einspannen ist Voraussetzung (Blechdicken über 2 bis 4 mm). Die Kanten von Feinblechen können auch im Sinne von *c* derart verbunden werden, daß man die Blechränder abgekantet und ohne Draht niederschmilzt. Auch die Ausführungsform *d* ist sehr selten und nur dann am Platze, wenn aus besonderen Gründen eine verstärkte Steifigkeit der Ecken notwendig ist.

Abweichungen von Normalnähten können recht mannigfach sein, was auch für M e h r b l e c h n ä h t e gilt, wie sie Abb. 139 andeutet. Dabei handelt es sich, im Gegensatz zu Abb. 132, um Dreiblechnähte an g e b ö r d e l t e n D ü n n blechen. Hauptsächlich bei Leichtmetallkonstruktionen wird hiervon gern und mit bestem Erfolg Gebrauch gemacht. Die beiden Mantelschüsse des Zylinders werden abgebogen und schließen mit dem Bord und der Zwischenwandscheibe bündig ab, wenn, wie bei *a*, gleiche Blechdicken vorliegen. Die drei Bleche werden ohne Drahtzusatz niedergeschmolzen. Ein Verwerfen des Körpers kann durch Anordnung von Sicken, dicht an der Rundnaht (*c*), gänzlich unterbunden werden. Ist die Trenn- oder Versteifungswand dicker als der Mantel, dann läßt man sie etwas über die Bordränder hinausragen (*b*), im umgekehrten Falle etwas zurückstehen (*d*), wodurch ein gleichmäßiges Verschmelzen der Kanten gewährleistet wird.

Dehnung, Schrumpfung, Spannung. Alle bisherigen Vorbereitungen der zu schweißenden Werkstückkanten bezogen sich auf gutes Durchschweißen. Sie reichen aber, ausgenommen die Bördelnaht, keineswegs dazu aus, die infolge der Wärmebehandlung auftretenden Dehnungs- und Schrumpfungserscheinungen und die sich darauf ergebenden Spannungen unschädlich zu machen. Die hierzu gehörenden grundsätzlichen Ausführungen wurden bereits im Abschnitt II D 4 gebracht.

Erhitzt man ein größeres Stück dünnes Stahlblech etwa in seiner Flächenmitte mit der Schweißflamme (Abb. 140), dann tritt infolge starker örtlicher Wärmedehnung ein A u s b e u l e n ein, weil die nicht erwärmten Blechteile der Dehnung nicht zu folgen vermögen. Im Gegensatz hierzu wird sich ein in derselben Art erhitztes dickes Blech nicht ausbeulen, sondern eine S t a u c h u n g erfahren, also nach dem Erkalten unter starker Zugspannung stehen, die bis zum Reißen führen kann.

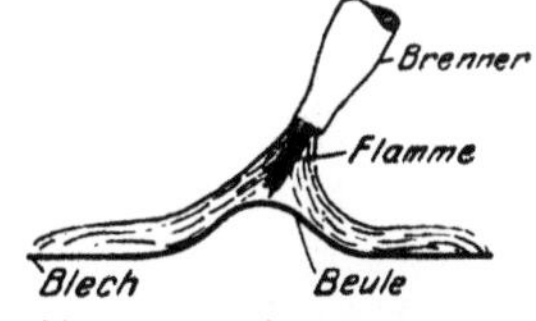

Abb. 140. Werfen des Bleches unter der Flamme.

Zur Verhütung des Verziehens, Werfens, des gegenseitigen Verschiebens der zu schweißenden Werkstücke, ferner zur Vermeidung von Spannungsrissen und ähnlichen Betriebsschwierigkeiten sind v o r b e u g e n d e M a ß n a h m e n zu treffen, die in folgendem besprochen werden.

Die Art der Vorbereitung richtet sich nach Blechdicke, Schweißrichtung und nach dem Verhalten des Metalles in der Wärme. Hier soll zunächst nur von Stahl die Rede sein. Würde man die Schweißränder auf ihre ganze Länge parallel legen, wie dies in Abb. 141 der Fall ist, und ohne weiteres in der Pfeilrichtung zur Schweißung (Nachlinksschweißung) übergehen, dann würden sich die beiden Bleche nach kurzer Zeit infolge der Nahtschrumpfung übereinanderziehen (punktierte Lage in Abb. 141), so daß die Fortsetzung der Schweißung etwa ab Punkt *b* undurchführbar wäre. Durch Wärme übereinandergezogene Blechkanten sind mit keinem Mittel mehr in ihre alte Lage zurückzubringen ohne unzulässige Änderungen der Maßhaltigkeit. Hieran vermag auch der mitunter anzutreffende Vorschlag, die beiden äußeren Ränder der Bleche mit der Flamme zu erhitzen und einschrumpfen zu lassen, nichts zu ändern. Je nach Blechdicke und Nahtlänge wird entweder g e h e f t e t o d e r a u f K e i l s p a l t g e l e g t. Längere Nähte an unter 2-mm-Blech werden meist nach Abb. 142 geheftet, dickere Bleche, schon aus Gründen der Wirtschaftlichkeit, auf Spalt gelegt nach Abb. 143. Die ersten Heftpunkte werden stets an die Ausgangsstelle der Schweißung gesetzt und die folgenden in einem von der Blechdicke abhängigen Abstande von 50···100 mm.. Hierbei ist vielfach eine etwas winklige, flachdachförmige Stellung der Bleche zueinander erwünscht. Ist dies nicht möglich, dann wird auch so verfahren, daß die Blechränder jeweils an der Stelle geheftet werden, an der sie gerade gut zusammenstoßen. Die Zweckmäßigkeit der Reihenfolge muß demnach von Fall zu Fall entschieden werden. Bleche unter 1 mm Dicke müssen häufig auf 25···30 mm Abstand geheftet werden. Dies geschieht, indem man die ursprünglichen Heftstrecken nochmals unterteilt. Erst nach Vollendung der wichtigen Heftarbeit kann mit der eigentlichen Schweißung begonnen werden. Das Heften ist zeitraubend, erleichtert aber das Schweißen sehr. Nur wenige, auf diesem Gebiete besonders geübte Schweißer vermögen ohne Heften auszukommen und auch nur dann, wenn ohne Schweißdraht gearbeitet wird. Bördelnähte lassen sich meist ohne Heften schweißen, indem man mit einer

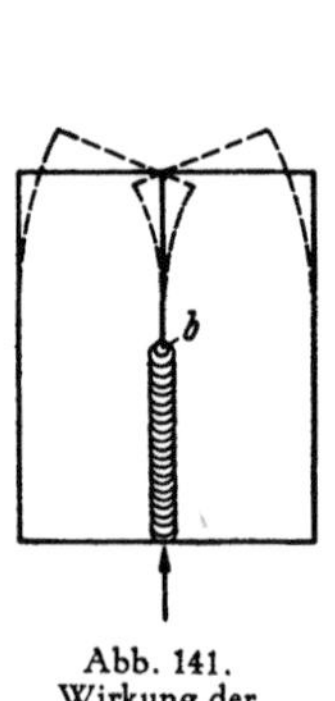

Abb. 141.
Wirkung der
Wärmedehnung
bei Blechen.

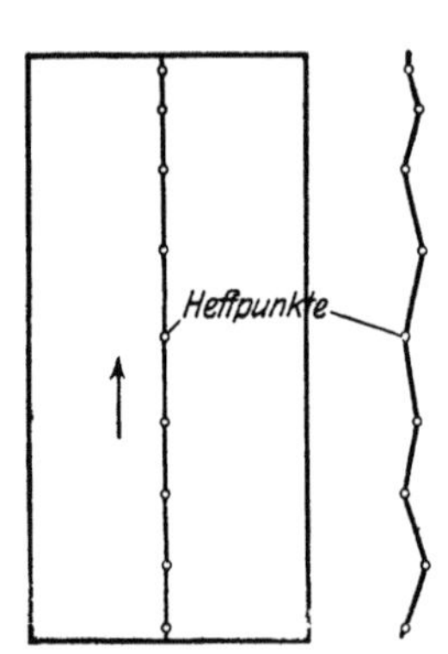

Abb. 142. Werfen der Bleche
beim Heften der Naht.

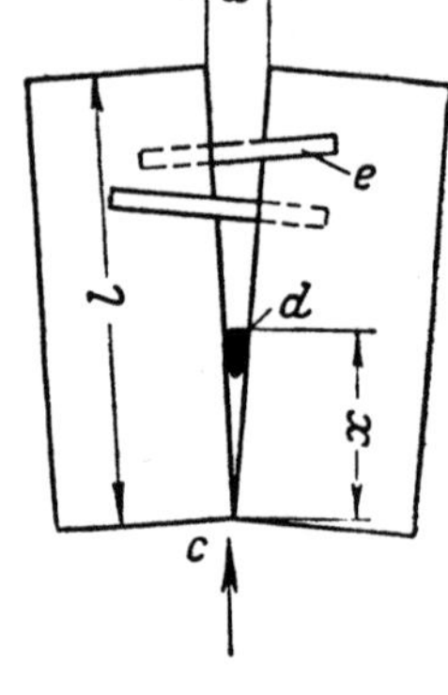

Abb. 143. Hilfsmittel zum
Ausgleichen der Wärme-
dehnungen.

Flachzange, die vor der Schweißflamme entlang bewegt wird, die Ränder zusammendrückt. Das mit dem Heften verbundene Werfen der Bleche (siehe Abb. 142 rechts) läßt sich nach beendigter Schweißung durch Hämmern und Strecken der Naht beseitigen. Die Heftpunkte an Dickblechen, die man in entsprechend größeren Abständen setzen könnte, würden beim Beginn der eigentlichen Schweißung aufreißen. Außerdem wäre hier das Heften wegen zu großer Wärmevergeudung unwirtschaftlich.

Aus diesen Gründen wird m e i s t mit dem erwähnten S c h w e i ß s p a l t (Abb. 143) gearbeitet, dessen Größe a von der Nahtlänge und der Blechdicke, aber auch von der Schweißgeschwindigkeit abhängig ist. Die Spaltbreite schwankt zwischen 3 und 6 vH der Nahtlänge l und würde, wenn $l = 2$ m ist, mindestens 60 mm und höchstens 120 mm ausmachen, und zwar kommt die geringere Spaltbreite dem dünneren Blech, bzw. der höheren Schweißgeschwindigkeit zu. Zur Offenhaltung des Schlitzes kann ein Keil d benutzt werden, der im Abstand x vom Ausgangspunkte eingeklemmt und mit vorschreitendem Brenner ebenfalls vorgeschoben wird, um ein vorzeitiges Schließen des Spaltes zu verhüten. Ist der Spalt zu groß gewählt und nicht rechtzeitiges Schließen zu befürchten, so muß die Schweißung unterbrochen und das Erkalten der bereits fertiggestellten Nahtstrecke abgewartet werden, wobei ein kräftiges Zusammenziehen des Spaltes eintritt. Handelt es sich um die Längsnaht eines Blechmantels, dann ist in diesem Falle das Zusammenziehen mit einer Kette ratsam. Verwindungen der Blechränder aus der Schweißebene werden durch Ansetzen von Rundeisen als Hebel *e* abgestellt. Eine Anzahl der gebräuchlichsten Hilfsvorrichtungen für das Spalthalten von Längsnähten, die gleichzeitig Verwindungen verhüten sollen, sind in Abb. 144 *I···IV* so klar dargestellt, daß weitere Erläuterungen überflüssig sind.

Die durch die Nachrechtsschweißung bedingten anderen, und zwar günstigeren Schrumpfungsverhältnisse erfordern keinen Schweißspalt, sondern nur ein Parallellegen der Blechkanten. Der von der Schweißflamme bestrichene Nahtabschnitt erfährt eine Schrumpfungsverzögerung,

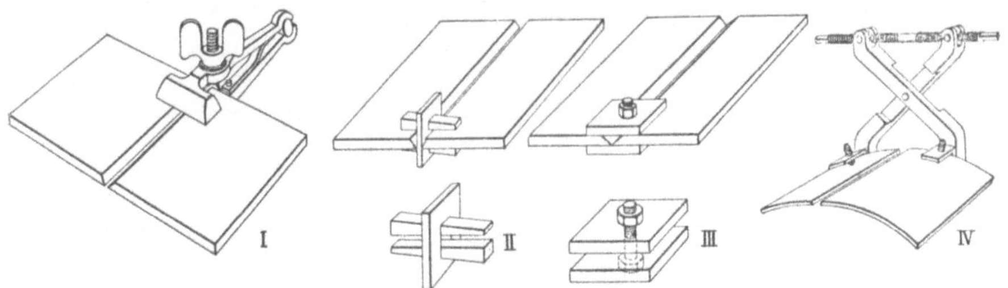

Abb. 144. Hilfsvorrichtungen für das Festhalten der Blechränder beim Schweißen.

indessen weiter zurückliegende Nahtteile unbehindert schrumpfen können. Dadurch ergibt sich sogar die Möglichkeit, daß die Blechenden zeitweise auseinandergehen, so daß also die Gefahr ihres Übereinanderziehens kaum besteht.

Die Schrumpfungen verursachen nicht selten Formveränderungen, denen durch geeignete Gegenmaßnahmen vor Beginn der Schweißung begegnet werden muß, wie richtige Ausgangslage, Überstreckungen, Vorspannung, Vorwölben u. a., auf die in dem jeweiligen Unterabschnitt noch näher eingegangen wird. Da trotz der verschiedenen erwähnten Maßnahmen eine völlig spannungsfreie Schweißverbindung praktisch kaum erzielbar ist, muß im Bedarfsfalle, besonders dann, wenn die Schweiße hohen Beanspruchungen ausgesetzt ist, eine Nachbehandlung durch Kalthämmern, Warmhämmern und Glühen folgen, worüber ausführlich im Abschnitt II D gesprochen wurde.

4. Aufbau der Schweiße.

Aussehen der Schweißnaht. Das gleichmäßige, saubere und deshalb schöne Aussehen der Schweißnaht ist immer erwünscht, darf aber für die Beurteilung nicht allein den Ausschlag geben. In erster Linie kommt es natürlich auf eine durchweg gebundene und haltbare Verbindung ohne Fehler an. Deshalb ist es auch falsch, besonders die Nähte dickerer Bleche durch wiederholtes Überschweißen der Oberfläche zu glätten, weil hierdurch der Werkstoff zu oft und zu lange erhitzt wird. Freilich soll sich der Schweißer schon während seiner Lehrzeit befleißigen, nicht allein einwandfreie, sondern auch äußerlich schöne Schweißnähte zu ziehen, schon deshalb, weil eine Nachbearbeitung möglichst vermieden werden soll.

Aufnahmen von Schweißnähten an 1-mm-Blech zeigen die Abb. 145 und 146, die mit den Grundformen der Abb. 128 verglichen werden sollen. Die Bördelnaht *a* (Abb. 145) ähnelt einer maschinellen Schweißung.

Der Unterschied zwischen *b* und *c* beruht darauf, daß die erste Naht (entsprechend *a* in Abb. 128) ohne Drahtzusatz geschweißt wurde, während *c* (entsprechend *b* und *c* in Abbildung 128) mit Draht geschweißt worden ist. Alle drei Nähte sind äußerlich fehlerfrei. Die Fehler der in Abb. 146 wiedergegebenen Schweißnähte beruhen darauf, daß bei *a* mit Azetylenüberschuß, bei *b* mit erheblichem Sauerstoffüberschuß geschweißt wurde. *c* ist die Naht eines Anfängers (s. *d* in Abbildung 128). Die Abb. 147, die *e* in Abb. 128 entspricht, zeigt eine nachlinksgeschweißte 5 mm-Blechnaht und Abb. 148 die nachrechtsgeschweißte Naht eines 10 mm-Bleches. Schließlich veranschaulicht Abb. 149 die nachrechtsgeschweißte Kehlnaht eines T-Stoßes von gleich dickem Blech.

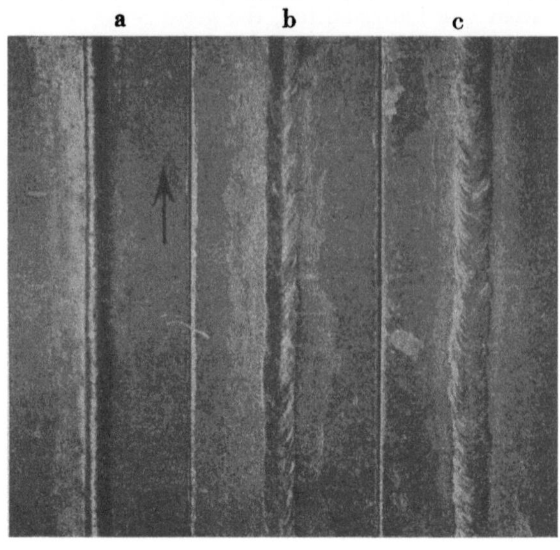

Abb. 145. Normale Schweißnähte an 1-mm-Stahlblechen.

Querschnitt der Schweiße. Im Querschnitt gesehen, soll die Schweißnaht an Blechen bis etwa 5 mm Dicke der Form *a* in Abb. 150 *I* nahekommen (Kreissektor); sie zeigt einen normal verstärkten, d. h. leicht überhöhten Querschnitt. Falsch ist der bei *I b* angedeutete geschwächte Querschnitt, wie er entsteht, wenn nicht genügend Zusatzdraht eingeschmolzen wird. In jedem Fall muß, um eine Konstruktionsschwächung zu vermeiden, die Dicke des Mutterwerkstoffs allerorts erreicht werden. Die Nähte dickerer Bleche und die der Rechtsschweißung ganz allgemein verlaufen in ihrer Überhöhung etwas flacher, wie dies bei *I c* angedeutet ist. An und für sich hat es der Schweißer in der Hand, die Nahtüberhöhung beliebig zu regeln; im allgemeinen sollte

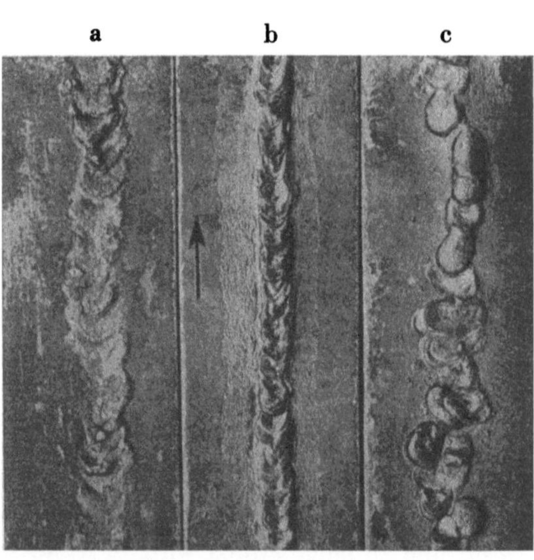

Abb. 146. Fehlerhafte Schweißnähte an 1-mm-Stahlblechen.

lieber etwas mehr als zu wenig Draht aufgetragen und die Naht verstärkt werden, um etwaige kleinere Gefügefehler möglichst auszugleichen. Doch darf diese Nahtverdickung nicht übertrieben werden, da dies z. B. bei dynamischer Beanspruchung der Schweißkonstruktion schädlich sein kann.

Denkt man sich eine Schweißnaht d e r L ä n g e n a c h d u r c h -
s c h n i t t e n , so erhält man, wie die Schuppenkette erwarten läßt, keine
gerade, sondern eine
sägeförmige, schwachge-
zahnte Oberflächenlinie
(Abb. 150 *II*). Den Vor-
zug verdient die um
die Zahnhöhe verstärkte
Nahtstrecke *a*. Weniger
gut ist das Stück *e* und
falsch das infolge Werk-
stoffmangels geschwächte
Stück *b*, das außerdem
beiderseits der Naht
Kerben besitzt.

Schweißfehler. Von
besonderer Wichtigkeit
ist das oft erwähnte
D u r c h s c h w e i ß e n ,
d. h. die völlige Durch-
schmelzung des gesamten

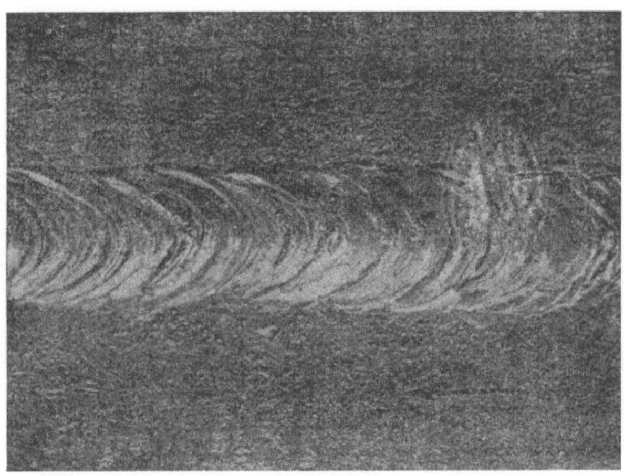

Abb. 147.
Schweißnaht an einem 5-mm-Stahlblech (Nachlinksschweißung).

Querschnitts. Gegen diese grundsätzliche Regel verstößt die Darstellung *I* in
Abb. 151. Gleichgültig, ob es sich um I- oder V-Stöße handelt, die G r u n d -
k e r b e ist stets falsch und führt bei jedweder Beanspruchung (wie Zug,
Biegung, Erschütterung) zum Bruch der Verbindung, auch dann, wenn die
Nahtüberhöhung *a* noch so groß ist. Dieser leider nicht seltene, aber bedeut-
same Fehler kann nur durch die Schweißung einer Gegenlage (K a p p -
n a h t) *b*, wenn eine solche möglich ist, behoben werden. Vorsichtshalber
sollte die Kerbe vor dem Nachschweißen ausgekreuzt werden. Ist die Nahtrückseite unzugänglich, so ist die gesamte Schweiße auszukreuzen und zu

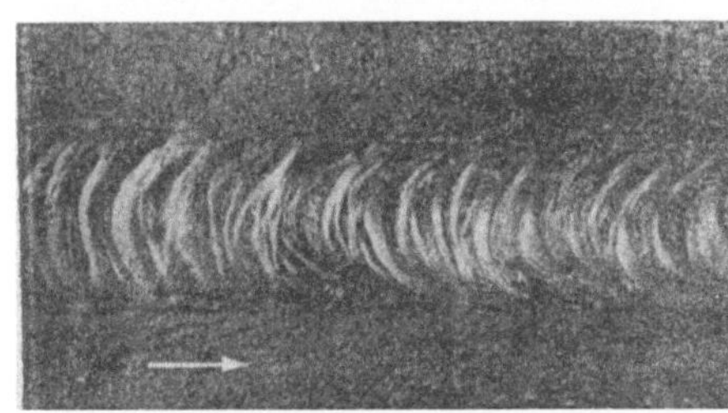

Abb. 148. Schweißnaht an 10-mm-Stahlblech
(Nachrechtsschweißung).

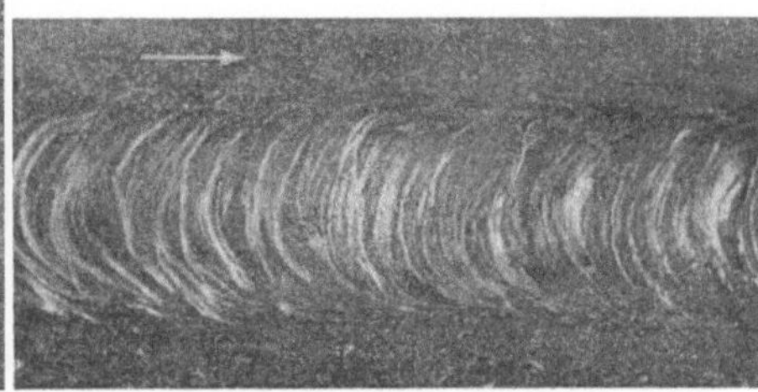

Abb. 149. Kehlnaht an 10-mm-T-Stoß
(Nachrechtsschweißung).

wiederholen. Wenn akustische, magnetische oder röntgentechnische Prüfgeräte nicht zur Verfügung stehen, aber die Nahtrückseite für das Auge
zugänglich ist, dann ist der Grad des Durchschweißens leicht feststellbar.
Andernfalls hat man nur einen unzulänglichen Anhaltspunkt, und zwar die
Beobachtung der meist beiderseits der Schweißnaht mehr oder weniger gut
sichtbaren Anlauffarben, die von verschieden hohen Oxydationsstufen (Oxy-
dationsfarben, ähnlich wie beim Anlassen von Stahl) herrühren. Hauptsächlich Nähte an dünneren Blechen lassen auf diese Weise einige Schlüsse auf
das Durchschweißen zu. Gleichmäßige Flammenführung und Arbeits-

geschwindigkeit werden ein immer gleichbleibendes Anlauffarbenband zur Folge haben (*x* in Abb. 150). Eine Verbreiterung *a* (Abb. 150) dieses Farbenstreifens läßt auf längeres Verharren der Flamme an dieser Stelle schließen, während eine Einschnürung *b* gesteigerte Schweißgeschwindigkeit und nicht genügende Durchschmelzung vermuten läßt.

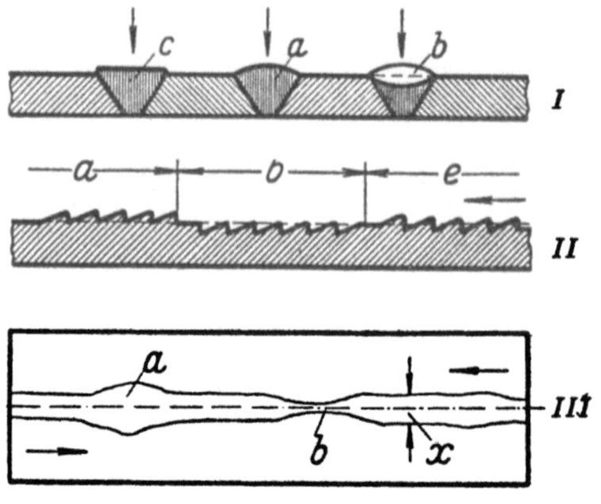

Abb. 150. Aussehen der Schweißnaht.

Ein weiterer querschnittschwächender Fehler ist bei *II* in Abbildung 151 skizziert; er beruht darauf, daß entlang der an sich normal überhöhten Naht beiderseits K e r b e n verlaufen. Ungeübten Schweißern unterläuft häufig der bei *III* angedeutete Fehler, wobei die Flamme, hauptsächlich bei der Nachlinksschweißung, nur auf die eine Blechkante gehalten und deshalb auch nur diese genügend verflüssigt wird. Auf der Gegenseite bleibt der eingetragene Werkstoff mit dem Mutterwerkstoff unverbunden.

Solch eine Schweiße ist gänzlich unbrauchbar. Obwohl ein überreichlich großes Schmelzbad immer unerwünscht ist, muß für ein genügendes Aufschmelzen vor dem Einbringen des Zusatzwerkstoffs gesorgt werden, weil sonst sog. K a l t l a g e n , die sich zwischen den einzelnen Werkstoffschichten bilden, also unverbundenen Stellen entsprechen, etwa nach *IV* auftreten.

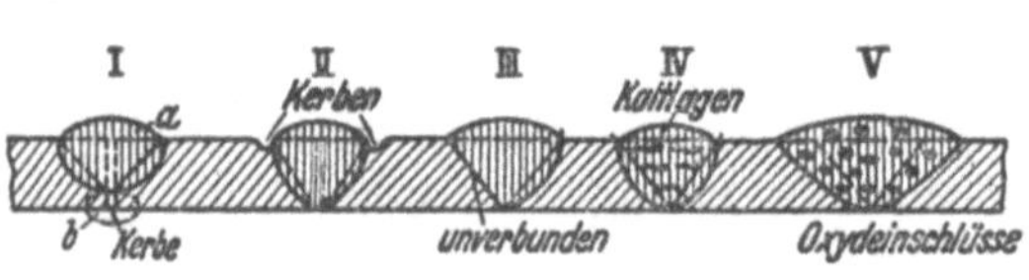

Abb. 151. Schweißfehler bei Stumpfnähten.

Kaltlagen bilden sich vor allem bei der Nachlinksschweißung, wenn das flüssige Metall in der Fuge verläuft oder wenn in mehreren Lagen geschweißt und die darunterliegende ungenügend verflüssigt wird. Ein durch zu geringe Arbeitsgeschwindigkeit oder eine zu starke Flamme entstehendes zu großes Schmelzbad ist meist, wie *V* andeutet, von O x y d e i n s c h l ü s - s e n durchsetzt, die durch eine Nachbehandlung der Schweiße nicht entfernbar sind. Ähnlich liegen die Verhältnisse bei der X-Naht, auf welche die soeben geschilderten Fehler sinngemäß übertragen werden können.

Auch K e h l n ä h t e können verschiedene arteigene Fehler aufweisen (Abb. 152 *I÷III*). Die Kehlnaht *a* ist einwandfrei, wohingegen *b* und *f* ungenügenden E i n b r a n d im Scheitel auf-

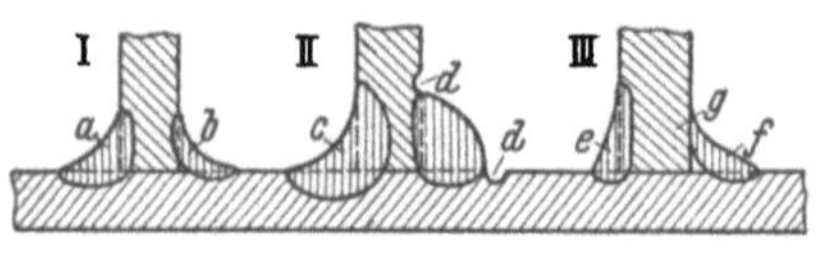

Abb. 152. Schweißfehler bei Kehlnähten.

weisen. Das Gegenteil, ein zu tiefer und überflüssiger Einbrand, ist bei *c* zu erkennen und dem gegenüberliegend eine übertriebene N a h t ü b e r - h ö h u n g , die außerdem bei *d* Einbrandkerben zeigt. Bei dieser Nahtart häufiger anzutreffende Fehler sind bei *III* veranschaulicht. Die ungleichschenklige Naht *e* hat mehr das stehende Blech erfaßt und ist für die Übertragung von Kräften ungeeignet. Als noch schlechter ist die Naht *f* anzusehen. Der Schweißer hat zwar im durchlaufenden Blech genügend eingebrannt, aber das Blech g und den Scheitel nicht angeschmolzen. An diesen Stellen liegt gar keine Bindung vor.

Ähnliche Fehler kommen bei Überlapp-Rundnähten an Muffenrohren vor; einige der häufigsten sind in Abb. 153 veranschaulicht. Allein richtig ist der Nahtquerschnitt bei *I*. Die Breite *b* der Schweißnaht beträgt etwa das 1,5fache der Rohrwanddicke *s*, die an keiner Stelle des Querschnitts unterschritten wird, während die Nahtüberhöhung *c* der einer *V*-Naht entspricht. Falsch sind alle übrigen Beispiele, und zwar *II* deshalb, weil von der Blechkante zu viel abgeschmolzen und trotzdem das Maß *a*, das mindestens gleich Wanddicke *s* sein muß, nicht eingehalten wurde. Außerdem ist *b* völlig unzureichend. Trotz des allseitig guten Einbrandes ist auch die Naht *III* deshalb mangelhaft, weil sie zu flach und *a* zu klein ist. Bei *IV* ist *b* unnütz breit, was eine Werkstoffvergeudung bedeutet. Außerdem ist die Naht schon deshalb auch unbrauchbar, weil nur an der Steilkante eine einwandfreie Verbindung besteht, jedoch in die Mantelfläche des eingesteckten Rohrendes nur zum geringen Teil eingebrannt wurde. Nahtquerschnitte im Sinne von *V* sind besonders oft bei überkopfgeschweißten

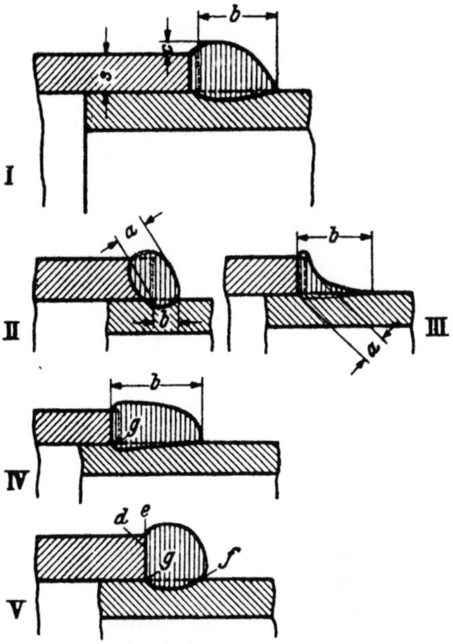

Abb. 153. Gute und schlechte Rundnähte an Muffenrohren.

Strecken anzutreffen. Durch ein zu großes *a* entstehen an den Übergangsrändern bei *e* und *f* gefährliche Längskerben, und im Gegensatz zu *IV* ist hier nur der Rohrmantel gut angeschmolzen, nicht aber die Stirnfläche der Muffe (Kaltschweiße). Meist kommt zu den Beispielen *IV* und *V* noch eine oft recht erhebliche Scheitelkerbe (bei *g*) hinzu, die solche Nähte völlig unbrauchbar machen (Siehe auch *b* und *f* in Abb. 152).

Natürlich können die aufgezählten Fehler sowohl einzeln als auch gemeinsam auftreten, besonders, wenn es sich um ungeübte Schweißer handelt, die das Halten des Schmelzbades durch richtige Flammen- und Drahtbewegung nicht beherrschen. Der Mangel an Handfertigkeit macht sich in noch höherem Maße beim Schweißen in schwierigen Stellungen, und zwar bei der Herstellung stehender und Überkopfnähte unangenehm bemerkbar.

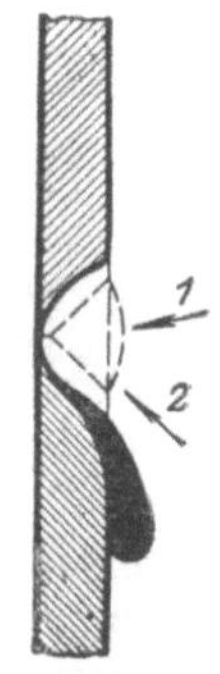

Abb. 154. Schweißung einer waagerechten Naht an stehender Wand.

Senkrecht- und Überkopfnähte. Zu den schwierigsten Arbeiten zählt die Schweißung w a a g e r e c h t e r N ä h t e a n s t e h e n d e r W a n d. Während es dem geübten Schweißer ohne weiteres gelingt, Nähte von gleicher Breite und sauberem Aussehen ohne ein Abtropfen verflüssigten Werkstoffs zu ziehen, wird der Unbewanderte unter der in Abb. 154 angedeuteten Erscheinung des starken Abflusses der unteren Werkstoffkante zu leiden haben. Wird die Flamme in Richtung des Pfeiles 1 gehalten, dann ist ein Abfließen des Schmelzbades bestimmt zu erwarten. Es muß also die Flamme möglichst in Richtung des Pfeiles 2 gehalten und im Schmelzbade das Drahtende laufend so bewegt werden, daß es das Abfließen des Werkstoffs sicher verhindert.

Das beim Verlegen von Rohrleitungen und bei Ausbesserungsarbeiten notwendige „Überkopfschweißen“, das den Schweißer mitunter zwingt, aus Platzmangel auf dem Rücken liegend unmittelbar über dem Gesicht zu schweißen, bedarf gewissermaßen eines Kunstgriffes, um das Abtropfen des von unten nach oben aufzutragenden Werkstoffs aufzuhalten. Ist der Schweißer hierin sicher, so besitzt er die Fähigkeit, schwere und schwierigste Arbeiten an jedweder Stelle von Werkstücken durchzuführen. Diese Fähigkeit ist mehr noch als das übrige Schweißen lediglich durch praktisches,

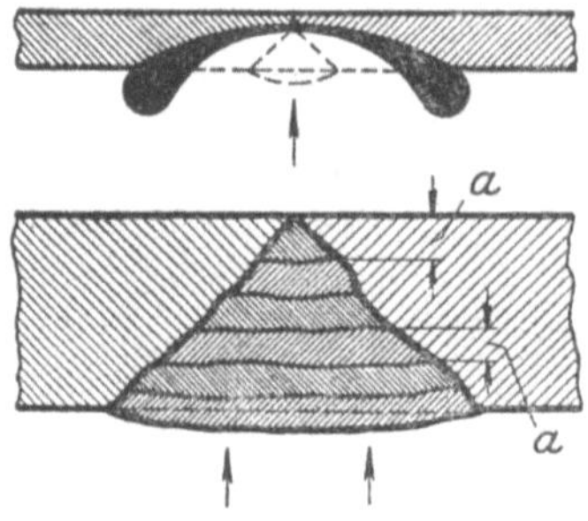

Abb. 155. Überkopfschweißung.

unverdrossenes Üben zu erlernen. Durch zweckmäßige Flammen- und Drahthaltung und -bewegung und unter Ausnutzung der Ausströmungskraft der Flamme wird der in Abb. 155 oben angedeutete Zustand nicht eintreten. Die Anzahl der Lagen richtet sich danach, ob nachlinks- oder nachrechtsgeschweißt wird und außerdem nach der Blechdicke. Wird in mehreren Lagen geschweißt, dann ist die Verdichtung der Schweiße von erhöhtem Wert. Das geschieht durch Verhämmern der jeweiligen Lagendicke a in Weißwärme, wodurch gleichzeitig das Verschmieden etwa unverbundener Stellen verbürgt wird.

Auf dieser Arbeitsweise beruht übrigens das sog. Kleinfeuerschweißverfahren, bei dem nur kleine Flächen der Schweißstelle leicht aufgeschmolzen werden und nach Zusatz von Schweißdraht häufig und gründlich in Weißglut gehämmert und verdichtet werden. Eine deutsche Fachfirma nutzt dieses Verfahren bei der Ausbesserung von Kesseln aus.

B. Die wichtigsten Anwendungsgebiete der Stahlschweißung

1. Rohre und Rohrkonstruktionen.

Allgemeines. Die gesamte Rohre verarbeitende Industrie und das Handwerk bedienen sich der längst erkannten großen Vorzüge der Schweißtechnik, und die Verbindung von Rohren war eines der ersten Anwendungsgebiete der Gasschweißung überhaupt. Vom kleinsten Rohr beliebigen Profils bis zum dickwandigsten Rohr größten Durchmessers, für die Fertigung von Konstruktionsrohren des Fahrzeug-, Flugzeug- und Stahlmöbelbaus, für die Herstellung von Rohrformstücken, für die Gas-, Wasser- und Heiztechnik, zur Anfertigung von Isolierrohren und zur Verlegung von Rohrleitungen aller Art kommt die Schweißflamme wirtschaftlich zur Anwendung. Es hat sich hieraus sogar ein selbständiger Fertigungszweig, die Autogen-Rohrindustrie, entwickelt. Blechstreifen in einer dem jeweiligen Rohrumfang entsprechenden Breite (Rohrstreifen, Rohrstrips) werden zu Rohren eingerollt oder über Dorne und durch Matrizen auf Ziehbänken zu Rohren gezogen und deren Längsfugen auf den Straßen besonders konstruierter Rohrschweißmaschinen selbständig geschweißt. Über die Einrichtungen solcher Anlagen wurden bereits im Abschnitt „Schweißmaschinen" ausführliche Angaben gemacht. Auf diese Weise werden Rohre bis zu 4″ Durchmesser und 4 mm Wanddicke hergestellt. Über diese Abmessungen hinausgehende Rohrlängsnähte, z. B. an Wind- und Saugrohrleitungen, werden von Hand geschweißt. Dickwandige, großkalibrige Rohre können auch auf Wassergasschweißmaschinen oder mit elektrischen Schweißautomaten, kleinere und mittlere bis zu 12″ lichter Weite auf Walzenstraßen überlappt geschweißt werden (sog. patentgeschweißte oder Siederohre). Ein Verfahren der Feuerschweißung von dünnwandigen Rohren beruht darauf, endlose Blechbänder in besonderen Öfen zu erhitzen und in Ziehtrichtern stumpf zu verbinden (Abb. 156). Ihm ähnlich ist, das im großen Umfang angewandte mit Druckrollen arbeitende F r e t z - M o o n - V e r f a h r e n ; ein selbsttätiges Rohr-Feuerschweißen von außerordentlich hoher Leistung, bei dem die Blechbänder unter sich auf Widerstandsstumpfschweißmaschinen verbunden, in langen Glühöfen auf Schweißwärme gebracht und in einer schnellaufenden Schweißziehbank stumpf verbunden (Rollendruck) und durch mitlaufende

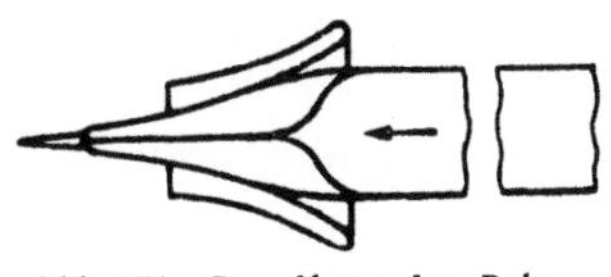

Abb. 156. Grundform der Rohrfeuerschweißung.

Kreissägen auf Maß geschnitten werden. Das geschweißte Stahlrohr hat allen bekannten Verbindungsverfahren gegenüber die Vorzüge der dauernden Dichtheit, Dehnbarkeit, Bruchsicherheit, praktisch unbeschränkter Formgestaltung, Gewichtsersparnis (Fortfall von Flanschen und Überlappungen), erhöhter Wirtschaftlichkeit und des Fortfalls der Rohrschwächung durch Gewinde u. dgl. Die Schweißung hat einmal dazu geführt, die gußeisernen Rohre zu verlassen, aber auch immer mehr den Ersatz von Rohrverschraubungen, Verflanschungen, Nietverbindungen usw. zur Folge gehabt. Die mit dem Fortschritte der Technik an Werkstoff und Verbindungsart gestellten hohen betriebstechnischen Anforderungen konnten erst dann restlos befriedigt werden, als es gelang, auch hochwertige Werkstoffe einwandfrei und sicher zu schweißen. Beschränkungen in der Anwendbarkeit der Schweißung im Rohrleitungsbau, sei es durch hohe Drücke oder durch höhere Temperaturen sind kaum noch vorhanden. Bei gezogenen und gewalzten Rohren ersetzt die Schweißnaht Fittings und Flanschen, welch letzte nur noch — aus betriebs- oder montagetechnischen Bedürfnissen heraus — an lösbaren Stellen angewandt werden, bei Muffenrohren ersetzt sie die Packung und Bleiverstemmung. Wenn nur eben angängig und wo Anspruch auf lösbare Verbindungen nicht erhoben wird, wird die Stumpfschweißung bei Rohrsträngen von oft recht ansehnlicher Länge (Fernheizleitungen usw.) angewandt.

In diesem Zusammenhang soll eine V o r s i c h t s m a ß n a h m e erwähnt werden, die beim Schweißen von Rohren und engen Zylindern, vor allem aber beim Schweißen geschlossener Gefäße Beachtung finden muß. Während des Schweißens gelangen durch die Stoßfuge der Naht mehr oder weniger große Mengen unverbrannter Gase aus der Flamme in das Innere des Körpers verbrennen an dessen Mündungen oder sie explodieren im Körper selbst unter scharfem Knall. Würde man z. B. ein Rohr, dessen eine Mündung geschlossen ist, am anderen Ende zuschweißen und mit dem Flammenkern der Fuge zu nahe kommen, dann hätte das im Rohr eingeschlossene unverbrannte Gasgemisch keine Gelegenheit zum Abzug und müßte im Rohrinnern, an der glühenden Schweiße zur Entzündung gebracht, explodieren, was ein Zersprengen des Gefäßes nach sich ziehen kann. Also, Vorsicht bei Ausführung solcher Arbeiten! Ferner soll an dieser Stelle noch auf eine andere Erscheinung hingewiesen werden, die dem Schweißer bei der Fertigung kleiner geschlossener Körper erhebliche Schwierigkeiten verursachen kann. In kleineren Räumen eingeschlossene Luft wird unter Einwirkung der Schweißflamme so stark erhitzt, daß sie das noch flüssige Nahtende aufbläht und ein Dichtwerden verhindert. Man hilft sich hier, indem man entweder den Körper erkalten läßt und dann die letzte Stelle rasch zuschmilzt, oder es wird eine kleine Öffnung für den Abzug der Warmluft an geeigneter Stelle belassen und diese nach Vollendung der Schweißarbeit mechanisch verschlossen.

Stumpfstöße. Eine größere Gruppe von üblichen Formen des Stumpfstoßes für Rohrrundnähte ist in Abb. 157 veranschaulicht, wobei die Wahl des einen oder anderen von dem Verwendungszweck, der Abmessung und der von ihm aufzunehmenden Kraftübertragung abhängig ist. Der einfachste Verbindungsstoß ist bei *a* dargestellt. An Rohren bis zu 4 mm Wanddicke kann die Abschrägung fortfallen; sie ergibt sich übrigens bei Verwendung von Rohrschneidern von selbst. Besonders dicke Rohre erhalten eine V-Mulde oder bei großem Durchmesser eine X-Naht. Schwachwandige Rohre können mit Bördelstößen, wie bei *b* gezeigt, versehen werden. Der Innenbord bei *h* kommt nur zur Anwendung, wenn das Rohr nicht dem Durchfluß gasförmiger, flüssiger oder fester Stoffe, sondern als Konstruktionsteil dient. Sind die Rohre für die Förderung von Stoffen bestimmt, so dürfen Reibungsverluste und Wirbelbildung verursachende Querschnittsverminderungen nicht vorkommen. Allzu starkes Durchlaufen der Schweiße, sog. Schweißbartbildung,

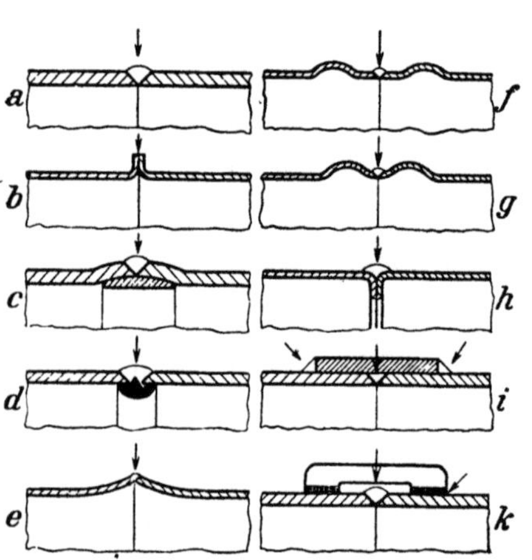

Abb. 157. Geschweißte Rohrstöße.

muß aus dem gleichen Grunde verhütet werden. Um neben einem guten Durchschweißen eine glatte Innenfläche des Stoßes zu gewährleisten, werden mitunter die Formen *c* und *d* bevorzugt, wo Paßringe eingesetzt und mit dem Stoße verschweißt werden. Sog. Entlastungsstöße — wie sie bei *e*, *f* und *g* skizziert sind — haben den Zweck, die Schweißnaht von zusätzlichen Beanspruchungen zu entlasten, wie sie durch Verlagerung der Leitung, Temperaturschwankungen u. ä. hervorgerufen werden. Die Aufhalsung bei *e* und die Anordnung der doppelseitigen Sicken bei *f* und *g* bezwecken außerdem eine Aussteifung dünnwandiger Rohre und damit ein Erleichtern der Arbeitsdurchführung. Weniger oder gar nicht zu empfehlen sind die Beispiele *i* und *k*, wo Flach- und Hochkantlaschen eine vermeintliche Entlastung der Schweißnaht mit sich bringen sollen.

Um beim Zusammenschweißen von Rohrsträngen oder Rohrstößen ganz allgemein eine axiale Ausrichtung ohne Verzug und eine sauberes Nahtaussehen sicherzustellen, empfiehlt sich ein ⋜- oder U-Eisen als Unterlage (Abb. 158), in der die Rohre leicht und ohne Versetzen gedreht werden können. Wie man sich beim Schweißen von Rundnähten an senkrechten

Rohren einfach helfen kann, um den zum guten Durchschmelzen notwendigen Schweißspalt herzustellen, zeigt c. Es werden je nach Wanddicke zwei kurze Schweißdrahtstücke von 2···4 mm Dicke zwischen den Stoß gelegt und nach dem Heften, wenn dies notwendig, entfernt, gegebenenfalls mit eingeschmolzen.

Abzweigungen und Formstücke. Im allgemeinen sind die A b z w e i g u n g e n der Abb. 159 gebräuchlich. Bei a haben lichte Weite des Stutzens und des ihn aufnehmenden Loches gleichen Innendurchmesser, während bei b das Stutzenende in ein größer gehaltenes Loch eingepaßt wird. In beiden

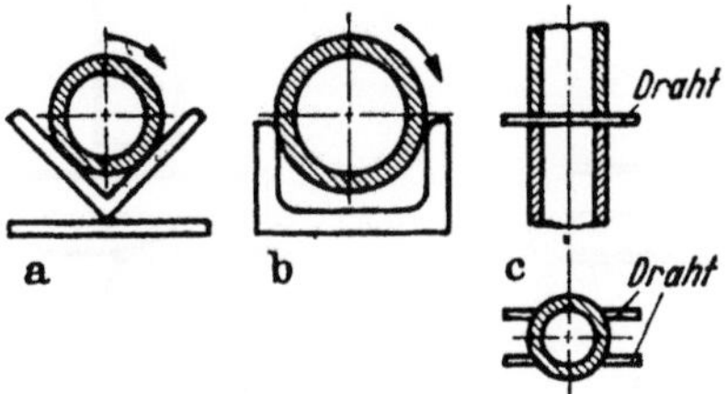

Abb. 153. Unterlagen für das Schweißen von Rohrrundstößen.

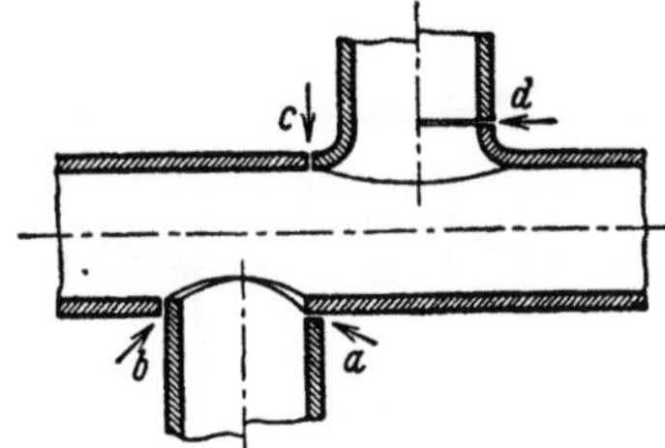

Abb. 159. Rohrabzweigungen.

Fällen entstehen Kehlnahtverbindungen. Das einzuschweißende Rohrende des Stutzens muß bogenförmig ausgearbeitet sein, damit der Durchflußquerschnitt des Rohres nicht verengt wird. Wird das Rohrinnere nicht benutzt, so ist diese Maßnahme unnötig. Im übrigen kann natürlich die Abzweigung an jeder beliebigen Stelle und unter beliebigem Winkel angeordnet sein, wenn nur dafür gesorgt wird, daß die Naht ringsum zugänglich bleibt. Nicht immer sind die einfachsten Abzweigungen a und b ausreichend. Wo es auf möglichst reibungs- und stoßfreien Durchgang ankommt, werden die Verbindungsarten c oder d gewählt. Diese haben außerdem den Vorteil, daß die Schweißnaht außerhalb der am stärksten auf Biegung beanspruchten Stoßkante verlegt wird.

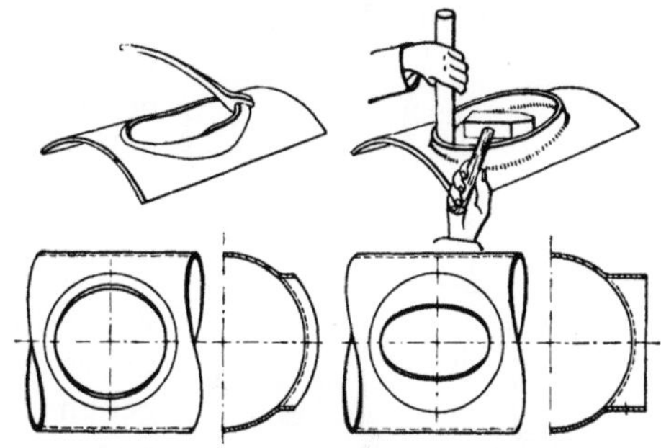

Abb. 160. Aufziehen von Anschlußlöchern.

Beim A u f z i e h e n d e r A n s c h l u ß l ö c h e r gezogener oder aus Blechen hergestellter Rohre benutzt man zweckmäßig Gabelhebel, wie sie in Abb. 160 und 161 dargestellt sind. Der Zuschnitt der Anschlußlöcher richtet sich nach der Höhe der Aushalsung. Das Runden und Schlichten des herumgeholten Kragens geschieht derart, daß ein der lichten Weite des Rohres entsprechendes Rundeisen eingesetzt und der Kragen, wie f in Abb. 161 zeigt, angehämmert wird, oder, was für größere Durchmesser in Frage kommt, das Ausrunden geschieht durch Einsetzen eines Rundeisens und Hämmern von innen (Abb. 160). Diese und alle künftig geschilderten Verformungsarbeiten an Rohren müssen bei größerer Wanddicke unter Zuhilfenahme der Schweißflamme, also im rotwarmen Zustande vorgenommen werden. Nur bei dünnwandigen Rohren kann eine Verformung im kalten Zustand erfolgen.

Für die Fertigung von Rohrabzweigungen sind genormte Bogen- und Kniestücke auf dem Markt erhältlich, die durch Zusammenschweißen die

verschiedensten erforderlichen Gebilde ergeben, wie solche aus Abb. 162 *b*
und *c* ersichtlich sind. Dabei kommt es immer auf sauberen Zuschnitt der
Anschlußränder an, damit das Durchlaufen von Eisentropfen vermieden wird.
Das bei *a* veranschaulichte Abzweigstück ist aus geraden Rohrenden
zusammengesetzt.

In neuerer Zeit haben sich S c h w e i ß f i t t i n g s aus Stahlguß, bzw.
Sondertemperguß eingeführt, die in den verschie-
densten Abmessungen und Formen als Winkel, Bogen, Stromlinien-T, als Reduktionsmuffen, Anschluß-

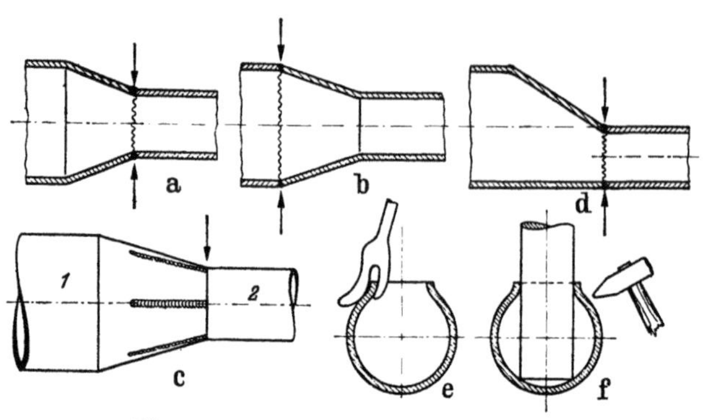

Abb. 161. Schweißungen an Reduktionsstücken

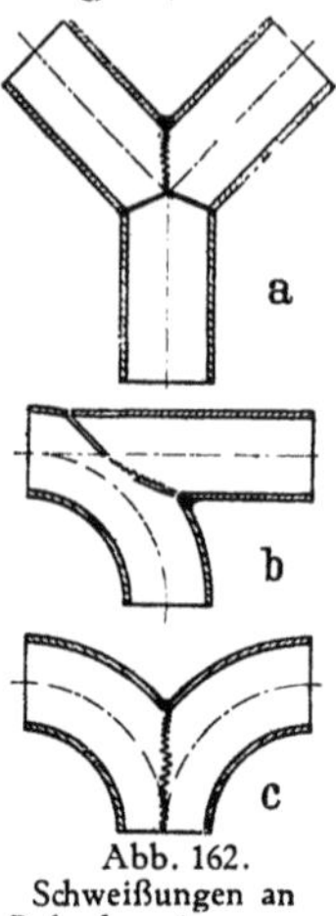

Abb. 162.
Schweißungen an
Rohrabzweigungen.

stutzen, als Vorschweißsattel usw. geliefert werden. Dabei kann der Rohr-
anschluß mit Gewinde versehen sein oder alle Anschlußöffnungen tragen,
wie dies aus Abb. 163 hervorgeht, 4 Zentrieransätze, die das Ansetzen und
Heften der Rohrstränge erheblich erleichtern. Die
bei *a* gezeigte reduzierte Stromlinien-T-Verbindung
und die bei *b* veranschaulichte reduzierte Zwei-
bogen-T-Verbindung tragen diese Ansätze und
sind im Bilde zur Hälfte verschweißt dargestellt.

Aber auch ohne Verwendung dieser Rohrverbindungen gestattet die Schweißung nahezu
unbeschränkte Vielgestaltigkeit in der Formgebung. So zeigt Abb. 161 bei *a* bis *c* einige
konzentrische und exzentrische, geschweißte
R e d u k t i o n e n. Entweder wird das eine Rohrende eingezogen und dem Durchmesser des

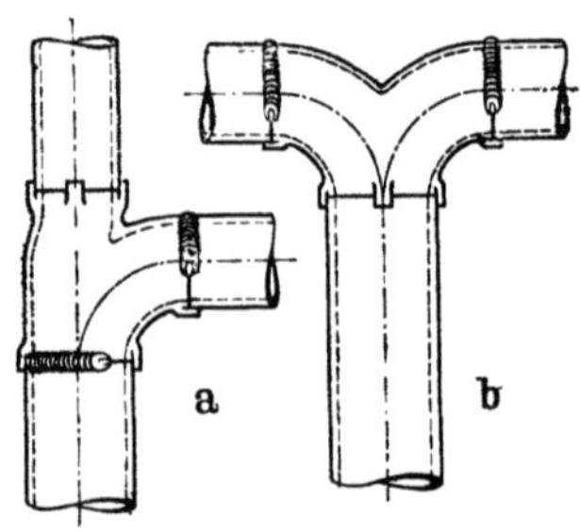

Abb 163.
Schweißungen an Tempergußfittings.

Anschweißendes angepaßt, wie bei *a*, oder eines der Enden wird, was *b* andeutet, aufgeweitet. Die Verformung muß auch hier unter Zuhilfenahme der
Schweißflamme und mit besonderen Werkzeugen erfolgen, bei *a* mit einem
Glockendöpper, bei *b* mit einem Aufweitkegel (Dorn). Der bei *d* gezeigte
exzentrische Anschluß wird dadurch ermöglicht, daß man das Rohr *1* von
größerem Durchmesser (s. *c*) etwa 3···5mal einschlitzt, Zwickel ausschneidet,
die entstandenen Schnittränder warm anrichtet und verschweißt.

Ein aus 7 Einzelteilen zusammengeschweißtes K o m p e n s a t i o n s -
r o h r mit Ansatzflanschen bringt Abb. 164. Die beiden Zwischenstücke *d*
werden mit Normalbogenstücken *a* und *b* und den beiden Flanschen *c* verschweißt. Der Vorteil des Schweißens wächst bei solchen Arbeiten mit der
Größe des Formstückes. Werden bei *a* und *b* Halbbogen verwendet, dann
brauchen nur die Zwischenstücke *d* entsprechend angepaßt zu werden.

Schwierige Rohrschweißungen. Einige Schwierigkeiten bei der Durchführung von Schweißarbeiten an fest verlegten und nur beschränkt zugänglichen Rohrsträngen, wie sie mitunter bei der *Montage oder beim Umbau von* Rohrleitungen vorkommen, veranschaulichen die Abb. 165 und 166, wobei es von untergeordneter Bedeutung ist, ob es sich um waagerechte Rohrstränge oder um Steigeleitungen handelt. Die bei *a* in Abb. 165 in einer Gebäudeecke verlegte Steigeleitung wird zweckmäßig an ihrer Schweißnaht dadurch zugäng-

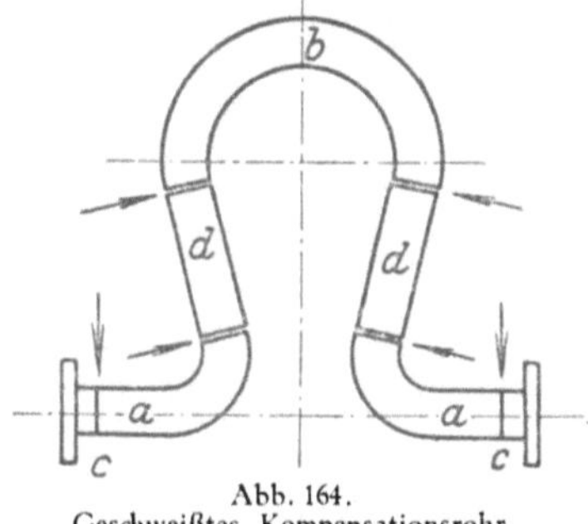

Abb. 164.
Geschweißtes Kompensationsrohr.

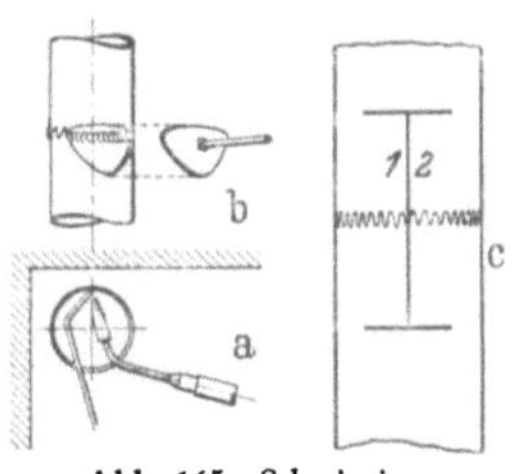

Abb. 165. Schwierigere
Rohrschweißungen.

lich gemacht, daß man im Sinne von *b* ein anteilig an einen Schweißdraht angeheftetes Stück der Rohrwandung kappenartig ausschneidet. Die der Wand zu gelegene Nahtstrecke wird dann vom Rohrinneren geschweißt und darauf auch die wieder eingesetzte Kappe. Eine andere, allerdings nur bei liegenden Rohren geübte Arbeitsweise ist bei *c* skizziert. Das Rohr wird in seiner Längsrichtung auf eine ausreichende Strecke getrennt, und an den Schnittenden werden 2 Radialschnitte, deren Länge etwa $1/3$ des Rohrumfangs ausmacht, angeordnet. Hierauf werden die beiden Rohrwandlappen aufgeklappt, der Rohrstoß von innen verschweißt, die Lappen wieder angerichtet und die Schnittfugen durch Schweißung verbunden. Dieses Verfahren kommt hauptsächlich bei Bleirohren zur Anwendung, da Blei nicht überkopf geschweißt werden kann.

Bei in Wandnischen und Kanälen verlegten, zwar für den Brenner, aber nicht für das Auge des Schweißers zugänglichen Stellen, greift man zur „Spiegelschweißung". Hierzu wird ein Metallspiegel benutzt, der, wie Abb. 166 erkennen läßt, so anzubringen oder durch einen Helfer zu halten ist, daß der Schweißvorgang überblickt werden kann.

Rohrflanschen. Zur Herstellung lösbarer Rohrverbindungen bedient man sich bei größeren Rohren der Flanschen, die nach verschiedenen Gesichtspunkten (Abb. 167) mit den

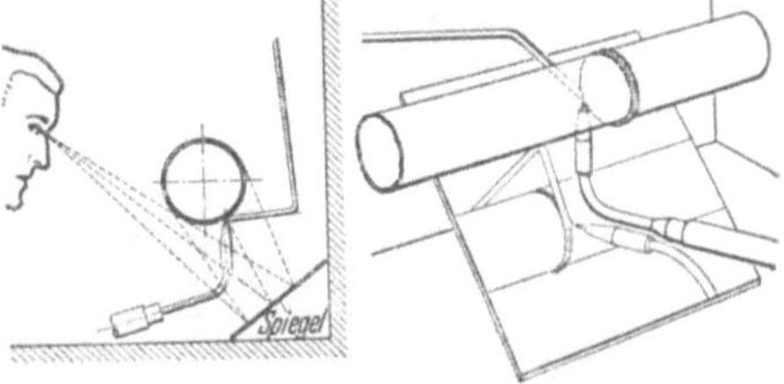

Abb. 166 Spiegelschweißung.

Rohrenden verschweißt werden können. Bei *a* bis *d* handelt es sich um ein- oder zweiseitig geschweißte, mit oder ohne Gewinde versehene Flanschenringe. Um die ungleichen Werkstoffdicken zwischen Rohr und Flansch auszugleichen und eine schweißgerechte Konstruktion zu erzielen, verwendet man, wie *e* andeutet, hinterdrehte Winkel-, Ansatz- oder Anschweißflanschen *g* und *h*. Die Schweißflanschen werden immer stumpf angesetzt, dadurch sind gleichdicke Querschnitte zu verschweißen. Flanschen mit großem Außendurchmesser, d. h. von großer Ausladung, werden, wenn hohe Beanspruchungen vorliegen, vielfach durch gleichmäßig am Umfang verteilte und angeschweißte Eckbleche versteift, wie beispielsweise *f* zeigt.

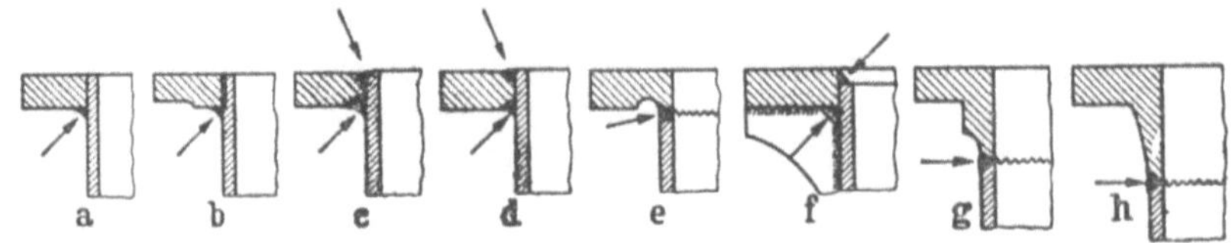

Abb. 167. Schweißungen von Rohrflanschen.

Abb. 168. Einschweißen von Rohren in Rohrwände.

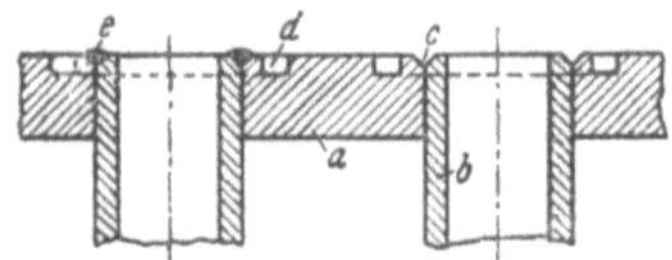

Abb. 169. Ausgleichen zwischen Rohrwand und Rohrdicken beim Schweißen.

Einschweißen von Rohren in Rohrwände. Zur Abstellung der mit dem Einwalzen von Rohren in Rohrwände häufig verbundenen Beschädigung der Rohrwand und oft wiederkehrender Undichtheiten können, wenn betriebsmäßige Erfordernisse dem nicht widersprechen, die Rohre mit den Wänden durch Schweißung verbunden werden. Verschiedene Ausführungsbeispiele

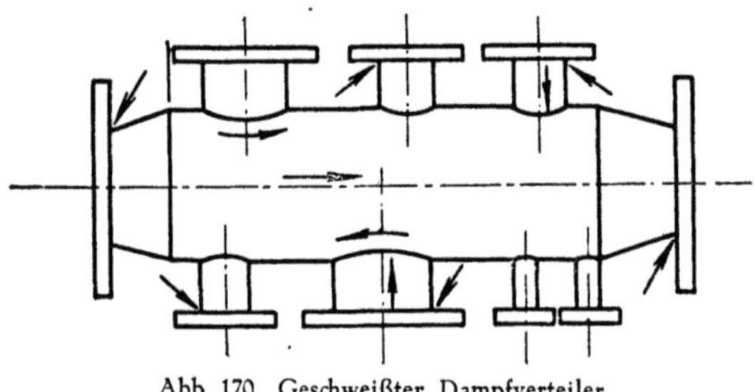

Abb. 170. Geschweißter Dampfverteiler.

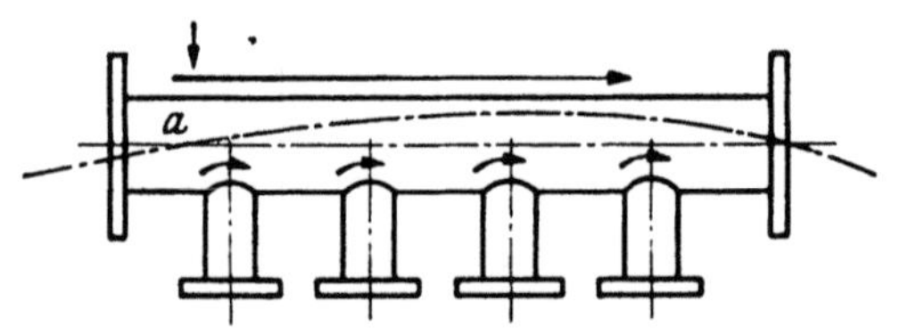

Abb. 171. Verziehen eines Rohrverteilers beim Schweißen.

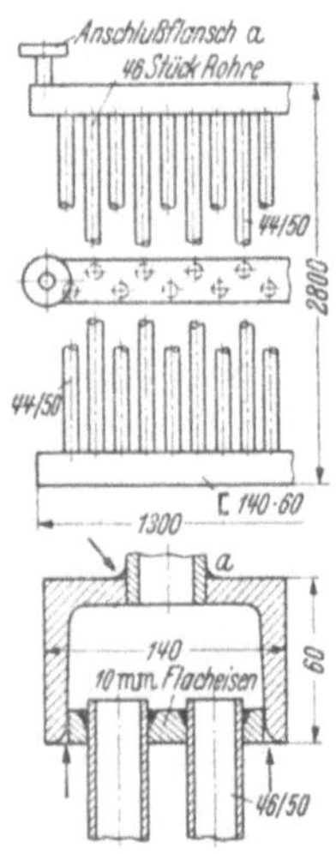

Abb. 172. Heizrohrgruppe für Trockenkammern.

zeigt Abb. 168. Zwecks Arbeitserleichterung und besserer Wärmebindung können, wie dies in Abb. 169 angedeutet ist, um die Rohrlöcher konzentrische Ringnuten *d* in die Wand *a* eingefräst und ein Schweißbord *c* mit entsprechender Abschrägung vorgesehen werden.

Rohrkonstruktionen. Aus den geschilderten Konstruktionsteilen lassen sich die denkbar verwickeltsten Rohrkörper zusammenstellen. Die Schweißung ist hier, was die Möglichkeit der Formgebung anbelangt, durch kein anderes Verfahren zu ersetzen.

Abb. 170 stellt einen D a m p f v e r t e i l e r dar, wie er vielfach unabhängig von Rohrnormen durch Schweißung hergestellt werden kann. Der Rohrrumpf und alle Stutzen des Verteilers können aus Blech eingerollt und längsnahtgeschweißt werden. An das Verteilerrohr sind die Stutzen und an diese die Flaschen stumpf angesetzt. Da im gezeichneten Beispiel auf zwei gegenüberliegenden Seiten Stutzen anzuschweißen sind, ist bei richtiger Arbeitsfolge mit einem Werfen des Rohrkörpers nicht zu rechnen. Sind jedoch die Stutzen nur an einer Seite des Rohres anzusetzen, wie in Abb. 171, dann ist ein Verziehen im Sinne der übertrieben gezeichneten strichpunktierten Linie zu erwarten, da das Einschrumpfen der Nähte eine Verkürzung des Hauptrohres a zur Folge hat. Abhilfe: Entweder wird das Rohr a vor dem Schweißen in entgegengesetzter Richtung etwas durchgebogen, damit es nach vollendeter Arbeit in die Gerade zurückfedern kann, oder das nicht besonders vorbereitete Rohr a wird nach dem Schweißen auf der den

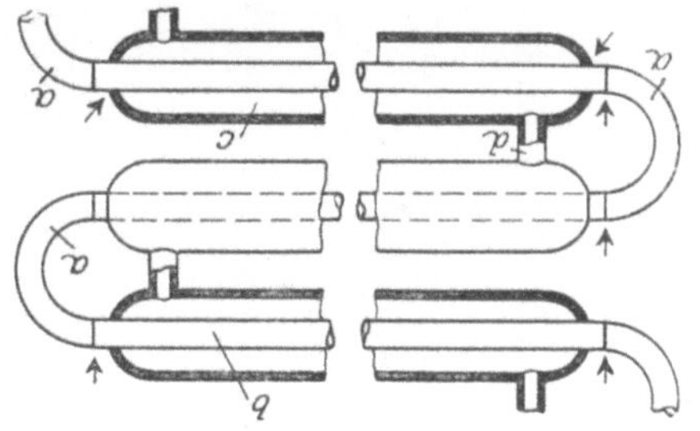

Abb. 173. Geschweißter Wärmeaustauscher.

Stutzen gegenüberliegenden Seite in Pfeilrichtung erhitzt und einschrumpfen gelassen. Ein Ausrichten mit dem Hammer fällt fort. Liegen die Stutzen weiter auseinander, so genügt auch eine örtliche Flächenerhitzung der den Rohrquerschnitten gegenüber liegenden Seiten. Auf diese Weise werden auch Hochdruckrohre, die für Heiz-, Kühl-, Gegenstrom- und Kondensationsschlangen Verwendung finden, hergestellt. Heizrohrregister, Überhitzer, Rohrbatterien werden, wo eben angängig, weil wirtschaftlich, geschweißt.

Die in Abb. 172 dargestellte H e i z r o h r g r u p p e für Trockenkammern ist aus Rohren und U-Eisen zusammengesetzt und an den in *B* mit einem Pfeil versehenen Verbindungsstellen geschweißt. Eine größere Anzahl solcher Rohre (meist 20 ··· 25 Stück) werden zu einer Heizrohrbatterie zusammengeschlossen und untereinander durch Anschlußflanschen *a* verbunden. Zunächst werden die Rohre in entsprechend vorbereitete 10 mm-Flacheisen eingeschweißt und diese dann ringsum mit den Schenkeln des U-Eisens durch Schweißung vereinigt. Die in dieser Abbildung veranschaulichten Register wurden auf 15 atü Probedruck abgedrückt.

Einen Doppelrohr - Gegenstrom - Wärmeaustauscher (I n t e n s i v k ü h l e r) zeigt Abb. 173. Über die innere Rohrschlange *b* sind Rohre *c* von größerem Querschnitt übergestreift, mittels der Schweißflamme an den Enden eingezogen und an *b* angeschweißt. Darauf werden die Rohrbogen *a* mit den Strängen *b* und die Verbindungsrohrstücke *d* mit *c* durch Schweißung verbunden. Durch die innere Rohrschlange *b* werden die zu kühlenden Flüssigkeiten oder Gase, durch das Rohr *c* auf umgekehrtem Wege die Kühlmittel, z. B. Wasser, geleitet.

Einen in allen seinen Teilen geschweißten A m m o n i a k b e r i e s e l u n g s k o n d e n s a t o r größerer Abmessung, der für 25 atü Betriebsdruck bestimmt ist, veranschaulicht Abb. 174. Im Kondensator befinden sich 64 eingeschweißte Rohre von 60 mm Durchmesser und 4 mm Wanddicke. Wie man in solchen Fällen oft stark reduzierte Bogenabzweigungen durch geeigneten Zuschnitt und durch Schweißung erreichen kann, geht aus Abb. 175 hervor.

Abb. 174. Ammoniakberieselungskondensator.

An Stelle gegossener Rippenheizkörper werden in der Heizungstechnik, die sich der Schweißung in hohem Maße bedient, sog. S p i r a l r i p p e n - r o h r e (Abb. 176) durch Schweißung hergestellt. Die Blechspiralen werden mit dem Rohr in jeder zweiten oder dritten Windung durch Heftpunkte verbunden.

Stahlblechrohre. Im allgemeinen werden die bisher besprochenen Konstruktionen aus handelsüblichen, also gewalzten oder gezogenen Rohren zusammengeschweißt. Sobald aber größere Durchmesser bei nur geringer Blechdicke in Frage kommen, müssen die Rohre, gleich welcher Form und welchen Querschnitts, nach entsprechendem Abwicklungszuschnitt aus Stahlblech eingerollt oder abgekantet und geschweißt werden.

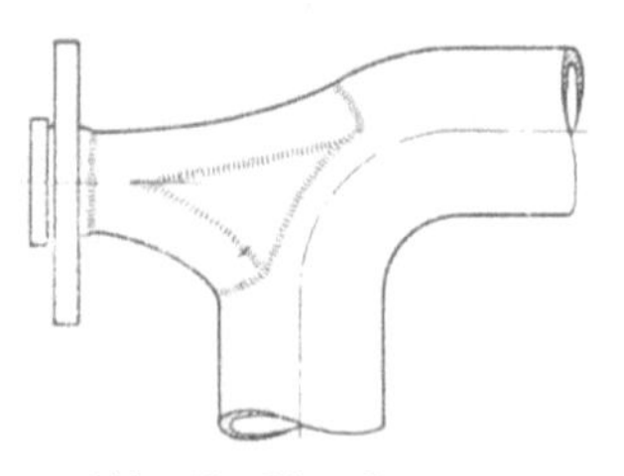

Abb. 175. Schweißung von Bogenabzweigungen.

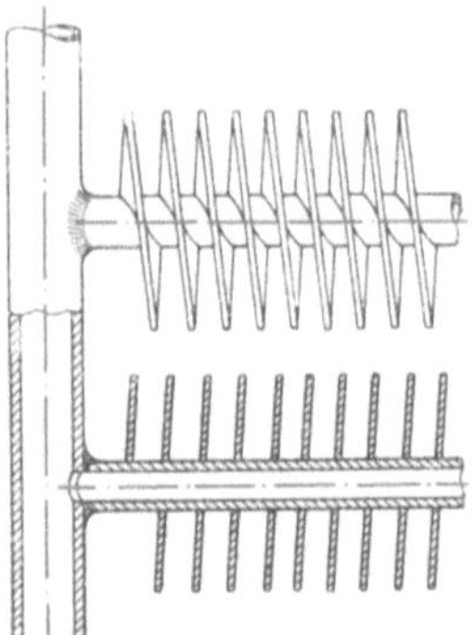

Abb. 176. Schweißung von Spiralrippenrohren.

Bei dünnwandigen Rohren und Rohrformstücken handelt es sich in der Hauptsache um Staubsaug- und Windrohrleitungen, um Ventilations- und Rauchabzugsrohre, um Elevatorenanlagen u. a. aus Feinblech von $1 \cdots 3$ mm Dicke. Die Querschnittsform der Rohre ist dabei nebensächlich, doch ist das Rundrohr für die Schweißarbeit meist das günstigste. Bei Blechen unter 1 mm Dicke sind Form und Größe des Rohrkörpers allerdings für das Verbindungsverfahren maßgebend, und man wird in Anbetracht des beim Schweißen zu erwartenden Verziehens der Rohre mitunter auf dieses Arbeitsverfahren zugunsten der elektrischen Punkt- oder Nahtschweißung oder des Nietens und Falzens verzichten müssen. Eine allgemeine Entscheidung läßt sich hierüber nicht fällen; das ist Sache der praktischen Erfahrung, vor allem auch von der Konstruktion des Werkstücks abhängig.

Abb. 177 stellt einen aus 1,5 mm-Stahlblech hergestellten **R o h r - b o g e n** von 800 mm Durchmesser dar. Die Anzahl der Segmente, aus welchen der Bogen zusammengesetzt ist, richtet sich neben der Mitten-entfernung nach dem angestrebten Grad der Rundung; in der Abbildung sind 7 Segmente vorgesehen, deren Rundnähte unter sich durch Stumpf-schweißung verbunden sind. Die

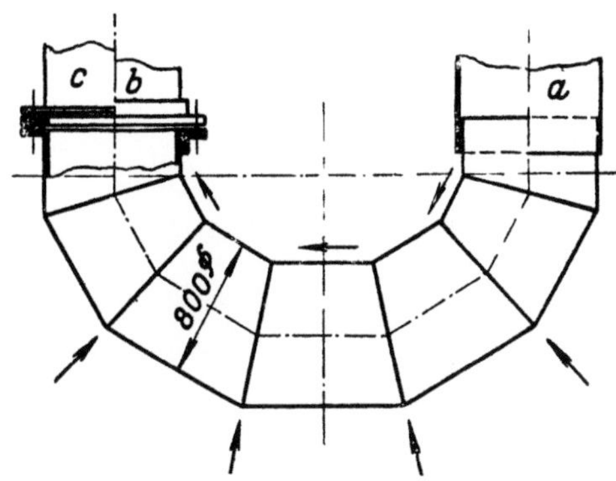

Abb. 177. Geschweißter großer Rohrbogen.

Längsnähte der einzelnen Bogenstücke verlegt man auf die kürzeste Strecke, also an die Innenseite des Bogens. Je nach Erfordernis wird eine Steck- oder Schiebenaht (*a*) oder eine Bord- (*c*) oder Flanschennaht (*b*) vorgesehen.

Teile einer mit vielen Abzweigen ausgestatteten **H e i z g a s l e i t u n g** von 1100 mm Durchmesser und für 500° Betriebstemperatur mit innerer Aus-mauerung veranschaulicht Abb. 178. Die Vorteile des Schweißens im Ver-hältnis zur Nietung kommen besonders deutlich in Abb. 179 zum Ausdruck, die das recht verwickelte, geschweißte **R o h r v e r t e i l e r s t ü c k** einer Ab-saugeanlage wiedergibt. Hierbei kommt es auf einen einwandfreien Abwick-lungs- bzw. Durchdringungszuschnitt und auf sorgfältiges Heften an richtiger

Abb. 178. Teile einer Heizgasleitung.

Stelle wesentlich an. Das Verteilerstück einer Absaugeleitung aus 1 mm-Blech zeigt Abb. 180 in Konstruktion und Ausführung. Sämtliche Anschlüsse und segmentartig hergestellten Bogen sind durch Schweißung verbunden.

Dünnwandige Stahlrohrkonstruktionen. Auf die Vielgestaltigkeit ge-schweißter Konstruktionen, bei welchen gewöhnliches Installationsrohr (Gas-rohr) zur Verwendung kommt, wurde schon hingewiesen. Geländer, Gitter, Tore, Maste, Konsolen und viele andere Gebilde können auf einfachste Weise in geschweißter Ausführung hergestellt werden. Im Stahlrohr-Möbelbau (Regale, Tische, Bänke, Stühle) kommen meist blankgezogene, sehr dünn-wandige Rohre zur Verarbeitung, deren Schweißung ebenfalls ohne Schwierig-keiten durchführbar ist. Im **F a h r - u n d F l u g z e u g b a u** ist die

Schweißung von hervorragender Bedeutung. Tausende von Schweißern sind mit der Fertigung von Stahlrohrverbindungen oft sehr verwickelter Bauart beschäftigt, wobei meist noch besondere, z. B. Chrom-Molybdän legierte Stähle in Frage kommen, die infolge ihrer Wärmeempfindlichkeit (Schweißrissigkeit) Vorsichtsmaßnahmen verlangen (s. Abschnitt „Sonderstähle").

Abb. 179. Geschweißtes Rohrverteilerstück.

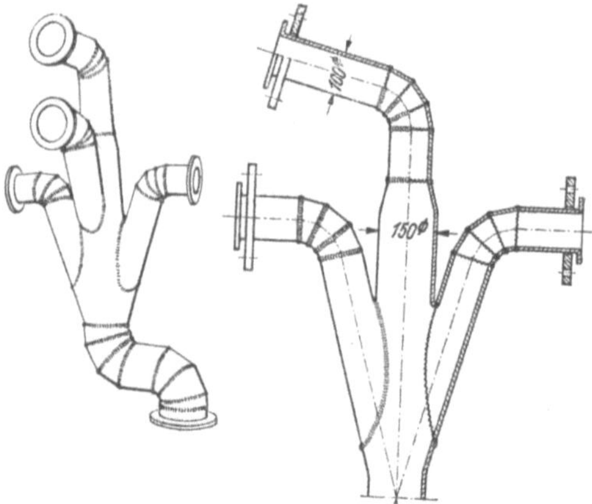

Abb. 180. Verteilerstück einer Absaugeleitung.

Mitunter werden ganze Rümpfe, Fahrgestelle und Tragflächen von Segel- und Motorflugzeugen in geschweißter Konstruktion ausgeführt. Unter den mannigfachen Einzelteilen im Leichtfahrzeug- und Flugzeugbau verdienen die geschweißten R o h r k n o t e n p u n k t e Beachtung, die mit großer Ge-

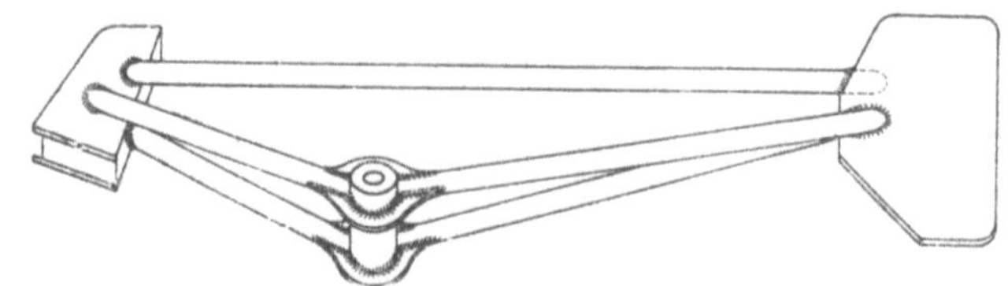

Abb. 181. Geschweißte Rohrkonstruktion.

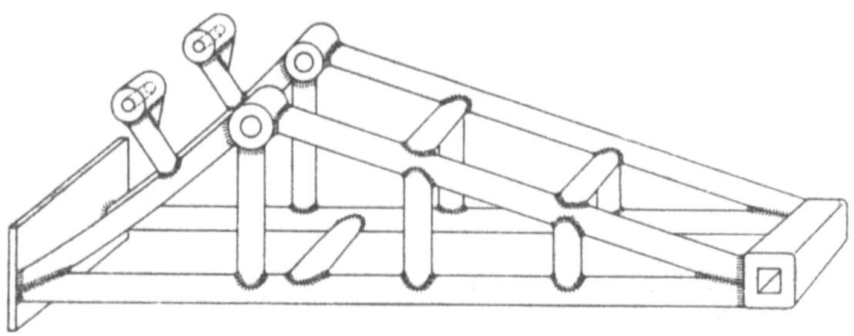

Abb. 182. Geschweißte Rohrkonstruktion.

wissenhaftigkeit zugeschnitten und angepaßt sein müssen, wenn starke Ver- windungen der Rohrkonstruktion beim Schweißen vermieden werden sollen. Dabei werden, da es sich fast immer um sehr dünnwandiges Stahlrohr handelt, Kleinschweißbrenner bevorzugt eingesetzt. Da alle Verbindungselemente, wie Muffen, Hülsen und Flanschen in Fortfall kommen, ermöglicht die Gasschweißung sonst praktisch unmögliche Konstruktionsgebilde, hauptsächlich auch aus dünnem Stahlrohr. Das kommt sinnfällig in den beiden folgenden Abbildungen zum Ausdruck, von denen Abb. 181 eine sperrige, etwa 500 mm lange Tragkonstruktion aus Stahlrohr 12/10 mm darstellt. Für größere Last und hohe Beanspruchung ist die aus Stahlrohr 15/12 gefertigte, etwa 600 mm lange Tragkonstruktion Abb. 182 bestimmt. Die eleganten Rohrstumpfstöße und ihre einfachen Anschlüsse sprechen für sich.

Der Zusammenbau der einzelnen durch Schweißung entstandenen Teile wird häufig in besonderen Lehren (bei großen Abmessungen auch auf Schnürböden) vorgenommen. Einen aus 4 Rohren zusammengeschweißten einfachen Stahlrohrknotenpunkt mit 2 Ösen für die Drahtverspannung zeigt Abb. 183. Keine der Durchdringungsnähte darf durch Kerben geschwächt, vielmehr muß an allen Stellen ein allmählicher und glatter Übergang zwischen Naht und Rohrwand gegeben sein. Obwohl die Anzahl der in einem Knotenpunkte

Abb. 183. Geschweißter Stahlrohrknotenpunkt.

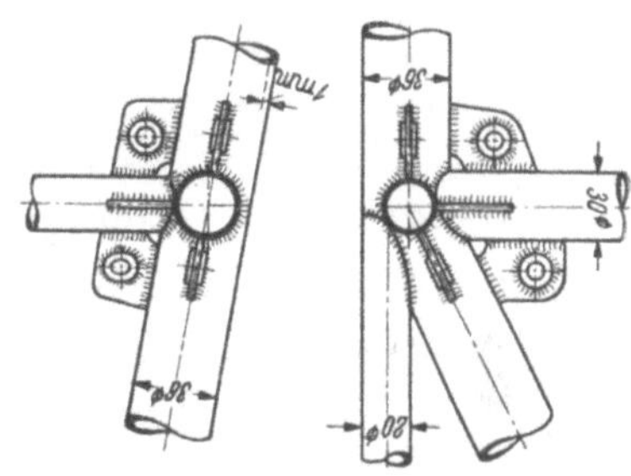

Abb. 184. Rohrknoten mit angeschweißten Stegblechen.

zusammenstoßenden Rohrstreben zumindest bei legiertem Stahl nicht überstiegert werden darf, kommen nicht selten sternförmige, sehr verwickelte Körper vor, die in richtiger Reihenfolge geschweißt und deren Spannungsverhältnisse sorgfältig überlegt werden müssen. Vielfach sind Verstärkungen der Rohrknotenanschlüsse notwendig, wie sie z. B. in Abb. 184 durch angeschweißte Stegbleche erreicht werden. Die Stegbleche dienen gleichzeitig auch für die Aufnahme der zur Drahtverspannung gehörigen Augen.

Stahlmuffenrohre. Diese haben in den letzten Jahren an Stelle von Gußrohren steigend Eingang gefunden; sie werden je nach Länge und Durchmesser des Rohrstranges über dem Graben geschweißt und dann an Flaschenzügen versenkt oder im Graben selbst geschweißt. Letzteres erfordert das Auswerfen entsprechender Kopflöcher, die dem Schweißer eine möglichst unbehinderte Bewegungsfreiheit (DIN 2470) gestatten.

Aus der großen Anzahl der möglichen, z. T. unter Patentschutz (Strengerund Klöppermuffen) stehenden Muffenrohrverbindungen sind die wesentlichsten in den Abb. 185 und 186 zusammengefaßt. Die Verbindungen der Abb. 185 sind ohne Warmverformung der Rohrmuffen ausführbar, während die Muffen der Abb. 186 besondere Zu- und Nachrichtarbeiten mit der Schweißflamme notwendig machen. Überdies sind die beiden letztgezeigten Verbindungen als Entlastungsstöße für die Schweißnaht anzusehen.

Die Schweißmuffenrohre unterscheiden sich von den verstemmten Muffen vor allem dadurch, daß der Muffendurchmesser dem Schwanzende angepaßt ist und der für die Verstemmung notwendige Zwischenraum fortfällt, im Gegenteil, sattes Anliegen der Muffen am Rohrende ist von Vorteil. Die gewöhnliche Muffenrohrverbindung mit einer äußeren Rundnaht ist bei a in Abb. 185 dargestellt, während b in dem in die Muffe eingeschobenen Rohrende eine Entlastungssicke besitzt, die mit der Muffe in einer äußeren Rundnaht verschweißt wird. Demgegenüber ist bei der Ausführung c die Anordnung einer Doppelsicke an der Muffe vorgesehen und das zylindrische Rohrende mit dem Muffenrand durch eine äußere Kehlnaht verbunden. Bei größerer Beanspruchung des Rohrnetzes, besonders auch bei größeren Rohrdurchmessern und in den Fällen, wo durch Erdverlagerungen oder -rutschungen (z. B. Bergbaugebiet) eine zusätzliche Beanspruchung der Rohre zu erwarten ist, kann eine Vergrößerung der Schweißquerschnitte in der bei d und e angedeuteten Weise erfolgen, bei d insofern, als am Umfang der Muffe in gleichem Abstand verteilte Schweißlöcher angebracht sind, die mit Schweißwerkstoff ausgefüllt und mit dem eingeschobenen Rohrende verschweißt werden. Um das Auftreten von Spannungen zu vermeiden, ist es hierbei wichtig, die anliegenden Sicherungslöcher mit dem Fortschreiten der Rundnaht gleichzeitig und nicht vor- oder nachher auszufüllen. Die Ausführung e unterscheidet sich von der vorhergehenden durch die Anordnung von Längsschlitzen am Muffenende. Sind die Rohre befahrbar, so wendet man vielfach auch die Kugelmuffe f an, die je eine äußere und innere Rundnaht ermöglicht. Beim Abdrücken des Rohrstranges braucht lediglich der durch die Nähte begrenzte Ringraum unter Druck gesetzt zu werden, um die Verbindungen auf Dichtheit

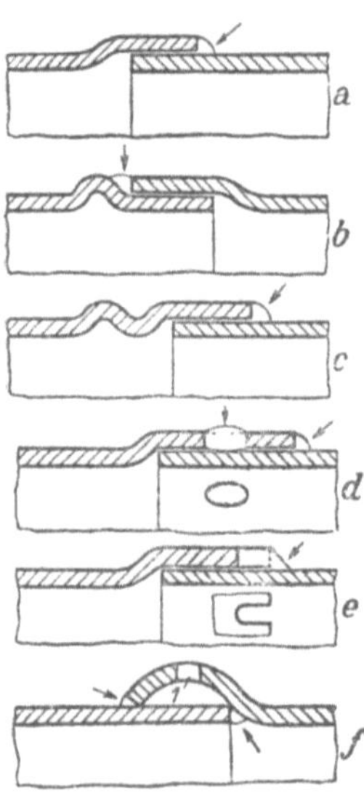

Abb. 185. Geschweißte Muffenrohrverbindungen.

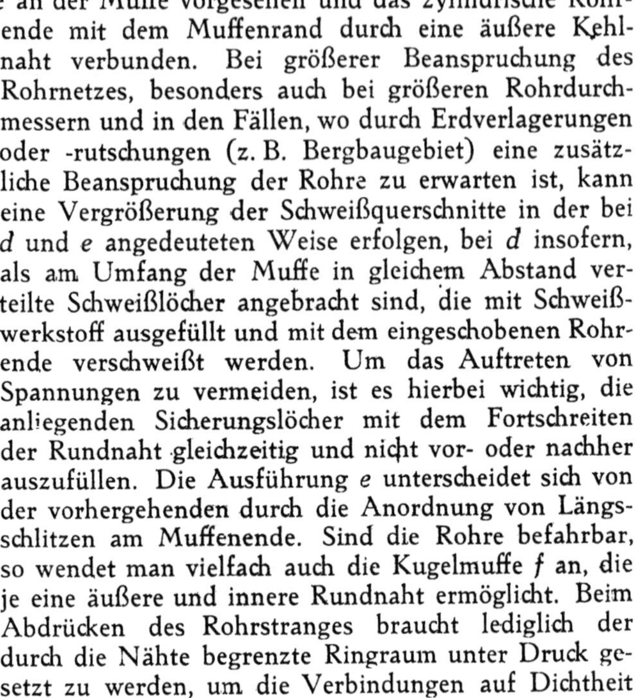

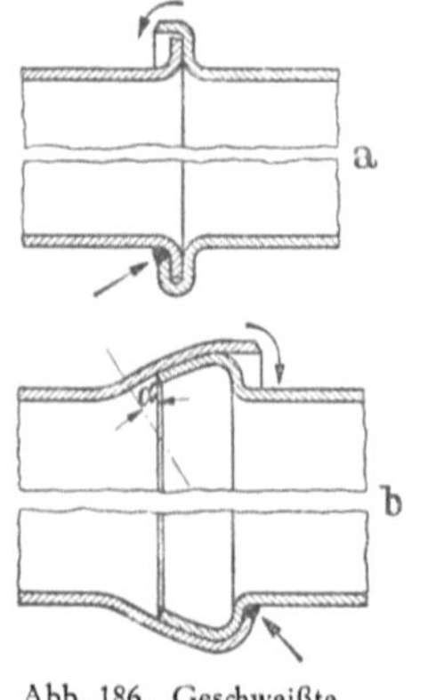

Abb. 186. Geschweißte Muffenrohrverbindungen.

Abb. 187. Irakschweißmuffe.

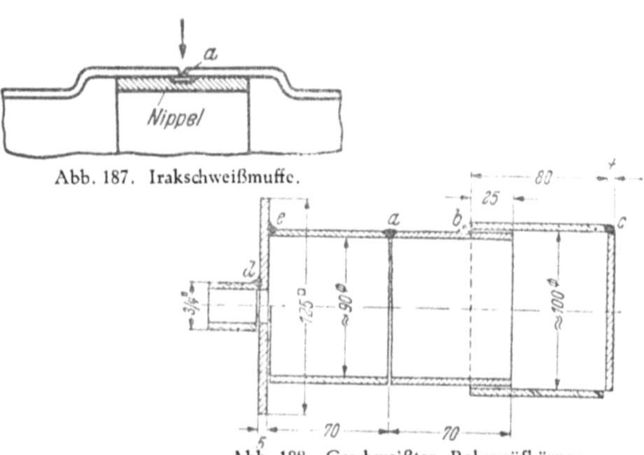

Abb. 188. Geschweißter Rohrprüfkörper.

zu prüfen. Das für die Druckproben notwendige Gewindeloch 1 wird mit einem Pfropfen verschlossen, damit gegebenenfalls die Druckprobe beliebig wiederholt werden kann.

Bei der Verbindung a in Abb. 186 wird das Rohrende mit der Flamme angewärmt und herumgeholt, sofern nicht entsprechende Baulängen vom

Rohrwerk bereits so vorbereitet angeliefert werden. Den Zustand des Rohrendes und der Muffe vor dem Schweißen zeigt die obere Hälfte von *a*. Der mit der Flamme erhitzte Muffenkranz wird durch Hämmern um den Bord des Rohrendes herumgeholt, angerichtet und darauf in Pfeilrichtung (untere Bildhälfte) verschweißt. Auf diese Weise werden betriebsmäßig auftretende Kräfte von den Rohren selbst aufgenommen, und die Schweißung hat nur die Aufgabe einer Dichtnaht zu übernehmen. Ähnlich liegen die Verhältnisse bei der Muffenverbindung *b*, die erforderlichenfalls geringe axiale Abweichungen (Winkel α bis zu 6°) zuläßt. Bei beiden Muffen wird, wie die Skizzen erkennen lassen, nur eine Naht und diese nur von außen geschweißt.

Beim Verlegen von Benzin-, Öl- und Petroleumrohrleitungen wird vielfach die der Abb. 186 b ähnliche Kugelmuffe angewandt, die axiale Abweichungen bis zu 12° gestattet.

Für die gleichen Zwecke dient auch die sog. **Irakmuffe** (Abbildung 187), die durch einen Nippel leicht zentrierbar und auf der Bautrasse bequem verlegbar ist. Der als Nippel bezeichnete Einlegering hat die Dicke der Muffe und wird zweckmäßig, soweit es sich um Gasschweißung handelt, auf etwa 40 mm Breite und 3 ··· 5 mm Tiefe genutet (bei *a*). Dadurch wird eine geringere Wärmeabfuhr und ein sicheres Durchschweißen erzielt. Der Schweißspalt im Muffenstoß beträgt je nach Rohrwanddicke 3 ··· 6 mm.

In Anbetracht der hohen Bedeutung, die der Rohrschweißung ganz allgemein zukommt, werden in den Abschlußprüfungen der

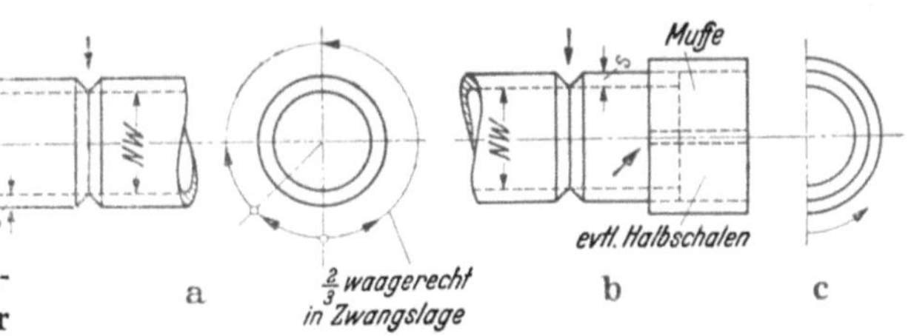

Abb. 189. Rohrverbindungen für die Prüfung nach DIN 2471.

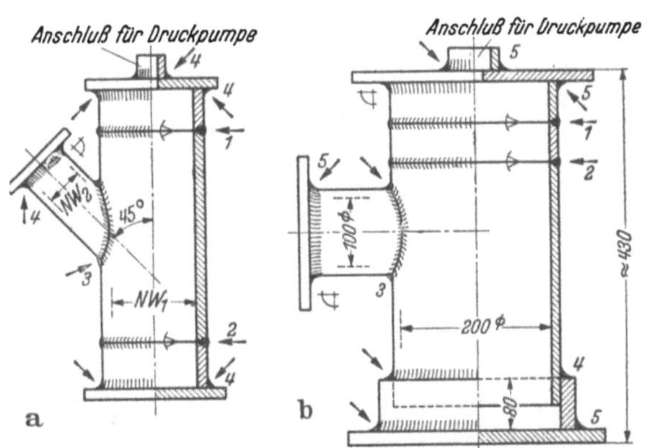

Naht 1 = in waagerechter Zwangslage
Naht 2 = an stehendem Hauptrohr
Naht 3 = } in beliebiger Lage
Naht 4 = } des Stutzens

Naht 1 = in waagerechter Zwangslage
Naht 2 = } an stehendem Hauptrohr
Naht 3 = }
Naht 4 = in waagerechter Zwangslage
Nähte 5 = Stutzen in seitlicher Lage

Abb. 190. Rohrbehälter nach DIN 2471 für Druckproben.

Schweißlehrgänge des DVSA auch grundlegende Fertigkeiten im Rohrschweißen verlangt. Ein Bestandteil dieser Prüfung ist der in Abb. 188 veranschaulichte Rohrkörper, ein in sich geschlossenes und für eine Druckprobe im kleinen geeignetes Gefäß, an welchem alle vorkommenden Rundnahtarten vertreten sind. Bei *a* liegt eine Stumpfnaht, bei *c* eine Ecknaht, bei *e* und *d* eine Kehlnaht und bei *b* eine Überlappnaht vor, wie sie an Muffenrohren besonders häufig sind.

Rohrschweißerprüfung. Nach den alten, soweit es die Schweißung anlangt, heute überholten DIN 2470 mußten alle Schweißer, die für die Verlegung von „Gasrohrleitungen mit geschweißten Verbindungen von mehr als 200 mm Durchmesser und mehr als 1 kg/cm² Betriebsdruck" herangezogen wurden, eine R o h r s c h w e i ß e r p r ü f u n g ablegen, z. B. an den Schweiß- technischen Lehr- und Versuchsanstalten (SLV) des DVSA. Vorschriften für die übrigen Rohrschweißer bestanden nicht, und es blieb dem Auftraggeber oder Abnehmer selbst überlassen Prüfbedingungen herauszugeben, die nicht selten Unwesentliches herausstellten und das praktisch Wichtige übersahen. Es war deshalb zu begrüßen, als sich der Deutsche Normenausschuß dazu ent- schloß, die Prüfung des g e s a m t e n Rohrschweißgebietes in einer neuen D I N 2471 zusammenzufassen und damit alle Widersprüche und vielfach nach verschiedenen Gesichtspunkten mehrmals notwendige Prüfungen besei- tigte. Nach dieser neuen Rohrschweißerprüfungsnorm DIN 2471 werden heute alle Rohrschweißer, ob autogen oder elektrisch, für Heizungs-, Gasfern- leitungs-, Benzin-, Öl-, Erdgas-, Wasserleitungsbau usw. geprüft, mit Aus- nahme der Kesselrohrschweißer, für die demnächst einheitliche Richtlinien seitens des Verbandes der Technischen Überwachungsvereine zu erwarten sind. Es besteht die berechtigte Annahme, daß auch diese Vorschriften in absehbarer Zeit in die DIN 2471 übernommen werden. In Gemeinschafts- arbeit aller am Rohrleitungsbau interessierten Fachgruppen entstanden unter Federführung der Verfasser die nachfolgenden als Auszug zusammengefaßten Prüfbestimmungen.

Es werden 3 Prüfgruppen I bis III unterschieden, die nach Werkstoff- und Wanddicken unterteilt sind. In die Prüfgruppe Ia gehören z. B. Heizungs- monteure und Installationsschweißer schlechthin, in die Gruppen Ib und Ic beispielsweise Schweißer für Gas- und Wasser-, für Dampf- und Heißwasser-

Tabelle 19. R o h r s c h w e i ß e r p r ü f u n g n a c h D I N 2471.

Prüf-gruppe	Abmessungen	Werkstoff	Prüfungsaufgaben
I a	Rohre bis 150 NW, Wanddicke bis 5 mm	Kohlen-stoffstähle und niedrig legierte Cu-, Mo- oder V-Stähle bis zu 45 kg/mm² Festigkeit	Verlangt werden, Stumpf- und Kehlnähte, jedoch k e i n e Muffennähte, in waage-rechter, senkrechter und Über-kopflage (Zwangslage) nach B i l d 189a und Formstück a (Abb. 190) Biegeprobe $\geq$ 120°, Bruchprobe
I b	Rohre ohne Nennweitenbe-grenzung, Wanddicke bis 8 mm		
I c	wie vor, Wanddicke bis 12 mm		
II a	Rohre bis 300 NW, Wanddicke bis 8 mm		Verlangt werden: Alle Nahtformen, e i n s c h l i e ß-lich der Muffennaht, sonst wie vor, nach B i l d 189b und Form-stück nach B i l d b (Abb. 190) Zugfestigkeit $\geq$ 90 v. H. sonst wie oben.
II b	Rohre ohne Nennweitenbe-grenzung, Wanddicke bis 12 mm		
II c	wie vor, Wanddicke über 12 mm		
III	Je nach Bedarf, als Z u s a t z p r ü f u n g	S t ä h l e von üb. 45 kg/mm² Festigkeit; Sonderstähle	V- oder Muffennähte. entsprechend dem Sonderzweck

leitungen. Schweißer für Ferngas-, Öl-, Benzin-, Erdgasleitungen u. ähnliches gehören im allgemeinen der Gruppe IIa bis IIc an. Die Gruppe III umfaßt z. B. das Schweißen warmfester und hitzebeständiger Rohrleitungen usw. Die praktische Prüfung erstreckt sich auf das Nahtaussehen, auf Biege- und Zerreißproben an Stumpfnähten und auf Bruchproben. Aus den Überlappnähten werden Bruch- und Schliffproben hergestellt. Die Formstücke der Abb. 190a und b werden Luft und Wasserdruckproben unterworfen. Außerdem wird der Prüfling mündlich geprüft.

2. Apparate-, Behälter- und Kesselbau.

a) Verarbeitung von Feinblechen.

Allgemeines. Bei der Fertigung von Feinblechgegenständen steht die Gasschweißung häufig mit dem Falzen, aber auch mit dem elektrischen Punkt- und Nahtschweißen im Wettbewerb. Die Lichtbogenschweißung hat zur Zeit auf diesem Gebiet noch verhältnismäßig wenig Fuß zu fassen vermocht, die Punkt- und Nahtschweißung in der Hauptsache nur dort, wo es sich um Massenfertigung handelt. Inwieweit die Widerstandsschweißung anwendbar ist, entscheiden neben den Abmessungen der Körper deren Nahtzugänglichkeit und Formgebung. Dort, wo aus diesem Grunde weder das Falzen noch die Widerstandsschweißung anwendbar sind, bleibt als letztes Mittel immer die Gasschweißung übrig, die sich bei der Massenfertigung besonderer Schweißmaschinen bedienen kann. Außerdem entscheidet die Oberflächennachbehandlung des Gegenstandes, vielfach auch die Art des Schweißens. Die Gegenstände können in roher, verzinnter, verzinkter, verbleiter oder emaillierter Ausführung aus Schwarzblech oder dekapierten Blechen hergestellt sein. Zur Massenfertigung gehört die Erzeugung von Eimern, Kannen, Töpfen, Fässern, Radiatoren, Bottichen, Kannen und Geschirren aller Art. Werden Feinblechkörper aus zwei oder mehreren gepreßten oder gedrückten Einzelteilen zusammengesetzt, dann ist es sowohl für die Schweißung von Hand, mehr noch für die maschinelle Schweißung zweckmäßig, einen Schweißbord vorzusehen, der einen Drahtzusatz erübrigt und die Arbeitsgeschwindigkeit steigert, gleichzeitig aber auch der Eigenart der Arbeitsweise von Autogen-Schweißmaschinen gerecht wird. Das maschinelle Schweißen unter Drahtzusatz ist nur bedingt möglich und verursacht mancherlei mechanische Schwierigkeiten. Soweit die Schweißung in der Reihenfertigung von Hand, zumal im Gedinge erfolgt, müssen zweckmäßige Spann- und Haltevorrichtungen, die ein Verziehen der zu schweißenden Gegenstände vermeiden, angewandt werden. Für die Ausführung von Rundnähten sind vom Fuße des Schweißers zu betätigende Drehvorrichtungen, z. B. Drehtische, Rollenböcke und andere einfache Hilfsvorrichtungen empfehlenswert.

Anwendungsbeispiele. Während das Schweißen bekanntlich von Anbeginn dazu berufen war, das Nieten abzulösen, ist man später auch dazu übergegangen, insbesondere dünnwandige und sperrige Gußkörper durch geschweißte Blechkonstruktionen zu ersetzen, womit nicht allein eine um ein Vielfaches größere Bruchsicherheit, sondern auch wesentliche Gewichtsersparnisse erzielt werden. Unter anderem trifft dies für Wasser- und Ölfangwannen im Werkzeugmaschinenbau zu, die häufig bedeutende Abmessungen annehmen und früher aus mehreren Gußteilen zusammengesetzt waren. Abb. 191 zeigt 2 Fangwannen in geschweißter Ausführung, und zwar bei *a* aus etwa 3 mm-, bei *b* aus 1,5 mm-Schwarzblech. Die Blechschüsse 3 und 4 in Skizze *a* werden je nach Länge der Wanne vor oder nach dem Abkanten der Ränder durch Schweißung verbunden und die sich aus dem Zuschnitt ergebenden Eckenöffnungen durch das Einsetzen sauber angepaßter Blechstücke 2 ausgefüllt. Kommt man mit dünneren Blechen aus (Skizze *b*), dann wird eine Randverstärkung der Wannen durch Drahteinrollen erreicht, was außerdem eine Abrundung der scharfen Blechkanten bewirkt und geräuschvolles Mitschwingen des Blechkörpers verhütet. Auch die bei 2 angedeuteten Bodenansätze werden an ihren Ecken 1 mit der Decke verschweißt.

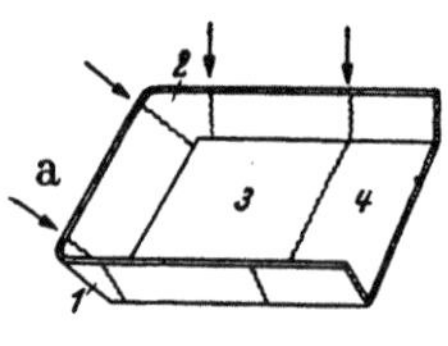
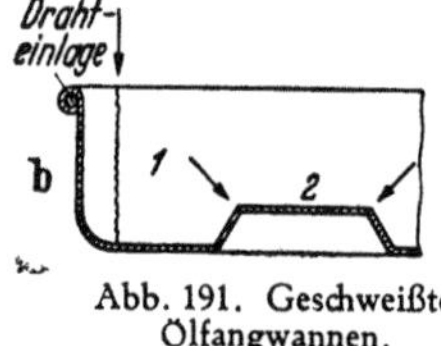

Abb. 191. Geschweißte Ölfangwannen.

Sackkarren, Hunte, Kipper, Elevatorenbecher und viele andere Blechkonstruktionen werden auf diese oder ähnliche Weise in geschweißter Ausführung gefertigt. Gegenüber der genieteten hat die stumpfgeschweißte Naht hier den besonderen Vorteil der fehlenden Überlappung und des Fortfalls der Nietköpfe, die zur Zurückhaltung von Wasserresten und von Fördergut Veranlassung geben und raschen Verschleiß bzw. vorzeitige Korrosion bewirken.

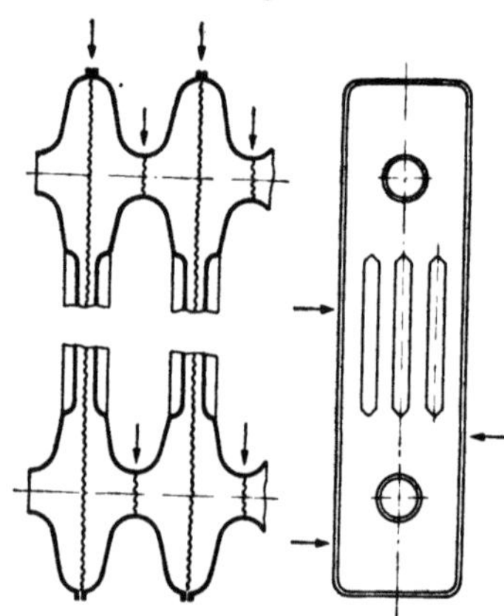

Abb. 192. Geschweißte Radiatorenteile.

Auf die Herstellung schmiedeeiserner Radiatoren ist schon kurz hingewiesen worden. Die gestanzten und gepreßten Blechhälften werden unter sich zu Gliedern und diese miteinander zu fertigen Heizkörpern verbunden. Schweißnähte sind, wie aus Abb. 192 ersichtlich ist, z. T. als Bördelnähte, z. T. als Stumpfnähte ausgebildet. Auf diese Weise können Heizkörper jeder gewünschten Baulänge entstehen. Um die dünnen Bleche zu versteifen, werden längsseitige Rillen oder ähnliche Einprägungen angeordnet.

Verschiedene Ausführungsformen geschweißter Dehnungsausgleichstücke (Kompensatoren), wie sie im Rohrleitungsbau üblich sind, veranschaulichen die Abb. 193 und 194. Es sind dies wiederum aus gepreßten oder gedrückten Einzelteilen zusammengeschweißte Körper verschiedener Durchmesser.

Die überall im Maschinenbau erforderlichen Radschutzverdecke geben dem Konstrukteur weiten Spielraum in der Gestaltung geschweißter Ausführungen. Gegenüber den gegossenen Radschutzkästen haben die geschweißten mancherlei Vorteile, z. B. Fortfall der vielen Modelle, besonders bei Einzelanfertigung, Fortfall von Ausschuß und jeder Bearbeitung und Anpassung, hohe Stoßfestigkeit, sowie unabhängige Formgestaltung. Das Beispiel eines sehr einfachen haubenförmigen Verdecks bringt Abb. 195. Es besteht aus einer Decke *a*, an deren Rand ringsum ein in seiner Länge zusammengeschweißter Blechstreifen (Kranz) *b* angeschweißt ist. Die Befesti-

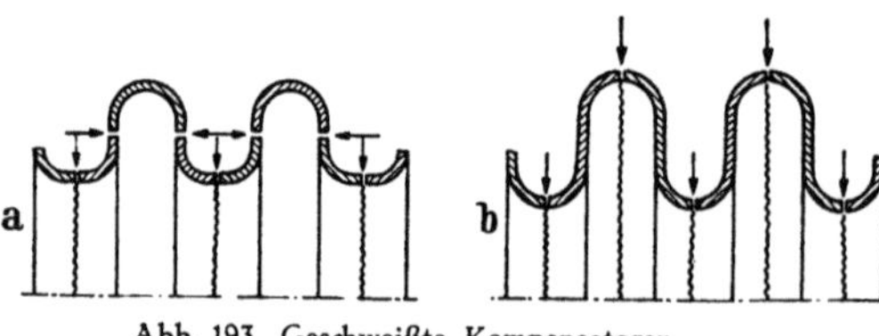

Abb. 193. Geschweißte Kompensatoren.

gung des Verdecks an der Maschine geschieht durch angeschweißte Rund-, Flach- oder Winkeleisenstücke. Um Radschutzverdecken von größeren Abmessungen eine gewisse Steifigkeit zu verleihen, ohne die Blechdicke zu steigern, stehen verschiedene einfache Mittel zur Verfügung, wie sie in Abb. 196 dargestellt sind. An Stelle der in Abb. 195 angedeuteten Kantennaht kann sowohl zur Versteifung als auch zur Vermeidung des Verziehens die Radschutzdecke in einem gewünschten Radius herumgeholt und damit die Schweißnaht in den Kranz verlegt werden (*I, III* und *IV*). Nur einseitig geschlossene Verdecke (*I, II* und *III*) werden an der offenen Seite durch Umlegen des Blechrandes *a* bzw. durch eine oder mehrere Sicken *b* versteift. In besonderen Fällen können entsprechend dem Beispiel *III* eine Sicke und Randverstärkungen vorgesehen werden. Beiderseits geschlossene Verdecke werden an den Lochrändern durch aufpunktierte Flach- oder Formeisen oder auch, wie *IV* zeigt, durch in den Decken unmittelbar an den Lochrändern angebrachte Sicken versteift.

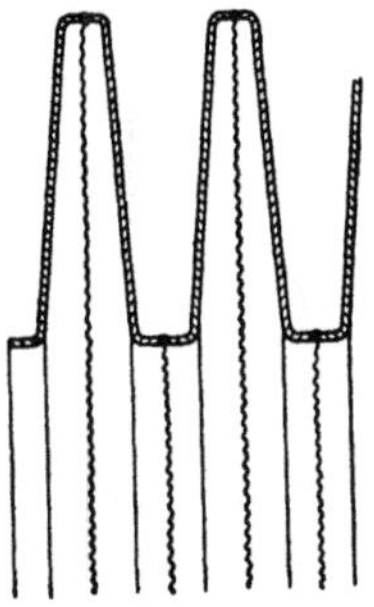

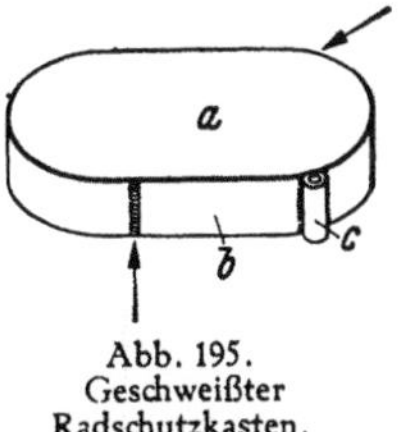

Abb. 194.
Geschweißter
Kompensator.

Zur weiteren Gewichtsverminderung können die Decken selbst aus gelochten Blechen hergestellt sein. Einen geschweißten Radschutzkasten großer Abmessung zeigt Abb. 197. An größeren Blechflächen erforderliche Flach- und Winkeleisenversteifungen sind am besten elektrisch anzuschweißen. Das trifft auch für die an der Teilungsfläche notwendigen Winkeleisenrahmen zu. Infolgedessen haben wir es hier mit einem von vielen Beispielen zu tun, wo die Vorteile beider Schweißverfahren sich gegenseitig ergänzen.

Ein für einen Sonderfall in größerer Stückzahl gefertigtes, etwa 300 mm hohes Gehäuse aus 2 mm Stahlblech ist in Abb. 198 skizziert. Es ist durch eine große Anzahl von Schweißnähten auf engem Raum ausgezeichnet.

Im Aufbau geschweißter Blechkörper haben sich drei Konstruktionsgedanken entwickelt: die P l a t t e n -, Z e l l e n - und S c h a l e n b a u w e i s e[1]). Unter ihnen ist die P l a t t e n bauweise die älteste; sie lehnt sich grundsätzlich an die Gußkonstruktion an. Bei der Z e l l e n bauweise werden Starrheit und Schwingungsfestigkeit der Konstruktion durch Aussteifung (meist Diagonalverstrebungen) erreicht, derart, daß Zellen, ähnlich Bienenwaben angeordnet und dadurch die Werkstoffdicken wesentlich verringert werden. Blechkonstruktionen, wie sie unter anderem bei Flugzeugrümpfen und -flügeln, bei Großbehältern, im Schiffbau usw. vorkommen, also dünnwandige, aber sperrige Bauten werden durch Spanten und ähnliche Elemente ausgesteift und zählen zur Gruppe der S c h a l e n bauweise. Dabei ist die Schale ein Teil der tragenden Konstruktion.

Abb. 195.
Geschweißter
Radschutzkasten.

Schweißung überzogener Bleche. Bei der Schweißung mit rostschützendem Überzug von Fremdmetallen wie Zink, Zinn und Blei versehener Stahlbleche treten häufig Schwierigkeiten auf, die hauptsächlich in der Legierungsgefahr und im Brüchigwerden der Schweißverbindung ihre Ursache haben. Deshalb werden solche Bleche möglichst gelötet und nur in Fällen, wo es auf größere Festigkeit ankommt, geschweißt. Unter diesen ist v e r b l e i t e s

---

[1]) Ausführungsbeispiele in Bd. II.

B l e c h am besten schweißbar, da Blei auch auf hocherhitztem oder flüssigem Stahl seine Eigenart beibehält und mit diesem keinerlei Zwischenlegierungen eingeht. Die dünne Bleifolie schmilzt unter der Flamme beim Anwärmen sehr schnell, und es bilden sich kleine, von der Naht beiderseits rasch abfließende Kügelchen, so daß eine neutrale Zone entsteht, breit genug, um die Schweißung des Bleches unter normalen Verhältnissen auszuführen.

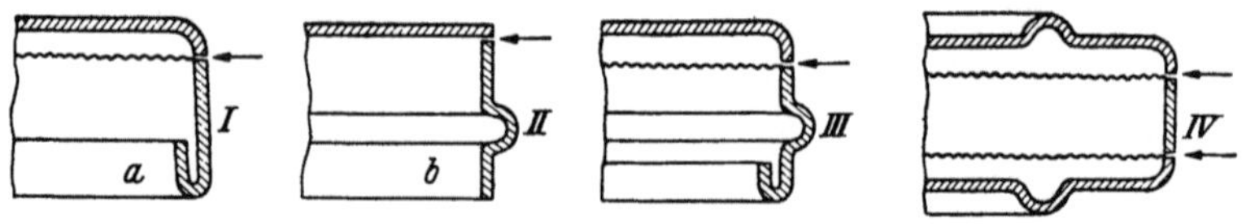

Abb. 196. Beispiele von Schweißarbeiten an Radschutzkästen.

Jedoch ist es ratsam, die sich bildenden Bleioxyde vor dem Schweißen mit der Drahtbürste zu entfernen (Vorsicht, Vergiftungsgefahr durch Bleidämpfe, s. Atmungsschutzmasken).

Natürlich läßt sich beim Schweißen a l l e r überzogenen Bleche ein mit der Blechdicke in der Breite wachsendes Fortschmelzen des Überzugs nicht verhüten. Die Entfernung des Überzugs ist sogar dringend notwendig, um die Schweißung ordentlich durchführen zu können. Demnach bedingt jede Schweißarbeit an solchen Blechen normalerweise deren Nachbehandlung, sei es durch galvanisches Aufbringen oder Aufschmelzen gleichartiger Überzüge, sei es durch Aufspritzen von Metall oder Aluminiumfarbe (S c h o o p sches Verfahren).

Nicht so einfach gestaltet sich das Schweißen v e r z i n k t e r B l e c h e; vielmehr erfordert dieses verschiedene Maßnahmen, da sich das Zink, von seinem Schmelzpunkt (419°) angefangen, mit dem Eisen legiert. Unter dem

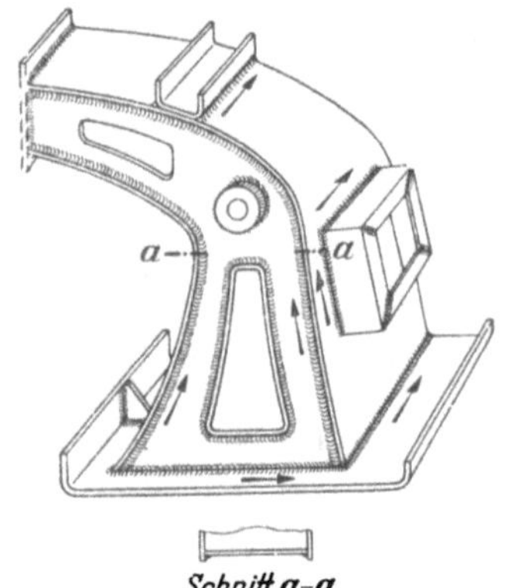

Abb. 197. Großer geschweißter Radschutzkasten.   Abb. 198. Dünnblechkonstruktion.

Einfluß der Schweißflamme entwickeln sich bedeutende Mengen von Zinkoxyddämpfen, die sehr giftig sind und die Gesundheit des Schweißers ernstlich gefährden können. Hier gilt das bereits über die Schutzmasken Gesagte. Die Eisen-Zinklegierung ist stark brüchig und infolge großer Schlackenbildung von sehr geringer Festigkeit. Die Brüchigkeit steigert sich mit abnehmender Blechdicke. Darum genügt es nicht, das anhaftende Zink entlang der Naht fortzubrennen, sondern es muß auf 10 · · · 30 mm Breite entlang der Schweißfuge mechanisch restlos entfernt werden (durch Abschaben oder Abkratzen). Zink enthält fast immer Blei (bis zu 1,3 vH), das mitverdampft.

Ähnlich verhält sich verzinntes Blech (Weißblech). Eine Legierung zwischen Stahl und Zinn ist sehr brüchig, besonders bei höheren Temperaturen. Selbst geringe Spuren von Zinn setzen die Festigkeit des Stahls erheblich herab. Die Gefahr einer Vergiftung tritt gegenüber verbleitem und verzinktem Blech zurück, weil die Verdampfung des Zinns erst in der Gegend von 1200° einsetzt, also in der Nähe des Schmelzpunktes des Stahles. Jedoch schmilzt auch die Zinnschicht nicht unter der Flamme fort, sondern sie wird vom Stahle, mit diesem eine Legierung bildend, völlig aufgenommen, sobald er Rotglut erreicht hat. Demzufolge gilt für die Entfernung des Zinns das für Zink Gesagte.

b) Verarbeitung von Mittel- und Grobblechen.

Allgemeines. Alle bezüglich der Feinblechschweißung gemachten Ausführungen lassen sich sinngemäß auch auf die Schweißung von Mittel- und Grobblechen übertragen. Ist es dort vor allem die Gefahr des starken Verziehens, die hervorzuheben war, so sind es hier die höhere Beanspruchung der Schweißverbindung auf Festigkeit, Dichtigkeit, gegen Druck und Vakuum, Schrumpfspannungen und andere Faktoren, die zu beachten sind. Die Vorteile des Schweißens von Behältern, Boilern, Bunkern, Silos, Tanks, Schmelzwannen,. Luft- und Wasserdruckkesseln, Heizkesseln, Dampfgefäßen und anderen Blechkonstruktionen sind mannigfacher Art und unbestritten. Die Überlegenheit der Schweißnaht gegenüber der Nietung, beruht nicht allein auf einer Werkstoffersparnis, die sich aus dem Fortfall der Überlappungen ergibt, sondern auch auf der einfacheren Formgebung, auf gleichmäßigem unabgelenktem Kraftfluß und ständiger Dichtheit. Die Vereinfachung der Bauart geschweißter Ausführungen veranschaulicht der zur Hälfte in genieteter, zur anderen in geschweißter Ausführung skizzierte dampfbeheizte, doppelwandige Kochkessel der Abb. 199.

Mit zunehmender Blechdicke scheidet die Widerstandsschweißung als Arbeitsverfahren gänzlich aus, jedoch nimmt die Lichtbogenschweißung, besonders in industriellen Betrieben, an Umfang zu und wird, wie bereits angedeutet wurde, in Gemeinschaft mit der Gasschweißung angewendet.

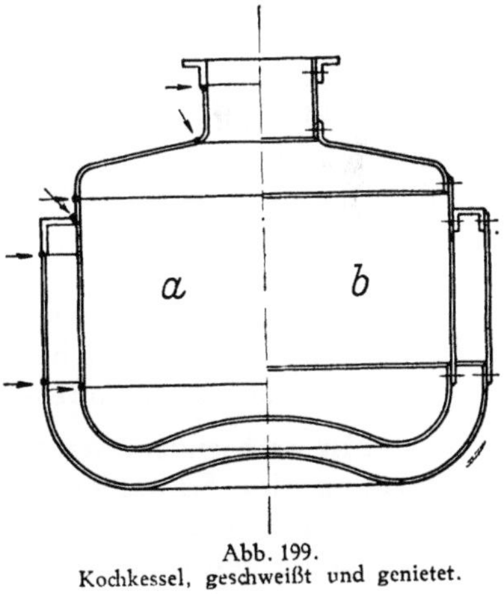

Behältermäntel. Der Zuschnitt der Bleche und die Vorbereitung ihrer Ränder zum Schweißen, sowie die Verwendung von Vorrichtungen richten sich nach der Blechdicke, Nahtlänge und Schweißrichtung. Sie sind die gleichen wie in den grundsätzlichen Ausführungen des Abschnitts A 3 bereits besprochen.

Während Längsnähte an dickeren

Abb. 199.
Kochkessel, geschweißt und genietet.

Blechmänteln freiliegend geschweißt werden können, werden dünnere, die infolge ihres Eigengewichtes durchhängen und stark federn, vorteilhaft auf einer Unterlage geschweißt. Als Unterlage dient meist eine in die Wand eingelassene, an der Werkbank oder auf Böcken befestigte Eisenbahnschiene, in deren Kopfmitte eine Längsnut eingehobelt ist (Abb. 200). Die beiden Blechränder werden über dieser Nut zusammengestoßen, wodurch die Schweißgeschwindigkeit keine Beeinträchtigung infolge starker Wärmeableitung an die Schiene erfährt und außerdem gut durchgeschweißt werden kann.

In diesem Zusammenhang sei darauf hingewiesen, daß alle zu schweißenden Blechränder gut vorbereitet sein müssen, da sich derartige Mängel beim Schweißen unliebsam bemerkbar machen und die Nachrichtarbeiten mehr Zeitaufwand erfordern, als einer sachgemäßen Vorbereitungsarbeit entspricht.

Durch die Schweißung hervorgerufene Rundungsabweichungen des Blechzylinders können meist durch zweckmäßiges Einrollen, besonders bei dicken Blechen, verhütet werden.

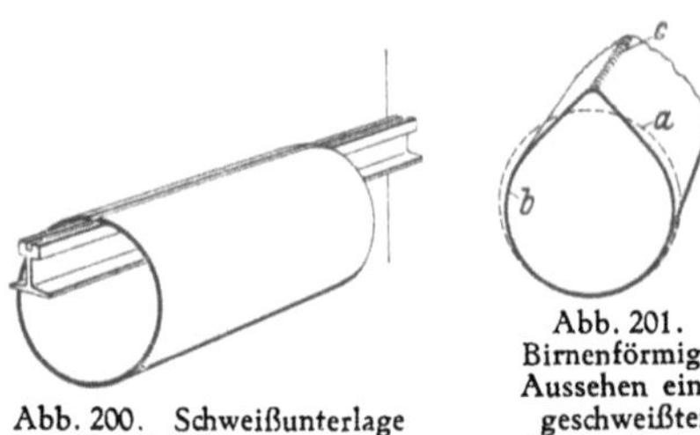

Abb. 200. Schweißunterlage für Behältermäntel.

Abb. 201. Birnenförmiges Aussehen eines geschweißten Blechzylinders.

Der Querschnitt geschweißter dünnerer Blechzylinder hat oft das birnenförmige Aussehen der Abb. 201, wobei der ursprüngliche Durchmesser a sich teilweise verjüngt (b) und an der Nahtstelle c erweitert. Durch Hämmern auf einer als Unterlage dienenden Schiene wird die Naht gestreckt und dem Mantel seine zylindrische Form wiedergegeben, oder er wird auf der Blechwalze ausgerichtet. Dies ist hauptsächlich dann zu empfehlen, wenn die Abmessungen mehrere Längsnähte erfordern.

Durchmesserabweichungen machen die Schweißung von Rundnähten besonders schwierig, weil durch versetzte Blechränder entstehende Kerben nicht zu verhüten sind (Abb. 206 a). Normalerweise werden erst alle Längsnähte hergestellt, die einzelnen Schüsse ausgerichtet und dann durch Rundnähte miteinander verbunden. Da wesentliche Nachrichtarbeiten an Rundnähten praktisch nicht möglich sind, ist die Schweißung mit einigen Schwierigkeiten verknüpft, namentlich bei dünnen Blechmänteln. Rundnähte an Dickblechen schweißt man, indem man die Blechränder durch am Umfang gleichmäßig verteilte und in die Fuge eingepaßte Spannschrauben fixiert (Abb. 144 *III*). Rundnähte an Blechen bis zu 5 mm Dicke werden, falls der Durchmesser nicht zu groß ist, an verschiedenen Stellen geheftet, und zwar derart, daß man zunächst 4 gegenüberliegende Heftpunkte setzt und diese je nach Blechdicke durch weitere Heftstellen beliebig unterteilt. Besteht die Möglichkeit der Verformung dünnwandiger Mäntel auf Grund ihres Eigengewichtes, dann wird zweckmäßig im Zylinderinnern ein U-Eisenring mit Spannschrauben angedrückt, der die Maßhaltigkeit gewährleistet und auf dessen offene Seite der Blechstoß zu liegen kommt (Abb. 202).

Mit wachsendem Manteldurchmesser wird die bequeme und unbehinderte Stellung des Schweißers zum Werkstück immer schwieriger. In solchen Fällen sind Gerüste, Arbeitsbühnen und ähnliche Rüstzeuge vorzusehen, oder, was häufig geschieht, die Zargen werden in Schweißgruben gelagert, wie dies in Abb. 203 angedeutet ist. In diesen mit Rollen ausgerüsteten Gruben kann der Blechmantel leicht gedreht werden, so daß der Schweißer einen Abschnitt der Rundnaht vom Grubenrand aus gut erreichen kann. Zur Vermeidung hoher Gerüste werden mitunter auch die Längsnähte in diesen Gruben geschweißt.

Eine Reihe von Ausführungsbeispielen **rechteckiger offener Gefäße** ist in Abb. 204 zusammengestellt. Die Längsnähte an den Blechschüssen werden ausnahmslos stumpfgeschweißt. Die *Grundrißskizzen h, i, k und l* zeigen abgerundete Kanten. Die Lage der Schweißnähte, die beliebig sein kann und durch die Abwicklung der Bleche bestimmt wird, ist nur an die eine schweißtechnische Bedingung gebunden, daß man die Naht nach Möglichkeit nicht in die Rundung selbst verlegt, einmal wegen der Schwierigkeit der Arbeitsdurchführung — die Naht kann nicht ausgerichtet werden — und zum anderen wegen der ungünstigen Beanspruchung der Schweißverbindung. Im Falle *h* und *k* sind die Nähte in die kleineren Behälterflächen gelegt und deshalb besser auszurichten. Freilich wird man bei Behältern größerer Abmessung auf das Anbringen von Nähten in den Längsseiten nicht verzichten können. Bei *i* unten und bei *l* sind die Längsbleche an beiden Enden abgekantet, so, daß die Schweißnähte unmittelbar neben der Rundung liegen,.

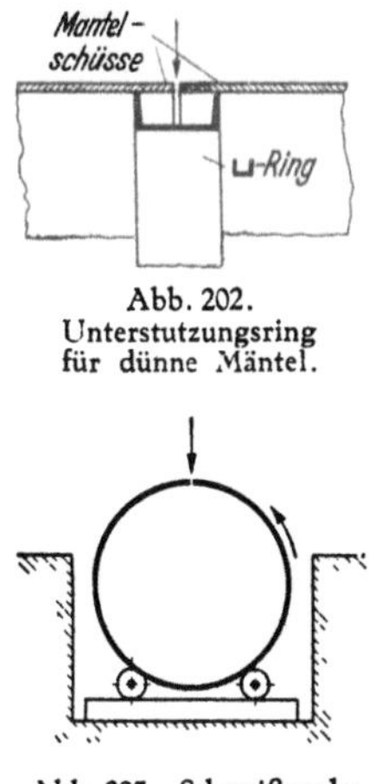

Abb. 202.
Unterstutzungsring
für dünne Mäntel.

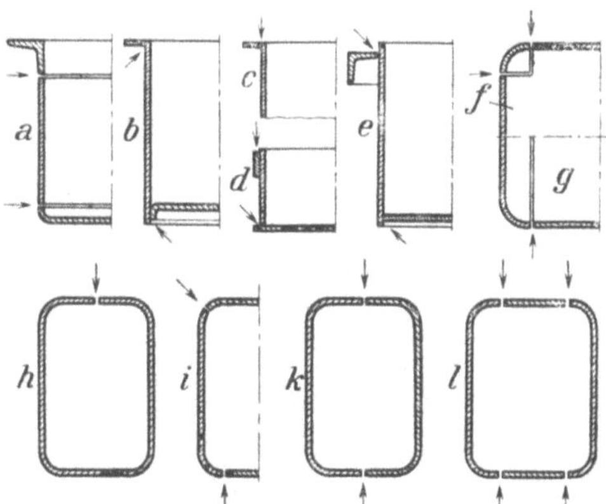

Abb. 204. Vorbereitung von Blechkästen zur Schweißung.

Abb. 203. Schweißgrube.

eine allgemein günstige Konstruktion. Doch kann auch nach *f*, sowie *a* in Abb. 204 verfahren werden, wenn eine abgerundete Kante, aus einem Blechstreifen bestehend, durch 2 Nähte mit dem Behälter verbunden wird. Weniger üblich ist die Anordnung der Naht *c* in Abb. 205. Diese Ausführungsform kommt normalerweise nur bei X-Nähten an Dickblechen vor.

Böden und Deckel. Für die Beschaffenheit der Böden und ihrer Schweißnähte sind Blechdicke und Behälterabmessung maßgebend. Die einfachsten Formen sind in Abb. 204 skizziert. Nur selten wird es möglich sein, die Böden mit einer Kantennaht an den Gefäßmantel anzuschließen, da starke Verwindungen kaum zu vermeiden sind. Auch die Ausführungen *d* und *e*, bei denen einmal das Bodenblech über den Mantel vorsteht, das andere Mal in diesen eingeschoben ist, sind für die Gasschweißung weniger geeignet als für die Lichtbogenschweißung. Weitaus besser sind die Beispiele *a* und *b*. In beiden Fällen wird der Boden mit einer Krempe versehen und diese entweder, wie bei *a*, mit dem Mantelblech stumpfgestoßen, oder, wie bei *b*, in dieses eingepaßt und etwa um Blechdicke zurückgesetzt, wodurch eine gegen Beschädigung geschützte Kehlnaht entsteht. Dabei ist es belanglos, ob die Behälter rechteckigen oder runden Querschnitt haben. Abgekantete oder gekümpelte Böden machen vor allem bei dickeren Blechen einen besonderen Zuschnitt erforderlich, wie dies aus den 3 Beispielen der Abb. 205 hervorgeht. Während der Boden *b* infolge seines Zuschnittes nur eine Ecknaht verlangt, sind bei *a* und *c* besondere Formstücke eingepaßt und mindestens 2 Schweißnähte notwendig. Jede gut eingerichtete Apparatebauanstalt kann die Abkantung der für rechteckige Behälter bestimmten Böden selbst vornehmen, hingegen ist sie hinsichtlich der Beschaffung gekümpelter, runder Böden meist auf Preßwerke angewiesen. Um den Böden ohne Verstärkungseisen größere Steifigkeit zu geben, werden sie häufig bombiert, wie es beispielsweise bei *e* in Abb. 208 für einen Behälterdeckel angedeutet ist.

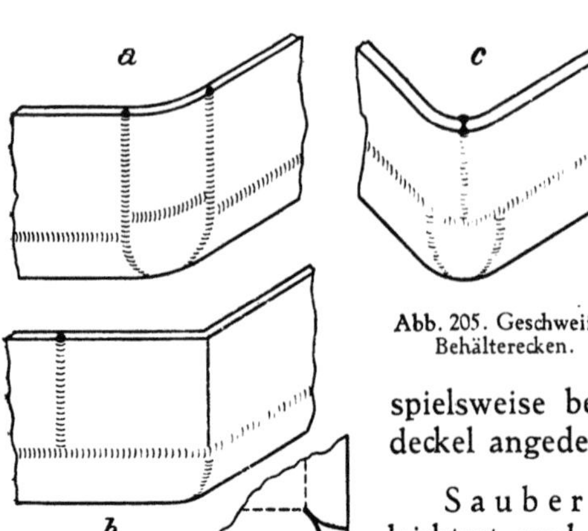

Abb. 205. Geschweißte Behälterecken.

Sauberes Anpassen der Böden erleichtert und verbilligt die Schweißarbeit. Falsche Ausführungen stellen die Skizzen der Abb. 206 dar. Bei *a* sind die Blechschüsse versetzt, bei *b* und *d* sind die gekümpelten Böden zu klein und bei *c* zu groß. Im übrigen richten sich Gestalt und Form der Böden nach dem Betriebsdruck. Der bei *I* in Abb. 207 gezeigte Boden, dessen Anschlußnaht in die auf Biegung stark beanspruchte Zone verlegt ist, darf nur bei Behältern für geringe Drücke Anwendung finden. Für höhere Betriebsdrücke sind nur Ausführungen der in Abb. 208 gebrachten Beispiele zulässig, also Bauarten, bei denen die Naht außerhalb dieser Zone zu liegen kommt. Flache Böden mit gekümpeltem Rand, *II* in Abb. 207, verziehen sich beim Schweißen immer, und zwar um so mehr, je dünner das Blech ist, bei kleineren Durchmessern, etwa wie *a* zeigt, indem sie sich nach außen durchdrücken, bei größeren Durchmessern wellenförmig, entsprechend *b*. Ein Ausrichten ist nur durch Hämmern und Strecken der Schweißnaht möglich, worauf bei der Fertigung von vornherein Rücksicht zu nehmen ist.

Abb. 206. Falsche Schweißungen bei Blechböden.

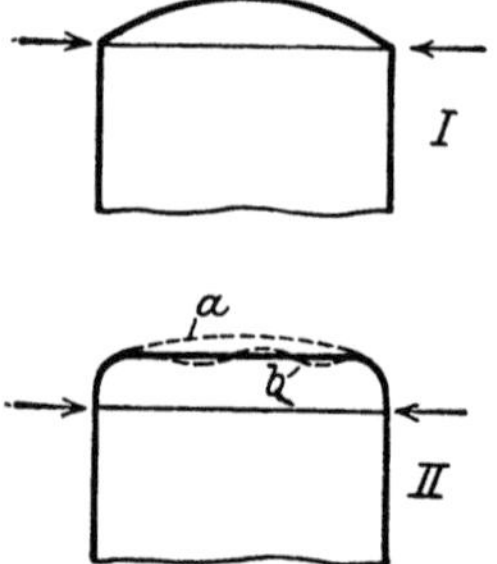

Abb. 207. Werfen von Blechböden.

Bei Behältern und Kesseln für höhere Betriebsdrücke, bei Dampffässern und Dampfgefäßen usw. kommt fast ausschließlich die für höhere Drücke geeignetste runde Bauform in Frage, und die Böden werden wie in Abb. 208 angesetzt. Für die Gasschweißung sind die Formen *a* und *b* mit nach außen gewölbten und stumpfangeschweißten Böden die besten. Sehr selten kommen *c* und *d* vor, sie eignen sich besser für die Lichtbogenschweißung. Die Böden *e* und *f* sind nur für geringere Betriebsdrücke bestimmt. Die Bauart der Abb. 209, die der Rohrverbindung Abb. 186a nahekommt, wird meist nur bei Luftdruckbehältern angewendet. Hier wird der abgekröpfte Kranz a des Mantels mit der Flamme erwärmt, an den Boden angerichtet und mit diesem in Pfeilrichtung v e r s ch w e i ß t. D e m g e m ä ß verlangt diese Verbindung lediglich eine Dichtschweißung, da die Naht durch die Bauform entlastet ist.

Ist aus irgendeinem Grunde die Verwendung gewölbter Böden ausgeschlossen, so kann für Druckbehälter die in Abbildung 210c gezeigte Bodenform vorgesehen werden.

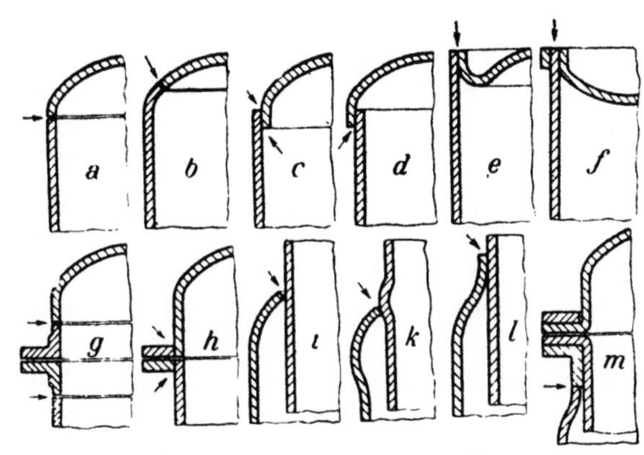

Abb. 208. Anordnung der Schweißnähte an geschlossenen Behältern.

Die mit den Behältern fest verbundenen D e c k e l. sind ebenfalls als Böden anzusprechen, und' ihre Schweißung unterscheidet sich von jener kaum. Abnehmbare Deckel bedürfen immer einer Randverstärkung, wie sie bei g, h und m der Abb. 208 ersichtlich sind. Aber auch hier kommt nur die Stumpfnaht bzw. die Kehlnaht und nur selten die Überlappnaht in Frage. Verschiedene Ausführungsbeispiele für Deckel- und Bodenverbindungen sind in Abb. 210 zusammengestellt, und Abb. 211 zeigt zwei besonders bei Dampfgefäßverschlüssen übliche Deckelkonstruktionen.

Was nun den Z u s a m m e n b a u eines aus mehreren Mantelschüssen und zwei Böden bestehenden Kessels betrifft, so kann im Gegensatz zu der oben besprochenen Arbeitsfolge auch nach Abb. 212 vorgegangen werden. Dabei ist die Reihenfolge der Schweißnähte eine andere. Die auf Rollen a gelagerten Schüsse werden nicht alle vor der Herstellung der Rundnähte längsgeschweißt, sondern zunächst nur der Schuß b durch Längsnaht 1 verbunden.

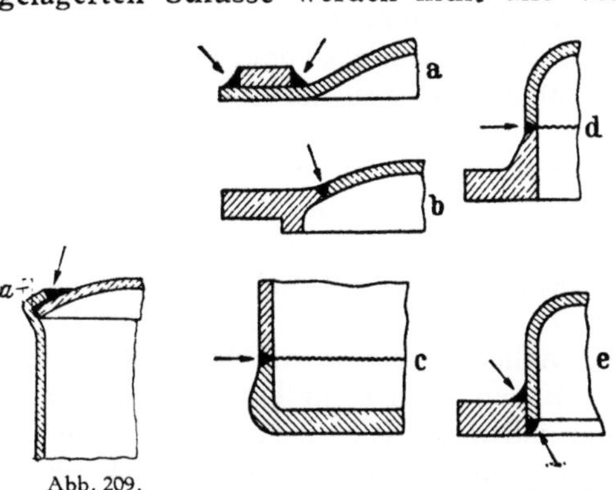

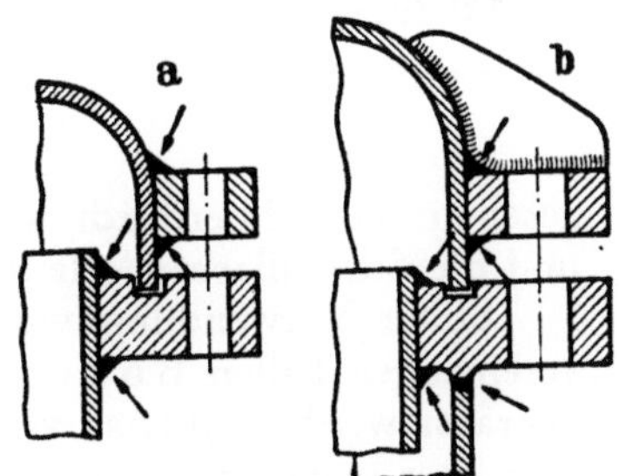

Abb. 209.
Schweißnaht bei
Luftdruckbehältern.

Abb. 210. Schweißung von Deckel-
und Bodenverbindungen.

Abb. 211. Deckelschweißungen bei
Dampfgefäßverschlüssen.

Darauf wird der zweite Schuß c durch Rundnaht 2 mit b verschweißt und jetzt erst die Längsnaht 3 gezogen. Es folgen dann die Nähte 4 und 5 und endlich 6 und 7, welche die Böden e und f mit dem Mantel verbinden. Das vorherige

Heften der Rundnähte der einzelnen Schüsse fällt hier fort, jedoch werden die Böden (s. 6) in der bereits früher geschilderten Art geheftet.

Lediglich der Vollständigkeit halber soll hier noch auf eine Kesselbauart hingewiesen werden, bei der die Mäntel spiralförmig eingerollt und so verschweißt werden, daß Längs- und Rundnähte zu einer gemeinschaftlichen S p i r a l n a h t vereinigt sind. Diese mitunter auch bei großkalibrigen Rohren angewandte Verbindung hat sich bisher nur wenig eingeführt, dagegen hat sie sich in einigen Sonderfällen, z. B. bei auf hohen Druck und große Hitze beanspruchten Sonderkonstruktionen, gut bewährt.

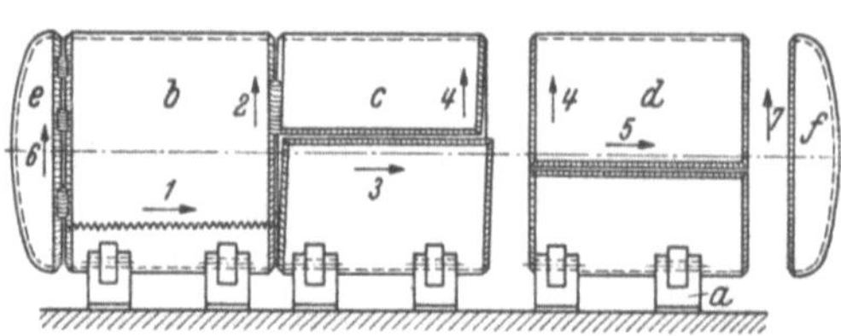

Abb. 212. Reihenfolge der Schweißnähte beim Zusammenbau eines Kessels.

Behälter mit Doppelmantel und Zwischenwänden. Dampf- oder warmwasserbeheizte Fässer, Boiler und Kessel werden meist d o p p e l m a n t e l i g hergestellt. Damit rückt ein neues konstruktives Moment für die geschweißte Ausführung in den Vordergrund, nämlich der Anschluß des äußeren Mantels an den inneren und die Verbindung zwischen Boden und Mänteln einerseits und zwischen diesen und den Deckeln andererseits. Durch sinnvolle Anschlußteile kann die Bauweise vereinfacht und die Schweißung erleichtert werden.

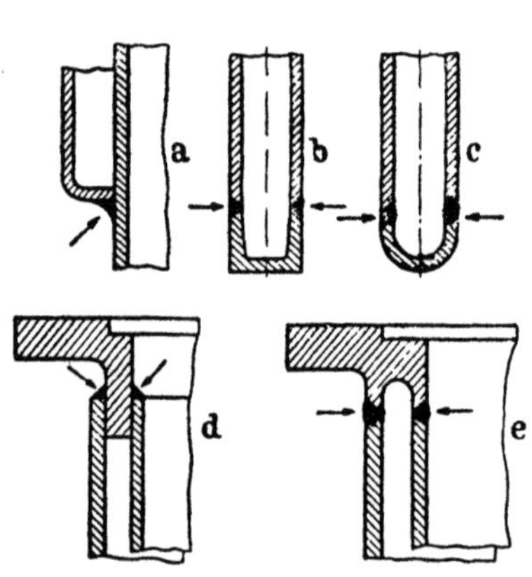

Abb. 213. Geschweißte Zwischenwände und Böden.

Einfache Anschlußrundnähte an doppelmanteligen Behältern sind bei i, k und l in Abb. 208, sowie bei Abb. 213 a veranschaulicht. Allen diesen Verbindungen ist gemeinsam, daß der Außenmantel eingezogen und an den Innenmantel ohne Zwischenglieder angepaßt ist, Bauarten, die hauptsächlich bei der Fertigung von Boilern bevorzugt werden. Bei i und l (Abb. 208) sowie bei a (Abb. 213) werden die Schweißspannungen im wesentlichen von den Ausrundungen der Schußenden der Außenmäntel aufgenommen und unschädlich gemacht. Nach k kann der Innenmantel in Höhe des Anschlusses des äußeren Mantels mit einer Sicke versehen und an diesem auch eine Ausbauchung vorgesehen sein. Hierdurch wird ein Verziehen des Gesamtkörpers vermieden und die Schweißarbeit erleichtert.

Unter Verwendung von Zwischengliedern einfachster Natur können in vereinzelten Fällen B o d e n konstruktionen nach b und c in Abb. 213 angebracht werden. Etwas verwickelter fallen die D e c k e l anschlüsse doppelwandiger Behälter aus, wie sie z. B. in Abb. 208 bei m, in Abb. 211 bei b und in Abb. 213 bei d und e skizziert sind. Als Zwischenglieder für die Mäntel als solche und für diese mit den Deckeln dienen hier Flach- oder Winkeleisenringe.

Machen Betriebsbedingungen den Einbau von Kesselunterteilungen notwendig, dann kann man sich — was das Einsetzen von Z w i s c h e n -

w ä n d e n betrifft — von zwei Gesichtspunkten leiten lassen. Entweder wird die Trennwand ohne oder mit Unterbrechung des Mantelbleches eingesetzt. Die erste Bauweise bedingt im allgemeinen einen genügend großen Behälterdurchmesser und Zugänglichkeit der meist von innen zu schweißenden Naht. Beispiele hierfür sind in Abb. 214 bei *a, c* und *g* angedeutet. Unter diesen sind die Ausführungen *a* und *g* nur beschränkt anwendbar, einmal wegen des immer zu erwartenden starken Verziehens und ferner, weil die Lochschweißung im Sinne von *g* auf Dichtheit keinen Anspruch erheben kann, was diese Verbindung vielfach von selbst verbietet. Der sichere und praktisch immer bessere Verband zwischen Mantel und Trennwand erfordert eine Unterteilung des Zargenschusses, wie dies aus *b, e, f, d* und *h* hervorgeht. Die Aus-

führungen *b* und *f* sind als Abwandlungen der schon früher beschriebenen D r e i b l e c h n a h t , der besseren unter diesen, aufzufassen. Eine Schweißnaht verbindet beide Blechschüsse mit der Zwischenwand. Die Vorbereitung der bei *h* skizzierten Verbindung kann nur für dünnere Bleche in Frage kommen, ebenso hat die Doppelnaht *d* fast nur für die elektrische Schweißung Bedeutung. Es bleibt noch die besonders stabile Konstruktion *e* zu erwähnen übrig, bei welcher der Arbeitsgang zweckmäßig folgender ist: Der Zwischenboden wird

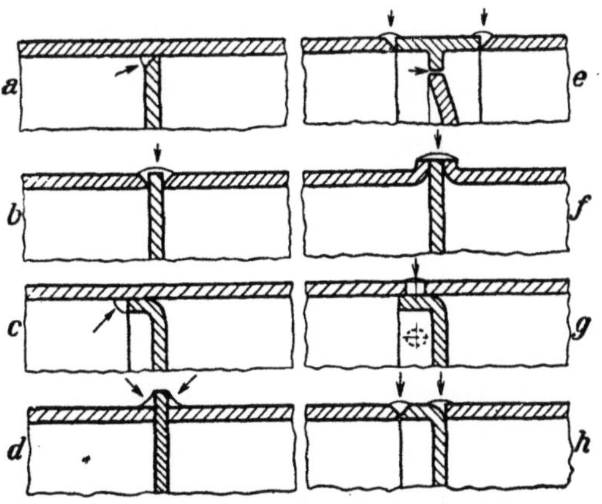

Abb. 214. Geschweißte Zwischenwände in Behältern.

entgegengesetzt der Schweißnaht etwas durchgepoltert, damit er beim Einschrumpfen der Schweiße eben und möglichst spannungsfrei wird. Erst nachdem die Verbindung zwischen dem Boden und T-Ring vollendet ist, wird das Ganze an die Mantelschüsse angepaßt und darauf die Schweißung der beiden Rundnähte vorgenommen.

Versteifungen, Naben, Stutzen. In der Mehrzahl der Fälle sind Flach- und Winkeleisen die bevorzugten Profile für die A u s - s t e i f u n g geschweißter Konstruktionen. Die freien Ränder offener Gefäße, große Mantel- und Bodenflächen, Deckelanschlüsse usf. versteift man in einer den jeweiligen Erfordernissen gerecht werdenden Form, indem man die Formeisen anschweißt, auf großen Flächen

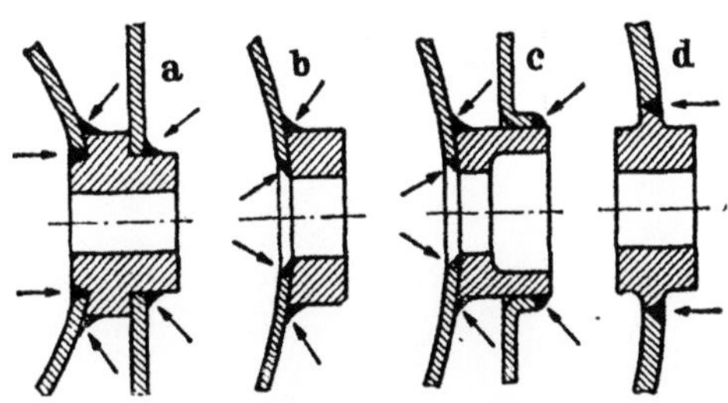

Abb. 215. Verbindung von Scheiben und Naben mit Kesselmänteln.

auch anheftet (z. T. elektrisch) oder annietet. Durch Schweißung mit Gefäßrändern verbundene Formeisenrahmen sind bereits in Abb. 204 gezeigt, Flacheisenverstärkungen bei *b* und *c* und solche aus Winkeleisen bei *a* und *e*. Versteifte Mäntel- und Deckelränder zeigen die Abb. 208 (*g, h* und *m*), 210 (*a, d* und *e*), 211 (*a* und *b*) und 213 (*d* und *e*).

Einige Beispiele durch Schweißung mit Kesselmänteln verbundener
S c h e i b e n u n d N a b e n sind in Abb. 215 wiedergegeben, wovon *b* und *d*
Durchbrüche an einmanteligen, *a* und *e* solche an doppelwandigen Kesseln
darstellen. Form und Bemessung dieser Anschlüsse richten sich nach dem Be-

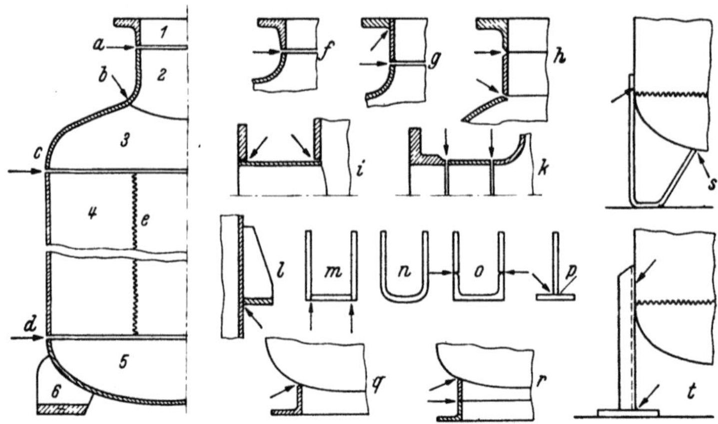

Abb. 216. Anschweißen von Stutzen und Füßen.

triebsdruck und der Betriebstemperatur. Ganz allgemein sind alle Aussparungen in Kesselwandungen mit einer Konstruktionsschwächung verbunden, weshalb derartige Öffnungen durch Flanschen, Verstärkungsringe usw.
auszusteifen sind. Für die Reihenfolge der Schweißnähte sind bestimmend:
die Art des Zusammenbaus und die sich
aus den Spannungen ergebenden Schwierigkeiten.

Auch die Schweißung der im Behälterbau sehr häufig vorkommenden S t u t z e n
gestattet einfachste Konstruktionsteile,
wie solche neben anderen in Abb. 216
skizziert sind. Zunächst zeigt die Abbildung einen bei *e* längsnahtgeschweißten
Mantel 4, der durch die Rundnähte *c*
und *d* mit den beiden Böden 3 und 5
verbunden ist. An den oberen Boden
schließt sich mit Schweißnaht *b* der aus-
gehalste Stutzen 2 an, der seinerseits
durch die Stumpfnaht *a* mit dem Ver-
steifungswinkelring 1 verbunden ist. Die
Darstellungen *f*, *g* und *h* deuten Abwandlungen in der Bauweise des Stutzens
an, der je nach Länge und Durchmesser
unmittelbar an den Boden angeschlossen
oder durch einen zwischengeschweißten
Blechmantel beliebig verlängert werden
kann. Anschlußmöglichkeiten für an Be-
hältermänteln vorgesehene Stutzen sind

Abb. 217. Schweißung eines Wasserabscheiders.

aus *i* und *k* zu entnehmen. Diese Beispiele mögen genügen, obwohl sie bei
der großen Anzahl von Konstruktionsmöglichkeiten nicht erschöpfend sind.
Einige weitere Beispiele (Abb. 216 *l* bis *p*) beziehen sich auf ange-

schweißte **Tragpratzen**, die entweder U-förmig gebogen oder aus Einzelteilen in dieser Form zusammengeschweißt sein oder auch T-förmig ausgestaltet werden können. Schließlich sind bei q bis t verschiedene Ausführungen von **Füßen und Stützen** gezeigt, wie sie bei stehenden Behältern üblich sind. Die Füße 6 und s sind aus Flacheisen, die Füße q und r aus Winkelringen und t aus U-Eisen hergestellt.

Ausführungsbeispiele. Im Hinblick darauf, daß die im einzelnen teilweise ausführlich besprochenen Bauteile in der Apparate- und Behälterkonstruktion laufend, vielleicht auch mit geringen Abänderungen wiederkehren, kann auf die Wiedergabe einer größeren Anzahl von Aufnahmen verzichtet werden. Als ein Vertreter aus dem Behälterbau mag der in Abb. 217 gezeigte, geschweißte **Wasserabscheider** von 1000 mm Durchmesser und 2400 mm Höhe gelten, der bei einer Wanddicke von 20 mm für einen Betriebsdruck von 17 atü bei 380° Arbeitstemperatur bestimmt ist. An diesem Bild hervorzuheben sind die Flanschenversteifung des Mannlochs und die überlappten Rundnähte an den Stutzenanschlüssen.

Den nicht alltäglichen Fall der Schweißung eines **Stahlbehälters mit innerer Auskleidung aus nichtrostendem Stahl** veranschaulicht Abb. 218. Es handelt sich um einen für die chemische Industrie bestimmten Körper für höheren Druck, dessen Herstellung aus nichtrostendem Stahl sehr teuer sein würde. Man hat sich hier geholfen, indem man in das geschweißte äußere Stahlgehäuse a ein seinen Innenabmessungen entsprechendes Gehäuse b aus nichtrostendem Stahl, ebenfalls in geschweißter Ausführung, einzog und an die Innenwände anrichtete. Nach Herumholen des oberen und unteren Randes d um die Flanschen wurde der seitliche Stutzen angepaßt und bei c verschweißt. Obwohl sich solche Arbeiten heute angesichts der Verarbeitung plattierter Bleche nicht mehr rechtfertigen lassen, so kennzeichnen sie doch, welch ausgefallene Konstruktionen durch Schweißung möglich sind.

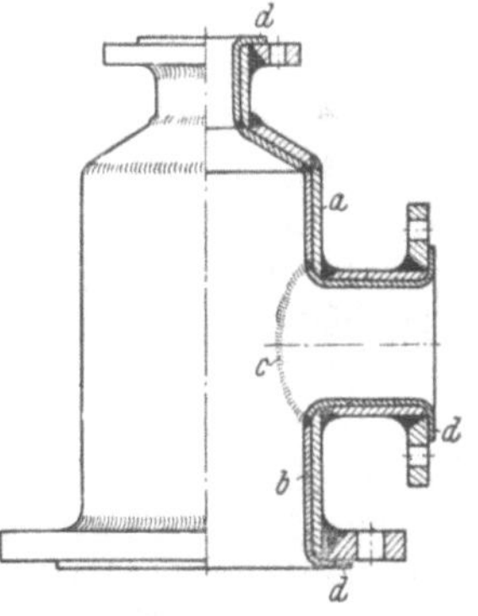

Abb. 218. Schweißung eines innen mit nichtrostendem Stahl ausgekleideten Behälters.

Schweißung im Behälterinnern. Abgesehen davon, daß Schweißarbeiten im Innern von Behältern für den Schweißer mancherlei Unbequemlichkeiten mit sich bringen, sind hierbei unbedingt **sicherheitstechnische Maßnahmen** zu treffen. Sie beziehen sich auf einen ausreichenden Luftwechsel, einmal, um die Temperatur im Kessel erträglich zu halten, zum anderen — und das ist noch wichtiger — darauf, den verbrauchten Sauerstoff zu ersetzen und die aus der Flamme stammenden schädlichen Gase sicher abzuführen. Die ursprüngliche Annahme, daß die Gegenwart reichlicher Mengen von Kohlensäure und geringer Mengen von Kohlenoxyd auf den Schweißer schädlich wirkt, ist zwar richtig, doch haben einige Todesfälle die Vermutung aufkommen lassen, daß noch andere schädlichere Stickgase vorhanden sein müssen. Auf Grund dessen angestellte analytische Untersuchungen wiesen eindeutig auf das Vorhandensein von **Stickoxyden** hin, die als Ursache der erwähnten Reizgasvergiftungen anzusehen sind. Zur Abwehr der Vergiftungsmöglichkeiten durch solche Gase können verschiedene, den jeweiligen Arbeitsverhältnissen entsprechende Sicherheitsmaßnahmen getroffen werden, immer wieder zu dem Zwecke, für ausreichende Frischluftzufuhr zu sorgen. Ist ein wirksamer künstlicher Luftwechsel, sei es durch Absaugen der verbrauchten oder durch Zuführung frischer Luft, nicht mit Sicherheit zu erwarten, dann ist die Be-Benutzung eines Atemschutzgerätes anzuraten. Keinesfalls aber darf reiner Sauerstoff in den Behälter eingeleitet werden, da die Unfallgefahr durch Kleiderbrand gesteigert würde.

Dampfkesselschweißungen. Unter den Druckgefäßen nehmen die Dampfbehälter, insbesondere aber die feuerbeheizten Dampfkessel, eine Sonderstellung ein. Nachdem man mit der anfänglich nur als Ausbesserungs-mittel angewandten Schweißung später auch im Großbehälterbau gute Er-fahrungen gemacht hatte, konnte man unter Berücksichtigung aller sicher-heitstechnischen Erwägungen auch dazu übergehen, die Schweißung als Ver-bindungsmittel im Dampfkesselbau zuzulassen. Wenngleich in der An-ordnung und Ausführung von Schweißverbindungen zwischen dem Bau von Dampfkesseln und sonstigen Druck- und Großbehältern keine grundsätz-lichen Unterchiede bestehen, so ist doch die Vorsicht und die Be-schränkung der Anwendung der Schweißung im Kesselbau, die im Ab-schnitt III („Schweißung“) der B a u v o r s c h r i f t e n   f ü r   L a n d -d a m p f k e s s e l niedergelegt sind, begreiflich. Alle mit der Schweißung von Dampfkesseln im Zusammenhang stehenden Momente sind in dieser mit dem 21. 6. 1939 in Kraft getretenen neuen Verordung enthalten. Nach diesen Vorschriften sind nur dann Schweißverbindungen zulässig, wenn sie den Betriebsbeanspruchungen genügen und durch für solche Arbeiten aus-drücklich zugelassene Firmen und durch geprüfte Schweißer ausgeführt wer-den. Die Zulassung erfolgt durch den Reichswirtschaftsminister. Die von diesem für das Dampfkesselwesen eingesetzte Überwachungsstelle ist der Deutsche Dampfkesselausschuß.

Bezüglich der S c h w e i ß v e r b i n d u n g e n   s e l b s t ist im wesent-lichen folgendes hervorzuheben: Sie dürfen nicht erheblich auf Biegung be-ansprucht werden. In der Regel sind überlappte Kehlnahtschweißungen zu vermeiden und nur bei Blechdicken bis zu 15 mm zulässig. Die Schweißnähte sind so anzuordnen, daß sie mit den Feuergasen möglichst nicht in unmittel-bare Berührung kommen. Das bezieht sich z. B. auf Flammrohre, Siederohre und Feuerbuchsen. Bohrungen und Ausschnitte in der Schweißnaht und in ihrer Nähe sind möglichst zu vermeiden. Ferner enthalten die Vorschriften ausführliche Angaben über das Spannungsfrei- und Normalglühen ge-schweißter Kesselkonstruktionen. Unabhängig von der Art des Schweiß-verfahrens dürfen die Nähte nur mit bis zu 0,7 der Festigkeit des Bauwerk-stoffs bewertet werden. Darüber hinaus kann auf besonderen Antrag und auf Grund einer Verfahrensprüfung der Bewertungsfaktor 0,9 zugestanden werden, wenn durch eine bestimmte Schweißart oder die Verwendung be-sonderer Zusatzstoffe die Begründung für eine Höherbewertung nach-gewiesen wird.

Die Vorschriften erfassen auch A u s b e s s e r u n g s s c h w e i ß u n g e n an bereits genehmigten Kesseln und bestimmen, daß derartige Arbeiten grundsätzlich nur im Einvernehmen mit dem zuständigen Sachverständigen (Techn. Überwachungsverein, TÜV) ausgeführt werden dürfen. Dieser ent-scheidet im Einzelfalle, inwieweit die Vorschriften anzuwenden sind bzw. von ihnen abgewichen werden darf.

Infolge der z. T. strengen Vorschriften, hauptsächlich insoweit sie sich auf das Glühen der Schweißverbindung erstrecken, sind der Anwendbarkeit des Schweißens in der Fertigung von Dampfkesseln verhältnismäßig enge Grenzen gezogen, und nur einige große Kesselschmieden sind in der Lage, allen Forderungen gerecht zu werden. Mit Rücksicht auf die bereits erwähnte weitgehende Übereinstimmung mit der Arbeitsdurchführung, wie sie im Großbehälterbau vorliegt, kann auf Einzelheiten hier verzichtet werden, um so mehr als dieses Gebiet im wesentlichen der Lichtbogenschweißung zugefallen ist.[1]) Über die Anwendung der Schweißung als Ausbesserungsverfahren wird im Abschnitt „Ausbesserungsschweißung" noch gesprochen werden.

3. Formstahlkonstruktionen.

Anwendungsbereich. Bisher war nur von Formstahlversteifungen und ihrer Anordnung an Apparaten und Behältern die Rede. Im folgenden soll auf die Schweißverbindung von Formstahlkonstruktionen eingegangen werden, allerdings mit der Einschränkung, daß aus verschiedenen technischen und auch aus wirtschaftlichen Gründen nur leichte Stahlkonstruktionen gasgeschweißt werden. Obwohl die Gasschweißung nach den bestehenden Vorschriften auch im Stahlhoch-[2]) und Brückenbau Anwendung finden kann, so wird doch hiervon in der Praxis selten Gebrauch gemacht, weil die Schweißzeiten infolge zu kurzer Nahtlängen und zu großer Wärmeableitung zu hoch liegen. Daneben sind Konstruktionsverwindungen, die kostspielige Nachrichtarbeiten erfordern, nur selten zu umgehen. Aus diesen Gründen bleibt die Gasschweißung auf leichte und nicht zu sperrige Konstruktionen beschränkt.

Ausführungsbeispiele. Die Schweißung in sich geschlossener Winkelringe verlangt immer eine Stumpf·stoßverbindung, die von der Lage der Schenkel zum Biegungsradius unabhängig ist.

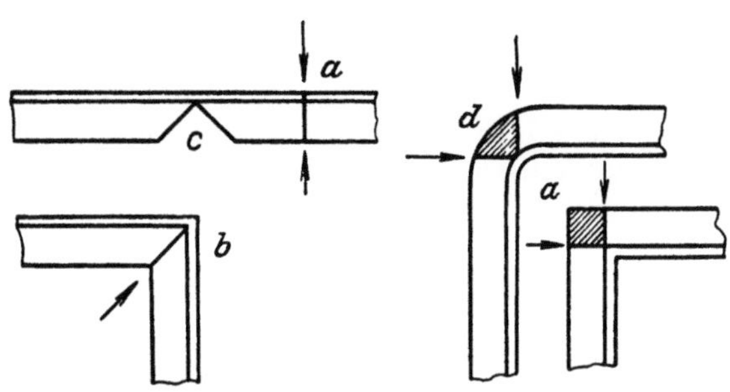

Abb. 219. Winkelstahlschweißungen.

Dagegen entstehen bei rechteckigen W i n k e l rahmen Stumpf- und Gehrungsstöße, je nach Lage der Verbindungsstelle. Liegt der stehende Schenkel des Rahmens nach außen (Abb. 219 b), dann wird nur der waagerechte Schenkel der Rahmenecken, wie bei c angedeutet, winklig ausgeklinkt und der andere Schenkel herumgezogen, so, daß jeweils nur die Hälfte des Profils zu schweißen ist.

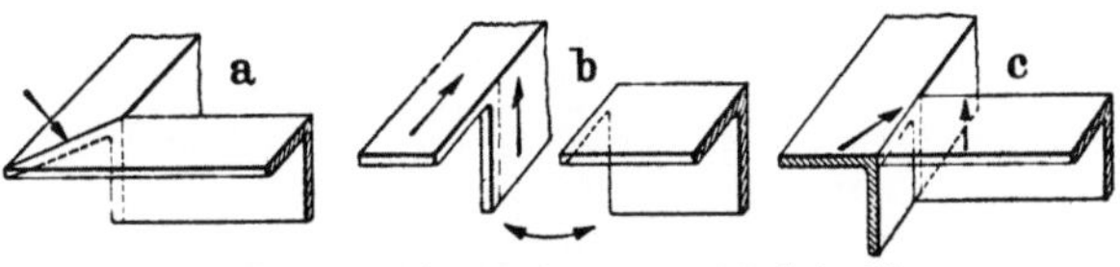

Abb. 220. Eckverbindungen an Winkelstahl.

Aus den Abmessungen des Rahmens und seinem Zuschnitt ergibt sich die Notwendigkeit des Längenstumpfstoßes a. Liegt der stehende Schenkel im Rahmeninnern, dann wird der waagerechte Schenkel eingeschnitten

---

[1]) Ausführliches s. Band II.
[2]) DIN 4100.

und nach dem Umbiegen ein Blechstück (in Abb. 219 bei *a* schraffiert) eingeschweißt. Dasselbe gilt, wenn Formänderungen der Ecken rund gebogener
Rahmen *d* unerwünscht sind. Einige Eckverbindungen an Winkelstahl sind
in Abb. 220 skizziert. Für die Schweißung von Formstahlstößen sind, was
kurz erwähnt sein möge, verschiedene
Einspannvorrichtungen üblich, die eine
Veränderung der Maßhaltigkeit verhüten. Der Gehrungsstoß *a* wird
zweckmäßig in Pfeilrichtung, also an
der äußeren Ecke beginnend geschweißt, da bei der Nachlinksschweißung, die Streuflamme den Scheitel
vorwärmt und eine Arbeitsbeschleuni-
gung eintritt. Bei *b* ist ein Steg aus-

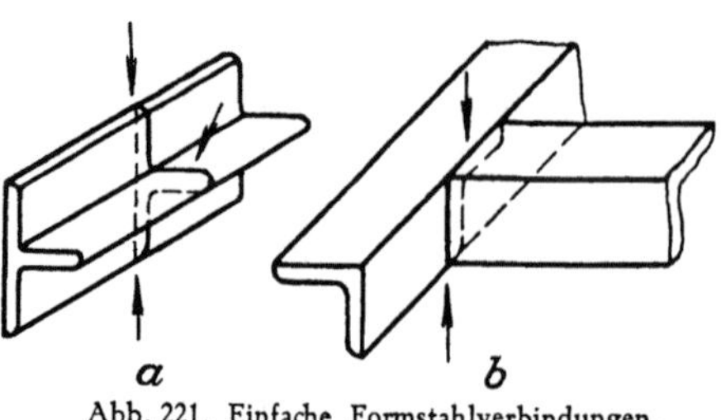

Abb. 221. Einfache Formstahlverbindungen.

geklinkt, während bei *c* die Profile stumpfgestoßen werden, wie dies auch
bei *b* in Abb. 221 der Fall ist. Im allgemeinen werden Formstähle einfacher
von der Außenseite geschweißt, z. B. der Flansch des T-Stoßes in Abb. 221 *a*.

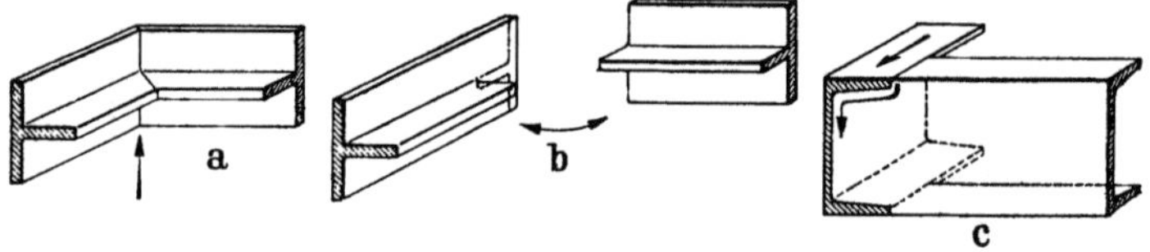

Abb. 222. Eck- und Gehrungsstöße an T- und U-Eisen.

Zu den bei a, *b* und *c* in Abb. 222 skizzierten Eck- und Gehrungsstößen
an T- und U-Eisen sind Erläuterungen nicht notwendig.

Auf welch einfache Weise die Verjüngung eines U-Eisens durch Schneiden und Schweißen bewerkstelligt werden kann, zeigt Abb. 223. Mit Hilfe
des Schneidbrenners wird ein der verlang-
ten Verjüngung entsprechender Zwickel *a*
aus dem Steg ausgeschnitten und der Teil *b*
mit der Schweißflamme vorgewärmt, an die
senkrechte Schnittfuge herangezogen und
mit der stehengebliebenen U-Hälfte verschweißt. Abb. 224 zeigt die Erweiterung
eines I-Eisens, indem man in der Mitte
des Stegs einen Brennschnitt entsprechender Länge anbringt, die Formstahlhälfte
aufweitet und ein Dreieckblech von gleicher
Dicke einschweißt.

Die Wirtschaftlichkeit der in Abb. 225
und 226 wiedergebenen Schweißverbindungen an Quadrat- und Rundstahl ist
außer von der Handfertigkeit des Schweißers von der richtigen Vorbereitung abhängig. Gerade solche Verbindungen verursachen dem Anfänger häufig Schwierig-

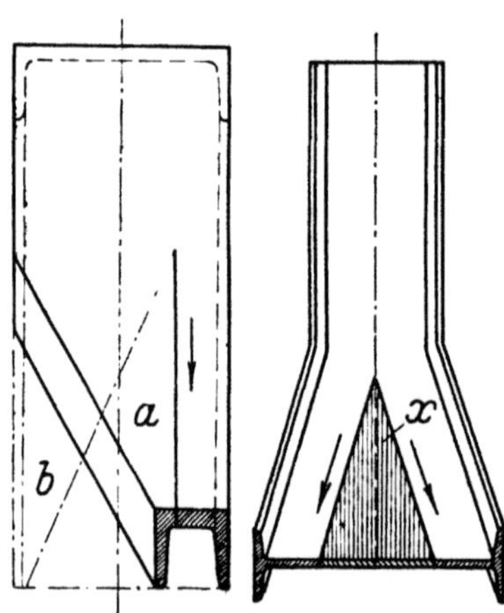

Abb. 223. Verjün-
gung eines U-Eisens
durch Schweißen.

Abb. 224. Erweiterung
eines I-Eisens durch
Schweißen.

keiten, und es entstehen dabei Schweißzeiten, welche die normalen um ein
Mehrfaches überschreiten. Um an Schweißgasen zu sparen, ist es ratsam,
den Formstahl, wenn er größeren Querschnitt hat, im Schmiedefeuer vorzu-

wärmen. Wie die beiden Abbildungen zeigen, empfiehlt sich sowohl beim Quadrat- wie beim Rundstahl eine X-förmige Abschrägung der Stoßflächen. Demnach braucht nur von zwei Seiten geschweißt zu werden, *und die Seiten-*

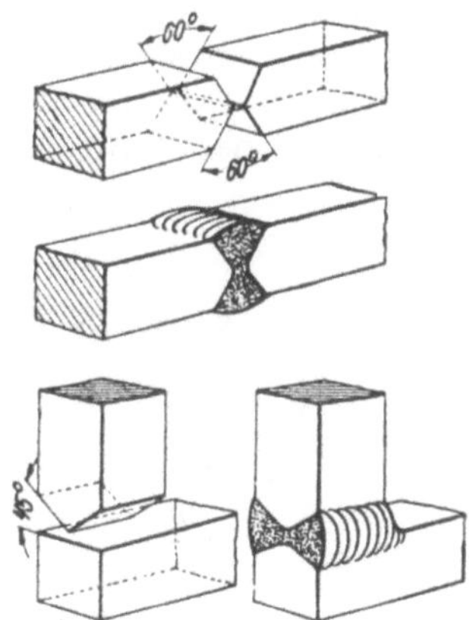

Abb. 225. Schweißungen an Quadratstahl.

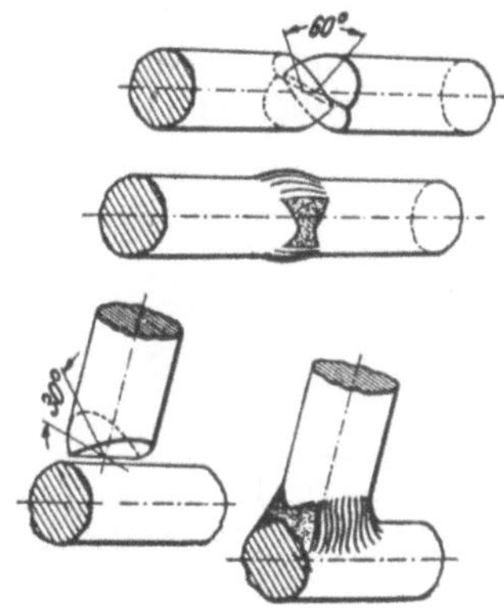

Abb. 226. Schweißungen an Rundstahl.

flächen sind mit der Flamme nur zu glätten. Unwirtschaftlich und in ihrer Ausführung schwieriger ist die mitunter noch anzutreffende konische Zuspitzung des Schweißstoßes.

4. Schienenschweißungen.

Reichsbahnprofile. Nach weitgehenden Versuchen sind in den letzten Jahren einige tausend Stöße an Fahrschienenstrecken autogen geschweißt worden. Entgegen der ursprünglichen Annahme, daß die Schweißung von Schienenstößen in Anbetracht der mit der Tages- bzw. Jahreszeit schwankenden Stranglänge nicht angängig sei, haben erfolgreiche praktische Versuchsschweißungen ergeben, daß durch Temperaturschwankungen wechselweise auftretende Zug- und Druckspannungen von den Schienen selbst ohne Gefährdung der Betriebssicherheit aufgenommen werden können. Gleislängen von etwa 200 m können deshalb ohne Ausgleich-, d. h. ohne sog. Temperaturstöße durch Schweißung verbunden werden. Die damit verbundene Schonung des rollenden Materials und des Schienenwerkstoffs selbst ist recht erheblich. Daneben hat sich die Auftragsschweißung an ausgeschlagenen Herzstücken, Schienenstrangenden und Schlaglöchern, in einem günstigen Umfange und außerordentlich wirtschaftlich entwickelt[1]). Da die Schienenstöße, insbesondere die Vignolschienen (Reichbahnprofil) infolge der als federnde Unterlage anzusehenden Schwellen stark auf Biegung beansprucht werden, muß der Schweißstoß hauptsächlich den Forderungen hinsichtlich Biegeschwingungsfestigkeit entprechen. Demzufolge muß ein für die Aufnahme dieser Kräfte geeigneter Schweißstoß geschaffen und bei der Wahl des Zusatzwerkstoffs hierauf Rücksicht genommen werden. Mit geringen Ausnahmen wird dem Stumpfstoß, der dynamischen Beanspruchungen gut gewachsen ist, der Vorzug gegeben, unter ausdrücklichem Verzicht auf die im Auslande oft übliche Stoßverstärkung durch Laschen, Fußplatten u .a.

---

[1]) **F r a n k e n b u s c h** , Die autogene Schienenschweißung. Sonderdruck der Beratungsstelle für Autogenschweißung, Köln.

Die Schienenstoßschweißung geht wie folgt vor sich: Nachdem der Fuß und der Kopf V-förmig und der Steg X-förmig mit dem Schneidbrenner vorbereitet wurden, wird zunächst der Schienenfuß (Flansch) geschweißt. Mit Rücksicht auf das infolge größerer Werkstoffmengen im Kopf stärker einsetzende Schrumpfen wird bei Beginn der Arbeit ein Ausgleich geschaffen, indem man die Schienenenden etwas anhebt und den Kopf sperren läßt. Die Schweißung beginnt dann beiderseits des Steges am Fuß, im Sinne von Abb. 227 I, wobei stets zwei Schweißer gleichzeitig nachrechts schweißen

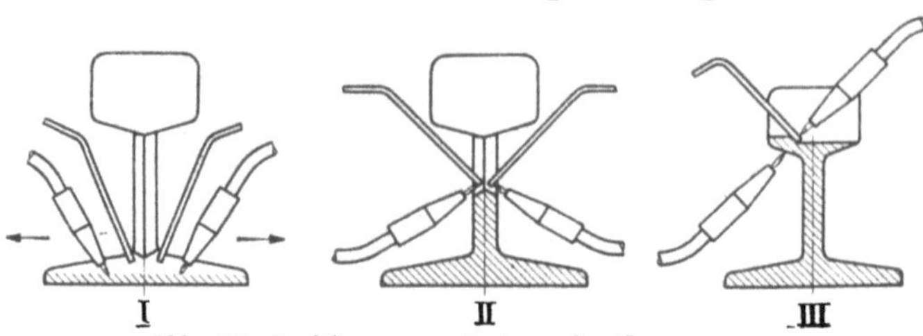

Abb. 227. Ausführung von Schienenschweißungen.

(Pfeilrichtung). Draht- und Brennerstellung sind angedeutet. Sodann wird der Steg von unten nach oben, ebenfalls doppelseitig gleichzeitig (II) und zuletzt der Fahrkopf (III) von links nach rechts geschweißt, wobei die zweite Flamme (unten links) das Vorwärmen und Warmhalten des massigen Querschnitts übernimmt. Alle Stellen werden in Hellrotwärme gut verhämmert.

Rillenschienen. Ähnlich werden den Temperaturschwankungen viel weniger unterworfene, weil eingebettete, R i l l e n s c h i e n e n (Straßenbahnprofil) geschweißt. Die Rille wird mit dem Kopf abgeschrägt und mit diesem von oben verschweißt, während gleichzeitig ein zweiter Schweißer die Verbindung des nach außen ausgebauten Löffels durchführt. Erwähnt sei, daß auch bei der Schweißung von Schienensträngen dem Wärmhämmern der Schweißverbindung große Bedeutung zukommt.

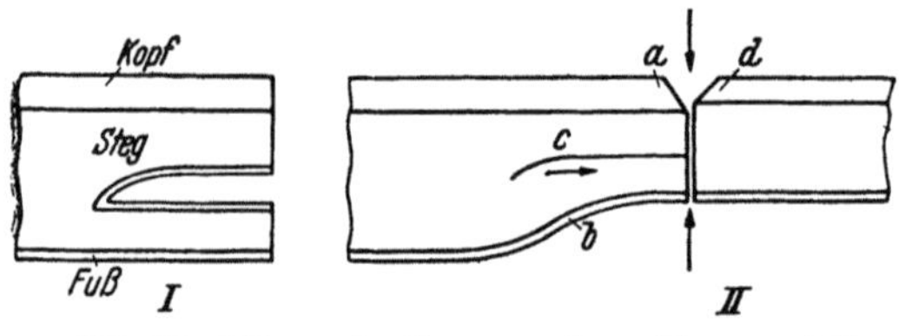

Abb. 228. Schienenschweißung an einem Übergangsstoß.

Übergangsstöße. Einfache und gute Verbindungen gestattet die Schweißung an Ü b e r g a n g s s t ö ß e n , d. h. bei der Vereinigung zwischen zwei Schienen ungleichen Profils. Größere Unterschiede in der Profilhöhe werden dadurch ausgeglichen, daß man im Steg des größeren Profils einen Zwickel autogen ausschneidet (Abb. 228 I) und mit dem Schnitt auch die Schweißränder gleich abschrägt. Darauf wird der Flansch b mit dem anteiligen Steg warm angerichtet, so, daß er mit der Unterkante des Fußes des kleineren Profils abschließt (II). Die entstandene Fuge c wird in Richtung des Pfeiles verschweißt und im übrigen wie weiter oben geschildert vorgegangen. Auch hier werden die Köpfe a und d abgeschrägt. Selbstverständlich muß die Fahrbahn durch sorgfältiges Ausrichten der Kopfflächen erhalten bleiben.

5. Ausbesserungsschweißungen.

Allgemeines. In Betrieben, in denen die Schweißung nur als Arbeitsverfahren für die Fertigung herangezogen wird, wird dem meist nur auf eine bestimmte Arbeit, wenn nicht gar auf Massenfertigung eingestellten Schweißer die Ausübung seines Berufes verhältnismäßig leicht gemacht. Demgegenüber stellt die Arbeit der vielseitigen Ausbesserungsschweißungen, noch dazu an verschiedenen Metallen, viel größere Anforderungen an Geschick und Erfahrung eines schon geübten Schweißers. Der Wert einer Ausbesserungsschweißung wird in erster Linie durch billige, saubere, schnelle und vor allem zweckentsprechende Arbeit gesteigert. Der Schweißer muß sich vor Inangriffnahme der Arbeit klar darüber sein, welches die Ursache des entstandenen Risses oder Bruches ist, wie er die Schweißung am besten auszuführen und ihren Erfolg durch Verhütung von Spannungs- und Verwindungserscheinungen sicherzustellen hat. Er hat in allen Fällen daran zu denken, daß die durch zu schwach bemessenen Baustoff hervorgerufenen Schäden zwar geschweißt werden können, nicht aber eine Haltbarkeit der Schweiße verbürgen, da dem eingeschmolzenen Werkstoff keine größere Festigkeit zugemutet werden kann wie dem Grundwerkstoff selbst. Anders ist es allerdings, wenn die Bruchstelle durch Aufschweißen genügende Verstärkung erhält.

Auftragsschweißungen. Sie kommen dort vor, wo im Gesenk geschmiedete Teile nicht voll ausgeschmiedet sind, wo durch Verschleiß, Sog, Erosion und Korrosion abgenutzte Werkstoffflächen ersetzt werden müssen, wie z. B. an Wellen, Greifern, Baggern, an Blechbehältern, Fässern, Fahrschienen und anderen Werkstücken mancherlei Art. Gegebenenfalls werden stark schadhafte Teile aus dem Werkstück herausgearbeitet und gegen neue, in diese Form gebrachte und eingeschweißte Ersatzstücke ausgetauscht. Dabei ist zu beachten, daß Rost, Schmutz, Fett, Farbe und andere Fremdkörper und Verunreinigungen mit der Flamme abzubrennen und die Rückstände mit der Drahtbürste sauber zu entfernen sind. Ferner muß auch hier daran gedacht werden, Zusatzwerkstoff nur auf bereits im Flusse befindlichen Stahl aufzutragen. Festigkeit und Dichtigkeit der Schweiße werden durch zeitweise sorgfältiges Hämmern in Hellrotglut erhöht. Für die gewünschte Zähigkeit, Härte und Verschleißfestigkeit ist die richtige Wahl des Zusatzdrahtes ausschlaggebend, weshalb man häufig nicht mit gewöhnlichem Schweißdraht, sondern nur mit besonders legiertem zurechtkommen wird. Überdies hat man es dabei in der Hand, der Auftragsschweiße eine größere Verschleißfestigkeit zu verleihen, als sie dem Werkstück selbst eigen ist. So wird man beim Auftragsschweißen, z. B. auf Nickelstahlwellen, einen nickelhaltigen Schweißdraht verwenden. Andere, die Verschleißfestigkeit besonders steigernde Zusätze an Mangan, Wolfram usw. müssen sich auch im Schweißdraht vorfinden, obwohl hierdurch die Verschweißbarkeit häufig ungünstig beeinflußt wird. Über die Zusammensetzung des Schweißdrahtes kann nicht allgemein, nur im einzelnen entschieden werden. Das gilt im besonderen auch für das Auftragen auf Fahrschienen[1]), deren Oberfläche in verschiedener Weise beansprucht wird. Für die Wahl des für Auftragsschweißungen bestimmten Schweißdrahtes sind ihre gewünschten Eigenschaften maßgebend, wie Warm- und Kalthärte, Widerstand gegen Schlag- und Korrosionsbeanspruchung, sowie gegen mechanischen Verschleiß[2]). Dabei können je nach dem Verwendungszweck fast alle sonst für Verbindungsschweißungen bestimmten Drahtsorten, darüber hinaus aber auch niedrig- und hochlegierte Sonderdrähte, Hartlegierungen und Hartmetalle verwendet werden.

---

[1]) S. Band II.
[2]) Zeyen und Lohmann, Schweißen der Eisenwerkstoffe, Stahleisen. 1948.

Für den Erfolg solcher Arbeiten sind an den Übergangsrändern k e r b e n -
f r e i e und an den Werkstoff allmählich übergehende
S c h w e i ß e n Grundbedingung. Durch die Verwendung hochlegierter Zusatzdrähte sich leicht bildende Blasen und Poren müssen auf das geringste
Maß beschränkt bleiben, und schon aus diesem Grunde ist das Warmhämmern
meist ratsam. Außerdem ist darauf zu achten, daß nicht durch ungleiche
Wärmeverteilung erhebliche Spannungen und Verwindungen des Werkstücks
entstehen. Vielfach wird man ohne reichliches Vorwärmen des Werkstücks
nicht auskommen. Die erreichbare Härte der Auftragsschicht ist nicht allein
vom Gefügezustand und der Art des Schweißdrahtes, sondern auch von ihrer
chemischen Zusammensetzung und den Werkstoffeigenschaften selbst in
hohem Maße abhängig. Durch Hämmern in der Wärme kann die Härte meist
noch gesteigert werden.

Beim Auftragen auf oberflächengehärtete Teile ist
meist ein der Schweißung vorausgehendes Ausglühen nicht zu vermeiden, was
nach Bearbeitung der Schweiße neuerliches Härten bedingt. Eine unbeschränkte Anwendung der Auftragsschweißung ist hier also keineswegs am
Platze. Auch die gewöhnliche Auftragsschweißung hat ihre Grenzen, und
man wird bisweilen auf sie verzichten müssen, wenn es sich beispielsweise um
die Ausbesserung wärmeempfindlicher Sonderstähle, etwa der Werkzeugstähle,
wie z. B. Fräser u. ä., handelt. In den letzten Jahren hat sich jedoch die Auftragsschweißung mit Hartlegierungen überraschend schnell entwickelt
und nicht allein als Ausbesserungsmittel für hochbeanspruchte Werkzeuge
Aufnahme gefunden, sondern als ein wesentlicher Bestandteil der Fertigung
hochlegierter Werkstücke und Werkzeuge, wodurch an hochlegierten Werkstoffen erheblich eingespart wird. Das Auftragsschweißen z. B. mit Chrom-
Kobalt-Wolfram-Hartlegierungen auf weniger hochlegierte Stähle nimmt
ständig an Bedeutung zu. Dabei werden nur die Stellen höchster Beanspruchung (Verschleiß, Korrosion usw.), z. B. Maschinenmesserschneiden,
Schnittplattenränder, Ventilteller u. dgl. mit Hartlegierungen in möglichst
dünnen, der Abnutzung genügend Widerstand bietenden Schichten überzogen.

Risse und Brüche. Bezüglich der Bearbeitung von Rissen und Brüchen
an Stahlkörpern gilt das bereits früher Gesagte. Risse werden auf ihre Länge
und Tiefe je nach Gestalt und Art des Werkstücks ausgekreuzt, ausgehobelt,
ausgedreht, ausgefräst, und zwar so lange, als sich der Riß durch doppelten
Span noch deutlich erkennen läßt. Liegen Haarrisse vor, deren Umfang nur
schwer zu erkennen ist, so trägt man Petroleum oder dünnflüssiges Öl auf
und bestreut die Stellen mit feinstem Schmirgelstaub oder Kreidepulver. Das
Gemisch dringt nach kurzer Zeit in den Riß ein und macht ihn nach Abwischen
der Oberfläche deutlich sichtbar. Gut eignet sich dieses Hilfsmittel zur Feststellung von Anrissen an Gesenkschmiede- oder Preßstücken, z. B. an Last-
haken, Wagenachsen, Wagenpuffern, an Pleuel-, Kuppel-, Exzenter- und
Kurbelstangen usw., also an Gegenständen, die häufig umfangreicher Bearbeitung bedürfen und erhebliche Herstellungskosten verlangen. Die Auffüllung der Schweißfuge unterscheidet sich von der Verbindungs- und Auftragsschweißung nicht.

Die Flächen von auf Werkstofffehler zurückzuführenden B r ü c h e n
werden in der üblichen Weise vorbereitet und geschweißt. Genau so wird man
Brüche, die durch unerwartete Überbeanspruchung der Stahlkonstruktion entstanden sind, behandeln. Um im Wiederholungsfalle einer erneuten Bruch-

gefahr vorzubeugen, wird man gleichzeitig eine Verstärkung des Querschnitts vorsehen. Sie kann aus einer allmählich verlaufenden Verdickung des Querschnitts, aber auch im Anschweißen von Laschen, Rippen und anderen Versteifungen bestehen. Aus der Fülle der möglichen Fälle bringt Abb. 229 das Beispiel einer leichten Ausbesserungsschweißung, die die Wiederherstellung eines im Betriebe gebrochenen **Fundamentankerbolzens** veranschaulicht. Der Vorteil der Schweißung liegt hierbei weniger in der Erhaltung des an sich geringen Werkstoffwertes als darin, die sonst unvermeidliche Zerstörung des Fundamentblocks zu vermeiden.

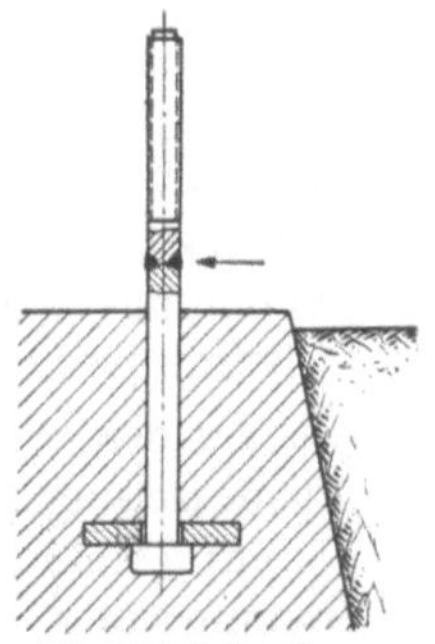

Abb. 229. Schweißung eines Fundamentankerbolzens.

Im Gegensatz hierzu zeigt die Schweißung der in Abb. 230 angedeuteten **Kurbelwellenbrüche** eine schwierige und umfangreiche Ausbesserungsarbeit. Hier kommt es in erster Linie darauf an, kostspielige Nacharbeiten, die durch das Ausrichten der sich beim Schweißen etwa verziehenden Wellen entstehen, möglichst zu verhüten. Die zu einem Gasmotor gehörige Kurbelwelle war in dem mit d bezeichneten Teil bei c abgebrochen. Da auch die Nuten e, auf denen außer dem Schwungrad zwei Riemenscheiben aufgekeilt waren, stark beschädigt gewesen sind, wurde dieser Teil durch eine neue 800 mm lange Welle ersetzt. An der Bruchstelle wurden beide Wellenenden konisch abgedreht und mittels eines 20-mm-Mittelbolzens gegenseitig axial fixiert. Die Schweiße der 140 mm dicken Welle wurde laufend in Weißwärme gründlich gehämmert, wobei Hartholz als Unterlage diente. Nach sorgfältigem Ausglühen und Überdrehen der Welle wurden neue Nuten e eingefräst, nachdem die Welle auf der Spitzenbank etwas ausgerichtet worden war. Nicht immer liegt der Bruch so günstig, wie in dem eben geschilderten Fall. Unmittelbar an der

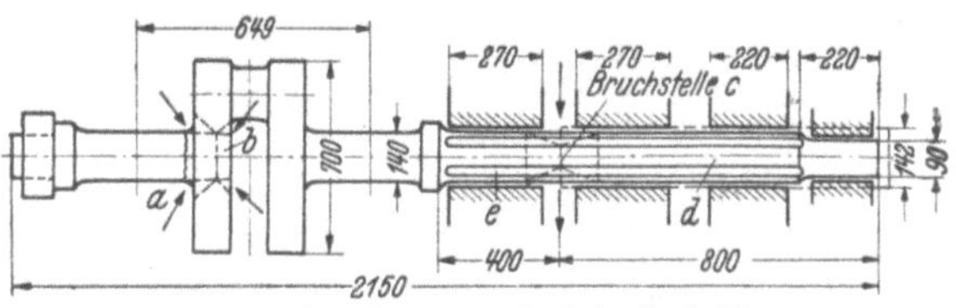

Abb. 230. Schweißung von Kurbelwellenbrüchen.

Kröpfung gelegene Brüche, wie bei a, sind nur schwer schweißbar. Man hilft sich hier, indem man im Schenkel der Kröpfung eine Bohrung b anbringt und in diese einen neuen Wellenstumpf einsetzt. Der Schenkel wird beiderseits konisch ausgedreht und der Wellenstumpf erst nach vollendeter Schweißung auf der Drehbank bearbeitet. Wo eben möglich versucht man die Schweißung gebrochener oder gerissener Wellen im eingebauten Zustande durchzuführen. Dabei werden die Lager fest angezogen, um ein axiales Verziehen der Welle zu verhüten. Freilich wird diese Maßnahme meist nur dann möglich sein, wenn mit dem Lichtbogen geschweißt wird.[1]) Schweißungen an Werkstücken solcher Art erfordern ein hohes Maß von Erfahrungen und an Handfertigkeit. Im Zweifelsfalle sollte von „Versuchen" besser abgesehen werden.

Ausbesserungen an Behältern. Gleich vorweg soll hervorgehoben werden, daß Schweißungen an abnahme- oder überwachungspflichtigen Kesseln nur im Einvernehmen mit dem zuständigen Sachverständigen des Techn. Überwachungsvereins vorgenommen werden dürfen. An Ausbesserungs-

---

[1]) Ausführliches s. Band II.

arbeiten an Kesseln sind anzuführen: Risse und Brüche an Nietlöchern und im gesamten Werkstoff, an Böden und Mänteln, Stegrisse in Rohrwänden, Korrosionen, abgezehrte Stemmkanten und Niete, Ausbeulungen usw. Jede dieser Arbeiten kann für sich mehr oder weniger umfangreich und schwierig sein. Fachmännische Umsicht und Gewissenhaftigkeit haben über Art und Ausführung solcher Arbeiten zu entscheiden. Hierbei muß man auch je nach dem Grade der Alterung des Kesselbaustoffs feststellen, ob ·nicht von einer Schweißung überhaupt Abstand genommen werden sollte. Bezüglich der Anwendung des Schweißens als Ausbesserungsmittel im Land-, Schiffs-, Lokomobil- und Lokomotivkesselwesen muß auf die auf S. 224 gemachten Einschränkungen ausdrücklich hingewiesen werden.

Zu den verhältnismäßig einfacheren Schweißarbeiten an Kesseln zählt die Ausbesserung der bereits erwähnten K o r r o s i o n e n, die sich auch bei Dampfkesseln entweder auf der Wasserseite befinden und von mit chemischen Bestandteilen verunreinigtem Wasser herrühren, oder wenn auch selten, an der Feuerseite von Flammrohren anzutreffen sind, wo sie ihren Ursprung im Angriff der Rauchgase haben. Die Anfressungen sind gründlich und sorgfältig von Kesselstein zu befreien und nach dem Schweißen in Hellrotwärme behutsam und nicht zu stark zu hämmern.

Beim Schweißen in der Nähe von Nietnähten gelegener Korrosionen, Risse u. dgl. ist das Leckwerden der Niete und Stemmkanten zu berücksichtigen. Um unzulässig hohe Spannungen auszuschalten, müssen häufig anteilige Niete entfernt und nach dem Erkalten der Schweiße neu eingezogen werden. Mitunter werden durch häufiges Verstemmen oder durch Korrosion beschädigte Stemmkanten aufgeschweißt.

Der Arbeitsgang beim Schweißen von R i s s e n soll anhand der Abb. 231 geschildert werden. An

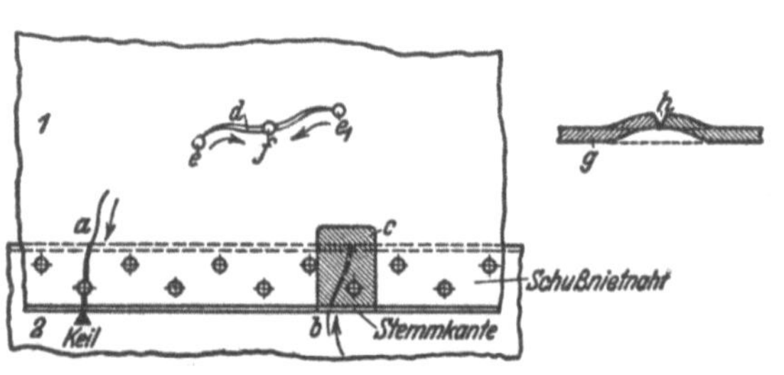

Abb. 231. Schweißen von Rissen.

einem Behälter sollen die beiden Blechschüsse 1 und 2 durch eine doppelreihige Nietnaht verbunden und im Blech 1 ein Kantenriß a aufgetreten sein. Dieser wird ausgekreuzt und in Pfeilrichtung, also an der Einspannstelle beginnend, verschweißt. Der vom Riß eingeschlossene Niet muß vorher entfernt und später neu eingezogen werden, was meist auch bezüglich der an den Riß angrenzenden Niete gilt. Gegebenenfalls kann in das Rißende ein Keil eingetrieben und dem Blech vor dem Schweißen eine Vorspannung gegeben werden. Liegt der Riß bei b im Blech 2 in der angenommen, von der Gegenseite nicht zugänglichen Überlappung, so muß aus dem Blech 1 ein entsprechendes Stück c herausgeschnitten und nach Ausbesserung des Risses b und nach dessen Glättung ein neuer Flicken c eingeschweißt werden. Für solche Ausbesserungen hat sich auch das Einsetzen eines sog. „Halbmondes" gut bewährt, d. h. es wird ein Flicken in Form eines Halbkreises eingesetzt und in dessen Mitte beginnend nach beiden Seiten eingeschweißt.

Für die Ausbesserung des bei d im vollen Blech, also ohne freie Enden aufgetretenen Risses gibt es zwei Ausbesserungsmöglichkeiten, Die eine besteht darin, die Rißenden bei e und e_1 abzubohren und bei f, etwa in der Mitte der Rißlänge, einen Keil oder Dorn einzutreiben. Darauf wird von e und e_1 ausgehend zum Keil hin geschweißt und zuletzt die von diesem hinterlassene Öffnung zugeschmolzen. Bei der anderen Ausführung nach Skizze g wird der Riß h erwärmt und nach der Schweißseite hin leicht durchgedrückt, so daß das Blech nach der Schweißung in die ursprüngliche Lage, erforderlichenfalls durch Nachhelfen mit dem Hammer, zurückschrumpfen kann.

Dort, wo sich eine unmittelbare Verschweißung großflächiger Korrosionen nicht verlohnt oder dort, wo Risse und Anbrüche durch die Einwirkung von Gasen oder von Wasser stark angefressenen Werkstoff erkennen lassen, werden Blechflicken eingesetzt. Aufgesetzte, d. h. überlappte Flicken gibt es bei Kesselschweißungen nicht. Für den Arbeitsgang ist die örtliche Lage des Flickens maßgebend. Die Schweißung wird um so schwieriger,. je mehr Seiten des Flickens in das Blech einzuschweißen sind. Der schwierigste Fall wäre demnach das Einsetzen eines an vier Seiten einzuschweißenden Flickens, um so mehr dann, wenn er in einer ebenen Fläche liegt.

Beim Einsetzen eines dreiseitig einzuschweißenden Flickens verfährt man nach Abb. 232 *I*. Zunächst wird die Strecke a geschweißt, und darauf werden, von b und c ausgehend, die Schweißnähte b_1 und c_1 in Richtung der freien Blechkante ausgeführt. Hierbei ist es wichtig, keine scharfen Ecken, sondern stets möglichst große Abrundungen (b und c) vorzusehen, damit Spannungsrisse verhütet werden. Wegen der Maßhaltigkeit ist es zweckmäßig, dem freien Ende einen Längenzuschlag zu geben, der nach fertiggestellter Schweißung und vor dem Verstemmen auf Maß abgemeißelt wird.

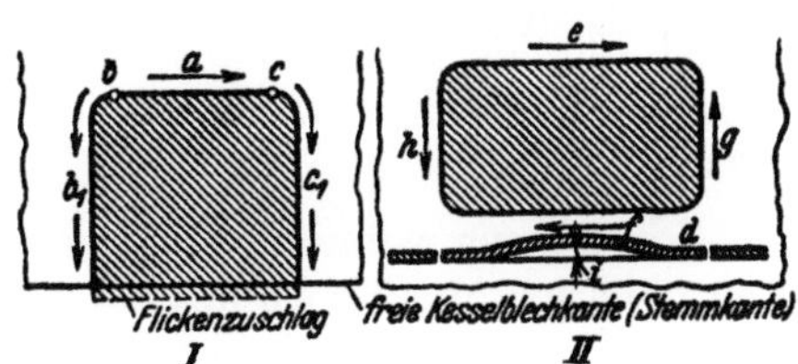

Abb. 232. Einsetzen von Flicken.

Der Arbeitsvorgang, wie er neben anderen Möglichkeiten beim Einsetzen eines vierseitig geschweißten Flickens üblich ist, veranschaulicht Abb. 232 *II*. Zur Bekämpfung der auftretenden Schweißspannungen ist ein Auspoltern der Flicken, wie bei d skizziert, vorteilhaft. Das in der Abbildung mit i übertrieben gezeichnete Stichmaß der Auswölbung beträgt einfache oder doppelte Blechdicke, je nach Flickengröße. Die Wölbung wird nach der leichter zugänglichen Seite, möglichst nach der Schweißseite hin, verlegt. Die Reihenfolge der Schweißnähte ist mit den Buchstaben e bis h bezeichnet. Auch hier ist nötigenfalls das Einziehen der Wölbung

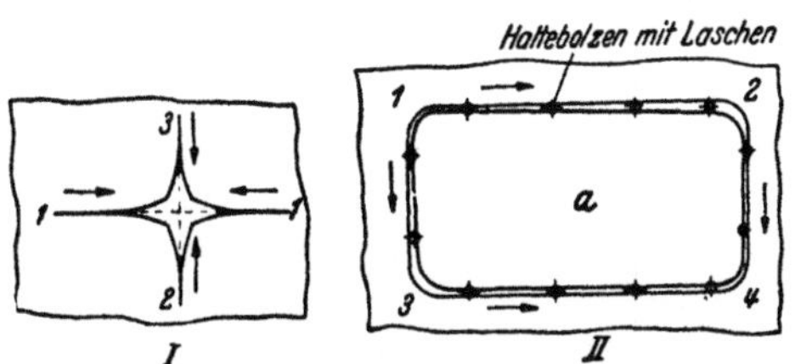

Abb. 233. Schweißtechnische Behandlung von Einbeulungen.

durch Warmhämmern zu unterstützen. Immer wieder sei betont, daß das Hämmern der Nähte in Weißwärme dringend anzuraten ist, auch dann, wenn Auswölbungen keine größeren zurückbleibenden Spannungen erwarten lassen.

Einbeulungen, die infolge Wassermangels an Flammrohren auftreten, werden je nach Größe der Verformung und dem Zustand des Kesselblechs an dieser Stelle verschieden behandelt. Nur geringfügige Ausbeulungen, die keine zu große Werkstoffreckung und Dickenabnahme verursacht haben, können durch hydraulische Pressen oder Winden zurückgedrängt und durch vorsichtiges Hämmern geschlichtet werden. Mitunter läßt sich das in Abb. 233 *I* dargestellte Verfahren anwenden, nach welchem — allerdings ist dies nur bei glatten Flammrohren und nicht bei Wellrohren möglich — ein sternförmiger Autogenschnitt in der Beule angebracht und die dabei entstehenden vier Blechlappen zurückgedrückt und angerichtet werden. Darauf wird die Längsnaht bei dem einen der Punkte 1 beginnend nach der Kreuzmitte hin geschweißt. Nach dem Erkalten der Nahtstrecke 1 ··· 1 wird bei 2, darauf bei 3 beginnend, ebenfalls nach der Mitte hin geschweißt und gut gehämmert.

Ist die Ausbeulung zu groß oder hat der Werkstoff durch das Glühen gelitten, dann muß die Beule autogen herausgeschnitten werden. Die Schnittränder sind sauber zu schlichten und auszurichten. Das Einpassen des Flickens *a* (Abb. 233 *II*) geschieht mit geringem Spielraum, und der Flicken wird durch Laschen und Bolzen fixiert, die mit fortschreitender Schweißung schrittweise zu entfernen sind. Wie das Bild zeigt, verlaufen die Schweißspalten von 1 nach 2 und von 1 nach 3 konisch. Zuerst wird die Naht 1 ··· 2 hergestellt, darauf 1 ··· 3, dann 2 ··· 4, und zum Schluß die Strecke 3 ··· 4 geschweißt. Vor Inangriffnahme jeder neuen Nahtstrecke ist das Erkalten der vorangegangenen abzuwarten. Außerdem darf bei dem jeweiligen Nahtabschnitt, der möglichst in einem Zug ununterbrochen fertigzustellen ist, immer nur bis an die nächste Ecke, nicht aber um diese herum, geschweißt werden. Die Ecken selbst werden zu Anfang der jeweils folgenden Naht erfaßt.

Schweißung gebrauchter Behälter. In diesem Abschnitt sollen nur zusätzliche Maßnahmen zur Abwendung von Unfällen besprochen werden, da die schweißtechnischen Fragen bereits in den vorausgehenden Abschnitten erledigt wurden. Enthielten die Behälter, wie Fässer, Bunker, Tanks u. ä. entflammbare, explosible oder giftige Feststoffe, Flüssigkeiten oder Gase, dann müssen dem Schweißen oder Schneiden an solchen Behältern Vorbereitungen voraufgehen, die jede Gefahr für den Schweißer zuverlässig abwenden. Die Praxis hat gelehrt, daß in dieser Beziehung häufig gesündigt und leichtfertig gehandelt wird. Glücklicherweise ist die Art der in den Behältern aufgespeichert gewesenen Stoffe meist bekannt, so daß erfahrungsgemäß gute Schutzmaßnahmen getroffen werden können. Schwieriger liegen die Verhältnisse, wenn die Stoffe unbekannt sind und unter Umständen erst durch Analysenentnahme bestimmt werden müssen.

Die Reinigung des Behälterinnern von schädlichen Stoffen kann beispielsweise erfolgen durch Ausblasen mit Luft oder nicht brennbaren Gasen (Kohlensäure oder Stickstoff), durch Ausdampfen, Ausspülen mit Wasser oder Behandeln mit geeigneten Lösungsmitteln, wenn Wasserunlöslichkeit vorliegt. Solche chemischen Lösungsmittel sind beispielsweise in heißem Wasser gelöste Natriumsilikate und Natriumphosphate (Konzentrationen 15 ··· 35 g/l Wasser), die in entsprechenden Mengen nach gründlichem Durchspülen des Behälters mit Wasser in diesen eingebracht werden. Darauf wird Frischwasser so lange nachgeschüttet, bis es am Rand überläuft, und durch ein bis zum Boden des Behälters reichendes Rohr Dampf zugeleitet, so daß das Lösungsmittel in starke Wallung gerät. Das Durchdampfen wird so lange fortgesetzt, als sich noch Schlamm, Schaum und sonstige Verunreinigungen, die laufend abzuschöpfen oder sonstwie abzuleiten sind, auf der Oberfläche absetzen. Steht Dampf nicht zur Verfügung, dann muß das Verfahren mit geringerer Wirksamkeit kalt durchgeführt und die Menge des Lösungsmittels je 1 Wasser auf 45 g erhöht werden. Genügt Ausdampfen, dann sollten die Behälterwände vorher zweckmäßig mit heißer Sodalauge oder Ätzkalilauge (120 g/l Wasser) abgespült, gegebenenfalls $^1/_4 \cdots ^1/_3$ des Behälters auch damit angefüllt werden.

Beim Ausspülen mit nichtbrennbaren Gasen, wie Stickstoff oder Kohlensäure, die mindestens zu 50 vH, aber auch bis zu 80 vH im Behälter vorhanden sein müssen, werden nur die Zu- und Ableitung offen, alle anderen Öffnungen geschlossen gehalten. Die Gase werden von unten eingeleitet, damit sie die zu entfernenden Gase und Dämpfe über sich austreiben. Unter Umständen ist das Ausblasen mehrmals zu wiederholen und auch während des Schweißens fortzusetzen. Zweifellos werden die Reinigung des Behälters und seine Vorbereitung zum Schweißen mitunter ein Mehrfaches der eigentlichen Ausbesserungsarbeit kosten, doch ist übertriebene Vorsicht besser als leichtfertiges Handeln.

Wo eben angängig, sollte der Behälter so gewendet werden, daß die schadhafte Stelle an den höchsten Punkt zu liegen kommt. Er sollte ferner so weit mit W a s s e r a n g e f ü l l t werden, wie die Schweißarbeit es zuläßt, und zwar möglichst auch dann, wenn der Behälter auf Grund seiner Abmessungen oder seines Einbaus nicht bewegt werden kann. Dabei ist angenommen, daß, was immer anzustreben ist, die Ausbesserungsarbeiten von außen verrichtet werden. Ist ein A r b e i t e n i m B e h ä l t e r i n n e r n nicht zu umgehen, dann ist nicht allein besondere Gründlichkeit in der Reinigung zu beachten, sondern auch für gute Entlüftung und Ableitung der Verbrennungsgase zu sorgen. Ferner ist dann das Tragen einer Atmungsmaske und die Beobachtung des Schweißers während des Arbeitens grundsätzlich notwendig, da durch die Wirkung der Flammenwärme neue Gefahrenmomente durch die

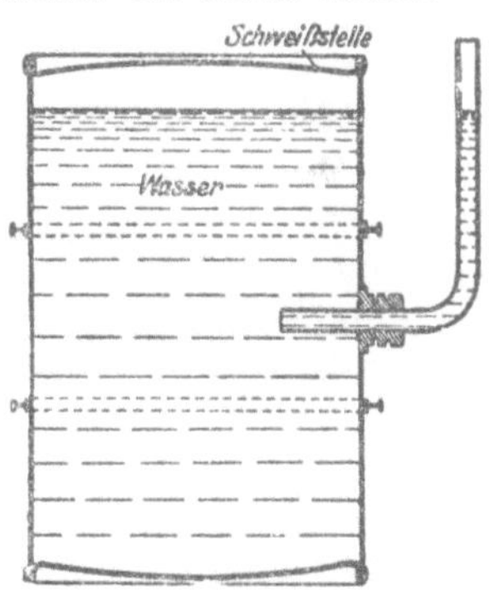

Abb. 234. Schweißung eines Benzinfasses.

Bildung von Gasen gegeben sind, die an den Behälterwänden frei werden. Während des Schweißens sind alle Stutzen, Mannlöcher und Verschlüsse o f f e n zu halten. Wie dies auf einfache Weise, auch bei wassergefüllten Behältern, also beim Schweißen von außen, erreichbar ist, zeigt als Beispiel Abb. 234. Würde die schadhafte Stelle links in der Gegend eines der Verstärkungsringe liegen, so wäre das Steigrohr lediglich U-förmig abzubiegen, um gleiche Wirkung zu haben. Liegt die Möglichkeit von Gasansammlungen in geschlossenen Räumen vor, so ist die Benutzung des für diesen Zweck besonders hergestellten Gaswarngerätes „Interbergal" dringend anzuraten. Je nach Einstellung des Gerätes, die vom Prüfer mit einem Handgriff herbeigeführt werden kann, ist es für die Untersuchung auf l e i c h t e Gase (wie Leuchtgas, Kohlenoxyd, Generatorgas und Methan) oder auf s c h w e r e Gase (wie Azetylen, Kohlensäure, Ätherdämpfe, Benzol- und Benzindämpfe) geeignet. Im ersten Falle werden die Gase durch Aufleuchten, im zweiten Falle durch Erlöschen einer elektrischen Glühbirne angezeigt.

C. Die Schweißung von Stahlguß.

Allgemeines. Obwohl Stahlguß nur schwer blasen- und lunkerfrei vergießbar ist, macht seine Schweißung grundsätzlich keine Schwierigkeiten; sie unterscheidet sich von der des gewalzten oder gezogenen Stahls so gut wie gar nicht. Die Vorbereitungsarbeiten entsprechen den bei der Stahlschweißung üblichen, jedoch kommt ein neues Moment nunmehr erstmalig hinzu: die Gußspannungen. Sie sind in jedem Stahlgußkörper je nach dessen Gestalt in mehr oder weniger schädlichem Umfang vorhanden, kommen aber schweißtechnisch viel weniger zur Geltung als beispielsweise bei dem praktisch, unverformbaren, spröden Gußeisen, das kein Dehnungsvermögen hat. Von der Eigenspannung gegossener Körper ist deshalb erst später im Abschitt „Gußeisenschweißung" die Rede. Im allgemeinen nimmt das Maß der Spannungen mit der Festigkeit des Stahlgusses, also mit dem Gehalt an Kohlenstoff zu und die Schweißbarkeit mit diesem ab. Stg 38 mit

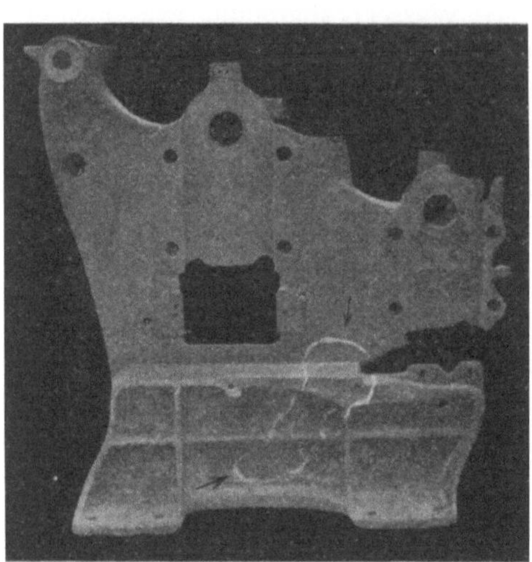

Abb. 235. Gebrochener Stahlgußständer, geschweißt.

rund 20 vH Dehnung ist leichter schweißbar als Stg 60, der nur 8 vH Dehnung besitzt. Bei der örtlichen Schmelzung der mit Spannungen behafteten Stahlgußkörper besteht die Gefahr des Reißens. Deshalb wird eine der Schweißung vorausgehende Vorwärmung des Werkstücks selten zu vermeiden sein, es sei denn, daß die schadhaften Stellen so günstig liegen, daß unbehindertes Dehnen und Schrumpfen erwartet werden dürfen. Hier gelten dann dieselben Regeln wie beim Gußeisenschweißen.

Das Gefüge einer Stahlgußschweiße unterscheidet sich nur wenig von dem des Mutterwerkstoffs, da man es ja in beiden Fällen mit im kleinen oder großen vergossenem Stahle zu tun hat. Zur Erzielung einer möglichst mit den Eigenschaften des Mutterwerkstoffs ausgestatteten Schweiße sind drei Dinge zu beachten. Erstens die Wahl eines für die Festigkeit des jeweiligen Stahlgusses passenden Schweißdrahtes, zweitens gutes Verhämmern und damit Verdichten und drittens Ausglühen der Schweiße bzw. des gesamten Körpers. Dabei ist es im Zweifelsfalle besser, einen Draht für höhere Festigkeit zu verwenden.

Anwendungsfälle. Das Anwendungsgebiet der Stahlgußschweißung umfaßt vor allem Ausbesserungsarbeiten, wie z. B. die Schweißung von Lunkern, Spannungsrissen, das Auffüllen von Fehlstellen und Auftragen auf Verschleißstellen, weniger die Verbindung von Formstücken unter sich und die Verschweißung von Stahlguß mit gewalztem oder gezogenem Stahl.

Besonders häufig werden Gehäuse, Scheiben, Räder, Lastkraftwagenräder und Maschinenständer aller Art durch Schweißung ausgebessert. Die gehämmerte und nicht bearbeitete Schweiße an dem gebrochenen Stahlgußständer einer Blechschere für 25 mm Kaltschnitt zeigt Abb. 235. Die Schweißstelle ist durch Pfeile und Umränderung mittels Kreide hervorgehoben.

D. Die Schweißung von Temperguß.

Allgemeines. Durch die Forderung des DIN-Blattes 1692, daß der Besteller die konstruktive Verwendung von Temperguß der Gießerei rechtzeitig ankündigen und dieser zu besonders auf gute Schweißbarkeit abgestellte Temperung Gelegenheit geben soll, sowie die Tatsache, daß der Temperguß im Laufe der letzten Jahre eine erhebliche Gütesteigerung erfahren hat, haben sich die Schweißverhältnisse dieses Werkstoffs grundlegend geändert. War bislang der Vorschlag gemacht worden in Zweifelsfällen bei der Ausbesserung des Tempergusses — des Schmerzenkindes aller Schweißer — anstelle des Schweißens zur Hartlötung überzugehen, da dieses Verfahren erfolgversprechender sei, so trifft dies heute nur noch in gewissem Umfange für schwarzen Temperguß zu. Durch die fruchtbringende Gemeinschaftsarbeit zwischen Gießerei und Schweißern hat sich hierin ein Wandel vollzogen, seit sich die Gießerei auf die Belange des Schweißens umgestellt hat und heute in der Lage ist, einen gut schweißbaren Temperguß herzustellen.

Entsprechend der Art des Temperns und seines Erzeugnisses hat man zunächst zwischen w e i ß e m und s c h w a r z e m Temperguß zu unterscheiden, die sich beim Schweißen sehr verschieden verhalten, sowohl hinsichtlich ihrer metallurgischen Eigenschaften als auch bezüglich ihrer Werkstoffdicken, weshalb beide Gußsorten getrennt behandelt werden müssen. Das Durchschnittsgewicht hochwertiger Gußteile liegt zwischen 3 und 15 kg, jedoch zählen Abgüsse von 150 kg und mehr nicht zu den Seltenheiten.

Weißer Temperguß. Er wird kaum über 30 mm Wanddicke vergossen, und das Stückgewicht erreicht in der Regel bis zu 40 kg. Durch den Glühvorgang beim Tempern wird im weißen Temperguß (in der Folge kurz w. Te) der karbidische Kohlenstoff zerlegt und gleichzeitig ganz oder teilweise entzogen, wobei Ferrit und elementarer Kohlenstoff (Temperkohle) entstehen. Wegen des gesteigerten Kohlenstoffentzuges in der äußeren Gußschicht, ist diese ferritisch und nach der Kernmitte zu findet sich neben Perlit Temperkohle in wachsender Menge vor. Sehr dickwandige Gußteile enthalten im Kern entsprechend dem höchsten Kohlenstoffgehalt noch Eisenkarbid (Zementit), dünnwandige bestehen fast nur aus Ferrit. Das besagt, daß w. Te entsprechend den verschiedenen Entkohlungszonen ein ungleichartiger Stoff ist und nur sehr dünnwandiger w. Te als gleichartig (homogen) bezeichnet werden kann.

Im w. Te liegt der K o h l e n s t o f f demnach entweder gebunden oder als freie Temperkohle vor. Die letzte Form, die Temperkohle, wirkt beim Schweißen insofern störend, als sie leicht zum Schäumen und durch Entweichen von Kohlenoxyd, bzw. Kohlendioxyd zum Blasigwerden führt. Der Kohlenstoffgehalt wird deshalb schon im Rohguß möglichst gering bemessen. — Im Gegensatz zum Grauguß ist ein bestimmter M a n g a n gehalt der Schweißbarkeit günstig, da er den Fluß fördert und manganreiche Sulfide bildet, die die Nachteile des immer unerwünschten Schwefels aufheben. — Das sehr leicht oxydierbare im Temperguß zwischen $0{,}3 \cdots 0{,}8$ vH enthaltene S i l i z i u m unterliegt beim Schweißen einem hohen Abbrand (bis zu 50 vH) und oxydiert zu Kieselsäure (SiO_2), bzw. zu eisenreichen Silikaten. Durch die Bildung dünner aber starrer Häutchen unterbricht es das metallische Gefüge und verursacht Schweißrissigkeit. — Während der P h o s p h o r gehalt des Gusses (Phosphide) keinen Einfluß auf die Schweißbarkeit aus-

übt, ist ein Gehalt an S c h w e f e l (über 0,2 vH) besonders schädlich, weshalb
er sehr niedrig gehalten werden muß. Die zu Schwefeldioxyd verbrennenden
mangan- und eisenreichen Sulfide verursachen außer einer unruhigen
Schmelze starke Blasen- und Rißbildung und fördern die Zementitbildung
(Härtung).

Wird eine Oxydation des Schmelzbades vermieden, dann ist fehlerfreier,
dünnwandiger, also ferritischer w. Te (bis etwa 5 mm) wie Stahl schweißbar.
Mit wachsender Wanddicke (oberhalb etwa 8 mm) wird die Aufhärtung
durch Rückkohlung (Inlösunggehen von Kohlenstoff aus den Temperkohle
enthaltenden Zonen), also durch Zementitbildung, erheblich gesteigert, was
nur durch reichliches Vorwärmen auf etwa 600° (Abkühlungsverzögerung)
oder besser durch Nachglühen beseitigt werden kann.

Fehlerhafter w. Te ist n i c h t schweißbar, besonders dann nicht, wenn
infolge ungenügenden Zerfalls des im Rohguß (weißem Roheisen) enthaltenen
Zementits hohe Sprödigkeit und Warmrissigkeit vorliegen, die auch durch
Vorwärmung nicht beseitigt werden können. Stark oberflächenoxydierte Gußteile müssen von anhaftenden Oxyden restlos befreit werden, andernfalls beim
Schweißen eine Umsetzung des Kohlenstoffs mit dem Eisenoxyd zu Eisen
und Kohlenoxyd vor sich geht, was große Porenbildung zur Folge hat. Festigkeit, Dehnung und Härte des w. Te sind von der Wanddicke des Körpers
abhängig und verändern sich, soweit es die Festigkeit angeht, bei Wanddicken bis 8 mm beim Schweißen kaum. Oberhalb dieser Dicken wird indessen immer mit einem oft erheblichen Abfall der Festigkeit zu rechnen
sein. Während dünnwandiger w. Te nach dem Schweißen im allgemeinen
keiner Wärmebehandlung bedarf, ist diese bei Wanddicken über 6 mm unerläßlich. Die Glühung wird über 2 ··· 5 h bei etwa 900° durchgeführt, wobei
verwickelte, also mit Spannungen besonders behaftete Teile nach Vollendung
der Schweißung unverzüglich in den Glühofen eingebracht werden müssen,
wenn Rißbildungen vermieden werden sollen. Trotzdem wird die Schweiße
dickerer Stücke (über 8 mm) meist an Härte zunehmen und die Bearbeitbarkeit erschwert.

Schwarzer und schwarzkerniger Temperguß. Bezüglich des Verhaltens
seiner Legierungsbestandteile bestehen für den schw. Te dieselben Bedingungen wie für den w. Te. Diese gleichartigen Gußsorten bestehen hauptsächlich
aus Ferrit und Temperkohle, bzw. perlitischer Hülle. Durch Rückkohlung
entstehen beim Schweißen große Mengen an Zementit und Martensit, die hohe
Härte und Sprödigkeit der Verbindung zur Folge haben und eine brauchbare
und bearbeitbare Schweißung ausschließen, wenn nicht sofort nach Vollendung
der Arbeit der noch erhitzte Körper aller Querschnitte über 6 h und länger
in einen Glühofen eingebracht und bei etwa 900° wärmenachbehandelt oder
nochmals getempert wird. Deshalb wird schw. Te nur sehr selten vom Verbraucher, am besten nur in der Gießerei geschweißt werden können. Oft
wird bewußt auf Korrosionsbeständigkeit verzichtet und von der Hartlötung
Gebrauch gemacht, bei der nur eine Erhitzung auf Löttemperatur, nicht aber
ein Umschmelzen des Gusses notwendig ist. Aus dem gleichen Grunde macht
man auch von Ausbesserungsschweißungen an noch nicht getempertem, also
sprödem ledeburitischem R o h g u ß höchstenfalls in der Gießerei selbst und
auch hier nur sehr selten, Gebrauch.

Ganz allgemein muß der Standpunkt vertreten werden, daß gering-
wertiger oder ungenügend getemperter Guß, ganz gleich welcher Art, durch

keine, auch noch so sorgfältige Schweißung wiederhergestellt, geschweige denn gerettet werden kann; für das Gelingen der Schweißung ist stets hochwertiger, den Belangen des Schmelzschweißens angepaßter Guß Voraussetzung. So kann beispielsweise ein graphitisch erstarrter zum Faulbruch neigender oder durch Schalung[1]) an sich völlig unbrauchbarer oder sonstwie fehlerhafter Guß niemals mit Erfolg geschweißt werden. Auch mangelhaft getemperte Gußstücke mit karbidischem Kern sind nicht schweißbar.

Schweißbedingungen. Sofern dem Schweißer die Eigenschaften des Tempergusses, der jeweils vorliegt, durch die Gießerei bekannt geworden sind und Zweifel über dessen Art und Schweißbarkeit nicht bestehen, kann, unter Berücksichtigung der oben angeführten wärmetechnischen Maßnahmen, mit einer erfolgversprechenden Schweißung gerechnet werden. Anders liegen die Verhältnisse wenn, wie dies in der Praxis leider überwiegend der Fall ist, über Gußart, Herkunft und Eigenschaften nichts bekannt ist. Hier sieht sich

Abb. 236. Geschweißtes Tempergußlager vor und nach Biegeversuch.

Abb. 237. Geschweißter Temperguß-Elevatorbecher.

der Schweißer ständig vor neue Aufgaben gestellt und geht am besten so vor, daß er in jedem Falle den Gußkörper größerer Wanddicke gut vorwärmt und einen Anschmelzversuch macht. Bindet der Schweißdraht — es sollte nur Stahldraht angepaßter Dicke verwendet werden — mit dem Gußwerkstoff gut ab, wird das Schmelzbad nicht schwammig und läßt sich der eingeschmolzene Draht nicht wieder als Ganzes aus der Schmelze herausheben, dann wird eine brauchbare Schweißung wohl immer zu erzielen sein.

Während dünnwandiger w. Te nur unter Zusatz von Stahldraht geschweißt wird, ist die Verwendung von Flußmitteln, wie sie für Gußeisen üblich sind, beim Schweißen dickerer Körper und solcher aus schw. Te anzuraten. Die Größe der Schweißflamme entspricht der bei der Stahlschweißung gleicher Abmessungen.

Anwendungsbeispiele. Auch beim Temperguß ist zwischen Verbindungs- und Ausbesserungsschweißung zu unterscheiden.

Verbindungsschweißungen kommen, soweit es sich um die Vereinigung von Tempergußteilen unter sich handelt, nur dann vor, wenn verwickelte Konstruktionen durch das Zusammenfügen formtechnisch günstigerer Einzelteile in ihrer Gestaltung vereinfacht werden sollen. Z. B.

---

[1]) Unter Schalung versteht man Oberflächenfehler, die oft sehr dick sein können und erst beim Anschmelzen feststellbar sind. Die Schalen werden aus mit großen Sulfidanteilen durchsetzten Oxyden gebildet.

können Ösen, Ansatzstücke, Augen, Halter, Flanschen u. ä. mit dem Haupt-
körper durch Schweißen verbunden werden. Häufiger aber sind die Fälle,
in denen eine Verbindung von Temperguß mit Stahl oder Stahlguß verlangt
wird, z. B. das Verschweißen von Fittings mit Stahlrohren. Hervorzuheben
ist, daß diese Schweißfittings einen hohen Mangan-, geringen Silizium- und
vor allem sehr geringen Schwefelgehalt besitzen.

Abb. 238. Geschweißte
Tempergußglocke.

Im Fahrzeugbau liegt zuweilen das Bedürfnis vor,
früher angenietete Tempergußteile durch Schweißen
zu befestigen. So werden z. B. Führungsteile, Halter,
Ösen, Lager u. dgl. durch Schweißen an Formstähle
angeschlossen. Abb. 236 zeigt den Anschluß eines
Lagerbocks an ein U-Profil und im rechten Bilde das
große Widerstandsvermögen solcher Verbindungen
gegen Schlag und Stoß.

Bei den Ausbesserungsschweißun-
gen ist, sofern es sich um Hohlkörper oder andere
spannungsempfindliche Teile handelt, ein Vorwärmen
ratsam. Das gilt beispielsweise für das Schweißen von
Gehäusen, Radnaben, Auspuffverteilerrohren an Motoren u. dgl. Im Land-
maschinen- und -gerätebau fallen häufig gebrochene, z. T. unbearbeitete
Tempergußteile zur Ausbesserung an, die unter Beachtung des weiter oben
Gesagten durch Schweißen instandgesetzt werden können. Abb. 237 veranschaulicht einen Elevatorbecher vor und nach dem Schweißen; das fehlende
Wandstück wurde durch ein 5 mm-Stahlblech ersetzt. Eine durch Schweißung
ausgebesserte Rißstelle in einer Tempergußglocke zeigt Abb. 238.

E. Die Schweißung von Sonderstählen.

Allgemeines. Unsere bisherigen Betrachtungen bezogen sich nur auf
gewöhnliche Bau- oder Konstruktionsstähle sog. unlegierte Kohlenstoffstähle, die als Normalstähle (Regelstähle) anzusehen sind (St 00.11
bis St 44.11). Die darüberliegenden sog. hochfesten Baustähle (St 48.11
bis St 70.11) verursachen mancherlei Schwierigkeiten und sind lange nicht so
gut schweißbar und zwar um so weniger je höher der Kohlenstoffgehalt liegt.
Aus Zweckmäßigkeitsgründen sollen — obwohl es strenggenommen theoretisch nicht ganz richtig ist — diese Baustoffe in der Gruppe der Sonderstähle
behandelt werden.

Wie schon früher betont, können hochwertige Werkzeugstähle,
z. T. auch Einsatz- und Vergütungsstähle nicht mit Erfolg
autogen geschweißt werden; sie scheiden deshalb hier aus. Die Schnell-
schneidlegierungen, auch unter der Bezeichnung Hartmetalle
bekannt, sind zwar mehr oder weniger gut schweißbar, sie gehören aber ebenfalls nicht hierher, da sie Eisen nur in geringen Mengen (als Verunreinigung)
enthalten und hauptsächlich Legierungen von Kobalt, Chrom und Wolfram
darstellen. Sie kommen unter der Bezeichnung Stellite (Stellit, Percit,
Caedit, Celsit, Akrit usw.) in den Handel. Aus Wolframkarbiden bestehende
Schneidlegierungen, wie Widia, Volomit, Miramant usw. sind im
allgemeinen nicht schweißbar.

Kohlenstoffstähle höherer Festigkeit. Die Grenzfestigkeit für leichtes
und gutes Schweißen von Baustählen liegt bei St. 42. Schon St 48 kann

Schwierigkeiten verursachen, und es ist dann die Verwendung geeignet legierter Schweißdrähte für die Gütewerte der Schweiße bestimmend. Die Stähle St 60.11 und 70.11 sind autogen sehr schwer und nur unter besonderen Bedingungen schweißbar. Dabei kommt nicht allein der geeigneten Legierung der Drähte Bedeutung zu, sondern auch der mit dem Gehalt an Kohlenstoff steigenden Wärmeempfindlichkeit des Baustahls und der damit verbundenen Gefahr starker Überhitzung. Ein weiterer Umstand, der die Schweißung solcher Stähle vielfach ausschließt, ist die im Übergang zwischen Schweiße und Mutterwerkstoff infolge von Spannungsanhäufungen oder Ausscheidungshärtung auftretende Rißbildung, die einmal, voraussichtlich durch die Schaffung besonderer niedrig gekohlter Schweißdrähte, welche genügende Festigkeit bei guter Dehnung gewährleisten, aufgehoben werden kann, zum anderen durch die Vorwärmung des zu schweißenden Werkstücks, eine Maßnahme, die in den wenigsten Fällen (nur bei einfachster Form des Körpers) durchführbar ist. Die Schwierigkeiten steigern sich außerdem mit der Werkstoffdicke. In dieser Richtung ist die Entwicklung zur Zeit noch stark im Flusse, so daß verbindliche Angaben hinsichtlich der zu erwartenden Grenzbereiche für die Schweißbarkeit hochfester Baustähle nicht gemacht werden können, auch schon deshalb nicht, weil das Ziel der Bestrebungen, Stähle von noch viel höherer Festigkeit zu verwenden und möglichst auch autogen zu schweißen, noch nicht abzusehen ist.

Allgemeines über legierte Stähle. Von den zahllosen Anforderungen, die an solche Stähle gestellt werden, sind vom schweißtechnischen Standpunkt aus folgende von Interesse: geringe Wärmeausdehnungszahl, gutes oder schlechtes Wärmeleitvermögen, Verschleißfestigkeit, Korrosionsbeständigkeit (Rostsicherheit), Hitzebeständigkeit (Zunderfestigkeit), hohe Verformbarkeit u. a. m. Wenn auch die Kohlenstoffstähle niemals völlig frei von dritten und weiteren Begleitern, wie z. B. Silizium, Mangan, Phosphor und Schwefel sind, so ist doch der Anteil dieser Elemente an der Legierung praktisch so gering, daß er die Eigenschaften der Stähle hinsichlich ihrer Schweißbarkeit nur unwesentlich beeinflußt. Unter legierten Stählen sind deshalb Werkstoffe zu verstehen, die über dieses Maß weit hinaus größere, stark wechselnde Mengen an zwei, drei oder mehr Elementen als Zusätze enthalten. Als solche sind hervorzuheben: Silizium, Mangan, Chrom, Nickel, Vanadin, Wolfram, Kupfer, Molybdän, Titan, Uran, Tantal und Niob.

Einfluß der Zusätze auf den Stahl und seine Schweißbarkeit. Ein Gehalt von 0,8 ··· 1,2 vH S i l i z i u m erhöht die Festigkeit (Si-Baustähle). Allgemein wird die Schweißbarkeit des Stahls durch erhöhten Si-Gehalt ungünstig beeinflußt. Höher silizierter Stahl (1,5 ··· 4,2 vH Si), wegen seiner günstigen magnetischen Eigenschaften für Umspanner und Dynamobleche gebräuchlich, ist als nichtschweißbar anzusprechen. Dieser Stahl zeigt unter der Flamme einen trägen Fluß.

M a n g a n hat desoxierende Wirkung. Ein Gehalt von 0,8 ··· 2,0 vH erhöht die Streckgrenze. Manganstähle dieser Zusammensetzung ergeben gute Schweißen, wenn mit manganlegierten (unter Umständen molybdän- oder nickelvanadinlegierten) Schweißdrähten gearbeitet wird. Größere Anteile an Mangan (10 bis 14 vH) liefern einen verschleißfesten und zähen Stahl, erschweren aber die Schweißbarkeit erheblich, zumal diese Legierung im rotwarmen Zustand sehr brüchig ist und infolge von Schrumpfspannungen leicht

Risse bildet. Bei diesen Stählen kommt keine Verbindungsschweißung vor, vielmehr nur eine Auftragsschweißung. Da das Mangan unter der Schweißflamme leicht oxydiert, hinterläßt es gern große Poren, ein Umstand, der bei der Schweißung dieses Werkstoffs zu beachten ist.

Reine Chromstähle sind durchweg sehr schlecht schweißbar, und zwar nimmt die Schweißbarkeit mit steigendem Chromgehalt rasch ab, weil sich nichtschmelzbare Oxyde und Schlacken bilden, die z. T. in der Schweiße abgelagert werden, z. T. auch auf der Oberfläche des Schmelzbades die Durchführung der Schweißung stören. Für die Schweißbarkeit von Chromstählen ist ihr Gehalt an Kohlenstoff ausschlaggebend. Die Grenzen der Eisen-Chromlegierungen, bei denen sie bei Erwärmung und normaler Abkühlung keine nennenswerten Härtesteigerungen erfahren, liegen etwa wie folgt:

$$0,10 \text{ vH Kohlenstoff bei} \sim 17 \text{ vH Chrom,}$$
$$0,25 \text{ vH Kohlenstoff bei} \sim 24 \text{ vH Chrom,}$$
$$0,45 \text{ vH Kohlenstoff bei} \sim 30 \text{ vH Chrom.}$$

Chromstähle mit weniger Kohlenstoff oder mehr Chrom als angegeben, haben ferritisches Gefüge. Zwischenliegende Analysen ergeben martensitische Stähle, die lufthärtend sind, weshalb sie beim Schweißen (über 800°) sehr spröde werden. Nachbehandlung durch Glühen bei 700···800° ist nur von geringem Einfluß auf die Zähigkeit und Festigkeit der Schweiße. Sehr gefördert wird die Schweißbarkeit durch Zusatz von Nickel. Es genügen schon einige Prozente dieses Metalles, um die sonst schwer oder gar nicht schweißbaren Legierungen gut schweißbar zu machen, während dies anderseits von reinen Nickelstählen nicht behauptet werden kann. Stähle vorgenannter Art zählen zur Gruppe der rostfreien unmagnetischen Chrom-Nickelstähle (bis 20 vH Cr und bis 12 vH Ni).

Ausschließlich mit Vanadin legierte Stähle kommen fast nur im Kesselbau (0,2 vH V) und bei hochbeanspruchten Schmiedestücken vor. Der geringe Vanadingehalt beeinflußt die Schweißbarkeit kaum merklich. Die Schweißen solcher Stähle müssen meist normalisiert werden, was auch für Molybdän- und Silizium-Mangan-Chromstähle gilt. Man läßt dann die Stähle bis auf Schwarzwärme kalt werden und erhitzt sie abermals auf etwa 830° um sie dann ganz allmählich an der Luft erkalten zu lassen. Bei Überschreitung der Glühtemperatur entsteht grobkörniges Gefüge.

Geringe Zusätze von Wolfram (1···1,5 vH) steigern die Härte und Verschleißfestigkeit des Stahls ohne Einbuße an Zähigkeit. Wolframlegierte Schweißdrähte finden fast ausschließlich bei verschleißfesten Auftragsschweißungen, z. B. an Schienen, Scheiben und Amboßbacken, Verwendung.

Endlich wird Kupfer den Baustählen (bis zu 0,7 vH) zur Erhöhung der Witterungsbeständigkeit zugegeben. Dieser Kupfergehalt verursacht praktisch keine besonderen schweißtechnischen Schwierigkeiten, doch ist der Verlust der Schweiße an Kupfer durch die Verwendung gleich legierten Schweißdrahtes zu verhindern, um die Witterungsbeständigkeit zu erhalten.

Das Schweißen von Armcoeisen. Mitunter ist ein möglichst reiner Stahl als Baustoff erwünscht. Ein solcher ist der unter dem Namen Armcoeisen bekannt gewordene, der fast chemisch rein ist, nur sehr wenig Kohlenstoff und geringe Spuren an anderen Begleitern enthält. Armcoeisen ist witterungsbeständig und unter Beobachtung einiger Vorsichtsmaßregeln leicht und gut schweißbar. Die Nähte sind sehr dicht, von hoher Dehnung und gut verformbar. Die beim Schweißen sich bildende Zunderschicht läßt sich leicht entfernen, und das Schweißgefüge ist vom Grundwerkstoff kaum zu unterscheiden.

Das Schweißen von St 52. Unter anderem bestand die Schwierigkeit bei der Schweißung des Baustahls St 52 darin, daß ursprünglich etwa ein Dutzend Stähle gleicher Bezeichnung, aber mit stark wechselnden Analysen im Handel war. Diese große Zahl von Legierungen wurde umgestellt, wobei man gleichzeitig auch die Belange des Schweißens berücksichtigte. Neben dem bekannten Si-Stahl gab es sodann hauptsächlich noch drei Grundarten der St 52-Legierungen, und zwar Chrom-Kupfer-, Silizium-Mangan-Kupfer- und Molybdän-Silizium-Mangan-Kupferstähle. Die Schweißung dieser Stähle ist nur dann vollwertig, wenn Schweißdrähte von ähnlicher Zusammensetzung verwendet werden. Der neue St 52 ist nach Abschnitt II B nur noch ein Mangan-Silizium-Stahl.

Die Vorgänge beim Schweißen von Sonderstählen. Man hat in der Hauptsache zwischen p e r l i t i s c h e n , m a r t e n s i t i s c h e n und a u s t e n i t i s c h e n Stählen zu unterscheiden (s. Abschnitt II C), die sich beim Schweißen grundverschieden verhalten.

Unter p e r l i t i s c h e n Stählen versteht man Stähle mit Legierungsbestandteilen in geringen prozentualen Anteilen. Der Hauptgefügebestandteil ist Perlit, der beim Abschrecken, d. h. beim raschen Erkalten der Schweiße, in Martensit übergeht. Die durch die Luftabkühlung entstandene Härte und Festigkeit kann durch Glühen bei 600 bis 750° (je nach Legierung) herabgemindert werden. Solche Stähle sind gut und ohne unangenehme Begleiterscheinungen schweißbar, sofern geeignete Schweißdrähte zur Verwendung gelangen. Häufig wird diesem Schweißdraht Nickel oder Mangan zugesetzt.

Erheblich anders verhalten sich m a r t e n s i t i s c h e Stähle, deren Zusatz an verschiedenen Legierungselementen so groß ist, daß sie bei sehr langsamem Erkalten harte und spröde, ja sogar glasharte Schweißen ergeben, die durch Glühen kaum oder überhaupt nicht zu beeinflussen sind. Schweißen dieser Art dürfen statisch nur sehr wenig und dynamisch gar nicht beansprucht werden, da stoß- oder schlagartige Beanspruchungen, oft schon geringe Biegung genügen, um die Verbindung zu zerstören. Daraus erklärt es sich, daß martensitische Stähle für Verbindungsschweißungen ungeeignet sind und aus der Gruppe der schweißbaren legierten Stähle im engeren Sinne ausscheiden müssen. Dagegen wird, wie früher betont, die Auftragsschweißung von mit Chrom bzw. Wolfram legierten martensitischen Stählen für hohe Härte oder Verschleißfestigkeit angewandt, weil es bei dieser Schweißung nicht auf ein hohes Arbeitsvermögen, sondern gerade auf Härte und Verschleißfestigkeit ankommt.

Die a u s t e n i t i s c h e n Stähle, die noch höher legiert sind, meist mit Chrom, Nickel, Molybdän oder Wolfram, wodurch die Perlitumwandlung ganz unterdrückt wird, bestehen sowohl bei gewöhnlicher wie bei hoher Temperatur aus Austenit (Mischkristallen) und sind meist unmagnetisch und rostfrei. Auch bei Abkühlung aus hoher Temperatur bleiben sie zäh und werden nicht hart. Hierher gehört z. B. der verschleißfeste Manganstahl (1,2 vH C und 12 vH Mn) und verschiedene Chrom-Nickelstähle. Austenitische Stähle eignen sich sehr gut zur Schweißung.

Die Schweißung säurefester, nichtrostender und hitzebeständiger Stähle.
Bei diesen Stählen handelt es sich in der Mehrzahl der Fälle um Eisen-Chrom-
oder Eisen-Chrom-Nickellegierungen mit stark wechselnden Mengen an diesen
Elementen. Bei warmfesten Stählen wird Nickel häufig auch durch Molybdän
und Chrom durch Kupfer ersetzt. Tabelle 20 gibt, nach metallographischen
Gesichtspunkten geordnet, einen zusammenfassenden Überblick über die in
Deutschland gebräuchlichen korrosionsbeständigen Chrom-Nickel- und
Chromstähle.

Tabelle 20.

Gefüge	C vH	Cr vH	Ni vH	Mn vH
Austenitisch	Spuren bis 0,40	18 ··· 22	8 ··· 10	0,3 ··· 6,0
Austenitisch	0,10···0,40	10 ··· 26	15 ··· 80	0,3 ··· 2,0
Austenitisch-ferritisch . . . . ;	Spuren bis 0,20	14 ··· 18	− 0 ··· 2	6 ··· 1,0
Halbferritisch	Spuren bis 0,20	13 ··· 18	—	0,3 ··· 0,6
Ferritisch. . . . . ·	0,05···0,40	25 ··· 32	0 ··· 5	0,3 ··· 0,6
Martensitisch	0,15···0,45	13 ··· 18	0,5 ··· 2	0,2 ··· 0,8

Unter den nichtrostenden Stählen kommt schweißtechnisch vor allem die
austenitische Gruppe in Betracht, deren Hauptvertreter der V 2 A-Stahl
ist. Ihm ähnlich sind einige z. T. molybdänlegierte Remanit-Stähle mit
bis zu 0,1 vH Kohlenstoff. Die austenitischen Stähle besitzen die anderthalb-
fache Wärmeausdehnung und nur $^1/_4$ ··· $^1/_3$ der Wärmeleitfähigkeit des Fluß-
stahls. Deshalb macht die Schweißung dieser Stähle besondere Maßnahmen
erforderlich, weil durch Wärmestauung weit höhere Spannungen und Verwerfungen auftreten als bei unlegierten Stählen. Auf Grund des geringen
Wärmeleitvermögens werden solche Stähle mit sehr kleinen Schweißflammen
bearbeitet. Z. B. wird man für ein 10 mm-V 2 A- oder Remanit- oder SAS-
Blech eine Schweißflamme von halber Größe benutzen, als wie sie für Stahlblech üblich ist. Zu große Flammen fördern die Entstehung schwer schmelz-
barer Oxyde, z. B. des Chroms, Mangans und Siliziums.

Eine wesentliche Forderung, die man noch an die Schweiße solcher Stähle
stellen kann, ist das Verhalten bei Korrosionsbeanspruchung. Um ungleiche
Korrosionsbeständigkeit auszuschließen, ist gleiche Beschaffenheit von Werkstoff und Schweißdraht Bedingung, wenn nicht in Sonderfällen, um Abbrand-
verluste auszugleichen, ein Zusatz an ausbrennenden Stoffen erforderlich ist,
z. B. bewährt sich häufig ein geringer Silizium- oder Manganzusatz, der einen
guten Fluß und einen Schutz gegen die Oxydation des für die Korrosionseigenschaften wichtigen Chroms bildet. Außerdem verhindern solche Zusätze die
starke Lufthärtung mancher Stähle. Auch Zusätze von Kobalt, Wolfram,
Molybdän, Vanadin, Titan, Aluminium usw. sind vorteilhaft. Für die Legierungen der Remanite z. B. ist ein besonderer mit „Thermanit" bezeichneter
Schweißdraht im Handel. Im einzelnen hierauf einzugehen, ist unmöglich.
Man richte sich bezüglich der Schweißbedingungen und der Zusatzdrähte nach
den Anweisungen der Lieferwerke.

Um der durch die Wärmestauung im schlecht leitenden Stahl auftretenden
Verwerfung des Werkstücks zu begegnen, ist eine gute Einspannung des
Schweißstücks unerläßlich. Außerdem werden selbst dünne Bleche von 1 mm
aufwärts abgeschrägt.

Die Schweiße austenitischer Stähle ist zäh und gut verformbar. Mit steigendem Kohlenstoffgehalt nimmt die Korrosionsbeständigkeit ab. Bereits bei über 0,07 vH Kohlenstoffgehalt erleiden die Legierungen zwischen 290 und 840° Gefügeumwandlungen, wobei ein Teil des

Kohlenstoffs in Eisenkarbid oder Eisen-Chromkarbid verwandelt wird. Die Karbide lagern sich an den Korngrenzen ab, verursachen Stellen niedrigen Potentials, und rufen infolge der elektrolytischen Wirkungen (Lokalelemente) rasche Korrosion hervor, die z. T. auch auf den Verlust des Grundwerkstoffs an Chrom zurückzuführen ist. Zur Beseitigung der Karbide, d. h. zu ihrer Auflösung im Metall, ist ein nochmaliges Erwärmen der Schweiße bzw. des gesamten Werkstücks und darauffolgendes Abschrecken in Wasser notwendig.

V 2 A N-Stähle werden vergütet, indem sie auf 1100 ··· 1150° erhitzt und abgeschreckt werden, V 2 A H- und V 2 A S-Stähle vergütet man durch Erhitzen auf 930 ··· 980° und darauf folgendes Abschrecken in Wasser. Das Vergüten muß sich auf den geschweißten Körper i n s g e s a m t erstrecken, was besonders bei dünnen Blechkonstruktionen und bei Körpern von großen Ausmaßen oft gar nicht durchführbar ist, weil sehr große Glühöfen notwendig sind. Nach langwierigen Versuchen ist es der Firma Krupp gelungen, E x t r a stähle, und zwar den V 2 A E- und V 4 A E-

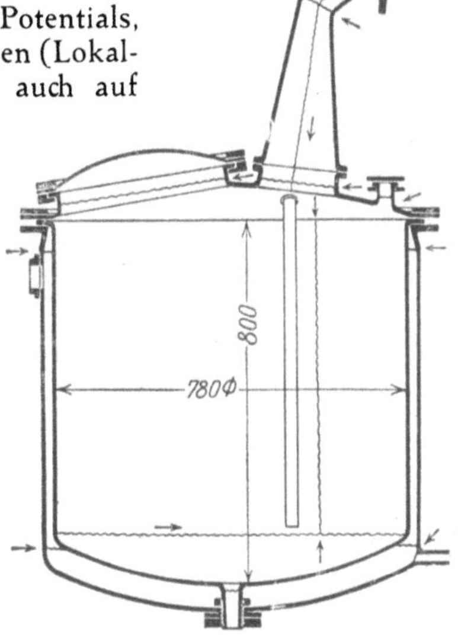

Abb. 239
Geschweißter Vakuumdestillierapparat aus
V 2 A-Stahl (Mantel aus Stahlblech).

Stahl (Titanlegierung) herzustellen, die einer Vergütung der Schweiße durch Wärmenachbehandlung nicht mehr bedürfen. Bei allen austenitischen Stählen (erkennbar an dem Buchstaben A in der Bezeichnung, z. B. V 2 A)

Abb. 240. Geschweißte Salpetersäuregefäße aus V 2 A-Stahl.

wird im Gegensatz zu anderen Stählen durch Abschrecken eine Härteverminderung hervorgerufen. Mit den neuen E-Stählen ist auch die oft angebrachte Klage über „interkristalline Korrosion" (Kornzerfall), die ursprünglich die Schweißung dieses Stahls ganz in Frage stellte, beseitigt worden. Bei den älteren V A-Stählen zeigte sich nämlich, daß meist die Schweiße als solche korrosionsfest war, aber in einiger Entfernung beiderseits nach kurzer Zeit ein Brüchigwerden einsetzte, was darauf zurückzuführen war, daß dem Stahl Erwärmungen auf 600 ··· 700° besonders gefährlich wurden, gleichgültig, ob man ihn schnell oder langsam abkühlte. Diese Wärmezone in dem der Schweiße benachbarten Werkstoff zu vermeiden, ist ausgeschlossen, weshalb eine Wärmenachbehandlung, die auch die Korrosion nur verzögerte und nicht aufhob, unerläßlich war. In den neuen E-Stählen ist der Kohlenstoffgehalt auf ein so geringes Maß gebracht, daß die Ausscheidung von Karbiden ausgeschlossen ist. Die Gefahr einer interkristallinen Korrosion ist damit restlos beseitigt, und eine Wärmebehandlung der Schweiße im allgemeinen nicht mehr erforderlich.

Die vielseitige Verwendung der Chrom-Nickelstähle im chemischen Apparatebau ist bekannt. Einige Beispiele veranschaulichen geschweißte Chrom-Nickelstahlkonstruktionen. Abbildung 239 zeigt die geschweißte Bauweise eines Vakuumdestillierapparates aus V 2 A-Stahl. Die Anordnung der Schweißnähte entspricht der bei Flußstahlblechen. Der hohen Widerstandsfähigkeit gegen Salpetersäure ist die meist übliche Verwendung geschweißter V 2 A-Stahlkonstruktionen bei der Erzeugung und Verarbeitung dieser Säure zu verdanken. Abb. 240 zeigt eine Gruppe geschweißter Salpetersäuregefäße von 2500 mm Durchmesser und 2200 mm Höhe, bei 3 mm Blechdicke. Ebenfalls aus V 2 A-Stahl von 3 ··· 5 mm Dicke bestehen die in Abbildung 241 wiedergegebenen beiden Absorptionstürme von 2250 mm Durchmesser und 16 500 mm Höhe,

Abb. 241. Geschweißte Absorptionstürme (V 2 A-Stahl).

wovon jeder rund 200 m Schweißnaht erfordert.

Die Gruppe geschweißter Rohrleitungskrümmer der Abb. 242 ist aus Remanitstahl hergestellt. Der im Bilde deutlich sichtbare Doppelbogen setzt sich aus 24 einzelnen, unter sich durch Schweißung verbundenen Segmenten zusammen. In diesem Zusammenhange sei noch erwähnt, daß nichtaustenitische, gewöhnlich nicht schweißbare Stähle unter besonderen Bedingungen mit austenitischem Draht geschweißt werden können.

Beim Schweißen der Stähle der halb-ferristischen Legierungsgruppe tritt neben einer Härtesteigerung der zu vergütenden Stähle noch eine starke Kornvergröberung auf, die mit steigendem Ferritanteil zunimmt. Die mit dem Kornwachstum verbundene Sprödigkeit läßt sich durch Warmnachbehandlung nicht mehr rückgängig machen, weshalb von einer Schweißung dieser Stähle meist Abstand genommen werden muß.

Auch die martensitische Gruppe der nichtrostenden Stähle V 1 M, V 3 M usw. (M = Zeichen für Martensit) eignet sich nicht zur Schweißung, da sie eine Umwandlung des gesamten Gefüges und daher eine außerordentliche Härtezunahme erfährt. Nicht nachbehandelte Schweißen brechen bei geringster Biegebeanspruchung. Eine Vergütung (Abkühlen in Luft oder Öl und Anlassen) bleibt von geringem Erfolg. Es kann zwar in der Schweiße die Festigkeit des Grundwerkstoffs, aber entfernt nicht seine Dehnung erreicht werden. Glücklicherweise liegt die Notwendigkeit bzw. der Wunsch, martensitische Chrom-Nickelstähle zu schweißen, in Anbetracht ihrer anders gearteten Verwendbarkeit in der Praxis, nur sehr vereinzelt vor.

Da die ferristische Stahlgruppe keine Gefügeveränderung durchmacht, tritt durch Wärmebehandlung keine wesentliche Beeinflußung ein. Zur Reihe dieser Stähle zählen die hochlegierten, ferritischen, hitzebeständigen Legierungen [z. B. Ferrotherm, Nichrotherm (NCT₃), Nialit (Guß)]. Bei hoher Temperatur gleichen sich die Eigenschaften des Grundwerkstoffs und der Schweiße angenähert aus. Feuerbeständige Stähle dieser Art haben nur sehr geringen Zunderverlust. Die Höhe der Legierungsbestandteile richtet sich nach dem Grad der Beanspruchung (zwischen 1100 und 1300°) und bewegt sich zwischen 15···25 vH Chrom neben steigenden Mengen an Nickel (18···70 vH). Für die Schweißung von hochhitzebeständigen Stählen gilt im allgemeinen das bezüglich niedriger legierter Chrom-Nickelstähle und das im folgenden Absatz Ausgeführte.

Außer den zunderbeständigen Eisen-Chrom- und Eisen-Chrom-Nickellegierungen bzw. den Kupfer-Molybdän-legierten, ist noch der hitzebeständige S i c r o m a l - S t a h l zu erwähnen, der neben 6,5···30 vH Chrom 0,9···9 vH Aluminium enthält. Bei höherem Aluminiumgehalt der Chrom - Aluminiumstähle besteht die Zunderschicht größtenteils aus Tonerde (Aluminiumoxyd, Al₂O₃), weshalb sie vor Beginn der Schweißung an den Schmelzrändern durch Feilen oder Schmirgeln zu entfernen ist. Mit Rücksicht auf die Wärmespannungen, die sich bei dieser Legierung besonders unliebsam bemerkbar

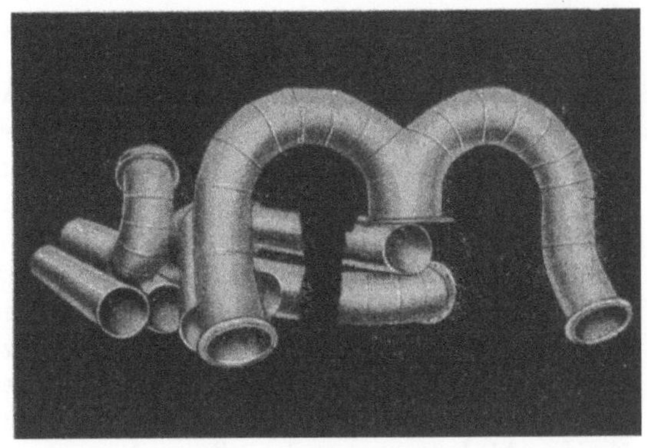

Abb. 242. Geschweißte Rohrleitungskrümmer aus Remanitstahl.

machen, und um Rißbildungen zu vermeiden, ist es meist notwendig, Legierungen mit höherem Aluminiumgehalt auf etwa 300° vorzuwärmen. Die verbleibenden Schweißspannungen werden auch hier durch Ausglühen und — allerdings sehr langsames — Erkaltenlassen beseitigt.

F. Die Schweißung plattierter Bleche [1]).

Allgemeines. Unter plattiertem Blech versteht man einen V e r b u n d -
w e r k s t o f f , der durch W a r m a u f w a l z e n eines dünneren auf ein
dickeres anderes Metallblech entsteht und wobei zwischen dem dickeren
Grundwerkstoff und dem dünneren Plattierungsmetall eine feste Preß-
schweißverbindung erzielt wird. Der Grundwerkstoff ist entweder Stahl (bis
zu etwa 60 mm Dicke und 80 kg/mm² Zugfestigkeit), dessen ein- oder zwei-
seitige Plattierungsschicht ein Nichteisenmetall, z. B. Kupfer, Nickel, Monelmetall, Chrom-Nickelstahl, Aluminium usw. ist, oder er besteht selbst aus
einem Nichteisenmetall, auf das andere Metalle ein- oder zweiseitig warm
aufgewalzt werden, z. B. Silber auf Kupfer, Leichtmetall-Legierungen auf
Reinaluminium usw. Die Bemessung der Plattierungsdicke ist von deren

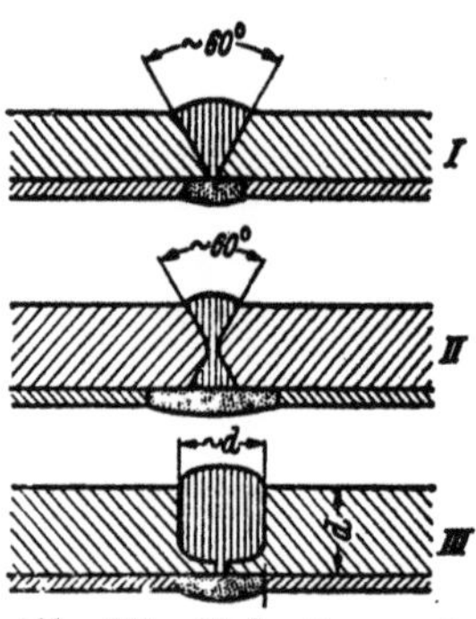

Beanspruchung auf Korrosion und Verschleiß abhängig, und sie beträgt im allgemeinen 10 vH der Ge-
samtdicke. Bei höherer Festigkeit lassen sich aus diesen plattierten Blechen verschiedenster Dicke Behälter
und Apparate für die chemische Industrie herstellen,
die früher aus Nichteisenmetallen, hauptsächlich aus
Kupfer und Nickel, gefertigt werden mußten. Hierdurch werden devisenbelastete Metalle in großem
Umfange eingespart.

Vorbereitung zum Schweißen. Eine ununterbrochene und dichte Konstruktionsverbindung der
Bleche wird ausschließlich durch Schweißen erreicht,
wobei einige Maßnahmen zu beachten sind. Einmal
sind die Schmelzpunkte der verschiedenen Metalle

Abb. 243. Vorbereitung und
Schweißung plattierter Bleche.

andere als der des Stahls, und zum anderen verhalten sich die Metalle unter
der Flamme sehr verschieden. Außerdem muß sehr darauf geachtet werden,
daß Zwischenlegierungen zwischen dem Stahl und seiner Plattierungsschicht
vermieden werden. Daraus ergibt sich eine besondere Art der Werkstoff-
vorbereitung, wie sie in Abb. 243 für Stumpfstöße einseitig plattierter Bleche
skizziert ist. Die Vorbereitung doppelseitig plattierter Bleche erfolgt sinngemäß. Das Schräghobeln der Blechränder entspricht der Abb. 134 und, da
hier infolge der geringen Nahtbreite und Wärmeableitung die Nachrechtsschweißung weitaus die bessere ist, im Winkel von etwa 60°. Der Scheitel des
V-Stoßes (*I*) kommt stets in die Plattierung zu liegen, die beiderseits entlang
der Naht je nach Blechdicke auf einige Millimeter Breite durch Behauen
(Meißeln) oder Hobeln entfernt werden muß. Naturgemäß ist bei der
X-Naht (*II*) ein breiterer Streifen aus der Plattierung herauszuarbeiten, während bei der U-Naht (*III*), die für die autogene Schweißung seltener in Frage
kommt, die Fugenbreite für den Überzug etwas geringer sein kann. Ist eine
Überlappung der Verbindungsnähte nicht zu umgehen, so wird stets zuerst
die Stahlseite mit Stahl und dann die plattierte Seite der Verbindung mit
Kupfer, Nickel usw. geschweißt.

Das Schweißverfahren. Wie bereits betont, wendet man für den Stahl
zweckmäßig die Nachrechtsschweißung an. Wenn eben möglich, wird der
Stahl immer zuerst geschweißt und darauf die Plattierung. Für die Schweißung

---

[1]) S. H o r n : Das Schweißen von Kupfer und Messing; 3. Aufl., herausgegeben
vom Deutschen Kupferinstitut Berlin.

des Stahlbleches gelten die bekannten Grundsätze. Nach vollendeter Stahlschweißung muß, bevor das Nichteisenmetall aufgetragen wird, die Zunderschicht restlos entfernt werden, da sie das gute Abbinden des Kupfers oder Nickels behindert und außerdem beim Biegen der Naht Rißbildung in der Plattierungsschicht verursacht. Die aufgetragene Metallschicht muß dicht sein, damit der Stahl gegen Korrosion (infolge Elementbildung) geschützt wird. Je nach Bedarf wird die Kupferschweiße kalt oder warm (wenn Spannungsrißgefahr besteht) gehämmert, gegebenenfalls geschliffen und poliert. Treten Poren auf, dann sind diese auszukreuzen und von neuem zu verschweißen. Die Kupferschweißung geschieht in der im Abschnitt „Nichteisenmetalle" geschil-

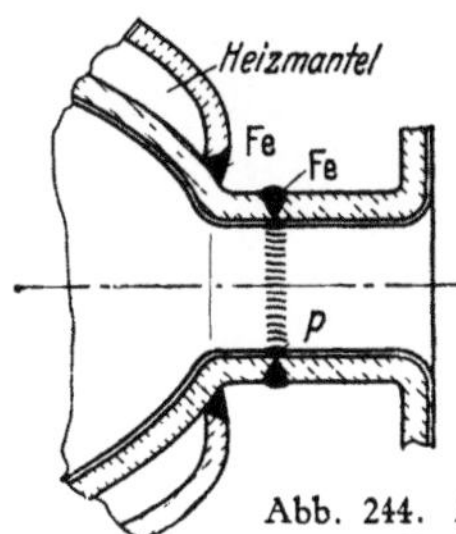

Abb. 244. Anordnung der Schweißnähte an plattierten Behältern.

Abb. 244a. Makroschliff einer Schweißnaht an kupferplattiertem Stahlblech.

derten Weise unter Verwendung der gleichen Drähte und Flußmittel. Besteht die Plattierung aus Nickel, dann ist eine besonders sorgfältige Entfernung der Stahlschweißnaht von Schlacken und Eisenspritzern vorzunehmen. Zweckmäßig wird eine kleine Nut mit dem Kreuzmeißel in den Scheitel der Stahlschweiße eingehauen und erst dann Nickel mit einer „weichen" Flamme aufgetragen. Um eine unzulässig hohe Anreicherung der Nickelschicht an Eisen zu verhüten, ist schnelles Schweißen Bedingung. Rißbildung in der Nickelauflage wird am besten dadurch vermieden, daß man das Stahlblech mit der Flamme vorwärmt, wodurch gleichzeitig auch die Arbeitsgeschwindigkeit erhöht wird. Bei Verbundblechen wird durchschnittlich eine Zugfestigkeit von rund 90 vH des Mutterwerkstoffs erreicht, und die Verbindung vermag anschließende Verformungsarbeiten schadlos aufzunehmen. Ein Beispiel der konstruktiven Ausbildung von Behälterstutzen und die Anordnung der Schweißnähte zeigt Abb. 244. Den Makroschliff einer Schweißnaht an kupferplattiertem Stahlblech von 5 mm Dicke, das einseitig mit 1 mm Kupfer plattiert ist, sehen wir in Abb. 244a. Die Stahl- und die Kupferseite wurden nicht nachbehandelt.

G. Die Schweißung von Gußeisen.

1. Metallurgische Vorgänge.

Einfluß der Legierungsbestandteile. Der **Kohlenstoff** ist nur zu einem geringen Teil an das Eisen in Form von E i s e n k a r b i d ($Fe_3 C$) chemisch gebunden und liegt größtenteils als G r a p h i t ausgeschieden vor. Je feinblättriger der Graphit im Guß auftritt, um so besser ist er schweißbar; grobe Graphitblätter (Lamellen) sind unerwünscht. Eisenkarbid (Zementit) hat eine Brinellhärte von rund 650 kg/mm² und ist daher die Ursache des Hartwerdens von Gußeisen. In seinem Verhalten ihm ähnlich ist der als Gefüge-

bestandteil zwar wesentlich anders geartete aber angenähert gleich harte
L e d e b u r i t, der bei 4,3 vH C-Gehalt ausschließlich vorhanden ist (Eutektikum) und den kennzeichnenden Gefügebestandteil des ebenso harten wie
spröden und daher nur unter bestimmten Bedingungen schweißbaren weißen
Gußeisens darstellt. Unsere Betrachtungen beziehen sich zunächst nur auf
Grauguß, dessen Schweißung keine nennenswerten Schwierigkeiten verursacht,
solange die Bildung von Zementit und Ledeburit vermieden wird, was, wie
noch gezeigt werden soll, auf verschiedene Weise erreichbar ist.

Für den Beginn und die Förderung des Graphitausscheidens ist
Silizium insofern von hoher Bedeutung, als zwischen ihm und Kohlenstoff
eine Wechselwirkung besteht, derart, daß mit steigendem Si-Gehalt das Eisen
weniger Kohlenstoff zu binden vermag, d. h. der Zementitanteil wird gering,
die Graphitausscheidung verstärkt und der Guß, bzw. die Schweiße bleiben
weich. Gußeisen enthält in der Regel kaum über 2,5 vH Si (nur im säure-
beständigen, sehr schwer schweißbaren Sonderguß, bis zu 18 vH). Da die
Schweißbarkeit mit steigendem Si-Gehalt rasch abnimmt, ist es verständlich,
wenn siliziumarmes Gußeisen ein schweißtechnisch günstigeres Verhalten aufweist als ein solches höheren Si-Gehalts, eine Folge der Versprödung durch
dieses Legierungselement. Demgegenüber müssen Gußeisen-Schweißstäbe
möglichst hoch siliziert sein (3 · · · 3,5 vH Si), um den hohen Abbrand des
Siliziums auszugleichen und eine ausreichende Graphitisierung und damit
Weicherhaltung auch bei verhältnismäßig schneller Abkühlung der Guß-
schweiße sicherzustellen.

Umgekehrt wie Silizium verhält sich das **Mangan,** das bis zu 1,2 vH im
Guß, bis zu 1,5 vH im Hartguß und höchstens bis zu 0,8 vH im Schweißstab
enthalten ist, weil es der Graphitbildung entgegenwirkt, mit anderen Worten
die Zementitbildung und das Hartwerden der Schweiße begünstigt. Im Gußstück selbst wirkt ein höherer Mn-Gehalt schweißtechnisch deshalb günstig,
weil er eine feinere Ausbildungform der Graphitlamellen herbeiführt.

Phosphor, der bis zu 1,25 vH im Grauguß auftritt, wirkt einerseits korro-
sionsfestigend und macht Gußeisen dünnflüssig, andererseits ist er aber
schweißtechnisch — wenn er auch die Schweißung an sich nicht stört — immer
unerwünscht, weil der Guß versprödet und die Graphitblättchen vergrößert
werden.

Schwefel, der im Guß bis zu 0,1 vH enthalten und ebenfalls immer uner-
wünscht ist, macht Gußeisen dickflüssig und vergrößert das Schwindmaß.
Außerdem erhöht er die Sprödigkeit und ist gefügeschädigend, weil sowohl
Eisensulfid (Fe) wie Mangansulfid (Mn) korrosionsfördernd sind.

Fehlerhafter Guß. Mit Formsand und Schlacke durchsetzte Gußstücke
werden während der Schweißung durch Auskratzen mit einem Stahlstab
von diesen Fremdkörpereinschlüssen befreit, da sonst harte Stellen unvermeidbar sind. Ganz allgemein müssen alle, in der Schmelzfuge durch starkes
Leuchten auffallende Teile (verbrennende Verunreinigungen) immer entfernt
oder doch wenigstens an die Oberfläche der Schmelze gebracht werden.

Es gibt Gußsorten, die trotz Anwendung aller Hilfsmittel n i c h t
s c h w e i ß b a r sind. Ein solcher Werkstoff ist vor allem v e r b r a n n t e r
G u ß (Brandguß), worunter man ein längere Zeit hindurch hohen Temperaturen oder offenem Feuer ausgesetzt gewesenes Gußeisen versteht. Diesem
Guß ist ein großer Teil des Kohlenstoffs und Siliziums (Si in SiO₂, Kiesel-

säure umgewandelt) entzogen, es hat eine innere Verbrennung (Oxydation) dieser Bestandteile stattgefunden und es ist ein Werkstoff mit vollkommen anderen Eigenschaften entstanden. Dabei tritt eine Lockerung des Gefüges durch bleibende Volumenzunahme auf; an Stelle der Graphitblättchen finden sich Hohlräume vor. Der Vorgang wird auch als „Wachsen" des Gußeisens bezeichnet. Verbrannter Guß wird selbst unter anhaltendem Einfluß der Schweißflamme entweder gar nicht flüssig oder zerbröckelt wie trockener Kitt, ohne daß eine Verbindung herbeizuführen wäre; er erreicht Glashärte. Von der Schweißung solchen Gußeisens (Roststäbe, gußeiserne Kochkessel, Herdplatten. Verdampferschalen u. dgl.) ist abzuraten. Für die Möglichkeit des Schweißens solcher Teile ist nur das Ausmaß der inneren Oxydation und demnach ein Schmelzversuch maßgebend (siehe später). Auch von Säuren und Feuchtigkeit stark angefressene Gußkörper sollten nicht geschweißt werden.

Hartwerden der Schweißstelle. Sehr häufig hört man Klagen über Hartwerden der Schweißstelle und die Unmöglichkeit sie zu bearbeiten. Zweierlei ist für dieses Übel von einschneidender Bedeutung: Zu schnelles Erkalten der Schweißstelle und wesentliche Abnahme an Kohlenstoff und Silizium infolge Verdampfens, bzw. infolge Oxydation.

Bleibt das geschweißte Gußstück unbearbeitet, dann kann — von Spannungserscheinungen, von denen nachher gesprochen wird, abgesehen — jedwede Nachbehandlung unterbleiben, die ein Ausglühen der etwa hart gewordenen Schweißstelle zum Ziele hat. Andernfalls muß man das Schweißgut im Muffelofen- oder Holzkohlenfeuer allmählich erkalten lassen, um es wieder einigermaßen bearbeitbar zu machen. Die Ausglühdauer bewegt sich zwischen 3 h und 5 Tagen, je nach der Masse des geschweißten Körpers. Urheber der in der Schweißstelle entstandenen Härte ist bei rascher Abkühlung derselbe Umstand, der auch die Härte des weißen Roheisens verursacht: Die Unterbindung ausreichender Graphitbildung und die Bildung von Zementit und Ledeburit oder einem Gemenge beider. Die Ränder der Bruchfläche eines massigen Gußstücks zeigen dies deutlich; sie sind, weil von außen rascher abgekühlt, stets graphitärmer und lassen, schon mit bloßem Auge betrachtet, ein bedeutend feinkörnigeres Gefüge erkennen. Mit der Feinheit der Korngröße wächst zwar die Bruchfestigkeit des Gußeisens, Hand in Hand damit aber auch dessen Härte. Da die Schweißstelle stets ungleich rascher abkühlt als der Gußkörper nach dem Gießen in seiner Form, demnach immer ein viel feineres Gefüge besitzt, ist es auch erklärlich, daß die Gußschweißstelle höhere Festigkeit besitzt als der Grundwerkstoff. Bricht die Schweißstelle selbst im Betriebe, so ist das meist ein sicherer Beweis für unsachgemäße Arbeit.

Ganz ähnlichen Härtezustand, einen gehärtetem Stahl sehr ähnlichen, unbearbeitbaren Werkstoff, verursacht ein Verlust der Schweiße an Kohlenstoff und Silizium, weshalb beide Stoffe in genügender Menge im Zusatzstoff enthalten sein müssen. Ein Teil des Kohlenstoffs und Siliziums wird gasförmig (teilweise in Verbindung mit Sauerstoff oder Wasserstoff aus Luft und Flamme) und steigt in Gestalt kleiner Bläschen im Schmelzbade in die Höhe. Erstarrt nun die Schmelze, ohne dem eingeschlossenen Gase Zeit zu lassen, ins Freie abzuziehen, so sind Lunker und Blasenbildung in der Schweiße nicht zu vermeiden. Die Gasblasen-(Poren-)Bildung ist hauptsächlich auf die Oxydation des C zu CO oder zu CO_2 zurückzuführen. Man trachte daher danach, daß die Erstarrung des Schmelzbades nicht plötzlich eintritt, sondern die Flamme längere Zeit auf der geschweißten Stelle verharrt, um diese langsam fest werden zu lassen, was ja nebenbei auch für die Graphitausscheidung vorteilhaft ist.

Nicht selten kommt es vor, daß die Schweiße harte Knötchen enthält, während sie im übrigen weich und gut bearbeitbar ist. Diese harten Inselchen, die besonders an den Übergangsrändern der Schweißstelle zu den Schweißkanten auftreten, sind meist die Folge ungleicher Bindung der Schweißränder mit dem Zusatzstoff, oder der Füllstoff selbst ist verschiedenartig zusammengesetzt. Es ist darauf zu achten, daß der Füllstoff einen dem Querschnitt des Werkstücks angepaßten und nicht zu schwachen Querschnitt hat. Dünnere Stäbe müssen unter der Oberfläche des Schmelzbades und unter anhaltendem Rühren abgeschmolzen werden.

Harte Zonen in Gußschweißen können auch daher rühren, daß Oxyde eingebettet werden, deren dünne Schicht (Haut) nicht rasch genug vom Schweißpulver verschlackt wird. Die Oxydhaut bildet sich nicht allein auf der Schmelzbadoberfläche, wo sie mit einem Eisenstab abgestreift werden kann, sondern auch an dem aus dem Schmelzbade herausgezogenen Stabende. Das in der Schweiße vorhandene Silizium reduziert das Eisenoxyd, womit eine Verarmung an Silizium in der Schmelze und eine Beeinträchtigung der Graphitausscheidung einsetzt. Man gibt deshalb beim Gußeisenschweißen der Flamme einen deutlich merkbaren Ü b e r s,c h u ß a n A z e t y l e n, weil durch die Gegenwart höherer Kohlenstoffmengen die Arbeit des Siliziums unterstützt wird und es nicht so stark verbrennt.

Schweißvorgang. Es wurde schon betont, daß Gußeisen nicht wie Stahl vor Eintritt der Verflüssigung einen vorübergehend teigigen, plastischen Zustand einnimmt, sondern genügend erhitzt,. plötzlich flüssig wird. Gußeisen kann deshalb n u r i n w a a g e r e c h t e r L a g e geschweißt werden; in jeder anderen Lage fließt das flüssige Eisen dem Gesetz der Schwere folgend ab. Dieser Umstand macht häufig ein Wenden größerer gußeiserner Werkstücke während des Schweißens erforderlich; die waagerechte Lage des Schmelzbades muß während der ganzen Arbeitsdauer, bis nach erfolgtem Erstarren des geschmolzenen Eisens, gewahrt bleiben. Hier und da anzutreffende Ausnahmefälle, Gußeisen auch stehend (von unten nach oben an senkrechter Wand) zu schweißen, können nur als Paradearbeiten aufgefaßt und sollten möglichst vermieden werden.

Mehr noch als bei anderen Metallen ist beim Gußschweißen für guten Fluß des Grundwerkstoffs und gutes Warmwerden der der Schweißstelle benachbarte Teile zu sorgen, bevor Zusatzgußeisen eingeschmolzen wird, sonst wird die Schweiße blasig und porös. Dies ist z. T. dem schlecht wärmeleitenden Graphit zuzuschreiben. Eifriges, aber ruhiges R ü h r e n mit dem Zusatzstab im Schweißbade (während des Abschmelzens des Stabes) quer zur Schweißrichtung begünstigt eine porenfreie Schweißung. Das einzuschmelzende erhitzte Ende des Schweißstabs muß öfter ins Schweißpulver eingetaucht werden, damit ein guter, leichter Fluß erzielt wird. Zur Beschleunigung der Schweißung an schweren Werkstücken, die meist von mehreren Schweißern mit großen Brennern gleichzeitig vorgenommen wird, hat der Schweißer sein Hauptaugenmerk auf guten Fluß und einwandfreie Bindung zu richten; das Gußeisen wird dann in kleinen Brocken durch einen Hilfsarbeiter ins Schmelzbad hineingeworfen und Schweißpulver durch einen an einer langen Eisenstange angebrachten Löffel zugeführt. Mit einem dicken Gußstabe wird das

Schmelzbad gründlich durchgerührt. Arbeitsunterbrechungen sind möglichst zu vermeiden; die Schweißung soll in einem Zuge, falls notwendig von mehreren Schweißern ausgeführt werden, die sich gegenseitig auch ablösen können.

Ein anderer Weg, um Poren und Blasen, sowie harte Stellen zu verhüten ist der, daß man entgegen dem bisher Gesagten, die Oberfläche des an sich zwar gut mit Flamme oder im Feuer vorgewärmten Gußkörpers nur leicht anschmilzt, sie praktisch nur zum „Schwitzen" bringt und den Gußstab ohne Rühren abschmilzt. Da bei diesem Verfahren (G u ß o l i t schweißung) die geringste Oxydation des Kohlenstoffs und Siliziums der angrenzenden Werkstoffschichten verbürgt wird, weil nur geringe Anteile umgeschmolzen werden, sollte dieser Arbeitsweise mehr Aufmerksamkeit als bisher zugewandt werden. Für dieses Verfahren werden meist besondere U-förmige Gußstäbe mit in der Nut eingebrachten Flußmitteln oder auch besondere Schweißpasten benutzt.

Da der Schmelzpunkt des Gußeisens tiefer liegt als der des Eisenoxyduls (FeO), ist das Schmelzbad mit einer Oxydhaut überzogen, die durch F l u ß - m i t t e l zerstört oder durch Abstreifen mit dem Schweißstab entfernt werden muß. Das einfachste Gußeisenschweißpulver ist kalzinierte Soda, Borax ist unbrauchbar, da er zu wenig am Stabe haften bleibt und harte Schweißstellen verursacht. Die meisten im Handel erhältlichen Gußeisenflußmittel sind pulverförmig, seltener pastenförmig und nur in einem Falle flüssig. Sie müssen sich am erhitzten Schweißstabe beim Eintauchen gut festhalten und dürfen weder abfallen noch sich aufblähen oder aufrollen.

Sonderguß. Fast alles veredelte Gußeisen, z. B. Perlitguß, ist gut und in gleicher Weise wie beschrieben schweißbar. Hingegen wirken einige im legierten Guß vorhandene Bestandteile z. T. fördernd, z. T. störend. Günstige schweißtechnische Eigenschaften verleihen Nickel, beschränkt auch Molybdän, sehr nachteilig ist Chrom.

Das austenitische Gußeisen N i r e s i s t mit 14 vH Ni, 6 vH Cu und 2 vH Cr, von hoher Hitze- und Säurebeständigkeit besitzt Austenit-Graphit-Gefüge und ist ohne besondere Schwierigkeiten schweißbar, wenn Niresist- oder Monelstäbe als Zusatzstoff verwendet werden. Die Schweiße ist feil- und hämmerbar, eine Wärmenachbehandlung ist in der Regel nicht erforderlich.

2. Bekämpfung der Gußspannungen.

Bei der Beseitigung der fast allen Gußkörpern eigenen Spannungen und zur Verhütung ihres Verziehens sieht sich der Schweißer ständig vor neue Aufgaben gestellt. Es ist nicht zuviel gesagt, wenn man behauptet, daß in der Schadlosmachung der Spannungen und ihrer Begleiterscheinungen oft schon der halbe Weg zum Erfolge der Schweißung gewonnen ist. Die Vor- und Nacharbeiten sind beim Schweißen von Guß viel wichtiger als die Schweißung selbst. Auf die Entstehung von Spannungen ist bereits im Abschnitt II D 4 hingewiesen worden.

Hilfsmittel gegen Spannungswirkungen. Zur Aufhebung und Abdämmung von Spannungen und Verhütung der Übertragung ungewollter Werkstoffdehnungen auf den der Schweißstelle benachbarten Bereich sind die verschiedensten Hilfsmittel gebräuchlich. Einige davon sind: Teilweiser Einbau

in feuchtem Lehm oder Sand, Abdecken mit feuchten Lappen, Eintreiben von
Keilen, Aufziehen von Spannringen, teilweises oder völliges Vorwärmen und
langsames Erkalten. Die beiden letzten Vorkehrungen sind die wichtigsten.

Natürlich gibt es eine große Zahl gebrochener, gerissener oder poröser
Gußstücke, die ohne jede Vor- und Nacharbeit unvorgewärmt zu schweißen
sind. Man findet sich einigermaßen auf diesem schwierigen Gebiete zurecht,
wenn man sich grundsätzlich folgende Regel vor Augen hält: Ist der zu
schweißende Gegenstand infolge seiner Beschaffenheit befähigt, räumliche
Dehnung aufzunehmen, dann kann er kalt, d. h. o h n e V o r w ä r m u n g
im Feuer, geschweißt werden. Tritt jedoch irgendein Teil des zu schweißenden
Körpers freier Ausdehnung der erhitzten Teile hemmend entgegen, so ist
teilweise oder vollkommene V o r w ä r m u n g auf Rotglut notwendig.

Vor- und Nachwärmen. Nach vorigem ist es widersinnig zu glauben,
die Notwendigkeit des Vor- und Nachwärmens ergäbe sich aus Größe und
Gewicht des Körpers; maßgebend ist hierfür allein F o r m und B e s c h a f -
f e n h e i t des Gußstücks. Die Dehnung des erhitzten Gußkörpers und das
darauffolgende Zusammenziehen (Schrumpfen) beim Erkalten sind nie gleich
groß. Daraus folgt eine gewisse Spannung, die im rotwarmen Zustande des
Gußstücks aufgehoben wird; in diesem Zustand ist es ganz spannungsfrei.
Der Temperaturunterschied zwischen hocherhitztem Werkstück und dessen
Schmelzpunkt ist wesentlich geringer als der zwischen dem kalten, unvor-
gewärmten Körper und dem Schmelzpunkt. Bei Rotglut hat sich das erwärmte
Gußstück bereits stark gedehnt und vermag nun den Wärmeüberschuß, der
ihm durch die Schweißflamme zugeführt wird, gefahrlos aufzunehmen; die
dadurch bewirkte Dehnungszunahme bleibt nur gering. Ein kaltes Gußstück
kann dagegen manchmal an irgend einer bestimmten Stelle kaum mit der
Flamme bestrichen werden und schon bricht es. So können sich durch das
Schweißen auch neue, die alten an Gefahr oft übertreffende Spannungen im
Gußstück bilden.

Das geringe Dehnungsvermögen des spröden Gußeisens liegt wiederum
an den Graphitkristallen, die den Werkstoffquerschnitt adernförmig, oft
blattartig durchsetzen und durch Unterbrechung des Zusammenhanges des
Eisens die Zugfestigkeit erheblich vermindern. Dies gibt auch eine Erklärung
dafür, warum man an Gußeisen nur wesentlich geringere Spannungs- und
Dehnungsanforderungen stellen kann als an den viel besser schweißbaren
graphitfreien Stahlguß.

Anwärmevorrichtungen. Gleichmäßiges Vorwärmen und Erkaltenlassen
erfolgt für kleinere Stücke am zweckmäßigsten im gas-, öl-, feuer- oder elek-
trischgeheizten Muffelofen, über den jede bessere Ausbesserungsschweißerei
verfügen sollte. Wo ein Muffelofen (Abb. 124) nicht vorhanden, und ferner
für größere Gußstücke, ist Holzkohlenfeuer am geeignetsten. Wenn ein Ven-
tilatorgebläse oder verdichtete Luft fehlt, kann das Feuer mit der Schweißflamme entzündet und durch zeitweiliges Einblasen von Sauerstoff entfacht
werden. Der zu erhitzende Gegenstand wird gut in trockene Holzkohlen eingebettet, ringsum mit gitterförmig aufgestellten Schamottesteinen eingebaut
(damit Luft zum Feuer gelangen kann) und oben mit Asbest- und Blech-
tafeln abgedeckt. Abb. 245 zeigt einen provisorischen, in seiner Einfachheit
oft bewährten Vorwärmeofen, der auf einem Tisch aufgebaut, oder bei sehr
schweren Gußstücken auch auf dem Fußboden Platz finden kann. Wichtig
ist ein guter Unterbau, damit der Körper seine Lage nicht verändern und

nicht absacken kann. Während die Schweißtischplatte aus normalen Schamottesteinen besteht, die lose eingelegt werden und deren Fugen offen bleiben,
werden für die Seitenwände zweckmäßig Schamotteplatten von 80 ··· 100 mm
und einer Größe von etwa 500×600 mm genommen. Die Stirnflächen
(Abb. 246) sind mit Rillen versehen, in die eine Stahldrahtumwehrung eingezogen wird, um ein Platzen und Auseinanderfallen zu erschweren.

Gleichmäßiges Vorwärmen bis auf Rotglut und Schutz vor starker Zugluft ist vor allen Dingen erforderlich. Als Feuerungsstoff darf nur Buchen-
holzkohle benutzt werden; Koks ist gänzlich ungeeignet und hat schon oft zu

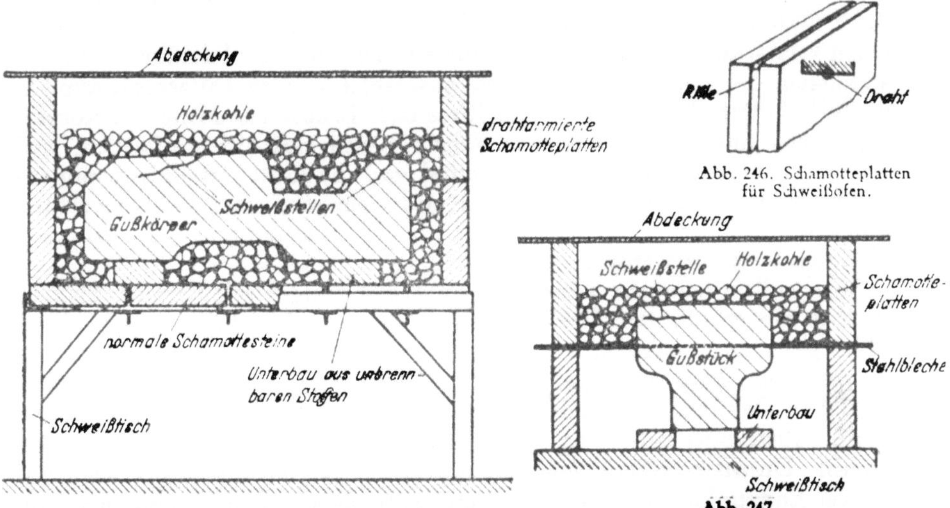

Abb. 245. Vorrichtung zum Anwärmen von Gußkörpern.

Abb. 246. Schamotteplatten
für Schweißofen.

Abb. 247.
Vorrichtung für Halbwarmschweißung.

Anschmelzungen an Gußkörpern geführt, die ihre weitere Verwendbarkeit
ausschlossen. Fenster und Türen der Werkstätte sind während des Schweißens
geschlossen zu halten; der Abzug der Gase erfolgt am besten auf künstlichem Wege (Exhaustor).

Schwere Stücke von dickem Querschnitt wärmt man, um an Gas und
Sauerstoff zu sparen, vorteilhaft immer vor, auch wenn dies der Spannungen wegen nicht notwendig wäre.

Unter Halbwarmschweißung versteht man die Ausbesserung
nur z. T. im Feuer eingebauter Werkstücke. Bei der Lichtbogenschweißung
spricht man wohl auch von einer Halbwarmschweißung dann, wenn nicht auf
600°, sondern nur auf etwa 300° erhitzt wird. Sperrige Gußkörper wird man
nur an den Bruchstellen erwärmen und nur z. T. einbauen, ebenso z. B. Zylinderblöcke, deren Bohrungen, Lager und anderes geschont werden sollen und
wo die Lage der schadhaften Stelle dies ermöglicht. Abb. 247 veranschaulicht
einen solchen Fall, in dem nur der obere in der Nähe der schadhaften Stelle
liegende Teil vorgewärmt wird. Es muß dem Schweißer überlassen bleiben,
bei ähnlichen Arbeiten sinngemäße Einrichtungen zu treffen.

3. Ausführung von Gußschweißungen.

Grenzfälle für die Schweißung von Gußstücken lassen sich nicht ohne
weiteres angeben. Für die obere Grenze der Schweißbarkeit sind, in Anbetracht unserer zeitgemäßen Fördermittel und Hebezeuge, große Gewichte

und Abmessungen der Schweißstücke nicht mehr hinderlich. Viel mehr wird
die Arbeitsmöglichkeit durch den Werkstoffquerschnitt der Schweißstelle beeinflußt. Zu große Werkstoffdicken bedingen den Aufwand bedeutender, vom
Schweißer kaum zu ertragender Wärmemengen. Dann sind das elektrische
Warmschweiß- oder auch das Thermitschweißverfahren am Platze. Nach
unten gibt es eine eigentliche Grenze für schwache und kleinste Gußgegen-
stände nicht, da auch die kleinsten Gußkörper genügend dicke Wandungen
haben.

Anschließend an die Reihe bereits aufgezählter Werkstücke, von deren
Schweißung aus technischen und wirtschaftlichen Gründen a b z u r a t e n ist,
mögen noch genannt sein: Platten größeren Flächeninhalts, besonders durch
Rippen verstärkte Tuschier- und Richtplatten; außergewöhnlich dicke Zylinderwandungen, die hohen Innendrucken ausgesetzt werden (Wasserdruckpreß-
zylinder); Gitter (Roste), bei denen Risse oder Brüche der Mitte des Körpers
nahegelegen sind, usw. Bestimmte Regeln lassen sich nicht aufstellen, weil
auch die zu Gebote stehenden Hilfsmittel und die Güte des Gusses mit ins
Gewicht fallen. Die Wahrscheinlichkeit des Gelingens einer Gußschweißung
kann nur von Fall zu Fall nach Inaugenscheinnahme und nur von erfahrenen
Fachleuten beurteilt werden.

Wir wollen nunmehr versuchen, an Hand einiger erläuternder Skizzen
uns über die wichtigsten Gesichtspunkte bei der Schweißung verschiedener
Gußkörper klar zu werden.

Abb. 248: Doppelarmiger Hebel. Querschnitt und Abmessungen beliebig. Die Dehnung kann allseitig frei erfolgen, deshalb ist ein Vorwärmen
unnötig. Risse oder Brüche (*a* oder *b*) werden rings um den Querschnitt verschweißt. Durchschweißen! Hat sich der Hebel verzogen, so stützt man ihn
auf zwei Endpunkten mit Durchbiegung nach oben. Darauf wärmt man die
Schweißstelle mit dem Brenner an und läßt sie allmählich erkalten, so daß
ein Senken der Durchbiegung eintritt. Der Bruch bei *c* ist nur von drei Seiten
schweißbar. Vor allem in Längsrichtung der Nabe Querschnitt gut durchschweißen! Soll das Ausbohren der geschweißten Nabe (*c*) wegfallen, so
setzt man in die Bohrung einen mit Tonschlamm oder fettdurchsetztem
Graphit bestrichenen Bolzen von entsprechendem Durchmesser ein, der ein

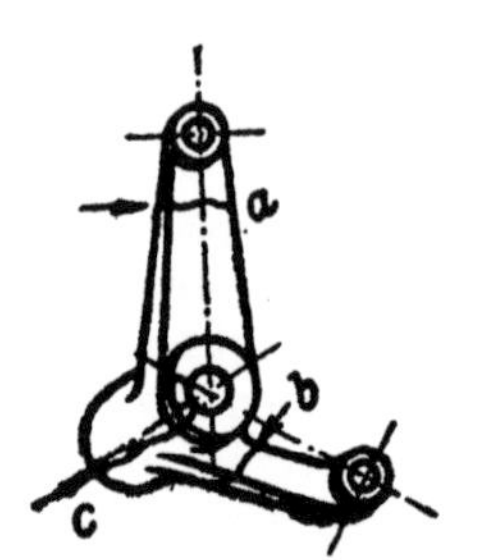
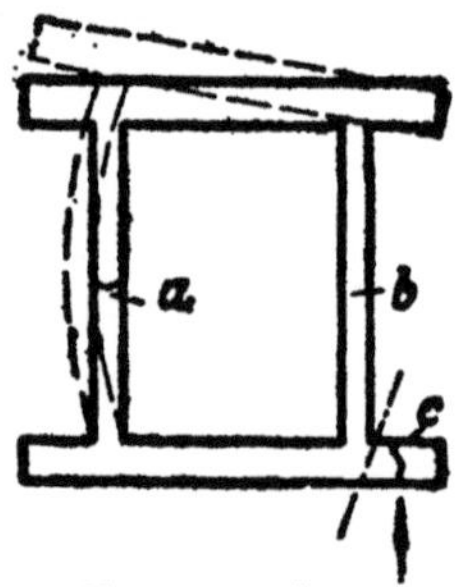
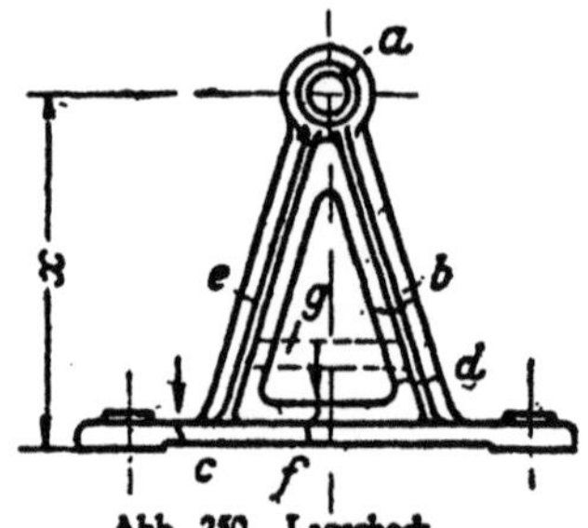

Abb. 248. Doppelarmiger Hebel. Abb. 249. Rahmen. Abb. 250. Lagerbock.

Durchfließen des Füllstoffs verhütet. Sollte der Bolzen, was seltener vorkommt, nach der erkalteten Schweißung festsitzen, dann wird er ausgebohrt,
während an der Bohrung der Nabe selbst keine Nacharbeit erforderlich ist.
Bei allen solchen oder ähnlichen Arbeiten ist darauf zu achten, daß beim
Abarbeiten oder Abschmelzen der Bruchränder (V- oder X-förmig) die Maßhaltigkeit gewahrt bleibt.

Abb. 249: Rahmen. Querschnitt und Abmessungen gleichgültig. Schweißung bei *c* gefahrlos; gegebenenfalls Abdecken des links von gestrichelter Linie gelegenen Teils (mit Sand, Lehm u. dgl.) vorsichtshalber (bei Anfängern) empfehlenswert. Trotz Einfachheit des Körpers tritt Verziehen ein (im Bilde stark übertrieben gestrichelt angedeutet), wenn bei *a* geschweißt wird, da *b*, in kaltem Zustande belassen, der Dehnung nicht folgen kann. Darum *b* (gegenüberliegende Stelle von *a*) beim Schweißen m i t a n w ä r m e n (zweite Flamme oder im Feuer), so daß Stäbe *a* und *b* durch Wärme gleichmäßig verlängert werden. Erkaltenlassen in heißer Asche oder heißem Sande gut.

Abb. 250: Lagerbock. Querschnitt der Arme (Streben) beliebig. Brüche bei *a* und *c* gefahrlos, unvorgewärmt schweißbar. Wenn Bruch bei *b* oder *d*, Bestreichen von *e* mit Flamme (wie bei Abb. 249) notwendig. Bleibende, geringe Längenzunahme von *x* wahrscheinlich, notwendigenfalls durch Abarbeiten der Fußplatte regelbar. Wenn Bruch in Fußplatte bei *f* gelegen, dann behutsames Eintreiben eines Keiles *g* empfehlenswert, damit Riß etwas klafft; sobald Schweißung beendet, Keil sofort herausnehmen (Stauchung in der Schweißstelle). An Stelle des Keils kann auch Anwärmung des Kopfes bei *a* in Frage kommen.

Abb. 251: Autozylinderblock[1]**).** Meist vorkommende Ausbesserungen: F r o s t - u n d H i t z e r i s s e , F l a n s c h e n b r ü c h e . Frostrisse entstehen in den Wintermonaten durch versäumtes Ablassen des Kühlwassers; sie liegen meist in den äußeren Mänteln (Kühlmänteln) der Zylinder (bei *a*, *b*, *c*). Dagegen sind Hitzerisse, die Folge mangelhafter oder plötzlicher Kühlung, ausschließlich in den inneren Zylinderwandungen, besonders an den Zylinder-

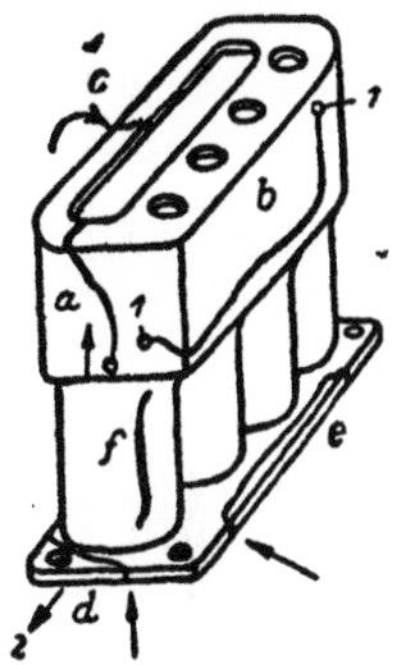

Abb. 251.
Autozylinderblock.

böden gelegen. Die Schweißung ersterer (Frostrisse) ist leichter als die der Hitzerisse. A l l e diese Risse, gleich welcher Lage und welchen Umfanges, bedingen V o r w ä r m u n g und l a n g s a m e s E r k a l t e n l a s s e n des Zylinders im erlöschenden Feuer. Abbohren der Rißenden (1) vor Inangriffnahme der Arbeit ratsam. Schweißung immer an dem in der Fläche gelegenen Rißende beginnen (Pfeilrichtung bei *a* und *c*). Selten und schwierig schweißbar sind am L a u f m a n t e l inner- oder außerhalb der Zylinderbohrung aufgetretene Risse (*f*). Gut vorwärmen; nicht zu weit durchschweißen, d, h. keine Schweißbärte bilden und nicht durchsacken lassen, damit Lauffläche für den Kolben, die sich nicht verziehen darf, nicht beschädigt wird. Bruch bei *d* kann ohne Vorwärmung geschweißt werden; jedoch Flamme immer vom Zylinder weg (Pfeil 2) halten, damit diesem nicht unnötig viel Wärme zugeführt wird. Riß oder Bruch bei *e*: Zylinder gut vorwärmen. Um innerhalb des K ü h l r a u m e s des Zylinders gelegene Risse verschweißen zu können, ist vielfach das Herausbohren von Stücken aus dem Kühlmantel und Auskreuzen erforderlich, damit die inneren Risse zugänglich werden. Reihenfolge dann: Zylinder vorwärmen, innere Risse verschweißen, wenn Schweißung in einem Arbeitsgang nicht möglich, aber-

---

[1]) Ausführliche bebilderte Abhandlung über Zylinderschweißungen s. H o r n : Die Schweißung gußeiserner Explosionsmotorzylinder in „Die Schmelzschweißung" 1925, Heft 4 u. 5.

mals vorwärmen, ausgeschnittenes Stück in Kühlmantel einschweißen, nachwärmen, Druckprobe. Solche Ausbesserungen zählen zu den dankbarsten, allerdings auch schwierigsten Arbeiten des Schweißers.

Abb. 252 zeigt einen Zylinderblock mit zur Schweißung vorbereiteten Bruchrändern. Der Arbeitsgang entspricht dem zuletzt geschilderten: Block gut vorwärmen, innere Bruchstücke einschweißen, Vorwärmen, äußere Bruchstücke einschweißen. Es mag noch gesagt sein, daß das Innere der Zylinderbohrung, die Lauffläche, nicht immer mit der Flamme bearbeitet werden kann, da sich kleinere oder größere Mulden (Gruben) oder auch nur Poren beiderseits entlang der Schweiße niemals ganz verhüten lassen, so daß beim ausgeschliffenen Zylinder an den Übergangsrändern zwischen Schweiße und Grundwerkstoff fehlerhafte Stellen zurückbleiben, die die Brauchbarkeit des Blocks in Frage stellen können. Selbstverständlich müssen Zylinderblöcke mit so umfangreichen Schweißarbeiten nach diesen ausgeschliffen werden. Das läßt sich bei Arbeiten an den Bohrungen auch dann nicht vermeiden, wenn ordnungsgemäß nur von außen (nach Auskreuzen eines entsprechend großen Stücks aus dem Wassermantel) geschweißt wird.

Abb. 252. Stark beschädigter Autozylinderblock.

Die Tatsache, daß neuerdings fast nur Zylinder mit abnehmbarem Kopfe gebaut werden, ändert nichts an der grundsätzlichen Arbeitsdurchführung; im Gegenteil, die Schweißung wird dadurch vielfach erleichtert.

Zur Verhütung von Verzunderungen an bearbeiteten Zylinderflächen und -bohrungen, Ventilsitzen usw. während des Glühens und Schweißens, ist es ratsam, alle diese Teile mit einer dünnen Schicht von mit Wasser angesetztem Graphit zu bestreichen. Diese wird nach Arbeitsvollendung mit Öl abgewischt, und die bearbeiteten Flächen bleiben metallisch blank.

Mit besonderer Sorgfalt müssen die Ventilsitze beim Schweißen behandelt werden, da solche Auftragsschweißungen unbedingt weich bleiben und völlig porenfrei ausfallen müssen. Mitunter ist sowohl hier, wie beim Ausbessern von Rillen in den Bohrungen (Kolbenbolzenlockerung) das Auftragen von Bronze (Lötung) vorteilhaft.

Abb. 253: Zahnrad[1]). Auch beim Schweißen **r a d f ö r m i g e r** Körper, ganz gleich, ob es sich um Scheiben- oder Speichenräder handelt, sind vor allem die Eigenspannungen zu berücksichtigen. Abb. 253 zeigt den Segmentausschnitt eines Zahnrades. **A b g e b r o c h e n e Z ä h n e** kleineren Moduls (kleinerer Teilung) schweißt **man** wie bei *a* (völliger Bruch) und bei *b* (Teilbruch) gezeigt, indem **man die** abgebrochenen Teile durch Aufschweißen neuen Gußeisens ersetzt. Zähne kleinster Teilung werden, wie bei *d* gezeigt, samt der nebenliegenden Zahnlücke vollgeschweißt, besonders dann, wenn mehrere nebeneinanderliegende Zähne abgebrochen sind. Bei gebrochenen Zähnen größter Teilung schweißt man im allgemeinen das abgebrochene Stück wieder an, wobei die Verwendung von Formkohleplatten als Begrenzung des Schmelzbades empfehlens-

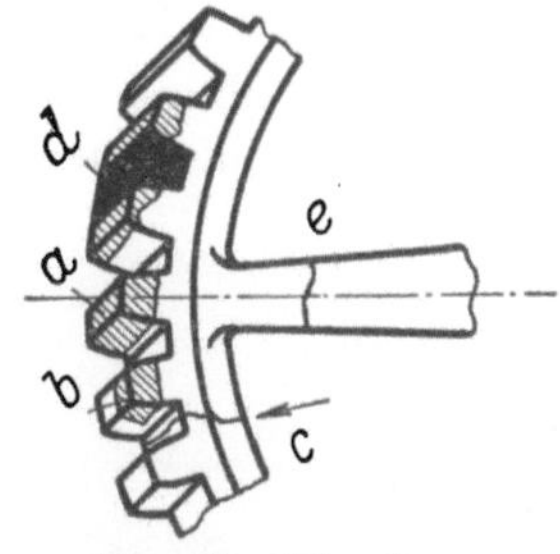

Abb. 253. Zahnrad.

wert ist. Dadurch wird oft erheblich an Nachbearbeitung gespart. Vielfach kann mit Schabern oder alten Feilen eine Glättung der Schweiße bei beginnender Erstarrung vorgenommen werden. Im übrigen gilt für Zahnradschweißungen das zu Abb. 254 Gesagte.

Abb. 254: Riemenscheibe. In der Skizze sind verschiedene Speichenformen zusammengefaßt, um mehrere Einzelbilder zu ersparen. Häufig vorkommende Arbeit: Speichenbrüche bei *a* und *b*. Bei *e* Nabenbruch; *c, d, g* Kranz- (Felgen-) Brüche. Bei der Schweißung derartiger Schäden haben Anfänger oder wenig erfahrene Schweißer meist Mißerfolge. Riemenscheiben und Räder sind mit bedeutenden Spannungen behaftet; diese werden bei unsachgemäßer Behandlung mit der Schweißflamme wesentlich erhöht, so daß neue Risse entstehen, sogar völliges Zubruchgehen des Gußkörpers nicht selten ist.

S p e i c h e n b r u c h *a* sei zu schweißen; im übrigen sei das Rad in Ordnung. Vorgang: Vorwärmen des ganzen Rades, damit gleichmäßige Dehnung aller Teile eintritt, dann Schweißen und im Feuer langsam abkühlen lassen. Bei großen Scheibendurchmessern kann Vorwärmung fortfallen, wenn in Richtung *i* zwischen Nabe

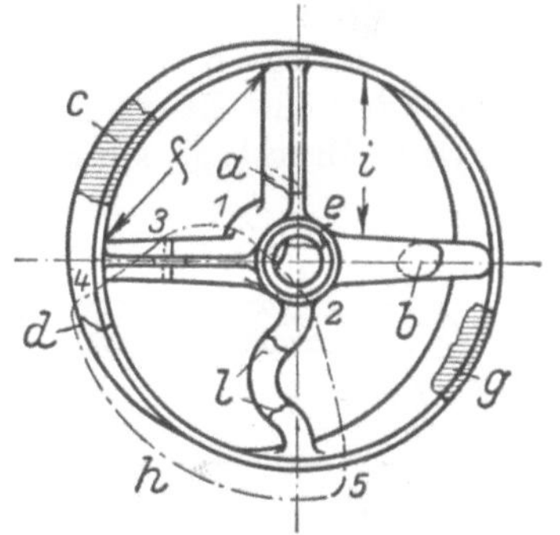

Abb. 254. Riemenscheibe.

und Kranz ein Spannriegel eingezwängt wird (nicht übertreiben!), so daß der Riß klafft (ähnlich Abb. 250). Nach vollzogener Schweißung wird die Spannvorrichtung *i* sofort wieder entfernt, und man läßt das Rad langsam erkalten. An Stelle dieses Hilfsverfahrens kann an der Bruchstelle ein 2 ··· 5 mm breiter Schlitz (je nach dem Durchmesser des Rades) eingesägt werden, doch läuft man hierbei Gefahr, daß sich der Kranz nach innen etwas einzieht und daher die Scheibenfläche unrund wird. Dasselbe gilt für die Schweißung von *b*. Treten beide Brüche oder Risse (*a* und *b*) gemeinsam auf, dann wird zuerst der eine geschweißt, darauf läßt man das Rad erkalten, dann erst wird der zweite Riß verschweißt. Brüche in **g e b o g e n e n S p e i c h e n** (bei *l*) sind meist ohne Vorwärmung oder sonstige Vorkehrung gefahrlos zu schweißen,

---

[1]) Ausführliches s. **H o r n**: Die Schweißung gußeiserner Scheiben und Räder in „Die Schmelzschweißung" 1925, Heft 9, 10 u. 11.

da die Dehnung durch die Biegung der Speichen aufgenommen wird. Im allgemeinen sind Räder mit gegenüberliegenden Speichen (gerade Anzahl Speichen (ungerade Anzahl). Oft kann man an Stelle der Keile und Riegel mit Abb. 254) schwieriger schweißbar als solche mit wechselweise angeordneten der örtlichen Erwärmung anteiliger Speichen und Kranzteile besser fahren.

Schweißung des N a b e n b r u c h e s bei *e*: Rad (bei kleinem Durchmesser vollkommen vor- und nachwärmen oder (bei großem Durchmesser) in Bruchfuge Keil eintreiben (Vorsicht!) und diesen erst kurz vor Beendigung des Schweißens herausschlagen. Ähnliche Wirkung erzielt man bei Vorwärmung der Nabe und der in unmittelbarer Nähe gelegenen Speichenteile. Die Erhitzung der Nabe ist, wenn nur bestimmte Teile der Räder oder Scheiben vorgewärmt werden, peinlich zu vermeiden. Natürlich läßt sich die Vorwärmung und Erhitzung der

Abb. 255. Zweiteilige Walzwerks-Riemenscheibe.

Nabe nicht umgehen, wenn diese selbst geschweißt werden muß.

K r a n z b r u c h bei *d*: Kleine Räder vor- und nachwärmen; bei größerem Durchmesser zwischen die beiden nächstgelegenen Speichen Spannriegel einziehen (wie bei *f*) und wie bei Schweißung von *a* verfahren. Schweißung des bei *c* a u s g e b r o c h e n e n K r a n z s t ü c k s: Vorgang wie bei *d*, jedoch zunächst eine Bruchfuge schweißen, das Rad erkalten lassen und darauf die zweite Bruchfuge schweißen. Das für *a* und *b* Ausgeführte gilt auch für *e* und *c* (Abbildung 254). A u s g e b r o c h e n e s K r a n z s t ü c k bei *g*: Kleinere Stücke werden ohne weiteres eingeschweißt, bei größeren Stücken muß, je nach Abmessung des Rades, dieses ganz oder der in unmittelbarer Nähe der Schweißstelle gelegene Teil vorgewärmt werden.

Schließlich sei noch der Fall *h* angenommen. Ein ganzer Teil des Rades ist herausgebrochen, entsprechend der punktierten Linie. Vorgang: Man beginnt die Schweißung in der Mitte des Rades, also bei der Nabe, um den übrigen Teilen die Möglichkeit freier Ausdehnung zu belassen.

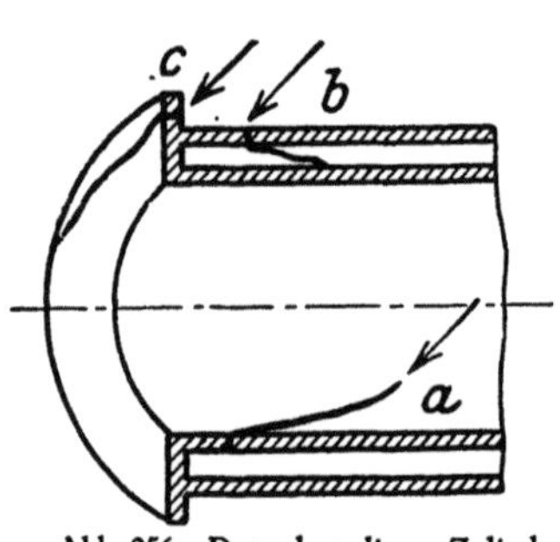

Abb. 256. Doppelwandiger Zylinder.

Zunächst werden 1 und 2 geschweißt; darauf läßt man das Rad erkalten, um Speichen und Kranzbruchfugen, deren Kanten sich beim Erhitzen der Nabe zueinander verschoben haben, wieder in ihre alte Lage zurückzubringen. Sodann werden 3, 4 und 5 (letztere in beliebiger Reihenfolge) geschweißt, wiederum mit jedesmalig dazwischenliegender Erkaltungspause.

Abb. 255: Zweiteilige Walzwerks-Riemenscheibe von 7000 mm Durchmesser mit 10 Doppelspeichen. Fünf dieser Speichen von elliptischem Querschnitt waren gebrochen. Die Arbeit machte das Einschweißen von etwa 80 kg Gußstäben erforderlich und nahm 8 Tage in Anspruch. Dabei wurde täglich eine Speiche geschweißt und die Nabe, an der die Speichenbrüche unmittelbar gelegen waren, ununterbrochen durch Holzkohlenfeuer erhitzt.

Abb. 256: Doppelwandiger Großzylinder. Riß und Bruch bei *c*: Der Zylinder wird hochkantig in eine mit heißem Sand oder Asche angefüllte Schweißgrube eingebettet, so daß nur der Flansch waagerecht aus der Einbettung heraussieht. Darauf Schweißung. Riß bei *b*: Vollkommene Vorwärmung des ganzen Gußkörpers. Ein Teil der Feuerung wird ins Zylinderinnere gelegt, *b* nach oben. Zylinder ringsum mit einem Schamottesteingitter umgeben

Abb. 257. Dampfzylinder, zur Schweißung vorbereitet.

Abb. 258. Dampfzylinder (Abb. 257), fertig geschweißt.

und dieses mit ausreichend großem Feuer ausfüllen. Das Feuer muß auch während des Schweißens unterhalten werden, wie dies übrigens auch bei allen ähnlichen Arbeiten zu bevorzugen ist. Besser noch ist Einbetten des Körpers in eine Schweißgrube. Sehr vorsichtig vor- und nachwärmen. Die Schweißung von Rissen im Innern des Zylinders (bei *a*) ist außerordentlich schwierig und nur in den seltensten Fällen möglich. Man wird gut tun, wenn man nicht über weitgehende Erfahrungen und Einrichtungen verfügt, von derartigen Arbeiten Abstand zu nehmen.

Abb. 257 und 258: Dampfzylinder. An einem durch Wasserschlag zerstörten Dampfzylinder von 1200 mm Durchmesser und 2500 mm Länge, bei 35 mm Wanddicke sind die im Vordergrund des Bildes rechts erkennbaren Bruchstücke und die Bruchränder am Gußkörper selbst durch Ausmeißeln zur Schweißung vorbereitet. Der rund 6 t schwere Körper wurde in der Werkstattsohle eingeformt und in 40stündiger Arbeit geschweißt. Das eingeschmolzene Gußgewicht betrug etwa 75 kg. Die

Abb. 259. Geschweißter Kondensatormantel.

fertige Arbeit (Rohschweiße) veranschaulicht Abb. 258. — Sodann bringt Abb. 259 noch einen gußeisernen Kondensator, dessen Mantel autogen geschweißt wurde.

Abb. 260: Kesselglieder. Risse an gußeisernen Heizkesselgliedern werden alljährlich zu Hunderten ausgebessert und führen — praktische Erfahrung und Geschick vorausgesetzt — stets zum Erfolge. Abb. 260 zeigt zwei Kesselglieder verschiedener Heizkesselbauarten, und zwar a ein Zwischen- oder Mittelglied und b ein Kesselendglied. Die durch Pfeile angedeuteten Risse sind bei a bereits verschweißt, der lange Riß im Körper b ist zur Schweißung vorbereitet. Sorgfältiges Vorwärmen und langsames Erkaltenlassen sind bei diesen Ausbesserungen besonders wichtig.

Es braucht wohl nicht besonders hervorgehoben zu werden, daß alle Arbeiten dieser Art nur von erfahrenen und geübten Schweißern durchführbar sind, und ein mehrmaliges gutes Vorwärmen des

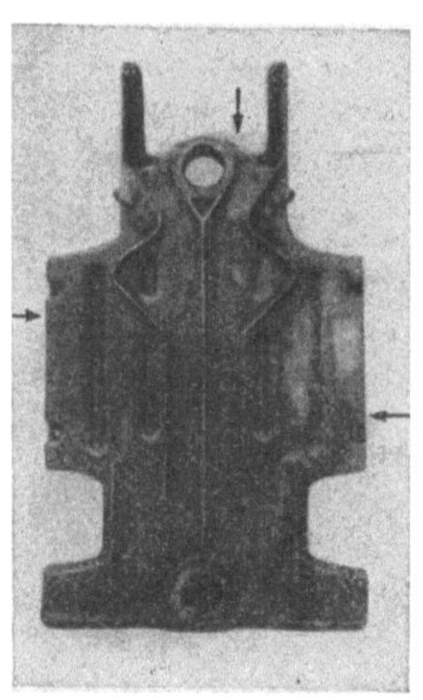

a   b
Abb. 260. Gesprungene Heizkesselglieder.

mit Unterbrechungen geschweißten Gußkörpers notwendig ist. Ferner sei wiederholt erwähnt, daß vorstehende Regeln wegen der Vielseitigkeit der Form der Werkstücke und der Verschiedenartigkeit des Gusses nur sinngemäß an anderen Schweißstücken Anwendung finden können. Über den Arbeitsvorgang und die einzuschlagenden Vorkehrungen ist in jedem Einzelfalle besondere Entscheidung zu treffen. Dies bezieht sich auch auf die Schweißung von Gußfehlern (Poren, Lunker, unvollkommen ausgefüllte Form), die berufen ist, besonders im Gießereibetrieb selbst eine hervorragende Rolle zu spielen. Es wäre verfehlt zu glauben, kleine Porositäten an Gußstücken könnten ohne weiteres und mit Sicherheit auf Erfolg geschweißt werden. Im Gegenteil! Mit der Flamme angeschmolzene Gußporen nehmen zuweilen ungeahnt großen Umfang an und lassen erst beim Schweißen ihre tatsächliche Größe erkennen, wodurch mitunter noch eher Mißerfolge eintreten als bei anderen Schweißungen. Vor Übereifer in solchen Fällen sei deshalb gewarnt; man hat derartige Werkstücke genau so zu behandeln wie gebrochene oder gerissene Gußkörper. Formsand, Schlacke und andere in den Gußfehlstellen sich vorfindende Verunreinigungen müssen entweder vor Inangriffnahme der Schweißarbeit oder während dieser durch Auskratzen oder Ausschaben entfernt werden.

Die Ausbesserung gesprungener Heizkesselglieder zählt zu den schwierigsten Schweißarbeiten überhaupt. Dabei muß der Schweißer schon auf Grund rein äußerlicher Betrachtung entscheiden können, ob sich die große Mühe einer Warmschweißung — denn nur diese kommt in Frage — verlohnt und die Zersetzung oder „Verrottung" des Gusses nicht schon zu weit fortgeschritten ist. Lage und Verlauf der Risse oder Sprünge, Bauart des Kessels, Lage und Größe der Glieder, ob Vorder-, Mittel-, Hinter- oder Seitenglied sind für den Ausfall der Arbeit fast ohne Belang. Dagegen verlangt diese Schweißarbeit ein besonders gutes Vor- und Nachwärmen. Infolge der Dünnwandigkeit dieser dazu noch großflächigen und mit Spannungen reichlich behafteten Gußkörper muß eine gleichmäßige Temperatur von 950 bis 1000° mindestens gehalten und die Schweißarbeit bei dieser ohne Unterbrechung ausgeführt werden. Wird bei geringerer Vorwärmtemperatur geschweißt, so ist fast regelmäßig mit neuen, häufig noch umfangreicheren Rissen zu rechnen. In Abb. 260 sind zwei an verschiedenen Stellen gesprungene Heizkesselglieder, und zwar ein Buderus-Mittelglied und das Vorderteil eines Rundkessels dargestellt.

H. Die Schweißung der Nichteisenmetalle.

Allgemeines. Verglichen mit dem Stahle zeigen fast alle Nichteisenmetalle bei Wärmebehandlung, noch mehr im Schmelzfluß ein arteigenes Verhalten, das jeweils verschiedene schweißtechnische Maßnahmen bedingt. Die Unterschiede ergeben sich aus der großen Spanne in den Schmelzpunkten, aus z. T. viel höherem Wärmeleitvermögen, plötzlichem Übergang vom festen in den flüssigen Zustand, der Höhe des Walzgrades, dem Lösungsvermögen für Gase, aus erheblicher Festigkeitsabnahme, anderen Korrosionseigenschaften usw. Höhere Empfindlichkeit gegen Wärme, andere Oxydationsverhältnisse, Verbrennungsgefahr (Elektron), der Schmelzfluß usw. bedingen mit Ausnahme des Bleies die Verwendung von Flußmitteln, die dem jeweiligen Metall angepaßt sind, und möglichst schnelles Schweißen.

Alle technischen Metalle und ihre Legierungen haben die Neigung, beim Schweißen Oxyde zu bilden. Von der Art dieser Oxyde und von ihrem Verhalten zum Schmelzbade hängt die Schweißarbeit in hohem Grade ab. Ist die Verwandtschaft zwischen Metall und Sauerstoff gering, dann genügt schon die reduzierende Schweißflamme, um das Auftreten von Oxyden zu verhindern, z. B. bei Stahl und Kupfer. Wirkt jedoch die Schweißflamme allein nicht reduzierend, weil die Verwandtschaft zwischen Metall und Sauerstoff sehr groß ist, wie z. B. beim Schweißen von Zink, Magnesium und Aluminium, dann ist die Verwendung geeigneter, die Oxyde verschlackender Flußmittel zweckmäßig, wenn nicht unerläßlich. Dabei ist es auch wichtig, ob die Oxyde einen höheren oder niedrigeren Schmelzpunkt haben als das Metall. Schmelzen sie früher oder gleichzeitig mit dem Grundwerkstoff, so beeinträchtigen sie den Schweißvorgang nur wenig und gehen in eine flüssige Schlackenschicht über, sofern nicht, wie beim Kupfer, eine Löslichkeit des Oxyds im geschmolzenen Metall möglich ist.

Auch für die Nichteisenmetalle ist die Azetylenschweißung die vorteilhafteste Art der Gasschweißung. Die früher vertretene Meinung, Nichteisenmetalle seien nur mit niedrig temperierten Flammen (Wasserstoff, Leuchtgas) schweißbar, hat sich als unrichtig herausgestellt. Aus der Tatsache, daß die Nichteisenmetalle vielfach nur liegend, weniger stehend (bei Blei mit besonderen Hilfsmaßnahmen) und selten überkopf geschweißt werden können, ergeben sich mitunter von der Stahlschweißung abweichende Vorbereitungen. Wenn in den Einzelabschnitten nichts Besonderes erwähnt, gilt die für Stahl erläuterte Schweißkantenvorbereitung.

1. Kupfer und seine Legierungen.

a) Kupferschweißung.

Einstellung der Schweißflamme. Wegen der bedeutenden Wärmeleitfähigkeit des Kupfers tritt die zum Schweißen notwendige örtliche Schmelzung erst ein, nachdem ein größerer Teil der Metallmasse genügend Wärme aufgenommen hat. Deshalb sind für die Schweißung des Kupfers größere Flammen erforderlich als bei Stahl, trotz des um einige Hundert Grad tiefer liegenden Schmelzpunktes. Entspricht die dem Metall vermittelte Wärmemenge der durch Strahlung und Wärmeleitung abgewanderten, so daß die Flamme die Wärmeverluste nicht zu überwinden vermag, dann ist eine Aufschmelzung des Kupfers unmöglich und eine einwandfreie Schweißung nicht erzielbar; die Flamme ist zu klein. Demgegenüber ist eine Flamme zu groß, wenn nach einem gewissen Zeitabschnitt wachsender Wärmestau und rasches Flüssigwerden auf zu breiter Grundlage erfolgen. Dabei muß der Schweißer seine Arbeit notgedrungen beschleunigen und kann der Gefahr einer Überhitzung des Werkstoffs kaum entgehen. Eine Überhitzung kann nur dadurch aufgehalten werden, daß die Flamme zeitweise vom Schmelzbad abgehoben wird, ein Behelfsmittel, das wegen der Möglichkeit der Oxydbildung immer falsch ist.

Als Regel für die richtige Flammengröße kann gelten: Bis 5 mm Blechdicke eine Einsatznummer höher als für Stahl, über 5 mm Blechdicke zwei Nummern höher. Außerdem sind die Abmessungen und der Umfang der Wärmeableitung für die Flammengröße maßgebend. Daraus läßt sich der Vorteil des Schweißens mit zwei Brennern herleiten, von denen der eine, meist größere, die Regelung des Wärmezustandes (Vorwärmung) und der andere die eigentliche Schweißarbeit zu übernehmen hat. Die Vorwärmflamme kann, wenn es der Wärmezustand des Werkstücks verlangt, beliebig oft hinzugezogen oder ausgeschaltet werden, und dem gegenseitigen Abwechseln der Schweißer steht nichts im Wege. Beim doppelseitig gleichzeitigen, also stehenden Schweißen, das die beste Wärmeausnutzung und größte Arbeitsgeschwindigkeit gewährleistet, einem Verfahren, das vielfach schon bei 5 mm-Blechen angewendet wird, werden zwei gleich große Brenner benutzt.

Neben der richtigen Flammengröße ist ihre neutrale Einstellung für den Erfolg der Kupferschweißung von Bedeutung. Ein Überschuß an Sauerstoff führt bekanntlich zur Oxydation, ein Überschuß an Azetylen bringt das Kupfer sozusagen zum „Kochen“; die Naht wird porös und schwammig, was auf die Aufnahme von Gasen zurückzuführen ist. Durch Diffusion in das Schmelzbad eindringender Wasserstoff verbindet sich mit dem Sauerstoff vorhandener Oxyde zu Wasserdampf, dessen Spannung ein Aufreißen der Naht nach sich ziehen kann („Wasserstoffkrankheit“). Wasserstoffkranke Schweißnähte, die hauptsächlich durch einen Azetylenüberschuß in der Flamme entstehen können, sind selbst durch Hämmern oft nur schwer dicht zu bekommen und daran erkennbar, daß die Hammerbahn beim Hämmern der erkalteten Naht feucht und schmutzig wird.

Um die Lösung unverbrannter Flammengase möglichst auszuschließen, ist nicht allein eine neutrale Flammeneinstellung zu beachten, sondern der Flammenkegel muß von der Schmelzbadoberfläche weiter entfernt gehalten

werden als bei der Stahlschweißung. Der Abstand zwischen Kegelspitze und
dem Kupfer soll betragen: mindestens 3 mm bei Blechen bis zu 3 mm Dicke,
6 mm bei 5···6 mm Blechdicke und darüber hinaus 8···10 mm.

Schweißvorgang. Zu Beginn der Schweißung wird die Flamme möglichst senkrecht auf das Schmelzbad gehalten, bis die von der oberflächlichen
Oxydation herrührende dunklere Färbung verloren geht und den Anlauffarben Hellrotwärme folgt, ein Zeichen dafür, daß der Schmelzpunkt fast
erreicht ist. Erst wenn das Werkstück genügend Wärme aufgenommen hat, kann der übliche Schweißwinkel eingehalten und
der Brenner gegen Ende der Naht, wenn sich die Wärme staut,
schräger gehalten werden, was besonders bei dünnen Blechen
vorteilhaft ist. Die Eigenschaft der Kohlensäure, das Aufnahmevermögen flüssigen Kupfers für andere Gase, vor allem auch für
Sauerstoff, herabzusetzen, wird praktisch dadurch nutzbar gemacht, daß man hauptsächlich bei Dickblechen durch Senkrecht-
halten des Brenners eine gleichmäßige Ausbreitung des Flammen-
mantels auf den hocherhitzten Zonen herbeiführt. Ferner wird
hierdurch die Wirkung des Desoxydationsmittels (Flußmittels),
das auf das kalte Kupfer pastenförmig aufgetragen wird,
unterstützt.

Ob nachrechts oder nachlinks geschweißt
wird, hängt in erster Linie von der Gewohnheit und Übung des
Schweißers ab. Doch ist die oft anzutreffende Meinung, Kupfer
sei nur nachlinks zu schweißen, unrichtig. Bereits Bleche von

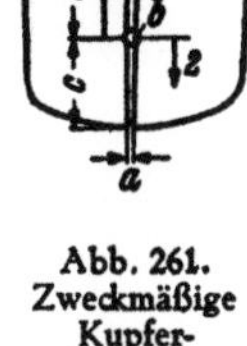

Abb. 261.
Zweckmäßige
Kupfer-
schweißung.

5 mm Dicke aufwärts lassen sich mit schmalen, sauberen Nähten gut nachrechts
schweißen.

Mit Rücksicht auf die geringe Festigkeit und auf das starke Arbeiten
erhitzten Kupfers sind zur Bekämpfung der Spannungen Gegenmaßnahmen notwendig, die gleich zu Beginn der Schweißung einzusetzen
haben. Vor allem muß ausdrücklich betont werden, daß Kupfernähte nicht
geheftet werden dürfen, da sonst die Naht wieder aufreißt, und das um
so leichter, je länger sie ist. Vielmehr werden die Blechränder wie üblich auf
Spalt gelegt und unter Verwendung der früher erläuterten Vorrichtungen
eingespannt.

Der Schweißvorgang, der an Hand der Abb. 261 besprochen werden soll, ist folgender: Zur Offenhaltung des Spaltes a bis e dient der bei f
um die Strecke d vor der Flamme entlang geführte Keil. Der Abstand zwischen
diesem und der Flamme ist von Blechdicke und Nahtlänge abhängig. Erst
nach Vollendung des längeren Nahtabschnittes wird, wieder bei b beginnend,
das restliche Stück c in umgekehrter Richtung, also im Sinne des Pfeiles 2 verschweißt. Das Maß c bewegt sich je nach Blechdicke und Nahtlänge zwischen
100 und 300 mm. Nur ganz kurze Nähte, die während des Schweißens auf
ihre Länge gleichmäßig erwärmt werden und deshalb längs und quer zur Naht
angenähert gleichzeitig schrumpfen können, wird man an der Blechkante beginnend schweißen. Würde man, wie bei Stahl üblich, an einem Rand beginnend und nur in einer Richtung schweißen, dann müßte die Naht un-
weigerlich aufreißen, weil die Festigkeit des hocherhitzten Kupfers geringer
ist als die Summe der auftretenden Schrumpfkräfte. Wird jedoch bei b begonnen, so können die Blechkanten über die Länge c frei arbeiten, und beim
Schweißen dieses Abschnittes ist die Festigkeit der langen fertigen Nahtstrecke

bereits so hoch angewachsen, daß Spannungsrisse nicht mehr auftreten. Allerdings muß der Keil *f* von Zeit zu Zeit vorgeschoben werden, weil unter Druck stehende erhitzte Blechränder gleichfalls zur Rißbildung führen.

Zur Vermeidung zu großer Wärmeabwanderung und zur Arbeitserleichterung können beim Waagerechtschweißen mit Asbest abgedeckte Unterlagen wie Schienen u. ä. vorgesehen werden, auf denen auch das Aushämmern vorgenommen werden kann. Auf Unterlagen völlig verzichten muß man beim stehenden und doppelseitigen Schweißen, eine in Abb. 262 gezeigte Arbeitsweise. Hierbei handelt es sich um einen Walzenüberzug von etwa 5 mm Dicke, 4000 Millimeter Länge und 800 mm Durchmesser, der beiderseitig glatt und fugenfrei sein muß. Der Schweißspalt der Zarge wird durch Laschen und Bolzen *b* und durch Spannringe *a* gehalten. Im vorliegenden Falle ist die auf ihre gesamte Länge bei *c* mit Schweißpaste bestrichene Naht von der Mitte des Mantels ausgehend nach unten geschweißt worden. Darauf wurde die Zarge gedreht und in entgegengesetzter Richtung fertig geschweißt. Der Zylinder steht auf Holzpfosten, um für den im Innern und in gleicher Höhe tätigen Schweißer genügend Luftwechsel sicherzustellen.

Abb. 262. Doppelseitiges Schweißen einer stehenden Naht.

Neben unterbrechungsfreiem Arbeiten, auf das schon hingewiesen wurde, ist nur das Schweißen in einer Lage, gleichgültig welche Werkstoffdicke, möglich, weil sonst Oxydeinschlüsse und Rißbildungen entstehen. Auch das doppelseitig-gleichzeitige, mithin stehende Schweißen ist als Einlagenschweißung aufzufassen, da sich die paarweisen Schmelzbäder immer in gleicher Höhe befinden.

Eine Nachschweißung zur Schaffung eines schöneren Nahtaussehens ist zu unterlassen, weil durch ein örtliches, mithin ungleiches Erhitzen neue Spannungen hervorgerufen werden, die Rißbildungen im Gefolge haben können. Läßt sich eine Nachschweißung zur Behebung eines Fehlers nicht umgehen, so muß die gleichmäßige Anwärmung einer längeren Nahtstrecke voraufgehen.

Vergüten der Kupferschweiße. Infolge der Zähflüssigkeit der Kupferschmelze unterscheidet sich das A u s s e h e n d e r K u p f e r n a h t von der Stahlnaht weniger durch die größere Breite als durch stärkere schuppenartige und unregelmäßige Überhöhungen. Abb. 263 veranschaulicht den Ausschnitt einer Kupferschweißnaht an 5 mm-Blech. Ein Glätten und Verschönern der Nahtoberfläche ist, soweit dies praktisch verlangt werden muß, eine Nachbehandlung von untergeordneter Bedeutung. Die Unebenheiten können durch Schaben und leichtes Hämmern ausgeglichen werden, bei dickeren Blechen durch Warmschmieden und durch Schlichten im kalten Zustande mit Preßluftwerkzeugen.

Da gerade die Nichteisenmetalle verhältnismäßig grob kristallisieren und ausgeprägten Gußcharakter zeigen, sind es wiederum das H ä m m e r n u n d G l ü h e n , die eine Vergütung der Schweiße bewirken. Das Gefüge wird

Abb. 263. Aussehen einer Kupferschweißnaht
an 5 mm-Blech.

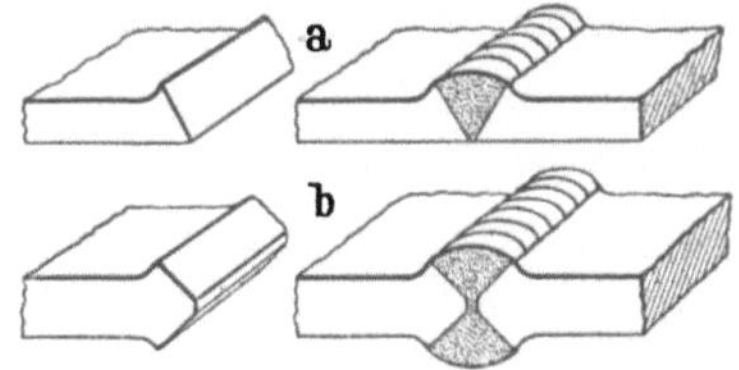

Abb. 264. Wulstnahtschweißung.

verdichtet und verfeinert; Festigkeit, Dehnung, Kerbzähigkeit und Verformbarkeit werden hierdurch wesentlich erhöht. Während die Rohstoffschweiße nur 11 ··· 13 kg/mm², also nur 50 vH der Festigkeit des gewalzten Kupfers aufweist, erreicht die warmgehämmerte Schweiße eine solche von 23 kg/mm², mithin fast 100 vH. Bei der Schweißung von Dickblechen ist deshalb das Hämmern folgerichtig weniger eine Nachbehandlung als ein wichtiger Bestandteil der Schweißausführung. Das Glühen vermindert zwar die Festigkeit der kalt gehämmerten Naht, verursacht aber anderseits eine bessere Verformbarkeit der Schweiße, z. B. durch Treiben, Strecken, Biegen. Demnach ist die eine oder andere Nachbehandlung in dem Umfange anzuwenden, wie es die technologischen Eigenschaften der Schweißverbindung verlangen.

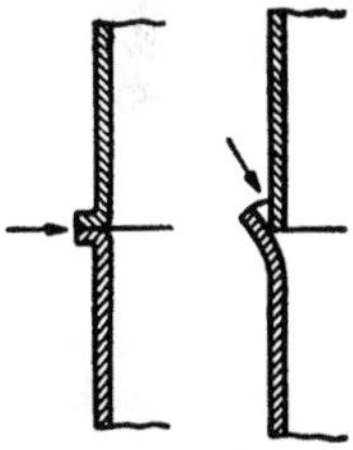

Ohne Unterlage kann weder warm noch kalt gehämmert werden, weshalb, wenn Schienen fehlen, andere amboßähnliche Hilfsmittel heranzuziehen sind. Das warme Hämmern setzt je nach Blechdicke auf Strecken von 40 ··· 80 mm ein, dann wird ein Stück Naht gleicher Länge geschweißt, wiederum gehämmert usw. Bei freistehender Senkrechtschweißung dient bei V-Nähte ein 10 ··· 15pfündiger Vorschlaghammer zum Gegenhalten. Zum Hämmern selbst werden langstielige Ball- oder Kugelhämmer von etwa 0,7 kg Gewicht benutzt. Das Hämmern kann bis unter Rotglut und soll unter kurzen, nicht zu starken Schlägen erfolgen. Das Nachschlichten geschieht mit der Hammerflachbahn. X-Nähte werden von beiden Seiten mit gleich großen Kugelhämmern durchgeschmiedet, wobei gleicher Takt eingehalten werden soll. Durch die Fortsetzung der Schweißung werden die gehämmerten Zonen wieder geglüht und verbessert. Durch Treiben und Poltern stark verfestigtes und dadurch hart und spröde gewordenes Kupfer

Abb. 265.
Bördel- und
Kelchschweißnähte.

muß durch wiederholtes Zwischenglühen behandelt werden. Natürlich kann die Schweißnaht hiervon nicht ausgeschlossen werden. Zur Beschleunigung der Zwischenbehandlung und zur Förderung der Verformbarkeit des Kupfers schreckt man ausgeglühtes Kupfer häufig in Wasser ab, eine immer wertvolle Maßnahme, die sich metallurgisch allerdings nicht begründen läßt.

Zur Verminderung der an die Schweiße angrenzenden Rekristallisationszonen macht H o l l e r den Vorschlag einer W u l s t n a h t s c h w e i ß u n g. Sie beruht darauf, die V- und X-Stöße von Dickblechen mittels geeigneter Preßluftdöpper kräftig vorzustauchen. Abb. 264 zeigt bei a eine zur Schweißung vorbereitete, d. h. angestauchte V-Kante und die zugehörige Schweißnaht und b eine X-Naht gleicher Art. Auf diese Weise kann die Zone der durch Schweißen hervorgerufenen Kornvergröberung so gering gehalten werden, daß sie durch das nachfolgende Hämmern mit vergütet wird.

Ausführungsbeispiele.

Die Anwendung der Kupferschweißung an Stelle des Hartlötens und Nietens ist mannigfach. Kupferne Blasen, Vakuumkessel, Dämpfer, Destillationsapparate, Säurebehälter, Boiler, Sudkessel, Braupfannen und Zargen jeder Art und Größe wie Walzenüberzüge, Zentrifugentrommeln

Abb. 266. Gruppe geschweißter Kupferrohr-Formstücke.

usw. werden in beliebigen Blechdicken geschweißt.

Die Schweißung von K u p f e r r o h r e n, die sich von der des Stahlrohres nur wenig unterscheidet, wird im großen Umfange ausgeübt. Außer den in Abb. 157a, e und f gezeigten Rundnahtarten (I- und V-Stoß) sind bei Kupfer auch Bördel- und Kelchnähte besonders dann üblich, wenn stehende dünnwandige Rohre geschweißt werden sollen und eine Verengung des Durchganges durch Tropfenbildung (Schweißbart) verhütet werden muß (Abb. 265).

Abb. 267. Verformungsprobe eines geschweißten Kupferrohrs.

Eine Gruppe in allen ihren Teilen geschweißter R o h r f o r m s t ü c k e veranschaulicht Abb. 266. Ähnliche dickwandigere Formstücke werden für Feuerwehrspritzen und andere Maschinen und Geräte in geschweißter Konstruktion gefertigt. Auch die früher gegossenen kupfernen Winddüsen für Hochöfen werden heute geschweißt.

Was eine gute Rohrschweißung auszuhalten vermag, läßt die Verformungsprobe, Abb. 267, erkennen. Die unvergüteten Rundnähte eines Kupferrohres von 40 mm Durchmesser und 3 mm Wanddicke sind mit dem Bankhammer flachgeschlagen worden, ohne daß sich Risse oder andere Beschädigungen feststellen ließen. Eine Vergütung von Rohrrundnähten durch Hämmern ist natürlich nur bei kurzen Rohrlängen und nur dann möglich, wenn ein passender Dorn eingeschoben werden kann.

Als Beispiel aus dem Kupferbehälterbau kann die Abb. 268 gelten, die einen geschweißten B o i l e r von 2000 l Inhalt, 1000 mm Durchmesser und 5 mm Blechdicke darstellt.

Auf Grund der mit der Kupferschweißung gemachten guten Erfahrungen wurde sie schon frühzeitig auf die Ausbesserung von L o k o m o t i v f e u e r - b u c h s e n und später auch auf deren Fertigung übertragen, ein Arbeitsgebiet, das an den Schweißer hinsichtlich seines Könnens und seiner körperlichen Widerstandsfähigkeit hohe Anforderungen stellt und das hier nur gestreift werden kann[1]). Zu den schwierigsten Arbeiten unter diesen zählen die an unausgebauten Feuerbuchsen, wie die Ausbesserung abgenutzter Stemm-

Abb. 268. Kupferschweißung (Boiler).

kanten, das Vorschuhen und Einsetzen von Flicken und das Verschweißen von Stehbolzen, Rohrwandsteg- und Krempenrissen.

Der Arbeitsgang beim Einsetzen eines Flickens in die Seitenwand einer Feuerbuchse ist in Abb. 269 und 270 skizziert. Die durch Stehbolzen ver-

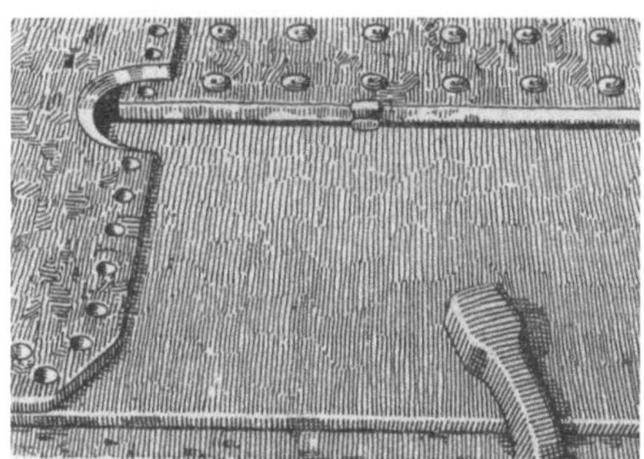

Abb. 269. Zur Schweißung vorbereiteter Flicken einer Feuerbuchse.

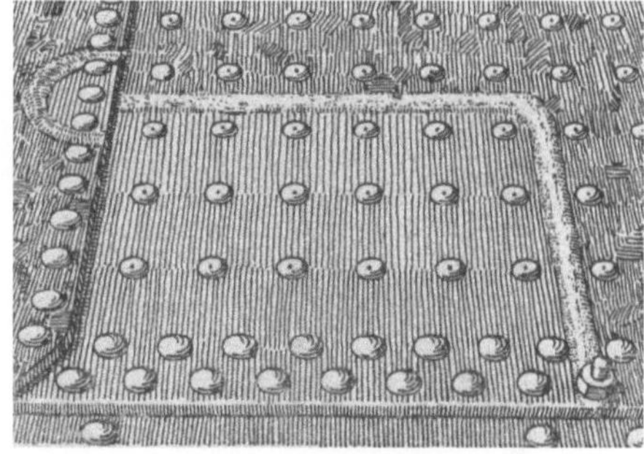

Abb. 270. Vollendete Schweißung der in Abb. 269 vorbereiteten Arbeit.

steifte Wand und der Flicken werden an ihrer Verbindungsstelle abgeschrägt und, mit Bolzen gehalten, auf Spalt gelegt. Da die Buchse nur von der Feuerseite zugänglich ist, muß aus der Krempe der Rohr- oder Feuertürwand ein halbkreisförmiges Stück herausgearbeitet werden. Alle anteiligen Niete und Stehbolzen sind zu entfernen. Die Schweißung verläuft von rechts nach links und darauf wieder in der Ecke beginnend, von hinten nach vorn. Sodann wird ein abgeschrägtes Stück in den kreisförmigen Ausschnitt eingepaßt und eingeschweißt, die Löcher für die Niete und Stehbolzen gebohrt und die letzten wieder eingezogen, so daß die fertige Arbeit das Aussehen der Abb. 270 hat.

---

[1]) Ausführliches s. H o r n : Die Schweißung des Kupfers und seiner Legierungen; Berlin, Springer, 1928; und H o r n : Das Schweißen von Kupfer und Messing. 3. Aufl., herausgegeben vom Deutschen Kupferinstitut, Berlin.

Durch häufiges Rohreinwalzen entstehende **Spannungsrisse** in den Rohrwandstegen werden, wenn sie vereinzelt auftreten, ausgekreuzt und verschweißt. Nicht selten kommen diese radial zum Rohrloch verlaufenden Risse in größerer Anzahl nebeneinander strahlenförmig angeordnet vor, wobei das Einsetzen von Pfropfen oder Linsen, mithin das **Verschweißen der**

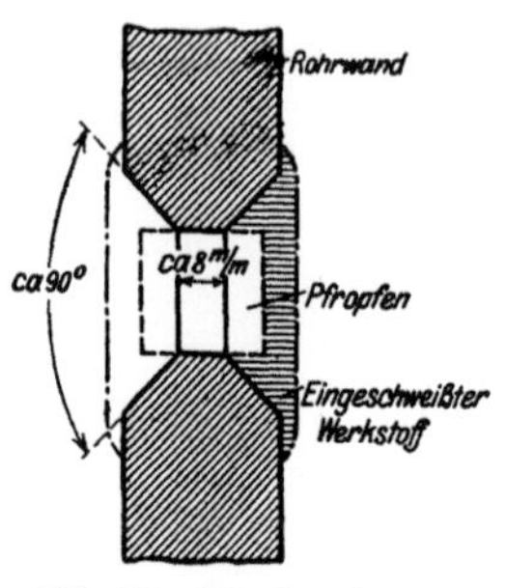

Abb. 271. Verschweißen von Rohrwandlöchern.

Rohrlöcher oder auch **das Einpassen ganzer** Rohrwandausschnitte vorteilhaft ist. Beim Ausfüllen von Rohrlöchern kann entweder deren Durchmesser erhalten bleiben oder eine Kupferlinse eingesteckt und ringsum eingeschweißt werden, oder es wird, wie Abb. 271 andeutet, das Rohrloch beiderseitig konisch erweitert und ein zylindrischer Pfropfen eingesetzt.

Die z. T. erheblichen Vorzüge, die geschweißte Lokomotivfeuerbuchsen gegenüber genieteten besitzen, führten zur Stumpfschweißung unter stärkster Einschränkung und oft völligem Verlassen der genieteten Überlappung. Abb. 272 zeigt zwei Schweißerpaare bei gemeinsamer Durchführung der doppelseitig gleichzeitigen Schweißarbeit, wobei man sich im Innern der Kupferbuchse zwei in gleicher Höhe arbeitende Schweißer vorzustellen hat. Die Blechdicke beträgt etwa 18 mm. Die Nähte sind X-förmig vorbereitet

Abb. 272. Schweißung einer kupfernen Lokomotivfeuerbuchse.

und die Blechränder durch Laschen und Bolzen gehalten. Die Schweißung wird von unten nach oben und mit winklig abgebogenen Drähten von 8 bis 10 mm Dicke ausgeführt. Beiderseits der Stoßfuge ist im Bilde hell erscheinende Schweißpaste in je etwa dreifacher Breite der Blechdicke aufgetragen. Um für das Aushämmern der rotwarmen Schweiße genügend Werkstoff zu haben und zur Verstärkung der Querschnittsfestigkeit wird entsprechend viel Werkstoff (Nahtdicke etwa = doppelter Blechdicke) aufgetragen und für einen allmählichen Übergang zum Blechquerschnitt gesorgt.

b) Messingschweißung.

Grundsätzliches. Messing ist viel leichter zu schweißen als Kupfer. Seine **Wärmeleitfähigkeit** beträgt das 2,5···3fache des Stahles und ist demnach um ²/₃ geringer als bei Kupfer, weshalb im allgemeinen die für Stahl übliche Flammengröße richtig ist. Der viel dünnere Fluß des Messing-schmelzbades, die wesentlich geringeren Spannungserscheinungen, geringere Wärmeableitung und die gegenüber Kupfer verhältnismäßig geringe Überhitzungsgefahr steigern seine Schweißbarkeit. Außerdem kommen meist nur dünnere Bleche und Rohre, selten Wanddicken über 10 mm in Frage. Im Gegensatz zum Kupfer ist die Wahrscheinlichkeit der **Wasserstoff-aufnahme** bei Messing nur sehr gering, da Zink die Löslichkeit für dieses Gas stark herabsetzt. Jedoch neigt das Zink, dessen Siedepunkt bei nur 907° liegt, zu rascher und starker Verdampfung und Oxydation zu Zinkoxyd, was eine besondere Flammeneinstellung verlangt. Mit falscher Flammeneinstellung geschweißte Messingnähte lassen mehr oder weniger umfangreichen, weißen Niederschlag erkennen, der aus Zinkoxyd besteht und an der Messing-oberfläche fest anhaftet.

Schweißzubehör. Gewöhnlicher Messingdraht wird nur selten als Zusatzwerkstoff verwendet, weil porenfreie Schweißen damit nur schwer erzielbar sind. Meist werden Sondermessingdrähte (Bronzedrähte) benutzt. Als Flußmittel dienen stets die für Kupfer und seine Legierungen gebräuchlichen; Borax oder Pasten hieraus eignen sich nicht.

Schweißflamme. Flammengröße wie bei Stahl gleicher Dicke. Mit Rücksicht auf die Zinkverdampfung ist Messing das einzige Metall, das mit einem **Überschuß an Sauerstoff** zu schweißen ist. Dieser beträgt je nach Drahtart 20···30 vH; Sonderdrähte werden mit geringerem, Messingdraht mit höherem Sauerstoffüberschuß verarbeitet. Sondermessinge (nach DIN 1709, Blatt 1), z. B. Deltametall, werden mit Flammen geschweißt, die sogar bis zu 50 vH Sauerstoffüberschuß erhalten. Die Flammenregelung geht am besten so vor sich, daß zunächst ein normaler Flammenkegel eingestellt und darauf die Azetylenzufuhr so lange abgedrosselt wird, bis der gewünschte Sauerstoff-überschuß vorhanden ist.

Diese Abweichung von der sonst allgemein üblichen Flammeneinstellung mutet zunächst eigentümlich an, um so mehr, als ein Überschuß an Sauerstoff erhöhte Oxydation des Zinks erwarten läßt. Metallurgisch ist diese Frage noch nicht einwandfrei geklärt. Man nimmt an, daß sich die vom Draht abfließenden Messingtropfen in der stark mit Sauerstoff angereicherten Atmo-

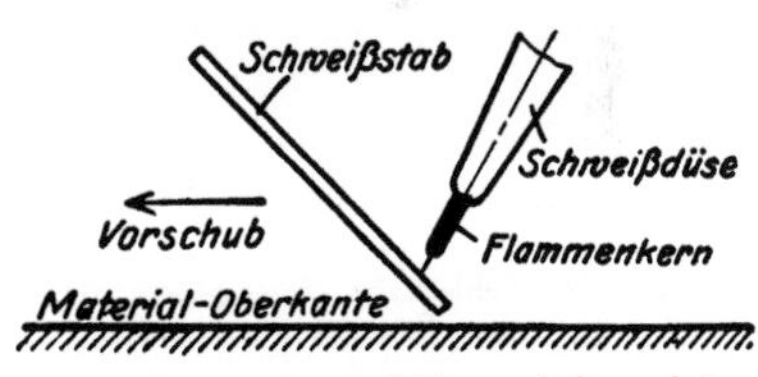

Abb. 273. Draht- und Brennerhaltung bei dünnen Blechen.

sphäre sofort mit einem dünnen Oxydhäutchen überziehen, welches das geschmolzene Metall vor weiterer Oxydation schützt und beim Einschmelzen in den Werkstoff auf der Oberfläche abgeschieden und durch das Flußmittel gelöst wird. Tatsache ist, daß reichlicher Sauerstoffüberschuß in der Flamme die Zinkverdampfung auf das geringste Maß beschränkt. Auf diese Weise wird auch die beim Arbeiten mit normaler Flamme immer zu erwartende poröse und schwammige Schweiße und auch deren Farbunterschied verhütet, der ebenfalls seine Ursache im Verdampfen des Zinks und im Zurücklassen einer kupferreicheren, dunkler gefärbten Legierung hat. Porigkeit und Farbunterschied kommen, wenn auch zuerst nicht sichtbar, auf hochglanzpolierten Flächen und auch dann durch schwarze Flecken zum Ausdruck, wenn das geschweißte Metall mit anderem, z. B. mit Silber, Nickel oder Chrom überzogen wird.

Schweißvorgang. Er ist an sich, abgesehen von der Flammeneinstellung, für alle Messingsorten derselbe. Ein Unterschied in der Vorbereitung der Schweißränder gegenüber Stahl besteht nicht. Hauptsächlich werden Ms 63 und Ms 58 geschweißt. Wenn die Legierung unbekannt ist, entscheidet ein kleiner Vorversuch, eine Schmelzprobe, welche Flammeneinstellung die geeignetste ist.

Bei dünneren Blechen hält man die Flamme mehr auf das Abschmelzende des Drahtes als auf die Blechränder, um ein Lochbrennen zu vermeiden. Diese, in Abb. 273 skizzierte Stellung von Draht und Brennerflamme zur Blechoberfläche ist auch beim Schweißen dünner Bleche aus anderen Metallen (z. B. Aluminium) empfehlenswert. Richtige Flammeneinstellung verbürgt metallisch blanke und nicht durch Zinkoxydhäute weiß gefärbte Oberflächen. Da die Zinkoxyddämpfe gesundheitsschädlich sind, ist schon aus diesem Grunde geringste Ausdampfung dieses Legierungsbestandteiles anzustreben. Ununterbrochenes Messingschweißen, besonders mit gewöhnlichem Draht, überhaupt dann, wenn sich eine Zinkausdampfung nicht völlig vermeiden läßt, macht das Tragen eines Atemschützers notwendig.

Bei der Schweißung von M e s s i n g g u ß (Gelbguß), die nicht gerade häufig und außerdem nur an kleinen Körpern vorkommt, verwendet man den gleichen Draht und dasselbe Flußmittel wie bei Walzmessing und wärmt in allen Fällen den Körper auf etwa 400° vor. Da nur geringe Spannungsgefahren bestehen, ist die Geschwindigkeit der Abkühlung solcher Gegenstände nach dem Schweißen bedeutungslos. Der Körper kann an der Luft erkalten.

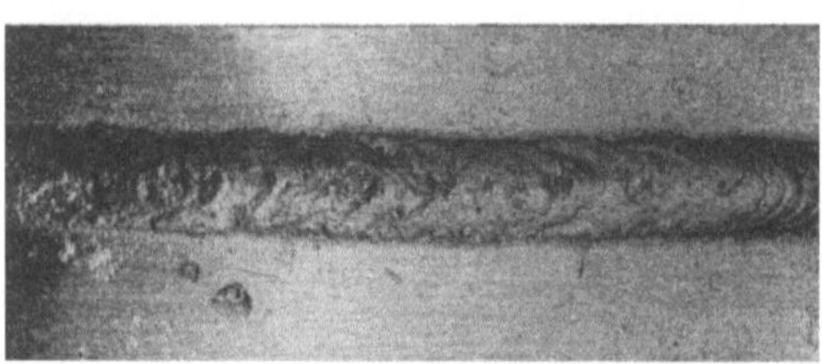

Abb. 274. Fehlerhafte Messingblechnaht (zu geringer Sauerstoffüberschuß).

Güte der Messingschweiße. Die Abb. 274 · · · 276 zeigen das A u s s e h e n unter verschiedenen Bedingungen geschweißter Messingblechnähte. Der Stumpfstoß an 2 mm-Messingblech (Abb. 274) ist insofern fehlerhaft, als durch zu geringen Sauerstoffüberschuß in der Schweißflamme oberflächliche Poren festzustellen sind. Dieser Fehler kommt bei den übrigen Nähten nicht vor; sie sind völlig einwandfrei, und zwar bezieht sich Abb. 275 auf eine Kantennaht an 1,5 mm-Blech und Abb. 276 auf eine Kehlnaht an 2 mm-Blech. Wie bereits betont, müssen die Schuppen einer mit richtiger Flammeneinstellung geschweißten Naht völlig metallisch blank und auch an ihrer Oberfläche porenfrei sein. Die Messingschweiße läßt sich in gleicher Form bearbeiten wie der Grundwerkstoff. Sie muß sich kalt und warm beliebig biegen, hämmern, strecken und treiben lassen, ohne daß Schäden irgendwelcher Art auftreten dürfen. Rißbildung oder Schichtung, d. h. Überlagerung von aufgetragenem Werkstoff an ungenügend verbundenen Stellen sind stets fehlerhaft. Durch Hämmern zwischen 500 und 600° wird eine Verfeinerung und damit Vergütung des Gefüges bewirkt. Kaltverfestigte, d. h. durch Treiben und Strecken bearbeitete Schweißnähte müssen zur Beseitigung der Sprödigkeit entsprechend häufig ausgeglüht werden, worauf sie bis zur Papierdünne heruntergeschmiedet werden können.

Ausführungsbeispiele. Auf die Wiedergabe von ausgeführten Messingschweißungen kann hier verzichtet werden, da sie in der bildlichen Darstellung Neuerungen gegenüber dem bisher Gezeigten nicht bringen. Im Instrumenten-, Geräte- und Apparatebau kommt die Messingschweißung nicht gerade häufig vor, es sei denn bei der Verbindung von Rohren. Das Hauptgebiet der Messingschweißung liegt im „Bronzebau", unter dem heute alle Arbeiten aus Sondermessing zu verstehen sind. Die einfache Herstellung von Messingprofilen aller Art und deren Verbindung untereinander und mit Messingblechen erleichtert die Fertigung

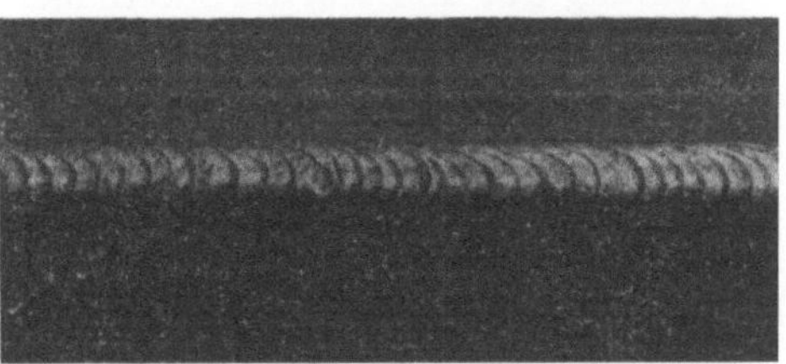

Abb. 275. Gute Messingblechnaht (Kantennaht).

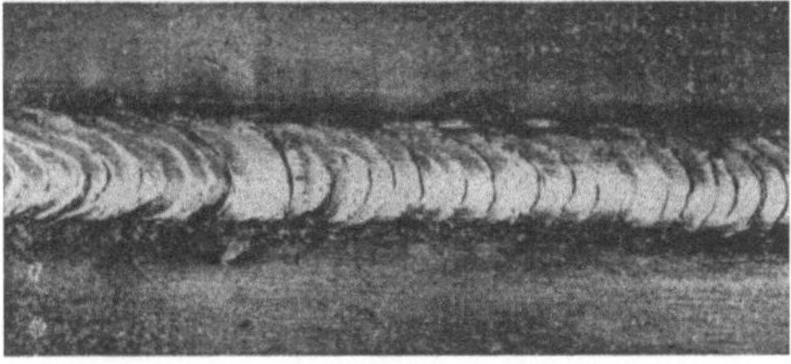

Abb. 276. Gute Messingblechnaht (Kehlnaht).

von Tür- und Fensterrahmen, von Schaufenstereinrichtungen und ähnlichen Arbeiten. Die Schweißverbindung gibt dem Innenarchitekten ein Mittel an die Hand, gefällige Formen zu entwickeln und die Gestaltung von Treppengeländern und ähnlichen Konstruktionen günstig zu beeinflussen. Bei diesen Arbeiten kommt es natürlich weniger auf hohe Festigkeit und Dehnung als auf Porenfreiheit und Farbengleichheit der Schweißverbindung an.

c) Bronzeschweißung.

Allgemeines. Im Gegensatz zum Messing enthalten die Bronzen bekanntlich nicht Zink, sondern Zinn als Hauptlegierungsbestandteil. Der Siedepunkt des Zinns liegt bei etwa 2360°, jedoch setzt seine wahrnehmbare Verflüchtigung bereits bei etwa 1200° ein. Die Schweißung erfolgt ausschließlich mit normaler, also neutraler Flamme, deren Größe der Messingschweißung entspricht. Als Schweißpulver dient das gleiche wie bei Kupfer und Messing, als Zusatzdraht nur im Notfalle Messing-, für Rotguß Messing- oder Kupfer-, besser jedoch immer Bronzedraht, wenn nötig derselben Zusammensetzung. Sollen Farbunterschiede bei Sonderbronzen verhütet werden, so ist den Zusatzstäben ein etwas höherer Gehalt an jenen Legierungsbestandteilen zu geben, die beim Schweißen leicht vergasen wie Zinn, Zink und Blei. Gegossene Stäbe kommen nur für Gußbronze in Frage.

Schweißvorgang. Eine für den Schweißer unangenehme Eigenschaft der Bronze besteht darin, daß sie mit zunehmender Temperatur rasch an Festigkeit und Dehnung verliert und bei Unachtsamkeit unter dem Eigengewicht ihres Körpers zusammenbricht. Auf 600° erhitzte Bronze hat nur noch eine Festigkeit von rund 20 vH des Werkstoffs von normaler Temperatur. Schon oberhalb von 500° genügen geringe Erschütterungen und Bewegungen, mehr noch Stoß oder Schlag, um den Bronzekörper zu Bruch zu bringen, weshalb jede örtliche Veränderung, mithin auch ein Drehen und Wenden des erhitzten Bronzekörpers schon oberhalb 400° unterbleiben muß. Für den Schweißer hat daher der Grundsatz zu gelten: Bronzene Werkstücke sind vor Beginn der Schweißung gut und fest zu unterbauen, damit sie ihre Lage nicht ungewollt verändern können!

Wenngleich Bronze nicht so spröde ist wie Gußeisen, ist eine Vor - wärmung mit Rücksicht auf die vorhandenen Spannungen doch immer notwendig. Diese darf aber höchstes 600° erreichen. Kleinere Körper können mit der Flamme vorgewärmt werden, während größere Gegenstände in ein Holzkohlenfeuer einzubauen sind.

Das Schweißen von Bronze ist von einem mehr oder weniger starken Schäumen des Schmelzbades begleitet, das eine Verdampfung und Oxydation des Zinns zur Folge hat. Wenn auch das Zinn hierbei als Reduktionsmittel wirkt, so bedeutet sein Verlust in der Schweiße jedoch eine Abnahme an Festigkeit. Außerdem führt die Zinnverdampfung zur Porosität. Die Vermehrung der porösen Stellen und der Verlust an Zinn werden durch einen Überschuß an Azetylen in der Schweißflamme begünstigt, während ein Überschuß an Sauerstoff die Oxydation der Legierungsbestandteile fördert und auf der Oberfläche der Schmelze eine schwarze Schicht eines Zinn-Kupferoxydgemisches bildet. Um die Verbrennung des Zinns zu Zinnoxyd und den Zinnverlust zu verringern, ist ein geringer Z u s a t z von Phosphor, Mangan, Silizium oder Aluminium im S c h w e i ß s t a b e b z w. i m F l u ß m i t t e l anzuraten. Alle diese Stoffe gehen beim Schweißen als Oxyde in die Schlacke über, wodurch außerdem eine Reduktion des gebildeten Kupferoxyduls, das in weiten Grenzen in Bronze löslich ist und die Schweiße brüchig macht, bewirkt wird. Ein Zuschlag von Aluminium vermindert die Aufnahme von Gasen erheblich.

Beim Schweißen mit zu großen Flammen wird die sog. E n t m i s c h u n g begünstigt. Es tritt dann ein teilweises Ausseigern von Zinn oder zinnreichen Legierungsbestandteilen aus kupferreicheren, leichter erstarrenden Legierungen innerhalb des Bronzekörpers ein. Dieser Vorgang spielt sich beim Schweißen von Bronze in der Gegend von etwa 500° ab, wobei Zinnkügelchen perlenförmig an deren Oberfläche austreten und auf dem Metall hin und hergleiten. Diese Ausscheidung von Zinn, die der Schmelze vorausgeht und mit dem Gehalt an Zinn wächst, erreicht bei etwa 600° ihren Höhepunkt. Die ausgeschiedenen Zinnperlen werden unter dem Einfluß der Schweißflamme vergast und bilden auf der Oberfläche der Legierung den bekannten gelblichbraunen Niederschlag von Zinndioxyd. Diese in den oberen Metallschichten, also sich rein oberflächlich vollziehende Zinnausscheidung hinterläßt außer oft recht erheblichen Lunkern eine dunklere Färbung der dadurch kupferreicher gewordenen oberen Bronzeschichten. Abhilfe schaffen höherer Bleigehalt des Drahtes und geeignete Flußmittel. Die Schweiße ist dünnflüssig. Aus diesem Grunde muß die zu schweißende Stelle so gelagert werden, daß ein Abfließen des Schmelzbades nicht möglich ist. Selbstverständlich werden alle oberflächlichen Verunreinigungen vor Beginn der Schweißung durch Abwaschen mit Benzin oder durch Abschaben entfernt, um das Einschmelzen von Fremdkörpern zu vermeiden.

Die Festigkeit der Schweiße von Gußbronze erreicht fast immer die des Mutterwerkstoffs, bei Walzbronze jedoch meist nur 85···90 vH. Bei der Abkühlung der Bronzekörper ist so zu verfahren, wie dies bei Gußeisen üblich ist. Ein nochmaliges Erhitzen, d. h. Ausglühen der Bronzeschweiße bzw. des ganzen Körpers, ist immer notwendig, um die Spannungen, auszugleichen. Nur sehr kleine, nicht zu dickwandige Körper können nach dem Ausglühen in kaltem Wasser abgeschreckt werden. Ein Abhämmern der Schweiße mit einem balligen Kupferhammer ist natürlich nur bei Walzbronze möglich. Hierdurch tritt eine Verdichtung des Gefüges und eine Steigerung der Festigkeit und Dehnung ein.

Abb. 277. Geschweißtes Bronze-Ventilgehäuse.

Ausführungsbeispiele. Die Anwendung der Bronzeschweißung umfaßt vorwiegend die Ausbesserung zerstörter Gehäuse (Steuer-, Pumpen-, Ventil-, Injektor- und Apparategehäuse), die Ausbesserung von Rädern, Lagern ,Lagerschalen, Schiffsschrauben, Glocken, Statuen usw. Abb. 277 veranschaulicht ein geschweißtes B r o n z e - V e n t i l g e h ä u s e.

Zweifellos zu den schwierigsten Arbeiten des Autogenschweißers überhaupt ist die Schweißung von B r o n z e g l o c k e n zu rechnen. So interessant die Durchführung solcher Arbeiten auch ist, verbietet es der Umfang dieses Buches, ausführlich hierauf einzugehen[1]). Die beiden Abb. 278 und 279

Abb. 278. Bronzene Kirchenglocke, zur Schweißung vorbereitet.

Abb. 279. Fertig geschweißte bronzene Kirchenglocke.

bringen eine bronzene Kirchenglocke vor und nach der Schweißung. Sie ist 400 Jahre alt, wiegt rund 1200 kg, ist über 1 m hoch, hat einen Glockenmund-Durchmesser von 1 m und an der Schweißstelle eine Wanddicke von 80 mm. Die Rißlänge betrug 1500 mm, das eingeschweißte Bronzegewicht 35 kg. Der

---

[1]) Ausführliches s. Horn: Schweißung von Bronzeglocken. Londoner Kongreßbericht. Autogene Metallbearb. 1936, Heft 24.

Einbau solcher Glocken in ein Schamottemauerwerk, das zur Vorwärmung des Körpers im Holzkohlenfeuer dient, geschieht meist stehend, besonders dann, wenn die Glocken noch größer sind als oben angegeben. Diese stehende Stellung der Glocke bietet beim Schweißen eines Radialrisses, wie er aus Abb. 278 im für die Schweißung vorbereiteten Zustande ersichtlich ist, keine Schwierigkeiten. Verläuft der Riß jedoch axial, so zwingt er den Schweißer zur stehenden Schweißung, die bei Wanddicken von oft 150 mm und mehr besondere Maßnahmen verlangt. Da die Schweißung immer in Richtung des Glockenmundes, also im Gegensatz zu den bisherigen Anweisungen von oben nach unten erfolgen muß, sind gewisse Kniffe anzuwenden, um das Abfließen des Schmelzbades zu verhüten. Man schweißt auf eine Entfernung von etwa 100 mm, gerechnet vom Rißende, einen Steg in die recht breite Schweißfuge ein, der als Brücke für den Aufbau der Schweiße anzusehen ist. Von diesem Steg aus wird nach oben geschweißt und nach Vollendung dieser Strecke abermals in gleicher Entfernung ein gleicher Steg angebracht und so fort, bis die gesamte Rißlänge verschweißt ist. Bei solchen Arbeiten spielt die gewissenhafte Überwachung des Wärmezustandes des Körpers mit Pyrometern eine große Rolle. Daß eine gute Durchschweißung Grundbedingung ist, braucht wohl nicht besonders hervorgehoben zu werden, da ja von der Innenseite nicht geschweißt, sondern nur durchgeflossene Bronze durch Schleifen oder Meißeln entfernt werden kann. Abb. 279 zeigt die an der Schweiße bearbeitete Glocke. Werden etwa an der Glocke vorhandene Ornamente durch die Schweißung unterbrochen, so müssen diese durch Ziselieren oder Gravieren wiederhergestellt werden. Schweißungen solcher Art an Glocken von 4 t Gewicht und mehr zählen heute kaum noch zu den Seltenheiten.

d) Weitere Kupferlegierungen.

Eine Abgrenzung zwischen Bronze (Cu-Sn) und Messing (Cu-Zn) ist häufig nur schwer möglich, da infolge des Hinzukommens anderer Legierungszusätze weder die eine noch die andere Bezeichnung eindeutig richtig ist. Man spricht deshalb vielfach auch von Sonderbronzen und Sondermessingen (DIN 1705 und 1709). Andere Legierungen des Kupfers gehören in keine dieser Gruppen, z. B. Kupfer-Nickel und Neusilber. An dieser Stelle sollen nur einige wenige Kupferlegierungen zusammenfassend behandelt werden, die im gewissen Sinne schweißtechnisch von Bedeutung sind. Sonderlegierungen, die erst eingeführt werden, z. B. Legierungen des Kupfers mit Mangan, Silizium, Nickel u. a., und solche, die nicht mehr oder nur sehr beschränkt angewendet werden, wie Everdur (Cu-Si-Mn) u. a., sind unberücksichtigt geblieben. Auch das fast ausschließlich von der Reichsbahn (bei der Ausbesserung von Feuerbüchsen) verwendete Kuprodur (Cu-Ni-Si) kann hier außer acht gelassen werden.

Aluminiumbronze. Wenn Aluminiumbronze lange Zeit als nicht schweißbar bezeichnet wurde, so lag dies ausschließlich daran, daß sich beim Schweißen ungewöhnlich dicke und feste Aluminiumoxydschichten bilden, die weder mit den für Aluminium, noch weniger aber mit den für Kupfer und seine Legierungen gebräuchlichen Flußmitteln fortzuschaffen waren. Dieser Übelstand trat bei Walzlegierungen noch mehr in Erscheinung als bei gegossenem Werkstoff. Der Schweißquerschnitt war mit großen Mengen dieses

Oxyds durchsetzt, die Schweiße unansehnlich, von geringer Festigkeit, spröde und nur sehr schwer und unvollkommen ausführbar. Erst die vor kurzem gewonnene Erkenntnis, daß Bor- und Silicofluoride die wesentlichsten Bestandteile eines hierfür geeigneten, alle Oxyde lösenden Flußmittelgemisches sein müssen, führte die Schweißung der Aluminiumbronze zum Erfolg. Um die Gewähr für eine ununterbrochene Zufuhr der dringend erforderlichen Mengen an diesen Flußmitteln zum Schmelzbade zu haben, verwendet man hier seltener Pasten oder Pulver, sondern mehr ähnlich den Elektroden mit diesem Flußmittel umhüllte (getauchte) Schweißstäbe von der Zusammensetzung des Mutterwerkstoffs.

Die Schweißbarkeit dieser Bronze nimmt mit steigendem Aluminiumgehalt ab; eine Aluminiumbronze mit 4 vH Al ist viel besser und leichter schweißbar als eine mit 8 vH Al. Gleichmäßiger, nicht zu träger Fluß wird außerdem dadurch erreicht, daß man das Werkstück etwas vorwärmt. Diese Maßnahme hat neben der Verwendung möglichst schwacher und weicher Schweißflammen noch den Zweck, die sonst kaum vermeidliche Porenbildung in der Schweiße auszuschalten.

Neusilber. Dies ist eine Kupfer-Nickel-Zinklegierung mit 12 ⋅⋅⋅ 22 vH Nickel, 18 ⋅⋅⋅ 23 vH Zink, Rest Kupfer. Beim Schweißen kristallisieren aus der Schmelze feste, beschränkt ineinander lösliche Lösungen aus, ein dem Messing ähnliches Verhalten, mit dem es auch einige schweißtechnische Eigenschaften gemeinsam hat. Um dem Ausdampfen des Zinks zu begegnen, empfiehlt sich eine weiche Flamme, die aber einen geringen Sauerstoffüberschuß von etwa 10 vH enthalten kann, damit porenfreie Nähte entstehen. Azetylenüberschuß ist ungeeignet, da er ein unruhig spratzendes Schmelzbad verursacht. Der Schweißdraht soll der Zusammensetzung des Mutterwerkstoffs entsprechen und lieber etwas zu dick als zu dünn genommen werden. Neusilber mit geringem Nickelgehalt wird im allgemeinen mit Kupferschweißpaste bearbeitet, während bei Legierungen höheren Nickelgehalts die Verwendung von Nickelschweißpasten oder deren Gemische mit Kupferflußmitteln zweckmäßig ist.

Kupfer-Nickel[1]). Diese Legierungen kommen mit 80 vH Kupfer und 20 vH Nickel oder auch mit 70 vH Kupfer und 30 vH Nickel auf den Markt. Gebräuchlicher ist die erste Legierung, die sowohl als Guß- wie als Walzwerkstoff verarbeitet wird.

Kupfer-Nickel ist viel leichter schweißbar als Kupfer und Reinnickel. Eine Gefahr der Ausscheidung oder Verflüchtigung seiner Legierungbestandteile besteht nicht. Jedoch ist Kupfer-Nickel sehr wärmeempfindlich, weshalb es mit peinlichst neutral eingestellten, sehr weichen und schwachen Flammen (stündlicher Gasverbrauch 100 l je mm Blechdicke) zu schweißen ist. Überschuß an einem der Gase ist unbedingt zu vermeiden. Sobald die Flamme nur etwas zu groß eingestellt oder zu scharf ist, bildet sich auf dem Schmelzbad eine sandige, grießige Oberflächenschicht, die als ein Merkmal für die Abweichung von der richtigen Flammeneinstellung angesehen werden kann. Zur Vermeidung von Gasaufnahme und Blasenbildung ist die Flamme ähnlich wie beim Schweißen von Kupfer viel weiter entfernt zu halten, und die Nachrechtsschweißung ist, um Überhitzungen auszuschließen, so rasch wie

---

[1]) S. auch H o r n : Die Schweißung von Kupfer-Nickellegierungen. Autogene Metallbearb. 1931, Heft 8, u. 1932, Heft 1 u. 2.

möglich und in einem Zuge durchzuführen. Nachlinksschweißung ergibt schlechtere technologische Werte. Zur Abwehr von Wärmestauungen gegen Ende der Naht ist für eine gute Wärmeableitung zu sorgen, was durch Anstoßen einer Kupferplatte oder -schiene am einfachsten erreicht wird. Möglichst dicke Schweißstäbe der gleichen Legierung verhüten Überhitzung. Als Schweißpaste dient die für Kupfer übliche. Erwähnt sei noch, daß das Azetylen möglichst frei von Schwefelverbindungen sein muß, da sonst sprödes Schwefelnickel entsteht.

2. Blei.

Allgemeines. Das weichste unter den technisch brauchbaren Metallen, das Blei, dessen Siedepunkt bei etwa 1750° liegt, das jedoch schon bei Rotglut zu verdampfen beginnt, ist im Hinblick auf seinen niedrigen Schmelz-

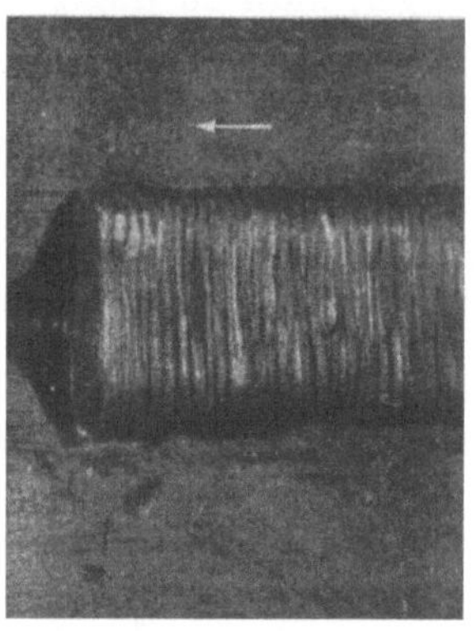

Abb. 280. Liegend geschweißte Stumpfnaht an 5 mm-Bleiblech.

Abb. 281. Stehende Bleiblech-Schweißnaht.

punkt (327°) und seine außerordentliche Verformbarkeit leicht und gut schweißbar. Da die sich in der Umgebung der Schweißstelle in großen Mengen als gelber, übel riechender Belag absetzenden Bleidämpfe g i f t i g sind, gilt auch hier das für Messing und Zink bezüglich des Atmungsschutzes Gesagte. Die auf der Werkstoffoberfläche fest anhaftende Schicht von Bleioxydul ist zäh und sehr dickflüssig; sie behindert die Schweißarbeit beträchtlich. Ein Abschaben, d. h. vorheriges gründliches Blankmachen der Verbindungsstellen wie auch des Bleidrahtes (unter Umständen mit Schmirgelpapier) ist deshalb unerläßlich. Die D r a h t d i c k e hat sich nach der Werkstoffdicke zu richten,

Abb. 282. Halter für stehende Nähte.

doch sollten wegen der Schmiegsamkeit des Bleis Drähte unter 2 mm Durchmesser nicht verwendet werden. Blei wird ohne Schweißpulver geschweißt, eine Ausnahme gibt es nicht.

Schweißvorgang. Die Vorbereitung der Schweißränder kann, abweichend von den übrigen Metallen, für Blei sehr beliebig sein. Erscheinungen wie Verziehen, Reißen u. a., die — wie oft betont — als Folge von Spannungen auftreten, kommen bei Blei nicht vor, da es nicht nur ein sehr schlechtes Wärmeleitvermögen besitzt, sondern, was hier noch mehr ins Gewicht fällt, außerordentlich weich und formanpassungsfähig ist (auch im kalten Zustand). Darum kann je nach Bedarf und Belieben stumpf, gebördelt oder überlappt geschweißt werden.

Auch für Blei findet hauptsächlich die Azetylen-Sauerstoffflamme Anwendung, und nur sehr dünne Bleche werden mit der Wasserstoff- oder Leuchtgasflamme bearbeitet. Die Azetylenflamme ist neutral einzustellen, und es wird nur nachlinksgeschweißt.

Während bis zu 3 mm dickes Blei, sofern es sich um Stumpfstöße handelt, unabgeschrägt verschweißt wird, sind dickere Bleche oder Rohre zweckmäßig auszuvauen, um das Durchfließen des Schmelzbades zu begrenzen. Nachdem die Stoßränder beiderseits der Naht in genügender Breite blank geschabt wurden, wird mit der Flamme örtlich vorgewärmt und erst dann mit dem Auftragen von Bleidraht begonnen. Obwohl die Breite der Schweißnaht durch die blank geschabte Fläche im gewissen Sinne von selbst gleichmäßig gehalten wird, kann eine noch schärfere Begrenzung durch leichte Anrisse bewirkt werden, wie solche in den Abb. 280 u. 281 erkennbar sind. Bei keinem anderen Werkstoff werden auch nur angenähert so breite Raupen gezogen wie bei Blei, was hauptsächlich auf den niedrigen Schmelzpunkt zurückzuführen ist. Die

Abb. 283. Geschweißte Rundnaht an einem Bleirohr.

Nahtbreite beträgt vielfach das Vier- bis Fünffache der Werkstoffdicke. Bei Verwendung von Azetylenflammen wird wegen des geringen Flammenumfangs die Naht schmäler als bei Verwendung von Wasserstoff oder Leuchtgas.

Ausführungsbeispiele. Die Bleischweißung findet ausgedehnte Anwendung im Rohrleitungsbau, bei der Herstellung von Bleikammern für Schwefelsäurefabriken, beim Auskleiden säureaufnehmender Behälter usw. Alle Betrachtungen beziehen sich aber auf Weichblei, da Hartblei (mit Antimon legiert) für die Schweißung ungeeignet ist. Abb. 280 veranschaulicht eine liegend geschweißte Stumpfnaht an 5 mm-Bleiblech. Ein Stück der Ausvauung ist der besseren Anschauung halber unverschweißt geblieben. Die Schweißrichtung — um es zu wiederholen: nur von rechts nach links — ist

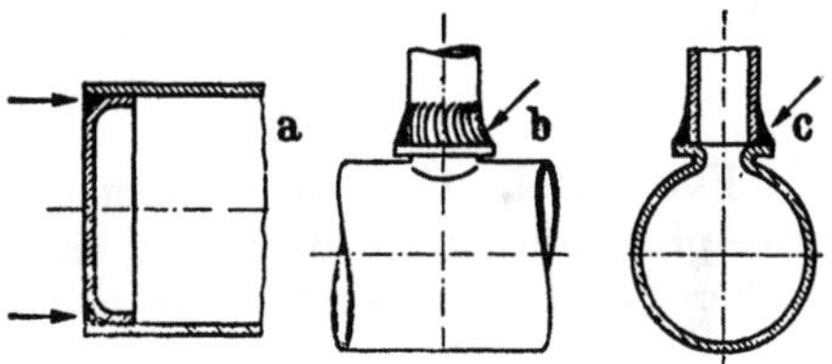

Abb. 284. Bodenanschluß und Kelchnahtanschlüsse eines Bleirohrverteilers.

durch einen Pfeil angedeutet. Eine s t e h e n d e N a h t (Abb. 281) ohne Hilfsmittel zu schweißen, gelingt nur sehr geübten Schweißern, weil das dünnflüssige Schmelzbad rasch abfließt, wenn es auch schnell erstarrt. Man verwendet deshalb beim Schweißen stehender Nähte einen in Abb. 282 angedeuteten Halter, dessen eingerundete Hülse, die von einem Hilfsarbeiter vorgeschoben wird, das Abfließen der Schmelze aufhält. Der Erfolg beim Ü b e r k o p f s c h w e i ß e n ist immer zweifelhaft, weshalb beispielsweise Rohrrundnähte so angeordnet sein sollen, daß sie gedreht werden können. Eine auf diese Weise ausgeführte Rundnaht an einem Bleirohr von 70 mm Durchmesser und 8 mm Wanddicke ist in Abb. 283 wiedergegeben. In Abb. 284 sind bei *a* der Bodenanschluß und bei *b* und *c* Kelchnahtanschlüsse in einem

Bleirohrverteiler skizziert. Festigkeit, Härte und Grad der Verformbarkeit der Bleischweiße entsprechen denen des Mutterwerkstoffs.

Die B l e i a u s k l e i d u n g von Gefäßen, die zur Aufnahme von Säuren bestimmt sind, kann auf zweierlei Art erreicht werden, einmal, indem man Walzblechtafeln einpaßt und die Verbindungsnähte, durch Wenden des Gefäßes jeweils in die waagerechte Lage gebracht, schweißt und mit dem Holzhammer anrichtet. Hierbei kann die Dicke der Bleiverkleidung beliebig sein.

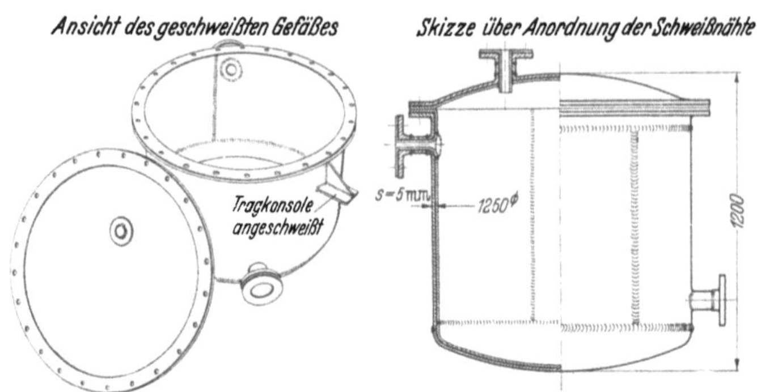

Abb. 285. Mit Bleiverkleidung versehener Behälter.

Abb. 285 zeigt einen auf diese Art mit Bleiverkleidung versehenen Behälter. Das andere Verfahren der Bleiverkleidung beruht auf der sog. h o m o g e n e n (d. h. gleichartigen) V e r b l e i u n g. Die Innenflächen des Gefäßes werden durch Beizen oder Sandstrahlen gereinigt und, da eine Verbindung zwischen Blei und Stahl nicht möglich ist, mit der Schweißflamme leicht verzinnt. Die Zinnschicht stellt das Bindeglied zwischen Stahl und dem mit der Flamme strichweise aufgetragenen Blei dar. Da die homogene Verbleiung mit der Schweißung des Bleis nur in lockerem Zusammenhang steht, soll auf die Arbeitsvorgänge dieses Verfahrens ebenso wie auf das Löten von Kelchverbindungen mit Lötzinn nicht weiter eingegangen werden.

3. Zink.

Flußmittel. Das an trockener Luft gegen Oxydation verhältnismäßig unempfindliche Zink überzieht sich bei Zutritt von Feuchtigkeit mit einer weißen Schicht von Zinkoxydkarbonat, die ähnlich wie beim Aluminium die Tonerde, den Werkstoff vor weiterer Oxydation schützt, aber seine Schweißung nachteilig beeinflußt. Zink wird mit Feinzinkdraht geschweißt und ein flüssiges oder pastenförmiges Flußmittel verwendet, das im wesentlichen auf der Grundlage Ammoniaksalz-Zinkchlorid aufgebaut ist. Das Salzgemisch verflüchtigt und hinterläßt nur wenig Schlacken. Es wird, wie üblich, mit dem Pinsel auf Blechränder und Draht aufgetragen und verhütet die Verdampfung des Zinks weitestgehend.

Schweißvorgang[1]. Die Azetylenschweißflamme muß sehr weich und neutral eingestellt sein. Der stündliche Azetylenverbrauch darf nicht mehr als 50 ··· 60 l/h je Millimeter Blechdicke betragen, weshalb ausschließlich Kleinschweißbrenner benutzt werden. Besonders bei Blechen unter 1 mm Dicke muß die Flammenhaltung sehr schräg sein und soll nicht über 30° betragen,

---

[1] S. auch H o r n : Zinkblechschweißung. Masch.-Bau Betrieb 1936, Heft 13/14 und Autogene Metallbearb. 1936, Heft 20.

um Lochschmelzungen zu vermeiden. Aus dem gleichen Grunde ist ein sehr schnelles Arbeiten notwendig. Es wird nur nachlinksgeschweißt. Wird auf die Gegenseite der Schweißnaht Flußmittel aufgebracht, wie dies immer der Fall sein sollte, so erhält man gut durchgeschweißte Nähte, wie dies aus Abb. 286 hervorgeht. Sie zeigt die Vorder- und Rückseite von Schweißnähten an Zinkblechen von 0,5···2 mm Dicke.

Im Gegensatz zu Blei verursacht das Schweißen stehender Nähte keine Schwierigkeiten. So ist z. B. der in Abb. 287 veranschaulichte Zinkblechrohrkrümmer aus 0,5 mm-Blech in den sich jeweils praktisch ergebenden Lagen, also auch stehend geschweißt worden. Zunächst wurden die Längsnähte der einzelnen Segmente geschweißt, darauf letzte unter sich durch Heften fixiert und geschweißt. Der Abstand der Heftpunkte untereinander richtet sich nach der Blechdicke und nimmt mit dieser zu. Bei einiger Übung lassen sich, wie Abb. 286 beweist, besonders saubere Nähte herstellen, die maschinell geschweißten nur wenig nachstehen.

Abb. 286. Vorder- und Rückseite von Schweißnähten an Zinkblechen von 0,5 ··· 2 mm Dicke.

Gleichartigkeit, Dichtheit und Korrosionsbeständigkeit der Zinkschweiße sind sehr befriedigend. Soll die Schweiße durch Hämmern verfestigt oder verformt werden, dann darf dies nur in der Gegend von 150° geschehen. Bei tieferen und höheren Temperaturen treten infolge Sprödigkeit Kornzertrümmerung und Rißbildung auf. In diesem Temperaturbereich gehämmerte Schweißnähte erreichen eine Festigkeit von 70···90 vH. Das nicht zu kräftige Hämmern bei etwa 150° hat außerdem eine Kornverfeinerung des an sich sehr grob kristallisierenden Zinks zur Folge. Vor dem Hämmern sind die Nähte mit warmem Wasser und der Drahtbürste von Flußmittelresten zu säubern.

Zinklegierungen. In den letzten Jahren ist eine große Anzahl von Zn-Legierungen auf den Markt gelangt, denen die verschiedensten Bezeichnungen zugelegt wurden. Um eine gewisse Übersicht in die Fülle der Legierungsmöglichkeiten zu bringen, hat die Zinkberatungsstelle (Berlin) eine den DIN 1713 ähnliche Zusammenstellung in Tabellenform herausgegeben, wonach 4 Feinzinkknetlegierungen (Zn-

Abb. 287. Zinkblechrohrkrümmer aus 0,5 mm-Blech.

Al, Zn-Al-Cu, Zn-Cu und Zn-Mn) und eine Mischzinkknetlegierung unterschieden werden. Zur ersten Gruppe, mit 0,8 ⋯ 22 vH Al und 0,3 ⋯ 0,4 vH Cu, neben Spuren von Mg, gehören z. B. die Legierungen Zamak-Lambda, Zamak-Eta, die Giesche LZ-Mischung usw. Der zweiten Gruppe mit 4 ⋯ 10 vH Al, 0,7 ⋯ 1 vH Cu, neben Spuren von Mg und Cu, gehören z. B. an: Zamak-Alpha und Zamak-Beta. Die dritte Cu reiche Legierungsgruppe umfaßt z. B. die Giesche ZL 7 und ZL 6, Mischungen mit 1,0 ⋯ 4,0 vH Cu, 0,1 ⋯ 0,6 vH Al, bis 0,3 Bi, 0,7 Pb usw. Die vierte Gruppe, Zinkal M, enthält bis 1,0 Mn und bis 0,5 Al. Endlich ist die fünfte Gattung, Zn Li (Mischzinkleg.), mit 0,4 ⋯ 0,8 Pb und 0,01 Li legiert. Inzwischen ist noch ein Einheitsblatt über Zinklegierungen (DIN E 1724) herausgekommen, welches bereits im Abschnitt II E angeführt wurde.

Von diesen Legierungen sind die ohne Al-Gehalt am besten schweißbar. Während durch die meisten Legierungselemente, wie Cu, Mn, Mg, Ca u. Li die Schweißbarkeit kaum oder doch nur unwesentlich beeinflußt wird, ist der Al-Gehalt von großem Einfluß. Nach den praktischen Erfahrungen sind Legierungen mit über 10 vH Al nicht mehr schweißbar. Als Zusatzstoff werden Blechstreifen oder Drähte gleicher Legierung verwendet. Die Flußmittel sind dieselben wie bei der Reinzinkschweißung. Wie bei den übrigen NE-Metallen ist auch hier das Gefüge der Legierungen erheblich feinkörniger als im reinen Metall. Die in der Reinzinkschweißnaht vorhandenen sehr groben Stengelkristallite treten bei den Legierungen nicht auf, das Gefüge ist, rasches Schweißen vorausgesetzt, immer feinkörnig.

Zinkguß. Daß Z i n k g u ß im allgemeinen n i c h t s c h w e i ß b a r ist, liegt an dessen starker Verunreinigung. Zur Herstellung von Zinkgußgegenständen wie Griffen, Haltern, Rahmen u. ä. werden die verschiedensten Abfälle verschmolzen, die mit Krätze stark durchsetzt sind. Es handelt sich demnach um eine Schmelze, die zum Walzen und Ziehen völlig ungeeignet und deshalb auch als gewalzter Werkstoff niemals anzutreffen ist. Für die neueren Z i n k g u ß l e g i e r u n g e n, die in 3 Gattungen, GZn-Al, GZn-Al-Cu und GZn-Cu eingeteilt werden, gilt das für die Knetlegierungen Gesagte. Da hier jedoch der Al-Gehalt meist nur bei 5 vH liegt, ist die Schweißbarkeit fast immer gegeben. Im Hinblick auf die z. Z. noch geringe Verwendung dieser Gußlegierungen und die kleinen Abmessungen der Abgüsse liegt ein Bedürfnis für ihre Schweißung ebenso selten vor wie beim Spritzguß.

4. Nickel[1]).

Hammerschweißung. Unter allen Schwermetallen verursacht Nickel die größten schweißtechnischen Schwierigkeiten, weshalb längere Zeit die allerdings nur beschränkt anwendbare H a m m e r s c h w e i ß u n g bevorzugt wurde. Sie beruht darauf, die metallisch blank gemachten überlappten Blechränder in bestimmten Abständen zu verschränken und bei einer Temperatur von 800° zu verschmieden. Als Unterlage dient ein dauernd geheizter Amboß, und die Erhitzung der Blechflächen erfolgt durch eine Azetylenflamme.

---

[1]) H o r n - G e l d b a c h : Zur Frage der Schweißung von Nickel und seinen Legierungen. Schmelzschweißg. 1932, Heft 1 u. 2.

Allgemeines. Beim Erhitzen des Nickels über 500° wird es stark oxydiert, Festigkeit und Dehnung nehmen rasch und sprunghaft ab. Im erhitzten, vornehmlich im flüssigen Zustand, besitzt Nickel ein außerordentliches Gasaufnahmevermögen und ähnelt hier wie in manchem anderen dem Kupfer. Geht die Erstarrung der Schmelze verhältnismäßig schnell vor sich, so wird den aufgenommenen Gasen keine Zeit gelassen, um aus dem Schmelzbad auszutreten, vielmehr werden sie dann nicht in Form von Schwefeldioxyd oder Kohlenoxyd ausgestoßen, sondern sie verbleiben, große Blasen verursachend, in der Schweiße.

Abb. 288. Schweißnaht eines 5 mm-Nickelbleches.

Diesem Umstand ist die unliebsame Erscheinung des Porigwerdens der Nickelschweiße zuzuschreiben. Dem Verhindern der Porosität hat der Schweißer das Hauptaugenmerk zuzuwenden. Außerordentlichen Einfluß hat Schwefel, der schon in geringen Spuren (0,015 vH) Sprödigkeit und Brüchigkeit des Nickels herbeiführt. Das Azetylengas soll deshalb von Schwefelverbindungen gründlich befreit sein, was übrigens auch für das Schweißen hochnickelhaltiger Legierungen gilt. Die zur Desoxydation und Entschwefelung dem Nickel beilegierten Magnesium- und Manganmengen, die anfänglich als für die Schweißung günstig angesehen wurden, werden beim Schmelzen oxydiert, und die mit diesen Stoffen eingegangenen Schwefelverbindungen verbinden sich erneut mit dem metallischen Nickel und scheiden sich sowohl in den Kristallen selbst als an den Korngrenzen ab. Neue Untersuchungen haben gezeigt, daß ein Zusatz von 0,2 vH Silizium auch bei geringstem Schwefelgehalt als geeignetstes Desoxydationsmittel beim Schweißen anzusprechen ist.

Obgleich der S a u e r s t o f f in den praktisch normalen Grenzen für die mechanischen Eigenschaften der Schweiße weniger bedeutungsvoll zu sein scheint, so hat er auf den Schweißvorgang selbst jedoch eine nachteilige Wirkung, weil er starre Oxydhäutchen bildet, die den Fortgang der Schweiße empfindlich stören. Zusammenfassend muß deshalb gesagt werden, daß eine weiche, gut eingeregelte Schweißflamme ohne Überschuß an einem der Gase und ein von Schwefelverbindungen sorgfältig gereinigtes Azetylen verwendet werden müssen.

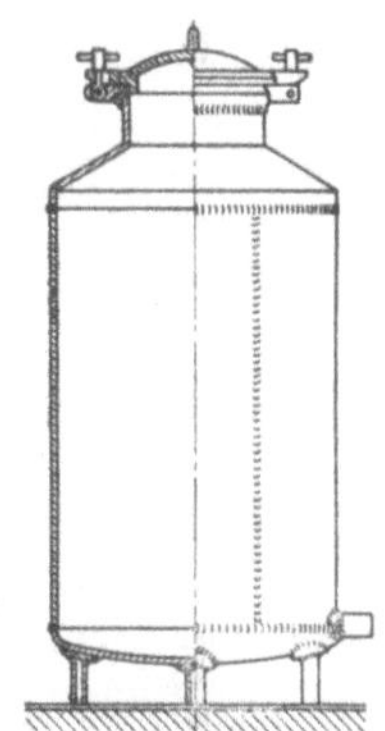
Abb. 289.
Geschweißtes
Nickel-Standgefäß.

Ohne F l u ß m i t t e l ist beim Nickelschweißen nicht auszukommen. Es sind hierfür eigene Pulver und pastenförmige Präparate auf den Markt gekommen, die auch für hochnickelhaltige Legierungen, wie Monelmetall und Nicorros, genommen werden müssen.

Als S c h w e i ß d r a h t dient Reinnickeldraht, der zur Blechdicke im gleichen Verhältnis steht wie bei der Kupferschweißung. Ausgezeichnet bewährt sich ein mit Kobalt oberflächenbehandelter Nickeldraht, der auf dem Schmelzbad einen metallischen Überzug als schützenden Spiegel abscheidet und der Gasaufnahme der Schmelze entgegenwirkt.

Schweißvorgang. Es hat sich gezeigt, daß selbst bei der Schweißung dünner Bleche die Nachrechtsschweißung immer besser ist, wahrscheinlich, weil ein langsames Erstarren der Schmelze etwa aufgenommenen Gasen die Möglichkeit bietet zu entweichen. Da Nickel — ähnlich dem Kupfer — in der Wärme stark arbeitet und an Festigkeit rasch einbüßt, darf es auch weder geheftet noch in mehreren Lagen geschweißt werden. Vorbereitung und Schweißvorgang sind die gleichen wie bei Kupfer, während die Flammengröße der Stahlschweißung entspricht. Auf gutes Durchschweißen ist stets Wert zu legen, weil sonst beim Hämmern oder Verformen der Schweiße infolge Kerbwirkung Risse und Brüche auftreten.

Die Festigkeit der Nickelrohschweiße beträgt im Mittel 75 vH und erreicht im gehämmerten Zustand die volle Blechfestigkeit. Der Biegewinkel längs und quer zur Naht beträgt 180°. Abb. 288 zeigt die mit verkobaltetem Draht nachrechtsgeschweißte Naht eines 5 mm-Bleches.

Schweißbeispiele. Angesichts des hohen Preises gelangt Nickel in der chemischen Industrie meist nur dort zur Anwendung, wo es durch andere, billigere Werkstoffe nicht ersetzt werden kann. Trotzdem kommen im Apparatebau geschweißte Konstruktionen von ansehnlichen Ausmaßen vor. Eines der Hauptanwendungsgebiete ist die Lebensmittelindustrie, der die Bauweise eines aus 2 mm - Blech hergestellten Standgefäßes, Abb. 289, entstammt. Abb. 290 veranschaulicht eine Gruppe nach dieser Konstruktion hergestellter Standgefäße.

Abb. 290. Gruppe geschweißter Nickel-Standgefäße.

Monelmetall. Schweißtechnisch leichter zu bearbeiten ist die Naturlegierung Monelmetall, die auf vielen Gebieten Reinnickel als Werkstoff ersetzt. Für die Schweißung gelten im allgemeinen die für Nickel angegebenen Grundsätze mit dem Unterschied, daß die Verwendung eines Schweißpulvers nicht unbedingt erforderlich ist, es sei denn, wenn sich eine Nachschweißung als notwendig herausstellt. Für diese Zwecke kann man sich ein Gemisch aus Borax mit Magnesium, sowie Mangan- und Siliziumverbindungen, die man mit einer alkoholischen Schellacklösung zu Paste anrührt, selbst herstellen oder, was besser ist, ein fertiges Nickelschweißpulver beziehen. Als Zusatzstoff wird Moneldraht verwendet.

5. Die Leichtmetalle.

Allgemeines. Von den Leichtmetallen, worunter man die Gruppe der Metalle versteht, deren Raumeinheitsgewicht unter 5 g/cm³ liegt, interessieren uns hier nur die, die als technische Baustoffe in Frage kommen, nämlich Aluminium und Magnesium. Da das Verhalten der verschiedenen Legierungsgruppen beim Schweißen sehr unterschiedlich ist und eine der bestimmten Legierungsgruppe entsprechende Bearbeitung und außerdem verschiedene Zusatzdrähte und Flußmittel verlangt, müssen die Legierungen, ausgehend vom Reinaluminium, als Knet- und Gußwerkstoffe getrennt besprochen werden.

Grenzen der Schweißbarkeit. Alle Blechdicken von 0,2 bis zu etwa 30 mm lassen sich mit der Schweißflamme bearbeiten. Bleche unter 0,2 mm sind besser zu löten. Je reiner das Al und der Schweißdraht sind, um so besser fällt die an sich durch normale Verunreinigung wenig gestörte Schweißung korrosionstechnisch gesehen aus. Jedoch beeinflussen, wie noch gezeigt wird, größere Legierungszusätze — abgesehen vom Silumin — die Schweißbarkeit z. T. recht erheblich, und zwar mit steigendem Gehalt an Legierungszusätzen im ungünstigen Sinne. Daneben ist der Härtezustand des zu schweißenden Werkstoffs von einschneidender Bedeutung. Weiche Bleche sind immer besser schweißbar als harte. Die Reinaluminiumsorten weich, $^1/_8$ und $^1/_4$ hart sind gut, $^1/_2$ harte schon schlechter und harte und federharte nur unter besonderen Bedingungen schweißbar, besonders dann, wenn lange Nähte vorliegen. Die damit verbundenen Schwierigkeiten liegen einerseits in der Gefahr des Reißens der Naht, anderseits in der oft erheblichen Abnahme der durch den Walzgrad bestimmten Härte und Festigkeit. Ist ein dem Schweißen voraufgehendes Ausglühen harter Bleche nicht angängig, so mehren sich die Schwierigkeiten. Dann können eigentlich nur kleinere Profile, die über den gesamten Schweißquerschnitt angenähert gleichmäßig erhitzt sind, ohne Rißgefahr bearbeitet werden.

Ausgehärtete, d. h. zum Zwecke einer Festigkeitssteigerung thermisch vergütete Legierungen verlieren schon bei verhältnismäßig geringer Erwärmung, jedenfalls aber bei Temperaturen (zwischen 100 und 200°), die weit unterhalb des Schmelzpunktes liegen, so sehr an Festigkeit, daß auf ihre Schweißung mitunter verzichtet werden muß. Ganz anders liegen die Verhältnisse bei den Leichtmetall g u ß legierungen, die ausnahmslos gut und mit bestem Erfolge schweißbar sind.

Schweißflamme. Nur sehr dünnes Blech (unter 1 mm) wird zum Teil mit der Wasserstoffflamme geschweißt; die Azetylenflamme ist die meist angewandte. Erfahrungsgemäß richtig ist bei Blechen bis zu 2 mm Dicke eine etwas kleinere, im übrigen dieselbe Flammengröße zu wählen wie für Stahl gleicher Dicke. Freilich muß neben dem n i e d r i g e n S c h m e l z p u n k t auch das fünffach h ö h e r e W ä r m e l e i t v e r m ö g e n des Al berücksichtigt werden, d. h. die Flammengröße ist nicht allein von der Werkstoffdicke, sondern — wie bei Kupfer — auch von der Masse und den Abmessungen des Körpers abhängig. Überdies entscheidet nicht zuletzt die Fertigkeit des Schweißers; der weniger Geübte wird mit kleineren, der Erfahrene mit größeren Flammen und schneller arbeiten.

Was nun die F l a m m e n e i n s t e l l u n g anbelangt, so bestehen geteilte Meinungen darüber, ob mit oder ohne Azetylenüberschuß geschweißt werden soll. Jedenfalls steht fest, daß ein sehr geringer Ueberschuß an Azetylen, der durch schwache Auflockerung des Flammenkegels erkennbar ist, nicht schädlich sein kann (weil eine Kohlenstoffaufnahme nicht eintritt) und die Wirksamkeit des Flußmittels unterstützt.

Aluminiumoxyd. Die hauchdünne (etwa 0,001 mm) natürliche Oxydschicht (Al_2O_3), der das Al seine Beständigkeit gegen den Angriff der Witterungseinflüsse und verschiedener Säuren (wie Salpetersäure, konz. Essigsäure, Frucht- und Milchsäure) verdankt, ist für den Schweißer recht unbequem. Die Schmelztemperaturspanne zwischen Al (658°) und seinem Oxyd (2050°) ist ungewöhnlich groß und deshalb auch von einschneidender Bedeutung für den Schweißvorgang. Das Oxyd, das nur bei dicken Werkstoffen und auch hier nur sehr mangelhaft mit dem Schweißstab mechanisch entfernt werden kann (Puddelverfahren), stört den Zusammenfluß zwischen Draht- und Grundwerkstoff empfindlich, weshalb gerade bei Al auf die Verwendung eines Flußmittels nicht verzichtet werden kann.

Natürlich sind auch das Aluminium und seine Legierungen gegen manche Säuren und Laugen empfindlich und sie werden von diesen mitunter stark angegriffen oder vollständig gelöst, z. B. von Oxalsäure, Salzsäure und Natronlauge, die deshalb teils als Ätzmittel, teils auch, wie wir noch sehen werden, zur Bestimmung gewisser Legierungsbestandteile verwendbar sind. Auch gegen Sodalösung ist Al unbeständig. Wenn trotzdem die Soda enthaltenden Wasch- und Putzmittel außer anderem zur Reinigung der Schweißfläche benutzt werden können, ohne das Metall anzugreifen, dann liegt dies an einem geringen Zusatz an Wasserglas (1 vH), der genügt, um den Angriff zu mildern.

Um die Widerstandsfähigkeit des Al gegen chemische Einflüsse zu erhöhen, hat man von der Erkenntnis der Wirksamkeit seines Oxyds insofern Gebrauch gemacht, als man eine verstärkte Oxydschicht künstlich herstellt. Neben dem MBV-(Modifiziertes Bauer-Vogel-) Verfahren, durch Beizen bewirktem Oberflächenschutzverfahren, das nur für Al und seine kupferfreien Legierungen anwendbar ist, ist das E l o x a l v e r f a h r e n (Abkürzung aus: Elektrisch o x y diertes Aluminium) immer anwendbar. Es beruht auf einer elektrochemischen Oberflächenoxydation, die eine Oxydschicht von etwa 0,02 mm erzeugt, was dem Zwanzigfachen des natürlichen Oxydfilms entspricht. Auch diese Schichtdicke wird von den Flußmitteln gelöst und macht ein dem Schweißen vorausgehendes mechanisches Entfernen überflüssig. Jedenfalls behindert es die Schweißbarkeit nicht merklich. Jedoch müssen Schweißstellen an später zu eloxierenden Gegenständen besonders sorgfältig, vor allem dicht und ohne Flußmittelrückstände ausgeführt sein, da jedwede Fehlstelle durch den Elektrolyten angefressen wird. Da bei den Aluminiumlegierungen, vor allem den hochlegierten, neben Tonerde auch andere Oxyde des Zinks, Kupfers, Siliziums, Magnesiums usw. beseitigt werden müssen, wurden für die verschiedenen Legierungsgruppen Sonderflußmittel geschaffen.

a) R e i n a l u m i n i u m.

Hammerschweißung. Wie Nickel kann auch Aluminium in größeren Dicken (bis zu 25 mm) hammergeschweißt werden. Die Blechüberlappungen (zwei- bis dreifache Werkstoffdicke, jedoch nicht unter 8 mm) werden durch Schaben oder Kratzen vom Oxyd befreit, die Blechkanten gebrochen und mit der Azetylenflamme erhitzt. Das Zusammenschmieden mit Treibhämmern geschieht bei etwa 420°, einer Temperatur, bei der Al sehr weich und gut knetbar ist. Danach wird die Naht geschlichtet. Flußmittel werden wegen Einschluß- und Korrosionsgefahr nicht verwendet. Die Festigkeit der Schweiße hängt außer von der Erfahrung und dem Geschick des Schweißers sehr von der richtigen Schweißtemperatur ab. Sie darf keinesfalls unter 350° und nicht über 500° liegen, weil Al dann brüchig wird und zerfällt. Die Hammerschweißung ist fast völlig von der Gasschweißung verdrängt worden.

Gasschweißung. Die Vorbereitung der Werkstückränder zum Schweißen entspricht, soweit im folgenden nicht anders erwähnt, der beim Stahl üblichen. Überlappschweißungen sind unzulässig, auch Rohre sind nur stumpf zu schweißen. Die Schweißränder sind sorgfältig von Fett, Öl und Oxyden zu reinigen und hierbei Feilen, Bürsten und Schaber zu benutzen, die nur für Al bereit gehalten werden; als Entfettungsmittel ist Trichloräthylen zu empfehlen. Bei zähflüssigen Legierungen des Al, z. B. bei Al-Mg, werden die Blechkanten auch auf der Rückseite zweckmäßig leicht gebrochen (abgefast).

Der Übergang vom festen in den flüssigen Zustand tritt bei Al plötzlich ein, ohne daß sich besondere Kennzeichen einstellen, weil die Anlauffarben dieses Metalls nur im Dunkeln sichtbar werden. Deshalb muß der Schweißer das beginnende Schmelzen mit dem Schweißdraht gefühlsmäßig abtasten, wenn er das Absacken oder Einfallen des Schmelzbades verhüten will. Da anderseits die Werkstoffkanten voll verflüssigt, also auch gut vorgewärmt werden müssen, weil sonst der Draht nicht abbindet, ist die V o r w ä r m e - t e m p e r a t u r von mindestens 250° besonders wichtig. Bei dickeren Blechen kann sie mit 300 ⋯ 350°, bei solchen über 15 mm mit 400° bemessen werden, wobei zur Temperaturbestimmung die auf Seite 296 angegebenen werkstoffmäßigen Hilfsmittel gute Dienste tun. Ungenügendes Vorwärmen hat mangelhaftes Abbinden des Drahts („Kleben") zur Folge und unverbundene Metalltropfen werden von der Flamme in Form kleiner Kugeln fortgeblasen.

Dünne Bleche (unter 1,5 mm) werden, wenn die Konstruktion es erlaubt, am besten mit Bord verschweißt (Bördelnähte). Beim H e f t e n , das bei dünnen Blechen im Abstand von 50 ⋯ 100 mm, bei dickeren Blechen (über 5 mm) aber ganz wegfallen sollte, wird nicht durchgeschweißt, vielmehr werden die Heftpunkte nochmals mit Flußmittel bestrichen und im Zuge der Naht mit verschweißt. Zur besseren Wärmebindung sollte als Unterlage ein schlechter Wärmeleiter, wie trockenes Asbest, feuerfeste Steine u. a. benutzt werden. Im allgemeinen werden Leichtmetalle n a c h l i n k s geschweißt, nur dickere Bleche mitunter auch nachrechts.

Schweißpaste. Sie wird mit einem sauberen Pinsel — jede, auch die geringste Verunreinigung stört — vor dem Erhitzen der Naht auf und zwischen die Blechränder, möglichst auch auf die Gegenseite, sowie auf den Draht aufgetragen. Bei Dickblechen und Guß wird meist mit pulverförmigen Flußmitteln gearbeitet, in die man lediglich das erhitzte Drahtende eintaucht. Dabei dürfen die Flußmittel nicht im Übermaß, sondern nur in Mengen zugesetzt werden, die zur Verschlackung, also zur Lösung der Oxyde notwendig sind. In der Schweiße verbliebene Flußmittel, d. h. Salznester, greifen das Al an, sie „blühen aus" und führen unter Umständen zur völligen Zerstörung der Verbindung infolge von Korrosion. Man hat deshalb auch sog. neutrale, d. h. nichthygroskopische Flußmittel entwickelt, die das Aluminium nach dem Schweißen nicht angreifen und nicht entfernt zu werden brauchen. Während das Allgemeine und Besondere über die Flußmittel bereits auf Seite 171 ausgeführt wurde, wird über die Verwendung der verschiedenen Sorten in bezug auf die einzelnen Legierungen noch später das Wichtigste gesagt. Die bekanntesten Leichtmetallflußmittel sind: „Autogal" und „Firinit"; im Auslande „Harakiri" (Frankreich) und „Lumiweld" (England). Da die nichtkorrodierenden, also neutralen Flußmittel schwerer verarbeitbar sind, benutzen sie die Schweißer meist nur ungern. Indessen darf dieser Umstand nicht hinderlich sein, daß von der Rückseite unzugängliche Nähte nur mit solchen Sonderflußmitteln geschweißt werden. Das gilt z. B. für möglichst zu vermeidende Kehlnähte.

Nachbehandlung. Auf die Schädlichkeit von Verunreinigungen in der Schweiße in Form von Schlacken, Oxyden und Flußmittelresten ist bereits hingewiesen worden. Sie führen infolge Potentialbildung mit dem Mutterwerkstoff zu örtlich stärkerer Korrosion. Aus diesem Grunde ist die ätzende Wirkung der stark hygroskopischen Flußmittel durch eine Nachbehandlung, z. B. durch Abwaschen am besten mit warmem Wasser und Abbürsten aufzuheben. Diese Nachbehandlung muß s o f o r t nach dem Erkalten der Schweiße stattfinden. Zweckmäßig wird mit einer zehnprozentigen Salpetersäure oder der bekannten Korrexlösung nachgewaschen und nochmals mit Wasser nachgespült. Die Trocknung kann entweder mit der Flamme oder in harzfreien Sägespänen geschehen. Um sicher zu gehen, empfiehlt sich bei Werkstücken, die chemisch besonders widerstandsfähig sein müssen, das Auftragen einer ein- bis zweiprozentigen schwach angesäuerten Silbernitratlösung. Sind noch Salzreste vorhanden, dann bildet sich unter deren Einwirkung ein käsiger weißer Niederschlag. Häufig genügt das Abwaschen allein, oder man trägt auf die gut getrocknete und etwas erwärmte Schweiße Öl, Paraffin oder Lanolin auf, wenn nicht ein anderes der erwähnten Oberflächenschutzmittel Anwendung findet. Die Korrosionsbeständigkeit derartig behandelter Schweißen steht der des Grundwerkstoffs in keiner Weise nach.

Sind aus Gründen der konstruktiven Gestaltung überlappte Nähte unvermeidbar, ist sonstwie mit einem Zurückbleiben von Salznestern zu rechnen und handelt es sich um Schweißen, deren Korrosionsbeständigkeit unbedingt verlangt wird, dann benutzt man hauptsächlich nichthygroskopische Sonderflußmittel, die das Al nicht angreifen und eine Nachbehandlung der Schweiße erübrigen. Sie ist sogar unerwünscht, weil eine solche Flußmittelhaut selbst einen Schutz gegen Korrosion darstellt.

Güte der Schweiße. Abb. 291 zeigt den Schweißnahtausschnitt aus einem 5 mm-Blech. Gleichmäßige, flachliegende und nur schwachrillige Schuppenketten kennzeichnen die gute Schweißnaht. Auch aus dem Aussehen der in Abb. 292 wiedergegebenen Kehlnaht an 2,5 mm-Blech läßt sich zweifellos auf eine gute Handfertigkeit des Schweißers schließen.

Beim Zugversuch tritt — unabhängig von der Dicke des Werkstoffs — der Bruch fast immer außerhalb der Schweiße ein, wenn auch die absolute Festigkeit meist geringer ist als die des Grundwerkstoffs. Die Ursache hierfür liegt in der Erweichungszone, die beiderseits der Naht entsteht. Sie rührt von der vom Schmelzbad abgeleiteten Wärme und der hierdurch entstandenen Rekristallisation des benachbarten Gefüges her,

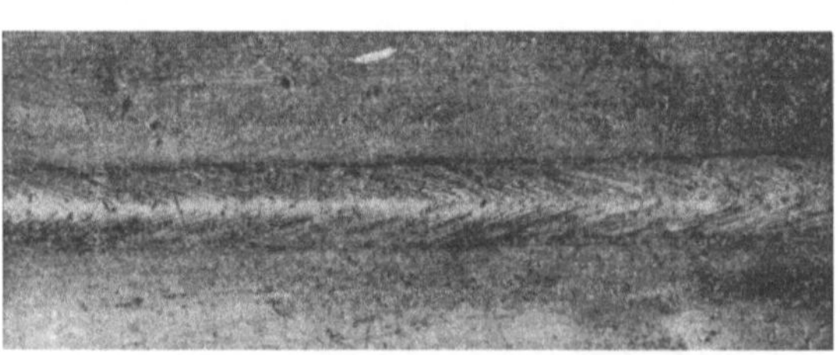

Abb. 291. Aluminium-Schweißnaht (5-mm-Blech).

das grobkristallin wird und die Walzhärte verliert. Mit steigendem Walzhärtegrad fällt die Festigkeit angenähert auf die des weichgeglühten Werkstoffs ab. Eine hundertprozentige Festigkeit der Schweißverbindung ist des-

halb häufig nur ein Trugschluß, da der Bruch immer in der festigkeits-
geschwächten Erweichungszone auftritt. Die Dehnung, der Biegewinkel und
die Verformbarkeit der Schweiße überhaupt sind gut. Der Biegewinkel beträgt
180°, die Biegedehnung bis
zu 70 vH.

Vergütung der Schweiße.
Sie beruht auch bei diesem
Werkstoff auf einem kalt
oder warm Hämmern der
Schweiße. Das kalt Häm-
mern der Naht kann nur
eine Kaltverfestigung zur
Folge haben, deren schlechte
Korrosionseigenschaften je-

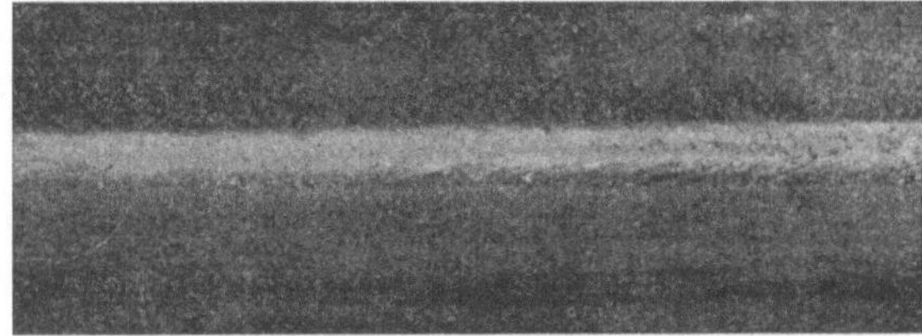

Abb. 292. Aluminium-Kehlschweißnaht (2,5 mm-Blech).

doch dagegen sprechen, wenn nicht ein Ausglühen bei mindestens 400° erfolgt.
Das Hämmern darf immer erst nach restlosem Entfernen der Flußmittelrückstände einsetzen, damit diese nicht in die Schweißverbindung eindringen. Für
die Korrosionsbeständigkeit der Schweiße und ihrer Übergangszonen ist das
w a r m   H ä m m e r n bei etwa 350° recht günstig, es bringt aber im allgemeinen nicht die erhoffte Festigkeitssteigerung. Das
liegt daran, daß nur die überhöhte Schweißnaht durch
Schmieden verdichtet werden kann, während die hauptsächlich erweichten Grenzzonen ohne Abnahme der
Werkstoffdicke nicht gehämmert werden können. Bei
härteren Al-Legierungen ist ein Hämmern der Naht
sogar schädlich, weil hier die Struktur gefährdende Spannungen auftreten, die Rißbildung und Zertrümmerung
des Gefüges nach sich ziehen können. Beim Aushämmern
und Richten der Nähte muß, um ein Verziehen zu verhüten, stets für gute Gegenlager gesorgt werden.
Beispielsweise bei Stutzenanschlüssen wird ein schwach
kegelförmiger Bolzen und bei Rohrrundnähten ein dem
Durchmesser angepaßter Dorn eingezogen. Wie man sich
auch bei verwickelten Nahtanschlüssen helfen kann, veranschaulicht Abb. 293 (Holler).

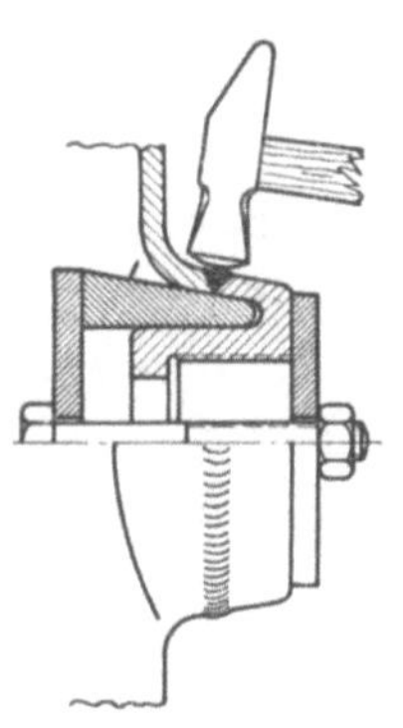

Abb. 293. Vorrichtung
zum Hämmern von
Rundnähten.

Draht- und Kabelschweißung. Infolge der Umstellung auf Al ist
neuerdings häufig auch die V e r b i n d u n g   v o n   D r ä h t e n   u n d
K a b e l n durch Schweißen gebräuchlich. Dünne Drähte werden entweder

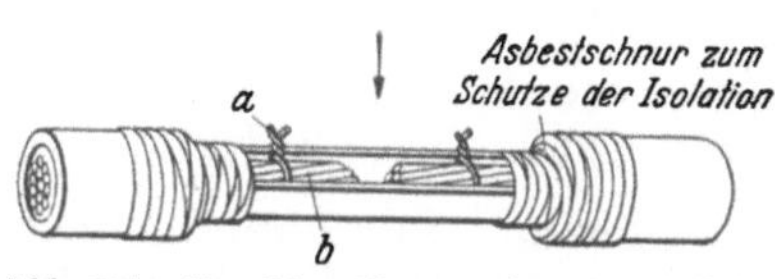

Abb. 294. Zur Schweißung vorbereitete Kabelenden.

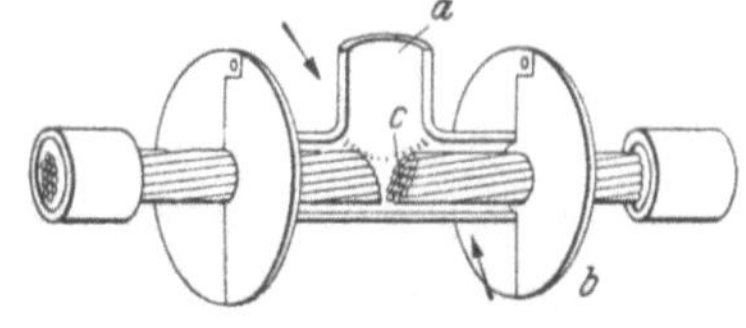

Abb. 295. Zur Schweißung vorbereitete Kabelenden.

an den Verbindungsenden verdrillt, mit Paste bestrichen und zusammen-
geschmolzen oder — soweit sie nicht über 0,5 mm dick sind — stumpf gestoßen und ebenfalls mit Paste bestrichen, mit der Flamme eines Streichholzes
erhitzt und bei Verflüssigung zusammengestoßen. Über 0,5 ··· 1,5 mm dicke
Drähte können in ähnlicher Weise mit einer Spiritus- oder Bunsenflamme

geschweißt werden. In immer steigendem Maße werden auch Ein- und Mehr-
leiterkabel unter sich und mit Kabelschuhen durch Schweißung verbunden.
Allerdings werden dabei nicht die zum Leiter gehörigen Einzeldrähte, sondern das ganze Drahtbündel unter Verwendung eines nichthygroskopischen
Flußmittels verschweißt. Zur Erleichterung der Arbeit und besseren Formerhaltung dienen häufig kleine offene Gießformen. Dabei haben sich für die
Schweißung solcher Art zwei Verfahren herausgebildet, die „o f f e n e
S c h w e i ß u n g" und die „F o r m s c h w e i ß u n g". Bei der ersten wird
eine im Durchmesser etwas größer gehaltene und innen mit Graphit bestrichene Hülse (Halbschale) verwendet, und in diese, wie Abb. 294 zeigt,
werden die auf 60° abgeschrägten und durch Drahtumwicklung *a* gegen Auf-
drehen gesicherte Stromleiter-Kabelenden *b* mit 2···3 mm Spalt eingelegt. Um

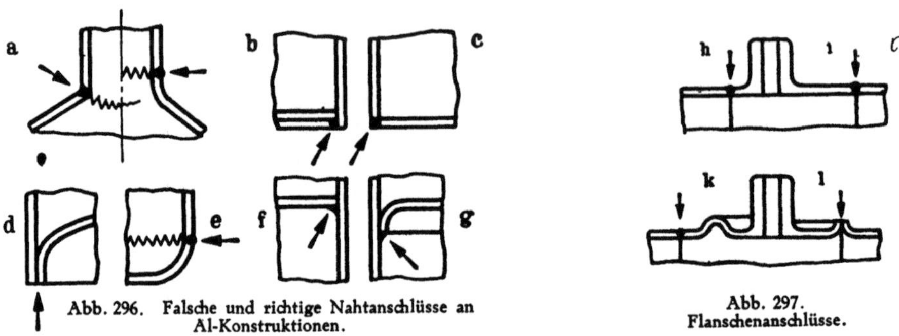

<table>
<tr><td>Abb. 296. Falsche und richtige Nahtanschlüsse an
Al-Konstruktionen.</td><td>Abb. 297.
Flanschenanschlüsse.</td></tr>
</table>

zu große Wärmeableitung an die Isolation zu vermeiden, ist mit einer nicht
zu großen Flamme möglichst rasch zu schweißen. Notwendigenfalls werden
Kühlbacken beiderseits der Hülse auf die Kabelenden aufgesetzt. Die flach-
ballige Schweißwulst kann durch Feilen oder Schaben auf Kabeldicke abgearbeitet werden.

Auch bei der Formschweißung wird die im Bereiche der Schweißstelle
gelegene Kabelisolation beiderseits entfernt und, wie Abb. 295 veranschaulicht, eine zweiteilige T-förmige Form *a* angebracht. In diese werden die
ebenfalls auf etwa 60° abgeschrägten Kabelenden mit Zwischenraum *c* eingeführt, darauf die andere T-Hülsenhälfte aufgesetzt und mit der ersten durch
Drahtumwicklung verankert. Die beiden scheibenförmigen Begrenzungs-
bleche *b* schützen die Isolationsmasse gegen das Einwirken der Flamme. An
ihrer Stelle können auch wirksamere Kühlbacken angeordnet werden. Die
Schweißung geht so vor sich, daß die Schweißhülse von außen (Pfeile) mit
einer kräftigen Flamme erhitzt und der Zusatzdraht bei *a* eingeführt und
mittelbar abgeschmolzen wird. Das in Höhe des Füllrohres *a* abgesetzte
Zusatzmetall wird abgesägt und die Verbindungsstelle durch Feilen geglättet.

Anordnung der Nähte, Schweißkonstruktionen. Zur Verhütung des
Ausblühens von Flußmittelresten und der damit verbundenen Korrosionsgefahr sind, abgesehen von der wie sonst üblichen Werkstoffkantenvorberei-
tung, gegenüber Stahlkonstruktionen einige Abweichungen in den Nahtanschlüssen unerläßlich. Überlappschweißungen sollten ganz vermieden und
Kehlnähte, da sie unvorteilhaft sind, nur in zwingenden Fällen angebracht
werden. Als rohe Richtlinie kann man folgendes zusammenfassend sagen:
Sofern nicht neutrale Flußmittel verwendet werden, müssen alle Schweißnähte

so angebracht werden, daß ihre Rückseiten für die Reinigung zugänglich sind; es muß also d u r c h g e s c h w e i ß t werden können. Einige Skizzen belegen diese Richtlinie. In Abb. 296 b, d, f und g sind für Leichtmetalle ungeeignete und deshalb möglichst nicht anzuwendende Verbindungen angedeutet, die durch a, c und e zu ersetzen sind. Am besten sind e und die rechte Seite des Stutzens a.

Um Spannungsrisse zu vermeiden, ist beim Einschweißen von Flanschen und Stutzen in Blechmäntel darauf zu achten, daß der Flanschdurchmesser (Abb. 297) nicht zu klein gehalten wird, wie bei h. Entweder wird ein größerer Flansch im Sinne von i eingesetzt, oder, was noch besser ist, eine Möglichkeit für eine der Schrumpfung folgende Werkstoffbewegung geschaffen, entsprechend k und l. Im Übrigen ist auf die Dreiblechnähte (Abb. 132 und 139) sowie auf die Kantennähte Abb. 138 zu verweisen.

Ausführungsbeispiele. Eines der wichtigsten Anwendungsgebiete der Leichtmetallschweißung liegt im A p p a r a t e - , B e h ä l t e r - und K e s s e l b a u , wo z. T. recht verwickelte Konstruktionen in allen Blechdicken vorkommen. So zeigt Abb. 298 die Bauweise eines in Brauereien häufig in großer Anzahl anzutreffenden sog. Z e p p e l i n l a g e r t a n k s.

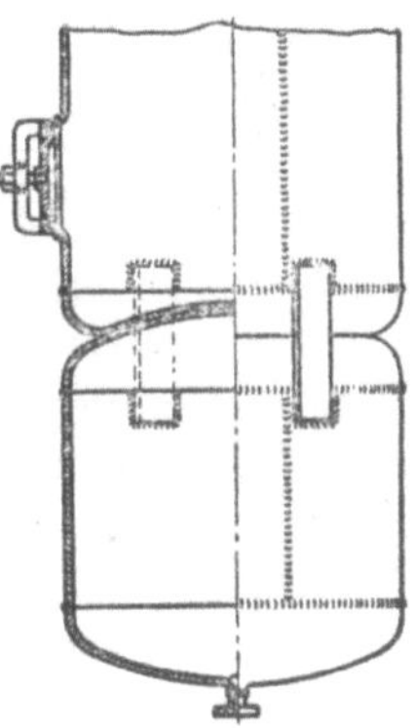

Abb. 298. Geschweißte Zeppelinlagertanks.

Die eisenarmierten A u s f a l l g e h ä u s e der Abb. 299 sind aus 3 mm-Al-Blech zusammengeschweißt, haben einen Durchmesser von 2300 mm und sind 2600 mm hoch. Mäntel, Böden und Türkästen, wie alle Einzelteile, sind stumpf verschweißt.

Abb. 299. Geschweißte Ausfallgehäuse.

Abb. 300. Geschweißter Kabelverteilerkasten aus 1,5 mm-Al-Blech.

Daß die geschweißte Leichtmetallbauweise ganz besonders auch im F l u g z e u g - und F a h r z e u g b a u weitestgehend Eingang gefunden hat, ist naheliegend. Ein Beispiel aus der Massenfertigung im Flugzeugbau bringt Abb. 300, wobei es sich um einen K a b e l v e r t e i l e r k a s t e n aus 1,5 mm-Al-Blech handelt.

b) Aluminium-Knetlegierungen.

Zu den wichtigsten Bestandteilen der Al-Legierungen zählen Cu, Si, Mg u. Zn, weniger wichtig sind Ni, Mn, Ti, Cr, Fe u. Co, selten Pb, Cd, Sb und Bi. Vom Si, Zn, Pb, Cd und Bi abgesehen, bilden die meisten Legierungselemente mit dem Al spröde und harte intermetallische Verbindungen, die jeweils eine arteigene Behandlung beim Schweißen verlangen.

Legierungsbestimmung. Die oft anzutreffende Auffassung, alle Knetlegierungen seien mit Aluminiumdraht und dem gleichen Flußmittel schweißbar, ist falsch. Fast alle Legierungen, die einer der genormten Gattungen angehören, erfordern besondere Drähte und Flußmittel. Infolgedessen muß bei Legierungen unbekannter Zusammensetzung zu werkstattmäßigen Unterscheidungsmitteln gegriffen werden, falls die meist übliche Bezeichnung der Werkstoffe nicht mehr feststellbar ist. Die chemische Analyse wird wegen ihrer hohen Kosten und ihrer Dauer selten anwendbar sein. Betriebsmäßige Kurz- und Schnellproben können mechanischer, thermischer oder chemischer Natur sein.

Die **mechanische Prüfung** durch Bestimmung der Ritzhärte mit einer Aldrey-Reißnadel ist für den Schweißer weniger bedeutungsvoll.

Die **thermische Probe**, die auf einer Anschmelzung des Werkstoffs mit einer Schweißflamme beruht, ist mit Sicherheit nur für Elektron brauchbar, dessen Späne sich unter der Flamme entzünden. Bei hocherhitztem Silumin treten einige helleuchtende Punkte an der Werkstoffoberfläche auf, die von der Oxydation des Siliziums zu Kieselsäure herrühren.

Am zuverlässigsten ist die **chemische Prüfung**, die auf einem örtlichen Anätzen des Werkstoffs mit bestimmten Lösungsmitteln beruht und Rückschlüsse auf die Zusammensetzung und die Gattung der Legierung gestattet. Das bekannteste Ätzmittel ist Natronlauge. Man läßt sie etwa 10 min lang auf eine blank geschabte Stelle einwirken und spült dann mit Wasser nach. Hierbei weisen alle kupferhaltigen Legierungen eine deutliche Schwärzung auf, kupferfreie eine schwachgraue bis bräunliche Färbung, Reinaluminium wird reinweiß und Silumin grau gefärbt. Die Zusammensetzung der Natronlauge und drei weiterer von Bossard vorgeschlagener Lösungsmittel sind in ihrer Wirkung auf die Legierungen in Tabelle 21 angegeben. Daneben gibt es noch verschiedene Mittel zur Unterscheidung der Al-Legierungen, unter denen Quecksilberchlorid (Sublimat) das einfachste und billigste, wegen seiner Giftigkeit aber mit Vorsicht zu verwenden ist.

Das Schweißen aushärtbarer Legierungen. Einleitend ist festzustellen, daß alle Legierungen des Al, also auch die ausgehärteten, schweißbar sind, wenn z. T. auch weniger leicht und gut, wie z. B. die Legierungsgruppe Al - Cu - Mg. Ihr gehören die Al-Mischungen mit Cu- und geringem Mg-Gehalt an, wovon als bekannte Vertreter zu nennen sind: Duralumin, Aludur, Bondur und Silal. Daneben gehören hierher die in die neuen DIN 1713 nicht mehr aufgenommenen Gattungen Al - Cu - Ni (Duralumin W und Y-Legierung) und Al - Cu (Lautal). Bei der durch das Schweißen bedingten Erhitzung tritt, wie bei kaltverfestigten Werkstoffen (hart und halbhart), ein starkes Erweichen neben der Naht, in einer von der Blechdicke abhängigen Breite, ein und daran anschließend, infolge Wärmeauslagerung, eine härtere Zone als der Werkstoff. Das gilt sowohl für kaltausgehärtete wie im besonderen auch für warmausgehärtete Legierungen. Man wird deshalb sehr

Tabelle 21. Bestimmung von Leichtmetall-Legierungen durch die Tupfprobe.

Leichtmetallgattung		Wirkung der Lösungsmittel			
		L. 1 | NaOH (20 vH)	L. 2 | HCl (5 vH) nachdem in NaOH gebeizt	L. 3 | HNO_3 (30 vH) nachdem in NaOH gebeizt	L. 4 | Cd-Lösung ohne vorheriges Beizen
Al-Legierungen	Al	Weißbeizung	Schwärzung bleibt bestehen	Schwärzung löst sich	keine oder nur schwache
	Al-Cu (A.L.)	Schwärzung	Schwärzung löst sich teilweise	Schwärzung löst sich völlig	keine oder nur schwache
	Al-Zn-Cu (D.L.)	Schwärzung	Schwärzung bleibt bestehen	Schwärzung löst sich	grauer Niederschlag
	Al-Cu-Ni	Schwärzung	Färbung bleibt bestehen	Färbung bleibt bestehen	keine oder nur schwache
	Al-Si (Si)	Grau-Braun-Färbung	Schwärzung bleibt bestehen	Schwärzung löst sich teilweise	keine oder nur schwache
	Al-Si-Cu	Schwärzung	Färbung bleibt bestehen	Färbung bleibt bestehen	keine oder nur schwache
	Al-Si-Mg	Grau-Braun-Färbung			keine oder nur schwache
	Al-Mg	Weißbeizung			grauer Niederschlag
Elektron	Mg-Al	kein Angriff	starker Angriff	starker Angriff	grauer Niederschlag
		Natronlauge'(20 g festes Natriumhydroxyd in 100 cm³ H_2O)	Salzsäure ÷ H_2O 1 ÷ 7	Salpetersäure ÷ H_2O 1 ÷ 1	Cadmiumsulfatlösung (5 g Cd-sulf. + 10 g NaCl + 20 cm³ HCl + 100 cm³ H_2O)

häufig auf die Schweißung dieser Legierungen verzichten müssen; eigentlich sollten sie überhaupt nicht geschweißt oder gelötet werden. Läßt sich eine Schweißung nicht umgehen und kann die immerhin erhebliche (örtliche) Festigkeitsabnahme und die sehr geringe Dehnung der Schweißverbindung in Kauf genommen werden, so sind nach Möglichkeit die Nähte an weniger beanspruchte Stellen des Werkstücks zu verlegen. Die Werkstofffestigkeit fällt von rund 40 kg/mm² auf 25 kg/mm² und die Dehnung von 20 vH auf 4 vH ab. Durch Nachvergüten, d. h. neuerliches Aushärten, kann die Festigkeit angenähert wieder auf 100 vH gebracht, die Dehnung jedoch nicht wieder aufgeholt werden. Ob das Nachvergüten einer bereits geschweißten Konstruktion durch Erhitzen und Abschrecken und ohne Verwindungen des Werkstücks praktisch durchführbar ist, hängt von dessen Form und Größe und den vorhandenen Einrichtungen ab. Es wird sich in diesen Fällen nur um kleine Werkstücke handeln können. Ein Verfestigen durch Hämmern ist aus den weiter oben angeführten Gründen nicht möglich.

Der Schweißvorgang entspricht dem beim Rein-Al; es werden die in Tabelle 22 angegebenen Flußmittel und Draht derselben Legierungen oder Blechabschnitte verwendet.

Die der Gattung Al-Mg-Si angehörenden Legierungen, wie Aludur (Korrofestal), Anticorodal, Pantal, Ulmal, Legal u. a., sind trotz ihrer Aushärtbarkeit ohne so starke Festigkeitsabnahme schweißbar, wenngleich auch hier ein Erweichen beiderseits der Naht unvermeidlich ist und unter denselben Gesichtspunkten Nachvergütungen notwendig werden. Diese Legierungen zeigen unter der Schweißflamme einen strengen und etwas trägen Fluß und sind, um ein ausreichendes Durchschweißen zu gewährleisten, mit steil gehaltener Flamme zu schweißen. Geschweißte Al-Mg-Si-Werkstücke weisen zuweilen Spannungsempfindlichkeit auf. Die Verwendung eines Rein-Al-Drahtes mit etwa 4 vH Si hat sich praktisch als vorteilhaft erwiesen, falls nicht anodisch oxydiert oder nachvergütet werden soll, wobei die Verwendung eines dem Mutterwerkstoff entsprechenden Drahtes notwendig ist.

Ganz allgemein gilt für alle Al-Legierungen, wenn nichts besonderes und gegenteiliges bemerkt, als Regel: Gleicher Draht zu gleichem Werkstoff.

Das Schweißen nicht ausgehärteter Legierungen. Die Al-Mn-Legierungen, wie Aluman, Mangal, Heddal u. a., sowie die Sorten der Gruppe Al-Mg, wie Hydronalium, BS-Seewasser, Heddronal, Peraluman u. a. sind unter bestimmten Bedingungen gut schweißbar. Desgleichen ist die Gattung Al-Mg-Mn (z. B. KS-Seewasser) verhältnismäßig gut schweißbar. Überhitzung des Schmelzbades ist besonders hier unter allen Umständen zu vermeiden. Nicht zu große Flammen benutzen! Neutrale Flußmittel sind weder für die Al-Mg-Legierungen, noch für Gußlegierungen aller Art brauchbar.

Alle diese Legierungen werden mit einem Draht gleicher Zusammensetzung und mit Flußmitteln, die auf den höheren Magnesiumgehalt abgestimmt sind, geschweißt. Normale Aluminium-Flußmittel können das sich bi dende Magnesiumoxyd, das den Schweißvorgang merklich stört, nicht lösen. Auch diese dick- und trägflüssigen Legierungen machen beim Schweißen vor allem dünner Bleche einige Schwierigkeiten, weil ein Durchschweißen und Zusammenfließen der unteren Blechränder nur bei großer Übung erreichbar ist. Schwaches Brechen der unteren Blechränder fördert das Durchschweißen. Außerdem neigen die hocherhitzten Werkstoffränder zum Absacken. Deshalb sollte bei schräger Flammenhaltung ein verhältnismäßig dünner Draht genommen, und, bildlich gesprochen, in das Schmelzbad hineingedrückt werden. Steile Flammenhaltung verlangt das Einschmelzen dickeren Drahtes.

Tabelle 22.
Verwendbarkeit der Leichtmetall-Schweißmittel.

Flußmittelmarke	Autogal[1]	Firinit[2]
Rein-Al	A, L, N, D (für dünne Bleche)	Supra 21, Neutral
Al-Knetlegierungen:		
Al-Cu-Mg	⎫	M 26, Neutral
Al-Mg-Si	⎬ A, L, N und D	⎫ Supra 21, Neutral
Al-Mn	⎭	⎭
Al-Mg 3, 5 u. 7	D, L, Hydrogal	Magna 41
Al-Mg-Mn	D, L. N	Magna 41, Neutral
Al-Gußlegierungen:		
G Al-Mg	Hydrogal	Magna 41
G Al-Si	— (evtl. D)	— (evtl. Supra)
alle übrigen Gußsorten (ausgenommen G Al-Mg)	D	Supra 21

[1] Hersteller: IG-Farben. Werk Autogen, Griesheim.
[2] Hersteller: Metallo-chemische Fabr. Dr. L. Rostosky, Berlin.
Die großen Buchstaben, z. B. A oder D, sind die handelsüblichen Kurzbezeichnungen, z. B. Autogal D.

Das Silizium enthaltende Silumin (Gattung Al-Si), ist dünnflüssig und ist unter den Knetlegierungen am besten, und zwar mit Silumindraht schweißbar. Wenn dieser Werkstoff trotz seines hohen Siliziumgehaltes gut schweißbar ist und deshalb eine Ausnahme bildet, so ist dies auf die eutektische Legierung zurückzuführen, die nicht in einem größeren Temperaturbereiche (Erstarrungsintervall) fest oder flüssig wird, sondern, wie das Al selbst, bei gleichbleibender Temperatur.

Ähnlich dem weichgeglühten Rein-Al sind auch bei diesen Legierungen die Voraussetzungen für ein stärkeres Erweichen der Schweiße und ihrer Nachbarzonen nicht gegeben, die Naht ist meist etwas härter. Die Festigkeit der Rohschweiße beträgt deshalb fast durchweg 80 ⋯ 100 vH, und auch der Dehnungsabfall ist verhältnismäßig nur sehr gering.

Auf die Tatsache, daß die Korrosionsfestigkeit der Leichtmetallschweiße, wie bei keinem anderen Metall, im hohen Maße von den verwendeten Flußmitteln abhängig ist, wurde mehrmals hingewiesen. Es ist deshalb notwendig, in einer Übersichtstabelle (Tabelle 22) den Bereich der richtigen Verwendbarkeit der führenden Leichtmetallflußmittel zusammenzufassen. Sie enthält auch Angaben für die Gußlegierungen.

Mit den Flußmitteln, die pulverförmig angeliefert werden, und zu einer breiigen Paste anzurühren sind, muß sparsam umgegangen werden. Es soll nur soviel davon auf die Blechkanten und den Draht aufgebracht werden, wie zur Lösung der Oxyde notwendig ist; jedes Mehr ist nutzlos und schädlich. Die folgende Tabelle 23 gibt den normalen Verbrauch an.

Tabelle 23. Schweißzeiten und Flußmittelverbrauch.

Al-Blechdicke in mm	0,5	1	2	3	5	10	15
Flußmittelbedarf in g, bezogen auf 1 m Schweißnaht	5⋯6	7⋯8	8⋯9	10⋯15	15⋯18	20⋯26	25⋯30
Schweißzeit in min/m . . .	6⋯9	7⋯10	7⋯12	10⋯15	18⋯22	45⋯60	95⋯120

Schweißleistung. Sie ist selbstverständlich von der Lage und Art der Schweißnähte abhängig. Die in Tabelle 23 angegebenen Leistungszahlen beziehen sich auf reine Schweißzeiten bei Stumpfstößen an längeren Blechen aus Rein-Al. Die Schweißzeiten sind meist kürzer als bei Stahlnähten und liegen gegenüber dem Rein-Al bei einigen Legierungen, z. B. bei Al-Mg, etwas höher. Die Leistungszahlen für Kehlnähte liegen um 40 ⋯ 50 vH tiefer, die für Eck- und Kantennähte um 15 ⋯ 20 vH höher.

Korrosionsbeständigkeit. Das günstigste Verhalten hinsichtlich ihrer Korrosionseigenschaften haben neben Rein-Al die Legierungen Al-Mn und Al-Mg-Mn aufzuweisen. Diese Legierungen werden durch das Schweißen praktisch gar nicht beeinflußt. Ebenso ist bei den Sorten Al-Mg-Si und Al-Mg^3 eine so geringfügige Abnahme der Korrosionsfestigkeit feststellbar, daß sie praktisch kaum oder gar nicht ins Gewicht fällt. Die mechanische Nachbehandlung der Schweiße ist (abgesehen vom Schaben) auf ihre chemische Widerstandsfähigkeit ohne Einfluß.

Demgegenüber hat die Al-Cu-Mg-Gruppe an sich sehr schlechte Beständigkeit gegen chemische Einflüsse und ist beim Schweißen empfindlicher. Diesem Mangel durch neuerliches Aushärten abzuhelfen, wird sich aber nur in den seltensten Fällen verwirklichen lassen.

Plattierungen. Um die besonders gegen Seewasser und Seeluft sehr empfindlichen, aber mechanisch festen Al-Cu-Mg-Legierungen in ihrem Korrosionsverhalten zu verbessern, hat man sie mit Rein-Al oder anderen korrosionsbeständigen Al-Legierungen plattiert. So sind beispielsweise Duralplat und Bondurplat mit einer kupferfreien Duralumindeckschicht versehen und das Albondur ist mit Rein-Al plattiert. Im Hinblick auf die meist nur sehr schwache Deckschicht und auf die geringen Unterschiede in der Schmelztemperatur muß von der Schweißung dieser Werkstoffe abgeraten werden.

c) Aluminium-Gußlegierungen.

Spannungen. Reinaluminiumguß wird nicht hergestellt bzw. als solcher nicht verarbeitet. Sämtliche Gußlegierungen sind gut und stets besser schweißbar als Knetwerkstoffe der gleichen Zusammensetzung. Nur tritt ein neues wichtiges Moment in den Vordergrund: Die Gußspannungen. Wenn auch nicht in dem Maße wie bei Gußeisen, so müssen sie doch berücksichtigt und unschädlich gemacht werden, um ein Verziehen und Rißneigung des Werkstücks aufzuheben. Sie sind bei Aluminium-Zinklegierungen am größten, bei Aluminium-Kupfer-Zinklegierungen geringer und am geringsten beim eutektischen Siluminguß. Ob eine Vorwärmung des Gußkörpers je nach Lage der Schweißstelle überhaupt nötig, mit der Flamme oder im Holzkohlenfeuer ratsam ist, ist nach den beim Gußschweißen angeführten Gesichtspunkten auch hier in gleicher Weise zu entscheiden. Allerdings kommt es noch mehr auf die Einhaltung einer bestimmten Höchsttemperatur der Erhitzung an, da — ähnlich Bronze — erhitzte Aluminiumgußkörper nur sehr geringe Festigkeit und Dehnung haben und deshalb leicht in sich zusammenbrechen. Zum Gußschweißen — es handelt sich nur um Ausbesserungsarbeiten — gehört gute allgemeine Schweißerfahrung.

Temperaturbestimmung. Zur Bestimmung der Glühtemperatur, die bei etwa 350°, nicht aber oberhalb 400° liegen soll, sind verschiedene Hilfsmittel im Gebrauch. Von diesen sind zu nennen: Unschlitt, Kernseife, Ölstifte, Öl, Holzspäne, ein Gemisch von 50 vH Zinn und 50 vH Blei u. a. Stoffe, die beim Erreichen dieser Temperatur entweder sich färben, schmelzen oder entflammen. Mit Rücksicht auf eine gewisse Unzuverlässigkeit, Schwierigkeit und Umständlichkeit des Aufbringens dieser Stoffe sind sie weniger anzuempfehlen. Da ferner Meßgeräte (Pyrometer) nur selten zur Verfügung stehen und dem rauhen Schweißereibetriebe auch nicht entsprechen, bleibt nur das einfachste und praktisch ausreichende Mittel: der haarzfreie Fichten- oder Tannenholzspan übrig. Bestreicht man mit einem solchen Holz unter leichtem Druck den erwärmten Leichtmetallkörper, dann tritt folgendes ein:

Bei 300° entsteht, langsam bestrichen, ein dunkelgelber Streifen,
bei 300° entsteht, schnell bestrichen, ein hellgelber Streifen,
bei 350° entsteht, langsam bestrichen, ein hellbrauner Streifen,
bei 400° entsteht, langsam bestrichen, ein brauner Streifen.

Die darüber hinausgehenden Temperaturen sind weniger für Gußwerkstoffe als für Knetlegierungen und deren Bearbeitung, wie Glühen, Schmieden usw., von Wichtigkeit. So hinterläßt beispielsweise der Holzspan bei 450° langsam gestrichen einen dunkelbraunen und schnell gestrichen einen hellbraunen Streifen. Der sich bei 500° bildende schwarze Strich verschwindet nach 10 s, bei 550° nach 1 s, d. h. der abgeschiedene Kohlenstoff verbrennt. Über 550° flammt der Holzspan auf.

d) Das Schweißen verschiedener Legierungen.

Schweißvorgang. Bezüglich der Feststellung der Legierung gilt das bereits Gesagte. Bei manchen, vor allem größeren Gußteilen, ist die Gattungsbezeichnung eingegossen. Nachdem die anteiligen Stellen von Oxyden, Fett, Öl und anderen Verunreinigungen durch Abwaschen mit Lauge oder Benzin befreit worden sind, werden die Riß- oder Bruchränder zum Schweißen vorbereitet. Rißenden werden abgebohrt, und alle im Bereiche der Schweißstelle gelegenen Flächen mit der Drahtbürste, durch Feilen oder Schaben metallisch blank gemacht. Ob ein Abbrennen der Flächen mit der Flamme ohne Rißgefahr möglich ist, entscheiden die Gestalt des Werkstücks und die Lage der Schweißstelle. Beim Abwaschen mit Benzin ist darauf zu achten, daß keine Reste davon in versteckten Öffnungen des Körpers zurückbleiben, weil sonst beim Erhitzen des Gehäuses Explosionen zu erwarten sind. Auch das Reinigen mit Trichloräthylen, mit Petroleum und warmer P³-Lösung bewährt sich gut.

Um die Maßhaltigkeit sicherzustellen, müssen völlig zerbrochene Gußteile zuverlässig gegen Versetzen der Bruchflächen geschützt werden. Die Bruchränder dürfen nicht völlig abgeschrägt werden, vielmehr muß an den Hauptanlagepunkten ein kleiner Teil der Werkstoffkanten zum sicheren Einpassen stehen bleiben und ist erst im Zuge des Schweißens mit einzuschmelzen.

Ist eine Vorwärmung im Holzkohlenfeuer notwendig, dann sind die bei Gußeisen geschilderten Anweisungen zu beachten, und das Werkstück ist gut und oft zu unterbauen, damit es sich nicht verziehen kann. Es darf während des Schweißens, überhaupt so lange es erhitzt ist, nicht gewendet noch sonstwie bewegt werden. Auch stehende Nähte können bei einiger Übung leicht und sicher geschweißt werden.

Gußkörper mit sehr unterschiedlichen Querschnitten und schroffen Übergängen kann man, wenn es auf genaueste Formerhaltung ankommt, in einen mit Aluminiumspänen angefüllten Blechkasten einpacken, wodurch eine allerorts gleichmäßige Erwärmung gewährleistet wird.

Das Verschweißen von Guß mit Knetwerkstoff ist befriedigend möglich. Man kann daher fehlende oder stark zerstörte Einzelteile des Gußkörpers durch Einschweißen entsprechend angepaßter Bleche ersetzen. Gute Abrundung der Ecken ist wichtig, scharfe Ecken sind falsch. Flammeneinstellung und Flußmittel sind bekannt. Als Zusatzstäbe werden Legierungen gleicher Art oder auch im Handel erhältliche Sonderstäbe benutzt. Nur im Notfalle sollten beispielsweise kupfer-, bzw. kupfer- und zinkhaltige Gußarten mit Reinaluminiumdraht geschweißt werden. Er bindet schlecht ab, hat einen zu hohen Schmelzpunkt und kristallisiert in der Schweiße außerordentlich grob. Die Silumine der Gattungen GAl-Si, GAl-Si-Cu und GAl-Mg-Si werden ausschließlich mit Siluminstäben geschweißt, und zwar ohne Flußmittel. Es ist dies die einzige Gußart, die ohne Flußmittel besser schweißbar ist. Trotzdem ist die Benutzung von Flußmitteln beim Schweißen dünner Wandungen anzuraten, wie ja auch Al-Si-Knetwerkstoffe mit diesen geschweißt werden. Alle Gußkörper sind während des Schweißens vor Zugluft zu schützen. Nach Arbeitsbeendigung wird nochmals leicht nachgeglüht, und man läßt das ganze mit Blech, Asbest oder Eternit gut abgedeckt, sehr langsam erkalten. Ratsam ist, die Fugen der Schamottesteinmauer mit Lehm auszuschmieren, um ein gleichmäßiges Abkühlen zu sichern.

Die s e e w a s s e r b e s t ä n d i g e n L e g i e r u n g e n der Gattung
GAl-Mg sind, wie alle Gußlegierungen, viel besser schweißbar als Knetlegierungen derselben Art. Der Schweißvorgang ist der gleiche. Es wird mit Flußmitteln für hohen Magnesiumgehalt und mit einem dieser Legierungsgruppe
angehörenden Draht gearbeitet. Endlich schweißt man die G u ß w e r k -
s t o f f e d e r G a t t u n g GAl-Mg-Si entweder mit Draht derselben Zusammensetzung oder — entsprechend den Knetwerkstoffen — auch mit Silumin.

Abb. 301. Zerbrochenes Al-Gehäuse eines Vierzylinder-Automotors.

Nachbehandlung. Da
die Flußmittel hier meist
pulver-, nicht pastenförmig
und in der Regel etwas im
Überfluß verwendet wer-
den, ist die Wahrscheinlichkeit ihres Ausblühens be-
sonders groß. Sie müssen
deshalb in der bereits besprochenen Weise sehr
sorgfältig entfernt und unschädlich gemacht werden.
Ein Einölen oder Fetten
der gereinigten Stellen ist
zu empfehlen.

Falls ein Abarbeiten der
Schweißüberhöhungen an
sonst unbearbeiteten Flächen notwendig ist, so wird dies mit Holzraspeln,
Schabern, Handfräsern oder durch Feilen, Stemmen usw. vorgenommen. In
der Schweißzone gelegene bearbeitete Flächen sind besser auf spanabhebenden
Werkzeugmaschinen zu behandeln.

Ausführungsbeispiele. Ein dankbares Betätigungsfeld für den Leicht-
metallschweißer ist die Ausbesserung von Gußgehäusen, die in mannig-

Abb. 302. Al-Gehäuse (Abb. 301) fertig geschweißt.

fachster Gestalt und Größe an
den verschiedensten Stellen geschweißt werden können. Zeit-
ersparnis und andere Umstände,
wie Modellbeschaffung (z. B. bei
älteren Autokonstruktionen
oder Auslandswagen) können
ohne Rücksicht auf wirtschaftliche Momente die Ursache in
ihrem Ausmaße recht unge-
wöhnlicher Arbeiten sein. So bestätigt Abb. 301, daß man selbst
vor der verwickelsten und
schwierigsten Ausbesserungsschweißung keineswegs zurück-
schreckt. Wie das Bild erkennen
läßt, war das A l u m i n i u m g e h ä u s e eines Vierzylinder-Automotors
infolge eines Zusammenstoßes stark zu Bruch gegangen und wurde durch
Schweißung (Abb. 302) instandgesetzt. Nach Bearbeitung der Schweiße war
von dieser nichts mehr festzustellen. Die Abgrenzungen der eingesetzten
Stücke sind eingezeichnet.

Bei solchen Ausbesserungen geht man vorteilhaft wie folgt vor: Die am Gehäuse verbliebenen Bruchränder und die einzelnen Bruchstücke werden gereinigt und unter sich gut angepaßt, geheftet und zusammengeschweißt. Erst dann wird das nun zusammengefügte Stück in das Gehäuse eingesetzt und verklammert, das ganze im Feuer eingebaut, erhitzt und geschweißt. Richtiges Vorbereiten und überlegtes Schweißen verbürgen besten Erfolg. Im Anlieferungszustand verwundene oder beim Schweißen von der Form abgewichene Gußkörper kann man durch Auftragen von Werkstoff auf die betroffenen Stellen oder auch dadurch wiederherstellen, daß man sie an zwei Punkten unterstützt, erwärmt und etwas durchhängen läßt. Ungünstigenfalls kann das Ausrichten größerer Strecken auch durch Belastung mit Gewichten und geringes Erhitzen des Körpers erreicht werden, wie man dies auch bei Gußeisen zu tun pflegt.

e) Magnesiumlegierungen.

Allgemeines. Reinmagnesium, das als solches gut schweißbar ist, hat als Baustoff keine Bedeutung. Seine Legierungen mit Aluminium, Zink, Sili-zium und Mangan, die unter der Bezeichnung „Elektron" und „Magnewin" bekannt geworden sind, sind die leichtesten unter den üblichen Legierungen und weisen ein spez. Gewicht von 1,8 auf. Die in DIN 1717 zusammengefaßten Legierungen werden als Knet- und Gußwerkstoff verarbeitet, sind aber, was den Schweißer besonders angeht, infolge ihres hohen Magnesiumgehaltes (bis zu 98 vH) brennbar! Brennendes Elektron kann

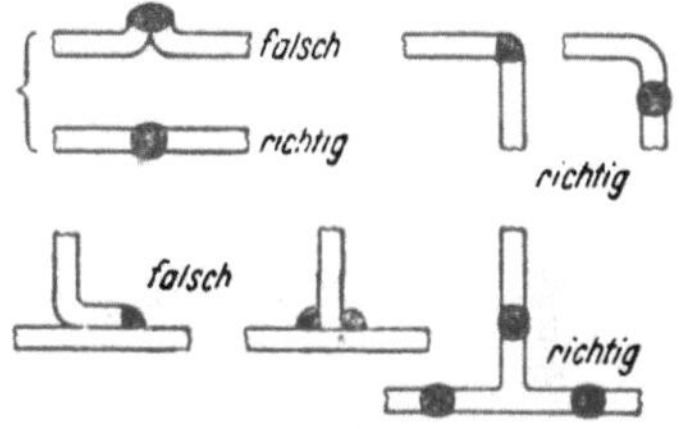

Abb. 303.
Richtige und falsche Anordnungen von Elektron-Schweißnähten.

nicht mit Wasser, sondern nur durch Ersticken mit Sand oder durch Über-werfen von Lappen gelöscht werden. Die sachgemäße Benutzung von Flußmitteln, die für Knet-werkstoffe flüssig oder pasten-förmig, für Guß pulverförmig ge-liefert werden, verhütet die Ent-flammung des Metalls. Mg-Legie-rungen sind sehr dünnflüssig und bieten weder als Knet- noch als Gußwerkstoff schweißtechnisch Schwierigkeiten. Ohne Flußmittel sind sie nicht schweißbar.

Mit Rücksicht auf die Korro-sionsempfindlichkeit dieses Me-talls ist die Entfernung von Fluß-mittelresten vor allem bei Guß zu beachten. Eine Nachbehand-

Abb. 304. Flugzeugbenzintank aus Elektron, geschweißt.

lung der Schweiße durch Abspülen genügt allein nicht, vielmehr muß eine als praktisch besonders wirkungsvoll erkannte B e i z e verwendet werden, die folgende Zusammensetzung hat: 15 vH Natrium- oder Kaliumbichromat, 15 vH konz. Salpetersäure, Rest Wasser. Durch das Beizen wird das Metall mit einer hell- bis dunkelgelb gefärbten Schutzschicht bedeckt.

Nur schwer zugängliche Stellen, wie Rohrverbindungen u. ä. werden mit einem Gemisch von 50 vH Öl und 50 vH Benzin gründlich ausgespült. Beim Schweißen erforderliche Verformungsarbeiten, z. B. scharfes Abkanten von Blechen für die Bördelnaht, können nur bei Temperaturen von etwa 200° vorgenommen werden, weil sonst Risse und Brüche auftreten.

Mg-Knetwerkstoffe. Unter den verschiedenen Knetlegierungen haben schweißtechnisch nur die Elektron-Legierungen AM 503 (Mg-Mn), AZM (Mg-Al 6) und Magnewin Bedeutung. Weitaus am besten ist der Al-freie Werkstoff AM 503 schweißbar, der $1,0 \cdots 2,5$ vH Mn enthält, und das Magnewin gleicher Zusammensetzung. An ihm lassen sich schöne Nähte beliebiger Länge und Lage ohne Rißgefahr ausführen. Dagegen ist der Werkstoff AZM ($6 \cdots 7$ vH Al, bis 1,5 vH Zn und bis 0,5 vH Mn) aus dem meistens

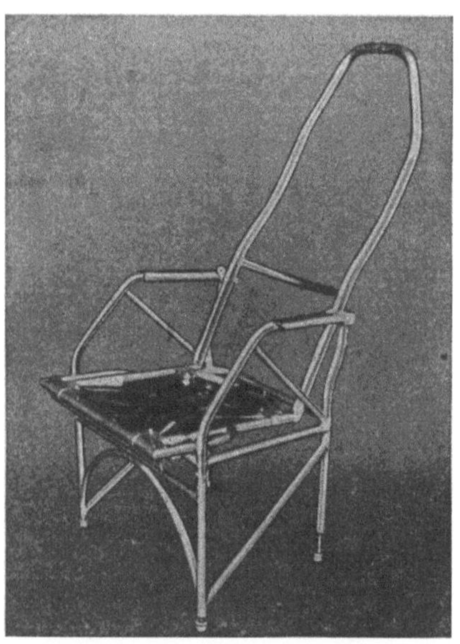

Abb. 305. Geschweißter Flugzeugsessel aus Elektron.

Rohre hergestellt sind, nur in ganz kurzen Nahtstrecken schweißbar, andernfalls treten Risse auf. Während die erste Legierung, die hauptsächlich in Blechform verarbeitet wird, die Herstellung sehr sauberer und gleichmäßiger Schweißungen gestattet, trifft dies für die Legierung AZM nicht zu. Die Schweißnähte sind zwar fest und dicht, aber von ungleichmäßigem und unschönem Aussehen. Die Legierung AM 537 (Mg-Mn) ist zwar leichter kaltverformbar als AM 503, jedoch nicht ganz so gut schweißbar.

Wegen des bereits erwähnten sehr ungünstigen Einflusses, den eingeschlossene Flußmittelreste ausüben, müssen die Schweißnähte stets so angeordnet sein, daß ihre Gegenseite durch die oben geschilderten Mittel behandelt werden kann. Abb. 303 zeigt eine im Schrifttum häufig wiederkehrende Darstellung richtiger und falscher Anordnungen von Schweißnähten an Mg-Knetlegierungen. Immer wieder kommt es darauf an, die Gegenseite der Schweißnaht frei zu halten, um das Zurückbleiben von Flußmitteln in Spalten auszuschließen. Für das Schweißen von Knetwerkstoffen benutzt man als Flußmittel „Elektrogal" oder Firinit „E B Nr. : 42"; für Guß ebenfalls „Elektrogal" oder „E G Nr. : 42".

Als Zusatzwerkstoff dient ausschließlich Mg-Mn-Draht, der der Legierung AM 503 entspricht und mit neutraler Schweißflamme verarbeitet wird.

Abb. 304 zeigt einen geschweißten **Flugzeugbenzintank** mit Schlingerwänden und Abb. 305 einen **Elektronsessel** für Flugzeuge.

Mg-Gußlegierungen. Für das Schweißen von Gußkörpern gilt ausnahmslos das für Aluminiumguß Gesagte, sowohl hinsichtlich der Vorwärmung als auch des Schweißvorgangs. Als Zusatzwerkstoff dienen Elektrongußstäbe, die zusammen mit einem pulverförmigen, möglichst nichthygroskopischen Flußmittel verarbeitet werden. Wesentliche Unterschiede im schweißtechnischen Verhalten der auf dem Markt befindlichen Legierungen, die bis zu 92 vH Magnesium, bis zu 11 vH Aluminium, bis zu 2,5 vH Mangan und bis zu 3,5 vH Zn enthalten und die Bezeichnung AZF, AZG, AM 503 usf. führen, bestehen nicht. Magnewinguß ist gut schweißbar.

Abb. 306 veranschaulicht das **Elektrongehäuse** eines Sechszylindermotors in für die Schweißung vorbereitetem Zustande. Die außergewöhnlich umfangreichen Schäden wurden zu

Abb. 306. Elektrongehäuse eines Sechszylindermotors für die Schweißung vorbereitet.

Versuchszwecken absichtlich und willkürlich angebracht. Auf die Wiedergabe des Gehäuses nach erfolgter Schweißung kann verzichtet werden, weil diese nach der Bearbeitung unsichtbar ist und sich von einer Aluminiumschweißung nicht unterscheidet.

V. Randgebiete der autogenen Metallbearbeitung.

In den letzten Jahren haben sich einige Sondergebiete der autogenen Metallbearbeitung entwickelt, die mit dem Metallschweißen nur in lockerem Zusammenhang stehen, z. T. aber an Bedeutung so rasch zugenommen haben, daß sie hier der Vollständigkeit halber Erwähnung verdienen und in einem besonderen Kapitel behandelt werden sollen.

Schweißung thermoplastischer Kunststoffe. Unter den Kunststoffen sind nur die **nicht härtbaren** schweißbar, die in der Wärme wiederholt leicht verformbar sind und deshalb **thermoplastisch** genannt werden. In erster Linie werden Kunststoffe aus Polyvinylchlorid, z. B. „Vinidur", ferner aber auch Akrylpolymerisate, unter denen das „Plexiglas" hervorgehoben sei, durch Schweißung verbunden, wobei z. T. von einander abweichende Bedingungen eingehalten · werden müssen. Vorauszuschicken ist, daß hier eine gewisse Verwässerung des Begriffes Schweißen eintritt, da es sich mehr um ein Zwischending zwischen Kleben und Kneten unter Wärmezufuhr, nicht aber um ein Preß- oder Schmelzschweißen handelt. Nachstehende Ausführungen gelten insbesondere für Polyvinylchlorid-Kunststoffe, die zwar keinen reinen Schmelzpunkt, aber bei etwa 200° einen Fließpunkt aufweisen, weshalb der ebenfalls teigig werdende Zusatzdraht mit einem leichten Druck in die Schweißfuge eingeführt werden muß, um ein ausreichendes Einbinden zu erreichen. Dabei muß die Schweißtemperatur[1]) in sehr engen Grenzen eingehalten werden, da zu niedrige Temperatur Bindefehler und zu hohe Temperatur oder zu langes Erwärmen Zersetzungen mit Farbumschlag (dunkel

---

[1]) Die Schweißung thermoplastischer Kunststoffe auf der Basis Polyvinylchlorid, PCU-Vinidur. Autog. Metallbearbeitung 1943, Heft 12, Seite 173 u. f.

bis schwarz) und Bläschenbildung zur Folge haben[1]). Zur Erwärmung der Schweißkanten und des Drahts dient nicht die viel zu hoch temperierte Schweißflamme, sondern ein reiner, trockener Luftstrom, der in einem Sonderbrenner durch eine Gasflamme (Wasserstoff, Leuchtgas, Azetylen, Propan, Luft) oder elektrisch (Heizspirale) erhitzt wird. Aus Abb. 307 und deren

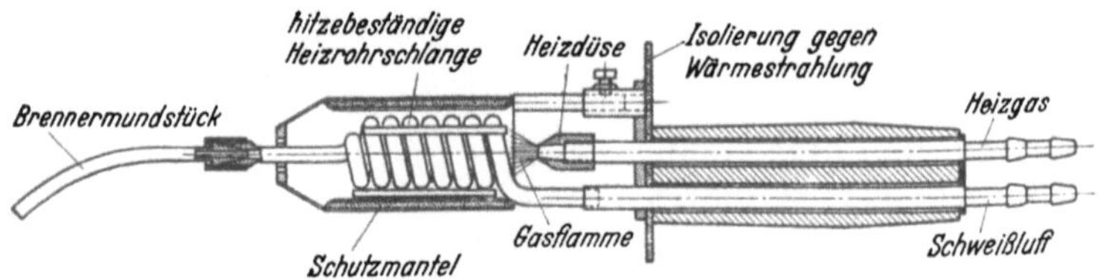

Abb. 307. Heißluftschweißbrenner.

Beschriftung ist der grundsätzliche Aufbau eines solchen „Heißluftschweißbrenners" ohne weitere Erläuterungen zu erkennen. An diesem Gerät können die Gasdüsen je nach Gasart und Mundstück je nach Schweißbedingungen ausgewechselt werden.

Die Schweißnahtformen sind die gleichen wie bei Stahlschweißungen, also I-, V-, X- und Kehlnähte mit Öffnungswinkeln von $60 \cdots 75°$; Wurzelabstand $0,5 \cdots 1$ mm, mit und ohne Wurzelnachschweißung. Vor dem

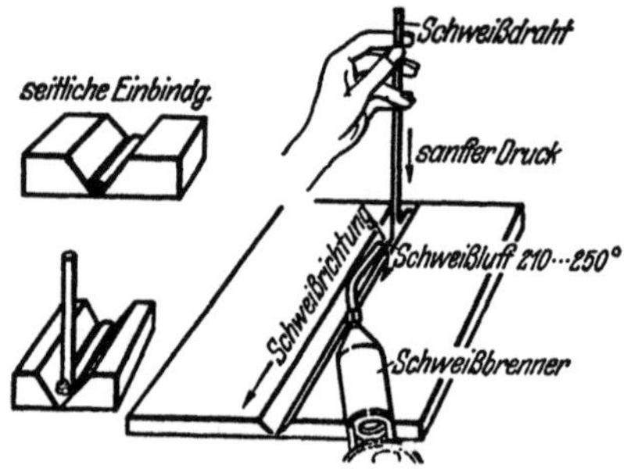

Abb. 308. Schweißen von Kunststoffen.

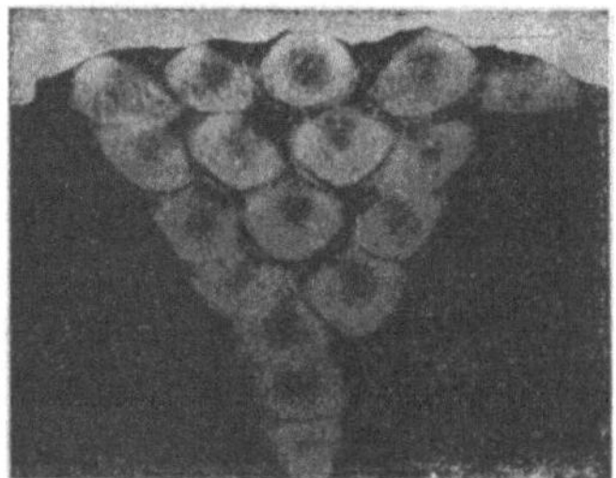

Abb. 309. Kunststoffschweißnaht (Querschnitt).

Verschweißen der Gegenseite, auch bei X-Nähten, wird die Wurzel mit Kratzern, Schabern u. dgl. ausgearbeitet, während die Schweißkanten durch Feilen, Raspeln, durch Hobeln oder Schmirgeln vorbereitet werden.

Als Zusatzdraht dienen Drähte des gleichen Werkstoffs von 1,5, 2,25, 3 und 4 mm Dicke, dem meist ein geringer Anteil an Weichmachern beigegeben ist. Wenige und dicke Lagen liefern eine bessere Verbindung als viele dünne; Drähte über 4 mm Durchmesser sind nicht üblich.

Grundsätzlich wird nachrechts geschweißt, wobei der heiße Luftstrom die Kanten und den Draht unter Pendeln des Brenners gleichmäßig bis zum Fließpunkt erwärmt. Der Draht muß ziemlich steil gehalten und mit leichtem Druck entsprechend Abb. 308 in die Mulde eingelegt werden. Aus dem Querschnitt Abb. 309 ist die Eigenart des Aufbaues einer solchen Verbindung erkennbar, wie der Draht förmlich nur eingelegt ist und auch nur durch den leichten Druck im Querschnitt verformt, sich in die Fuge einfügt. Bei zu starkem Druck tritt Rißbildung ein. Im allgemeinen kann nur liegend geschweißt werden, worauf bei der Konstruktion und bei der Anordnung der Nähte Rücksicht zu nehmen ist. Rohrrundnähte sind zu drehen.

---

[1]) VDI-Fachausschuß für Kunst- und Preßstoffe (VDI 2007). Richtlinien „Schweißen von Kunststoffen".

Spanabhebende Bearbeitung ist zwar möglich, soll aber möglichst vermieden werden. Die Güte von Stumpfnähten ist vom völligen Durchschweißen und geringer Lagenzahl abhängig. Je nach Sorgfalt kann mit einem Gütefaktor der Verbindung zwischen 0,6 ··· 0,9 (höchstens) gerechnet werden. Da Überlappnähte als tragende Verbindung unbrauchbar sind, sucht man mit Stumpfnähten auszukommen. Das Bearbeiten und Schweißen der Kunststoffe kann an einigen Schweißtechn. Lehr- und Versuchsanstalten des DVSA erlernt werden.

Autogene Oberflächenhärtung[1]). Ihre kennzeichnende Eigenart ist das von älteren Verfahren abgeleitete **Abschreckhärten** mit Brenngas-Sauerstoff-Flammen erhitzter Vergütungsstähle. Bekanntlich hat die auf die äußeren Randzonen begrenzte Härtung von Werkstücken den Zweck, den aus mancherlei Ursachen entstehenden Verschleißverlust (jährlich viele Millionen Reichsmark) zu verhüten und den Werkstoffkern selbst weich und zäh zu erhalten. Dem Verschleißschutz durch Oberflächenhärtung kommt deshalb hohe Bedeutung zu. Das ältere Verfahren ist die **Einsatzhärtung**, bei der eine oberflächliche Härtung durch Glühen in kohlenstoffabgebenden Stoffen, fester (Einsatzpulver), flüssiger (geschmolzene Zyansalze) oder gasförmiger (Leuchtgas, Stickstoff [Nitrierhärtung]) Art erzielt wird. Alle diese Verfahren haben den Nachteil gemeinsam, daß die Zonen, die weich bleiben sollen, vor dem Eindringen von Kohlenstoff aus dem Härteträger durch geeignete Maßnahmen (Abdecken mit besonderen Mitteln) und Vorbereitungen geschützt werden müssen, sie haben aber den nicht zu unterschätzenden Vorteil, daß durch die wenn auch langwierige Aufkohlung an sich nicht härtbare Stähle mit geringem Kohlenstoffgehalt (0,08 ··· 0,22 vH C) auf diese Weise härtbar sind, während die Abschreckhärtung, von der hier die Rede ist, einen an sich bereits härtbaren Vergütungsstahl (mit 0,35 ··· 0,60 vH C) oder einen legierten Stahl bedingt.

Eine bei Neuerungen häufig anzutreffende Erscheinung, die Vielfältigkeit in der Bezeichnung, hat leider auch hier Platz gegriffen, weshalb erwähnt sei, daß alle nachstehenden Bezeichnungen das gleiche zum Ausdruck bringen: „Griesogenhärtung" (I. G.-Farben), „Doppel-Duro-Härtung" (DEW), „Hartlagerverfahren" (Krupp), „Peddinghausverfahren", „Flammen-, Brennstrahl-, Brennhärtung" u. a. Wir selbst wollen die ursprüngliche Bezeichnung Autogenhärtung beibehalten.

Das **Anwendungsgebiet** des Autogenhärtens ist sehr umfangreich, und das Verfahren als solches hat sich in wenigen Jahren zu einem wertvollen Zweig der Metallbearbeitung entwickelt. Maschinenteile aller Art, wie Zapfen, Wellen, Kurbelwellen, Zahnräder, Räder ganz allgemein, Laufrollen, Gleitbahnen, Kolbenstangen, Getriebebolzen u. a. werden nach diesem Verfahren oberflächengehärtet. Werkzeug- und Schnellstähle sind nicht härtbar. Je kleiner der zu härtende Anteil der Gesamtoberfläche oder je größer das Werkstück ist, um so stärker überwiegen die Vorteile des Autogenhärtens. Da eine Kohlenstoffaufnahme nicht eintritt (auch keine Kohlenstoffabnahme) muß allerdings in jedem Falle ein durch Abschrecken bereits härtbarer, also Vergütungsstahl mit 0,35 ··· 0,60 vH C vorliegen. Ferner sind auf diese Weise härtbar: unlegierter Stahlguß, einige legierte Stähle und im bestimmten Umfang auch Temperguß und Grauguß, wenn bei letztem ein hoher Perlitanteil und ein geringer Gesamtgehalt an Kohlenstoff (unter 3,0 vH) vorliegen.

---

[1]) H. W. G r ö n e g r e ß , Brennhärten, Heft 89 der Werkstattbücher, 1942.

Die Einrichtungen für das Autogenhärten sind verhältnismäßig einfach. An die Stelle des beim Einsatzhärten notwendigen Härteofens tritt der Härtebrenner. Das Härten von Hand ist weniger üblich, vielmehr sind, weil es sich meist um Massenfertigung handelt, auf die jeweiligen Bedürfnisse zugepaßte Ein- oder Mehrzweck-Härtemaschinen erforderlich, denen durch reichlich weit bemessene Rohrleitungen und über Schalt- und Regelventile die erheblichen Mengen an Brenngas-, Sauerstoff und Wasser zugeführt werden. Universalmaschinen sind nur vereinzelt möglich. Als Brenngase eignet sich neben Azetylen vor allem Steinkohlengas (Leuchtgas), weniger und nur gelegentlich angewandt auch Wasserstoff, Propan und Butan. Auf das Brenngas-Sauerstoff-Mischungsverhältnis und die Eigenschaften des Brenngases müssen die Brenner besonders und auf die Form der Werkstücke allgemein abgestellt sein. So sind neben den normalen Düsenbrennern, Loch- und Schlitzbrenner in verschiedenster Gestalt üblich, die in Anpassung an den besonderen Zweck als Ring-, Segment-, Innen-, Lagerstellen-, Flächen-, Profilhärtebrenner u. ähnlich bezeichnet werden.

Als Abschreckmittel dient in der Mehrzahl der Fälle reines Wasser, das der Leitung entnommen oder aus einem Behälter umgepumpt werden kann. Jedoch darf man die Wassertemperatur von 15° nicht unterschreiten, da sonst an empfindlichen Werkstücken aus hochgekohltem und höher legiertem Stahl Härterisse aufzutreten pflegen. Versuche, an Stelle von Wasser in Einzelfällen auch Wassernebel (Zerstäuberdüsen) anzuwenden, sind günstig verlaufen; dagegen hatten Versuche, auch Öl oder Emulsionen als Abschreckmittel brauchbar zu machen, keinen Erfolg, z. T. wegen der Brennbarkeit (Öl in unmittelbarer Flammennähe), z. T. infolge der Neigung zu rascher Zersetzung (Emulsionen).

Wie den Brennern, kommt auch der Abschreckvorrichtung deshalb erhöhte Bedeutung zu, weil das erhitzte Werkstück gleichmäßig und so rasch abgekühlt werden muß, daß die kritische Abkühlungsgeschwindigkeit des Stahls übertroffen wird. Nur kleine Werkstücke, wie Bolzen und Schrauben können durch Einwerfen oder Eintauchen in ein Wasserbad abgeschreckt werden; meist ist eine brausenähnliche Abschreckvorrichtung notwendig, die der Flamme unmittelbar (und laufend) folgt.

Als Arbeitsverfahren unterscheidet man die Mantel-, (Flächen-) und Linienhärtung. Erhitzt man die gesamte zu härtende Oberfläche auf einmal und schreckt sie anschließend insgesamt ab, dann spricht man von einer Mantelhärtung. Wird dagegen die zu härtende Fläche allmählich fortschreitend oder in schmaler Zone (Linie) erhitzt und nachfolgend unmittelbar und fortschreitend durch eine mit gleichem Vorschub wie der Brenner wandernde Brause abgeschreckt, so nennt man diesen Vorgang Flächen- oder Linienhärtung. Nur ein erfahrener Fachmann kann über das jeweils beste Verfahren ohne Vorversuche entscheiden. Für das Ergebnis ist es belanglos, ob das Werkstück feststeht und Brenner und Abschreckvorrichtung bewegt werden oder umgekehrt.

Der Vorgang bei der Durchführung des Autogenhärtens ist kurz folgender: Die zu härtenden Flächen werden mit so großen Flammen und so rasch erhitzt, daß die Wärmezufuhr das Wärmeleitvermögen des Stahls weit übertrifft und in der Oberflächenzone ein Wärmestau eintritt, der die Härtetemperatur außerordentlich schnell herstellt, ohne daß der Werkstückkern miterwärmt wird; nach dem Abschrecken bleibt dieser weich und zäh. Demnach steht die Härtetiefe in Abhängigkeit von der Erhitzungsgeschwindigkeit. Sobald die durch optische Pyrometer überwachte Härtetemperatur erreicht ist (meist schon nach wenigen Sekunden), wird mit Wasser abgeschreckt. Da das Verziehen des Werkstücks praktisch auf das geringste Maß gebracht, wenn nicht ganz unterdrückt und die Schleifzugabe sehr gering

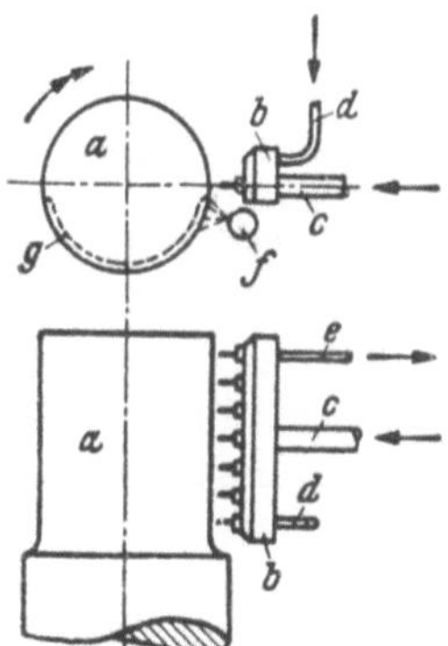

Abb. 310. Mantelhärtung bei langsam umlaufender Welle.

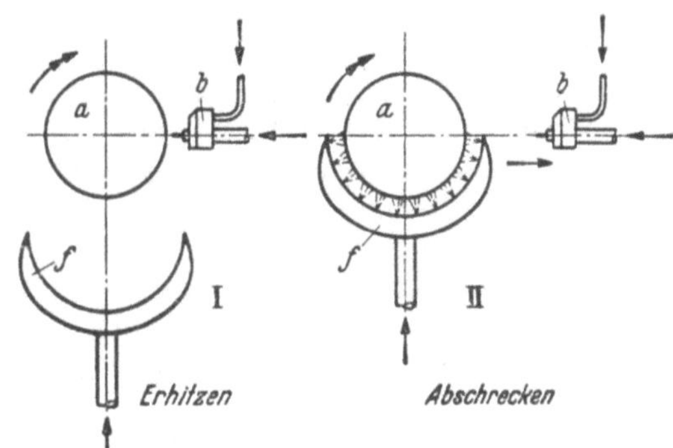

Abb. 311. Mantelhärtung bei schnell umlaufender Welle.

gehalten werden kann, sind im allgemeinen Härtetiefen von 1···3 mm ausreichend; in Sonderfällen sind jedoch auch solche von nur 0,5 mm und von 15 mm Tiefe und mehr erzeugbar.

Die Arbeitsweise des Verfahrens wird am besten an Hand der Abb. 310 und 311 deutlich, von denen Abb. 311 die Mantelhärtung eines Wellenzapfens veranschaulicht. a ist die in Pfeilrichtung sich langsam drehende Welle und b der feststehende Mehrfachschweißbrenner, dem das Gas-Sauerstoff-Gemisch bei c zugeleitet wird. Der Brennerkühlwasser-Zu- und Abfluß liegt bei d und e. Unmittelbar unter dem Brenner ist das Abschreckwasserrohr f angeordnet. Die punktierte Linie g deutet die bereits

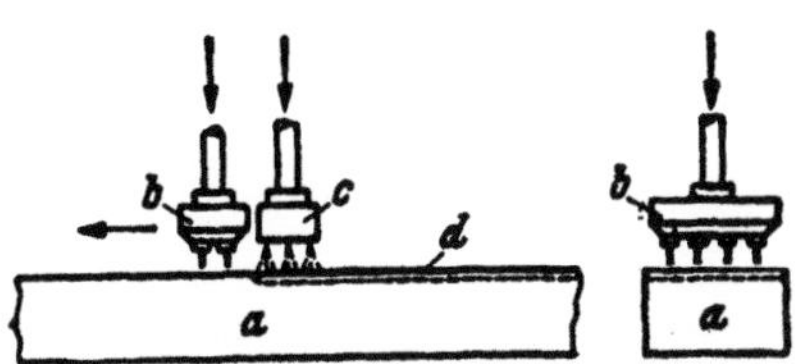

Abb. 312. Linienhärtung an ebenen Flächen.

erzeugte Härtefläche an. Ein zweites Verfahren, Abb. 311, beruht darauf, die schnellumlaufende Welle a durch den Brenner b zu erhitzen (I), darauf den Brenner, im Bilde nach rechts, abzuziehen und die Abschreckbrause f an die Welle heranzuführen (II).

Bei der Linienhärtung, die sowohl an ebenen wie runden Flächen anwendbar ist, verfährt man im Sinne der Abb. 312, bei der die Härtung einer Gleitbahnfläche a angenommen ist. Dem wandernden Brenner b folgt unmittelbar die Abschreckbrause c. d ist wiederum die bereits gehärtete Fläche. Abarten dieser grundsätzlichen Verfahren, wie die Spiral- und Kantenhärtung, können hier nicht weiter behandelt werden.

Mit wachsendem Kohlenstoffgehalt steigt auch die Oberflächenhärte bis zu etwa 66 Rockwell C; die höchste Härte wird bereits bei 0,6 vH C-Gehalt erzielt. Höher gekohlte Stähle sind wegen ihrer Empfindlichkeit gegen Abschrecken im Wasser nicht autogen härtbar. Für eine gewissen-

20

hafte und laufende Überwachung des geforderten Härtezustandes bedient man sich vorzugsweise der Rockwellhärteprüfer. Gegenüber dem Einsatzhärten sind Kostenersparnisse bis zu 80 vH nachgewiesen.

Teilgebiete des Verfahrens, sowie einige Brenner- und Maschinenkonstruktionen sind patentrechtlich geschützt.

Autogene Preßschweißung. Hierunter versteht man ein in seiner Bezeichnung wenig glücklich umrissenes Verfahren, bei dem im plastischen Zustande verschweißbare Werkstoffe durch die Azetylen-Sauerstoff-Flamme erhitzt und unter Druck verbunden werden. Der Unterschied gegenüber der elektr. Widerstandsschweißung (Stumpfschweißung) beruht demnach nur in der Art der Wärmezufuhr, die hier durch eine Flamme von außen und dort elektrisch von innen erfolgt. Dieses Verfahren, das z. Zt. noch ausschließlich in den Vereinigten Staaten praktisch ausgeübt wird und in Deutschland bisher keine Aufnahme fand, soll besonders beim Schweißen von Eisenbahnschienen[1]) mit gutem Erfolg angewandt worden sein und an Güte anderer Preßschweißverfahren nicht nachstehen. Technologische und metallographische Untersuchungen an ausgeführten Stumpfschweißverbindungen ergaben normalerweise weder von der Gas- noch von der Lichtbogenschmelzschweißung erreichbar hohe Werte, die nur der elektr. Widerstandsschweißung vergleichbar sind.

Als Heizquelle dienen auf den Werkstoffquerschnitt abgestimmte Mehrflammenbrenner verschiedenster Größe.

Das Anwendungsgebiet der autogenen Preßschweißung beschränkt sich außer auf die bereits erwähnte Schienenschweißung gegenwärtig nur auf das Stumpfschweißen von Formstählen und Walzprofilen, wie Rund-, Flach-, Vierkantstähle, Rohre, L-, T-, I- und andere Profile. Es wird mitgeteilt, daß selbst Gesteinsbohrer mit einem C-Gehalt von etwa 0,7 vH mit gutem Erfolge geschweißt worden sind.

VI. Das Löten mit dem Schweißbrenner.

(Autogenes Löten.)

Allgemeines. Der grundsätzliche Unterschied zwischen Autogenschweißen und -löten besteht darin, daß beim ersten eine örtliche Verflüssigung des Grundwerkstoffs vorgenommen und ein Zusatzdraht gleicher oder sehr ähnlicher Zusammensetzung eingeschmolzen wird, wohingegen für das Löten durch den Lötausschuß der Deutschen Gesellschaft für Metallkunde folgende Begriffsbestimmung festgelegt wurde: „Verbinden oder Ergänzen erhitzter, im festen Zustand bleibender Metalle und Legierungen durch schmelzende, metallische Bindemittel“. Demnach erstreckt sich die Lötung auch auf die Verbindung unter sich ungleicher Werkstoffe mit metallischen Stoffen fremder Art. In der obigen Begriffsbestimmung wurde festgelegt, daß die Bezeichnung „Lötmittel“ für alle Stoffe zu gebrauchen ist, mit denen man lötet, also sowohl für Lote als auch für Flußmittel.

Es ist zwischen zwei verschiedenen Lötverfahren zu unterscheiden: zwischen Weichlötung und Hartlötung. Die beiden Verfahren bedienen sich meist verschiedener Wärmequellen und erfordern nur eine Arbeitstemperatur, die dem Schmelzpunkte des jeweiligen Lotes entspricht.

---

[1]) K e e l : Autogene Preßschweißung, Zeitschrift für Schweißtechnik ·(Schweiz), 1938, S. 177/179 u. 1942 S. 60/67 u. S. 185/187.

A. Weichlötung.

Schwermetalle. Hierfür kommt ein im Feuer, elektrisch oder durch eine Azetylen- bzw. Leuchtgas-Luftflamme beheizter L ö t k o l b e n in Frage. Eine Ausnahme macht nur die Aluminium-Weichlötung, die sich in Sonderfällen des Lötkolbens, meist aber der Schweiß- oder Lötflamme bedient. Für das Weichlöten von Schwermetallen benutzt man Brenner besonderer Bauart mit meist verstellbaren, auswechselbaren Kupferkolben mannigfacher Form und Größe. Die Heizung kleiner Kolben wird mit Hilfe der bekannten Bunsen-brennereinrichtung erreicht, welche die zur Verbrennung des Heisgases not-wenige Luftmenge selbst ansaugt. Größere Kolben beheizt man mit Gas-Preßluft-, seltener Gas-Sauerstoffgebläseflammen. Im ersten Falle ist die Verwendung von Hochdruckazetylen empfehlenswert.

Als Lot dient hauptsächlich W e i c h l o t, d. h. Lötzinn mit wechselnden Mengen von Zinn und Blei. Der Schmelzpunkt dieser Lote liegt zwischen 180 und 240°. Nach DIN 1707 wird Lötzinn nur nach den Zinngehalten bezeichnet, und es sind nur die Zinn-Bleilote genormt, nicht aber solche, die neben Blei andere Stoffe, wie Antimon, Wismut, Kadmium, Quecksilber u. dgl. als Hauptbestandteil enthalten. Die Lote werden mit Lötzinn 25 ··· 90 (SnL 25 ··· 90) bezeichnet, wobei die Zahl den Anteil an Zinn kennzeichnet.

Als L ö t m i t t e l (Oberflächenreinigungsmittel und Oxydationsschutz) werden „L ö t w a s s e r" (Zink in Salzsäure aufgelöst), „L ö t s a l z" (Löt-wasser mit Zusatz von Salmiak), „L ö t f e t t", Kolophonium u .a. benutzt. Die mit dem Lötkolben ausgeführten Weichlötungen gehören streng ge-nommen nicht in das Gebiet des Autogenlötens, da man hierfür die An-wendung der offenen Schweiß- oder Lötflamme voraussetzt. Die Wirtschaft-lichkeit der Weichlötung mit Gas oder elektrisch beheizter Kolben liegt in der leichten Regelbarkeit der Kolbentemperatur und in der ununterbrochenen Arbeitsdurchführung.

Die Weichlötung erfaßt kaum die Eisenmetalle, dagegen Zink, Zinn (Weißblech), Zinkguß, Kupfer und seine Legierungen Messing und Bronze.

Leichtmetalle. Die Weichlötung von Leichtmetallen, die sich auf die Verbindung des Aluminiums und seiner Legierungen beschränkt, kann, so-weit es die Kolbenlötung angeht, nur für sehr dünne Bleche unter 0,2 mm Dicke angewandt werden. Darüber hinaus ist nur die Bunsen- oder die Schweißflamme für das Weichlöten aller Al-Werkstoffe verwendbar. Da die Arbeitstemperatur für den Lötvorgang zwischen 180° und 500° liegt, gelten auch für die Weichlötung die für das Schweißen bezüglich des Festigkeits-abfalls ausgehärteter Aluminiumlegierungen gemachten Angaben. Zu unter-scheiden ist zwischen R e i b l ö t e n, M o d e l l i e r l ö t e n und R e a k -t i o n s l ö t e n.

A l u m i n i u m w e i c h l ö t s t ä b e bestehen hauptsächlich aus Schwer-metallen auf Zink- und Zinnbasis, mit Zusätzen an Blei, Kadmium, Wismut u. a. und enthalten nur bis zu höchstens 30 vH Aluminium, meist aber nicht über 15 vH. Das bedeutende Übergewicht an Schwermetallen im Weichlot hat einerseits, wie später noch weiter ausgeführt wird, nur sehr geringe Kor-rosionsfestigkeit der Lötverbindung zur Folge. Anderseits erklärt sich aus den vielfältigen Legierungsmöglichkeiten die Tatsache, daß die Herstellung von Aluminiumweichloten· Gegenstand ins Uferlose gehender Patentanmel-dungen geworden ist. Die „Erfinder" versprechen meist viel und halten um so weniger. Erfahrungsgemäß haben sich aus der ungeheuren Gruppe der Aluminiumweichlote nur wenige als besonders brauchbar erwiesen, z. B. „Löterna", „Aurele", „Firinit" und „Tialit".

Vorgänge beim Al-Weichlöten. Die Wirkungstemperatur des meist ausgeübten „Reiblötens" liegt in der Gegend von 300°, d. h. niedriger schmelzende Lote müssen auf diese Temperatur überhitzt werden, um beim Anreiben eine Diffusion (ein Hineindringen) in die Verbindungsflächen sicherzustellen. Daraus ergibt sich, daß bei ausgehärteten Legierungen bereits eine Festigkeitsabnahme eintreten muß. Beim Reiblöten sind zunächst die Lötstellen und der Lötstab durch Schmirgeln, Schaben oder Bürsten metallisch blank zu machen. Flußmittel werden n i c h t verwendet, weil ihre Arbeitstemperatur weitaus höher liegt. Nach Aufrauhen der Lötstelle mit der Drahtbürste wird das Werkstück bis über den Schmelzpunkt des Lotes mit der Schweißflamme erwärmt und mit einem besonderen Lotstabe (Vorlot) verzinnt. Das unter der Flamme verflüssigte Lot wird mit einer Stahldrahtbürste oder einem Schaber angerieben (eingebürstet) und das überschüssige Lot, sowie die abgesetzte Krätze entfernt. Nach dieser Vorbereitung sind die Teile in die gewünschte Lage zu bringen und gegen Formabweichung zu schützen. Hierauf wird ein Lotstab meist anderer Zusammensetzung, das eigentliche Verbindungslot, aufgeschmolzen. Der Lotüberschuß und die Schlacke werden mit einem Spachtel oder mit Stahldraht entfernt. Die Lötstelle muß langsam erkalten und kann im allgemeinen ohne Nachbearbeitung bleiben. Das Hauptanwendungsgebiet liegt bei den Knetwerkstoffen, doch werden auch Poren und kleine Löcher an Gußkörpern auf diese Art ausgebessert.

Eine Abart des Reiblötens ist das „Modellierlöten", das seinen Namen erhielt, weil es das Ergänzen und Anmodellieren fehlender Teile an Gußstücken — es kommt ausschließlich für die Ausbesserung von Guß in Frage — ermöglicht. Die Arbeitstemperatur liegt hier bei höchstens 450°, also in der Nähe der Vorwärmetemperatur. Bei dieser Temperatur sind die Modellier- oder Schmierlote nicht flüssig, vielmehr nur breiig, also teigig. Sie bestehen z. B. aus 15 · · · 50 Teilen Zink, 50 · · · 75 Teilen Zinn, 2,5 · · · 15 Teilen Aluminium und bis zu 1,5 Teilen Kupfer und passen sich den Umschmelz-Legierungen UG Al—Zn-Cu und UG Al-Cu-Zn gut an. Doch sind auch andere Legierungsbestandteile, die in erster Linie der Regelung der Schmelz- und Arbeitstemperatur dienen, möglich. Nach Erhitzen des Werkstücks auf knapp über 400° wird der Lötstab auf der sauberen Lötstelle hin und her gerieben, wobei die Oxydhaut zerstört und das Lot auf diese Stelle aufgetragen wird. Das noch fehlende Lot wird mit einem erwärmten Spachtel auf die mit der Flamme dauernd gut warm gehaltenen Flächen in gewünschter Höhe aufgetragen und mit dem Spachtel glatt gestrichen. Dabei ist das sorgfältige Aufreiben des Lotes für die Güte, vor allem für die Festigkeit und Haltbarkeit der Lötverbindung von ausschlaggebender Bedeutung. Gutes Unterbauen offener Fehlstellen mit Stahlblech ist notwendig, um ein Durchdrücken und Absacken des aufgetragenen Lotes zu verhindern. Das Abdichten der Ränder kann mit Asbestbrei erfolgen. Langsames Erkalten des gelöteten Werkstücks ist immer zu empfehlen. Die Verwendung von Flußmitteln fällt auch hier fort.

Eine weitere neuere Abart des Weichlötens ist die „Reaktionslötung", ein Verfahren, das sich wesentlich einfacher gestaltet, da das für die Güte der Lötverbindung ausschlaggebende, mühsame und zeitraubende Loteinreiben fortfällt. An die Stelle der metallischen Lote treten hierbei chemische Verbindungen des Lötmittels mit anderen Salzen. Reaktionslote sind immer schwermetall-, meist Zinkchlorid-haltige Gemische in Salz- oder Pastenform. Nachdem die Bruchstellen durch Klammern befestigt worden sind, wird das Reaktionslot pasten- oder pulverförmig aufgebracht und nur mäßig und mittelbar erwärmt. Bei etwa 300° beginnt ein meist von starker

Rauchentwicklung begleitetes Schmelzen des Lötmittels, es scheidet sich aus diesem durch eine Reaktion metallisches Lot, beispielsweise Zink, aus, und die Verbindung ist hergestellt. Das ausgeschiedene Metall zerreißt die Oxydhaut und löst sie zum Teil. Die Verbindung wird durch Legieren des Lotmetalls mit dem Al hergestellt. Für langsame Abkühlung der Lötstelle und gründliches Abbürsten mit Wasser ist zu sorgen. Nicht anwendbar ist das Reaktionslöten für Al-Legierungen mit über 5 vH Si und mehr als 3 vH Mg.

Anwendungsbereich des Weichlötens. Man muß sich darüber im klaren sein, daß der Anwendung des Weichlötens — gleich welcher Art — enge Grenzen gezogen sind, denn es

Abb. 313. Flugzeugmotorvergaser mit weichgelötetem Wassermantel.

hat neben nur einem Vorteil, nämlich der niedrigen Arbeitstemperatur, viele Nachteile. Diese liegen außer bei geringer Arbeitsgeschwindigkeit vor allem in der chemischen Unbeständigkeit der Verbindung. Die Gegenwart verschiedener Schwermetalle in der Lötstelle, wie Kupfer, hauptsächlich aber Zink, das durch Diffusion eine Verankerung als Lötbrücke darstellt, bedingt bei Zutritt von Feuchtigkeit die Bildung eines galvanischen Elements und raschen korrosiven Zerfall der Lötstelle. Die beginnende Auflösung der Verbindung ist äußerlich an einer zunehmenden Dunkelfärbung, die sich über dunkelgrau bis ins Schwarze steigern kann, erkennbar. Demnach kann eine Weichlötung nur dann brauchbar sein, wenn sie vollständig trocken gehalten werden kann oder durch Farbanstrich oder durch Öl und Fett gegen Feuchtigkeit und chemische Angriffe geschützt wird. Die mechanische Haltbarkeit der Verbindung, die mit der einer Schweißung nicht verglichen werden darf, ist im allgemeinen zwar ausreichend, aber von der Sorgfalt, mit der das Lot eingerieben wurde, abhängig.

Aus allen diesen Gründen folgt ein b e s c h r ä n k t e r A n w e n d u n g s b e r e i c h der Weichlötverfahren. Sie dienen zur Ausbesserung von Rissen, porösen Stellen, hauptsächlich kleiner Fehler an Gußstücken, zur Verbindung von Folien und von Aluminium mit anderen Metallen, besonders dann, wenn diese Stellen durch Isolierstoffe geschützt sind, wie an Elektromotoren, Kabelmuffen u. dgl. Reaktionslote, die weniger für Flächen- als für Fleckverbindungen, z. B. für die Befestigung von Ösen und Nadeln an Knöpfen, Plaketten und Abzeichen, in Frage kommen, haben das technisch

geringste Anwendungsgebiet. Man wird alle diese Verfahren nur dann
wählen, wenn die ihnen bedeutend überlegene Hartlötung oder die immer
bessere Schweißung nicht angewandt werden können.

Weichlotverbindung zwischen verschiedenen Metallen. Die Notwendigkeit, Aluminium mit Schwermetallen zu vereinigen, ist glücklicherweise nicht
gerade häufig. Von H o l l e r in großer Anzahl durchgeführte Versuche
haben gezeigt, daß beispielsweise Aluminium mit Eisen, Nickel, Kupfer und
Messing nur unter vorherigem Verzinnen der Lötflächen mit Weichlot verbunden werden kann. Bei der Verbindung Aluminium-Messing ist Silberlot
am geeignetsten. Eine Verbindung zwischen Aluminium und V 2 A-Stahl
kann mit Weichlot hergestellt werden, jedoch ohne Zinnzwischenschicht, da
Lötzin auf Chromnickelstahl nicht haftet. Bei der Verbindung Aluminium-
Blei überzieht man erstes mit Weichlot und lötet dann mit Bleidraht, was
auch für Aluminium-Zinkverbindungen gilt, wo Zinkdraht aufgelötet wird.
Verbindungen dieser Art sollen stets unterbleiben, da sie, worauf schon hingewiesen wurde, von geringerer Festigkeit und nur sehr kurzer Lebensdauer sind.

Als Beispiel für die Weichlötung kann Abb. 313 gelten, die einen am
Wassermantel ausgebesserten F l u g z e u g m o t o r v e r g a s e r alter Bauart
darstellt.

B. Hartlötung.

Schwermetalle. Für die Hartlötung kommt nur die V o r w ä r m u n g
des Werkstücks im Feuer oder mit der Flamme in Frage. Der Lötkolben ist
nicht zu gebrauchen. Die Erwärmung
im Holzkohlenfeuer, ein an und für
sich ebenso unsauberer und umständlicher wie, weil unübersehbar,
unsicherer Erhitzungsvorgang, wird
heute überwiegend durch die A z e -
t y l e n - S a u e r s t o f f f l a m m e
ersetzt, die je nach dem Schmelzpunkt
des Lotes und des Werkstücks mehr

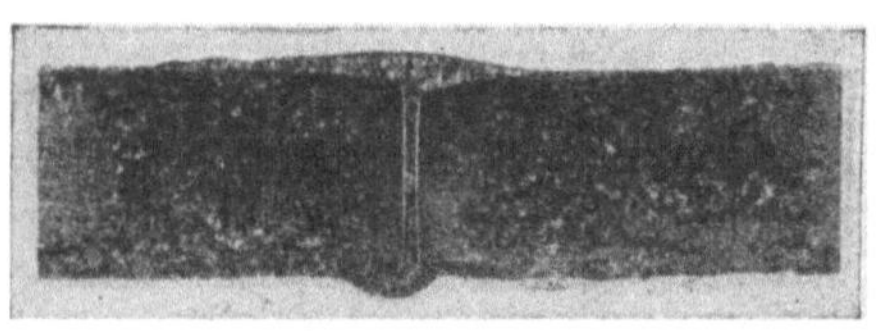

Abb. 314. Schliff eines mit Messingschweißdraht
gelöteten 10 mm-Kupferblechs (natürliche Größe).

oder weniger nahe an die Lötstelle herangeführt wird.

Als Lot dienen hauptsächlich H a r t l o t e (Schlaglote nach DIN 1711,
die die Nr. 42 ··· 54 tragen, z. B. MsL 42). Die Zahlen nennen den Gehalt
an Kupfer, der Rest besteht aus Zink. Der Schmelzpunkt liegt zwischen 820
und 875°. An Stelle dieses in Körnern gelieferten Schlaglotes wird beim
Autogenlöten meist Sondermessing, sog. Bronzedraht geliefert, wie er auch
für Schweißzwecke gebräuchlich ist. Abb. 314 zeigt den Schliff eines mit
Messingschweißdraht gelöteten 10 mm-Kupferbleches in natürlicher Größe.
Für an Kupfer- und Bronzestücken auszuführende feinere Arbeiten werden
auch S i l b e r l o t e nach DIN 1710 verwendet. Die Kurzzeichen AgL 4 ··· 45
geben die Höhe des Silbergehaltes an. Diese Lote enthalten außerdem 25 bis
46 vH Zink und 30 ··· 50 vH Kupfer. Der Schmelzpunkt liegt zwischen 720
und 855°. Auch dieses Lot wird in Körnerform und in Streifen (Stecklot)
gehandelt.

Als **Lötpulver** genügt in den meisten Fällen Borax. Nach diesem Verfahren lassen sich z. B. Kupfer mit Kupfer, Kupfer mit Messing, Messing mit Eisen, Eisen mit Kupfer usw. verbinden, wobei haltbare und saubere Lötnähte entstehen. Dort, wo es auf hohe Korrosionsbeständigkeit ankommt, muß auch die Hartlötung vielfach dem Schweißen Platz machen. Aus Gründen der Einsparung von Lötzinn ist man auch dazu übergegangen, nicht allein Zink zu schweißen, sondern auch verzinkte Stahlbleche mit Zinkdraht hart zu löten.

Weniger bei der Lötung von Schwermetallen als bei der der Leichtmetalle ist eine genaue Abgrenzung der Begriffe Schweißen und Löten nur schwer möglich, da bisweilen ein dem Grundwerkstoff ähnliches Lot verwendet und erster oberflächlich angeschmolzen wird. Man hat deshalb den Zwischenbegriff „**Schweißlöten**" geprägt und diesen vielfach auch auf Vorgänge übertragen, die rein löttechnischer Natur sind.

Gußeisen. Die Frage, ob die Bruchstellen gußeiserner Werkstücke vorteilhafter zu löten oder zu schweißen sind, ist auch heute noch umstritten und weniger von rein technischen und wirtschaftlichen, als vielmehr von verkaufstechnischen Belangen beeinflußt. Selbstverständlich ist die fälschlich mit Bronzeschweißung bezeichnete Hartlösung von Gußeisen mitunter richtig am Platze, vor allem auch bei der Verbindung von Tempergußkörpern dann, wenn es sich um einen für die Schweißung ungeeigneten Werkstoff handelt. Im allgemeinen

Abb. 315. Gußstück mit Auftragslötung.

ist die Schweißung des Gußeisens immer vorzuziehen. Bei der Gußeisenhartlötung kommt es vor allem auf sorgfältiges Vorwärmen an, das nicht zu hoch getrieben werden darf, da sonst eine Überhitzung des Lötmetalls und ein Blasig- und Brüchigwerden der Verbindung eintritt. Wird die Temperatur zu niedrig gehalten, dann tritt eine Verbindung zwischen Gußeisen und Lötwerkstoff nicht ein, und die fehlende, sonst durch Diffusion erreichbare Verankerung des Lotes bleibt aus. Wichtig ist, daß alle Stoffe, die eine metallische Vereinigung behindern, durch sorgfältiges Reinigen der Lötflächen entfernt werden, z. B. durch Abbrennen, Abbürsten und Abwaschen mit Benzin, Lauge usw. Als Flußmittel haben sich die für die Messingschweißung benutzten als brauchbar erwiesen. Für die Wahl des Lötdrahtes ist die geforderte Härte der Lötverbindung bestimmend.

Abb. 316. Bronzelötung an Ventilsitzen eines Autozylinders.

Man hat es in der Hand, dem Gußeisen angenäherte, gewünschtenfalls aber auch größere Härte zu erzielen. Dies gilt besonders für Auftragslötung.

Abb. 315 zeigt ein 10 mm dickes **Gußstück mit einer Auftragslötung** von etwa 4 mm Höhe, deren Härte um einige Brinelleinheiten höher liegt als die des Mutterwerkstoffs. Die polierte Oberfläche ist sehr dicht und, wie sich bei Beobachtung unter dem Mikroskop feststellen läßt, völlig porenfrei. Einen Fall der praktischen Anwendung veranschaulicht Abb. 316, einen Autozylinder, dessen beschädigte und durch häufiges Ausschleifen unbrauchbar gewordene **Ventilsitze** durch Auftragen mit hochnickelhaltiger Bronze ausgebessert wurden. Die beiden linken Ventilsitze lassen die Lötung im Rohzustand erkennen, während die beiden rechten Sitze bereits bearbeitet sind. Solche Auftragslötungen, die in größerem Umfang vorgenommen wurden, bewähren sich bestens. Der Lötung, die rasch vonstatten geht, geht eine Ausfräsung der meist mit Ölkohle verunreinigten Flächen und ein Vorwärmen im Holzkohlenfeuer voraus.

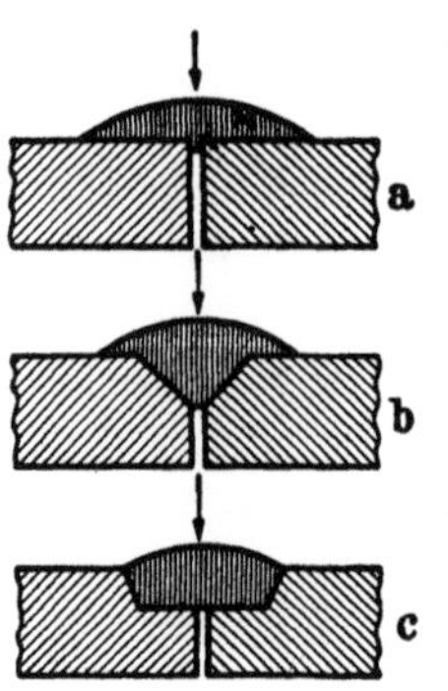

Abb. 317. Bronzelötung an gußeisernen Rohren.

Die bearbeitete Lötstelle hebt sich farblich nur wenig vom Gußeisen ab. Zur Verhütung des Abfließens von Bronze kann das Schmelzbad durch den jeweiligen Formen angepaßte Formkohlestücke abgegrenzt werden.

Ein hauptsächlich in Amerika unter Verwendung von Tobinbronze durchgeführtes **Bronzelötverfahren an gußeisernen Rohren** hat sich in Deutschland nur wenig einzuführen vermocht. Die Rohre werden stumpf zusammengestoßen und an den zu lötenden Enden metallisch blank gemacht, weil beim Belassen der Gußhaut eine Bindung zwischen Guß und Bronze ausbleibt. Der Rohrstoß a, Abb. 317, wird dann im Holzkohlenfeuer oder mit der Schweißflamme auf Dunkelrotglut vorgewärmt, reichlich mit Lötpulver bestreut und die Bronze in breiter Naht aufgetragen. Im Gegensatz zu anderen Lötverbindungen ist man hier bestrebt, das Durchfließen des Lotes durch die volle Rohrwanddicke zu vermeiden, um Zersetzungserscheinungen der Lötverbindung vom Innern des Rohres her aufzuhalten. Demzufolge wird eine besondere Vorbereitung der Rohrenden, wie sie bei b und c in Abb. 317 skizziert ist, erforderlich. Den Arbeitsvorgang beim Löten eines Gußrohres zeigt Abb. 318.

Abb. 318. Löten eines Gasrohres.

Leichtmetalle. Im Gegensatz zum Aluminiumweichlot besitzen die Hartlote einen wesentlich höheren Anteil an Aluminium. Er beträgt 70···90 vH. Die übrigen meist metallischen Legierungsbestandteile der Hartlötstäbe an Kupfer, Zink, Zinn, Silber, Nickel, Mangan, Kadmium, Silizium, Antimon, Wismut usw. sind in viel geringeren Mengen als beim Weichlot vertreten, wodurch sich eine erhebliche Erhöhung der Schmelz- und damit Arbeitstemperatur ergibt. Diese liegt zwischen 530 und 620°, mithin sehr nahe beim Schmelzpunkt des Al. Dagegen hat die Hartlötung den Vorzug viel größerer Korrosionsfestigkeit, die der von

Schweißnähten kaum nachsteht und außerdem ist sie polier- und eloxierbar. Die Wetterbeständigkeit der Lötstelle wird auch bei überlappter Anordnung der Bleche durch das Zurückbleiben von Flußmitteln nicht vermindert, denn es wird durch das nachlaufende Lot ausgetrieben. Die Hartlote sind nur mit Flußmitteln verarbeitbar, unter denen „Firinit", „Sudal" und „Lumisold" die bekanntesten sind. Die Flußmittel für Hartlötung unterscheiden sich von den Schweißpulvern hauptsächlich durch ihre niedrigere Wirkungstemperatur. Ein beliebtes Hartlot ist auch der Silumindraht mit 13 vH Si, Rest Al.

Die sog. Röhrenlote, das sind mit Flußmittel angefüllte Hohlstäbe, werden nur noch vereinzelt angewendet. Indessen sind beim Hartlöten von Massenwaren dem Messingschlaglot ähnliche Aluminiumlote in Kommaform (Kornschlaglote) bekannt. Streifenlot (Blech) wird wie Silberlot verarbeitet. Hartgelötet werden beispielsweise kleine Gegenstände aus sehr dünnen Blechen wie Dosen, Behälter und solche Teile, bei denen Überlappverbindungen und Kehlnähte notwendig sind. Die Hartlötung beschränkt sich auf meist kurze Nähte und auf Lötquerschnitte von höchstens 250 mm². Neben Rein-Al sind dessen Legierungen Al-Cu-Mg, Al-Mg-Si, Al-Mn und ähnliche Gußlegierungen hartlötbar. Nicht hartlötbar sind GAl-Si und Al-Mg.

Die Lötstellen müssen mit Petroleum, Benzin u. a. von Fett und Öl befreit und nach vollendeter Lötung abgewaschen, gegebenenfalls wie Aluminiumschweißstellen mit Salpetersäure nachbehandelt und mit Lappen oder in Sägespänen sorgfältig getrocknet werden.

Magnesiumlegierungen, wie Elektron und Magnewin, lassen sich nicht hartlöten. Auch die mit Kadmiumlot ausgeführten Weichlötungen an diesen Werkstoffen sind praktisch unbrauchbar.

VII. Das Brennschneiden (autogenes Schneiden).

A. Grundsätzliches über das Brennschneiden.

Wesen des Schneidens. Die bekannte Tatsache, daß ein auf Weißglut erhitztes Stückchen Stahldraht im Sauerstoffstrom rasch oxydiert, d. h. restlos verbrannt wird, ist auch die Grundlage des mit „Brennschneiden" bezeichneten Vorganges. Jedoch werden bei diesem Verfahren zum Zwecke einer schnittartigen Trennung nur örtlich begrenzte, also gewollte Zonen des Werkstücks erhitzt und nur diese verbrannt. Das geschieht praktisch mit einem Schneidbrenner, dessen Vorwärmeflamme die örtliche Erhitzung des Stahls auf seine Entzündungstemperatur zu besorgen hat. Diese bei heller Weißglut gelegene Temperatur beträgt nach Versuchen von Wüst für reines Eisen etwa 1050°. Die Entzündungstemperatur wächst mit dem Kohlenstoffgehalt und liegt im Mittel bei etwa 1250°, bei 2,25 vH C an der oberen Schmelzgrenze (1375° C) und bei 3,3 vH C (Gußeisen) bestimmt oberhalb der Schmelztemperatur. Wird nun aus einer zweiten Düse des Schneidgeräts möglichst reiner Sauerstoff unter Druck auf die hocherhitzte Stelle geblasen, so tritt örtlich eine sehr rasche Verbrennung des Stahls ein, wobei sich, bildlich gesprochen, der Sauerstoff in den Stahl hineinfrißt und eine lochförmige Öffnung entsteht, an deren Unterseite der verbrannte Stahl herausgeschleudert wird. Nach dieser einfachsten Art des Schneidens wurden 1901 eingefrorene Hochöfenabstiche erstmalig aufgeschmolzen. Beim Fortbewegen des Brenners trifft der Sauerstoff neue, durch die Verbrennung benachbarter Teile (Verbrennungswärme) und durch die Vorwärmflamme bereits auf Entzündungstemperatur gebrachte Werkstückzonen, so daß eine regelrechte Schnittfuge entsteht und der einmal eingeleitete Verbrennungsvorgang sich ununterbrochen fortsetzen läßt. Die der Verbrennungsstelle benachbarten Stahlteile werden verhältnismäßig wenig erhitzt und weder verbrannt noch geschmolzen. Aus dem Gesagten läßt sich folgern, daß der Schneidvorgang hauptsächlich chemischer Natur ist, da der Stahl zu Eisenoxyduloxyd verbrannt wird. Daneben aber treten für den Gesamtvorgang wichtige physikalische Erscheinungen auf, die besonders im Ausstoßen des Abbrandes durch das Arbeitsvermögen des hochgespannten Sauerstoffs beruhen. Desgleichen werden die im unmittelbaren Bereiche des Schneidvorgangs weniger oxydierten als geschmolzenen, geringen, im Abbrand eingeschlossenen Werkstoffmengen mit aus der Schnittfuge herausgeschleudert.

Die Schneidbarkeit der Metalle. Die Metalle müssen folgende Bedingungen erfüllen:

1. Das Metall muß im erhitzten Zustand im Sauerstoffstrome verbrennbar sein und ein leichtflüssiges Oxyd bilden, das sich gut aus der Schnittfuge beseitigen läßt.

2. Die Entzündungstemperatur des Metalls muß unterhalb seines Schmelzpunktes liegen, d. h. es muß verbrannt werden können, bevor es flüssig wird.

3. Der Schmelzpunkt des Metalls muß höher liegen als der seines Oxyds. Daß dieser wichtigen Forderung nur sehr wenige Metalle entsprechen, ergibt sich aus Tabelle 24, in welcher von 6 Metallen nur Eisen einen höheren Schmelzpunkt aufweist als sein Oxyd.

4. Die Verbrennungswärme des Metalls muß möglichst groß und die Wärmeleitfähigkeit möglichst gering sein.

Daraus ergibt sich der unbefriedigende Schluß, daß eigentlich nur Stahl, sowie einige legierte Stähle und Stahlguß schneidbar sind, während sich Gußeisen, Kupfer, Aluminium und andere Metalle und Metallegierungen nicht brennschneiden lassen. Die besondere Bewandnis, die es um die Möglichkeit des Schneidens von Gußeisen und Blei hat, wird später noch erörtert.

Anwendbarkeit des Schneidbrenners. Die Ausübung des Brennschneidens ist nicht mehr an Patentlizenz gebunden, da das grundlegende Verfahrenpatent (D.R.P. 216 963) vor Jahren abgelaufen ist. Beschränkt man sich zu-

Tabelle 24.

Schmelzpunkte einiger Metalle und ihrer Oxyde.

Art des Metalls und seines Oxyds	Schmelzpunkt in °C	Art des Metalls und seines Oxyds	Schmelzpunkt in °C
Eisen (Fe)	1533	Chrom (Cr)	1830
Fe O	1370	$Cr_2 O_3$	2275
$Fe_3 O_4$	1525	Nickel (Ni)	1452
$Fe_2 O_3$	1560	Ni O	1985
Kupfer (Cu)	1083	Mangan (Mn)	1250
$Cu_2 O$	1230	Mn O	1785
Cu O	1150	$Mn_3 O_4$	1560
Aluminium (Al)	658		
$Al_2 O_3$	2050		

nächst auf Stahl und Stahlguß, so ist festzustellen, daß praktisch alle vorkommenden Werkstoffdicken schneidbar sind. Normalerweise werden Werkstoffdicken von 5 bis 300 mm geschnitten, doch gestattet die Verwendung von Sonderbrennern auch das Schneiden dünnerer (bis zu 0,75 mm) und dickerer (bis zu 1000 mm) Werkstücke, wobei die Form des Stahlkörpers (Blech, Formstahl, Rohr, Wellen usw.) keine besonderen Schwierigkeiten verursacht. Es ist deshalb kein Wunder, wenn sich die Ausübung des Brennschneidens in Industrie und Handwerk rasch und stetig gesteigert hat. Mit Hilfe des Schneidbrenners werden heute fast alle Vorbereitungsarbeiten an autogen und elektrisch zu schweißenden Blechkanten durchgeführt. Es werden auf diese Weise Profile, Gehrungen, Löcher, Ausnehmungen, Kurven und Kröpfungen geschnitten, verlorene Köpfe und Gießtrichter an Stahlguß, Wellen; Nietköpfe werden ab- und Nietschäfte ausgebrannt, und man schneidet unter Wasser. In der Massenfertigung wird der Schneidbrenner zur Herstellung von Stahlteilen, die früher gebohrt, gefräst, gehobelt oder sonst wie mit spanabhebenden Werkzeugen bearbeitet oder im Gesenk geschmiedet wurden, benutzt, z. B. zur Anfertigung von Klinken, Hebeln, Zahnstangen, Kurbelwellen, Ventiltellern usw. Häufig werden Blechpakete nach Schablonen oder Zeichnungen geschnitten u. a. Ferner findet das Verfahren auch außerhalb der Fertigung Anwendung bei der Zerlegung von Kesseln, Rohren, Lokomotiven, bei der Entfernung von Stahlkonstruktionen wie Brücken, Hochbauten, Spundwänden und bei Verschrottungsarbeiten aller Art an gewalzten und gegossenem Stahl, wobei es dann weniger auf sauberes als auf schnelles und wirtschaftliches Arbeiten ankommt.

Aussehen der Schnittflächen. Die Sauberkeit der Schnittflächen und die Schnittgeschwindigkeit hängen von den mannigfachsten chemischen und physikalischen Bedingungen ab, die sich z. T. aus dem Werkstoff selbst, aus dessen Legierung, Abmessung und Oberflächenbeschaffenheit, Gleichartigkeit, Wärmezustand u. a. ergeben. Daneben sind Sauerstoffdruck und -freiheit, Flammen, Heizgasart, die Temperatur des Sauerstoffs, Vorschubgeschwindigkeit und -gleichmäßigkeit, Düsenbohrungen und -abstand u. a. für das Aussehen der Schnittflächen von z. T. ausschlaggebender Bedeutung, worauf noch im einzelnen eingegangen wird.

B. Die Schneideinrichtungen.

1. Die Schneidbrenner.

Schon der gewöhnliche S c h w e i ß brenner kann zum Schneiden bis zu 10 mm dicker Bleche dienen, wenn man nach erfolgter Vorwärmung das Brenngas absperrt und unter alleiniger, aber erhöhter Sauerstoffzufuhr den Brenner langsam weiterführt. Nach kurzer Zeit setzt die Verbrennung aus, man muß wieder von neuem vorwärmen. Da hierbei die Schneidzeit ein Vielfaches der mit Schneidbrennern erreichbaren ausmacht und die Schnittflächen sehr unsauber ausfallen, kann diese Arbeitsweise nur als ein Behelfsmittel für besondere Fälle betrachtet werden.

Einrichtung der Schneidbrenner. Der Schneidbrenner ist nichts anderes als die Vereinigung eines Schweißbrenners mit einem zweiten Rohr für Hochdrucksauerstoff. Bringt man die beiden Grundarten auf die einfachste Form, dann ergeben sich für die Schneidbrennerkonstruktionen mit getrennten Düsen die Abb. 319a und b.

Beim sog. Z w e i s c h l a u c h b r e n n e r (Abb. 319a) wird dem rechten Brennerrohr das Brenngas für die Heizflamme, dem linken der Sauerstoff zugeführt; dieser wird geteilt, in geringer Menge der Injektordüse des Brenners, in größerer Menge über ein besonderes Regelventil der Schneiddüse zugeleitet. Gegenüber dem Schweißbrenner ist demnach nur der schraffiert angedeutete Teil des Geräts mit einem eigenen Ventil hinzugekommen. Diese Grundform entspricht der üblichsten Schneidbrennerbauart.

Der in Abb. 319b skizzierte D r e i s c h l a u c h b r e n n e r unterscheidet sich von dem der Form a dadurch, daß in ihm der Hochdrucksauerstoff für den Schneidstrahl nicht abgetrennt, sondern durch ein drittes

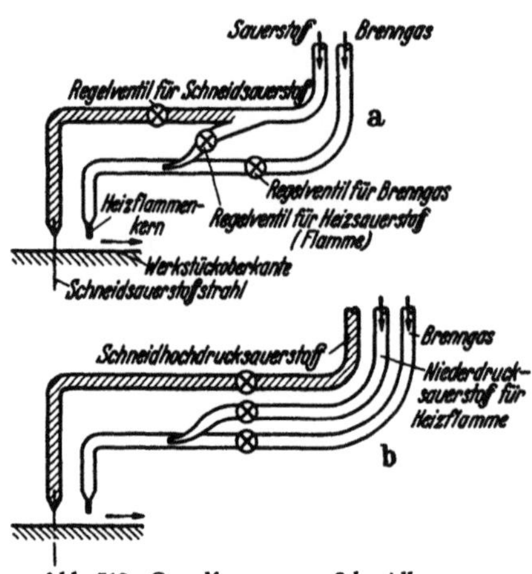

Abb. 319. Grundformen von Schneidbrennern.

Rohr mit eigenem Regelventil gesondert zugeführt wird. Brenner dieser Art kommen hauptsächlich für das Schneiden sehr dicker Werkstücke, für Unterwasser- und Maschinenschneidbrenner in Frage, allerdings mit konzentrischer also zentraler Anordnung der Düsen (Abb. 321 I).

Auf die Konstruktion übertragen, sieht beispielsweise ein Zweischlauch-Schneidbrenner grundsätzlich so aus wie es Abb. 320 zeigt. Brenngas und Sauerstoff werden dem teilweise im Schnitt, z. T. in der Ansicht gezeichneten Brenner getrennt zugeführt. Zur Aufnahme der Gasschläuche dienen, wie beim Schweißbrenner, Schlauchtüllen a und b, die am Handgriff c, der im vorliegenden Falle rechtwinklig zum Brennerschaft steht, befestigt sind. Die Brenn-gasmengen werden am Ventil e geregelt und strömen durch das Mischrohr i dem Brennerkopfe und der Heizdüse n zu. Der Sauerstoff wird bei h geteilt, bei f mengenmäßig geregelt über die in i befindliche Injektordüse ebenfalls zur Düse n und über das Ventil g durch das Rohr d in die in n zentral gelagerte Schneiddüse weitergeleitet. Zur Gleicherhaltung des Abstandes zwischen Düsenmün-

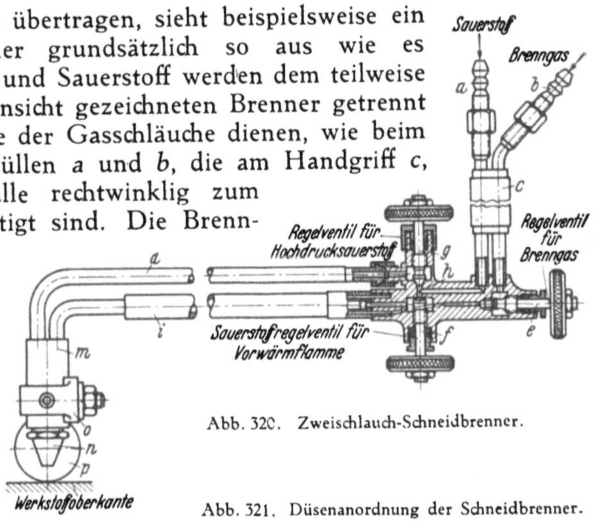

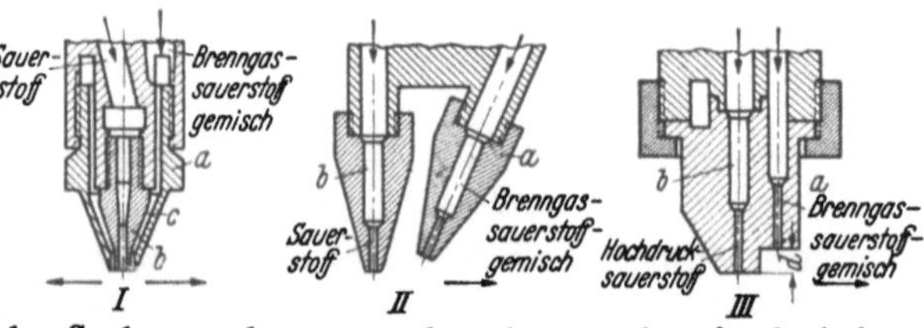

Abb. 320. Zweischlauch-Schneidbrenner.

Abb. 321. Düsenanordnung der Schneidbrenner.

dung (n) und Werkstoffoberfläche und wegen der dringend erforderlichen Gleichmäßigkeit des Brennervorschubs, die beide für das Schnittaussehen wichtig sind, ist ein Führungswagen o mit Rädchen p am Brennerkopf m angebracht. Die Rädchen, die auf dem Werkstück abrollen, nehmen gleichzeitig einen Teil des Brennergewichts auf und entlasten die Hand des Arbeiters.

Düsenanordnung. Nach der Art der Düsenanordnung hat man laut Abb. 321 drei Schneidbrennerbauarten zu unterscheiden, und zwar

    1. Brenner mit Ring- und Zentraldüse (*I*),

    2. Brenner mit getrennten Düsen (*II*) und

    3. Brenner mit Stufendüse (*III*).

Von diesen Bauarten ist die konzentrische (*I*) die heute weitaus üblichste, die beiden anderen sind exzentrisch, bei *II* getrennt und bei *III* zusammenhängend.

Ein hauptsächliches Unterscheidungsmerkmal der drei Düsenarten liegt darin, daß mit der Düse *I* in jeder beliebigen, mit den Düsen *II* und *III* jedoch nur in einer Richtung geschnitten werden kann, wie dies durch die Pfeile angedeutet ist (s. auch Abb. 319). Die

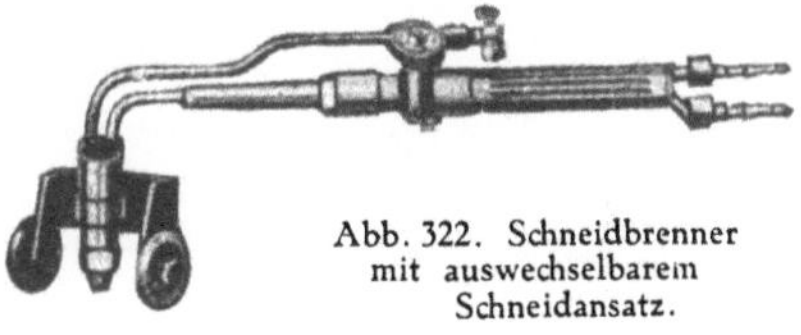

Abb. 322. Schneidbrenner mit auswechselbarem Schneidansatz.

Schneiddüse *b* der Skizze *I* befindet sich in der Mitte der Heizdüse *a*. Zwischen beiden wird ein vom Heizgasgemisch durchflossener Ringraum *c* gebildet, an dessen Mündung nicht eine normale Flamme von kreisförmigem, sondern eine solche von ringförmigem Querschnitt entsteht. Wir immer auch der Brenner geführt werden mag, es folgt der Sauerstoffstrahl einem zur Vorwärmung bestimmten Flammenausschnitt. S c h n e i d m a s c h i n e n und U n t e r w a s s e r s c h n e i d g e r ä t e sind durchwegs mit dieser Düsenbauart versehen.

Es ist selbstverständlich, daß die Größe der Heizdüse sowohl, wie die der Schneiddüse vor allem von der Dicke des zu schneidenden Werkstoffs und von dessen Oberflächenbeschaffenheit abhängt. Demnach

Abb. 323. Schneidbrenner.

müssen die Düsen auswechselbar sein und den Werkstoffdicken angepaßte Durchlässe haben. Den mit Nummern versehenen Düsensätzen werden Tabellen für ihren jeweiligen Anwendungsbereich beigegeben.

Schneidbrennerarten. Die Unterteilung der Schneidbrennerarten ist jener für Schweißbrenner ähnlich; sie richtet sich nach folgenden Gesichtspunkten:

    1. Nach der Art des B r e n n g a s e s für die Vorwärmflamme. Es gibt Schneidbrenner für Azetylen, Wasserstoff, Leuchtgas, Methan, Benzol, Propan usw. Dabei können, wenn auch im beschränkten Umfange, bestimmte Vereinigungen zwischen z. B. Azetylen- und Wasserstoffbrennern bestehen.

    2. Nach der Art der D ü s e n a n o r d n u n g.

    3. Nach der B r e n n e r g r ö ß e (Leistungsbereich). Kleinschneidgeräte für dünne Bleche; Normalgeräte für alle vorkommenden Arbeiten und Großschneidgeräte für ausgefallen dicke Werkstücke.

    4. Nach der Art der V e r w e n d u n g. Es gibt Schneidbrenner für Längsschnitte, Lochschneidbrenner, Nietkopfabschneider, Nietschaftausbrenner, Gußeisen- und Unterwasserschneidbrenner und Sonderbrenner (z. B. für die Feuerwehr).

5. **Nach der Art der Führung.** Handschneidgeräte, halbautomatische und automatische Schneidmaschinen.

Man unterscheidet außerdem zwischen Schneidbrennern als solchen und vereinigten Schneid- und Schweißbrennern. Die ersten sin nur Schneidgeräte, häufig mit auswechselbarem **Schneideinsatz** für verschiedene Arbeiten (Arten 4), immer aber mit austauschbaren Düsen ausgerüstet. Der Einsatz kann nach Abb. 324 ··· 327 verschiedenen Verwendungszwecken dienen, der Handgriff bleibt derselbe. Bei den vereinigten Geräten ist der Handgriff so eingerichtet, daß neben den Schneideinsätzen auch **Schweißeinsätze** verschiedener Größe angebracht werden können. So zeigen z. B. die Abb. 322 u. 323 Schneidbrenner mit auswechselbaren Schneideinsätzen, die gegen Schweißeinsätze austauschbar sind. Beide Ausführungen haben im Gegensatz zu Abb. 320 keinen senkrechten Handgriff. Gewünschtenfalls können Zwischenstücke hierfür vorgesehen werden. An den Griffen

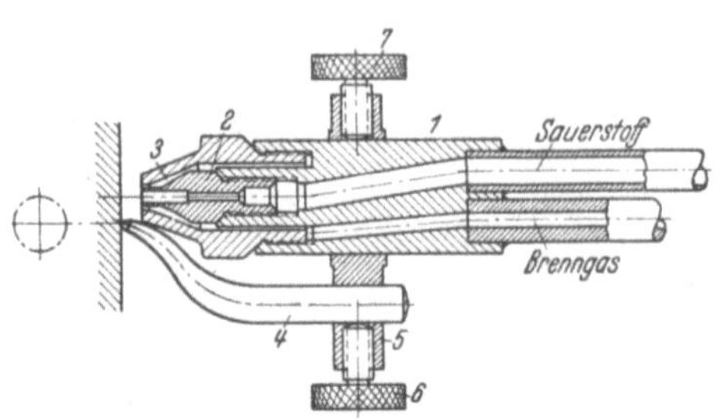

Abb. 324. Kopf eines Lochschneidbrenners.

dieser Geräte (Abb. 322 u. 323) können die in Abb. 324 ··· 326 skizzierten Schneideinsätze angebracht werden.

Während kreisförmige Schnitte größeren Durchmessers mit jedem Schneidgerät dadurch geschnitten werden

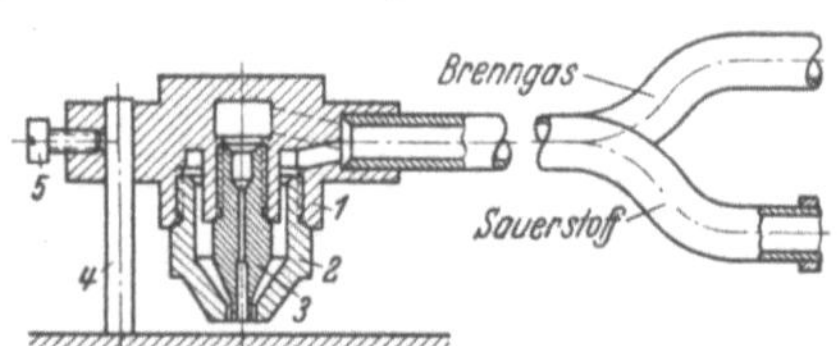

Abb. 325. Siederohr-Schneideinsatz.

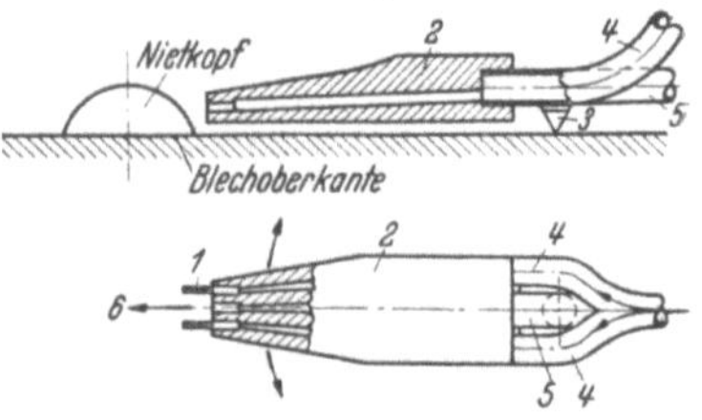

Abb. 326. Kopf eines Nietkopfabschneiders.

können, daß man am Führungswagen eine Zirkelstange mit verstellbarem Körner anbringt, macht das Schneiden kleinerer Lochdurchmesser besondere Einsätze erforderlich. Den Kopf eines **Lochschneidbrenners** dieser Art veranschaulicht Abb. 324. Die beiden Gaszuleitungsrohre münden in einen Brennerkopf 1, in dem die Düsen 2 und 3 axial zum Gerät stehen. In einem verschiebbaren Bolzenring 5, der durch Schraube 7 am Kopfe befestigt wird, ist ein in seiner Höhe und je nach Lochdurchmesser verstellbarer abgekröpfter Körner 4 angebracht und durch Schraube 6 gehalten.

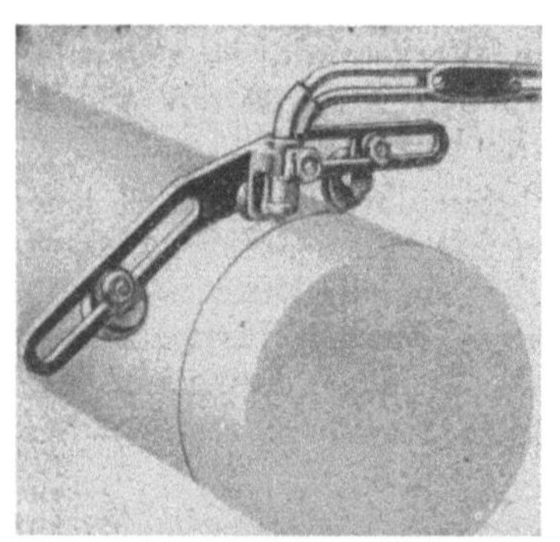

Abb. 327. Vorrichtung zum Wellenschneiden.

Der **Siederohr**-Schneideinsatz Abb. 325 unterscheidet sich vom vorigen dadurch, daß die Düsen 2 und 3 im Kopfe 1 rechtwinklig zum Handgriff stehen. Der Stützstift 4, der eine Führung des Brenners mit gleichem Abstand im Rohrinnern ermöglicht, ist ebenfalls verstellbar und wird durch die Schraube 5 gehalten.

Den Kopf eines **N i e t k o p f** abschneiders zeigt Abb. 326. Der Schneidsauerstoff strömt durch das Rohr 5 der Schneiddüse 2 zu und bläst bei 6 in deren Mitte aus. Das Heizgas-Sauerstoffgemisch wird in die Rohrgabel 4 eingeleitet und gelangt an den beiden Kanälen 1 zur Verbrennung. Die Führung des Geräts geschieht durch eine Körnerspitze 3, um die der Brennerkopf kreisförmig bewegt und knapp über der Blechoberfläche entlang geführt werden kann. Da nur der **Niet k o p f** angewärmt wird, wird eine Beschädigung des Bleches beim Schneiden verhütet.

Schließlich veranschaulicht Abb. 327 eine Vorrichtung, die das Schneiden von **W e l l e n** von Hand wesentlich erleichtert. In einem doppelarmigen Kulissenbügel können zwei Führungsrädchen entsprechend dem Wellendurchmesser nach einer am Steg angebrachten Skala eingestellt und durch Muttern festgeklemmt werden. Die Vorrichtung läßt sich am Kopfe eines normalen Schneideinsatzes befestigen.

2. Die Schneidmaschinen.

Allgemeines. Schneidmaschinen bezwecken vor allem eine mechanische Führung des Brenners an Stelle der von Zufälligkeiten abhängigen unsicheren Führung von Hand. Dabei wird der Brenner entweder durch Drehen eines Handrades oder einer Kurbel zwangsläufig und gleichmäßig über ein Zahn-Kegel- oder Schneckenradgetriebe bewegt oder auch elektromotorisch angetrieben. Solche Maschinen gibt es für die Ausführung von Längs-, Kurven-, Kreis-,

Abb. 328. Schneidmotor.

Formstahl-, Rohr-, Wellen- und ähnlichen Schnitten, sowohl einzeln, als auch bis zu gewissen Grenzen in sog. Universalmaschinen zusammengefaßt.

Die Beschreibung der Einrichtungen solcher z. T. verwickelten Maschinenkonstruktionen und die Aufzählung aller ihrer Abarten würde hier viel zu weit führen, weshalb nur das für das Verständnis der Arbeitsweise Wichtigste und auch nur die gangbarsten Maschinen kurz besprochen werden sollen.

Sondermaschinen. Das Grundsätzliche der Maschinenkonstruktionen kann zweierlei Art sein:

Abb. 329. Schneidmotor beim selbsttätigen Schneiden kreisförmiger Schnitte.

Entweder kommt das Werkstück zur Maschine oder umgekehrt. Letzteres trifft unter anderem bei den elektromotorisch getriebenen, von Hand oder auch **m o t o r i s c h g e f ü h r t e n H a n d s c h n e i d e g e r ä t e n** der Abb. 328 u. 329 zu. Diese Geräte sind als Übergang vom Hand- zum Maschinenschneidbrenner aufzufassen und haben sich hauptsächlich bei Schneidarbeiten an großflächigen Werkstücken von 4···100 mm Dicke sehr gut eingeführt. Der Schneidmotor (¹/₅ PS), wie das Gerät kurz genannt werden soll, wird an eine Steckdose angeschlossen, hat Druckknopfsteuerung und geschlossene Bauart. Die stufenlose Regelung der Schnittgeschwindigkeit erfolgt durch einen eingebauten elektrischen Widerstand; das ebenfalls eingebaute Tachometer (Geschwindigkeitsmesser) zeigt diese unmittelbar in mm/min an. Ein Seitensupport trägt den Brenner, und eine Gehrungsskala erleichtert seine Einstellung bei Schrägschnitten. Abb. 328 zeigt den Schneidmotor beim schablonenlosen Schneiden von Kurven. Der Motor bewegt das Gerät auf dem Werkstück mit der am Vorschaltwiderstand eingestellten Geschwindigkeit und der Arbeiter hat lediglich das Gerät am Führungsgriff so zu lenken, wie es dem Kurvenanriß auf dem Werkstück entspricht. Das gilt sowohl für Kurven mit

Abb. 330. Längsschneidmaschine.

kleineren wie mit größeren Krümmungen und besonders auch für die Einzelfertigung. Bei der Massenfertigung von Schnitten an schlanken Kurven kann der Schneidmotor auch an einer Schablone selbsttätig ablaufen, so daß sich die Führung von Hand erübrigt.

Gerad- und Schrägschnitte an Blechen lassen sich in jeder Lage völlig selbsttätig dadurch ausführen, daß man die Leitrollen des Geräts auf dem Schenkel eines als Führung dienenden und am Werkstück festgespannten Winkeleisens abrollen läßt. Einen Schneidmotor ähnlicher Bauart zeigt Abb. 329 beim selbsttätigen Schneiden kreisförmiger Schnitte.

Längsschneidmaschinen. Sie dienen nur zur Ausführung von geraden und Gehrungslängsschnitten von bestimmter Länge und können sowohl von Hand als auch, wie Abb. 330 erkennen läßt, elektromotorisch

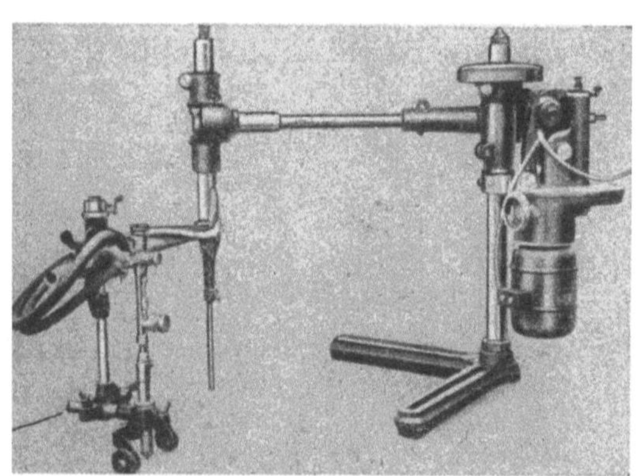

Abb. 331. Kreisschneidmaschine.

angetrieben werden. Ein den Brenner tragender verstellbarer Quersupport wird durch eine Gewindespindel mit regelbarer Geschwindigkeit fortbewegt. Solche Maschinen werden normalerweise bis zu 500 mm Schnittdicke gebaut.

Ähnlich arbeiten auch andere, allerdings meist von Hand bewegte Sondermaschinen, z. B. die sog. Profilstahlschneidmaschinen, die zum Ausklinken und Längs- und Quertrennen von Walzstahl (U, I usw.) verwendet werden.

Kreisschneidmaschinen (Abb. 331). Maschinen dieser Art werden heute vielfach durch den Schneidmotor (Abb. 328 u. 329) oder durch Universalmaschinen ersetzt. Der Brenner der Maschine kann bei größeren Kreisdurchmessern um die mit einem Getriebe versehene Hauptsäule (rechts) und über beide Ausleger, bei kleinerem Durchmesser um die mittlere mit Zirkelstift ausgerüstete Säule und nur über den linken Ausleger gedreht werden. Ein im Kopfe der Mittelsäule untergebrachtes Kegelradgetriebe wird durch Einrücken einer Kupplung betätigt. An Stelle des im Bilde dargestellten motorischen Antriebs kann auch Handradantrieb vorgesehen werden.

Wellenschneidmaschinen. Die einzige ihrer Bauart zeigt Abb. 332. Sie gestattet die Ausführung sauberer und genauer Schnitte an Wellen. Durch zwei Kulissenführungen, deren Antrieb über Schneckenradgetriebe und Handkurbel erfolgt, wird der Brenner im gleichen Abstande von der Wellenoberfläche und in genau gleicher Richtung geführt. Um die Einstellung des Brenners senkrecht zur Wellenachse zu ermöglichen und verschiedene Wellendicken schneiden zu können, wird das Gerät mit einem Sattel aufgesetzt und mit Hilfe einer um die Welle gelegten Gelenkkette festgespannt. An einer Skala wird der zu schneidende Wellendurchmesser eingestellt; das übrige besorgt das Gerät.

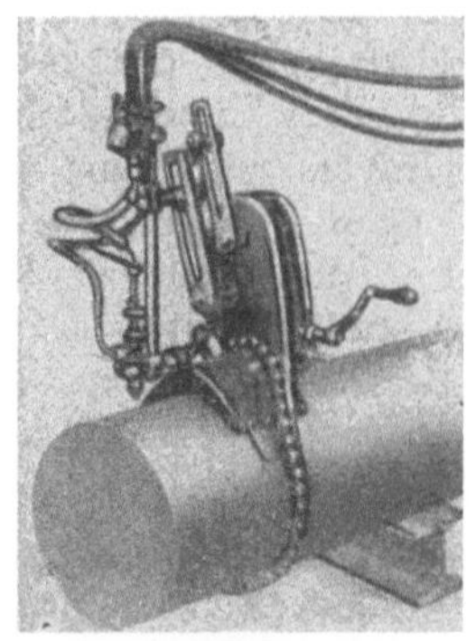

Abb. 332. Wellenschneidmaschine.

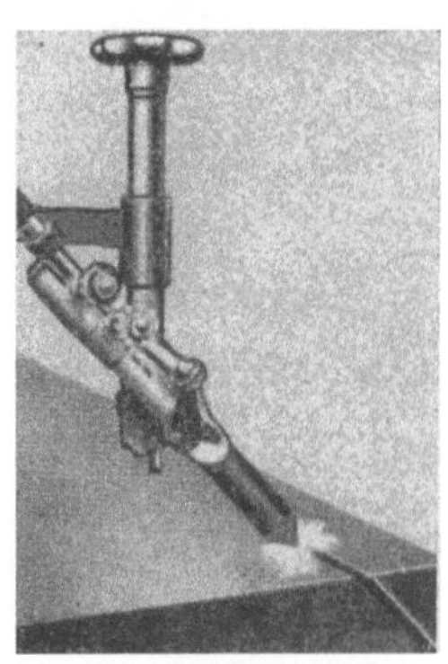

Abb. 333. Kleinschneidmaschine für Schablonenschnitte.

Schablonenschneidmaschinen. Während die Schneidmotore hauptsächlich auch als Handschneidgeräte verwendbar sind, sind die in Abb. 335 u. 336 veranschaulichten Kleinschneidmaschinen nur für Schablonenschnitte (an bis zu 100 mm Werkstoffdicke und für kleinste Radien bis zu 50 mm) bestimmt. Ihre Schnittlänge ist unbegrenzt. Wie Abb. 336 zeigt, läuft die Maschine an einer Hochkantschablone selbsttätig ab, wobei die über ein vierstufiges Schaltgetriebe bewegte Führungsrolle durch eine Gegendruckrolle an die Schablone angepreßt wird. Auch andere Maschinen ähnlicher Bauart dienen insbesondere der Herstellung von Schablonenschnitten in Schiffs-, Kessel- und Stahlbauanstalten zum Ausschneiden ausbesserungsbedürftiger Straßenbahn-Rillenschienen usw.

Universalschneidmaschinen. Diese werden in verschiedenen Größen als Klein- und Großmaschinen für bestimmte Arbeitsbereiche und Werkstoffdicken gebaut und alle elektromotorisch angetrieben. Auf solchen Maschinen können belie-

Abb. 334. Universalschneidmaschine.

bige Form-, Winkel-, Gerad-, Stemmkanten- und Kreisschnitte ausgeführt
werden. Die Steuerung der Führungsrollen (Lauf- oder Leitrollen) erfolgt
entweder von Hand nach Anriß des Werkstücks oder nach Zeichnung (Einzelfertigung), oder mechanisch nach Schablone (Massenfertigung).

Eine hauptsächlich auch für kleine und mittlere Betriebe bestimmte
Universalmaschine veranschaulicht Abb. 334. Auf einem Tisch ist ein Schalt-
kasten mit Laufrolle in der Längs- und Querrichtung beweglich angeordnet.
Im Schaltkasten sind eingebaut: ein Elektromotor, dessen Schalter und Dreh-
richtungsschalter (für Vor- und Rücklauf), ein Regelwiderstand für die
Brennervorschubgeschwindigkeit, das Getriebe, ein Tachometer usw., so daß

Abb. 335 u. 336. Kleinschneidmaschinen für Schablonenschnitte.

alle Schalt- und Bedienungsgriffe örtlich und leicht übersichtlich zusammengefaßt sind. Mit dem Schaltkasten fest verbunden ist ein am Auslegearm
aufgehängter auf Rollen laufender Querwagen, der das Schneidgerät mit
seinen Einrichtungen für die Höhenverstellung und alle Gasregelventile trägt.
Das Bild zeigt die Maschine im Zustande der Einstellung auf Zeichnungs-
schnitte. Die Zeichnung wird, um ihrer Beschädigung vorzubeugen, unter
eine durchsichtige Platte auf den Tisch des Maschinengestells gelegt und, zur
besseren Sicht auch in schlechtbeleuchteten Räumen, elektrisch beleuchtet. Die
motorisch angetriebene Laufrolle wird an dem darüber befindlichen Kreuz-

Abb. 337. Schwere Universalschneidmaschine mit Querwagen.

griff von Hand an den Umrissen der Zeichnung entlang geführt und die Bewegung auf den Schneidbrenner übertragen. Bei Schablonenschnitten wird
die Auflagetafel abgenommen und die Schablone auf hierfür vorgesehenen

Einrichtungen festgespannt; die Laufrolle wird durch Führungsrollen ersetzt. Abb. 336 zeigt den Querwagen einer Maschine anderer Bauart auf maschinellen Schablonenschnitt eingestellt. Das Schneidgerät derselben Maschine, auf Gehrungsschnitt eingestellt, veranschaulicht Abb. 333.

Eine mit Querwagen ausgestattete schwerere Universalmaschine, deren Betätigung durch das im Bilde ganz links sichtbare Lenkrad erfolgt, bringt Abb. 337 Die Schalter und Regelgeräte sind im Gehäuse des Wagens untergebracht. Im Bilde ist die Maschine nicht auf Werkstückanriß, sondern auf Zeichnungsschnitt eingestellt, so daß die Steuerung nicht am Lenkrade, sondern am Handrade der Laufrolle erfolgt.

Abb. 338. Großschneidmaschine für Kreuzwagen.

Großmaschinen. Sie sind für Gerad-, Schräg-, Rund-, Form-, Hand und Schablonenschnitte, und zwar für mittlere und größere Betriebe bestimmt.

So zeigt als Beispiel Abb. 338 eine Maschine mit Kreuzwagen, eingestellt auf Schablonenschnitt. Das Maschinengestell kann beliebig lang gewählt und deshalb für alle praktisch notwendigen Längsschnitte eingerichtet werden. An Stelle von Flacheisenschablonen kommen solche aus Blech zur Verwendung, an deren Rädern eine M a g n e t r o l l e von auswechselbarer

Abb. 339. Großschneidmaschine mit Drehtisch.

Größe abrollt. Die Rolle wird also nicht mechanisch angedrückt, sondern magnetisch angezogen und über ein regelbares Getriebe bewegt.

Die Entwicklung der Schneidmaschinen zur vollkommenen Werkzeugmaschine geht aus Abb. 339 hervor. Diese Maschine wird entweder mit einem normalen Gestell oder, wie die Abbildung zeigt, mit einem Drehtisch geliefert. Alle Bewegungen der Maschine, wie Längs-, Quer- und Rundbewegung, Schablonenführung und Schnittgeschwindigkeit sind im Vor- und Rücklauf unabhängig voneinander und auch selbsttätig schaltbar. Dadurch können häufig vorkommende Formschnitte ohne Schablone ausgeführt werden.

C. Die Technik des Brennschneidens.

1. Allgemeines.

Heizgas. Da die Schneidbrennerflamme den Werkstoff lediglich auf seine Entzündungstemperatur zu erhitzen und nicht zu schmelzen hat, sind die beim Schweißen wichtigen Gesichtspunkte hinsichtlich der metallurgischen Eignung der Brenngase hier ohne Bedeutung. Ursprünglich wurde nur Wasserstoff für Schneidzwecke benutzt, und erst später folgten Azetylen und die anderen Heizgase. Heute wird bis zu 500 mm Dicke vorwiegend mit Azetylen geschnitten, weshalb, wenn nicht anders betont, von diesem im folgenden ausschließlich die Rede ist. Beim Schneiden dicker Werkstücke und beim Unterwasserschneiden wird hauptsächlich Wasserstoff als Heizgas verwendet, doch hat sich für das Unterwasserschneiden auch Benzol als gut geeignet erwiesen. Der Anwendungsbereich des Benzols liegt etwa bei jenem des Azetylens. Leuchtgas ist jedoch nur für Schnitte bis zu 150 mm Dicke einwandfrei verwendbar. Dickere Werkstoffe verlangen erhöhten Druck. So sind mit Leuchtgas von 0,4 atü noch Schnitte von etwa 500 mm Tiefe durchführbar. Die Fugenbreite beträgt dabei etwa 10 mm. Schneidmaschinen sind meist so eingerichtet, daß ihr Schneidgerät für verschiedene Brenngase, z. B. für Azetylen, Wasserstoff oder Leuchtgas ausgewechselt werden kann und die örtlichen betrieblichen Verhältnisse Berücksichtigung finden.

Der Einfluß des Heizwertes der Gase auf die Schnittgeschwindigkeit ist unerheblich. Zwar wird sie z. B. bei Wasserstoff und im höheren Maße bei Leuchtgas besonders durch die längere Vorheizzeit vor Beginn des Schneidens verzögert, doch wirkt sie sich im Verlaufe des Schneidvorganges gegenüber dem Azetylen mit dem höchsten Heizwert nur wenig unterschiedlich aus. Auch die Sauberkeit der Schnittflächen und ihre metallurgische Veränderung wird, richtige Vorschubgeschwindigkeit vorausgesetzt, durch die Art des Brenngases nur wenig beeinflußt.

Handhabung der Schneideinrichtung. Bezüglich der Handhabung und Behandlung der Gasquellen, Ventile und Brenner kann im allgemeinen auf das in den entsprechenden Abschnitten unter „Schweißen" Gesagte verwiesen werden. Im besonderen sei noch folgendes hervorgehoben:

1. Bei Inbetriebsetzung des Schneidbrenners wird zunächst die Flamme in bekannter Weise eingestellt, darauf das Schneidsauerstoffventil kurz geöffnet, die Flamme scharf eingeregelt und das Ventil für den Schneidsauerstoff sofort wieder geschlossen.

2. Die Flamme wird an den Ausgangspunkt der zu schneidenden Stelle herangeführt, und bei eintretender Weißglut wird das Schneidsauerstoffventil geöffnet.

3. Der Schnitt soll möglichst an einer Kante des Werkstoffs eingeleitet werden. Muß der Schnitt auf der Fläche beginnen (Ausschnitte), so wird zweckmäßig ein Loch gebohrt, von dessen Rande aus das Schneiden einsetzt.

4. Die Schneiddüse muß je nach Dicke des Werkstoffs bis auf 3 mm an dessen Oberfläche herangeführt werden, damit der Sauerstoffstrahl möglichst wirksam ist und neben schmalen auch saubere Schnittfugen entstehen. Der Abstand wird durch den Führungswagen, beim Maschinenschnitt selbsttätig gleichmäßig gehalten. Er soll bis zu 50 mm Blechdicke

zwischen 3 und 5 mm, zwischen 50 bis 150 mm etwa 5 ⋯ 8 mm, darüber hinaus 8 bis höchstens 10 mm betragen.

5. Der Brenner wird zu Beginn des Schneidens solange auf eine Stelle gehalten, bis der Sauerstoffstrahl d i e   g e s a m t e   B l e c h d i c k e   d u r c h - s c h l a g e n   h a t.

6. Der Schneidbrenner muß gleichmäßig mit richtiger V o r s c h u b - g e s c h w i n d i g k e i t und darf nie ruckweise oder rückwärts bewegt wer- den. Andernfalls werden die Schnittflächen furchig und unsauber, und der Schneidvorgang erfährt Unterbrechungen.

7. Bei U n t e r b r e c h u n g e n des Schneidvorganges, die, wenn Werk- stoffehler nicht vorliegen, bei einiger Übung nicht vorkommen, sowie bei Beendigung des Schnittes, ist der Sauerstoffstrahl sofort abzustellen. Unter- brochene Schnittstellen sind abermals anzuwärmen, und es ist so zu verfahren wie beim Schnittbeginn.

8. Zu große H e i z f l a m m e n bescheunigen den Schneidvorgang, wie oft irrtümlich angenommen wird, n i c h t. Im Gegenteil, sie haben unsaubere, häufig angeschmolzene Schnittkanten zur Folge. Die Flamme soll nur so groß bemessen sein, wie zur ausreichenden Erwärmung der Schnittkanten erforderlich ist. Auch ein zu hoher S a u e r s t o f f d r u c k ist nachteilig. Man richte sich, sowohl was die Gasmengen- und Druckverhältnisse anbe- langt, als auch hinsichtlich der Schnittgeschwindigkeit nach den Düsen- nummern und den mitgelieferten Tabellen der Firmen.

9. U n s a u b e r e   D ü s e n bewirken unsaubere Schnittflächen und Flammenrückschlag. Bei einem solchen verhält man sich wie beim Schweiß- brenner (sofort absperren, gegebenenfalls kühlen).

2. Die Ausführung von Schneidarbeiten.

Blech- und Formschnitte. Unter Punkt 3 des vorigen Abschnitts wurde auf den S c h n i t t b e g i n n an einer Werkstoffkante hingewiesen. Die fol- genden Skizzen veranschaulichen dies. Angenommen aus der Blechtafel Abb. 340, von beliebiger Größe und Dicke, soll ein Stück a oder b mit Gerad- oder Schrägschnitt her- ausgeschnitten werden. Dann beginnt man mit dem Schnitt an einer der Kanten 1 oder 2 und bewegt den Brenner in der Pfeilrichtung, nachdem die Er- hitzung auf Weißglut und das Durchschlagen des Sauerstoffstrahls auf der Gegenseite abgewartet

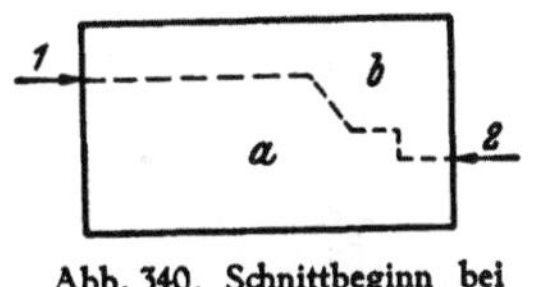

Abb. 340. Schnittbeginn bei Blechschnitten.

wurde. Es ist dies die einfachste Art des Schnittansatzes.

Soll jedoch ein beliebig geformter Schnitt auf der Blechfläche, also nicht am Rande beginnen, so geht man nach Abb. 341 vor. Wird c benötigt und ist d Abfall, so wird z. B. bei e, am Rande des Schnittes je nach Blechdicke ein 5 bis 15 mm-Loch gebohrt und an dessen anliegendem Rande der Schnitt in Richtung 3 oder 4 begonnen. Dabei liegt natürlich das Loch nach der Seite des Anrisses hin, die abfällt. Wird umgekehrt d gebraucht und ist c Abfall, dann kann der Schnitt bei 5 oder 6 im Abfallstück beginnen. Andere Schnitt- folgen werden sinngemäß gewählt.

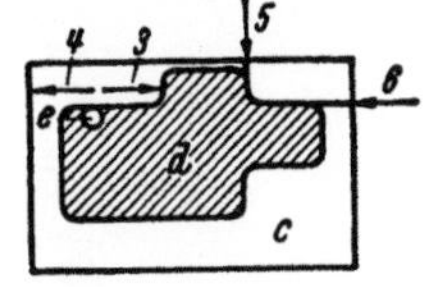

Abb. 341. Schnittbeginn innerhalb der Blechfläche.

Bei längeren von Hand auszuführenden Gerade- oder Schrägschnitten empfiehlt es sich zur gleichmäßigen Führung ein Stahllineal parallel der

Schnittlinie flach aufzuspannen und an dessen Kante eines der Rädchen des Brennerwagens entlangzuführen.

In Abb. 342 ist eine Gruppe maschinell geschnittener Bleche von 20 bis 40 mm Dicke zusammengestellt. Es handelt sich um einen Lokomotivrahmen und um verschiedene Teile, die alle von einer Werkstoffkante ausgehend geschnitten werden konnten. Das gilt auch für den äußeren Formschnitt des aus Abb. 343 ersichtlichen Pleuelkopfes, während die beiden Ausschnitte, wie die dazugehörigen Abfallstücke zeigen, je ein Loch für den Schnittbeginn haben. Außerdem sind an den Schnitträndern die

Abb. 342. Schnitt eines Lokomotivrahmens.

Körnereinschläge (Anriß mit Kreide genügt nicht!) zu erkennen, die für die hier notwendige Bearbeitung der Schnittflächen durch spanabhebende Werkzeuge stehenbleiben müssen und nicht mit angeschnitten werden dürfen.

Die Schnittfugenbreite wächst mit der Blechdicke. Sie hängt außerdem ab: vom Sauerstoffdruck, von der Flammengröße, der Düsenbohrung, dem Werkstoff usw. und beträgt zwischen 1,5 und 15 mm. Z. B. beträgt die Schnittbreite bei einem Blech von 20 mm Dicke 1,5 $\cdots$ 2 mm bei 20 $\cdots$ 50 mm zwischen 2 und 3 mm, bei 50 $\cdots$ 100 mm etwa 3 $\cdots$ 5 mm usf. Je dicker der Werkstoff, um so schwieriger ist es, die oberen Schnittkanten scharfkantig zu erhalten.

Abb. 343. Schnitt eines Pleuelkopfes.

Ähnlich, wie bisher geschildert, verläuft die Arbeitsdurchführung beim Ausschneiden von Kröpfungen an Kurbelwellen, wie zwei solche von 150 mm Dicke in Abb. 344 wiedergegeben sind. Dabei muß, um einer oft anzutreffenden falschen Meinung zu begegnen, darauf hingewiesen werden, daß alle Schnitte die gesamte Werkstoffdicke erfassen müssen und daß das Schneiden auf nur bestimmte Tiefen z. Z. noch nicht möglich ist. Diesbezügl. aussichtsreiche Versuche sind im Gange. Die im Vordergrunde der Abb. 344 liegende Kurbelwelle ist demnach von oben nach unten, aber nicht etwa von der Seite ausgeschnitten worden.

Abb. 344. Schnitte an Kurbelwellen.

In diesem Zusammenhang ergibt sich noch die Frage, ob nur einzelne oder auch mehrere aufeinandergelegte Bleche gleichzeitig schneidbar sind. Das paketweise Schneiden von Blechen ist nur dann möglich, wenn der Schnitt am Rand einsetzen kann und wenn die Bleche gut, d. h. satt aufeinanderliegen, bzw. wenn ihr Eigengewicht nicht ausreicht, fest aufeinandergepreßt werden. *Das Durchschlagen des Blechbündels mit dem Sauerstoffstrahl ist ausgeschlossen.* Jeder Luftspalt und jede Fremdkörperschicht, z. B. Rost, Farbe, Fett usw. zwischen den Blechen behindern das Schneiden empfindlich. Desgleichen sollten Pakete aus Blechen unter 5 mm Einzeldicke nicht geschnitten werden, weil sich infolge des Verziehens der Bleche der Sauerstoffstrom zwischen diesen fängt, Löcher entstehen und die Bleche unbrauchbar werden. Jedoch lassen sich z. B. Pakete aus 4 oder 5 Blechen von 10 mm Dicke unter Berücksichtigung des Gesagten zuverlässig schneiden.

Abb. 345. Überkopfschneiden.

Das Bedürfnis, a u c h i n a n d e r e r R i c h t u n g a l s s e n k r e c h t z u s c h n e i d e n , liegt meist bei Abbrucharbeiten, allerdings auch in der Fertigung dann vor, wenn z. B. Aussparungen wie Mann- oder Stutzenlöcher in Behältern oder Kesseln angebracht werden sollen oder auch Gießtrichter an Stahlgußkörpern zu entfernen sind. Nach Möglichkeit wird man größere Abweichungen von der Senkrechten umgehen, da der vom Sauerstoffstrahl auszuschleudernde flüssige

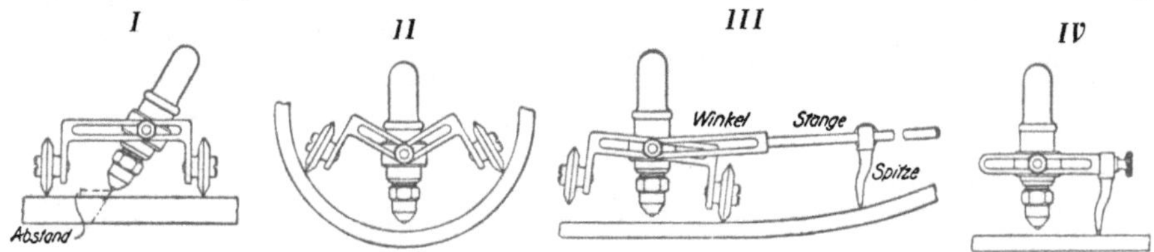

Abb. 346. Führungswagen mit Schlitzverstellung oder zweiteilig.

Abbrand, wenn er nicht von selbst abfließen kann, einen zu hohen Widerstand bildet und die Brennerflamme leicht zurückschlägt. Außerdem werden die Schnitte unsauber. Bei Ü b e r k o p f s c h n i t t e n liegt die Grenze der Schneidbarkeit praktisch bei etwa 30 mm Blechdicke, bei Stahlgußtrichtern, wo es auf saubere Schnittflächen weniger ankommt, bei etwa 150 mm. Abb. 345 zeigt das Überkopfschneiden an einem Blech von 25 mm Dicke.

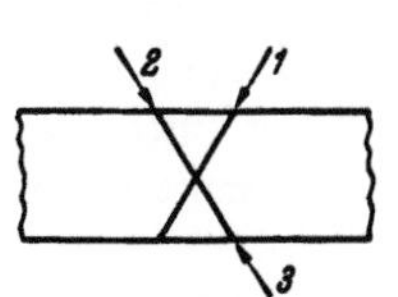

Abb. 347. Schnitte zur Vorbereitung der X-Nahtschweißung.

Sehr angebracht erscheint für die verschiedenartigsten Arbeitsmöglichkeiten ein F ü h r u n g s w a g e n m i t S c h l i t z v e r s t e l l u n g und der z w e i t e i l i g e Wagen. Abb. 346 zeigt bei *I* den Brenner in Schrägstellung für Gehrungsschnitte, bei *II* den Brenner mit zweiteiligem Wagen für Arbeiten in Hohlkörpern, bei *III* die Zirkelstangenvorrichtung für Kreisschnitte und bei *IV* das Schneiden kleiner Kreise.

Mit der wachsenden Blechdicke stieg auch die Anwendung der X-Nahtschweißung, sowohl autogen wie elektrisch. Die Vorbereitung der Schweißfugen erfolgte im allgemeinen so, daß man, wie Abb. 347 grundsätzlich andeutet, zunächst einen Schrägschnitt 1 durch die gesamte Blechdicke ausführte und darauf nach Umlegen der Bleche die beiden Hälften nochmals bei 2 und 3 abschnitt. Zur Beschleunigung und Erleichterung der Arbeit benutzt man neuerdings besondere Gehrungs-Doppelschneidbrenner, deren Einrichtung Abb. 348 erkennen läßt. Die beiden Brennerköpfe werden im gewünschten Schnittwinkel eingestellt und sind, von oben gesehen, um einige Millimeter zueinander versetzt, da, in einer Ebene eingestellt, das Zusammentreffen der Schneidstrahlen eine starke Wirbelbildung verursacht, die den Schneidvorgang behindert. Das Gerät gestattet die x-förmige Trennfuge in einem Arbeitsgange herzustellen.

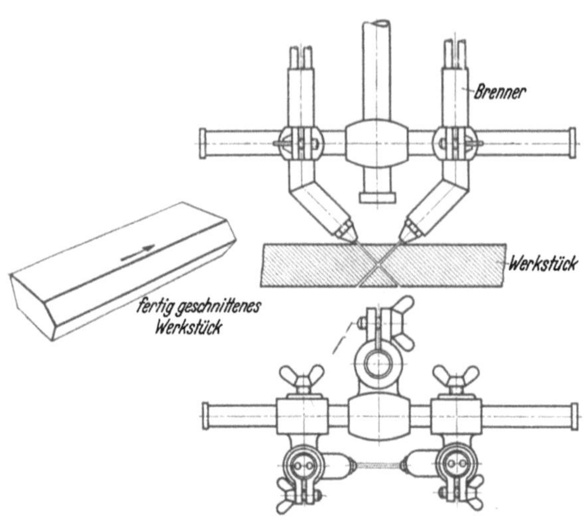

Abb. 348. Gehrungs- und Doppelschneidbrenner.

Formstahl- und Rohrschnitte. Alles für das Schneiden an Blechen Gesagte gilt sinngemäß auch für Formstahlschnitte. Hierbei ist allerdings meist ein mehrmaliger Schnittansatz erforderlich, und zwar so oft, wie Schenkel, Flanschen und Stege vorhanden sind. So benötigen z. B. die in Abb. 349 skizzierten Walzstähle zweimaligen Schnittansatz, wenn es sich um Winkel-, und dreimaligen Ansatz, wenn es sich um U- oder I-Stahl handelt.

Auch das Rund- und Längsschneiden an Rohren macht keine besonderen Schwierigkeiten (s. auch Abb. 346 II), wenn auch bei Längsschnitten ähnlich wie beim Schneiden von Formstahl, eine Federung infolge Dehnung und Eigenspannung des Werkstücks eintritt. Beim Rundschneiden dünner Rohrwandungen (bis zu 5 mm) kann der Schnitt meist auf der

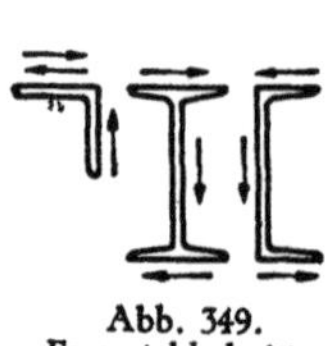

Abb. 349.
Formstahlschnitte.

Abb. 350. **Aus einem Stahlrohr ausgeschnittene Spiralfedern.**

Wandungsfläche beginnen, dickere Rohre werden an der Ansatzstelle in bekannter Weise angebohrt.

Mitunter gibt es Schneidarbeiten, die zweckmäßig auf einer Drehbank ausgeführt werden. Der Brenner wird in den Support eingespannt und das Werkstück in die Planscheibe. Auf diese Weise sind die aus einem Stahlrohr ausgeschnittenen Spiralfedern (Abb. 350) entstanden.

Schwieriger ist das Wellenschneiden, besonders mit wachsendem Wellendurchmesser. Erleichtert wird die Arbeit durch das in Abb. 327 gezeigte einfache Hilfsgerät für Handschnitte und noch mehr durch den Wellenschneider der Abb. 332. Da die Welle keine Kante für den Schnittansatz darbietet, ist das Hilfsmittel zweckmäßig, eine künstliche Kante dadurch herzustellen, daß man mit dem Kreuzmeißel eine Kerbe in die Oberfläche einschlägt, woran der Schneidvorgang eingeleitet wird.

Sauerstoff-Hobler. Zur Beseitigung von Rissen, Einschlüssen, Schalen und anderen Oberflächenfehlstellen an S t a h l b l ö k - k e n und B r a m m e n benutzt man als Ersatz für Preßluftmeißel sog. S a u e r - s t o f f - H o b l e r , eine baulich schwerere Abart des Handschneidgeräts. Abb. 351 zeigt die Anwendung beim Kerbrillenschneiden an einem Stahlblock. Größere Fehlstellen werden durch mehrere neben- oder übereinanderliegende Kerb-

Abb. 351. Schneiden von Kerbrillen an einem Stahlblock mit dem Sauerstoffhobler.

rillen beseitigt. Die Arbeitsgeschwindigkeit beträgt 3···6 m/min, wobei es vorteilhaft ist an w a r m e n Blöcken zu schneiden. Längere Risse an kalten Blöcken werden durch mehrmaliges Bestreichen mit dem Flamme des Gerätes etwas vorgewärmt. Hier tritt uns demnach erstmalig der Fall des Schneidens auf bestimmte Tiefe entgegen, allerdings bei einem nur in Walzwerken benutzten Gerät mit beschränktem Anwendungsgebiet.

Fugenhobler. Er stellt das neueste Gerät auf dem Brennschneidgebiete dar und hat sich als Ersatz für das Meißeln und Fräsen in der Fertigung geschweißter Konstruktionen rasch eingeführt. Das mit nur einer Heizdüse, jedoch 3 Schneiddüsen verschiedener Bohrungen ausgestattete Gerät, ähnelt dem Sauerstoffhobler, ist aber viel handlicher und allgemeiner verwendbar.

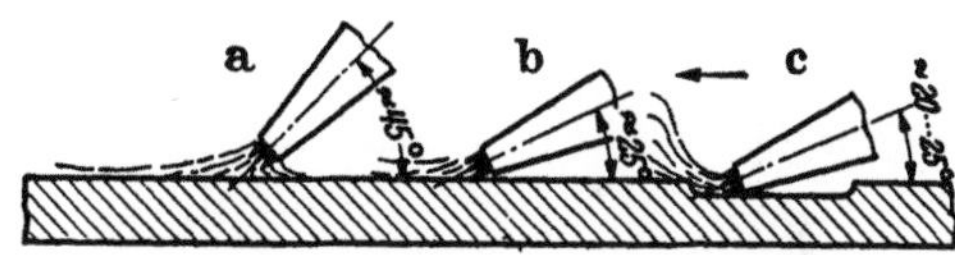

Abb. 352. Arbeitsweise des Fugenhoblers.

Abb. 353 veranschaulicht das Aussehen des Fugenhoblers und seine A r - b e i t s w e i s e, auf die an Hand der Skizzen in Abb. 352 kurz eingegangen werden soll.

Die Düse wird nicht, wie beim Schneidbrenner üblich, senkrecht zur Werkstückoberfläche gehalten, sondern geneigt. Zunächst mit einem Winkel von etwa 45° (a), um einen raschen Wärmestau an der Stelle des Schnittbeginnes zu erreichen. Ein größeres Flammenvolumen ist durch die Anordnung von 6 kreisförmig um die Schneid-Sauerstoff-Bohrung verteilte Heizdüsenbohrungen (Siebdüse) gegeben. Nach Erreichen der Verbrennungstemperatur wird die Düse, wie b zeigt, auf etwa 25° geneigt, und das Schneidsauerstoffventil geöffnet. Sobald sich die Rillenbildung einstellt, wird die Hoblerspitze etwas tiefer in die Fuge hineingehalten (c) und in Pfeilrichtung gleichmäßig fortbewegt. Die Gleichmäßigkeit der Brenner-

führung kann durch Anschläge, Brennerwagen, Handschneidmotore u. dgl.
gefördert werden. Die Vorschubbewegung geschieht hier wie beim Sauerstoff-
hobler, also entgegengesetzt dem Normalschneidbrenner; die Abbrand-
mengen werden nicht aus der Fuge ausgestoßen, sondern sie lagern sich in
der Rille v o r der Flamme ab. Nur an den vom Sauerstoff unmittelbar
getroffenen Stellen wird eine Rille gebildet, die eine sehr saubere und glatte Oberfläche aufweist. Rillentiefe und Breite· sind von der Größe der Sauerstoffdüse
und der Vorschubgeschwin-digkeit abhängig und inner-halb gewisser Grenzen regel-bar. Tiefere Rillen können durch zweimaliges Ansetzen des Brenners erzielt werden. Infolge der hohen Arbeits-geschwindigkeit sind die Um-wandlungszonen geringer als beim Brennschneiden. Um Arbeitsunterbrechungen durch zu starkes Anhäufen

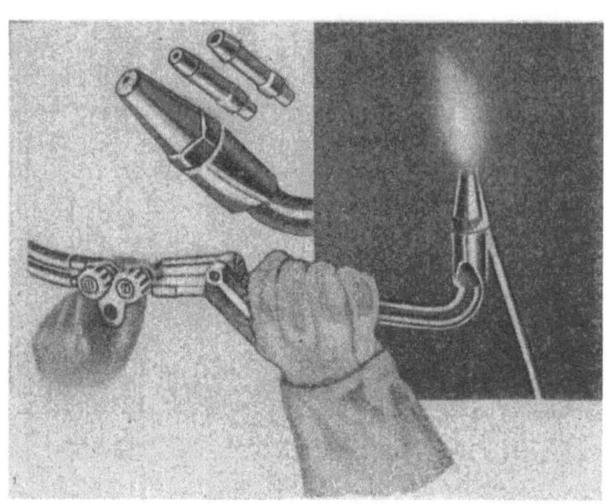

Abb. 353. Ansicht des Fugenhoblers.

des nur z. T. verbrannten und in größerer Menge nur geschmolzenen
Werkstoffs in der Fugenrille zu vermeiden, ist es ratsam, das Werkstück
stark schräg in Richtung des Hobelns, senkrecht oder gar überkopf anzuordnen, damit die flüssigen Massen besser abfließen können.

In Abb. 354 sind einige Anwendungsbeispiele für den Fugenhobler angegeben. Er wird hauptsächlich für das Ausbrennen der Nahtwurzeln, wie
bei a skizziert, benutzt. Die Ge-gennaht kann, da die Rille sehr sauber ausfällt, ohne weitere Vor-bereitungen geschweißt werden. Wurzelfehler werden beseitigt, in-dem man, wie b an einem T-Stoß zeigt, durch ein- oder zweimaliges Hobeln eine Nut anbringt, die von neuem mit Zusatzwerkstoff aus-gefüllt wird. Wie diese werden auch röntgenologisch festgestellte

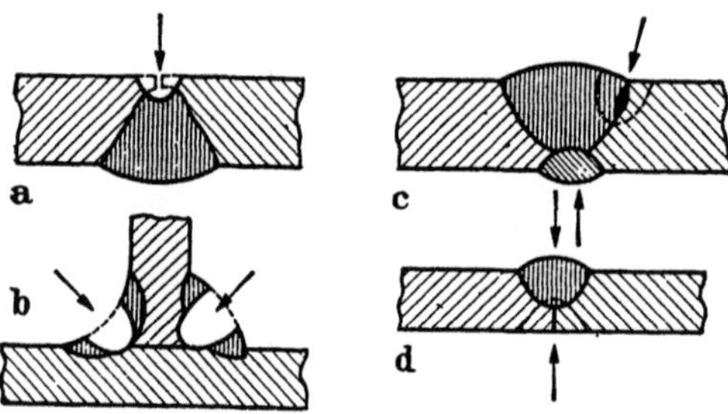

Abb. 354. Anwendungsbeispiele des Fugenhoblers.

Bindefehler an den Übergängen (c) durch Aushobeln und Nachschweißen
behoben. Schließlich besteht noch die Möglichkeit, I-Stöße an dickeren Blechen
nach Schweißen der ersten Seite auf der Gegenseite auszuhobeln und die
Mulde für die X-Naht herzustellen (d).

Wie die Praxis lehrt, ist dieses durch viele Vorzüge ausgezeichnete Verfahren außerdem recht wirtschaftlich und von keinem der spanabhebenden
Metallbearbeitungsverfahren auch nur angenähert zu erreichen. So stellte z. B.
M a l i s i u s[1]) fest, daß die Kosten beim Ausarbeiten der Nahtwurzel, bezogen auf 1 m Länge, betrugen: a) beim Meißeln mit Lufthammer 1,45 RM,

---

[1]) S. Elektroschweißung 1943, S. 151.

b) beim Schleifen 1,89 RM, c) beim Fräsen 0,74 RM, d) beim Fugenhobler 0,30 RM.

Verschrotten. Bei der Zerlegung von Eisenteilen kommt es viel mehr auf schnelles und wirtschaftliches als auf sauberes Arbeiten an, da die Schrottstücke lediglich auf die für die Umschmelzung im Martinofen erforderlichen Abmessungen zu bringen sind. Die Zerlegung von Stahlkörpern zwecks Verschrottung erstreckt sich auf alle Bauteile der Technik, wie Brücken und andere Stahlkonstruktionen, Lokomotiven, Kessel, Maschinen, Schiffe u. a. Im großen sind nach dem Weltkriege alte Schiffe und Geschütze getrennt worden; hierbei mußte der z.T. großen Werkstoffdicken wegen mit besonders großen Brennern gearbeitet werden. Beim Zerschneiden von Schiffen ist es infolge der mitunter außerordentlich dicken Farbanstriche der Schiffswandungen öfters zu B l e i v e r g i f t u n g e n gekommen. Dies ist darauf zurückzuführen, daß sich Mennige oberhalb 570⁰ in Bleioxyd und Sauerstoff zersetzt und bei höherer Temperatur verdampft und verflüchtigt. Daher muß der Anstrich vor dem Zerschneiden längs der Schnittlinie in genügender Breite entfernt werden. Der Arbeiter soll überdies möglichst im Freien, nicht im Schiffsinneren, arbeiten, und am besten so, daß ihm der Wind im Rücken steht und etwa entstehende Bleidämpfe von ihm wegtreibt. Im Notfall ist ein Respirator (Atmungsmaske) als Schutzmittel zu benutzen.

3. Abhängigkeit des Schneidvorgangs von verschiedenen Bedingungen.

Die Anzahl der Faktoren, die den Schneidvorgang mehr oder weniger beeinflussen, ist außerordentlich groß. Es ist deshalb im Rahmen dieses Buches nicht möglich, auf alle Punkte einzugehen, die damit im Zusammenhange stehen. Nur das Wichtigste kann hier gebracht werden. Im übrigen muß auf das Sonderschrifttum über Brennschneiden verwiesen werden[1]).

Einfluß der chemischen Beschaffenheit des Werkstoffs. Das zunächst einmal die Eigenschaften und die Zusammensetzung des Werkstoffs selbst den Schneidvorgang maßgeblich beeinflussen ist selbstverständlich. Im Abschnitt VII A sind die hauptsächlichsten Bedingungen für die Schneidbarkeit eines Baustoffs aufgezählt worden. Danach sind fast alle Baustähle (St 37, St 42, St 52 usw.) schneidbar. Ausschlaggebend ist vor allem der Gehalt an Kohlenstoff, mit dessen Zunahme die Schneidbarkeit stark a b n i m m t. Im folgenden ist aus diesem Grunde der Einfluß anderer Legierungselemente auf die Schneidbarkeit stets in Abhängigkeit vom Kohlenstoffgehalt angegeben.

1. K o h l e n s t o f f. Die Grenze für die Kaltschweißbarkeit liegt nach W ü s t bei 2 vH C. Darüber hinaus, bis zur Höchstgrenze von 2,5 vH C, muß der zu schneidende Körper auf Rotglut vorgewärmt werden. Der Mangel an Schneidbarkeit wird durch die Gegenwart von Eisenkarbid (Zementit) und Graphit bedingt. Bei Stählen mit über 0,35 vH C besteht Rißgefahr.

2. M a n g a n. Reines Mangan und Manganstähle mit bis zu 1,3 vH C, auch der austenitische mit 13 vH Mn und 1,3 vH C, sind hervorragend schneidbar. Mangan f ö r d e r t die Schneidbarkeit. Allerdings sind Stähle gleichen C-Gehalts (1,3 vH) mit mehr als 18 vH Mn nicht mehr schneidbar.

---

[1]) Die Ergebnisse grundlegender und umfassender Untersuchungen auf diesem Gebiete, die im Forschungslaboratorium des Werkes Autogen der I. G. Farbenindustrie durchgeführt wurden, sind in der Schrift „Das autogene Schneiden von Baustählen und von legierten Stählen" zusammengefaßt.

3. **S i l i z i u m.** Stähle mit bis zu 2,5 vH Si sind sauber schneidbar, wenn unter 0,2 vH Kohlenstoffgehalt vorliegt. Bei höherem Gehalt an C (bis 0,4 vH) und Si (bis 3,8 vH) nimmt die Schneidbarkeit schnell ab; die Schnittgeschwindigkeit muß verringert werden. Deshalb sind auch hochprozentige Silizium-Gußlegierungen (über 12 vH Si), wie Thermisilid und Duracid, nicht schneidbar.

4. **C h r o m.** Während Stähle mit bis zu 1,5 vH Cr schneidbar sind, trifft dies für **r o s t f r e i e   C h r o m s t ä h l e** mit $0 \cdots 10$ vH Ni **n i c h t** zu.

5. **N i c k e l.** Alle Nickelstähle mit bis zu 7 vH Ni sind gut schneidbar, höher legierte Stähle (bis 35 vH Ni) **n u r** dann, wenn nicht mehr als 0,3 vH C vorhanden ist. Die Kanten werden hart; Nickelanreicherung an den Schnittflächen. Nickel selbst kann nicht geschnitten werden.

6. **K u p f e r.** Das Metall selbst ist, wie bereits betont, **n i c h t**, aber Stähle mit bis 0,5 vH Cu sind wie gewöhnlicher Stahl schneidbar.

7. **M o l y b d ä n.** Ein Stahl mit 8 vH W, 1,4 vH Cr, 1 vH C und 5,5 vH Mo ist nicht schneidbar; fehlt Mo, dann schneidbar. Molybdän hemmt die Schneidbarkeit sehr.

8. **W o l f r a m.** Wolframstähle (bis 5 vH Cr, 0,2 vH Si, bis 0,8 vH C) sind gut schneidbar, wenn nicht mehr als 10 vH W vorhanden ist. Reinwolfram nur sehr langsam schneidbar, bei sehr starker Vorwärmung. Praktisch kaum verlangt. Oberhalb 20 vH W hört die Schneidbarkeit des so legierten Stahls auf.

9. **A l u m i n i u m.** Das Metall selbst und ebenfalls Alumitstähle $(10 \cdots 15$ vH Al) sind **n i c h t** schneidbar. Alitierte Stähle sind je nach Al-Schichtdicke leicht, schwer oder gar nicht schneidbar.

10. **P h o s p h o r** beeinflußt die Schneidbarkeit nur wenig. Selbst Phosphor-Stahl mit 2 vH P ist nach **W ü s t** noch gut schneidbar.

11. **S c h w e f e l** in den in technischen Stahlsorten vorkommenden Mengen verschlechtert die Schneidbarkeit nicht. Versuche an Stählen mit 3,5 vH S ergaben noch gute Schneidbarkeit.

Dem Praktiker wird es erwünscht sein, in einer Zusammenfassung einen Überblick über die Schneidbarkeit einiger der bekanntesten legierten Stähle in Ergänzung der obigen Einzelheiten zu erhalten. Damit werden auch die **G r e n z g e b i e t e** der Schneidbarkeit ganz allgemein aufgezeichnet.

Nicht schneidbar sind: die Cr-Stähle **R e m a n i t** 1510 und 1710 (DEW) mit 0,1 vH C und $14 \cdots 18$ vH Cr. Ebenso die Cr-Si-Legierungen **S i c r o m a l** $6 \cdots 8$ und $9 \cdots 12$ (DRW) mit $5 \cdots 18$ v HCr und $0,6 \cdots 3$ vH Al, ferner die austenitischen Cr-Ni-Stähle **R e m a n i t** 1880 S, DEW) und **V 2 a-Stahl** (Krupp) mit $8 \cdots 9,5$ Ni und $17 \cdots 18$ vH Cr. Auch die Ni-Cr-Mn-Gruppe **E F C 212 W** (Krupp) und **P o l d i AM** mit $0,6 \cdots 0,8$ vH C, $7 \cdots 10$ vH Mn und $2,5 \cdots 4$ vH Cr gehört hierher.

Beschränkt, d. h. schwer oder schlecht **s c h n e i d b a r** sind: die Cr-Si-Stähle **F F 6** (Krupp), **T h e r m a x 8 F** und **9 F** (DEW) mit $1,5 \cdots 3$ vH Si und $4 \cdots 8$ vH Cr. Daneben die Cr-Ni-Si-Stähle, wie **T h e r m a x 10 A** und **11 A** (DEW) und **N C T 1, 2 und 3** (Krupp) mit $0,1 \cdots 0,3$ vH C, $19 \cdots 27$ vH Cr und $3 \cdots 21$ vH Ni, neben $1 \cdots 2,7$ vH Si. Außerdem gehören hierher **T h e r m a x 12 A** (DEW) mit 60 vH Ni und 16 vH Cr und **P h ö n i x R 3** (Schöller-Bleckmann) mit 19 vH Mn, 9,5 Ni und 1,25 vH Cr.

Schneidbar, bzw. gut schneidbar sind z. B.: die Mn-Cr-Stähle C F 6724 G und 87212 G (Krupp) mit 0,3 ··· 0,4 vH C, 18 vH Mn und 1 ··· 3 vH Cr. Ferner die Mn-Stähle **Macromal** und **Macromal S** (DRW) mit 0,25 vH C, 12 ··· 19 vH Mn und **Pantonax** (DEW) mit 13 ··· 18 vH Mn. Der Böhlersche **Chronos-Stahl** mit 1 ··· 1,15 vH C und geringem Cr-Gehalt (bis 0,1 vH) ist noch gut schneidbar, jedoch trifft dies nicht mehr zu, wenn ein C-Gehalt von 1,3 vH und 0,2 vH Cr vorliegen. Manche dieser Stähle sind nur nach guter Vorwärmung schneidbar (Warmschnitt, s. später).

Einfluß der physikalischen Beschaffenheit des Werkstoffs. Unsaubere Blechoberflächen, Rost, Farbüberzüge, Narben, Dopplungen, Lunker usw. ergeben unsaubere Schnitte und setzen die Schnittgeschwindigkeit herab; meist sind größere Flammen und erhöhter Sauerstoffdruck erforderlich. Schlackeneinschlüsse oder sonstige mechanische Verunreinigungen im Werkstoff führen zu Schnittunterbrechungen, da sie nicht verbrennen und stets ein Hindernis darstellen. Bei größeren Schlackeneinschlüssen oder Lunkern müssen die anteiligen Stellen mechanisch getrennt werden. Auch sonst nicht feststellbare **Dopplungen** werden beim Brennschneiden sofort erkannt, weil der Sauerstoffstrahl nicht durchschlägt, sondern in der oberen Blechlage starke Anschmelzungen und Lochbildung verursacht.

Einfluß des Sauerstoffs. Der **Druck** des Schneidsauerstoffs soll **nicht höher als notwendig** sein; durch Drucksteigerung wird die Schnittgeschwindigkeit und bis zu einer bestimmten Grenze erhöht, um dann wieder abzunehmen. Diese Erscheinung ist darauf zurückzuführen, daß ein Überschuß an Sauerstoff sich praktisch am Schneidvorgang nicht mehr beteiligen kann, sondern infolge erhöhter Entspannungskälte eine Verzögerung verursacht. Außerdem ergibt ein Sauerstoffüberschuß breitere Schnittfugen und furchige Schnittflächen. Jedes Mehr bedeutet Unwirtschaftlichkeit. Der Druck richtet sich in erster Linie nach der Werkstoffdicke, ferner nach der Düsenbohrung u. a. Druck- und Bohrungsverhältnisse sind aus Tabelle 28 zu ersehen. So benötigen z. B. ein 10mm-Blech 2 ··· 3 at, 30 mm 3 ··· 4 at, 100 mm 6 ··· 8 at usw. Natürlich steigt der Verbrauch an Sauerstoff (bei gleichbleibender Bohrung) mit dessen Druck. Die Druckeinstellung erfolgt, um es zu wiederholen, stets an Hand der auf den Düsen angegebenen Werte oder nach den beigelieferten Tabellen.

Anderseits muß der Sauerstoffdruck so bemessen sein, daß er die gesamte Blechdicke zu durchschlagen vermag; sonst tritt, wie bei c in Abb. 355 angedeutet ist, in bestimmter Werkstofftiefe eine starke Erweiterung des Schnittkanals auf, und das verbrannte und flüssige Eisen wird nach oben geschleudert.

Die **Reinheit** des Sauerstoffs soll möglichst groß sein. Unreiner Sauerstoff ergibt: Verlängerung der Schnittzeit, Erhöhung des Drucks und damit höheren

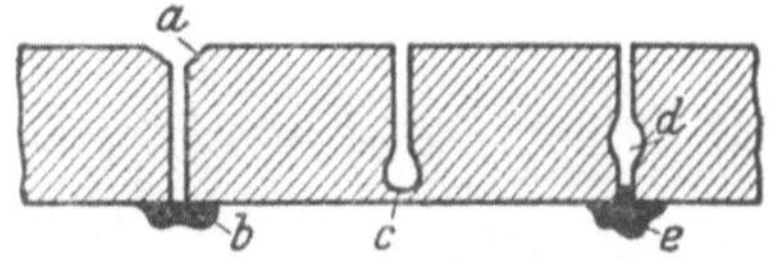

Abb. 355. Unter verschiedenen Bedingungen ausgeführte Schnittfugen.

Verbrauch und breitere Schnittfugen. Sauerstoff mit einem Reinheitsgrad von 90 vH bedingt ungefähr die doppelte Schnittdauer gegenüber solchem von 99,5 vH Reinheitsgrad. Im Durchschnitt kann man mit einem Reinheitsgrad von mindestens 98 vH rechnen.

Einfluß der Vorwärmflamme. Im allgemeinen werden die Vorwärmflammen viel zu groß bemessen. Sie sollen nur so stark sein, daß sie eine kleine Werkstoffstelle (Kante) auf Entzündungstemperatur bringen. Zu große Flammen ergeben Gasvergeudung, Verringerung der Schnittgeschwindigkeit und unsaubere Schnittkanten. Nur zum Schneiden stark angerosteter Bleche ist eine kräftigere Vorwärmflamme am Platze. Abb. 355 zeigt bei *a* die durch zu starke Flamme verursachte Kantenanschmelzung und bei *b* das Anhaften flüssigen, wenig verbrannten Eisens. Die Folge ist ein regelrechtes Anschweißen an den unteren Werkstoffrändern, so daß beim Abschlagen Werkstoffteile mit herausgerissen werden. Sind die Ansätze bei *b* reine Schlackenansätze (Abbrand), so sind sie nicht schädlich; sie lassen sich leicht abschlagen. Ist die Gasmischung der Vorwärmflamme falsch, so zeigt sich, ebenso wie beim Schweißen, bei Sauerstoffüberschuß Oxydation, bei Azetylenüberschuß Kohlenstoffanreicherung an den oberen Schnittkanten. Der offensichtlich ungewöhnlich große Abbrandansatz bei *c* rührt von einem Lunker oder Schlackeneinschluß bei *d* her.

Einfluß der Schnittgeschwindigkeit. Die Schnittgeschwindigkeit, die bei Handschnitten meist geringer ist als bei Maschinenschnitten, hängt von der Dicke und Beschaffenheit des Werkstoffs, daneben von den Bohrungs- und Gasdruckverhältnissen des Schneidgeräts ab. Bei einiger Übung im Schneiden sind die Brennervorschub-Geschwindigkeiten schon rein gefühlsmäßig leicht richtig zu treffen. Das Aussehen mit verschiedener Vorschubgeschwindigkeit ausgeführter Schnittflächen läßt Abb. 356 erkennen. Die mit *A* bezeichnete Fläche ist zu langsam geschnitten worden. Demnach trifft die irrtümliche Vermutung, daß l a n g s a m e s Schneiden saubere Schnittflächen ergäbe, nicht zu. Vielmehr ist der Schnitt furchig und zerfressen. Der gleichfalls von Hand ausgeführte Schnitt *B* ist einwandfrei; die schwachen vom Sauerstoffstrom herrührenden Riefen verlaufen fast senkrecht; die Schnittgeschwindigkeit war n o r m a l. Bei zu s c h n e l l e r Schnittgeschwindigkeit zeigt die Schnittfläche *C* nach unten gekrümmte Rillen, da die Wirksamkeit des Sauerstoffstroms der Geschwindigkeit der Brennerbewegung nicht zu folgen vermochte. Alle drei Schnitte sind also mit einer Brennerführung von rechts nach links ausgeführt worden. Es war demnach bei *A* die Geschwindigkeit um etwa 25 vH zu gering und bei *C* um 25 vH zu hoch.

Abb. 356. Einfluß der Schnittgeschwindigkeit auf das Aussehen der Schnittfläche.

Auch der S c h n i t t w i n k e l ist auf die Arbeitsgeschwindigkeit und demnach auf den Gasverbrauch von wesentlichem Einfluß. Der Sauerstoffstrahl soll möglichst immer s e n k r e c h t zur Blechfläche u n d zur Schnittrichtung stehen, da mit wachsender Abweichung von 90° die zu schneidende

Blechdicke *a* zunimmt, wie dies aus Abb. 357 ersichtlich ist. Die Strecke *b* wächst mit abnehmendem Schnittwinkel sehr rasch und beträgt bei *c* fast das Doppelte. Damit tritt außer einer Abnahme der Schnittgeschwindigkeit auch eine bedeutende Verschlechterung des Schnittflächenaussehens ein. Auch bei Schräg- oder Gehrungsschnitten, wo eine abweichende Einstellung des Schnittwinkels zur Werkstück- oberfläche in gewünschter Größe Bedingung ist, soll der Sauerstoffstrahl in Richtung der Schnitt- führung stets senkrecht stehen, weil Schnitthöhe und Schnittdauer hier noch mehr gesteigert werden.

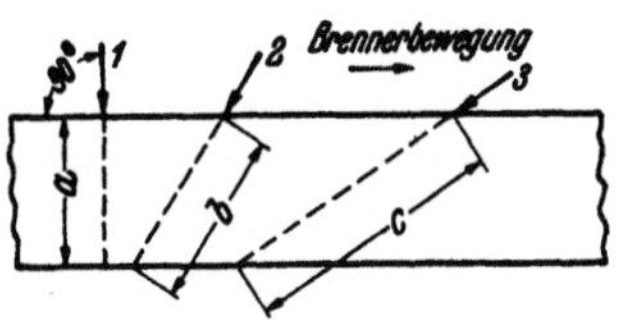

Abb. 357. Schnittwinkel.

4. Einfluß des Schneidens auf den Werkstoff.

Mechanische Veränderungen. Untersuchungen hinsichtlich des mecha- nischen Verhaltens der Schnittflächen haben ergeben, daß der Autogen- schnitt den mit spanabhebenden Werkzeugen bearbeiteten Flächen gleich- zusetzen, wenn er nicht sogar als überlegen anzusehen ist. Besonders auch bei Scherenschnitten, Nietnähten und Stemmkanten treten Verzerrungen und Quetschungen des Werkstoffgefüges infolge mechanischer Beanspru- chung auf, die beim Brennschnitt gänzlich fehlen, da ja eine gewaltsame Verformung des Gefüges durch Druck hierbei wegfällt.

Es fragt sich nun zunächst, wie es sich mit der H ä r t e der erhitzten und dann mehr oder weniger rasch erkaltenden Schnittfläche verhält. Die Härte ist grundlegend abhängig von dem Grade der Härtungsfähigkeit des Werkstoffs, also von seiner chemischen Zusammensetzung, von der Ab- kühlungsgeschwindigkeit der Schnittfläche, der Dicke des Werkstücks, von der Temperatur der Flamme und des Sauerstoffs u. a. m. Im allgemeinen stellt die Brennschnittfläche einen milde und nur oberflächlich gehärteten Stahl dar, dessen mechanische Nachbearbeitung, soweit sie fertigungstech- nisch notwendig ist, keinerlei Schwierigkeiten macht. Die Schnittfläche ist bei normalen Baustählen weniger hart als die eines Kaltscherenschnittes. Die Härte der Brennschnittfläche wächst meist mit der Werkstoffdicke, immer aber mit dem Kohlenstoffgehalt. Die Härtesteigerung beträgt z. B. bei einem 20 mm-Stahlblech mit 0,1 vH Kohlenstoff etwa 30 vH, bei 0,2 vH C etwa 38 vH, bei 0,3 vH C etwa 42 vH. Ein Nickeleinsatzstahl von 174 kg/mm² Härte ergibt an der Schnittfläche rund 270 kg/mm². Durch G l ü h e n der Schnittflächen kann der Härteunterschied erforderlichenfalls auf ein geringes Maß vermindert werden. Etwa die gleiche Wirkung wird durch sog. A n - l a ß s c h n e i d e n , worunter man ein Trennen entsprechend vorgewärmter Werkstücke versteht, erreicht.

Der Einfluß der B r e n n g a s a r t auf die Härte der Schnittfläche geht nach W i s s aus den folgenden Zahlen hervor: Ein Stahl mit 0,9 vH C, von 80 mm Dicke, etwa 80 kg/mm² Festigkeit und 228 kg/mm² Härte ergab mit Azetylen geschnitten 380 ··· 400, mit Wasserstoff 340 ··· 350 und mit Leuchtgas 330 ··· 345 kg/mm² Härte in den Schnittflächen. Demnach gewähr- leisten weniger heiße Vorwärmeflammen Schnittkanten geringerer Härte, eine in der Praxis oft berücksichtigte Tatsache.

Was die übrigen technologischen Werte anbelangt, so sind auch hier wesentliche Veränderungen an ungeglühten Schnittflächen gegenüber z. B. gehobelten Werkstücken praktisch nicht festzustellen. Die F e s t i g k e i t und Streckgrenze sind von dem Umfange der Durchglühung der Schnittfläche und von der Zugstabbreite und Schnittdicke abhängig und liegen bei dünnen Blechen (5 mm) etwa um 10 vH niedriger, die Dehnung und Einschnürung bis zu 8 vH höher. Bei 10 mm-Blechschnitt und mehr nehmen dagegen mit wachsender Stabbreite Festigkeit und Streckgrenze zu, Dehnung und Einschnürung ab.

Die dynamischen Untersuchungen (Kerbschlag- und Ermüdungsversuche) an autogen geschnittenen Stäben ergaben, daß die Kerbzähigkeit des Autogenschnitts größer ist als die gehobelter Proben. Für die bei Ermüdungsversuchen erzielbaren Werte ist vor allem die Oberflächenbeschaffenheit des Schnittes, der möglichst glatt sein muß, maßgebend. Maschinenschnitte zeitigen bessere Werte als Handschnitte. Die Ergebnisse an sauberen Schnitten stehen den durch spanabhebende Bearbeitung hergestellten Versuchsstücken nicht nach.

Spannungen. Hobelt man einen I-Träger in seiner Stegmitte der Länge nach durch, dann federn die beiden Hälften nach den Enden zu um einige Millimeter auseinander. Das Maß der Abweichung, das angenähert dem beim Brennschnitt entstandenen gleichkommt, beruht auf einer durch Walzspannungen verursachten Verformung, also auf Eigenspannungen des Werkstücks, wie sie auch bei den verschiedensten anderen Fertigungsverfahren (Härten, Nieten, Verstemmen, Pressen, Scherenschnitt u. a.) auftreten. Auch in Blechen bestehen, wenn sie nicht ausgeglüht sind, mehr oder weniger Eigenspannungen, die durch hinzukommende Dehnungs- und Schrumpfungsvorgänge beim Schneiden in einer meist sehr geringen, praktisch kaum merklichen Verlängerung der Schnittkanten (etwa 0,12 vH) zum Ausdruck kommen. Beim Abschneiden schmaler und dünner Blechstreifen kann man vor dem Erkalten des Schnittes ein Verziehen, sowohl zur Blechebene als senkrecht zu ihr, feststellen. Besonders gut lassen sich Restspannungen, und auf diese kommt es allein an, an autogen geschnittenen Körpern beim Ausschneiden eines Blechrahmens beobachten. Wird der Rahmen an irgendeiner Stelle quer zur Schnittfläche durchgesägt, dann tritt entweder ein Auseinanderklaffen oder ein Übereinanderziehen der beiden Streifenenden ein, je nachdem, ob zuerst der innere oder äußere Rand des Rahmens autogen geschnitten wurde. Ähnlich liegen die Verhältnisse auch bei Sägeschnitten. Versuche ergaben jedoch, daß die Gesamtrestspannungen in autogen geschnittenen Streifen aus bis zu 40 mm Baustählen nur 1 ⋯ 2 kg/mm² betragen und deshalb unbedenklich in Kauf genommen werden können. Durch gleichzeitiges Ausbrennen der äußeren und inneren Kanten bei Längs-, Quer- und Kreisschnitten (mit zwei Brennern) kann das durch Schrumpfung bedingte Verziehen des Werkstücks auf das geringste Maß gebracht und dabei die Arbeitsgeschwindigkeit gesteigert werden.

Viel unangenehmer sind Spannungsrisse, wie sie bei hochgekohlten oder hochlegierten Stählen, die beim Brennschneiden große Randhärte ergeben (z. B. Nickelvergütungsstähle, Wolframstähle), besonders bei Blechdicken über 100 mm auftreten können. Die Risse verlaufen meist senkrecht zur Schnittfläche und parallel zur Schnittrichtung. Das einzige Mittel, die Gefahr einer Rißbildung abzuwenden, ist die Wärmebehandlung, deren Ausmaß sich nach der Höhe des Kohlenstoffgehalts zu richten hat. Der zu schneidende Körper wird langsam und gleichmäßig (Höchsttemperatur 700°) vorgewärmt und darauf der Anlaßschnitt (Warmschnitt) ausgeführt. Stahlgußteile sollten immer nur im geglühten Zustande geschnitten werden, da dann jede Rißgefahr wegfällt. Nach Durchführen des Schnittes genügt ein Ausglühen bei etwa 600° in allen Fällen, um die Schnittspannungen zu beseitigen.

Metallurgische und chemische Veränderungen. Durch die unabwendbare Wärmebehandlung beim Brennschneiden erfährt die Schnittfläche eine Gefügeveränderung, die durch besondere Wärmemaßnahmen mehr oder weniger stark beeinflußt werden kann. Die Gesamtbreite der auf eine Anlaßtemperatur bis etwa 250° erhitzten Zone beträgt, je nach Blechdicke, 5 bis 30 mm. Wenn auch diese Temperatur eine Gefügeumwandlung, die oberhalb etwa 700° beginnt, nicht verursacht, so ist doch unmittelbar an der Schnittfläche mit einer Erwärmung auf 1500° und mehr zu rechnen, weshalb eine erhebliche Umkristallisation an der Schnittoberkante und eine deutliche Kornvergröberung stets zu erwarten ist. Daneben treten je nach Legierung des Werkstoffs E n t m i s c h u n g s - oder A n r e i c h e r u n g s e r s c h e i n u n g e n auf, die hauptsächlich in einer Veränderung der Verteilung des Kohlenstoffs bestehen. Eine Anreichung an bestimmten Legierungsbestandteilen in der Schnittfläche tritt besonders bei hochnickelhaltigen Stählen auf, wo der Anteil an Nickel in der Schnittfläche oft erheblich größer ist als im Werkstoff.

Bezüglich des Verhaltens der Begleiter des Stahls beim Brennschneiden kann im allgemeinen als Regel gelten, daß z. B. C h r o m , M a n g a n und S i l i z i u m a u s b r e n n e n , ihre Anteile im Schnitt mithin geringer sind als im Baustoff. Umgekehrt verhalten sich K o h l e n s t o f f , N i c k e l u n d K u p f e r , die sich durch den Stahlabbrand am Schnitt a n r e i c h e r n . Im Abbrand fehlen diese Elemente meist gänzlich. Durch diese Veränderungen kann die Güte der Schnittfläche oft verbessert werden, selten nur wird sie verschlechtert.

Die Tiefe der U m w a n d l u n g s z o n e beträgt zwischen 0,1 und 5,0 mm und richtet sich neben anderem vor allem nach der Blechdicke, dem Werkstoff und der Schnittgeschwindigkeit. Letztere soll möglichst groß sein, was durch maschinelles Schneiden, durch Vorwärmen des Sauerstoffs, am besten aber durch Vorwärmen des Werkstoffs erreicht wird. Die in Tabelle 25 aufgeführten Werte über die Breite der Einflußzone beim Brennschneiden sind das Ergebnis der Erfahrungen eines bekannten Fachmannes, der in einem Großbetriebe das Schneiden außerordentlich vielseitig anwendet[1]).

Tabelle 25. Tiefe der Umwandlungszone beim Brennschneiden.

Blechdicke in mm	Stähle bis 0,3 vH C-Gehalt	Stähle mit 0,3…1 vH C-Gehalt	Stähle mit 1…5 vH Ni-, bzw. Cr-Ni-Gehalt	Austenitische Ni- und Mn-Stähle
	mm	mm	mm	mm
5	0,1 ··· 0,3	0,3 ··· 0,6	1,0 ··· 1,5	0
10	0,2 ··· 0,5	0,5 ··· 1,0	1,5 ··· 2,5	0 ··· 0,1
25	0,4 ··· 0,7	0,8 ··· 1,5	2,0 ··· 3,0	0,1 ··· 0,2
50	0,6 ··· 1,0	1,0 ··· 2,0	3,0 ··· 4,0	0,2 ··· 0,3
100	0,8 ··· 1,5	1,5 ··· 2,5	4,0 ··· 5,0	—
250	1,5 ··· 3,0	3,0 ··· 5,0	5,0 ··· 8,0	—

[1]) P. K r u g : Brennschneiden, VDI-Zeitschrift 1940, S. 713.

Die Untersuchungen bezüglich der Korrosionsfestigkeit der Schnittflächen gegenüber beispielsweise gehobelten haben erwiesen, daß der Brennschnitt besser ist. Der Gewichtsverlust durch Korrosion betrug oft nur 50 vH desjenigen an gehobelten Flächen; der Rostangriff ging in allen Fällen wesentlich langsamer vor sich. Daraus läßt sich folgern, daß die höhere Korrosionsbeständigkeit der Brennschnitte mit dem Härtungsgefüge der Umwandlungszone in ursächlichem Zusammenhange steht.

5. Das Schneiden von Gußeisen.

Der Schneidvorgang. Nach den voraufgegangenen Ausführungen sind beim Gußeisen die Bedingungen für seine Schneidbarkeit im Sinne des normalen Brennschneidens in mehrerer Hinsicht nicht gegeben. Wenn trotzdem von einem Brennschneiden gesprochen wird, so liegt dies daran, daß Gußeisen dann verbrannt werden kann, wenn man seinen Schmelzfluß auf Zündtemperatur überhitzt und dann Sauerstoff aufbläst. Daraus ergibt sich — auch mit Rücksicht auf das schlechte Wärmeleitvermögen des im Gußeisen reichlich vorhandenen Graphits, das zu überwinden ist — die Notwendigkeit, sehr viel Wärme in kürzester Zeit auf einer Stelle zu vereinigen. Mit anderen Worten, es sind außerordentlich starke Heizflammen anzuwenden.

Andere Verfahren, die z. B. darauf beruhen, auf die Oberfläche des Gußkörpers im Schnittbereich Flachstahl aufzulegen oder mit Stahl Raupen elektrisch aufzuschweißen, um durch deren Verbrennungswärme die notwendige Überhitzung des geschmolzenen Gußeisens zu erreichen, sind zu umständlich und heute nur selten noch üblich. Das gilt auch für das Hilfsmittel, in der Schnittfuge Stahlstäbe mit abzubrennen.

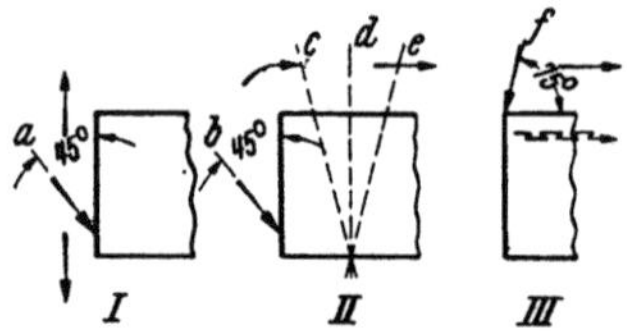

Abb. 358. Brennerführung beim Schneiden von Gußeisen.

Abweichend vom Stahlschneiden ist die Erhitzung und Brennerführung eine andere, da ja zunächst das örtliche Schmelzen des Gusses abgewartet werden muß. Dabei gibt es zwei Möglichkeiten. Die eine, Abb. 358 *I* und *II*, ist die, die stets mit Azetylenüberschuß eingestellte Brennerflamme unter einem Winkel von etwa 45° an der Stirnfläche des Gußstückes solange auf- und abzubewegen, bis oberflächiges Anschmelzen einsetzt. Darauf wird das Schneid-Sauerstoffventil geöffnet und mit der Brennerstellung *b* (*II*), also an der unteren Kante in Richtung nach *c* begonnen. Der Brenner gelangt allmählich in die Richtung über *d* nach *e* und wird so bis zum Schnittende weitergeführt. Die andere Möglichkeit ist bei *III* skizziert. Der Brenner wird nach reichlicher Vorwärmung der oberen Schnittfläche in die Stellung *f* gebracht und dann in Pfeilrichtung, und zwar am besten mit kleinen Hin- und Herbewegungen (wie beim Sägen) weitergeführt. Da größere Werkstoffdicken erhebliche Fugenbreiten ergeben, die dazu ausreichen, den Brennerkopf auch innerhalb der Schnittfuge zu führen, ist auch eine Auf- und Abwärtsbewegung des Brenners möglich, ja sie ist sogar erforderlich, wenn die gesamte Werkstoffdicke erfaßt werden soll. Der Schnitt kann deshalb nur von Hand und nur mit einem Gerät ohne Führungswagen erfolgen. Eine obere Grenze für den Schnittbereich gibt es bei Gußeisen praktisch nicht.

Dem abweichenden Hergang des Schneidens und der erheblich anderen Legierung des Werkstoffs gegenüber Stahl entspricht auch eine andere Zusammensetzung des Abbrands. Er besteht nur zum größeren Teil aus Oxyden, der Rest ist geschmolzenes Eisen. Fast restlos oxydiert das Silizium, das sich in Form kleiner Plättchen als Siliziumdioxyd in der weiteren Umgebung ablagert. Desgleichen verbrennen größere Anteile des Phosphors und Schwefels. Der Graphitgehalt der Schnittfläche wird wesentlich geringer.

Brennerkonstruktionen. Neben einer amerikanischen Bauart sind verschiedene Gußschneidbrennerkonstruktionen auf den Markt gekommen, wovon die eine, Abb. 359 aus Frankreich, die andere Abb. 360 aus Deutschland stammt. Die Grundform des französischen Brenners zeigt Abb. 359. Das Azetylen wird dem Brenner bei e zugeleitet und strömt zum Teil der Schneiddüse a zu, wo es mit dem aus d ausströmenden Hochdrucksauerstoff verbrennt. Der restliche Teil des Azetylens strömt durch das Rohr f zur Ringflamme b, angesaugt durch den aus der Injektordüse c der Mischvorrichtung austretenden Heizsauerstoff. Der Hochdruck- (Schneid-) Sauerstoff wird bei g in den Schneidkopf eingeführt.

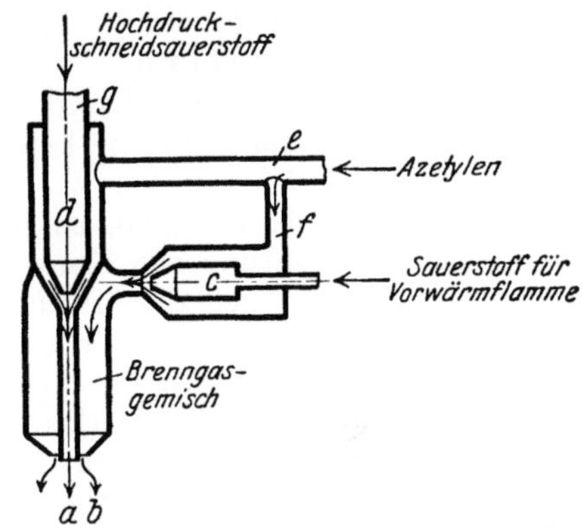

Abb. 359. Gußeisenschneidbrenner (französische Bauart).

Das Gerät Abb. 360 unterscheidet sich von der eben besprochenen Konstruktion vor allem dadurch, daß es nicht eine, sondern drei Vorwärmeflammen hat und den Hochdrucksauerstoff ohne Beimischung von Azetylen der Schneiddüse zuführt, a und b sind mit Azetylen-Sauerstoff gespeiste Vorwärmeflammen, c ist eine Ringmantelflamme, in deren Mitte der Sauerstoffstrahl austritt. Das Hochdruckrohr d ist aus Kupfer hergestellt und spiralförmig um den Brennerkopf gewunden (was der Deutlichkeit halber in Abb. 360 fortgelassen ist), damit der Sauerstoff vorgewärmt wird. Die

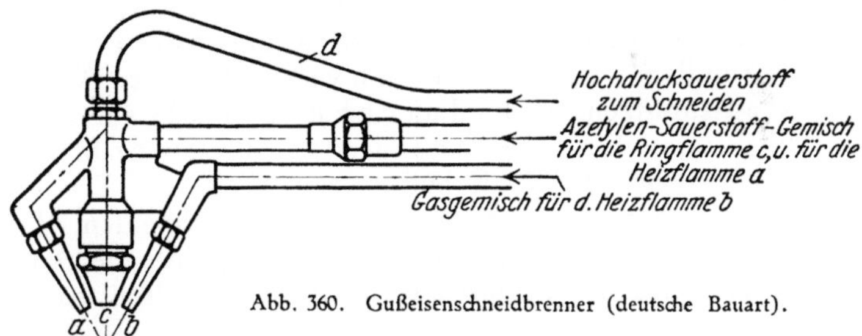

Abb. 360. Gußeisenschneidbrenner (deutsche Bauart).

beiden winklig zueinander angeordneten Düsen a und b ergeben eine breite Schmetterlingsflamme. Auf die Wiedergabe weiterer ähnlicher deutscher Brennerkonstruktionen kann verzichtet werden.

Anwendbarkeit. Infolge des erheblichen Gasverbrauchs und der Unsauberkeit der Schnittflächen, ihrer Härte und der bedeutenden Breite der Schnittfuge, sowie der Gefahr der Rißbildung hat das Gußeisenschneiden nur sehr beschränkt technische und wirtschaftliche Berechtigung. Aus der Tabelle 26 geht hervor, daß die S c h n i t t d a u e r bei Gußeisen wesentlich größer und der G a s v e r b r a u c h unverhältnismäßig höher ist als beim Schneiden von Stahl.

Die **S c h n i t t f u g e** ist meist stark konisch (nach unten verjüngt) und geht erst bei über 40 mm Werkstoffdicke in parallele Flächen über. Diese Umstände, vor allem aber die erheblichen Kosten des Verfahrens, verhindern seine Ausnutzung in dem ursprünglich erwarteten Umfange.

Im allgemeinen kann man sagen, daß das Verfahren für die Fertigung gar nicht in Frage kommt, vielmehr nur dort eine wirkliche Berechtigung hat, wo es sich um das **V e r s c h r o t t e n** schwerer und sperriger Werkstücke, z. B. Fundamente, Schwungräder u. ä. handelt, die nicht zur Fallbirne befördert werden können. Ferner wird man das Verfahren dort anwenden, wo andere technische Hilfsmittel, z. B. Schlag- oder Fallwerkzeuge, versagen, zu teuer oder zu umständlich sind.

Tabelle 26.
Gasverbrauch und Schnittgeschwindigkeit beim Gußeisenschneiden.

Werkstoffdicke	Sauerstoffdruck (Schneidstrahl)	Gasverbrauch je m Schnittlänge etwa		Stündliche Schnittleistung etwa
		Azetylen	Sauerstoff	
mm	at	l	l	m
25	3 · · · 4	900	1 600	3,0
50	4 · · · 6	1200	2 800	2,5
100	6 · · · 8	2300 · · · 2600	9 500	1,5
150	8 · · · 10	2500 · · · 3000	11 000	1,0 · · · 1,
300	10 · · · 12	3200 · · · 3600	13 000	0,6 · · · 0,7

Für die Ausführung von Konstruktionsschnitten ist das Verfahren schon deshalb ungeeignet, weil die örtliche Erhitzung der Werkstücke meist **R i ß -b i l d u n g** und Brüche (**S p a n n u n g e n**) zur Folge hat und ein gleichmäßiges Vorwärmen schwerer Gußkörper wohl in den seltensten Fällen möglich ist. Versuche der Verfasser, z. B. gußeiserne Rohre zu schneiden oder Löcher für Abzweigungen anzubringen, zeigten jedesmal mehr oder weniger große Rißbildung. Demnach eignet sich das Verfahren für solche Arbeiten nicht.

6. Das Schneiden anderer Metalle.

Allgemeines. Gegenwärtig sind wiederum Versuche im Gange, unter Zuhilfenahme des Brennschneidgerätes auch andere Metalle, insbesondere **K u p f e r** und **N i c k e l** zu schneiden. Inwieweit diese Bestrebungen von Erfolg begleitet sein werden, läßt sich noch nicht übersehen. Fest steht jedoch, daß alle auf diesem Gebiete entwicklungsfähigen Verfahren die gemeinsame Grundlage haben, die **p h y s i k a l i s c h e** Wirkung des Schneidgerätes auszunützen, d. h. **d u r c h z u s c h m e l z e n** und nicht zu verbrennen, da dies ja wiederholt für andere Metalle als Stahl als technisch unmöglich geschildert wurde. Daß auf diesem Wege ein Erfolg durchaus denkbar ist, beweist das praktisch angewandte Bleischneiden. Der Sauerstoff des Schneidgeräts hat in allen diesen Fällen lediglich die Aufgabe, das geschmolzene Metall aus der Schnittfuge herauszuschleudern, oxydieren soll er nicht.

Bleischneiden. Um in Sonderfällen Bleiplatten in beliebiger Form trennen zu können, wurde eine besondere Brennerkonstruktion entwickelt, die sich gut bewährt. Da es sich auch hier um ein regelrechtes **D u r c h -s c h m e l z e n** handelt, mußten neue Wege beschritten werden, um die sonst ja erforderliche Oxydation des Metalls (bei Stahl) und die Schnittfugenbreite auf das geringste Maß zu bringen. Zu diesem Zwecke wird einer besonderen Brennerringdüse sog. **K ü h l g a s** (z. B. Luft oder Stickstoff) zugeführt, wodurch sowohl die Oxydationsmöglichkeit verringert wie die Wirkung der Schmelzflamme auf die Schnittfuge selbst beschränkt wird.

Die **Schnittflächen** haben ebenes und spiegelblankes Aussehen und die Schnittrillen sind so schwach ausgeprägt, daß sie mit dem Finger nicht gefühlt werden können. Die Breite der **Schnittfuge** beträgt bei 10 bis 15 mm dickem Blei 1,5···2,5 mm, die **Schnittgeschwindigkeit** 300···500 mm/min.

7. Das Schneiden unter Wasser.

Allgemeines. Die Zerlegung versenkter oder gesunkener Schiffe und unterhalb des Wasserspiegels liegender Brückenteile, das Abschneiden von Spundwänden unter Wasser u. ä. sind das Hauptanwendungsgebiet des erstmalig im Jahre 1908 ausgeübten Unterwasser-Schneidverfahrens. Es ist noch in Wassertiefen bis zu 40 m ohne Störung anwendbar und gestattet, Werkstoffdicken bis 150 mm rasch und wirtschaftlich zu trennen. Während Wasserströmungen den Schneidvorgang nur wenig beeinflussen, ist undurchsichtiges Wasser für die Schnittleistung nachteilig. Selbstverständlich ist ein mit dem Sonderschneidgerät gut ausgebildeter Taucher erforderlich.

Brennerkonstruktion. Bei der Durchbildung des Unterwasser-Schneidbrenners (U-W-Brenners) lagen verschiedene Schwierigkeiten vor, da das Mischungsverhältnis der Gase hier ein anderes sein muß als über Wasser. Der Flamme muß die **gesamte** zur vollständigen Verbrennung des Brenngases notwendige Sauerstoffmenge unmittelbar zugeführt werden, weil ja der Luftsauerstoff fehlt. In geringer Wassertiefe, bis etwa 3 m, kann der Gasdruck der Flamme gegenüber dem Wasserdruck noch aufrechterhalten werden. In größeren Tiefen sind besondere Vorkehrungen zu treffen, die für ein' Abdrängen des im Bereiche der Flamme befindlichen Wassers zu sorgen haben.

Einen mit dem U-W-Gerät ausgerüsteten Taucher zeigt Abb. 361. Das Gerät besitzt in diesem Falle einen im Gelenk beweglichen, also auf beliebigen Schnittwinkel und für alle Stellungen einstellbaren Kopf und 4 Zuleitungsrohre, deren getrennt **angeschlossenen**

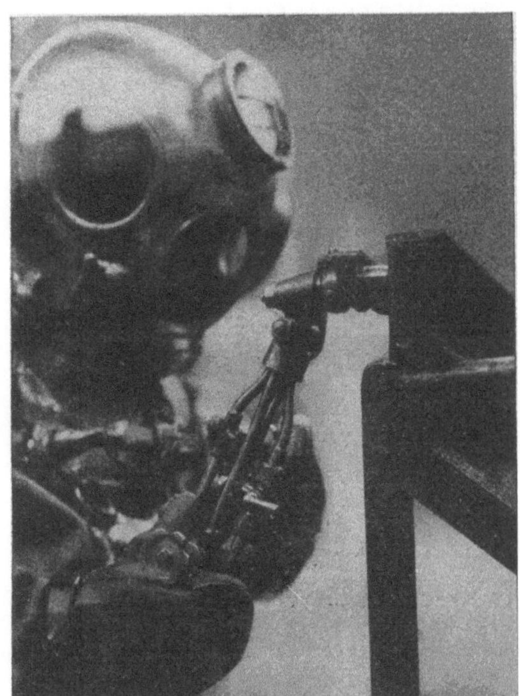

Abb. 361. Taucher mit Unterwasser-Schneidbrenner.

Schläuche Brenngas, Vorwärmesauerstoff, Schneidsauerstoff und Preßluft für die Wasserverdrängung zugeleitet werden. Die Gasdrücke für die verschiedenen Wassertiefen sind auf Grund von Messungen in Versuchsanlagen festgelegt. So sind z. B. für 20···25 m Wassertiefe erforderlich: 4,5···5 at für Preßluft und Brenngas, 6···7 at für den Vorwärme- und Schneidsauerstoff.

Im Kopfe des Geräts sind drei konzentrische Düsen angeordnet, durch
deren mittlere der Schneidsauerstoff, durch deren zweite das Heizgas-Sauer-
stoffgemisch und durch deren dritte die Preßluft geleitet wird. An Stelle von
Preßluft kann auch Sauerstoff für die Wasserverdrängung dienen. Andere
Brennerbauarten besitzen keinen Preßluftmantel; bei ihnen brennt die
Flamme ohne Schutzmantel frei im Wasser.

Zündvorrichtung. Anfangs erfolgte die Zündung der Brennerflamme
über Wasser und das Niedergehen des Tauchers mit schnittfertigem Brenner,
was zu erheblichen Störungen und Schwierigkeiten Veranlassung gab. In
jedem Falle technisch und wirtschaftlich günstiger, besonders bei etwaigem
Erlöschen der Flamme, ist es, wenn der Taucher den Brenner an Ort und
Stelle beliebig regeln und an- und ausschalten kann. Zu diesem Zwecke
wurde ein e l e k t r i s c h e r U n t e r w a s s e r - Z ü n d a p p a r a t konstruiert. Er besteht im wesentlichen aus einer elektrischen Z ü n d k e r z e
mit Druckschalter und ist durch Kabel mit einem auf der Brust des Tauchers
getragenen Gehäuse verbunden. In diesem ist ein Akkumulator untergebracht, der über einen Umformer Hochspannungsstrom an die Zündkerze
abgibt.

Schneidanlage. Beim Unterwasserschneiden werden als Heizgas hauptsächlich W a s s e r s t o f f und B e n z o l angewendet. Alle zur Einrichtung
gehörigen Teile befinden sich (natürlich außer Brenner und Zündgerät) über
Wasser und werden von Hilfsarbeitern bedient. So zeigt Abb. 362 eine vollständige Benzol-U-W-Anlage, bestehend aus einer Sauerstoff-Flaschenbatterie

Abb. 362. Benzolanlage für das Unterwasserschneiden.

mit den verschiedenen Druckminderventilen für die Sauerstoffleitungen und
den dazugehörigen Schläuchen, einer Sauerstoff-Vorwärmeeinrichtung (rechts),
einem Benzolbehälter (links), einer Flasche mit Preßluft oder Stickstoff für
die Benzolförderung zum Brenner und dem eigentlichen U-W-Gerät. Die
Vergasung des Benzols erfolgt im Brenner selbst durch eine elektrische Heizspirale. Die Flamme brennt frei im Wasser ohne Schutzmantel.

Schnittleistung. Sie hängt von der Durchsichtigkeit des Wassers, der
Zugänglichkeit der Schnittstelle, von der Brennerbauart, der Gasart und der
Geschicklichkeit des Tauchers ab und beträgt 40···80 vH jener des Über-
wasserschneidens bei 4···6fachem Gasverbrauch. Die Schnittflächen sind
sauber und nach unten verjüngt; die Fugenbreite liegt um 30···50 vH höher
als beim Schneiden an der Luft.

D. Schnittleistungen.

Leistungs- und Verbrauchsangaben. Die folgenden Betrachtungen beziehen sich ausschließlich auf das Schneiden von S t a h l. Stellt man die seitens dreier führender deutscher Firmen angegebenen Leistungs- und Verbrauchsziffern tabellarisch zusammen und errechnet hieraus das arithmetische Mittel, so ergeben sich die in Tabelle 27 angeführten Werte für den Verbrauch an Azetylen, Sauerstoff und Zeit je Meter Schnitt, sowie die Leistung in Meter Schnitt je Stunde. Die Werte beziehen sich a u f H a n d s c h n i t t e an Stahlblechen von 2 ··· 300 mm Dicke. M a s c h i n e n s c h n i t t e liefern in der Regel etwas günstigere Werte. Um auf mittlere praktische Berechnungsunterlagen zu kommen, ist es ratsam, auf die Ziffern der ersten beiden Spalten (Gasverbrauch) 15 ··· 25 vH und auf die Ziffern der dritten Spalte (Schnittdauer) 10 ··· 15 vH aufzuschlagen. Dementsprechend sind von den Werten der vierten Spalte (Leistung je Stunde) 10 ··· 15 vH abzusetzen.

Um häufige Fragen nach dem Gasverbrauchsverhältnis zwischen Azetylen und Sauerstoff (im Gegensatz zum Schweißen) zu beantworten, sind in der untersten Reihe die auf der Tabelle bestimmten Werte hierfür angegeben. Daraus ist zu entnehmen, daß der M e h r v e r b r a u c h a n S a u e r stoff im Vergleich zum Azetylen bei 2 mm Schnittdicke rund das 2,5fache, bei 50 mm das 10fache und bei 300 mm bereits das 20fache ausmacht.

Überträgt man der besseren Anschaulichkeit halber diese Werte der Tabelle 27 in ein Koordinatensystem, so entsteht das Schaubild Abb. 363. In ihm entspricht der Kurvenzug a der je Meter Schnitt aufzuwendenden

Tabelle 27.

Blechdicke in mm	Fa.	2	3	5	10	20	30	50	75	100	150	200	250	300
Azetylen- verbrauch je m Schnitt	A	—	––	12	15	25	35	50	75	100	150	200	—	300
	B	20	—	—	30	—	—	82	—	135	––	—	—	—
	C	—	13	14	16	20	30	40	70	100	140	180	230	270
Mittelwerte:		—	20	13	13	20	22,5	32,5	57	72,5	111	145	190	230	258
Sauerstoff- verbrauch je m Schnitt	A	—	—	50	100	200	300	550	850	1200	2000	3000	—	5500
	B	53	—	—	128	—	—	595	—	1270	—	—	—	5800
	C	—	50	70	130	230	360	580	850	1250	2250	3250	4300	5800
Mittelwerte:		—	53	50	65	120	215	330	578	850	1240	2125	3125	4300	5650
Zeit in min je m Schnitt	A	—	—	2,5	3	3,5	4	5	6	8	10	12.	—	16
	B	4	––	—	4,5	—	—	6,5	—	8	—	—	—	—
	C	—	3	3	3,5	4	4,5	5	6,5	8	10	12	14	16
Mittelwerte:		—	4	3	2,75	3,5	3,8	4,25	5,5	6,25	8	10	12	14	16
Leistung in m Schnitt je h	A	–	—	24	20	17	15	12	10	7,5	6	5	—	3,75
	B	15	—	—	13	—	—	9,2	—	7,5	—	—	—	—
	C	—	20	20	17	15	12	12	9	7,5	6	5	4,5	3,75
Mittelwerte:		—	15	20	22	16,5	16	13,5	11	9,5	7,5	6	5	4,5	3,75
Verhältnis von Azetylen : Sauerstoff =			1/2,5	1/2,5	1/5	1/6	1/9	1/10	1/10	1/11	1/12	1/15	1/16	1/18	1/20

Zeit für die auf der Abszisse (Waagerechten) aufgetragenen Blechdicken.
Zu dieser Kurve gehört die erste Spalte der Ordinaten (Senkrechten), welche

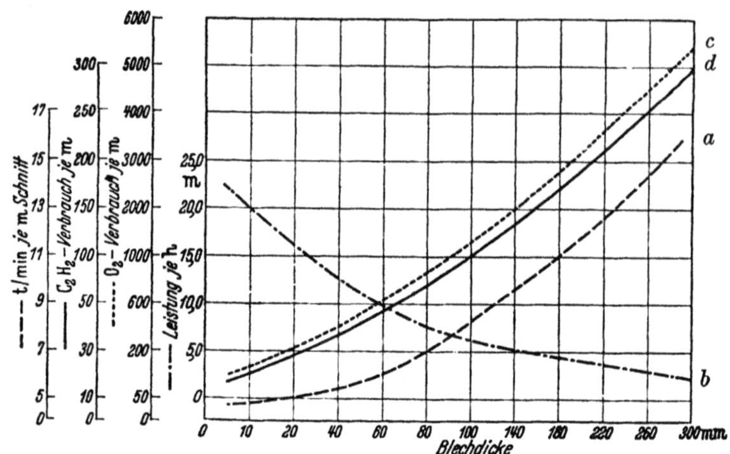

Abb. 363. Gasverbrauch und Schnittleistungen beim Brennschneiden.

die Zeit in Minuten angibt. Der Kurvenzug *b* bezieht sich auf die Schnittleistung je Stunde; die dazugehörige Meterzahl ist aus der vierten senkrechten Spalte abzulesen. Schließlich geben die Kurven *c* und *d* den Verbrauch an Sauerstoff und Azetylen je Meter Schnitt an. Die dazugehörigen Werte sind in der zweiten und dritten Spalte eingetragen. Die vH-Zuschläge sind im Schaubild unberücksichtigt.

In Tabelle 28 ist in Spalte 6 der Verbrauch an Wasserstoff beim Schneiden mit diesem als Heizgas angegeben und den Werten der Tabelle 27 gegenübergestellt. Außerdem sind in der zweiten und dritten Spalte die gebräuchlichen Düsenbohrungen und die entsprechenden Sauerstoffdrücke angeführt.

Tabelle 28.

Blech-dicke	Bohrung der Schneid-düse	Sauer-stoff-schneid-druck	Gasverbrauch je m Schnittlänge		
			Sauer-stoff	Azetylen	Wasser-stoff
mm	mm	at	l	l	l
5	0,8	2,0	65	13,0	60
10	0,8	3,0	120	20,0	80
20	1,0	4,0	215	22,5	100
50	1,5	5,0	580	57,0	190
100	1,5	7,5	1240	111,0	375
200	1,5	10,0	3125	190,0	720
300	2,0	12…13	5650	258,0	1100

Schneidzeit und Gasverbrauch bei Formstahlschnitten sind aus Tabelle 29 zu ersehen, wobei Wasserstoff als Heizgas angenommen wird.

Die Wirtschaftlichkeit des Schneidens ist stets eine Frage des Gasverbrauchs. Das technische Erfordernis, möglichst schnell zu schneiden, also die Schnittgeschwindigkeit möglichst zu erhöhen, deckt sich mit den Forderungen der Wirtschaftlichkeit. Die mit höherer Schnittgeschwindigkeit verbundene Lohnersparnis spielt praktisch gar keine Rolle, da, wie immer wieder betont werden muß, nicht der geringe Unterschied im Lohnaufwand, sondern nur der Aufwand an Gasen den Kostenanschlag weitgehend beeinflußt.

Wirtschaftlichkeit der Heizgase. Aus der Zahlentafel 28 ist zu ersehen, daß der Verbrauch an Wasserstoff etwa das Vierfache des Azetylenverbrauchs ausmacht, wodurch die überlegene Wirtschaftlichkeit des Schneidens mit Azetylen, trotz dessen höheren Preises, verständlich wird. Schneidversuche mit einem Gemisch von Methan und Wasserstoff als Heizgas haben bei einer Mischung von 35 vH Methan und 65 vH Wasserstoff eine Ersparnis von etwa 50 vH gegenüber der Verwendung von Wasserstoff ergeben. Außerdem erwies sich der Ringdüsenbrenner bei diesen Versuchen infolge wesentlich höheren Heizgasverbrauchs als unwirtschaftlicher als der Zweidüsenbrenner, was mit der viel größeren Flamme zu begründen ist.

Schere, Säge, Brennschneiden. Bei dünnen Blechen ist, von Kurvenschnitten abgesehen, das Schneiden mit der Schere billiger als das Brennschneiden, bei dicken Blechen ist es umgekehrt. Beim Abschneiden von Gußtrichtern an Stahlgußstücken wird das Brennschneiden etwa 2 bis 5mal billiger als das Absägen mit der Kaltsäge.

Tabelle 29

Maße	Schneid-zeit	Gasverbrauch	
		Wasserstoff	Sauerstoff
mm	min	l	l
Winkelstahl			
20× 20× 4	0,50	5	8
30× 30× 6	0,75	8	10
40× 40× 8	0,75	9	10
60× 60× 8	1,00	11	14
70× 70× 9	1,00	12	18
100×100×12	1,50	20	33
140×140×15	1,75	25	40
160×160×17	2,00	30	50
I-Eisen			
NP 3	1,0	8	12
NP 5	1,2	13	17
NP 8	1,4	17	32
NP 12	1,5	24	38
NP 16	2,0	32	48
NP 20	2,1	40	57
NP 26	2,3	58	80
NP 34	3,1	90	150
NP 50	4,0	130	260
⎣-Eisen			
NP 20	2,1	34	46
NP 48	4,0	110	215

Einzelkostenberechnungen. Sie lassen sich auf Grund der Angaben in den Tabellen 27 bis 29 oder der Errechnung des Gasverbrauchs aus dem Ablesen des Gasdrucks an den Manometern in derselben Weise durchführen, wie es im Abschnitt X für das Schweißen klargelegt wird.

VIII. Unfallverhütung.

Allgemeines. Auf die durch unsachgemäßes Behandeln der Schweiß- und Schneidgeräte und durch Fehler in der Ausübung des Schweißens möglichen Gefahrenquellen wurde bei Besprechung der Teilgebiete bereits hingewiesen. Die Verfasser gingen dabei von der Überlegung aus, daß es zweckmäßig ist, die Gefahrenquellen im Zusammenhange mit der Gerätebedienung zu behandeln, um Wiederholungen zu vermeiden. Wenn wir dennoch dem verschiedentlich aus Leserkreisen kommenden Wunsche entsprechen und der Unfallverhütung einen besonderen Abschnitt einräumen, so geschieht dies der besseren Übersicht und der Bedeutung halber, die dem Unfallschutz zukommt. Jedoch sollen hier nur die wichtigsten Gesichtspunkte in kurzen Sätzen zusammengefaßt und einige Maßnahmen herausgestellt werden, die zur Beseitigung von Gefahren während des Schweißens

zu beachten sind. Ausführliche Abhandlungen hierüber sind in der Fuß-
note[1]) angegeben.

Betriebsstoffe. Im S a u e r s t o f f verbrennen alle einmal entzündete
Stoffe sehr schnell; er darf deshalb nicht zur Belüftung von Arbeitsstellen,
besonders nicht von engen Räumen (Behältern und Kesseln), auch nicht
an Stelle von Luft zum Ausblasen gasführender Leitungen oder zum Anlassen von Dieselmotoren verwendet werden. Öl und Fett sind Sauerstoffflaschen und -ventilen fernzuhalten. — G a s f l a s c h e n sind ganz allgemein
vor starken Wärmestrahlen, gegen Umfallen, gegen Stoß und Kälte zu
schützen. — Achte auf Dichtheit der Flaschenventile, besonders bei Brenngasen! — Schadhafte Dichtungen sind sofort zu erneuern. — Gasaustritt
in den Arbeitsraum kann Raumexplosion zur Folge haben.

Das K a r b i d ist trocken zu lagern und die Trommeln sind gut verschlossen zu halten. — Beim Öffnen der Trommeln Funkenbildung verhüten. — Karbidstaub ist vorsichtig zu entfernen. —

Schweißgeräte. Die empfindlichen D r u c k m i n d e r e r sind schonend
zu behandeln, die Ventile, auch die Flaschenventile langsam und nicht ruckweise zu öffnen. — Eingefrorene Ventile dürfen nur mit heißem Wasser
aufgetaut werden. — Undichtheiten sind sofort abzustellen. — Auf Dichtheit
der S c h l ä u c h e und ihrer Anschlüsse ist besonders zu achten. — Brennende Ventile sofort mit Stickstoff oder Kohlensäure löschen, gegebenenfalls
mit Lappen, vorher Ventile mit umwickelter Hand abzusperren versuchen. —
Immer von der Seite aus an den Ventilen regeln, wo eine Gefahr nicht zu
erwarten ist, niemals vor dem Gasaustrittskanal Aufstellung nehmen.

Von A z e t y l e n e n t w i c k l e r n sind offene Feuerstellen und Zünd-
quellen aller Art mindestens 3 m entfernt zu halten. — Entwickler dürfen
nicht überlastet und nicht zu heiß werden. — Eingefrorene Entwickler und
Wasservorlagen dürfen nur mit warmem Wasser oder Dampf aufgetaut werden; Zündquellen sind unter allen Umständen fernzuhalten! — Brennende
Entwickler mit Sand, Decken oder Tüchern abdecken oder mit Stickstoff und
Feuerlöschern löschen. — Nicht mit Wasser löschen, weil Karbid vorhanden.
— Luft und Sauerstoff dem Entwicklerinnern fernhalten. — Das erste Gas-
Luftgemisch (bei Inbetriebnahme oder Neufüllung) vorsichtig ins Freie
lassen. — Undichtheiten auf jeden Fall sofort beheben. — Nur die vorgeschriebene Karbidkörnung verwenden, schwimmende Glocken nicht be-
lasten und keinerlei bauliche Veränderungen vornehmen. — Ausbesserungen
nur nach restloser Entfernung des Gases, nur bei Tageslicht und möglichst
im Freien vornehmen. — Löt- und Schweißarbeiten an Entwicklern und
Wasservorlagen erst nach gründlichem Ausspülen und nach Auseinander-
nahme. Vorsicht beim Bewegen und Platzwechseln von Entwicklern; rechtzeitig Kalkschlamm entfernen und Entwickler sauber halten.

Ohne W a s s e r v o r l a g e darf nie geschweißt werden; sie ist täglich
mehrmals auf ihren richtigen Wasserstand zu prüfen.

Auch der S c h w e i ß - und S c h n e i d b r e n n e r ist pfleglich zu behandeln. — Um Sauerstoffrücktritt zu verhüten ist er zuweilen auf Ansaugen zu prüfen. — Überwurfmutter fest anziehen. — Bei Flammenrückschlag sofort Gasventil am Brenner absperren, zu heiße Brenner in

---

[1]) „Sicherheitslehrbriefe für Gasschweißer" vom Verband der Eisen- und Metall-
Berufsgenossenschaften.

Wasser abkühlen. — Angezündete Brenner vorsichtig aus der Hand legen — Schläuche am Brenner mit Schlauchklemmen gut befestigen — Brenner nicht als Hammer benutzen — Bei Flammendurchschlag Wasservorlage prüfen — Nie ohne Schutzbrille schweißen! —

Metalldämpfe. Arbeiten an Blei, an verzinkten, bleihaltigen oder mit Bleifarbe gestrichenen Gegenständen können Gefahren für die Gesundheit des Schweißers bilden. Um Vergiftungserscheinungen auszuschließen sind folgende Maßnahmen zu treffen: Möglichst im Freien schweißen oder schneiden — Sich so aufstellen, daß der Wind die Dämpfe von einem forttreibt — Bei längeren Arbeiten im Freien und noch mehr in engen Räumen oder Behältern Atemschützer tragen! —

Hohlkörper. Beim Schweißen, d. h. der Ausbesserung von bereits benutzten Hohlkörpern, wie Vergasern, Kanistern, Benzintanks, Eisenfässern für Mineralöl, Säuren u. a. ist besondere Vorsicht geboten. — Feststellen, ob und welche brennbaren Stoffreste vorhanden, wie Fett, Öl, Benzin usw. — Dann nur nach gründlicher Entfernung dieser Stoffe und so schweißen, daß alle Verschlüsse geöffnet und möglichst große Teile des Körpers auch während der Arbeit mit Wasser angefüllt bleiben können. — Besser noch Stickstoff oder Kohlensäure durchblasen.

Arbeiten in engen Räumen. Das Anwärmen, Schweißen und Schneiden in engen, schwer zugänglichen Räumen, wie Tanks, Kesseln und ähnlichen Behältern, in engen Schiffsräumen u. a. erfordert besondere Sicherheitsmaßnahmen gegen Unfälle und Gesundheitsschädigungen. Die Belüftung darf nur mit Frischluft erfolgen, niemals mit Sauerstoff. Tote Winkel und Ecken, in denen sich gern schädliche Gase ansammeln, sind zu vermeiden. Gegebenenfalls sind die Gase unmittelbar an ihrer Entstehungsstelle abzusaugen. Besonders schädlich ist die Einwirkung nitroser Gase, die nur in geringer Menge erträglich sind. Nach Rimarski und Konschak[1]), die umfangreiche Untersuchungen über die Bildung nitroser Gase beim Schweißen in engen Räumen anstellten, kann der Mensch höchstens 0,004 Vol.-% solcher Gase ohne Schaden aufnehmen. Unter nitrosen Gasen ist ein Gemisch aus verschiedenen Stickoxyden, mit überwiegend Stickstoffdioxyd, zu verstehen. Die für den menschlichen Organismus ohne Schaden aufnehmbare Kohlenoxydmenge beträgt höchstens 0,02 Vol.-%. Daraus ergibt sich die dringende Notwendigkeit der oft betonten Frischluftzufuhr in engen Räumen, wo diese noch unschädlichen Höchstmengen u. U. überschritten und ernstliche Gesundheitsschädigungen herbeigeführt werden können. Es ist überdies ratsam, den in solchen Räumen arbeitenden Schweißer zusätzlich durch ein Mannloch oder ähnliche Öffnungen zu beobachten und ihn bei Schwindelanfällen oder bei Unwohlsein sofort aus der mit nitrosen Gasen geschwängerten Luft herauszuholen.

---

[1]) Rimarski und Konschak, Auftreten von Stickoxyden und von Kohlenoxyden beim Schweißen, Schneiden und Richten in engen Räumen, Autogene Metallbearbeitung 1940, S. 20 u. f. Als Sonderdruck erschienen, Verlag Marhold, Halle.

IX. Die Güte der Schweißnaht und ihre Prüfung.

A. Allgemeiner Überblick.

Allgemeines. Vorweg sei besonders betont, daß der folgende Überblick über Prüfungen der Schweißnaht im Rahmen dieses Buches nicht erschöpfend sein kann und will. Dazu müßte allein ein besonderes Buch geschrieben werden. Der Zweck dieses Abschnittes kann daher nur der sein, die wesentlichsten Prüfverfahren für die Schweißnaht zu kennzeichnen, sie durch kurze Erläuterungen dem Verständnis aller mit der Schweißtechnik in Berührung kommenden Fachkreise nahezubringen und durch einige Zahlenangaben die bisherigen Güteergebnisse der Schweißnaht festzulegen.

Von der Güte der Schweißnaht hängen Anwendung und Anwendungsbereich aller Schweißverfahren in erster Linie ab. Die Güte der Schweißnaht ist wiederum in der Hauptsache abhängig von der Güte der Schweißeinrichtungen, von den Kenntnissen und der Fertigkeit des Schweißers, von der Güte des Arbeitsstücks und der des Zusatzwerkstoffs; hierüber ist in den vorhergehenden Abschnitten das Wesentlichste gesagt worden. Es fehlt noch die Feststellung der Schweißnahtgüte selbst. Dies ist die Aufgabe der Schweißnahtprüfung. Sie soll aber nicht nur einen bestimmten Gütegrad erkennen lassen, sondern auch die Fehler der Schweißnaht zeigen und damit zu Verbesserungen anregen. Daher sind neben der möglichst einfachen Prüfung für den Betrieb auch weitgehende wissenschaftliche Untersuchungsverfahren nicht zu entbehren.

Prüfung der Schweißnaht. Ein Universalprüfgerät, das Wertaussagen über Schweißnähte jeder Art und Abmessung und in jeder Lage des Werkstücks zuverlässig angibt, kann nach dem jetzigen Stande der Prüfgerätetechnik nicht erwartet werden. Die meisten Prüfverfahren haben ein beschränktes Anwendungs- und Auswertungsgebiet. Die Auswertung richtet sich nach den Gesichtspunkten: Prüfung der Schweißer (Arbeitsprüfung), Prüfung der Schweißverbindung (Abnahmeprüfung), Prüfung der Werkstoffe und Zusatzstoffe (Werkstoff- und Schweißstabprüfung), Prüfung des Schweißverfahrens (Verfahrensprüfung). Man unterscheidet heute grundsätzlich nach Prüfverfahren ohne Zerstörung der Schweißnaht, wie sie der praktische Schweißbetrieb braucht, und solchen mit Zerstörung der Schweißnaht, die auch Rückschlüsse für praktische Schweißungen erlauben, manche Schweißfehler aber besser erkennen lassen und damit zu Verbesserungen anregen. Für beide Gruppen von Prüfverfahren sind eine Anzahl einzelner Verfahren in Gebrauch, über die zunächst noch folgender nähere Überblick gegeben sei.

Prüfungen ohne Zerstörung der Schweißnaht (und ihre Anwendungsgebiete):

1. Äußerer Befund (Prüfung auf Sauberkeit, Poren, Überhitzung usw.).
2. Dichtigkeit (bei Behältern, Rohren, Gefäßen).
3. Schallprüfung (bei Behältern u. dgl., in Deutschland nicht in Anwendung).
4. Härteprüfung (für Auftragsschweißungen, auch bei Behältern usw.).
5. Elektromagnetische Prüfung (Feststellung von Rißbildungen).

6. Röntgen- und Gammastrahlen (Feststellung von Gasblasen, Schlackeneinschlüssen, Rissen und Bindungsfehlern).

7. Nahtschwächende Prüfung (für Stichproben).

8. Belastungsprobe (durch Gewichte, Wasserdruck u. dgl., für fertige
Bauteile).

Prüfungen mit Zerstörung der Schweißnaht (und ihre
Auswertung):

1. Zugversuch (zur Prüfung der Schweiße, der Schweißverbindung und
des Schweißers).

2. Werkstatt-Biegeprobe (einfachste Schweißverbindungs- und Schweißer-
prüfung).

3. Biege- (Falt-) Versuch (einfacher Versuch zur Prüfung der Verformungsfähigkeit von Schweißverbindungen).

4. Schmiedeprobe (Werkstoffprobe auf Schmiedbarkeit der Schweißnaht).

5. Härteprüfung (hauptsächlich für Auftragschweißungen).

6. Kerbschlagversuch (für die Schweißstabprüfung und für Sonder-
prüfungen).

7. Dauerfestigkeitsprüfung (Prüfung der Schweißverbindung).

8. Belastungsproben (Prüfung der Schweißverbindung).

9. Metallographische Prüfungen (Gefügeaufbau der Schweißverbindung
und Schweiße, Art der Warmbehandlung, Risse, Einschlüsse usw.).

10. Chemische Prüfungen (Werkstoff, Schweiße, Schweißstäbe, Korrosion).

Messungen von Schweißspannungen. Dieser Frage hat man sich erst in
neuerer Zeit mehr zugewandt. Sie ist von großer Bedeutung sowohl für die
Berechnung wie für die Ausführung von Schweißverbindungen, da die Güte
der Schweißung in weiterem Sinne nicht nur von der Festigkeit der Schweißnaht selbst, sondern auch von den auf die Schweißnaht und den benachbarten
Werkstoff ausgeübten Schweißspannungen abhängt.

B. Prüfungen ohne Zerstörung der Schweißnaht[1]).

Prüfung des äußeren Befundes. Diese Prüfung ist bereits im Abschnitt IV A 4 (Aussehen der Schweißnaht) an Hand mehrerer Abbildungen
behandelt worden. Sie kann nur grobe Fehler, wie z. B. schlechte Schweißraupen, nicht genügendes Durchschweißen, Poren, starke Überhitzung usw.
zeigen und muß daher unbedingt durch weitere Prüfungen ergänzt werden.
Hinzuweisen ist jedoch noch auf die Gefahr der Übergangskerben,
die besonders groß ist, wenn die Kerben quer zur Beanspruchungsrichtung
liegen.

Eine erste einfache Ergänzung ist die Prüfung mit einer einfachen oder
einer binokularen Lupe, die sich bei Schiffsschweißungen bewährt hat. Jedoch ist Vorsicht am Platze, da gut aussehende Nähte doch in der Wurzel
Bindefehler oder Schlackeneinschlüsse enthalten können.

Prüfung auf Dichtigkeit. Übergießt man die mit einem kleinen Damm
aus Kitt umgebene Schweißnaht mit Petroleum und bestreicht man die andere
Nahtseite mit Kreide, so zieht das Petroleum an undichten Stellen durch und
färbt die Kreide dunkel. Ähnlich kann man auch durch leichtflüssiges Öl

---

[1]) Siebel: Handbuch der Werkstoffprüfung. Bd. I u. II, 1940.

Risse erkennen, indem man das Öl in die Schweißnaht eindringen läßt und nach Abwischen des Restes die Naht mit in Spiritus angerührter Schlemmkreide bestreicht. Nach kurzer Zeit zeichnet sich auf der Kreide der Riß durch das Öl dunkel ab. Hierin gehört auch die Druckprobe mit Luft und Wasser oder Öl, die bis zur Streckgrenze des Werkstoffs ausgedehnt werden kann.

Schallprüfung. Mit einem Hörrohr werden Klangunterschiede abgehört, die sich beim Anschlagen der Schweißnaht mit einem Hammer an den verschiedenen Stellen ergeben. Das Verfahren hat sich bis jetzt nicht als praktisch verwertbar erwiesen.

Härteprüfung. Insbesondere für Auftragsschweißungen kommt eine einfache Härteprüfung in Betracht. Bei dem Kugeldruckversuch nach B r i n e l l (s. DIN 50351) wird eine gehärtete Stahlkugel von 2,5 ··· 10 mm Durch-

Abb. 364.
Brinellscher
Kugeldruckversuch.

messer mit bestimmter Belastung (z. B. 3000 kg für Stahlsorten bei 10 mm Kugeldurchmesser) in die Oberfläche der Schweißnaht hineingedrückt (Abb. 364). Die Brinellhärte ist dann das Verhältnis: Belastung P in kg zu eingedrückter Kalottenfläche f in mm². Die Zugfestigkeit eines Kohlenstoffstahls (von 30 ··· 100 kg/mm² Zugfestigkeit) ist $\cong$ 0,36 · Brinellhärte und die eines Chromnickelstahls (von 65 ··· 100 kg/mm² Zugfestigkeit) $\cong$ 0,34 · Brinellhärte, so daß man mit dieser verhältnismäßig einfachen Probe gleichzeitig Härte und Zugfestigkeit ermitteln kann. Übrigens beträgt bei S c h w e i ß e n diese Umrechnungszahl nach M a t t i n g für Kohlenstoffstahl nicht 0,36, sondern 0,29 ··· 0,32, bei Abbrennschweißungen nach K i l g e r 0,325 für weichen Kohlenstoffstahl. — Beim R o c k w e l l - Härteprüfer (s. DIN Vornorm 50 103) werden harte Werkstoffe mit einer Diamantkegelspitze, nicht mit einer Stahlkugel geprüft, die zunächst unter Vorlast (10 kg) auf die zu prüfende Fläche gedrückt wird. Die Meßuhr wird auf Null gestellt, und dann wird die Hauptlast (z. B. 150 kg) aufgebracht. Die Skala der Meßuhr gibt gleich die Rockwell-Härtegrade an. — Der V i c k e r s - Härteprüfer (s. DIN Vornorm, DVM Prüfverfahren 133) entspricht grundsätzlich der Brinellpresse, arbeitet aber genauer. Eine Dynamitpyramide wird mit 0,5 ··· 120 kg Belastung in die Oberfläche des Werkstoffs hineingedrückt. Aus der Diagonalen der Eindruckfläche wird die Eindruckoberfläche bestimmt. Härte (wie bei Brinell) = Druckkraft : Eindruckoberfläche in kg/mm². — Bei dem M i k r o h ä r t e p r ü f e r Z e i ß nach H a n e m a n n wird eine Diamantpyramide von 0,8 mm Durchmesser auf die Frontlinse des Objektivs gesetzt, so daß mit demselben Objektiv beobachtet und der Härteeindruck erzeugt werden kann (Eindruckkraft 0,2 ··· 100 g).

Unter den dynamischen Härteprüfgeräten sind die Schlag- und Fallhärteprüfer und die Rücksprunghärteprüfer hervorzuheben. Bei den S c h l a g - und F a l l h ä r t e p r ü f e r n (Bauarten G r a v e n , P o l d i h ü t t e , v. S c h w a r z u. a.) wird eine gehärtete Stahlkugel von 5 ··· 10 mm Durchmesser durch eine Feder, einen Hammerschlag oder ein fallendes Gewicht in die Oberfläche des Probestücks hineingetrieben. Man kann dann als Vergleichswert nehmen das Verhältnis: Schlagarbeit in mkg zu Kugeleindruckvolumen in mm³ (Fallhärtezahl). Besser ist aber die Umrechnung auf Brinellhärte, um einen neuen Wert zu vermeiden. — Bei dem R ü c k s p r u n g - h ä r t e p r ü f e r nach Art des S k l e r o s k o p s von S h o r e fällt ein kleiner

Stahlhammer in einer Glasröhre auf das Prüfungsstück herab. Die an einer
Einteilung ablesbare Strecke, um die der Hammer zurückspringt — es gibt
auch selbstanzeigende Skleroskope —, gilt in diesem Falle als Härtezahl.
Brauchbare Werte ergeben sich nur bei Versuchen an einem bestimmten
Werkstoff, z. B. Stahl, und bei ständiger Benutzung ein und desselben
Skleroskops. Die dynamischen Prüfgeräte sind einfacher und billiger als
die statischen, die Versuchsergebnisse aber nicht ebenso zuverlässig.

Elektromagnetische Prüfung. Feinporige Schweißungen, Lunker, Bindungsfehler, Risse, Strukturfehler u. dgl. setzen dem Durchgang des elektrischen Stromes oder eines durch Magneten erzeugten Kraftlinienflusses
höheren Widerstand entgegen als die glatte gute Schweißung. Dies kann
man auf einfachste Weise an E i s e n f e i l s p ä n e n feststellen, die auf ein
über die Schweißnaht gelegtes lichtempfind-
liches Papier aufgestreut werden. Links und
rechts der Schweißnaht mögen Elektromagnete
stehen. Dann werden bei einer guten Schweißnaht die Feilspäne gleichmäßig verteilt liegen,
bei schlechten Schweißstellen werden sie aber
stärker angehäuft daliegen (zuerst 1927 von
R o u x eingeführt). Aus Abb. 365, die den

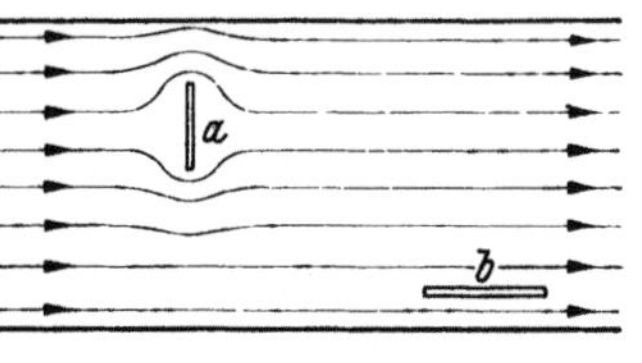

Abb. 365. Kraftlinienverlauf an zwei
Fehlstellen.

Kraftlinienverlauf an zwei Fehlstellen wiedergibt, ist weiterhin zu erkennen,
daß bei dem gezeichneten Verlauf der Kraftlinien nur der Fehler a erkannt
wird, nicht aber der Fehler b, weil er keine Unterbrechung des magnetischen
Flusses bewirkt. Das Werkstück muß also in zwei aufeinander senkrechten
Richtungen magnetisiert werden — ganz allgemein gesehen sogar in drei
zueinander rechtwinkligen Richtungen —, um alle Fehler zu erkennen. In
den meisten Fällen wird die Magnetisierung in zwei Richtungen genügen,
weil der Verlauf der Risse von der Art des Prüfkörpers abhängig und
damit voraussichtlich bekannt ist; in manchen Fällen genügt auch eine
Richtung.

Das neuere M a g n e t p u l v e r v e r f a h r e n[1]) berücksichtigte zunächst die Erfahrung, daß bei trocken aufgestreuten Feilspänen die Fehlererkennbarkeit gering ist. Man ging infolgedessen dazu über, feinstes Eisen-
pulver (graues Karbonyleisenpulver oder schwarzes Eisenoxyd) in einem geeigneten Öl aufzuschwemmen und dieses Gemisch (Metallöl genannt) über
die Schweißstellen zu gießen. Durch den nun zwischen Werkstück und
Feilspan vorhandene Ölfilm wurde die Beweglichkeit der Feilspäne und
damit die Empfindlichkeit des Verfahrens wesentlich vergrößert. Nach
S c h r o p p[1]) wird das Magnetpulveröl zweckmäßig mittels Zerstäuber-
einrichtung aufgestäubt, wodurch wesentliche Ersparnisse an Prüföl und
eine Steigerung der Anzeigegenauigkeit für Feinstrisse erreicht werden.
Ferner legt er zum urkundlichen Festhalten des Magnetpulverbilds dünnes
Papier naß auf den zu prüfenden Oberflächenteil, erzeugt auf dem Papier
das Bild durch Aufstäuben des Prüföls und fixiert das Papierbild nach
Verdunsten des Prüföls, was verschiedene Vorteile gegenüber der Photo-
graphie oder dem Magnetbildabdruck in der bisher üblichen Art ergibt.

---

[1]) Autogene Metallbearbeitung 1943, S. 277.

Man baut heute Geräte mit Magnetfremderregung, für Wechselstromdurchflutung, vereinigte Geräte und Stoßmagnetisierungsgeräte. Bei der Magnetfremderregung (Ferroskopverfahren) wird Gleichstrom verwendet und das Werkstück waagerecht zwischen den Polen eingespannt. Für die Schweißnähte großer Werkstücke oder Bauteile hat sich eine tragbare Ausführung, der Tunnelmagnet, bewährt, der in Abb. 366 wiedergegeben ist. Beim Wechselstromdurchflutungsgerät (Ferrofluxverfahren) wird mit Stromstärken von 500 ⋯ 4000 A ein ringförmiges Magnetfeld um die Längsachse des

Abb. 366. Tunnelmagnet.

Prüfkörpers erzeugt, das sich also vor allem für die Feststellung von Rissen, die parallel zur Längsachse (der Stromachse) liegen, und damit für Massenprüfungen eignet. Da die Gleichstromfremderregung in erster Linie für Längsmagnetisierung, die Wechselstromdurchflutung für Quermagnetiserung in Frage kommt, vereinigte man oft beide Verfahren in einem Prüfgerät. Ein solches vereinigtes Prüfgerät mit motorisch angetriebener Einspann- und Drehvorrichtung zeigt Abb. 367. Dabei sei noch auf die besondere Leuchte hingewiesen, bei der eine mattweiß rückstrahlende Oberfläche von einer verdeckt angeordneten Stablampe angestrahlt und so eine günstigste Beleuchtung des Prüfkörpers geschaffen wird. In der Serienprüfung von Kleinteilen wendet man das Magnetstoßverfahren (Ferropulsverfahren) an. Hierbei wird das Prüfstück durch einen kurzen starken Stromstoß, bleibend (remanent) magnetisiert und dann mit Metallöl bespült und untersucht. Ein mittleres vereinigtes Prüfgerät kostet etwa

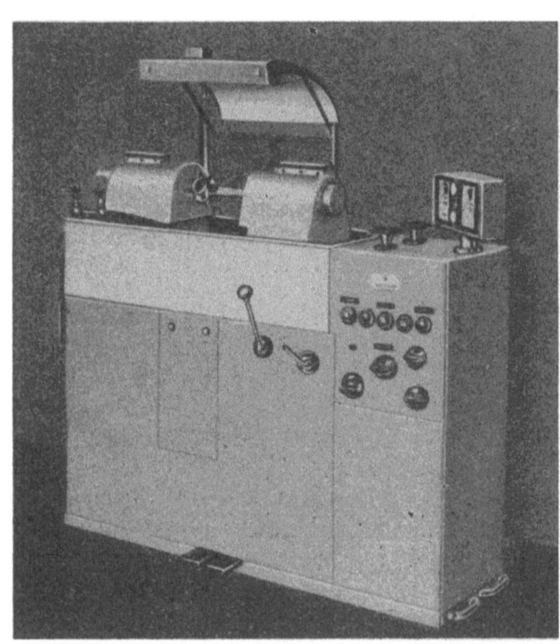

Abb. 367. Risseprüfer für Längs- und Quermagnetisierung.

4000 RM., ein großes 8000 RM. Die Kosten für Strom und Metallöl betragen nur 0,05 ⋯ 0,10 RM./h. Dazu kommen aber Unterbringungs-, Lohn- und Beförderungskosten, so daß die Gesamtkosten (einschl. Verzinsung und Abschreibung) etwa 2 ⋯ 3 RM./h betragen, wovon 50 ⋯ 60 vH auf Löhne entfallen. — In der Reihenfertigung hat sich das Magnetpulververfahren bereits als sehr wichtig erwiesen. Hinsichtlich der Anwendung in der Schweißtechnik ist zu beachten, daß die Tiefenwirkung gering ist und das Verfahren zwar gut auf Rißbildungen in der Oberfläche, wenig dagegen auf Poren, Schlackeneinschlüsse usw. anspricht. Die Deutung der Pulveranhäufungen ist mit Vorsicht, am besten nur von einem erfahrenen Fachmann vorzunehmen.

Eine andere Form der elektromagnetischen Prüfung, das magnetinduktive Verfahren, hat zur Ausbildung des I. G. - S c h w e i ß n a h t p r ü f e r s geführt. Der durch Dauermagnete erzeugte Kraftlinienfluß ruft in einer von Hand über die Schweißnaht geführten Schwingspule einen schwachen elektrischen Strom hervor. Fehler in der Schweißnaht sind in einem an die Schwingspule angeschlossenen Kopfhörer als Änderung der Lautstärke und Klangfarbe zu hören oder aber auch durch Ablesung eines Zeigergeräts festzustellen und z. B. durch Röntgenprüfung oder Anfräsung (s. die folgenden Abschnitte) nachzuprüfen. Das Verfahren hat nicht die Bedeutung erlangt, die man ihm zunächst zusprach.

Röntgenprüfung[1]). Die Werkstoffdurchleuchtung beruht darauf, daß die Werkstoffe durch kurzwellige (harte) Röntgenstrahlen durchdringbar sind, und daß diese Strahlen je nach den Hemmungen, die sie im Werkstück finden, einen Leuchtschirm mehr oder weniger stark zum Aufleuchten bringen, bzw. eine photographische Platte oder einen doppelseitig begossenen Röntgenfilm mehr oder weniger stark schwärzen. Abb. 368 zeigt zunächst das Grundsätzliche in der Anordnung des P r ü f g e r ä t s im Normalfalle. Zur wirtschaftlichen Untersuchung von Rundschweißungen an Rohren und

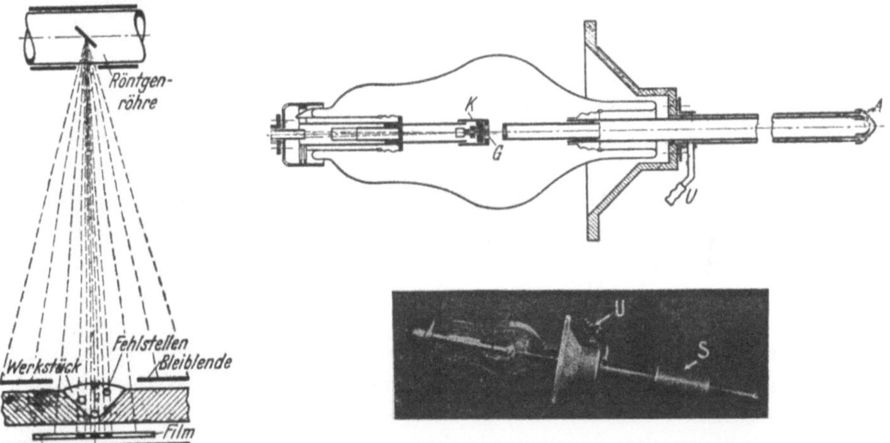

<table>
<tr><td>Abb. 368. Entstehung und Wirkung der Röntgen strahlen.</td><td>Abb. 369. Schnitt und Ansicht einer Hohlanodenröhre.</td></tr>
</table>

Behältern dient heute die H o h l a n o d e n r ö h r e , wie sie Abb. 369 in Schnitt und Ansicht wiedergibt. Die Anode A besteht aus plattiertem Kupfer, K ist der Kathodenkopf und G der Glühdraht. U ist ein Wasserkühlstutzen. Die Röntgenstrahlen treten hier durch die Kupferwand bei

---

[1]) G l o c k e r : Materialprüfung mit Röntgenstrahlen. 2. Aufl. 1936. — B e r t h o l d : Atlas der zerstörungsfreien Prüfverfahren. 1938.

K unter einem Raumwinkel von etwa 200° nach allen Seiten hin aus. Zum Betrieb der Röntgenröhren werden Umspanner verwendet, die zunächst einen hochgespannten Wechselstrom von 40 000 ··· 500 000 V ($=40 ··· 500$ kV) erzeugen. Dieser Wechselstrom wird dann mit Hilfe von Glühventilröhren in Gleichstrom verwandelt. Die marktgängigen Röntgenröhren haben S p a n n u n g e n von 40 kV (für Gemäldeprüfung), 100 kV (dünnwandige Leichtmetalle), 150 kV (Hohlanodenröhren für Rundnähte), 200 und 250 kV (dünn- und dickwandige Stahlschweißungen), 300 kV (Beton). Je geringer das Atomgewicht des Metalls, desto größer ist die D u r c h d r i n g b a r - k e i t. Bei 200 kV Röhrenspannung läßt sich noch eine Werkstoffdicke von 50 mm bei Kupfer, 70 mm bei Stahl und 400 mm bei Leichtmetallen gut durchstrahlen. Die Fehlererkennbarkeit richtet sich nach der Röhrenspannung. Die nach B e r t h o l d durchstrahlbaren Grenzdicken in Stahl (bei 70 mm Brennfleckabstand, 5 mA Röhrenstromstärke und 10 min Belichtungs-dauer) sind: 15 mm Stahl bei 100 kV, 70 mm Stahl bei 200 kV und 100 mm Stahl bei 300 kV Röhrenspannung. Die Fehlererkennbarkeit ist im all-gemeinen größer (bei Stahl 1,0 ··· 1,3 vH der Werkstoffdicke), als es den Bedürfnissen der Praxis entspricht. Nach DIN 1914[1]) müssen bei Röntgen-aufnahmen an Schweißverbindungen D r a h t s t e g e mit Drähten be-stimmter Durchmesser jeweils mit aufgenommen werden. Aus dem Durch-messer des dünnsten, auf der Aufnahme eben noch sichtbaren Drahtes im Vergleich zur Werkstückdicke wird festgestellt, ob die Aufnahme den Mindestanforderungen genügt. Nach DIN 1914 ist die Leuchtschirmunter-suchung — mit Ausnahme dünnwandiger Aluminiumverbindungen — nicht zu empfehlen und die Untersuchung mit Gammastrahlen wegen der geringen Strahlenintensität unmöglich. Die photographische Aufnahme — bevorzugt wird der doppelt begossene Röntgenfilm — hat auch den Vorteil, daß sie ein bleibendes Beweisstück darstellt.

Ein normales Prüfgerät kostet 7500 RM. und erfordert bei $5\frac{1}{2}$ vH Zinsen und $33\frac{1}{3}$ vH Abschreibung (wegen des raschen Werkstattbetriebs und der schnellen Entwicklung im Gerätebau) nebst Dunkelkammer- und Unterbringungskosten etwa 3680 RM. Jahreskosten. Nach umfangreichen Untersuchungen G o l l n o w s[2]), die mit denen der Reichsröntgenstelle gut übereinstimmen, betragen die K o s t e n d e r R ö n t g e n p r ü f u n g von Stahlbauwerken etwa 10 ··· 20 RM./m Schweißnaht im Werk und etwa 15 ··· 30 RM./m auf der Baustelle, wobei die niedrigeren Zahlen für etwa 20 Aufnahmen je Tag und die höheren für etwa 10 Aufnahmen je Tag gelten. Dabei ergaben sich als Belichtungszeiten 3 ··· 12,7 min (je nach Werk-stoffdicke, aber als Gesamtzeiten (vom Justieren der Röntgenröhre bis ein-schließlich Abnahme der Kassette) 10 ··· 116 min. Nach B e r t h o l d betrugen (1938) im Stahlbau die Röntgenaufnahmekosten 1,5 vH der Gesamtkosten, was als tragbar zu bezeichnen ist, dagegen beim Bau dünnwandiger Behälter 10 vH und mehr der Gesamtkosten, was nicht mehr als tragbar anzusehen ist. Bei Reihenprüfungen werden unter der Voraussetzung voller Aus-nutzung der Anlage die Kosten zu 5 RM./h (ohne photographisches Mate-rial) angegeben. Bei einer s t i c h p r o b e n m ä ß i g e n P r ü f u n g, wie

---

¹) DIN 1914, Richtlinien für die Prüfung von Schweißverbindungen mit Röntgen- und Gammastrahlen.
²) Stahl und Eisen, 1940, S. 221.

sie von B r a n d e n b u r g e r[3]) vorgeschlagen wird und in der Schweiz üblich ist, liegen die Kosten naturgemäß wesentlich niedriger. Es fragt sich nur, ob diese Herabsetzung des Prüfungsumfangs vertretbar ist. Sicherlich bleibt der erzieherische Wert bestehen, aber diese Begründung kann einschl. der Kostenfrage in den Fällen nicht ausreichen, wo außer Sachwerten auch Menschenleben auf dem Spiele stehen.

Zur D e u t u n g d e r R ö n t g e n b i l d e r sei zunächst allgemein darauf hingewiesen, daß alle schlechten Schweißstellen als helle Stellen auf dem dunklen Untergrund der Schweißnaht erscheinen, und zwar Poren und Gasblasen als Pünktchen, Schlackeneinschlüsse in einem wolkigen Aussehen, Bindefehler als schärfere Striche usw. Im einzelnen zeigt zunächst Abb. 370 die Röntgenaufnahme einer nicht einwandfreien Rechtsschweißung von 10 mm-Stahlblech. Die Fuge ist nicht ganz durchgeschweißt, was an den hellen Stellen der Raupe zu erkennen ist. Demgegenüber sehen wir in Abb. 371 die einwandfreie Schweißung eines Aluminiumblechs von 25 mm Dicke in ungehämmertem Zustande; es handelt sich um eine V-Naht. Abb. 372 gibt auch das Röntgenbild einer 25 mm-Aluminiumblechschweißung wieder mit dem Unterschiede, daß die Schweißnaht x-förmig ausgeführt und mit einem Kugelhammer warm gehämmert wurde. Daher stammen die hellen Flecken in dem dunklen Bild der Schweißnaht. Zur Vervollständigung des Überblicks

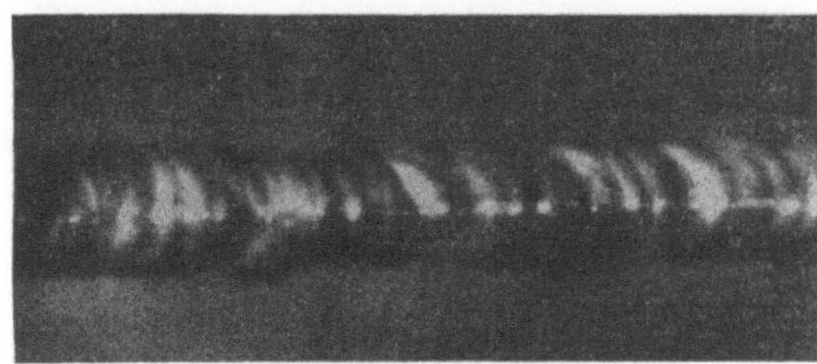

Abb. 370. Röntgenbild einer nicht einwandfreien Rechtsschweißung.

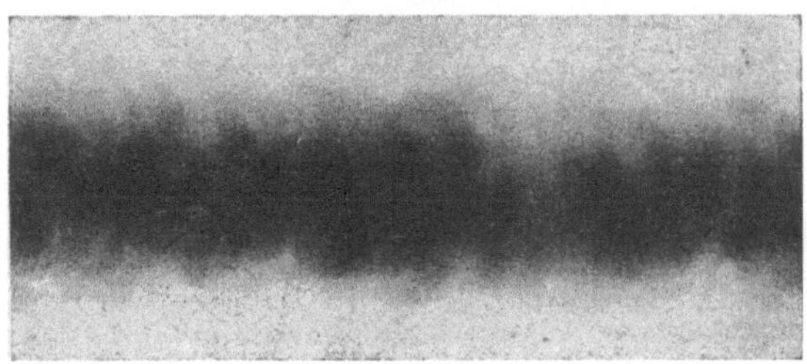

Abb. 371. Röntgenbild einer guten Aluminiumblechschweißung (ungehämmert).

Abb. 372. Röntgenbild einer guten Aluminiumblechschweißung (gehämmert).

über die Röntgenbilder an sich sei hier noch den 3 Bildern über autogen geschweißte Bleche in Abb. 373 das Röntgenbild einer elektrisch geschweißten Kessellängsnaht hinzugefügt, das aus 4 untereinander geklebten Streifen besteht und eine sehr gute Schweißung erkennen läßt. Bei der Röntgenuntersuchung ist weniger die Aufnahmetechnik schwierig, als die eindeutige Auswertung des Films.

---

[3]) Autogene Metallbearbeitung 1941, S. 81.

Prüfung mit Gammastrahlen. Die Durchleuchtung wird ähnlich wie bei Röntgenstrahlen durchgeführt, wobei an die Stelle der Röntgenröhre eine Kapsel tritt, in der Radium oder Mesothorium untergebracht ist. Die in Frage kommenden besonderen Radiumstrahlen, die Gammastrahlen, sind härter (kurzwelliger) als die Röntgenstrahlen, wodurch die Unterschiede zwischen den hellen und dunklen Stellen auf dem Film weniger deutlich werden; die Belichtungszeiten sind länger und die Durchdringungsfähigkeit der Gammastrahlen ist bedeutend höher. Der Anwendungsbereich des Verfahrens ist vorläufig noch als gering anzusehen; es kommt praktisch nur dann in Frage, wenn die Röntgenstrahlen nicht mehr ausreichen, also z. B. bei sehr dickwandigem Stahl (bis 200 mm).

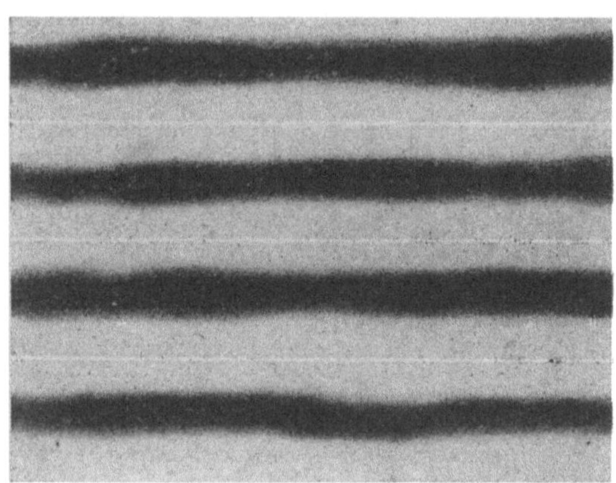

Abb. 373. Röntgenbilder der Längsnaht geschweißter Kessel.

Nahtschwächende Prüfung. Am bekanntesten ist das Prüfgerät von S c h m u c k l e r. Abb. 374 zeigt das Grundsätzliche des Verfahrens. Von einem Motor wird mit biegsamer Welle, bzw. unmittelbar gekuppelt, ein besonderer Fräser *a* angetrieben, der ein Stück aus der Schweißnaht herausnimmt und gleichzeitig den Grundwerkstoff (Urstoff) mit anfräst. Die Prüfung der geöffneten Schweißnaht erfolgt dann mit bloßem Auge oder mit einer Lupe und wird noch genauer, wenn man die gefrästen Flächen poliert und mit einem der bekannten Ätzmittel, z. B. Kupferammoniumchlorid, anätzt. Wenn es sich z. B. um Schweißungen einfacher Stahlkonstruktionen handelt, so können die Ausfräsungen unbedenklich offen bleiben; bei Brücken, Kesseln, Rohrleitungen usw. werden sie zweckmäßig wieder zugeschweißt. Das Gerät ist nur in der Hand eines erfahrenen Prüfers zuverlässig und ermöglicht auch nur Stichproben.

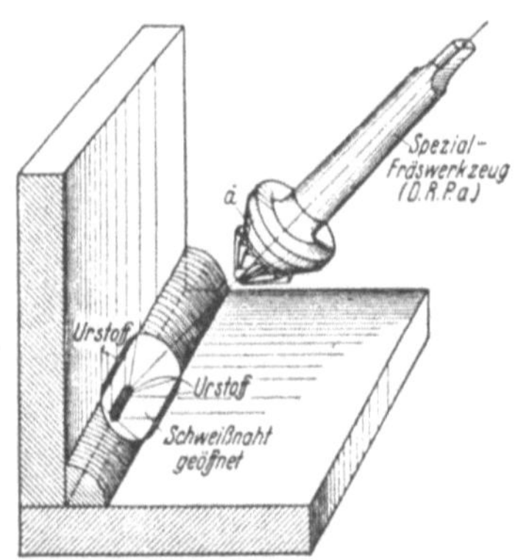

Abb. 374. Prüfgerät für Schweißnähte nach S c h m u c k l e r.

Belastungsprobe. Üblich und vielfach vorgeschrieben ist die Belastungsprobe durch W a s s e r d r u c k bei Kesseln und Behältern. Ferner kommt bei Eisenkonstruktionen und Brücken, seltener bei Maschinenteilen, die Belastung einzelner Konstruktionsteile vor dem Einbau oder die Belastung der ganzen Konstruktion durch G e w i c h t e, Fahrzeuge, Preßvorrichtungen usw. in Betracht. Im allgemeinen wird in diesen Fällen nur der vorgeschriebene Höchstdruck bzw. die Höchstbelastung im Betriebe nachgeprüft; nur ausnahmsweise ist man bis zur Streckgrenze des Werkstoffs gegangen.

C. Prüfungen mit Zerstörung der Schweißnaht[1]).

1. Festigkeitsprüfungen.

Zugversuch. Zunächst hat man den üblichen Zugversuch nach DIN 1605 und DIN-DVM, A 120 auf die Prüfung von Schweißungen übertragen, indem man die Zugfestigkeit des quer zur Längsrichtung geschweißten Stabes in kg/mm² und seine Bruchdehnung in vH feststellte und beide Werte mit den entsprechenden Werten des ungeschweißten Werkstoffs verglich. Mit neueren Schweißdrähten geschweißte Verbindungen zeigen nun sowohl bei der Gas- wie bei der Lichtbogenschweißung, daß der Probestab sowohl bei der rohen wie bei der abgedrehten Probe fast immer außerhalb der Schweißstelle reißt. Man stellt dann naturgemäß eine Zugfestigkeit der Schweiße von mindestens 100·vH derjenigen des Urwerk-

stoffs fest, aber auch eine sehr günstige Bruchdehnung. Letztere rührt aber nur vom Urwerkstoff her, ist also als Dehnung der Schweißstelle ganz irreführend. Die wirkliche Dehnung der Schweißnaht, die man z. B. an einem nur aus Schweißwerkstoff angefertigten Stab messen kann, ist im allgemeinen noch gering und bei der Lichtbogenschweißung geringer als bei der Gasschweißung. Jedenfalls hat also die beim normalen Zugversuch ermittelte Bruchdehnung keine

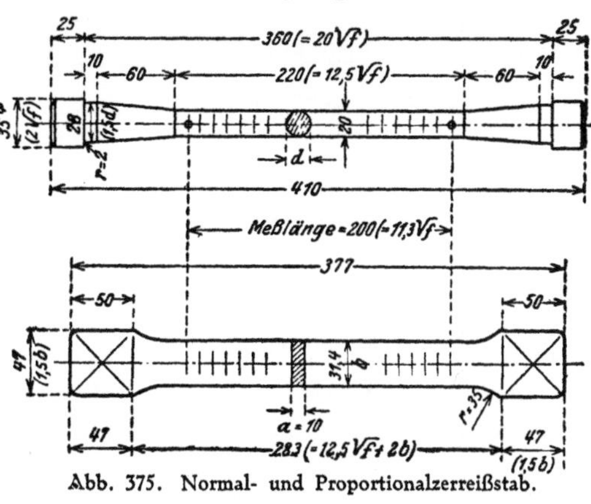

Abb. 375. Normal- und Proportionalzerreißstab.

merkliche Bedeutung für die Beurteilung der Schweißnaht. Man verlangt daher im allgemeinen aus dem Zugversuch nur die Angabe der Mindestzugfestigkeit.

Die Form des Probestabs für den Zugversuch ist genau festgelegt. Abb. 375 zeigt oben den **langen Normalstab** (Rundstab) und unten die übliche Form des Flachstabes. Neben dem langen gibt es auch den **kurzen** Normalstab, der, bei gleichem Durchmesser von 20 mm, anstatt 200 mm nur

Tabelle 30. Zerreißstäbe.

Bezeichnung der Probestabform	Meßlänge l_0 mm	Durchmesser d mm	Querschnitt F_0 mm²	Zeichen für die Bruchdehnung
Langer Normalstab . . , . .	$10d = 200$	20	314	δ_{10}
Kurzer Normalstab . . , . .	$5d = 100$	20	314	δ_5
Langer Proportionalstab . .	$10d = 11{,}3\,\sqrt{F_0}$	beliebig	beliebig	δ_{10}
Kurzer Proportionalstab . .	$5d = 5{,}65\,\sqrt{F_0}$	beliebig	beliebig	δ_5
Langstab . . . . , . .	200	beliebig	beliebig	δ_l
Kurzstab . , ...	100	beliebig	beliebig	δ_k

---

[1]) **Siebel**: Handbuch der Werkstoffprüfung, Bd. I u. II. 1940.

100 mm Meßlänge hat. Um auch andere, insbesondere kleinere Stababmessungen verwenden und mit dem Normalstab vergleichen zu können, ging man zum Proportionalstab über, dessen Abmessungen in Abb. 375 oben und unten in Klammern angegeben sind. Der Einfluß der Meßlänge macht sich besonders bei der Dehnung bemerkbar. So sieht man z. B. aus DIN 1611 (Maschinenbaustahl), daß die Bruchdehnung δ_5 am kurzen Normal- oder Proportionalstab — die Zahl 5 bei δ bedeutet Meßlänge = 5 Stabdurchmesser — immer 1,2···1,25mal so groß ist als die Bruchdehnung δ_{10} des Langstabs. In Tabelle 30 sind nochmals, zur besseren Übersicht, die sämtlichen nach DIN 1605, Blatt 2, zu unterscheidenden Zerreißstäbe zusammengefaßt.

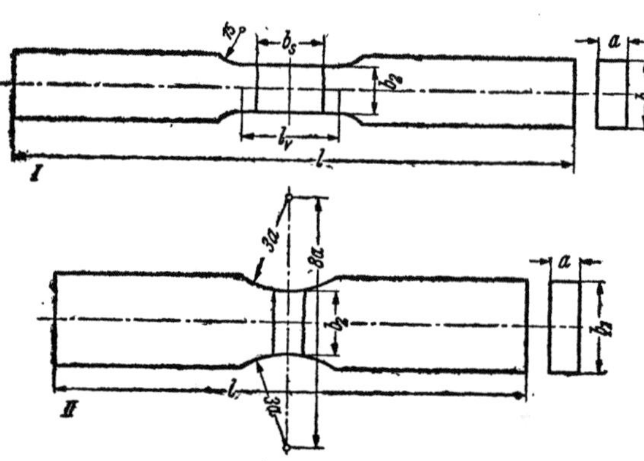

Abb. 376. Schweißflachstäbe für den Zugversuch.

Aus mehreren Gründen nimmt man für den Zugversuch bei der Schweißnahtprüfung nicht den Rundstab — was sich ja bei dünneren Blechen von selbst verbietet —, sondern den Flachstab, und hier wiederum in erster Linie nach DIN-DVM A 120 die in Abb. 376 wiedergegebenen Flachstabformen. Bei Stab I wird die Schweißwulst abgearbeitet; der Versuch dient zur Prüfung der Schweißverbindung, wobei es gleichgültig ist, ob der Bruch in der Schweiße, in der Übergangzone oder im Grundwerkstoff erfolgt. Bei Stab II wird auch die Nahtwulst abgearbeitet; der Versuch dient zur Prüfung der Schweißnaht. Die Kerbform bewirkt nämlich, daß der Bruch im allgemeinen in der Schweiße eintritt. Bei der Berechnung der Zugfestigkeit wird der geringste Stabquerschnitt zugrunde gelegt. Zu beachten ist die scheinbare Erhöhung der Zugfestigkeit (infolge der Kerbform) um etwa 10···20 vH. — Zur Prüfung der reinen Schweiße kann aus dem Schweißgut ein Rundstab nach DIN 1605 (Abb. 375 oben) herausgearbeitet und wie ein normaler Baustab geprüft werden.

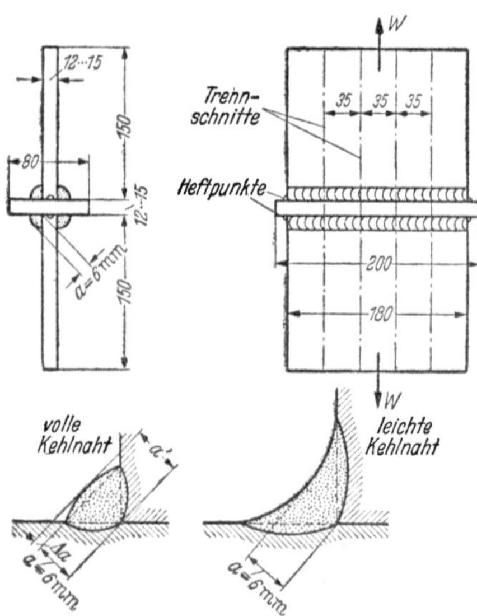

Abb. 377. Kreuzprobe nach DIN 4100.

Zugfestigkeitsprüfungen nach DIN 4100 und 4101. Zur Prüfung der Schweißer werden hierbei sowohl Kehlnähte wie Stumpfnähte untersucht. Bei der Untersuchung von Stirnkehlnähten wird die Kreuzprobe (Abb. 377) angewandt. Die herausgeschnittenen Probestreifen sollen eine Zugfestigkeit $\sigma = P/F =$

26 kg/mm² bei St 37 und 39 kg/mm² bei St 52 erreichen, wobei (nach Abb. 377 unten) $F = 2 a' \cdot l$ (bei voller Kehlnaht) und $F = 2 a \cdot l$ (bei leichter Kehlnaht); hierin ferner l = Länge der Kehlnaht = Streifenbreite. Bei der Prüfung von Stumpfnähten werden zwei Bleche in waagerechter Lage durch V-Naht mit etwa 70° werkstattmäßig in 2···3 Lagen zusammengeschweißt. Die herausgeschnittenen Streifen sollen beim Zugversuch eine Zugfestigkeit von 37 kg/mm² bei St 37 und von 52 kg/mm² bei St 52 ergeben. Außerdem wird mit zwei Streifen von Stumpfnähten der nachher beschriebene Faltversuch durchgeführt.

Für die **Prüfung von Leichtmetallen** enthält DIN-Vornorm 50 123 Angaben über den Zugversuch von Schmelzschweißverbindungen und DIN Vornorm 50 124 den Scherzugversuch an Punktschweißnähten.

Zur Beurteilung einer Schweiße, die höheren Temperaturen ausgesetzt ist (z. B. Dampfkessel, Lokomotivfeuerbuchsen) kann an Stelle des bisher behandelten Kaltzugversuchs der **Warmzugversuch** treten, d. h. der Probestab wird im erwärmten Zustande zerrissen.

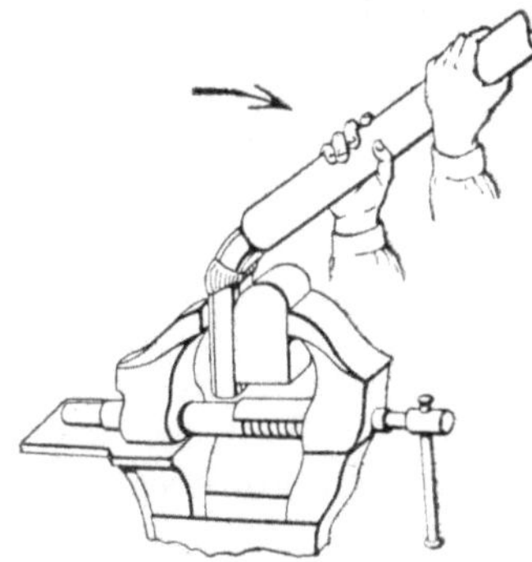

Abb. 378. Werkstattbiegeprobe.

Werkstattbiegeprobe. Für die werkstattmäßige Prüfung von Stumpfnähten ist die einfachste Biegeprobe die nach Abb. 378. Das Probestück wird in den Schraubstock eingespannt und in der Pfeilrichtung am freien Schenkel umgebogen bzw. umgeschlagen, im allgemeinen bis zum Aufbrechen der Naht. Diese Probe und die ihr ähnliche **Winkelprobe** nach DIN 4100, bei der zwei im Winkel von 90° durch eine Kehlnaht verschweißte Bleche in dieser Kehlnaht aufgeschlagen werden, sind sehr geeignet zur Prüfung des Schweißers (Arbeitsprüfung), dem hierdurch bei schlechter Schweißung leicht Schlackeneinschlüsse und nicht genügendes Durchschweißen nachgewiesen werden können.

Biege-(Falt-)Versuch. Der Biegeversuch an Schweißverbindungen nach DIN-Vornorm 50121 gibt Aufschluß über die Verformungsfähigkeit stumpfgeschweißter Verbindungen mit einer Mindestdicke von 5 mm. Für die Prüfung von Verbindungen mit weniger als 5 mm Dicke ist ein besonderes Normblatt in Vorbereitung. Für den Versuch sind Flachstäbe von 30 mm Breite vorzusehen, die gemäß Abb. 379 durch einen Stempel bestimmter Abmessung zwischen Rollen gebogen werden. Der Rundungsdurchmesser des Stempels ist bei Stählen bis 42 kg/mm² Zugfestigkeit gleich der doppelten Blechdicke (2a), bei Stählen über 42 kg/mm² gleich der dreifachen Blechdicke (3a) zu wählen. Das Biegen soll stetig und möglichst in einem Zuge erfolgen. Wird die Probe vollständig zwischen den Auflagerollen durchgedrückt, so beträgt der Biegewinkel etwa 160°. Wird ein Biegewinkel von 180° vorgeschrieben, so sind die Proben durch enger gestellte Rollen oder zwischen Einlegebacken im Schraubstock nachzubiegen. Der Versuch wird an Proben **mit** Wulst zur Prüfung des Schweißers (Arbeitsprüfung, DIN 4100) und an Proben **ohne** Wulst zur Prüfung des Werkstoffs (Schweißnahtprüfung, DIN 1913) ausgeführt. Als Maß der Verformungsfähigkeit wird der bis zum ersten Anriß erreichte Biegewinkel α (Abb. 379) angesehen. Die Wurzel der V-Naht liegt im Regelfalle auf der Druckseite der Probe. In Sonderfällen kann auch die Wurzel auf die Zugseite gelegt werden. Eine Schwierigkeit bei dem Versuch liegt stets darin, daß die Biegung der Probe schlecht in die Schweißnaht zu bringen ist, weil sich der Werkstoff der Schweißnaht wegen seiner gewöhnlich größeren Härte beim Biegen anders verhält als der Grundwerkstoff.

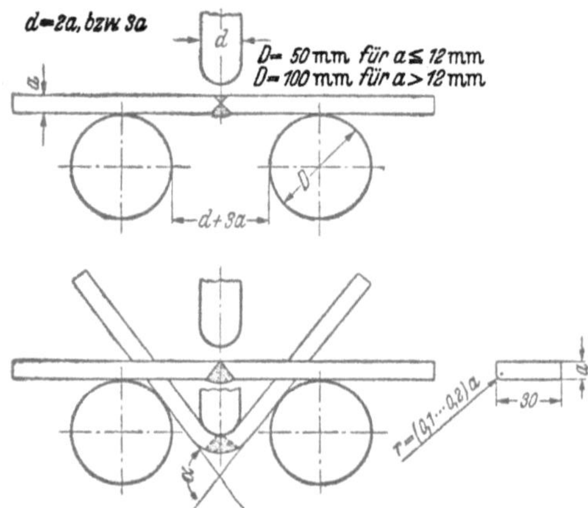

Abb. 379. Faltversuch mit Schweißproben.

Nach K o c h[1]), der den besprochenen genormten Faltversuch einer Reihe anderer vorgeschlagener bzw. im Auslande üblicher Verformungsprüfverfahren gegenüberstellte und auf Grund praktischer Versuche eine vergleichende Bewertung der verschiedenen Prüfverfahren ermöglichte, ist der g e n o r m t e F a l t v e r s u c h als billigstes und einfachstes Verfahren anzusehen, das für gewöhnliche Zwecke Werte ausreichender Genauigkeit ergibt. Der Hauptnachteil, das Auftreten starker Streuungen, wird bei fast sämtlichen Verformungsprüfverfahren beobachtet. Die Bemühungen, diese Erscheinung durch Einwirkung eines konstanten Biegemoments auf den Probestab zu verringern (F r e i b i e g e - v e r s u c h nach B l o c k - E l l i n g h a u s), haben nicht zum Erfolg geführt. Außerdem ist wegen der erforderlichen Einspannung der Freibiegeversuch schwieriger durchzuführen und erfordert einen wesentlich größeren Zeitaufwand.

Für im Betrieb unter Warmbeanspruchungen stehende Schweißungen (z. B. bei Dampfkesseln) kann ein W a r m b i e g e v e r s u c h am Platze sein. Sodann dient der A b s c h r e c k b i e g e v e r s u c h in besonderen Fällen zur Feststellung der Sprödigkeit. Die Probe wird auf eine Temperatur von etwa 650⁰ gebracht, in Wasser von 28⁰ abgeschreckt und anschließend dem Biegeversuch unterworfen. Auf die A u f s c h w e i ß b i e g e p r o b e wird im folgenden Abschnitt 2 kurz eingegangen.

Schmiedeprobe. Der Probestab von 300 mm Länge und 35 mm Breite ist bei Hellrot-Gelbglut in einer Hitze auf eine Strecke = 10 × Probedicke von der Mitte aus und auf die Hälfte der Blechdicke und Probenbreite auszuschmieden. Der ausgeschmiedete Probeteil muß sich bei obiger Hitze um 360⁰ verdrehen lassen, ohne Anrisse zu zeigen. Diese Probe auf Schmiedbarkeit der Schweißnaht läßt sich in jedem Betrieb ausführen.

Härteprüfung. Hier kann auf das im vorhergehenden Abschnitt B Gesagte verwiesen werden. In Anwendung ist vor allem die Kugeldruckprobe nach B r i n e l l für Auftragschweißungen (s. DIN 50 351).

Kerbschlag- und Schlagzugversuch. Beim K e r b s c h l a g v e r s u c h wird ein mit einer Kerbe versehener Probestab mit Hilfe eines Pendelhammers durchschlagen und die Kerbzähigkeit (spezifische Schlagarbeit) in mkg/cm² gemessen. Beim S c h l a g z u g v e r s u c h wird ebenfalls der vorerwähnte

---

[1]) Auszug aus der Habilitationsschrift von Dr.-Ing. K o c h in Elektroschweißg. 1941, S. 2 u. f.

Pendelhammer benutzt. Der Probestab ist mit dem einen Ende in das Pendelgewicht selbst und mit dem anderen Ende in einen am Pendelgewicht sitzenden Bär eingeschraubt, der beim Durchgang des Pendels durch die tiefste Lage gegen Stoßflächen des Maschinengestells trifft und das eine Ende des Stabes zurückhält, während das andere Ende mit dem Pendel weiterschwingen will. Der Stab zerreißt infolge der ruckartigen Zugbeanspruchung, und es wird die zum Zerreißen erforderliche spezifische Schlagarbeit in mkg/cm² gemessen.

Für den **Kerbschlagversuch** (DIN Vornorm, DVM-Prüfverfahren A 115) wird ein Pendelschlagwerk von 10···30 mgk benutzt, wie es in Abb. 380 angedeutet ist. Die Probe hat die Abmessungen 10 × 10 × 55 Millimeter (Abb. 380, rechts oben). Daneben wird auch die große Probe 30 × 30 × 160 (Abb. 380 links unten) noch häufig gebraucht. Der Kerb kann durch Fräsen (Kerbformen a und c) oder Bohren und Sägen (Kerbform b) hergestellt werden.

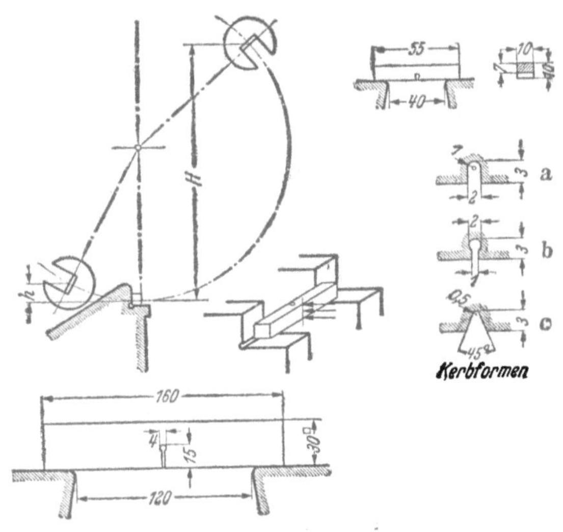

Abb. 380. Kerbschlagversuch.

Am üblichsten ist die Probe mit Rundkerb (b). Die Abb. 381 zeigt sodann noch die Probeformen und Entnahmestellen an der Schweißnaht, wie sie in DIN Vornorm, DVM A 122 für den **Kerbschlagversuch bei Schweißungen** vorgesehen sind. Meistens wird die DVM-Probe verwendet, die quer zur Schweißnaht entnommen wird (Abb. 381a). Um bei der Prüfung der Übergangszone zwischen Schweiße und Grundwerkstoff (Abb. 381b) den Kerb an der richtigen Stelle anbringen zu können, wird die

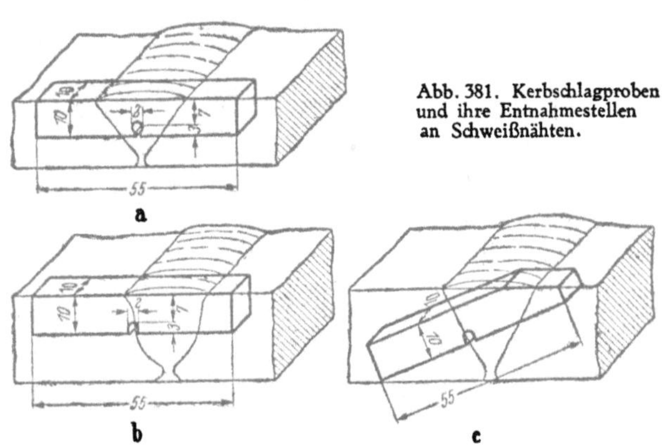
Abb. 381. Kerbschlagproben und ihre Entnahmestellen an Schweißnähten.

Schnittfläche quer zur Schweißnaht geschlichtet und angeätzt. In Sonderfällen wird die Probe schräg in den Blechquerschnitt gelegt (Abb. 381 c). Bei dickeren Werkstücken kann auch die VGB-Probe (15 × 30 × 160 mm, Kerb von 15 mm Tiefe und 4 mm Durchmesser am Kerbgrund) herangezogen werden. Sämtliche Proben sind allseitig zu bearbeiten. Die Versuchstemperatur soll möglichst 20° betragen.

Kerbschlag- und Schlagzugversuch sind reine Laboratoriumsversuche und erfordern große Sachkenntnis in der Auswertung. Proben verschiedener Abmessungen ergeben keine vergleichbaren Werte. Allgemeingültige Werte über die Beziehungen zwischen der Kerbzähigkeit und anderen Festigkeitseigenschaften liegen noch nicht vor. Es steht nur fest, daß im allgemeinen einer hohen Kerbzähigkeit auch eine gute Dehnung entspricht. Dagegen kann z. B. die Kerbzähigkeit nicht ohne weiteres als Maßstab für die dynamische Festigkeit einer Schweißverbindung angesehen werden.

Prüfung auf Dauerfestigkeit. Unter Dauerfestigkeit versteht man die an glatten Stäben mit polierten Oberflächen ermittelte größte wechselnde Beanspruchung eines Werkstoffs, die gerade noch beliebig lange und oft ertragen werden kann, ohne daß eine Bruchgefahr eintritt. Man drückt dabei

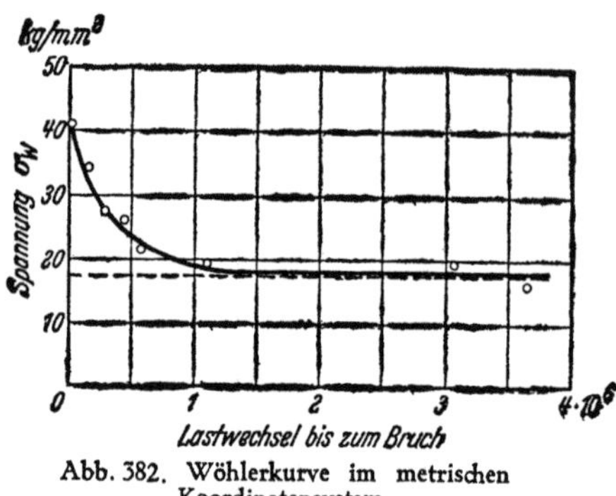

Abb. 382. Wöhlerkurve im metrischen Koordinatensystem.

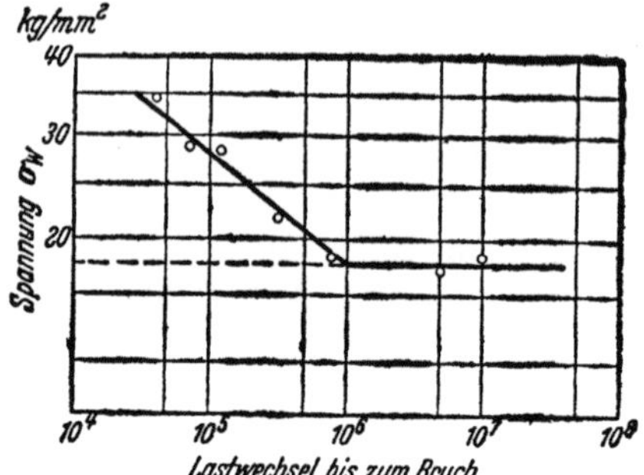

Abb. 383. Wöhlerkurve im logarithmischen Koordinatensystem.

den Wert der Dauerfestigkeit als Spannung aus, die nach den üblichen Formeln der Festigkeitslehre ermittelt wird (z. B. $\sigma = P/F$ für Zug- oder Druckbeanspruchung). Einwandfreie Werte der Dauerfestigkeit gibt nur das Wöhlerverfahren. Ein erster Probestab wird mit einer Last beansprucht, die sicher den Bruch herbeiführt. Ein zweiter Probestab erhält eine geringere Beanspruchung und so fort, bis der letzte nach einer bestimmten Anzahl von Lastspielen (die Maschinen zählen Lastspiele; ein Lastspiel gleich zwei Lastwechseln) nicht mehr bricht. Für den Versuch werden mindestens 4 $\cdots$ 6 Probestäbe benötigt. Nunmehr wird die Spannung σ_w (Abb. 382) in Abhängigkeit von der Lastspielzahl aufgezeichnet. Aus der Kurve, die schließlich parallel zur Waagerechten verläuft, wird die Dauerfestigkeit — in Abb. 382 mit etwa 18 kg/mm² — entnommen. Vorteilhaft ist die Anwendung eines logarithmischen Achsenkreuzes (Abb. 383), weil der Knick in der Kurve einen genaueren Wert ergibt. Die zur Ermittlung der Dauerfestigkeit erforderliche Lastspielzahl liegt bei Stahl zwischen $4 \cdot 10^6$ und $10 \cdot 10^6$, bei Kupfer und seinen Legierungen bei etwa $50 \cdot 10^6$ und bei Leichtmetallen wahrscheinlich bei etwa $200 \cdot 10^6$ Lastspielen. Man begnügt sich jedoch heute oft mit niedrigeren Werten, z. B. bei Stahl mit $2 \cdot 10^6$ und bei Leichtmetallen mit $50 \cdot 10^6$ Lastspielen. Werden Maschinenteile (z. B. im Flugzeugbau), nach einer bestimmten Zahl von Betriebsstunden durch neue Teile ersetzt, so können sie höher belastet werden, als es der Wöhlerkurve entspricht. Diese höhere Spannung nennt man Zeitfestigkeit. Die zugehörige Lastspielzahl ist dann stets anzugeben.

Zur Durchführung der Dauerfestigkeitsversuche bedient man sich der Dauerschlagwerke, der Dauerbiegeprüfmaschinen, der Pulsatoren (Erschütterungsmaschinen) und ganzer schwingender Fachwerkbrücken, der Schwingbrücken, in die die zu prüfenden Schweißstäbe, wie in Abb. 384 wieder-gegeben, an bestimmten Stellen eingebaut und durch den Schwinger mit der ganzen Schwingbrücke in Schwingungen versetzt werden.

Die Grundbegriffe für die Dauerfestigkeitsprüfung sind in DIN-Vor-norm 54 001 festgelegt. In Abb. 385 ist die Bezeichnung „Periode" dasselbe wie „Lastspiel". Man bezeichnet σ_0 als Oberspannung, σ_u als Unterspannung

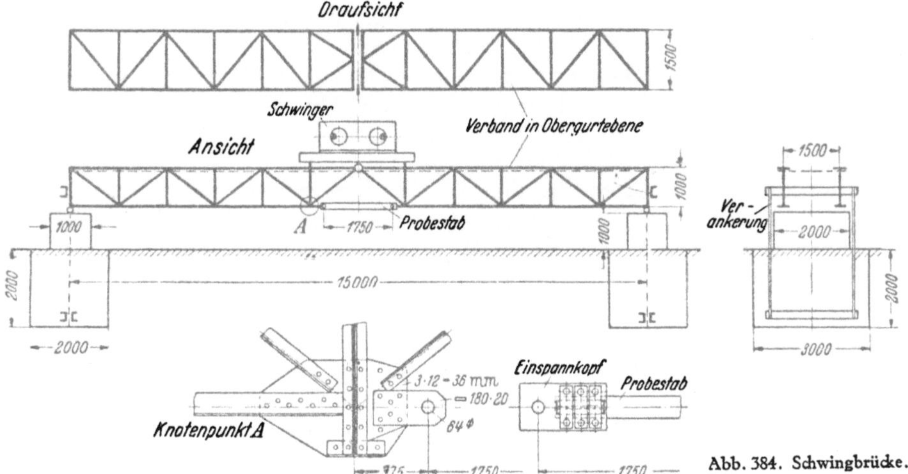

Abb. 384. Schwingbrücke.

und σ_m als Mittelspannung. Dann ist $\sigma_m = \dfrac{\sigma_0 + \sigma_u}{2}$ und der Spannungs-ausschlag $\sigma_a = \dfrac{\sigma_0 - \sigma_u}{2}$. Sodann gibt Abb. 386 die Überleitung zum Dauer-festigkeitsschaubild und einen Überblick über die verschiedenen Bean-spruchungsarten. Man unterscheidet:

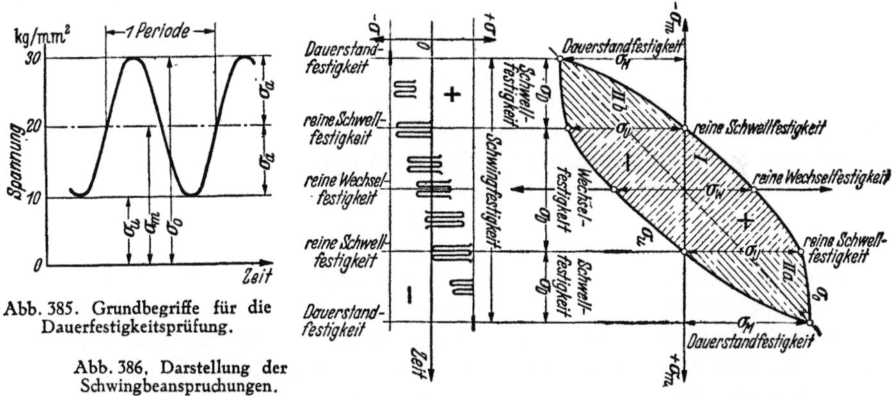

Abb. 385. Grundbegriffe für die
Dauerfestigkeitsprüfung.

Abb. 386. Darstellung der
Schwingbeanspruchungen.

1. Die Wechselfestigkeit. Dies ist die Spannung, die der Werkstoff bei einer wechselnden Last (Änderung zwischen einem gleich großen positiven und negativen Höchstwert) dauernd ertragen kann.

2. Die Schwellfestigkeit (auch Ursprungsfestigkeit genannt). Dies ist die Spannung, die der Werkstoff bei einer schwellenden Last (Ände-rung zwischen Null und einer Höchstlast) dauernd ertragen kann.

3. Die Dauerstandfestigkeit. Dies ist die Grenzspannung für Zug oder Druck, unter der ein anfängliches Dehnen des Werkstoffs im Laufe

der Zeit noch zum Stillstand kommt, bei deren Überschreitung aber mit einem dauernden Dehnen bis zum Bruch zu rechnen ist. Zu ihrer Bestimmung sind Belastungsversuche von längerer Dauer für eine Reihe von Belastungsstufen unter Messung der eintretenden Dehnung erforderlich. (s. DIN-Vornorm, DVM-Prüfverfahren A 117 und 118).

Nach L e h r ist etwa zu setzen die Dauerbiegewechselfestigkeit = 0,47 der Biegefestigkeit bei ruhender Belastung und die Dauerzugfestigkeit = 0,35 der Zugfestigkeit bei ruhender Belastung. Bei diesem Vergleich können aber hohe Streuungen ($\pm$ 24 vH) vorkommen.

Der Aufbau eines D a u e r f e s t i g k e i t s s c h a u b i l d e s., wie es für Berechnungen verwendet wird, zeigt schließlich Abb. 387. Die Senkrechte ist die Dauerfestigkeit σ_D, die Waagerechte gibt die Mittelspannung $\sigma_m = \dfrac{\sigma_o + \sigma_u}{2}$ an. Bei gleichem Maßstab für die auf der Senkrechten und Waagerechten

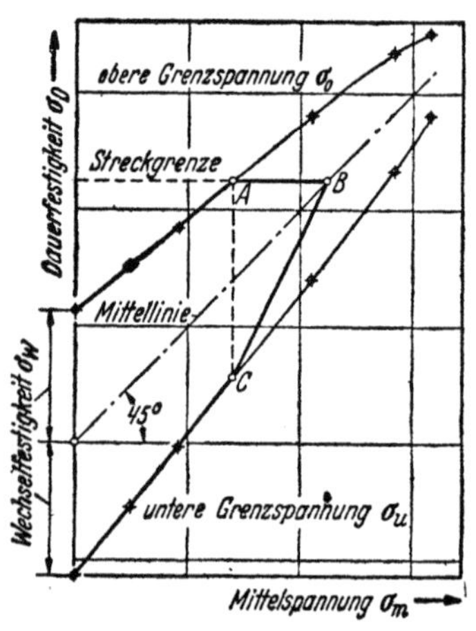

Abb. 387. Dauerfestigkeitsschaubild.

aufgetragenen Spannungen liegt die Mittellinie unter 45°. Sie stellt die Vorspannung dar, um die die Dauerbeanspruchung schwingt. Bei der Vorspannung 0 wird die Wechselfestigkeit σ_w eingezeichnet. Entsprechend der steigenden Vorspannung (Mittelspannung σ_m) werden sodann die jeweiligen σ_o- und σ_u-Werte eingetragen und durch Linien miteinander verbunden. Da eine über die Streckgrenze gehende Beanspruchung unzulässig ist, wird diese Streckgrenze, als Waagerechte $A B$ ausgezogen, die obere Begrenzung des verwertbaren Teils des Dauerfestigkeitsschaubildes sein. Eine weitere Abgrenzung ergibt sich, indem von A das Lot gefällt und der Punkt C auf der unteren Grenzkurve mit B verbunden wird.

Belastungsprobe. Im Gegensatz zu den im Abschnitt B angeführten Belastungsproben wird hier der Höchstdruck (bei Kesseln und Behältern) bzw. die Höchstlast (bei Eisenkonstruktionen) so hoch gewählt, daß die Gesamtkonstruktion an irgendeiner Stelle zu Bruch geht. Man wird derartige, meist auch sehr kostspielige Proben nur dann durchführen, wenn einfachere Versuche zur sicheren Erkenntnis der Schweißnahtgüte nicht genügen. — Als Beispiel eines hierhin gehörenden Probeversuchs sei die Belastung eines Probestücks für einen geschweißten Blechträger angeführt[1]). Ein Bockkran von 200 t Tragfähigkeit bei 22 m Stützweite und 29 m Schienenhöhe war vom Besteller in geschweißter Blechkonstruktion gewünscht worden. Hierbei trat die Frage auf, ob es unbedenklich sei, so große Einzelkräfte, wie sie durch den Katzraddruck einer 200 t-Katze auftreten, durch den geschweißten Obergurt auf den Blechträger zu übertragen. Ein Probestück von 1000 mm Länge und 600 mm Stehblechhöhe wurde auf einer hydraulischen Schmiedepresse mit 300 t belastet. Unter diesem Druck begann am Stehblech die Walzhaut an der Druckstelle unterhalb der Schweißnaht abzublättern. Die Quetschgrenze war also erreicht. An den Schweißnähten des Obergurts waren aber auch jetzt noch keine Anzeichen einer Zerstörung wahrzunehmen.

---

[1]) Demag-Nachrichten.

2. Festigkeitsergebnisse.

Schmelzschweißungen von Stahl. Für die Schmelzschweißung waren die Versuche von Diegel, Neese, Höhn, Bock, Bardtke und der Forschungsgemeinschaft für Schmelzschweißung, Hamburg (in den Jahren 1922 bis 1931) grundlegend und richtunggebend.

Dauerfestigkeitsversuch mit Schweißverbindungen wurden in großem Umfange 1930···1934 vom Fachausschuß für Schweißtechnik im VDI durchgeführt. Aus dem Bericht[1]) sei zusammenfassend hervorgehoben, daß die Gas- und Lichtbogenschweißung bei dynamisch beanspruchten Bauteilen im allgemeinen als gleichwertig anzusehen sind, daß die Dauerfestigkeit der geschweißten Verbindungen nicht wesentlich verschieden waren, ganz gleich, ob es sich um Bauteile aus St 37, aus Schiffbaustahl S II oder aus St 52 handelte, und daß Verbindungen mit Schweißdraht von mäßiger Festigkeit, aber erheblicher Dehnung höhere Dauerfestigkeiten lieferten als Schweißwerkstoff, der höhere Festigkeit, aber geringere Dehnung besaß. Während man früher bei dynamisch beanspruchten Bauteilen rein gefühlsmäßig Kehlnähte für die zuverlässigere Bauweise hielt, erwiesen sich bei den Dauerversuchen gut ausgeführte Stumpfnähte als wesentlich besser. Es rührt dies daher, daß bei den Stumpfnähten der Kraftfluß viel natürlicher ist und ungestörter verläuft als bei Kehlnähten. Die hiernach im allgemeinen anzustrebende Verwendung der Stumpfnaht hat außerdem noch den Vorteil, daß die Stumpfnaht leichter auf ihre Brauchbarkeit mit Hilfe der bereits beschriebenen Prüfverfahren untersucht werden kann als die Kehlnaht. Die Dauerfestigkeit in der Form der früher erwähnten Schwellfestigkeit (Ursprungsfestigkeit) beträgt bei sorgfältig ausgeführten Stumpfnähten 18 kg/mm². — Andere Dauerfestigkeitsversuche, z. B. von Bierett, Thum usw. zeigten entsprechende Ergebnisse. Der Konstrukteur muß dahin streben, durch geeignete Formgebung einen möglichst gleichmäßigen Kraftfluß zu erzielen.

Piox berichtet (1932 und 1933) über Versuche an Kesseln mit der Lichtbogensonderschweißung der Firma Pintsch, Fürstenwalde, die mit Hilfe von Sonderelektroden ausgeführt wird und ein Normalglühen des Kessels nach dem Schweißen vorsieht. Erreicht wurde fast durchgehend eine höhere Streckgrenze der Schweißnaht als die des Kesselblechs, stets ein Biegewinkel von 180° und z. B. bei 74 amtlichen Prüfungen eine durchschnittliche Kerbzähigkeit von 21 kg/mm². Dauerfestigkeitsversuche ergaben am vollen Blech (von 20···21 kg/mm², Streckgrenze und 35 kg/mm² Zugfestigkeit) eine Schwellfestigkeit von 22 kg/mm² bei X-Nahtschweißungen und abgearbeiteter Schweißwulst 20 kg/mm² und bei unbearbeiteten Schweißnähten 17 kg/mm², also sehr hohe Werte. Während aber ein glatter Schweißstab bei einer Höchstlast von 19 kg/mm² ohne Anriß einen Lastwechsel von 2 Millionen ertrug, riß ein mit kleinen Bohrungen (seitlich der Naht) versehener Schweißstab schon bei 0,25···0,3 Millionen Lastwechseln. Hieraus ist zu erkennen, daß regelmäßig vorkommende Fehler des Blechs auf die Dauerfestigkeit größeren Einfluß haben können als eine einwandfrei ausgeführte Schweißung. Ebenso wird bei Kesseln die Ablenkung des Kraftlinienflusses durch Bohrungen, Stutzen usw. die Dauerfestigkeit stärker beeinflussen als die Schweißverbindung. — Nach den preußischen Erlassen von 1931, 1933 usw. darf die Festigkeit der genannten und anderer Sonderschweißungen

---

[1]) Dauerfestigkeitsversuche mit Schweißverbindungen. Berlin NW 7, VDI-Verlag, 1935.

bei Kesselblech *I* und (seit 1933) auch bei Kesselblech *II* (41 $\cdots$ 50 kg/mm² Zugfestigkeit) bei Zugbeanspruchung mit 90 vH der Blechfestigkeit in Rechnung gesetzt werden. Auch brauchen die Schweißnähte nicht mehr mit Laschen gesichert zu werden. Bis dahin waren für die Schmelzschweißung an Kesseln 50 vH, in Sonderfällen bis 65 vH und an Dampffässern 70 vH zulässig; außerdem wurde bei Kesseln stets Laschensicherung der Schweißnähte gefordert. Entsprechend stellt sich V i g e n e r bei Besprechung des neuen Entwurfs der „Werkstoff- und Bauvorschriften für Landdampfkessel" ein[1]), auf den im Abschnitt „Glühbehandlung" nochmals eingegangen wird.

B e l a s t u n g s p r o b e n an Konstruktionsteilen und Kesseln bis zum Bruch sind mehrfach durchgeführt worden. So hat z. B. die G u t e h o f f - n u n g s h ü t t e schon 1923 einen doppelwandigen Fachwerkträger von 10 m Stützweite in allen Teilen elektrisch schweißen lassen und mit nach und nach gesteigerter Belastung zu Bruch gebracht, wobei keine Schweißnaht in Richtung der Stabkraft riß. — C z e r n a s t y berichtet (1932) über die Sprengung eines nach dem Pintschverfahren elektrisch geschweißten Versuchskessels von 1,5 m Durchmesser und 30 mm Wanddicke. Der zulässige Betriebsdruck betrug bei Verwendung von Flußstahl F I (35 $\cdots$ 44 kg/mm² Zugfestigkeit) rund 30 at. Der Wasserdruckversuch ging in der Weise vor sich, daß der Druck allmählich erhöht wurde, unter zeitweiser Entspannung zur Vornahme von Dehnungsmessungen. Nach starker Verformung (Ausbauchung) riß der Kessel bei 155 at Druck von der Mitte des Mantels aus, und zwar im vollen Blech. An keiner Stelle riß eine Schweißnaht; auch trat in keinem Fall durch die Schweißnaht ein Richtungswechsel des Bruches ein.

Von neueren Arbeiten seien zuerst die „Untersuchungen über die Schweißbarkeit niedrig legierter Kesselbaustoffe" von C z e r n a s t y angeführt[2]). Er untersucht zunächst Blechwerkstoffe, und zwar Mangan-Silizium-Stahl und Molybdänstahl, und ihre Schweißbarkeit nach dem Verfahren der Wassergas-Rollen-, Wassergas-Hammer-, Elektrolichtbogen- und Gasschweißung und stellt fest, daß beim Mn-Si-Stahl die Ergebnisse der Zerreiß-, Biege- und Kerbschlagversuche nahe über oder unter den entsprechenden Blechwerten liegen. Die Gefügeprüfung bestätigt den einwandfreien Herstellungszustand der Schweißnaht. Noch günstiger sind die Ergebnisse beim Mo-Stahl unter Verwendung einer der Werkstoffzusammensetzung entsprechenden ummantelten Elektrode. Eine in dieser Weise hergestellte Schweißnaht stellt eine hochwertige Verbindung dar, die den höchsten Ansprüchen des Dampfkesselbaues gewachsen ist.

G e s c h w e i ß t e r B a u s t a h l St. 52. Während auf anderen Verwendungsgebieten günstige Erfahrungen mit der Schweißung von St 52 gemacht wurden, sind im Brückenbau 1936 an der geschweißten Eisenbahnbrücke über die Hardenbergstraße am Bahnhof Zoologischer Garten, Berlin, und 1938 an den geschweißten Vollwandträgern der Reichsautobahnbrücke bei Rüdersdorf Schadensfälle eingetreten, und zwar an Stellen, wo über 30 mm dicke Gurtplatten mit den Stegblechen verschweißt wurden. In Belgien sind in den Jahren 1938 $\cdots$ 1940 mehrere geschweißte Straßenbrücken über den Albertkanal teils zusammengebrochen, teils schwer beschädigt worden. In den letzten Fällen ist wohl überall weicher unberuhigter belgischer Thomasstahl

---

[1]) Siehe Z. VDI 1930, S. 1215.
[2]) Dissertation C z e r n a s t y : Technischer Verlag, Berlin (Bd. XI der Veröffentlichungen des Zentralverbands der Preußischen Dampfkessel-Überwachungsvereine).

verwendet worden, der für unsere weitere Betrachtung als ungünstiger Werkstoff (höherer Phosphor- und Schwefelgehalt, schlechte Kerbschlagzähigkeit usw.) ausscheidet. Der Baustahl St 52 zeigt eine Steigerung der Zugfestigkeit in der beim Schweißen nicht vermeidbaren Aufhärtungszone auf etwa 100 kg/mm² und zugleich eine Verminderung der Dehnung von ursprünglich 20···25 vH auf etwa 10 vH. Er ist also, insbesondere bei größeren Blechdicken, stark bruchanfällig. Dies gab bereits 1937 Veranlassung zur Begrenzung der Legierungsbestandteile von St 52. Auf Grund weiterer Forschungsergebnisse wurde 1940 die baupolizeiliche Weisung für DIN 4100, wonach u. a. das Schweißen von Querschnitten aus St 52, die stärker als 20 mm sind, aus Sicherheitsgründen verboten war, wieder aufgehoben. Diese Forschungen haben u. a. gezeigt[1]), daß die Beschaffenheit und die Prüfung des Baustahls der Gurte der Zugzone des geschweißten Trägers ausschlaggebende Bedeutung haben. Es handelte sich darum, einen Stahl zu erhalten, der nicht mehr — wie der frühere St 52 — leicht spröde Brüche (Trennbrüche), sondern Verformungsbrüche ergab. Das Ziel erreichte man durch Anwendung eines Feinkornstahls, den man durch ein Sonderschmelzverfahren (Desoxydation mit Aluminium) erhält, und durch zusätzliches Normalglühen der Stahlplatten von mehr als 30 mm Dicke im Walzwerk. Bei den Erzeugnissen bestimmter Werte kann auf das Normalglühen verzichtet werden. Walzerzeugnisse von mehr als 50 mm Dicke aus St 52 dürfen vorläufig nicht verwendet werden[2]). Um die Schweißempfindlichkeit des St 52 und anderer Werkstoffe zu erfassen, wurde die A u f s c h w e i ß b i e g e p r o b e (Abbildung 388) mit in Rillen eingeschweißten Längsraupen entwickelt. Die nicht abgearbeitete Raupe liegt beim Biegen auf der Zugseite und ergibt nach mehr oder weniger starker Biegung Anrisse. Diese Probe wird zwar von verschiedenen Seiten als Kennzeichen der Schweißempfindlichkeit beanstandet, dürfte aber allgemein für die Beurteilung werkstofflich und herstellungstechnisch bedingter Einflüsse auf die Widerstandsfähigkeit einer Schweißverbindung wichtige Erkenntnisse liefern[3]). G r a f schlägt als gegenüber der Aufschweiß-

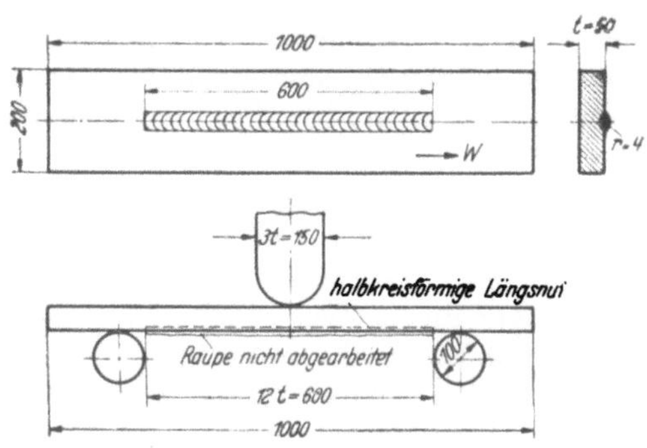

Abb. 388. Aufschweißbiegeprobe.

biegeprobe vereinfachtes Prüfverfahren die K e r b s c h l a g p r o b e mit Schlitzkerb vor. Durch V o r w ä r m e n[4]) und S p a n n u n g s f r e i - g l ü h e n wird auch eine größere Sicherheit gegen Rißgefahr erreicht, jedoch beeinträchtigen beide Wärmemaßnahmen die Herstellungszeit und Wirtschaftlichkeit der geschweißten Stahlkonstruktion, so daß die Reichsbahn die notwendige Sicherheit im allgemeinen ohne solche zusätzliche Hilfsmittel zu erreichen sucht. —

---

[1]) G r a f : Versuche zur Klarstellung von Schadensfällen an geschweißten Brücken. Z. VDI 1941, S. 357.
[2]) Z. VDI. 1941, S. 460.
[3]) Stahlbaukalender 1942, Abschnitt V, Schweißtechnik im Stahlbau.
[4]) Techn. Mitt. Krupp, Forschungsber. 1940, Heft 6.

Um bei der heutigen Erzeugungslage dem Thomasstahl wieder größere Anwendung für geschweißte Stahlkonstruktionen zu sichern, soll für Bleche unter 30 mm Dicke ein beruhigt vergossener Thomasstahl St 48 zugelassen werden, der bei der Aufschweißbiegeprobe befriedigt. — In neuerer Zeit[1]) berichtete M a n t e l über „Silizium als Legierungselement in Baustahl St 52" und stellte an Hand von Großzahlauswertungen der im laufenden Betrieb erhaltenen Festigkeitswerte von Schweißversuchen fest, daß Stähle mit 0,95 vH Si (bei 0,95 vH Mn) sich ebenso gut verschweißen lassen wie der als gut schweißbar bekannte Stahl mit etwa 0,4 vH Si und 1,3 vH Mn.

Biegewechselversuche wurden u. a. an Dünnblechen von Flugzeugbaustählen ausgeführt, die nach dem Gas- und nach dem A r c a t o m - Schweißverfahren verschweißt worden waren[2]). Gegenüber den im bisherigen Schrifttum enthaltenen Angaben ergaben sich bei Schweißungen nach beiden Verfahren die wesentlich höheren Biegewechselfestigkeiten von 22 bis 25 kg/mm² bei Cr-Mo-Stählen oder Izett-Stählen von etwa 54···80 kg/mm² Zugfestigkeit. Die Werte gelten für eine mittlere Blechdicke von 1,8 mm bei werkstattgemäßen Schweißungen.

T h u m und E r k e r[3]) stellten den ungünstigen Einfluß von Einbrandkerben auf die Dauerfestigkeit fest. Wenn die Kerben durch Rollen kalt verformt oder ausgefräst wurden, bzw. wenn die Schweißraupen unter besonderer Beachtung des sauberen Nacharbeitens der Übergangstellen abgearbeitet wurden, konnte beinahe die Dauerfestigkeit des unbeeinflußten Werkstoffs erreicht werden. Durch weitere Versuche wurde gezeigt, daß die durch die Wirkung von Eigenspannungen hervorgerufene Minderung der Dauerfestigkeit bei weichen Stählen nur 10···15 vH beträgt. Sie steigt bei hochfesteren Stählen und stärkerer äußerer Verspannung beim Schweißen auf 30 vH und mehr. Gefährlich werden die Eigenspannungen nur dann, wenn unter derart steifer äußerer Einspannung geschweißt werden muß, daß schon beim Schweißen selbst Risse auftreten .

Neuere Festigkeitsergebnisse von Gasschweißungen an Stahl. S o m m e r stellte 1932 fest, daß sich bei Kohlenstoffgehalten von über etwa 0,35 vH bzw. bei Stählen hoher Festigkeit (60 kg/mm² und mehr) Schwierigkeiten ergaben insofern, als sich mit den zur damaligen Zeit erhältlichen, auch legierten Schweißdrähten bei größeren Blechdicken die notwendige Festigkeit nicht mehr mit Sicherheit erreichen ließ. Z e y e n (1935 und 1936) erhielt bei Schweißungen mit legiertem Schweißdraht befriedigende Zugfestigkeiten bei Kohlenstoffgehalten bis 0,56 vH für 12 mm Blechdicke und bis 0,6 vH für 6 mm Blechdicke. Die Biegewinkel waren allerdings nur bis 0,38 vH C als ausreichend zu bezeichnen. Bei geringeren Blechdicken kann nach Z e y e n schon bei 0,3 vH C Schweißrissigkeit auftreten. Ebenfalls rät er bei großen Blechdicken und Stählen höheren Kohlenstoffgehalts zur Vorsicht. Sehr gute Festigkeitsergebnisse erhielt er für dünne Bleche bei Anwendung legierter Schweißdrähte, bei Entwicklung einer neuen Stahlsorte mit weitgehender Unempfindlichkeit gegen Schweißüberhitzung (z. B. Kruppstahl Aero 50) und insbesondere bei Vergütung der Schweiße durch Härten und Anlassen, was naturgemäß nur in bestimmten Fällen praktisch anwendbar ist.

---

[1]) Stahl u. Eisen 1942, S. 222.
[2]) Techn. Mitt. Krupp, Forschungsber. 1940, Heft 14.
[3]) Autogene Metallbearbeitung 1942, S. 49.

H o l l e r und F r a n k e n b u s c h (1936) prüften hochbeanspruchte Schweißnähte bis St 60 und fanden als erforderlich für gute Festigkeitsergebnisse die Verwendung entsprechender (manganlegierter) Schweißdrähte und eine Vergütung der Schweiße durch wurzelseitiges Nachschweißen oder mehr noch durch Hämmern. Schweißdrähte mit höherem Nickelgehalt (z. B. 3 vH Ni bei St 42) ergaben keinerlei Vorteile. S t u r s b e r g (1937) untersuchte eingehend die Schmelzverhältnisse und Güteeigenschaften bei höher gekohlten Flußstahl-Schweißungen (0,25 ⋯ 0,4 vH C). Er stellte die Überlegenheit der Nachrechtsschweißung gegenüber der Nachlinksschweißung auch in gütetechnischer Hinsicht fest. Durch wurzelseitiges Überschweißen der fertiggestellten Naht ergab sich eine Verbesserung der Biegedehnung und der Kerbzähigkeit um etwa 50 vH. Bei Kohlenstoffgehalten bis 0,40 vH erhielt er stets eine Zugfestigkeit der Schweißnaht, die höher war als die des Grundwerkstoffs. Eine Glühbehandlung der Schweiße wird empfohlen. Schweißrissigkeit wurde nicht festgestellt. C z t e r n a s t y (1937) prüfte Gasschweißungen niedriglegierter Kesselbaustoffe (z. B. Mangan-Siliziumstahl mit 0,12 vH C, 0,80 vH Mn, 0,24 vH Si, Molybdänstahl mit 0,13 vH C, 1,19 vH Mn, 0,15 vH Mo und Rohrschweißungen von Kupfer-Molybdän- und Chrom-Molybdänstahl) und stellte durchweg hinsichtlich Zugfestigkeit (100 vH), Biegewinkel (180°) und Kerbzähigkeit (14 ⋯ 15 mkg/cm²) sehr gute Ergebnisse für die Gasschweißung fest. Die besten Werte ergaben sich bei Normalglühung. Bei dem Mangan-Siliziumstahl wurde durch Hämmern (in Rotglut) keine Verbesserung gegenüber dem Glühen erzielt. Es ist hiernach also auch bei niedriglegierten Kesselbaustoffen möglich, mit der Gasschweißung hochwertige Schweißverbindungen zu erzielen.

H a s e (1938) bringt Angaben über Festigkeitswerte beim Schweißen von V e r b u n d b l e c h e n (plattierten Blechen). Die Zugfestigkeiten bei Schweißungen an Verbundblechen mit Deckschichten aus Kupfer, Nickel und Monelmetall liegen im Mittel bei 95 ⋯ 100 vH der Festigkeit des ungeschweißten Bleches.

H o l l e r und S c h n e d l e r[1]) prüften das Verhalten von geschweißten Stählen bei t i e f e n T e m p e r a t u r e n bei Gasschweißungen an 2 Kohlenstoffstählen mit 0,13 und 0,42 vH C und bei Lichtbogenschweißungen an einem Remanitstahl mit 17,7 vH Cr und 1,8 vH Mo und an einem Chrom-Nickelstahl (Nicrotherm) mit 24,7 vH Cr und 19,25 vH Ni. Innerhalb des Temperaturbereichs von + 20° und − 195° traten keine Strukturänderungen ein und ebenfalls keine wesentlichen Änderungen der Festigkeit, wenn auch mit fallender Temperatur Zugfestigkeit und Härte anstiegen und die Dehnung fiel. Demnach können auch abnahmepflichtige Gefäße für tiefe Temperaturen mit hoher Schweißnahtwertigkeit hergestellt werden.

Glühbehandlung von Schweißnähten. V i g e n e r stellt in seinen bereits angezogenen Ausführungen über „Die neuen Vorschriften für geschweißte Dampfkessel" fest, daß nach dem heutigen Stande unserer wissenschaftlichen Erkenntnis der für den Kesselbau in Frage kommende Werkstoff in n o r m a l g e g l ü h t e m Zustande die günstigsten Eigenschaften aufweist. Deshalb wird für Dampfkesselschweißungen im allgemeinen weiterhin das Normalglühen verlangt. Ein Verzicht auf eine Wärmebehandlung ist bei hochwertigen Schweißungen nur möglich, wenn der Schweißwerkstoff eine sehr große Dehnungsfähigkeit besitzt. Unter einschränkenden Bestimmungen

---

[1]) Autogene Metallbearbeitung 1942, S. 141.

wird auch das „Spannungsfreiglühen" (bei 600 ··· 650°) und schließlich auch die ungeglühte Schweißung zugelassen. Beim Spannungsfreiglühen wird aber die Bewertung der Schweißnaht nur bis zu 70 vH und bei ungeglühter Schweißung nur bis zu 50 vH des Grundwerkstoffs zugelassen, bei letzterer auch nur ein Betriebsdruck bis zu 8 at. — Über „Normalglühen und Spannungsfreiglühen von Schweißnähten" berichten weiter Schmidt und Jöllenbeck[1]). Sie stellen allgemein fest: Die Vorteile des Normalglühens sind einheitlicher Gefügeaufbau der Schweiße und des Grundwerkstoffs, kleine Restspannungen und Korrosionsbeständigkeit in Gegenwart schwacher Elektrolyte (z. B. Kesselwasser). Die Nachteile sind anspruchsvolle Temperaturführung des Glühvorgangs, hohe Brennstoffkosten, große und schwere Aussteifungen und die notwendige Entzunderung der normal geglühten Werkstücke. Die Vorteile des Spannungsfreiglühens liegen in der Hauptsache in der Aufhebung der Nachteile des Normalglühens. Als Nachteile des Spannungsfreiglühens werden die fehlende Gefügeumwandlung und der fehlende Nachweis der gleichen technologischen und metallurgischen Güte wie bei normalgeglühten Schweißen angesehen. Ein Spannungsfreiglühen mit folgendem Normalglühen wird bei der Herstellung über 50 mm dicker Schweißnähte angewendet, um bei diesen hohen Blechdicken Schweißrisse zu vermeiden. Man geht dabei meist so vor, daß man nach Schweißdicken von 25 ··· 30 mm spannungsfrei glüht. Große Blechdicken erfordern unter Umständen mehrmaliges Zwischenglühen. Das fertig geschweißte Werkstück wird schließlich normal geglüht. Der Kostenersparnis wegen wird neuerdings das Zwischenglühen dadurch umgangen, daß man die Schweißstellen unmittelbar vor der Schweißung durch Gasbrenner oder dergleichen auf etwa 200° anwärmt. — Erwähnt sei noch die „Rekristallisationsvergütung von Gasschweißungen", wie sie Czternasty[2]) auf Grund von Versuchen vorschlägt. Er weist darauf hin, daß die Vergütung von Gasschweißungen durch Hämmern in der Schweißwärme zwar seit langem bekannt, ein Erfolg jedoch sehr wechselvoll und, im Durchschnitt gesehen, gering gewesen ist. Rekristallisation ist eine Kornneubildung und u. U. starkes Kornwachstum, das bei Stahl beim Erwärmen auf Temperaturen von etwa 550 ··· 750° eintritt. Der Vorteil hoher Verformung liegt im Beginn der Rekristallisation bei tieferen Temperaturen, die nur geringe Kornwachstumsgeschwindigkeit bedingen, und im Auslösen vieler Rekristallisationskeime, so daß ein feinkörniges Gefüge entsteht. Das stückweise Hämmern jeder Lage löst nun wohl Rekristallisation aus, jedoch können weder Verformungsgrad noch Temperatur genau beherrscht werden. Man muß also die richtigen Temperaturen treffen und dann bei dünnen Blechen hämmern, bei dicken Blechen auf entsprechend konstruierten Maschinen walzen. Da die Rekristallisation außerdem mit einer Reinigung des Schweißgutes durch Ausscheidung von Gasen verbunden ist, ergibt sich dann, wie insbesondere Biege- und Kerbschlagproben zeigen, eine wesentliche Verbesserung der Güteeigenschaften der Schweiße. Das Verfahren kann sinngemäß auf die Lichtbogenschweißung angewendet werden.

Gußeisenschweißungen. Hierüber liegen aus neuerer Zeit keine wesentlichen Untersuchungen vor. Die Zugfestigkeit der Gußschweißverbindungen liegt bei Warmschweißungen zwischen 90 und 100 vH der des Ursprungswerk-

---

[1]) Siehe Elektroschweißg. 1940, S. 57.
[2]) Wärme 1940, S. 13.

stoffs. Da zahlreiche, auch hochbeanspruchte geschweißte Gußstücke schon seit 30 Jahren in einwandfreiem Betrieb sind, ist anzunehmen, daß auch die Dauerfestigkeit der Schweißstellen der des Ursprungwerkstoffs nahekommt.

Festigkeitsergebnisse von Gasschweißungen an Nichteisenmetallen.

K u p f e r s c h w e i ß u n g e n. Im Mittel lassen sich folgende Werte erzielen:

Mutterwerkstoff . . . . . 21 ···24 kg/mm² Zugfestigkeit und 38   vH Dehnung
Rohschweiße . . . . 11,8···12,0 kg/mm² Zugfestigkeit und 5.8···8,9 vH Dehnung
Warmgehämmerte Schweiße 20 ···22 kg/mm² Zugfestigkeit und 30···34 vH Dehnung

M e s s i n g s c h w e i ß u n g e n. Der Biegewinkel längs und quer zur Naht beträgt durchweg 180°, die Zugfestigkeit der Rohschweiße selten unter 90 vH. An Ms 63 ausgeführte Schweißungen ergaben im Mittel folgende Werte:

Mutterwerkstoff . . . 38,6 kg/mm² Zugfestigkeit und 40 vH Dehnung
Rohschweiße . . . . 34,5 kg/mm² Zugfestigkeit und 30 vH Dehnung
Gehämmerte Schweiße 37,2 kg/mm² Zugfestigkeit und 45 vH Dehnung

Im allgemeinen wird also durch Warmhämmern (zwischen 500 und 600°) sowohl die Zugfestigkeit wie die Dehnung gesteigert.

S c h w e i ß u n g e n   a n   S o n d e r b r o n z e n. Schweißversuche an Blechen von 6 und 10 mm Dicke aus A l u m i n i u m b r o n z e mit 96 vH Kupfer und 4 vH Aluminium ergaben folgende Werte:

Mutterwerkstoff . 36,0 kg/mm² Zugfestigkeit, 53,0 vH Dehnung, 180° Biegewinkel
Rohschweiße . . 31,0 kg/mm² Zugfestigkeit, 39,0 vH Dehnung, 180° Biegewinkel

Umfangreiche Versuche von B ü r g e l (1936) an 7 Sorten S o n d e r - b r o n z e n, in der Hauptsache mit Zink-, Nickel- und Aluminiumzusatz, zeigten eine sehr gute Eignung der Azetylenschweißung. Die Zugfestigkeit erreichte meist die des ungeschweißten Bleches, auch die Dehnung war befriedigend. Eine Nachbehandlung der Schweiße durch Vergüten ergab keine nennenswerte Gütesteigerung.

A l u m i n i u m s c h w e i ß u n g e n. Versuche von Z i m m e r m a n n (1937) an Aluminiumblechen mit 99,5 vH Al ergeben das Bild der Tabelle 31. Es zeigt sich, daß bei weichem Werkstoff die Zugfestigkeit der Schweiße die des Grundwerkstoffs stets übersteigt. Bei hartem Werkstoff liegen die

Zugfestigkeitswerte der Schweiße etwa in der Höhe des weichen Werkstoffs bzw. dessen Schweiße. Die Dehnung der Schweiße ist bei weichen Blechen, entsprechend der größeren Härte der Schweiße, geringer als die des weichen Werkstoffs, und bei harten Blechen, entsprechend

Tabelle 31.

Blechdicke mm	Bezeichnung	Zugfestigkeit kg/mm²		Dehnung vH	
		Grundstoff	Geschweißt	Grundstoff	Geschweißt
3	weich	7,98	8,43	45,5	24,5
3	halbhart	11,67	8,20	18,4	20,9
6	weich	7,67	7,41	49,1	30,9
6	halbhart	11,61	7,56	19,1	32,2
12	weich	7,08	7,84	66,9	27,1
12	halbhart	11,50	8,38	35,7	36,6
20	weich	8,02	8,20	67,5	37,4
20	halbhart	10,54	8,48	54,1	43,7

der Ausglühwirkung, größer als die des harten Werkstoffs. Ein Kalt- bzw. Warmhämmern der Schweiße erbrachte eine mäßige Erhöhung der Zugfestigkeit, aber eine starke Verbesserung der wohl erstmalig bei Aluminiumschweißungen festgestellten Kerbzähigkeit. Bei dem Warmabhämmern wurden beim 20 mm-Blech sogar die Werte des Grundwerkstoffs für die Kerbzähigkeit (10,5 ··· 11,0 mkg/cm²) erreicht.

Magnesiumschweißungen. Nach den „Anleitungsblättern für das Schweißen und Löten von Leichtmetallen"[1]) werden von gut ausgebildeten Schweißern folgende Zugfestigkeiten erreicht:

Knetlegierung Mg-Mn (geschmiedet) . 17···21 kg/mm²
Knetlegierung Mg-Al 6 (geschmiedet) . 25···29 kg/mm²
Gußlegierung G Mg-Mn . . . . . . 9···11 kg/mm²
Gußlegierung G Mg-Si . . . . . . 9···10 kg/mm²
Gußlegierung G Mg-Al 3-6-Zn . . . 15···21 kg/mm²

Das entspricht etwa 90···95 vH der Zugfestigkeit des Ursprungwerkstoffs.

Den Einfluß tiefer Temperaturen auf die Festigkeitseigenschaften gasgeschweißter Aluminium- und Messingverbindungen untersuchten Holler und Schnedler[2]) und stellten fest, daß mit sinkender Temperatur (niedrigste Untersuchungstemperatur —195°) Zugfestigkeit, Dehnung und Härte sogar ansteigen mit Ausnahme der Dehnung des Hydronaliums, die ab —80° mit fallender Temperatur absinkt.

Schweißungen von Nickel und Nickellegierungen. Schweißungen an Reinnickelblechen ergaben im Mittel:

Mutterwerkstoff . . . . 42 kg/mm² Zugfestigkeit und 40···50 vH Dehnung
Rohschweiße . . . . 35 kg/mm² Zugfestigkeit und 10···30 vH Dehnung
Geschweißt, gehämmert und geglüht 58 kg/mm² Zugfestigkeit und 38 vH Dehnung
Hammerschweiße . . . . 42 kg/mm² Zugfestigkeit und 26 vH Dehnung

Schweißungen an Monelmetallblechen von 3 und 4 mm Dicke zeigten im Mittel:

Mutterwerkstoff . 49,36 kg/mm² Zugfestigkeit und 31.4 vH Dehnung
Schweiße . . . 48,53 kg/mm² Zugfestigkeit und 18,0 vH Dehnung

Zinkschweißungen ergaben nach Horn (1936) ungehämmert eine Zugfestigkeit von 8···10 kg/mm² und einen Biegewinkel von 100···180° bei 1···2 mm-Blech gegenüber etwa 17···19 kg/mm² Zugfestigkeit des Mutterwerkstoffs.

3. Metallographische Prüfungen.

Allgemeines. Der Metallograph untersucht das Kleingefüge des Metalls und dessen Aufbau und zieht aus der Struktur des meist im Mikroskop stark vergrößerten Werkstoffs Schlüsse auf dessen Herstellung und Behandlung. Er entnimmt dem zu prüfenden Werkstück kleine Stückchen, feilt, schleift und poliert eine Fläche und macht, da auf der glänzenden Fläche selten etwas zu erkennen ist, das Gefüge dadurch sichtbar, daß er die Schlifffläche entweder anläßt oder, was am häufigsten vorkommt, mit gewissen Lösungen ätzt. Meist erfolgt ein Ätzen mit Kupferammonium-

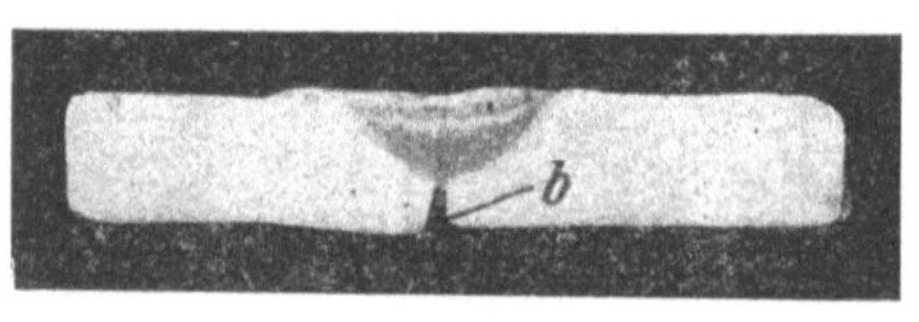

Abb. 389. Schlecht geschweißtes Flußstahlblech.

---

[1]) Berlin, VDI-Verlag 1940.
[2]) Autogene Metallbearbeitung 1942, S. 316.

chlorid bei Prüfungen des Großgefüges (mit bloßem Auge, makroskopische Prüfung) oder mit alkoholischer Salpetersäure bei Prüfungen des Kleingefüges (mikroskopische Prüfung). Durch das Anlassen *oder Ätzen treten* die einzelnen kristallinen Bestandteile des Metalls in verschiedenen Farben oder erhaben hervor. Für einen Vergleich von Bildern des vergrößerten Gefüges ist es wichtig, daß jedesmal die Vergrößerung angegeben wird (z. B. Abb. 393 und 394: V = 200, d. h. 200fach vergrößert).

Untersuchungen an Gasschweißungen. Der Unterschied zwischen Kohlung und Entkohlung tritt in Abb. 389 (Flußstahlblech) scharf hervor. *b* ist n i c h t d u r c h g e s c h w e i ß t; oberhalb dieser Fuge wurde zuerst mit G a s ü b e r s c h u ß (dunkle Färbung), darauf mit S a u e r s t o f f ü b e r s c h u ß (helle Färbung) geschweißt. Im obersten Teile der Schweißnaht machen sich schon Anzeichen von Ü b e r h i t z u n g und die Einlagerung von Fremdkörpern (Oxydeinschlüssen) bemerkbar. Infolge von Gasüberschuß oder Eintauchen des Flammenkegels kann die Kohlung (Zementation) des Stahls so weit getrieben werden, daß der Nahtquerschnitt in der Schliffätzung ausgesprochen schwarz erscheint. Solche Schweißungen sind, gleich den verbrannten, spröde und deshalb unbrauchbar.

Die nun folgenden Abb. 390 und 391 zeigen doppelseitig geschweißte Flußstahlbleche von 30 mm Dicke. Die Ätzung in Abb. 390 stammt von einer Schweißnaht, die trotz geringer Mängel als g u t anzusprechen ist, da Bleche von solchen Abmessungen autogen schwer schweißbar sind. Hier ist die Wassergas- oder die Lichtbogenschweißung am Platze. Nur an der Stelle *b* ist dem Schweißer ein Fehler unterlaufen insofern, als er eine Oxydschicht nicht genügend zerstört und mit eingeschmolzen, beziehentlich den Werkstoff nicht ausreichend geschmolzen (kaltgeschweißt) hat. Bei *a* sehen wir Schwefeladern, die an der Schweißfuge unterbrochen sind.

Aus Abb. 390 ist auch die kristalline, k ö r n i g e G e f ü g e s t r u k t u r des eingeschmolzenen Z u s a t z w e r k s t o f f s ersichtlich, der sich auf diese Weise vom Grundwerkstoff, dessen Gefüge von streifigem, langgezogenem Aussehen ist, abhebt. Man erhält bei ungehämmerten, ungeglühten Schweißnähten das Gefüge eines gegossenen Werkstoffs, denn die Schmelzschweißung ist im Grunde genommen nichts anderes als ein Kleingießverfahren. Das beim Walzen des Blechs entstandene, in der Schweiße unterbrochene, faserige Gefüge kann annähernd wiederhergestellt

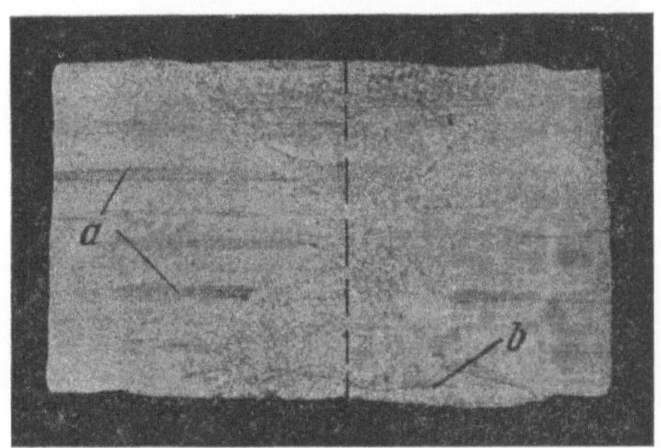

Abb. 390. Dickes, doppelseitig geschweißtes Flußstahlblech.

werden, wenn die Schweißnaht im r o t w a r m e n Z u s t a n d e (oberhalb 800°) g u t g e h ä m m e r t, g e s t r e c k t (ausgebreitet) o d e r g e w a l z t w i r d. Diese mechanische Bearbeitung muß aber stets bei einer Temperatur erfolgen, bei welcher das Eisen nicht mehr magnetisch ist (deutliche Rotglut, über 770°). Hieraus erklärt es sich, warum man in Schweißereien mitunter kleine Hufeisenmagnete antrifft; sie dienen dazu, die zulässige untere Grenze der Hämmertemperatur auf einfachste Weise festzustellen. Da Eisen unterhalb 770° wieder seinen Magnetismus zurückerhält, darf es in niedrigeren Temperaturen (insbesondere in der Blauwärme) n i c h t mehr gehämmert werden, wenn innere Spannungsrisse im Werkstoff verhindert werden sollen, die späterhin im Betriebe zu Bruchbildung Veranlassung geben können.

Welchen Einfluß die Verwendung unreinen, daher erfahrungsgemäß u n g e e i g n e t e n Z u s a t z w e r k-

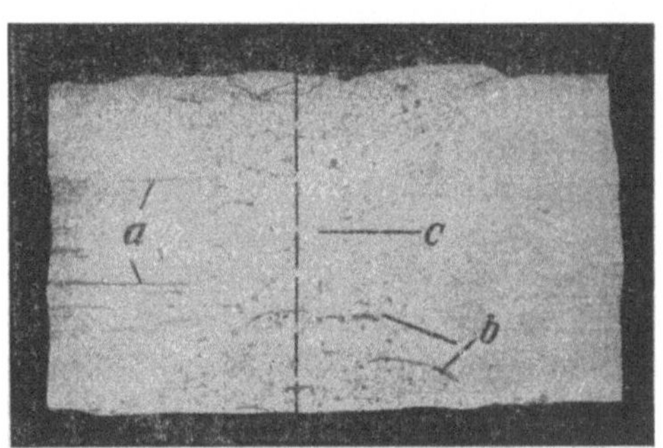

Abb. 391. Dickes, doppelseitig geschweißtes Flußstahlblech mit Schlackeneinschlüssen.

s t o f f s hat, soll Abb. 391 die Schlifffläche eines ebenfalls 30 mm dicken, im übrigen doppelseitig gut geschweißten Flußstahlblechs zeigen. Umfang-

Abb. 392. Schweißnaht eines Wasserrohrs in einem Torpedobootskessel.

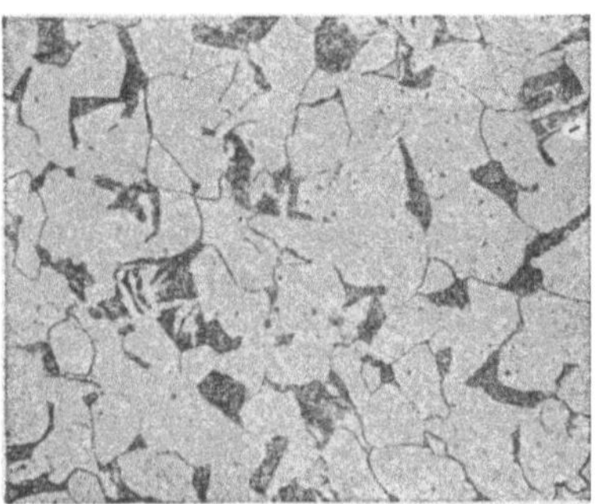

Abb. 393. Probe aus reinem Schweißgut (Rohschweiße) V = 200.

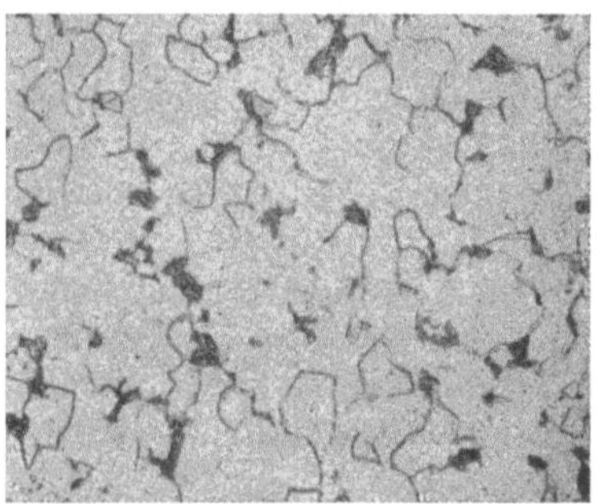

Abb. 394. Probe aus reinem Schweißgut (normalgeglüht) V = 200.

reiche Schlackeneinschlüsse sind an verschiedenen Stellen der Naht (insbesondere bei b) eingelagert und beeinträchtigen deren Querschnittsfestigkeit erheblich. Bei a sind noch Schwefeleinschlüsse zu erkennen. Bei c treffen die beiderseitigen ersten Schweißlagen zusammen.

In Abb. 392 haben wir eine Gasschweißnaht aus dem Wasserrohrkessel eines Torpedoboots in unbearbeitetem Zustande vor uns, und zwar oben im Querschnitt und unten im Längsschnitt, in der Richtung $a \div b$ geschnitten. Die Schweißung zeigt im nichtvergrößerten Bild kleine P o r e n und hat trotzdem 11 Jahre tadellos gehalten. Auch dann riß sie nicht, sondern das Torpedoboot wurde außer Dienst gestellt. Zu berücksichtigen ist in diesem Falle besonders, daß der Schweißer unter ungünstigen Licht- und Platzverhältnissen und zum Teil über Kopf schweißen mußte.

Die Abb. 393 und 394 zeigen Proben aus reinem Schweißgut (Stahldraht mit 0,13 vH C) in 200facher Vergrößerung, und zwar in Abb. 393 ohne Wärmebehandlung (Rohschweiße) und in Abb. 394 eine halbe Stunde lang normalgeglüht. Das Gefügebild zeigt in beiden Fällen Ferrit und Perlit. Ausscheidungen von S t i c k s t o f f - n a d e l n und o x y d i s c h e E i n - s c h l ü s s e sind n i c h t zu erkennen. Das Gefüge der wärmebehandelten Schweiße ist feiner als das der nichtwärmebehandelten, was bei der Festigkeitsuntersuchung in einer Erhöhung der Dehnungswerte zum Ausdruck kommt. Demgegenüber neigt die mit nackten und leichtumhüllten Elektroden hergestellte Lichtbogenschweißnaht zur S t i c k s t o f f a u f n a h m e. Wie Abb. 395 erkennen läßt, erscheint der Stickstoff bei genügend starker Ver-

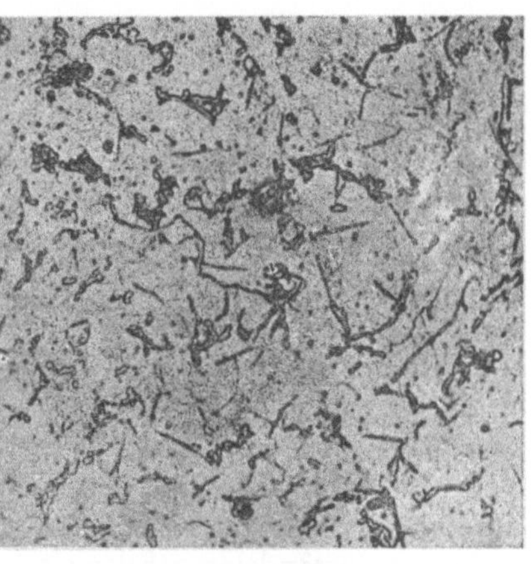

Abb. 395. Lichtbogenschweißung mit Nitridnadeln ($V = 500$).

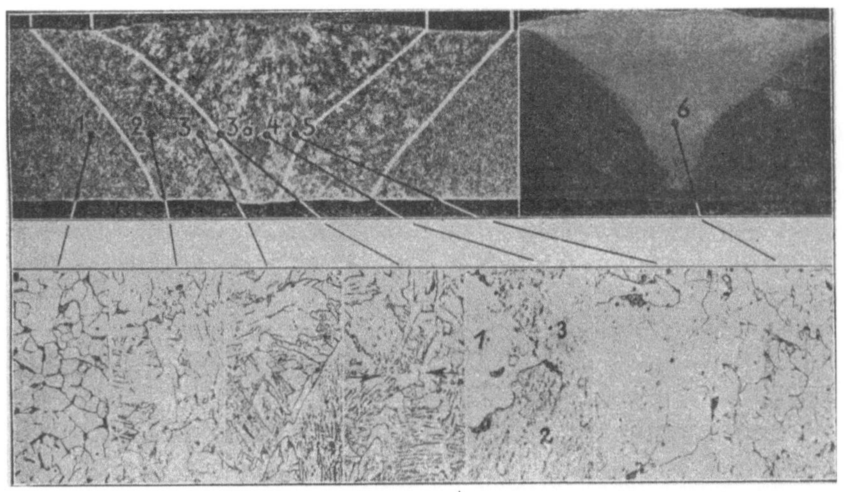

Abb. 396. Gefügeaufbau einer Gasschweißung.

größerung (in diesem Falle $V = 200$) in Form feiner Nitridnadeln (Eisennitrid, Fe_2N, eine Eisenstickstoffverbindung), die das ganze Feld des Metallschliffs durchsetzen. Hierbei darf nicht übersehen werden, daß solche

Nitridnadeln in schnell abgekühlten oder sogar abgeschreckten Schweißen auch bei starker Vergrößerung im Mikroskop nicht sichtbar sind, woraus jedoch keineswegs auf ihre Abwesenheit geschlossen werden darf. Glüht man die Probe und läßt sie langsam erkalten, so tritt das nadelige Gefüge deutlich hervor.

In Abb. 396[1]) sehen wir, gewissermaßen zusammengefaßt, den ganzen Gefügebau einer Gasschweißung, und zwar oben links ohne Nachbehandlung (Rohschweiße) und rechts normalisiert (d. h. oberhalb des oberen Umwandlungspunktes geglüht), beides in 3,5facher Vergrößerung. Die unteren 7 Einzelbilder geben in 100facher Vergrößerung Einzelheiten der in den oberen Bildern bezeichneten Punkte (s. Angaben in der Bildunterschrift).

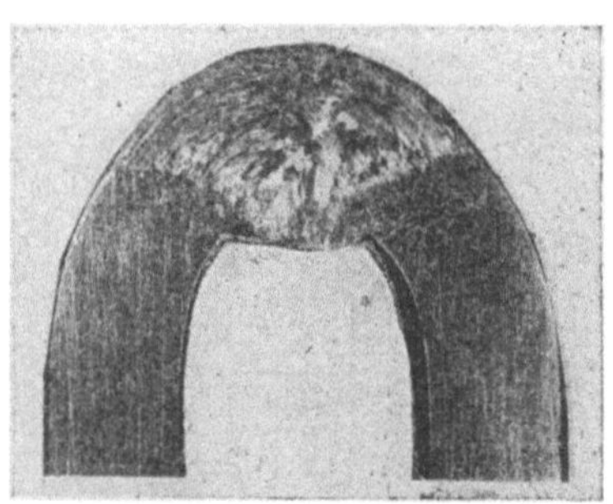

Abb. 397. Aluminiumbronzeschweißung, um 180 ⁰ gebogen.

Eine nach dem Biegen um 180° geätzte Schliffprobe eines A l u m i n i u m - b r o n z e b l e c h s von 10 mm Dicke, das mit umhüllten Stäben autogen geschweißt wurde, zeigt uns die Abb. 397. Diese Rohschweiße ist völlig poren- und fehlerfrei und zeigt das der Legierung eigentümliche grobkristalline stengelige Gefüge, dessen Kristalle aber der Biegedehnung anstandslos gefolgt sind.

Abb. 398. Zinkblechschweißung, 0,6 mm dick (V=15).

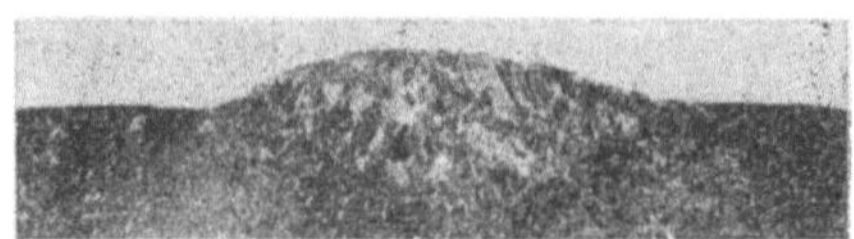

Abb. 399. Gute Nickelblechschweißung.

Die Abb. 398 gibt sodann das Gefüge einer Z i n k b l e c h schweißung von 0,6 mm Dicke in 15facher Vergrößerung wieder. Man erkennt in der Schweiße sehr grobe Stengelkristalle, die zu einer erheblichen Abnahme der Festigkeit führen. Die Ausbildung des groben Korns erfolgt sehr

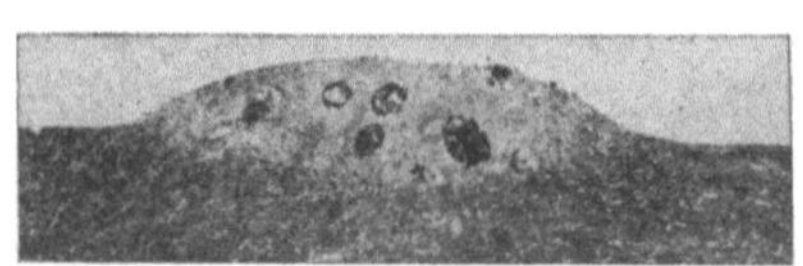

Abb. 400. Fehlerhafte Nickelblechschweißung.

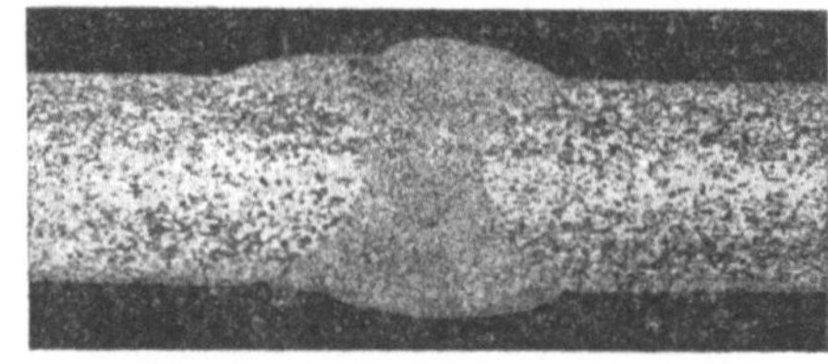

Abb. 401. Aluminiumblechschweißung, mit Reinaluminiumdraht geschweißt und warm gehämmert.

plötzlich, schließt ohne Übergang an den Mutterwerkstoff an und nimmt mit abnehmender Blechdicke zu.

In Abb. 399 haben wir eine fehlerfreie N i c k e l b l e c h schweiße an einem 2 mm dicken Blech vor uns; die mit richtig eingestellter Flamme und

---

[1]) Aus T e w e s : Das Gefügebild der Schweißnaht. Autog. Metallbearb. 1939, S. 35.

gutem Schweißdraht nachrechtsgeschweißt worden ist. Die Schweiße ist nicht
vergütet. Die gleich dicke Schweißnaht in Abb. 400 ist mit falscher Flammeneinstellung und einem ungeeigneten Flußmittel nachlinksgeschweißt.

Zwei Aluminiumblechschweißungen zeigen uns die Abb. 401
und 402, und zwar sehen wir in Abb. 401 die Schweiße eines Aluminiumblechs von 22 mm Dicke, das mit Reinaluminiumdraht geschweißt und warm
gehämmert worden ist, und in Abb. 402 eine feinkörnige Schweiße desselben Bleches, die mit einem titanlegierten (0,1 vH) Draht ohne Vergütung
erreicht wurde.

Schließlich gibt Abb. 403 noch eine
Hartlötung an Kupferblech in
35facher Vergrößerung wieder. Das Lot
bestand aus einem Messingsonderdraht.
Beiderseits sieht man das reine Kupferblech.

Zusammenfassend kann festgestellt
werden, daß metallographische Unter-

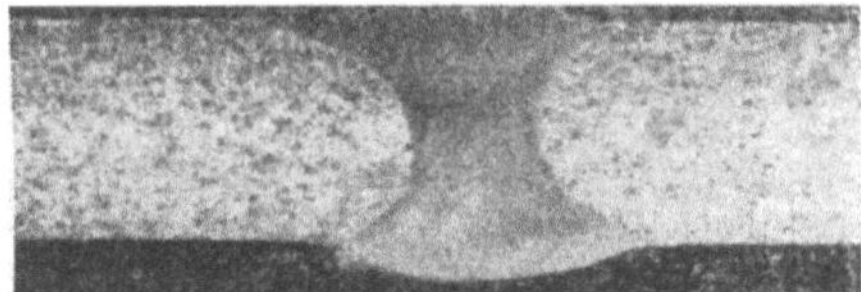

Abb. 402. Aluminiumblechschweißung, Schweißdraht
mit Titanzusatz, Rohschweiße.

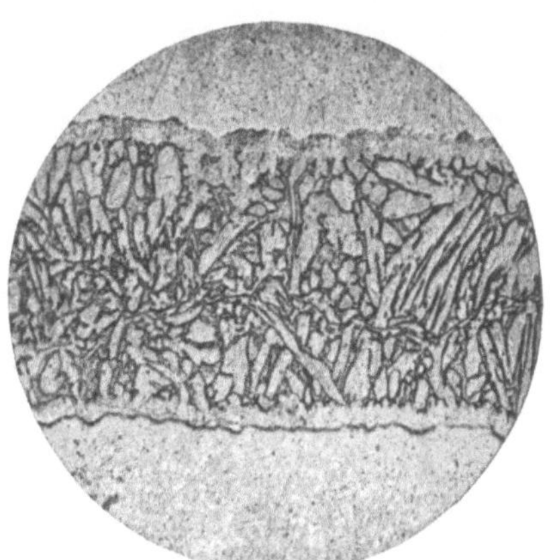

Abb. 403. Hartlötung an Kupferblech
(V = 35).

suchungen der Schweißnaht durch nähere Aufklärung über die Struktur des
Schweißgefüges zu Verbesserungen anregen können und selbst schon bei
geringer Vergrößerung Schweißfehler deutlich erkennen lassen.

4. Chemische Prüfungen.

Werkstück. Die Rücksichtnahme auf die chemische Zusammensetzung
des Werkstücks konnte im Laufe der Jahre immer mehr zurückgestellt
werden, da heute auch kohlenstoffreiche Stähle und Sonderstähle, alle Gußeisensorten usw. unter Beobachtung der nötigen Vorsichtsmaßregeln
schweißbar sind.

Schweißdraht. Nicht die chemische Analyse allein ist, wie schon mehrfach erwähnt, maßgebend für die Güte des Drahts, sondern auch sein Verhalten bei Probeschweißungen und die bei diesen Schweißungen erzielten
Festigkeitswerte. In der DIN-Vornorm 1913 sind auch kurze Angaben über
die chemische Zusammensetzung der Schweißdrähte enthalten (im allgemeinen unter 0,03 vH P und unter 0,03 vH S). Es wird aber mit Recht
betont, daß die Schweißdrahtzusammensetzung sich nach dem Schweißverfahren und dem Verwendungszweck richten muß. Zur Erhöhung der Festigkeit
dient vor allem höherer Manganzusatz, zur Erhöhung der Dehnung ein
erhöhter Zusatz an Mangan, Kupfer, Nickel, Molybdän, zur Erhöhung der
Verschleißfestigkeit wieder ein Manganzusatz bis zu 14 vH. Man stellt
Schweißdrähte für die Gas- und für die elektrische Lichtbogenschweißung
üblicherweise nicht aus den gleichen Schmelzungen her. Für Gasschweiß-
drähte verwendet man einen desoxydierten Stahl, damit der Draht beim

Abschmelzen in der Brennerflamme möglichst wenig Schlackenbildung ergibt. Im Gegensatz hierzu sind in Lichtbogenschweißdrähten oft nichtmetallische Einschlüsse erwünscht, weil sie zur Stabilisierung des Lichtbogens beitragen.

Im DIN-Entwurf 1 E 2301 ist für Gas- und Lichtbogenschweißung von Gußeisen der Sorten Ge 12.91 bis 22.91 die chemische Zusammensetzung der Gußeisenstäbe für die Gußeisenwarmschweißung innerhalb folgender Grenzen angegeben: 3 · · · 3,6 vH C, 3 · · · 3,8 vH Si, 0,5 · · · 0,8 vH Mn, 0,4 · · · 0,8 vH P und unter 0,1 vH S. Geringe Abweichungen sind zulässig.

Schweiße. Nach Versuchen von Z e y e n , C z t e r n a s t y u. a. ergaben sich zwischen den chemischen Zusammensetzungen des Schweißdrahts und der Schweiße bei F l u ß s t a h l s c h w e i ß u n g e n verschiedene kennzeichnende Unterschiede, wie sie auch aus den in Tabelle 32 auszugsweise wiedergegebenen Versuchsergebnissen zu erkennen sind.

T a b e l l e 32.

Gegenstand	Kohlenstoff C vH	Silizium Si vH	Mangan Mn vH	Phosphor P vH	Schwefel S vH	Sauerstoff O vH	Stickstoff N vH
Versuche von Z e y e n :							
Schweißdraht	0,09	Sp	0,44	0,018	0,021	0,010	0,006
Schweiße	0,07	Sp	0,33	0,022	0,028	0,041	0,019
Schweißdraht	0,13	0,07	0,66	—	—	0,021	0,005
Schweiße	0,10	0,02	0,49	—	—	0,037	0,017
Versuche von C z t e r n a s t y :							
Schweißdraht	0,14	0,40	1,00	0,011	0,006	—	—
Schweiße	0,11	0,25	0,74	0,020	0,009	—	—
Schweißdraht	0,15	0,42	0,45	0,017	0,020	—	—
Schweiße	0,10	0,37	0,45	0,017	0.028	—	—

Der Kohlenstoffgehalt des Schweißdrahts nimmt, insbesondere wenn er höher ist, beim Übergang in die Schweiße infolge von Verbrennungsvorgängen ab, ebenso der Silizium- und der Mangangehalt. Der Phosphor- und der Schwefelgehalt bleiben nahezu unverändert. Der Sauerstoff- und der Stickstoffgehalt aber nehmen, infolge von Sauerstoff- und Stickstoffaufnahme aus der Luft, ziemlich stark zu, allerdings lange nicht in dem Maße, wie bei der elektrischen Lichtbogenschweißung mit nackten und getauchten Elektroden.

Bei G u ß e i s e n schweißungen zeigen Schweiße und Gußstück im allgemeinen nahezu dieselbe Zusammensetzung, wie dies ja auch erwünscht ist.

Für die Gasschweißung von K u p f e r besteht eine DIN-Vornorm des Fachausschusses für Schweißtechnik im VDI mit Lieferbedingungen für den Schweißdraht. Der Kupfergehalt des Drahts muß mindestens 98 vH betragen und der Gehalt an Arsen darf nicht 0,5 vH, der an Phosphor nicht 0,08 vH, der an Eisen nicht 0,03 vH und der an Sauerstoff nicht 0,03 vH überschreiten.

Korrosionsversuche. Der Stand der N o r m u n g auf dem Korrosionsgebiet in Deutschland ist zur Zeit durch die Normenblätter DIN 4850 · · · 4853 gegeben. DIN 4850 behandelt allgemein die „Richtlinien für die Durchführung und Auswertung von Korrosionsversuchen an Metallen“ und DIN 4853 im besonderen die „Prüfung von Leichtmetallen auf Seeklima und Seewasserbeständigkeit.“

Aus einer zusammenfassenden Darstellung von B ü r g e l[1]), die auf eigene und andere Versuche Bezug nimmt, sei folgendes hervorgehoben: Die Korrosionsbeständigkeit normaler Stahlschweißungen wird selten zu prüfen sein, da die geschweißte Konstruktion im allgemeinen mit einem Schutzanstrich versehen wird. Bei rostfreien Stählen mit höherem Kohlenstoffgehalt tritt durch Karbidausscheidung an den Korngrenzen Korrosion auf. Sie wird vermieden durch Abschrecken aus höheren Temperaturen (1150°) oder besser durch Erniedrigung des Kohlenstoffgehalts (auf unter 0,07 vH) und Zusatz von Titan, Tantal, Niob, die ausgesprochene Karbidbildner und Karbidhalter sind, so daß bei der Schweißung keine Karbidausscheidung auftritt. Die Untersuchung von Sonderbronze, Monelmetall, Aluminium und Hydronalium ergab bei deren Schweißung mindestens die gleiche Korrosionsbeständigkeit wie beim Grundwerkstoff. Feineres Korn ergibt eine größere Korrosionsbeständigkeit als grobes Korn. Kornverletzungen und Kornverbiegungen begünstigen die Korrosion. Dementsprechend verbessert Warmhämmern die Korrosionsbeständigkeit, dagegen wird sie durch Kalthämmern verschlechtert.

Aus Versuchen von H u n s i c k e r sei noch zusätzlich hervorgehoben, daß bei Aluminium und Blei die Wasserstoffflamme schlechtere Korrosionswerte ergibt als die Azetylenflamme und daß beim Aluminiumschweißen etwaige auf der Schweißnaht zurückbleibende Pastenreste korrosionsfördernd wirken.

Neuere „Untersuchungen über den Einfluß des Schweißverfahrens, der Blechdicke und der Nachbehandlung auf die Korrosionsbeständigkeit von geschweißten A l u m i n i u m l e g i e r u n g e n" sind von E. von R a j a k o v i c s durchgeführt worden[2]). Nach DIN 4853 sind für Laboratoriumsversuche der Sprühversuch, der Wechseltauchversuch, der Rührversuch und der vereinigte Wechseltauch- und Rührversuch vorgesehen. Untersucht wurde mit Hilfe des Rührversuchs nach dem DVL-Schnellprüfverfahren, bei dem als Korrosionsflüssigkeit eine 3prozentige Kochsalzlösung mit einem Zusatz von 0,1 vH Wasserstoffsuperoxyd dient. Die Proben werden in ein Glasgefäß bestimmter Abmessungen, das mit der Korrosionsflüssigkeit gefüllt ist, eingehängt. Ein Rührer, der mit 135 Umdrehungen je Minute umläuft, versetzt die Flüssigkeit in Bewegung. Als Maß für die Korrosionswirkung dient der Abfall der Zugfestigkeit und Bruchdehnung in Abhängigkeit von der Korrosionsdauer. Zwischen derartigen Laboratoriumsversuchen und Naturversuchen in Seeklima und Seewasser hat man gute Übereinstimmung erzielt. Die Schweißung erfolgte teils durch Niederschmelzen der Bördel an 1 mm dicken Blechen, teils an Blechen von 1, 2, 3 und 6 mm Dicke. Die Legierungen „Leichtmetall MN 20" und „Duranalium MG 2 S" zeigten sich dem Schweißverfahren gegenüber sehr unempfindlich. Dagegen ergab sich bei den Legierungen „Duralumin K", „Duranalium MG 3", „Duranalium MG 5" und „Duranalium 681 ZB ¹/₃" eine höhere Korrosionsbeständigkeit bei Schweißungen mit der Azetylen-Sauerstoff-Schweißung und mit dem Weibelverfahren gegenüber der Wasserstoff-Sauerstoff-Schweißung und insbesondere gegenüber der Arcatomschweißung. Als Ursache ist offen-

¹) Bürgel: Autogene Metallbearbeitung 1936, S. 148 u. f.
²) Autogene Metallbearbeitung 1941, S. 353.

bar die Verwendung des Wasserstoffs anzusehen, der in die feste Aluminiumgrundmasse hineindringt. Hinsichtlich der Blechdicke wurden günstigere Ergebnisse mit den dickeren Blechen erzielt. Durch Nachveredlung (d. h. durch nochmalige Aushärtung nach dem Schweißen) bei „Duralumin 681 ZB $^1/_3$" und „Duralplat" oder durch Spritzplattierung läßt sich die Korrosionsbeständigkeit der Schweißverbindungen wesentlich verbessern.

D. Untersuchung von Schweißspannungen.

Vorbemerkung. Nicht nur beim Schmelzschweißen entstehen Spannungen, sondern auch bei anderen Arbeitsverfahren. Bekanntlich stehen Gußstücke und gehärtete Teile meist unter R e s t s p a n n u n g e n. Unter Spannung stehen auch Niet-, Schrauben- und Keilverbindungen, Schrumpfringe usw. Aber auch beim Biegen von Blechen, beim Drehen, Hobeln usw. entstehen unter Umständen bedeutende Spannungen. So wurden z. B. beim Rundbiegen eines 28 mm-Kesselblechs auf 800 mm Durchmesser Druck- und Zugspannungen von 18 kg/mm² gemessen, ferner beim Drehen unter bestimmten Voraussetzungen Oberflächendruckspannungen von 25 · · · 30 kg/mm².

Meßverfahren. Das bis jetzt gebräuchlichste Verfahren besteht darin, daß man mit geeigneten Meßeinrichtungen eine bestimmte Meßstrecke (z. B. 100 mm) auf dem zu prüfenden Schweißblech vor, sowie nach dem Schweißen und nach dem Entspannen oder nur vor und nach dem Schweißen mißt. Das Entspannen geschieht durch Auseinanderschneiden des Blechs oder durch Ausglühen oder durch eine Verbindung beider Verfahren. Der Unterschied zwischen Messung nach dem Schweißen und nach dem Entspannen ist die Rückfederung (federnde Dehnung). Aus dieser läßt sich die Schweißspannung durch Rechnung ermitteln, und zwar ist die Spannung $\sigma = E \times \varepsilon$, worin E das Elastizitätsmaß des Werkstoffs und ε die gemessene Rückfederung ist. Die Messung vor und nach dem Schweißen oder auch während des Schweißens (mit Dehnungsmessern, Tensometern) ist die einfachere; sie ist auch ebenso genau und tritt daher zur Zeit in den Vordergrund.

Ein einfaches Instrument für die Messung der Rückfederung bzw. Dehnung ist die Schieblehre mit Genauigkeiten bis etwa $^1/_{50}$ mm, was aber im allgemeinen nicht ausreicht. Sogenannte S e t z d e h n u n g s m e s s e r, die schon genau genug messen (z. B. ± $^2/_{1000}$ mm), verwenden z. B. Stäbe, deren Spitzen in vorbereitete kegelige Eindrehungen oder kugelige Aufsatzpunkte in kegeligen Eindrehungen einzusetzen sind. Die Abstandsänderung wird durch Hebelübertragung übersetzt und an einer Meßuhr abgelesen. Genügend genau arbeiten auch besondere Meßmikroskope, ferner Zeigergeräte, bei denen die Anzeige auf mechanischem Wege durch einen entsprechend übersetzten Zeiger, der auf einer Teilung spielt, hervorgebracht wird. Hierhin gehört der T e n s o m e t e r (Spannungsmesser) von H u g g e n b e r g. Die Spannungsbestimmung mittels R ö n t g e n s t r a h l e n beruht auch auf der Messung einer Längenänderung (Dehnung). Als Meßmarken dienen die im inneren Aufbau aller kristallinen Stoffe auftretenden, periodisch sich wiederholenden Atomabstände. Zur Ermittlung der sehr geringfügigen

Änderungen dieser äußerst kleinen Größe wird der zu untersuchende kristalline Stoff mit Röntgenstrahlen von einer bestimmten Wellenlänge angestrahlt und die durch die Beugung der Strahlen an den Atomreihen hervorgerufene Interferenzstrahlung photographisch beobachtet. Eine Änderung der Atomabstände äußert sich in einer Verschiebung der Röntgenlinien.

Meßergebnisse. Nach Versuchen von Mies treten die größten Spannungen in der Schweißnaht selbst auf. Die Mittelwerte der Längszugsspannungen betrugen 25 kg/mm², woraus zu schließen ist, daß die Höchstwerte sogar die Streckgrenze der Schweißnaht sicher erreichen. Bei den Zugspannungen quer zur Naht ergeben sich für die Gasschweißung 6 kg/mm² und für die Lichtbogenschweißung 10,7 kg/mm². Bierett fand bei seinen Versuchen Spannungen in ähnlicher Größenordnung. Während man früher der Gasschweißung ohne weiteres die größeren Spannungen zuschrieb, dürfte jetzt gesagt werden können, daß die Lichtbogenschweißung in der Schweißnaht selbst die höheren Spannungen aufweist, während die Spannungen im Blech — für die Mies in der Längsrichtung Werte von 20 bis 30 kg/mm² und in der Querrichtung bis 12 kg/mm² fand — bei der Gasschweißung etwas höher sind. Abbildung 404 zeigt die Eigenspannungen in einem geschweißten Ständer[1]). Der Träger aus St 37 hat eine Länge von 1,50 m und ist mit einer Mantelelektrode geschweißt.

Brückner befaßt sich innerhalb einer Abhandlung über Erfahrungen mit dem Schweißen von Eisenbahnbrücken"[2]) auch eingehend mit Schweißspannungen und weist u. a. darauf hin, daß erstmalig 1936 an geschweißten Brücken die Schweißspannungen durch das Ausmessen von Meßstrecken vor und nach dem Schweißen bestimmt wurden. Da man sehr hohe Werte erhielt, wurden im Staatl. Materialprüfamt Berlin-Dahlem weitere Versuche an einer geschweißten Pendelstütze von großen Abmessungen vorgenommen.

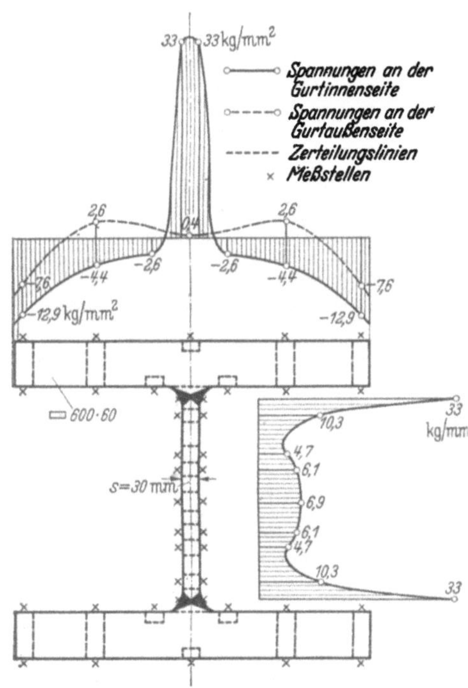

Abb. 404. Eigenspannungen in einem geschweißten Ständer.

Nach dem Verlauf der Schrumpfspannungskurven war im Stegblech mit Zugspannungen von 25 kg/mm² zu rechnen. In den Gurtwulstprofilen ergaben sich Druckspannungen bis zu 15,8 kg/mm². Der Knickversuch zeigte aber, daß diese hohen Spannungen die Tragfähigkeit gegenüber statischer

---

[1]) Aus Klöppel-Stieler, Schweißtechnik im Stahlbau, Bd. I 1939.
[2]) Brückner: Z. VDI 1938, S. 33 u. f.

Last nicht oder nur unwesentlich herabgesetzt haben. Weiter haben zahlreiche Versuche mit geschweißten Vollwandträgern sogar eine höhere Dauerfestigkeit als bei genieteten Verbindungen ergeben. Risse treten nach Brückner bei St 37 niemals erst bei Belastung des Bauwerks, sondern schon beim Schweißen selbst auf, und zwar dann, wenn die Schrumpfspannung größer geworden ist als die Tragfähigkeit der Schweißnaht oder des umgebenden Werkstoffs. Es wird also beim Herstellen der Schweißverbindung darauf ankommen, die Schrumpfspannungen so niedrig zu halten, daß nicht die frisch hergestellte Naht reißt.

Auf die Entstehung der Schweißspannungen und ihre Berücksichtigung beim Schweißen ist schon im Abschnitt III C 2 eingehend hingewiesen worden. Hier sei deshalb nur noch einiges aus Ausführungen von Bierett über Schrumpfspannungen[1]) hervorgehoben. Er betont auch, daß die Höhe dieser Spannungen oft etwa an der Streckgrenze liegt, daß aber ein mehrachsiger und ungleichmäßiger Spannungszustand in der Schweißnaht gegeben ist, der eine Fließbehinderung zur Folge hat, und daß in zahlenmäßig hohen Verspannungswerten nicht von vornherein ein erhebliches Gefahrenmoment gesehen werden kann, da infolge der Formänderungsbehinderung wesentlich höhere Spannungen ohne Fließen ertragen werden können. Weiter wird die Abhängigkeit der Schrumpfspannungen von verschiedenen Einflüssen besprochen. Die Größe der Wärmezufuhr gibt keinen allgemeingültigen Maßstab für diese Spannungen, wohl aber für die Verwerfungen. Ungleichmäßige und beschleunigte Wärmeableitung hat hohe Schrumpfspannungen zur Folge. Die Größe des Werkstücks macht sich unangenehm bemerkbar, wenn die Erhitzungszonen im Verhältnis zur Werkstückgröße örtlich begrenzt sind. Beim Entwurf von Schweißkonstruktionen soll ein Schweißen unter Einspannungen, die durch die Art der Konstruktion gegeben sind, vermieden werden. Da dies nicht immer zu erreichen ist, dürfen aber zum mindesten zu starre Verspannungen nicht vorkommen. Hinsichtlich der Schweißfolge ist bei der Lichtbogenschweißung die schrittweise Schweißung (Pilgerschrittschweißung) bei langen Nähten vorzuziehen. Bei der Gasschweißung sieht man allerdings hiervon ab, soweit nicht Flickenschweißungen in Frage kommen. Vollkommene Wärmebehandlung (Glühen) kommt, wie bereits früher erwähnt, nur in Sonderfällen in Betracht. Örtliche Wärmebehandlungen können, richtig angewendet, auch schon die Schrumpfspannungen wesentlich verringern. Hämmern in Rotglut dient der Gefügeverbesserung, beeinflußt die Schrumpfspannungen aber nicht wesentlich. Kalthämmern vermindert die Zugspannungen in der Naht, ist aber nur mit Vorsicht anzuwenden, um nicht die mechanischen Eigenschaften zu verschlechtern.

---

[1]) Anleitungsblätter für das Schweißen im Maschinenbau. Berlin: VDI-Verlag 1936.

X. Leistungen und Kosten der Gasschweißverfahren.

Versuchswerte von Handschweißungen. Vorweg sei darauf hingewiesen, daß sich alle folgenden Angaben, soweit nicht ein anderer Werkstoff besonders angegeben ist, auf Schweißungen an Stahlblechen oder Stahlrohren beziehen. Zunächst seien einige Angaben aus früheren Versuchen der Verfasser angeführt — s. Abb. 405 mit dem Sauerstoff- und Azetylenverbrauch in l/m Naht und der stündlichen Schweißleistung in m Naht beim Gasschweißen —, wobei zu beachten ist, daß diese Ergebnisse weitgehend mit den heutigen übereinstimmen und daher zum Teil für die nachfolgenden Rechnungen übernommen werden können. Zu den angegebenen Schweißleistungen sei noch bemerkt, daß sie ohne weiteres von geübten Schweißern kürzere Zeit (z. B. 1 h lang) erreicht werden können. Zur praktischen Verwertung der gefundenen Stundenhöchstleistungen sind in Abb. 406 vier Leistungskurven eingetragen. Die Kurve *a* zeigt

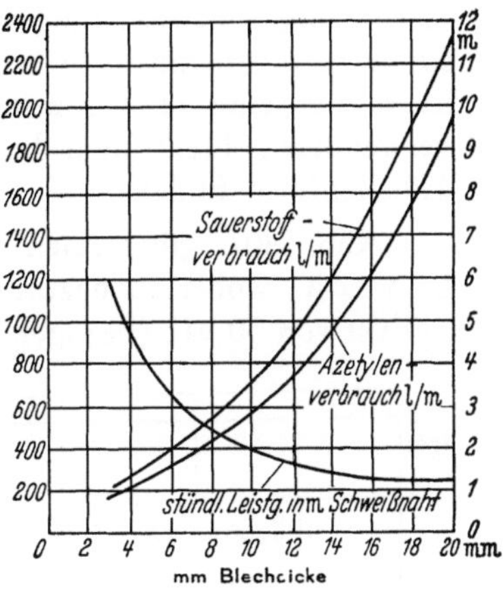

Abb. 405. Sauerstoff- und Azetylenverbrauch in l/m Naht und stündliche Leistung in m Naht beim Gasschweißen.

die aus Abb. 405 entnommene, höchsterreichbare Stundenleistung in m Schweißnaht für die Gasschweißung. Gibt man zu der bei dieser Leistung gebrauchten Zeit etwa 25 vH Zuschlag, so kommt man auf die Leistungskurve *b*, die als die Normalleistung eines Schweißers im Betrieb bei kurzen Schweißungen bis zu 1 h Schweißzeit auch einschließlich Nebenarbeiten angesehen werden kann. Für eine Tagesleistung von 8 h sind auf Grund der vorliegenden Unterlagen aus der Praxis etwa 50 bis 100 vH (der Vomhundertsatz mit steigender Blechdicke steigend) Zuschläge zu den für Kurve *a* gebrauchten Zeiten zu geben, um in Kurve *c* auf die erreichbare Leistung bei achtstündiger Schweißzeit zu kommen. Unter wiederum 25 vH Zuschlag zu den Schweißzeiten, die der Kurve *c* entsprechen, erhalten wir in Kurve *d* schließ-

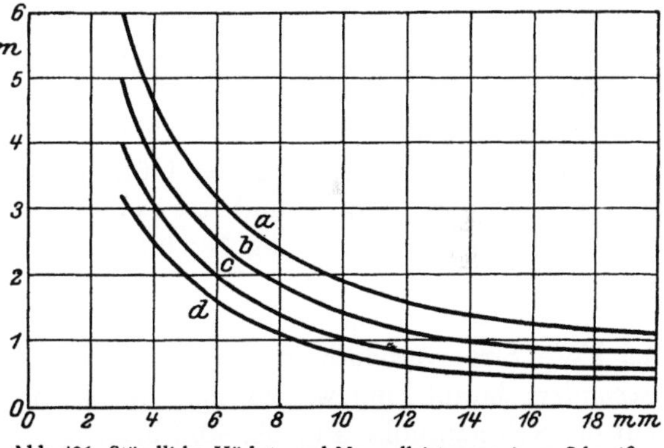

Abb. 406. Stündliche Höchst- und Normalleistungen in m Schweißnaht (Gasschweißung) bei kurzer und langer Arbeitszeit.

lich die durchschnittliche Betriebsleistung eines Schweißers bei achtstündiger Arbeitszeit. Hervorgehoben sei noch, daß sich alle Leistungskurven auf einfache Blechschweißungen, ohne wesentliche Umwendearbeiten usw., beziehen.

Man kann nun den im vorigen schon teilweise wiedergegebenen Grundlagen für die Selbstkostenermittlung von Schweißungen planmäßig durch weitere Versuchsschweißungen, Messungen bei praktischen Schweißarbeiten und durch Rechnung nachgehen. Nach den Unterlagen der Verfasser ergibt sich folgendes Bild[1]): Für die Gasschweißung können die Angaben der Abb. 406 als erreichbare Betriebsleistungen übernommen werden, wobei im Hinblick auf die manchmal zu ungünstigen Angaben über die Gasschweißung besonders darauf hinzuweisen ist, daß allein die Anwendung der Rechtsschweißung eine Leistungssteigerung ergibt, die die Werte der Abb. 406 schon zu durchschnittlich erreichbaren macht. Bei der Lichtbogenschweißung kann die reine Schweißzeit auch aus den Abschmelzgeschwindigkeiten der verwendeten Elektroden hergeleitet werden, wie man dies des öfteren in Tabellenform findet.

Abb. 407 gibt einen Überblick über den Schweißdrahtverbrauch, wobei zu beachten ist, daß im Durchschnitt mit einem Gewichtsverlust von 30 vH (bezogen auf das Nahtgewicht) durch Abfall und Spritzer

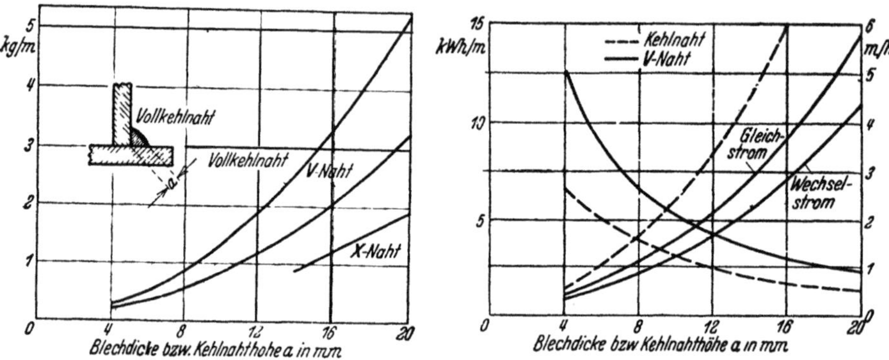

Abb. 407. Schweißdrahtverbrauch bei Gas- und Lichtbogenschweißungen.

Abb. 408. Stromverbrauchs- und Leistungsangaben bei Lichtbogenschweißungen.

gerechnet werden muß; das reine Schweißnahtgewicht ist also entsprechend geringer. In dieser und in den folgenden Abbildungen sind übrigens nur die Werte 4···20 mm Blechdicke eingetragen, weil die z. T. errechneten Werte wegen der angenommenen Nahtformen (Kehlnaht, v- und x-Naht) nur für dieses Blechdickengebiet Gültigkeit haben. Abb. 408 bringt die Stromverbrauchs- und Leistungsangaben, die ersteren auf der Grundlage, daß, um 1 kg Nahtgewicht einzuschweißen, bei Gleichstromumformern (mit einem Wirkungsgrad von 50 vH) etwa 6 kWh und bei Wechselstromumspannern (mit einem Wirkungsgrad von 80 vH) etwa 4,5 kWh Stromverbauch in Frage kommen. Bei allen Kehlnahtangaben sei besonders darauf hingewiesen, daß sie sich nicht auf die Blechdicke, sondern auf die Kehlnahthöhe a (Abb. 407) beziehen. Die Schweißzeiten in Abb. 408 sind gut erreichbare reine Schweißzeiten. Die Gesichtspunkte, die zu einer Erhöhung der Schweißzeit führen, sind zu zahlreich, um alle hier einzeln berücksichtigt werden zu können. Es sei nur auf das Auswechseln der Schweißdrähte bzw. Elektroden, das Reinigen und Ausrichten der Schweißnähte, die Zugänglichkeit der Nähte je nach Größe und Form des Werkstücks, die Unterschiede infolge der verschiedenen Blechdicken usw. hingewiesen. Man muß also, um auf die Gesamtarbeitszeit zu kommen, entweder

---

[1]) Siehe auch Horn - Schäfer : Werkst.-Technik 1933, S. 8.

Zuschläge (wie im vorigen Absatz) machen oder, was im Grunde natürlich dasselbe ist, mit einem Ausnutzungsfaktor rechnen, der in mittleren und größeren Schweißbetrieben etwa 0,6 ··· 0,7 sein wird, in kleineren Betrieben aber oft niedriger ist, wenn z. B. der Schweißer auch die Heft- und Zusammenbauarbeiten zu erledigen hat.

Überschlagsrechnungen mit Hilfe von Kennziffern. Auf Grund von Messungen in Schweißereien und Versuchsbetrieben hat man festgestellt, daß insbesondere für den Blechdickenbereich von 2 ··· 12 mm eine S c h w e i - ß e r - K e n n z i f f e r besteht, die man je nach dem Typ des schnellen, mittleren und langsamen Schweißers und auch je nach dem angewendeten Schweißverfahren (Nachlinks-, Nachrechtsschweißung, Mehrflammenschweißung) höher oder niedriger anzusetzen hat. Im Durchschnitt beträgt diese Kennziffer bei

	Nachlinksschweißung	Nachrechtsschweißung
Schneller Schweißer . . .	15	18,5
Mittlerer Schweißer . . .	12	15
Langsamer Schweißer . . .	10	12,5

Die Kennziffer kommt dadurch zustande, daß man einfach die Blechdicke in mm mit der Schweißgeschwindigkeit in m/h multipliziert. Es besteht also die einfache Beziehung:

S c h w e i ß e r k e n n z i f f e r = Schweißgeschwindigkeit (in m/h) Blechdicke (in mm).

Beispielsweise erreicht hiernach ein schneller Schweißer, wenn er nachrechtsschweißt, beim 10 mm-Blech: 18,5 : 10 = 1,85 m/h. Ein mittlerer Schweißer erzielt, wenn er nachlinksschweißt, bei 3 mm-Blech: 12 : 3 = 4 m/h. Diese Überschlagsrechnungen stimmen übrigens mit den Kurven der Abb. 405 und 406 gut überein.

Man kann auch eine A z e t y l e n k e n n z i f f e r festlegen, indem man die Beziehung aufstellt:

A z e t y l e n v e r b r a u c h (in l/m) = Azetylenkennziffer × (Blechdicke in mm²).

Im Durchschnitt beträgt diese Azetylenkennziffer bei

	Nachlinksschweißung	Nachrechtsschweißung
Schneller Schweißer . . .	6.7	5,4
Mittlerer Schweißer . . .	8.3	6,7
Langsamer Schweißer . . .	10.0	8,0

Beispielsweise beträgt der Azetylenverbrauch bei einem schnellen Schweißer, wenn er ein 10 mm-Blech nachrechtsschweißt: $5,4 \times 10^2 = 540$ l/m, bei einem mittleren Schweißer: $6,7 \times 10^2 = 670$ l/m, was wiederum gut mit der Azetylenverbrauchskurve in Abb. 405 übereinstimmt.

Der S a u e r s t o f f v e r b r a u c h ist bei Gleichdruckbrennern dem Azetylenverbrauch gleichzusetzen; bei Injektorbrennern ist er um 10 ··· 20 vH höher als der Azetylenverbrauch anzunehmen (wie in Abb. 405).

Schließlich läßt sich auch noch eine D r a h t k e n n z i f f e r aufstellen nach der Beziehung:

D r a h t v e r b r a u c h (in g/m) = Drahtkennziffer × (Blechdicke in mm²).

Die Drahtkennziffer ist naturgemäß in der Hauptsache von dem Abschrägungswinkel der Schweißnaht abhängig und beträgt im Durchschnitt:

Abschrägungswinkel	Drahtkennziffer für Stahlblech
90°	10
80°	9
70°	8
60°	7

Beispielsweise wird der Drahtverbrauch für ein 10 mm-Blech bei 70° Abschrägungswinkel betragen: $8 \times 10^2 = 800$ g/m $= 0,8$ kg/m.

Verbesserungen der Handschweißung. Bereits vor einer Reihe von Jahren sind umfangreiche Versuche der I. G. Farben, Werk Autogen in G r i e s h e i m , durchgeführt worden, bei denen man den Einfluß des Brennerabstandes, der Brennergröße, der Brennerbewegung, der Austrittsgeschwindigkeit der Gase und der Gasmischungsverhältnisse auf die Schweißleistung untersuchte. Durch diese Versuche wurde u. a. der Nachrechtsschweißung der Weg gebahnt, und eine Verbesserung der Wirtschaftlichkeit der Gasschweißung eingeleitet. S t r e b und das Autogenwerk Griesheim haben weiter durch Versuche festgestellt, daß eine S a u e r s t o f f v e r u n r e i n i g u n g von bis zu 5 vH auf die Wirtschaftlichkeit der Gasschweißung keinen oder doch zum mindesten einen geringeren Einfluß hat als die ungleichmäßige Arbeitsweise des Schweißers. Auch ein geringer F e u c h t i g k e i t s g e h a l t d e s A z e t y l e n s (unter 2,5 vH) hat nur unbedeutenden Einfluß.

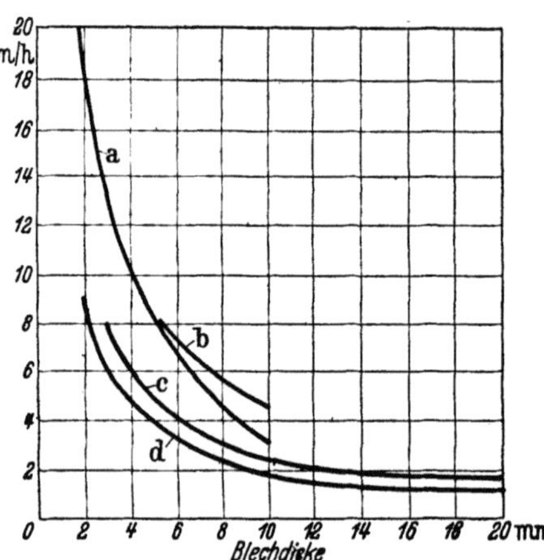

Abb. 409. Schweißgeschwindigkeiten von Hand- und Maschinenbrennern bei Stahlblech.

Die neuere Entwicklung ist zahlenmäßig durch die Kurven in Abb. 409 gekennzeichnet. Kurve d zeigt in der Nachrechtsschweißung die Werte der früher angegebenen Kurven entsprechend einer Schweißerkennziffer von etwa 18···19 und damit schon eine deutliche Verbesserung gegenüber der älteren Nachlinksschweißung (Kennziffer 15). In Kurve c ist die Geschwindigkeitssteigerung durch den Zweiflammenhandbrenner wiedergegeben (Kennziffer etwa 24 für kleinere und mittlere Blechdicken). Kurve b entspricht der wesentlich größeren Leistung des Lindewelders (Kennziffer 40 bis 45) und Kurve a leitet mit den Werten für die einfache Längsnahtschweißmaschine (Kennziffer etwa 40, oberhalb 5 mm Dicke aber weniger) zur Maschinenschweißung über. Für einen Vergleich mit der nachfolgenden Tabelle 33 ist darauf hinzuweisen, daß die Werte der Abb. 409, wie alle vorhergehenden, sich auf die r e i n e Schweißzeit (ohne Nebenzeiten) beziehen.

Angaben über Maschinenschweißungen. Bei dem allerdings nur für Massenfertigung in Frage kommenden Maschinenbetrieb kommt man, insbesondere beim Rohrschweißen, noch auf wesentlich höhere Leistungen, wie

sie aus Tabelle 33 ersichtlich sind. Die Leistungen gelten sogar e i n -
s c h l i e ß l i c h d e r N e b e n z e i t e n. Die reinen Schweißgeschwindigkeiten sind z. T. noch wesentlich höher. Z. B. hat man bei Widerstands-
nahtschweißmaschinen und 0,5 mm Blechdicke bis zu 540 m/h = 9 m/min
erzielt. Die Rohrschweißmaschinen kommen auf so günstige Werte, weil
sie eine fast ununterbrochene Arbeitsweise haben. Auf Angaben über Gas-
und Stromverbrauch wird mit Absicht verzichtet, um eine gewisse Grenze

Tabelle 33. Schweißleistungen von Längsnahtschweißmaschinen in m/h.

Schweißverfahren	Blechdicke in mm						
	0,5	1,0	1,5	2	3	4	5
Gasschweißmaschinen	30	20	15	12	10	9	8
Lichtbogenschweißmaschinen . . .	—	45	32	24	18	15	12
Widerstandsschweißmaschinen . .	120	100	60	—	—	—	—
Röhrenschweißung (Gas)	—	230	200	150	70	30	12
Röhrenschweißung (Widerstands- schweißung, Amerika)	—	—	—	180	100	60	30

im Umfange der wirtschaftlichen Betrachtungen nicht zu überschreiten. Hinsichtlich der Gasschweißmaschinen sei nur kurz darauf hingewiesen, daß
der Gasverbrauch in l/m Schweißnaht wesentlich unter dem der Handschweißung liegt.

Andere Brenngase außer Azetylen. Die wirtschaftliche Überlegenheit
der Azetylenschweißung gegenüber dem Schweißen mit Wasserstoff, Benzol
usw. ist bekannt. Auch das Schweißen
mit einem L e u c h t g a s zusatz zum
Azetylen bringt, wie auf Grund von
Versuchen nachgewiesen ist, keine wirtschaftlichen Vorteile. Ein merklicher
Leuchtgaszusatz zum Azetylen setzt
die Schweißgeschwindigkeit erheblich
herab. Höhere Schweißgeschwindigkeiten wirken sich aber, abgesehen von
der wirtschaftlichen Seite, auch hinsichtlich der Verringerung der Spannungen und der Güteverbesserung
der Schweißnaht stets vorteilhaft aus.

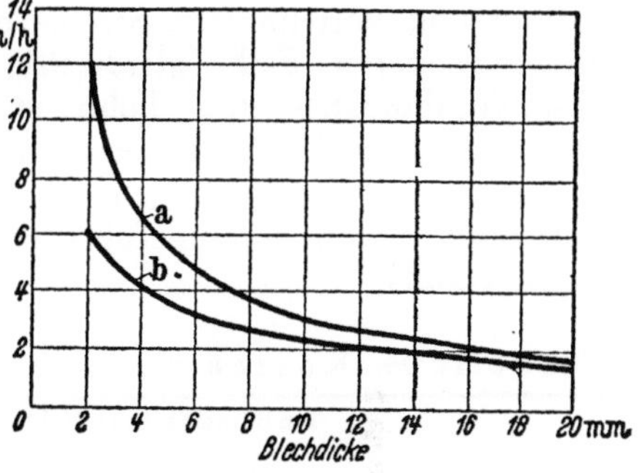

Abb. 410. Schweißgeschwindigkeiten bei Kupferblech
(a) und Aluminiumblech (b).

**Versuchswerte von Nichteisenmetall-
schweißungen.** In Abb. 410 sind die normalen Schweißgeschwindigkeiten
für K u p f e r - und A l u m i n i u m bleche in den Kurven a und b angegeben. Werden die Nähte gehämmert, so sind die Schweißzeiten nur etwa
50 vH höher anzusetzen. Die Schweißgeschwindigkeiten für Z i n k bleche
(mit dem Azetylen-Sauerstoffbrenner) betragen etwa 15 m/h beim 1 mm-
Blech, 10,5 m/h beim 2 mm-Blech und 7,5 m/h beim 3 mm-Blech. Bei der
Zinkschweißung mit Azetylen-Luftbrenner erreicht man nur 50···60 vH
dieser Werte.

Bei der Schweißung von k u p f e r n e n L o k o m o t i v f e u e r -
b u c h s e n hat sich im Durchschnitt eine Ersparnis an Arbeitslohn von
19 vH und an Kupfer von 6 vH ergeben. Außerdem kann der Kümpel-
radius für den Boden größer genommen werden, infolgedessen wird die

Kümpelrißgefahr geringer. Weiter ist kein Nachstemmen von Stemmkanten erforderlich. Es sind keine Nietköpfe im Feuer vorhanden und es besteht keine Nietlochrißgefahr und schließlich auch nicht die Gefahr des Kesselsteinansatzes an Nieten.

Schweißkostenaufstellung für den Einzelfall. Das Beispiel bezieht sich auf die reine Schweißarbeit. Die Vorbereitungskosten sind weggelassen, da sie nicht so einheitlich wie die Schweißung selbst behandelt werden können. Aufzustellen sind die Kosten an Gasen für die Gasschweißung bzw. an elektrischem Strom, an Schweißdraht (Elektroden), an Lohn und an allgemeinen Werkstattunkosten; die letzteren werden als Vomhundertsatz der Löhne in den Werkstätten festgelegt. Die Kosten für Verzinsung, Abschreibung und Instandhaltung des Anlagekapitals sind, umgerechnet auf die Arbeitsstunde oder auf 1 m Schweißnaht, bei der Gasschweißung verhältnismäßig unbedeutend. Rechnet man als Gesamtkosten eines Schweißplatzes mit Entwickler 350 RM., so ergeben sich bei 6 vH Zinsen, 15 vH Abschreibung und 5 vH Instandhaltungskosten rund 90 RM. Jahreskosten oder für 1 m Schweißnaht = 0,18 RM. (bei 500 m Jahresleistung) bzw. 0,036 RM. (bei 2500 m Jahresleistung). Der Gleichstromumformer erfordert dagegen bei 1800 RM. Anschaffungskosten, einschließlich Einrichtung der Schweißstelle und Netzanschluß, und bei 6 vH Zinsen, 15 vH Abschreibung und 5 vH Instandhaltungskosten rund 470 RM. Jahreskosten oder für 1 m Schweißnaht 0,94 RM. bzw. 0,19 RM. Es seien nun zunächst die Kosten von 1 m Naht eines 10 mm-Blechs ausgerechnet und eine ungünstige Ausnutzung der Anlage mit 500 m Jahresleistung (gleichzeitig auch mehr dem Kleinbetrieb entsprechend) einer günstigen Ausnutzung mit 2500 m Jahresleistung und vorteilhaften Strom- bzw. Gaspreisen gegenübergestellt. Für den günstigeren Fall (gleichzeitig Großbetrieb) sind auch sinngemäß Schweißdrahtkosten und Lohn etwas niedriger angesetzt. Um die bei gleichem nacktem Draht besseren technologischen Ergebnisse der Gasschweißnaht etwas zu berücksichtigen, ist an einer Stelle die teuere umhüllte Elektrode in die Rechnung eingeführt worden (in dem Fall, der 3,73 RM. Gesamtkosten ergibt).

Tabelle 34. Kosten einer Lichtbogen- bzw. Gasschweißung.

1 m Schweißnaht (V-Naht, 10 mm-Blech) (Handschweißung)						
Elektrische Lichtbogenschweißung	500 m 20 Rpf. RM.	500 m 20 Rpf. RM.	2500 m 4 Rpf. RM.	Gasschweißung	500 m Klein-betrieb RM.	2500 m Groß-betrieb RM.
Stromverbrauch 4 kWh .	0,80	0,80	0,16	Sauerstoff 0,7 m³		
Kapitaldienstkosten				(0,70 bzw. 0,20 RM./m³)	0,49	0,14
(470 RM. im Jahr) . .	0,94	0,94	0,19	Azetylen 0,6 m³		
Elektroden 0,8 kg . . .	0,64	0,32	0,28	(1,00 bzw. 0,90 RM./m³)	0,60	0,54
Lohn ¹/₂ h	0,60	0,60	0,50	Kapitaldienst		
Allgemeine Unkosten				(90 RM. je Jahr) . . .	0,18	0,04
(125 vH vom Lohn) .	0,75	0,75	0,63	Schweißdraht 0,8 kg . .	0,32	0,28
				Lohn ¹/₂ h	0,60	0,50
				Allgemeine Unkosten .	0,75	0,63
Gesamtkosten	3,73	3,41	1,76	Gesamtkosten	2,94	2,13

Das durchgerechnete Beispiel (Tabelle 34) soll zunächst den Aufbau einer einfachen Schweißkostenaufstellung zeigen. Darüber hinaus erkennt man aber schon deutlich, wie verschieden die Gesamtkosten je nach den Grundpreisen der Rohstoffe und je nach dem Ausnutzungsgrad der Schweißanlage sein können. Insbesondere für die Lichtbogenschweißung findet man eine starke Abhängigkeit der Gesamtkosten vom Ausnutzungsgrad (Beschäftigungsgrad). Hinsichtlich der Lichtbogenschweißung sei noch hinzugefügt, daß eine Kostenaufstellung für die Schweißung mit W e c h s e l s t r o m keine wesentlichen Unterschiede in den Gesamtkosten ergeben würde.

Vergleich von Lichtbogenschweißung und Gasschweißung. Ein wirtschaftlicher Vergleich beider Schweißverfahren für den einfachen Fall der von Hand geschweißten V-Naht läßt sich in großen Zügen durchführen, wenn man die im vorigen aufgestellte Einzelrechnung sinngemäß auf die Blechdicken ausdehnt, für die in den bisherigen Unter

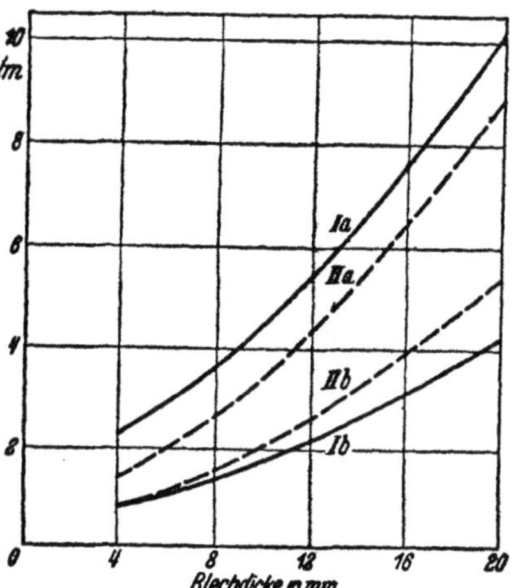

Abb. 411. Grenzkosten der V-Naht lichtbogengeschweißt (I) und gasgeschweißt (II).

abschnitten und Abbildungen nähere Angaben gemacht wurden. Dann finden wir die in Abb. 411 eingetragenen Grenzkostenkurven, die selbstverständlich keine absoluten, keine äußersten Grenzen nach oben und unten darstellen, aber doch annähernd den Bereich zeigen, innerhalb dessen die Schweißkosten etwa schwanken werden. *I a* und *II a* geben die höchsten, *I b* und *II b* die niedrigsten Kosten wieder. Wenn man auch aus den Kurven keine zu weitgehenden Folgerungen ziehen darf, so kann man doch wohl sagen, daß im Kleinbetrieb mit seinem geringeren Ausnutzungsgrad die Gasschweißung im allgemeinen, selbst auch bei größeren Blechdicken, wirtschaftlich vorteilhafter sein wird, denn Kurve *II a* bleibt stets deutlich unter *I a*. Im größeren Betrieb und bei starker Ausnutzung liegt die Grenze für die wirtschaftliche Anwendung der Gasschweißung je nach den örtlichen und Betriebsverhältnissen etwa zwischen 4 und 6 mm Blechdicke. Darüber hinaus wird fast immer die Lichtbogenschweißung im Vorteil sein. Da jedoch im Einzelfall die technischen Vorteile oder Verfahren, die Güte der Schweißnaht u. a. m. ein entscheidende Rolle spielen können, sei ausdrücklich noch einmal eine zu weitgehende Verallgemeinerung voriger Ergebnisse abgelehnt.

Glühkosten von Schweißungen. Das Glühen geschweißter Kesseltrommeln kommt nach einer Umfrage bei verschiedenen Herstellerwerken beim Spannungsfreiglühen auf etwa 7 ··· 10 vH und beim Normalglühen auf etwa 10 ··· 15 vH des Herstellungswertes zu stehen. Diese Zahlen gelten für mittlere Blechdicken und Kessellängen von 5 ··· 6 m. Bei größeren Abmessungen werden die Glühkosten höher, bei kleineren entsprechend niedriger liegen.

Ausbesserungsschweißungen. Aus einer sehr großen Zahl von Ausbesserungsschweißungen auf Hüttenwerken sind in Tabelle 35 einige kennzeichnende Beispiele wiedergegeben. Sie zeigen einmal die verschiedensten Gewichtsverhältnisse, u. a. auch besonders große Schweißungen, und sodann

den großen wirtschaftlichen Vorteil der Schweißung als Ausbesserungs-
mittel. Meistens liegen, wie bei den Stücken der Tabelle 35, die gesamten
Schweißkosten zwischen nur 15···50 vH der Kosten eines neuen Werk-
stücks. Dabei ist noch zu betonen, daß der Wert der Schweißung in diesen Fällen nicht nur in der Kostenersparnis am Arbeitsstück, sondern vor allem auch in derjenigen Zeit- und Kostenersparnis liegt, die durch schnellere Wieder-
inbetriebsetzung der Ma-
schinen- und Werksanlagen erzielt wird.

Tabelle 35. Ausbesserungsschweißungen

Gegenstand	Gewicht	Neuwert	Gesamte Schweiß-kosten
	kg	RM.	RM.
Steuerbock . . .	47	28	15
Lagerbock	175	105	18
Kammwalze . . .	620	560	141
Zylinderdeckel . .	2 970	1 930	210
Walzenständer . .	17 000	6 120	1 734

Geschweißt oder genietet. In Abb. 412 ist ein grundsätzliches Beispiel aus weitgehenden Versuchen von S t r e h l o w wiedergegeben, worin die elektrische Lichtbogenschweißung für verschiedene Blechdicken einer zwei-
reihigen Zickzacknietung gegenübergestellt ist. Bei anderen Nietverbin-
dungen wird das Bild noch günstiger für die Schweißung. Im einzelnen ersieht man aus der Abbildung, daß mit wachsender Blechdicke bei der Schweißung die Lohnkosten stark steigen, bei der Nietung dagegen die Kosten des Werkstoffs der Überlappung und der Nieten. Wenn diese, was natürlich unzulässig ist, in einem Vergleich fortgelassen werden, so ändert sich das Bild sofort zugunsten der Nietung. Aus Abb. 412 ist zu erkennen, daß die Schweißung bei Blechen bis etwa 10 mm Dicke nur halb so teuer ist wie die Nietung und auch bei dickeren Blechen immer noch wesent-
lich billiger bleibt.

Die Gewichtsersparnis durch Schweißen bei deutschen Kriegsschiffen wird zu 18···25 vH angegeben. — Ein ge-
schweißter 70-t-Eisen-
bahnwagen wiegt nur 27,4 t, d. h. nicht mehr als ein 50-t-Wagen der genieteten Ausführung. Gegenüber dem früheren 70-t-Wagen wurden 4,8 t oder 18,6 vH an totem Gewicht durch

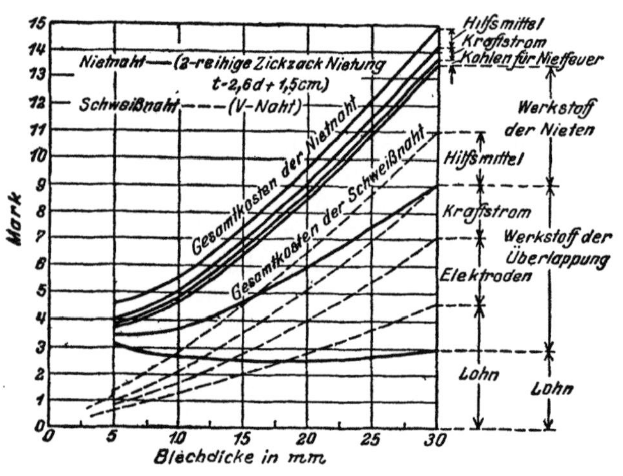

Abb. 412. Kosten von 1 m Nietnaht und 1 m Elektroschweißnaht.

Anwendung der Schweißung gespart. — Die Tyrsbrücke über die Radbuza bei Pilsen ist eine der ersten vollständig geschweißten Straßenbrücken; sie hat eine Spannweite von 50,60 m und wiegt 111 t, während eine genietete Brücke 135,4 t, also 22 vH mehr gewogen hätte. — Im Mittel dürften geschweißte Konstruktionen etwa 12 vH, in Einzelfällen bis zu 30 vH leichter sein als genietete.

Geschweißt oder gegossen. Neuere Untersuchungen über diese Frage stammen u. a. von S t i e l e r[1]) und von K r u g[2]). Hiernach und auf Grund allgemeiner praktischer Erfahrungen kann gesagt werden: Die Vorteile des Gußstücks liegen in der besseren Bearbeitbarkeit, Gleitfähigkeit, Verschleißfestigkeit und im allgemeinen im geringeren Preis bei höherer Stückzahl. Die Vorteile des geschweißten Stücks liegen in der wesentlich geringeren Ausschußgefahr, kürzerer Herstellungszeit, im geringeren Gewicht und in dem wohl immer geringeren Preis bei Einzelherstellung. Die Gewichtseinsparungen betragen in zahlreichen Fällen nach K e g l e r[3]) 15···50 vH, eine Angabe, die aber nicht ohne weiteres verallgemeinert werden darf. Zur Frage der größeren oder geringeren Dämpfungsfähigkeit ist darauf hinzuweisen, daß das Gußeisen als Werkstoff dem Stahl an Dämpfungsfähigkeit weit überlegen ist. Der 1938 von K i e n z l e vorgelegte Bericht „Über das Verhalten von Drehbankbetten im Stahlleichtbau" ergab aber, daß stahlbaugerechte Konstruktionen schwingungstechnisch keine Nachteile besitzen, daß sogar eine geschweißte Stahlbaugruppe besser als die gleiche gegossene dämpfen kann. Die Dämpfung einer Konstruktion ist nicht in erster Linie eine Frage des Werkstoffs, sondern der sachgemäßen Gestaltung. Alles in allem kann die Frage „Schweißen oder Gießen?" nicht allgemeingültig, sondern nur von Fall zu Fall entschieden werden.

XI. Förderung der Gasschweißtechnik.

Die folgenden Ausführungen sollen nur einen zusammenfassenden Überblick über die bisherige Entwicklung in Deutschland geben. Zur Zeit sind Neuregelungen der fachlichen Vertretungen im Gange.

Forschung, Vorträge, Zeitschriften. Auf dem Gebiet aller neueren Schweißverfahren arbeiteten die Laboratorien einiger Hoch- und Fachschulen und industrieller Werke und die Großlehrwerkstätten des Deutschen Verbandes für Schweißtechnik und Azetylen in Berlin, Duisburg und Halle, der Fachausschuß für Schweißtechnik im VDI und hinsichtlich der Elektroschweißung noch die Deutsche Gesellschaft für Elektroschweißung. Vorträge wurden insbesondere seitens der genannten Stellen und von Vertretern der Fachindustrie abgehalten. Als Zeitschriften kamen in Frage: Die Autogene Metallbearbeitung, Einzelnummern der Z. d. VDI, des Maschinenbaus, des Technischen Zentralblatts, Mitteilungen des Fachausschusses für Schweißtechnik u. a. m., während die „Elektroschweißung" in erster Linie die Lichtbogenschweißung vertritt.

Schweißerlehrgänge. In richtiger Erkenntnis der außerordentlichen Bedeutung, die eine weitgehende Verbreitung der grundlegenden Kenntnisse über die neueren Schweißverfahren sowohl für gute Schweißungen als auch für die Verbesserung und Weiterausgestaltung der Verfahren hat, sind bereits in den Jahren von 1908 ab S c h w e i ß l e h r g ä n g e eingerichtet worden, und zwar zuerst für die Gasschweißung von Ing. K a u t n y, dem Altmeister der deutschen Gasschweißtechnik, an der Maschinenbauschule in Köln und von Prof. R i c h t e r an den Technischen Staatslehranstalten in

<hr>

[1]) Gießerei 1938, S. 496.
[2]) Z. VDI 1940, S. 11.
[3]) Elektroschweißg. 1938, S. 201.

Hamburg. Später und auch noch bis etwa Mitte der 20er Jahre ging die Weiterentwicklung der Schweißerausbildung nur verhältnismäßig langsam vor sich. Im Jahre 1924 gründete der damalige Verband für autogene Metallbearbeitung (VAM.)[1]) einen Ausschuß zur Hebung des Schweißerhandwerks und 1925 bildete der Fachausschuß für Schweißtechnik im VDI eine Gruppe für Personalangelegenheiten, deren Leitung zunächst Dr. Mies, Hamburg, und von 1926 ab Prof. Dr. Schimpke übernahm.

Bereits im Jahre 1928 konnten auf Grund der Gemeinschaftsarbeit des Fachausschusses für Schweißtechnik im VDI und des damaligen VAM die ersten „Richtlinien für Schweißkurse" herausgegeben werden. Sie unterschieden schon zwischen Einführungs-, Fortgeschrittenen- und Sonderlehrgängen, und zwar sowohl für Gas- als auch für Lichtbogenschweißung, und dauerten. zunächst 30 bis etwa 80 Wochenstunden. Im Jahre 1930 trat zu den genannten Verbänden die Deutsche Gesellschaft für Elektroschweißung (DGE) hinzu, und der Gesamtverband Deutscher Metallindustrieller schuf zusammen mit diesen und anderen an der Schweißerausbildung interessierten Stellen eine „Arbeitsgemeinschaft für Schmelzschweißerausbildung". Die von ihr herausgebrachten Richtlinien nebst Prüfungsordnung waren eine wertvolle Grundlage für die neue Auflage der „Richtlinien für Schweißlehrgänge". Diese Richtlinien wurden 1934 bis 1936 von den früher genannten schweißtechnischen Verbänden bearbeitet, zu denen noch das Amt für Arbeitsführung und Berufserziehung hinzutrat. Außer dem Grundlehrgang von 44 Wochenstunden wurden größere Ausbildungslehrgänge bis zu 220 Wochenstunden (gleich 5 Wochen als Tageslehrgang) eingeführt und erstmalig eine Prüfungsordnung für den Abschluß des 220-Stunden-Lehrgangs aufgestellt. Die Richtlinien wurden in dieser Form Mitte 1936 veröffentlicht und erhielten später noch in einem Anhang Unfallverhütungsvorschriften. Der Plan, die Richtlinien als DIN-Vornorm herauszubringen, wurde zurückgestellt.

Im Jahre 1937 wurde der Deutsche Ausschuß für Technisches Schulwesen — später Reichsinstitut für Berufsausbildung in Handel und Gewerbe — vom Reichswirtschaftsministerium beauftragt, die Richtlinien für Schweißlehrgänge mit den schweißtechnischen Verbänden zusammen auf eine derartige Form zu bringen, daß sie vom Reichswirtschaftsministerium als allgemeinverbindlich erklärt werden konnten. Zur Durchführung der sich aus den Richtlinien ergebenden Prüfungen bei den 220-Stunden-Lehrgängen war ebenfalls im Jahre 1937 vom späteren DVSA, der DGE und der DAF, als den mit der Durchführung der Schweißlehrgänge hauptsächlich betrauten Stellen, ein „Hauptausschuß für die Prüfung angelernter Schweißer" gegründet worden, der sich um die Aufstellung und Einführung einer Reihe von Bezirks- bzw. Orts-Prüfungsausschüssen verdient gemacht hat. Im Laufe des Jahres 1939 wurde dieser Hauptprüfungsausschuß in eine „Arbeitsgemeinschaft für Schweißerausbildung" umgeformt, die nunmehr aus dem Fachausschuß für Schweißtechnik im VDI, dem DVSA, der DGE und der DAF bestand. Diese Arbeitsgemeinschaft hat im Einvernehmen mit dem Reichsinstitut für Berufsausbildung in Handel und Gewerbe im Frühjahr 1940 die Richtlinien für Schweißlehrgänge in neubearbeiteter Form herausgegeben.

---

[1]) Später Deutscher Verband für Schweißtechnik und Azetylen (DVSA).

Sonderlehrgänge. Erstmalig wurde 1931 in DIN 4100 (Vorschriften für geschweißte Stahlbauten), dann 1935 in DIN 2470 (Richtlinien für Gasrohrleitungen mit geschweißten Verbindungen usw.) und 1937 in DIN 4101 (geschweißte Straßenbrücken) auf gute Schweißerausbildung durch Einfügung der Prüfungsvorschriften hingewiesen. Ferner gab der DVSA unter Mitwirkung seines Technischen Ausschusses in den Jahren 1937 und 1938 Lehrpläne zu Lehrgängen für R o h r s c h w e i ß e r und für L e i c h t m e t a l l - s c h w e i ß e r heraus. Das Reichsbahnzentralamt veröffentlichte 1938 „Vorläufige Vorschriften für die Prüfung und Ausbildung von Schweißfachingenieuren und Schweißern für P r i v a t b a h n b e t r i e b e", in denen bezüglich der Schweißer eine Prüfung für einfache und eine solche für hochwertige Arbeiten sowie noch Ergänzungsprüfungen für Kesselschweißer und für Schweißer an kupfernen Feuerbuchsen vorgesehen sind. Die Ausbildungsdauer beträgt für Schweißfachingenieure 4 Wochen, für Schweißer 3 bzw. 6···8 Wochen. Weiter sind am 30. November 1938 vom Reichswirtschaftsministerium „R i c h t l i n i e n f ü r d i e A u s b i l d u n g u n d P r ü f u n g v o n K e s s e l s c h w e i ß e r n" erlassen worden, in denen entweder der Besuch und Abschluß des früher erwähnten 220-Stunden-Lehrgangs der Richtlinien für Schweißlehrgänge und mindestens einjährige Schweißerpraxis verlangt wird oder mehrjährige Schweißerpraxis und zusätzlich der Nachweis von Kenntnissen, die einer Ausbildung in einem großen Schweißlehrgang der Richtlinien entsprechen. Im Jahre 1939 brachte der DVSA sodann einen Lehrgang für das Gasschweißen von L a n d m a s c h i n e n t e i l e n heraus und einen Lehrgang für die schweißtechnische Schulung der G e w e r b e - l e h r e r. Im selben Jahre kam es erstmalig zu Sonderlehrgängen für Z i n k - s c h w e i ß u n g, deren Ursache in der Einsparung von Lötzinn und im Austausch von Messing und Aluminium gegen Zink und Zinklegierungen zu suchen ist. Schließlich ist noch hervorzuheben, daß die bereits erwähnte DIN 2470 hinsichtlich der in ihr als Anhang bisher verankerten „R i c h t - l i n i e n f ü r d i e P r ü f u n g v o n R o h r s c h w e i ß e r n" neubearbeitet wurden. Da nicht nur für die Schweißung von Ferngasleitungen, für die der Anhang von DIN 2470 in erster Linie in Betracht kam, sondern auch z. B. im Zentral- und Fernheizungsbau, im Dampfkesselbau, Wasserleitungsbau usw. ein Bedürfnis für solche Prüfungen besteht, erschien es zweckmäßig, diese Richtlinien von DIN 2470 abzutrennen und als selbständige Norm für alle Anwendungsgebiete der Rohrschweißung herauszugeben. Die Neufassung (DIN 2471) ist 1943 verabschiedet worden.

Praktische Durchführung der Schweißlehrgänge. Sie ist einerseits von den schweißtechnischen Verbänden und andererseits von der Deutschen Reichsbahn und der Industrie sichergestellt worden. Schon 1928 wurden vom DVSA erstmalig L e h r s c h w e i ß e r p r ü f u n g e n abgehalten. Allein bis Ende 1938 wurden in 24 Prüfungen 369 Lehrschweißer geprüft, von denen 287 die Prüfung bestanden haben. Alle Lehrschweißer wurden dann nach je 3 Jahren erneut in mehrwöchigen Lehrgängen geschult und nachgeprüft. Ebenso mußten sich nach und nach sämtliche L e h r g a n g s l e i t e r eingehenden Schulungslehrgängen unterziehen. Für alle diese Lehrgänge und Prüfungen sind vom Technischen Ausschuß des DVSA eingehende Richtlinien ausgearbeitet und in den Jahren 1937 und 1938 überprüft und weiter ausgestaltet worden. Die in den Jahren 1927···1943 gegründeten G r o ß -

lehrwerkstätten (schweißtechnischen Lehr- und Versuchsanstalten) des DVSA in Berlin, Duisburg, Halle und Hamburg sind in erster Linie dazu da und in der Lage, die Prüfung der Lehrschweißer, die umfangreicheren Schweißlehrgänge von 220 und mehr Stunden Dauer und die Sonderlehrgänge durchzuführen, unter letzteren insbesondere auch die Lehrgänge für Privatbahnbetriebe und die für Kesselschweißer gemäß den bereits erwähnten, 1938 erlassenen Richtlinien.

Lehrlings-, Gesellen- und Meisterausbildung. Die ersten Lehrlinge wurden in großen Industriewerken und bei der Reichsbahn ausgebildet und haben etwa 1927. ihre Gesellenprüfung abgelegt. Bei zunächst vierjähriger Lehrzeit kamen meistens etwa 1½ Jahre auf eine allgemeine Schlosserausbildung und 2½ Jahre auf eine Ausbildung als Schmelzschweißer für Gas- und Lichtbogenschweißung. Das Handwerk begnügte sich zunächst damit, ausreichende Kenntnisse in der Schmelzschweißung bei den Gesellenprüfungen der Schlosser, Schmiede usw. zu fordern. Im. Jahre 1929 veröffentlichte der Verband Berliner Metallindustrieller erstmalig einen „Ausbildungslehrgang für Schmelzschweißer". Im Jahre 1936 stellte der Deutsche Ausschuß für Technisches Schulwesen Berufsbilder und Prüfungsanforderungen für Schmelzschweißer bei Industrie-Facharbeiterprüfungen auf. Er hatte auch vorher schon Lehrgänge und Anlerngänge für die planmäßige praktische Ausbildung im Gas- und Lichtbogenschweißen mit zahlreichen Arbeitsbeispielen herausgegeben.

Inzwischen hatte das Reichsinstitut für Berufsausbildung in Handel und Gewerbe (früher: Deutscher Ausschuß für Technisches Schulwesen) in Zusammenarbeit mit der Reichsgruppe Industrie und den schweißtechnischen Fachverbänden das Berufsbild, die Prüfungsanforderungen und den Berufsbildungsplan für den Lehrberuf Schmelzschweißer erarbeitet sowie das Berufsbild und die Prüfungsanforderungen für den Schmelzschweißer-Lehrmeister und ferner hinsichtlich der Anlernberufe Gasschweißer und Lichtbogenschweißer das Berufsbild und die Ausbildungsrichtlinien. Die hierzugehörigen Prüfungsanforderungen und Berufsbildungspläne sowie die entsprechenden Unterlagen für die Lehrmeister stehen noch aus. Für den Anlernberuf ist eine Ausbildungszeit von 1½ Jahren vorgesehen. Der Lehrberuf Schmelzschweißer, der am 11. November 1936 als industrieller Lehrberuf anerkannt worden ist, sieht eine auf 3 Jahre herabgesetzte Lehrzeit vor. Die vom Reichsinstitut erstellten amtlichen Berufsausbildungsunterlagen machten amtliche schweißtechnische Prüfungsausschüsse bei den Wirtschaftskammern erforderlich, und zwar sowohl für Facharbeiter bzw. angelernte Arbeiter als auch für die Lehrmeister. Für das Handwerk sind Ende 1941 „Fachliche Vorschriften für die Meisterprüfung im Schweißerhandwerk" herausgekommen. Für die Industrie ist eine entsprechende Meisterschulung und Anerkennung geplant.

Schweißtechnische Ausbildung der Ingenieure. Sie muß schon auf den technischen Hoch- und Fachschulen einsetzen und ist nur für den Sonderfall des Schweißfachingenieurs durch entsprechende Lehrgänge zu ergänzen. Die Hoch- und Fachschule muß jedem angehenden Konstrukteur und Betriebsingenieur bereits die werkstoffkundlichen Unterlagen für das Schweißen, die Grundbegriffe und Vorgänge der wichtigsten Schweißverfahren und die Grundbegriffe des schweißgerechten Konstruierens beibringen. An einer großen Anzahl von Hoch- und Fachschulen wurden vielfach durch Vermittlung der schweißtechnischen Verbände und durch Angliederung von Schweißlehrgängen, ausreichende Schweißeinrichtungen für Unterrichts-, Versuchs- und Forschungszwecke eingerichtet. Anschauungsunterlagen und Lichtbilder haben im Laufe der Jahre sowohl die Schweißtechnischen Verbände als auch die technisch-wissenschaftliche Lehrmittelzentrale und der Deutsche Ausschuß für Technisches Schulwesen, letzterer insbesondere auch in Lehrgangsblättern und Wandtafeln, zusammengetragen. Der zunächst bestehende Mangel an geeigneten Lehrkräften ist teils dadurch behoben worden, daß viele Dozenten sich an Schweißlehrgängen beteiligten und einarbeiteten, teils auch dadurch, daß doch schon mehr schweißtechnisch in Schule und Praxis vorgebildete Lehrkräfte an die Hoch- und Fachschulen kommen. Der Umfang des schweißtechnischen Unterrichts ist allerdings an den einzelnen Schulen noch sehr verschieden. Meistens wird ein Teil des technologischen Unterrichts dafür zur Verfügung gestellt. Praktische Übungen kommen vor allem dort in Frage, wo insbesondere durch gleichzeitige Abhaltung von Schweißlehrgängen genügend Einrichtungen und Anleitungen gegeben sind. Die Studierenden haben aber in diesen Fällen auch Gelegenheit, an den verschiedenen Arten von Schweißlehrgängen teilzunehmen, da diese im allgemeinen in den Abendstunden abgehalten werden. Fertige Ingenieure können sodann ihre schweißtechnische Ausbildung noch durch Teilnahme an „Lehrgängen für Schweißfachingenieure" ergänzen, die an den Großlehrwerkstätten des DVSA abgehalten werden. —

Zusammenfassend kann gesagt werden, daß die schweißtechnische Ausbildung in Deutschland insbesondere in den letzten 20 Jahren wesentlich weiter entwickelt worden ist und eine erfreulich hohe Stufe erreicht hat.

Wichtige DIN-Normen.

477 Gasflaschenventile, Anschlußstutzen, Flaschenhalsgewinde.

1901—1903 u. 1908 Schläuche für Schweiß- und Schneidbrenner und Schlauchtüllen.

1904 1905 Schweiß- und Schneidbrenner.

1906 1907 1909 Gasdruckminderer, Manometer, Anschlußbügel.

1910—1912 Begriffe, Nahtformen, Zeichen.

1913 (Vornorm) Schweißdraht für Gas- und Lichtbogenschweißung von Stahl.

1914 Richtlinien für die Prüfung von Schweißverbindungen mit Röntgen- und Gammastrahlen.

E 2301 Zusatzwerkstoffe für Lichtbogen- und Gasschweißung von Gußeisen.

E 2310 Brennschneiden von Stahl

2470 Richtlinien für Gasrohrleitungen mit geschweißten Verbindungen von mehr als 200 mm Durchmesser und mehr als 1 kg/cm² Betriebsdruck.

2471 Richtlinien für die Prüfung von Rohrschweißern.

4100 Vorschriften für geschweißte Stahlhochbauten.

4101 Vorschriften für geschweißte vollwandige stählerne Straßenbrücken.

4641—4647 Berufsschutzbrillen.

4664—4671 Stahlflaschen und Zubehör.

50 351 Kugeldruckversuch nach Brinell.

Vornorm 50 123 Härteprüfung mit Vorlast.

Vornorm DVM-Prüfverfahren A 112—122 Zug-, Kerbschlag-, Falt- und Dauerstand-
versuche.

Vornorm DVM-Prüfverfahren A 133 Härteprüfung nach Vickers.

53 922 . Kalziumkarbid (Technische Lieferbedingungen und Probenahme).

Sonstige wichtige Vorschriften.

Richtlinien für Schweißlehrgänge.

Deutsche Azetylenverordnung.

Normen des Deutschen Azetylenvereins über den Karbidhandel.

Deutsche Reichsbahn (Vorläufige Vorschriften für geschweißte vollwandige Eisenbahnbrücken, desgl. für geschweißte Fahrzeuge [Vogefa], Technische Lieferbedingungen
für gußeiserne Schweißstäbe, Vorläufige technische Lieferbedingungen für Schweißdraht für Verbindungs- und Auftragsschweißung, Merkblatt für das Maschinen-
Brennschneiden u. a. m.).

Werkstoff- und Bauvorschriften für Landdampfkessel bzw. für Schiffsdampfkessel.

Polizeiverordnung über die ortsbeweglichen geschlossenen Behälter für verdichtete, verflüssigte und unter Druck gelöste Gase (Druckgasverordnung).

Sachverzeichnis.

Zeichen und Abkürzungen.

Abb. = Abbildung
bzw. = beziehungsweise
d. h. = das heißt
s. = siehe
sog. = sogenannt
u. dgl. = und dergleichen
usw. = und so weiter
z. B. = zum Beispiel
... = bis

D.R.P. = Deutsches Reichs-
patent
WE = Wärmeeinheit
at = Atmosphäre
atü = Atmosphären-
überdruck
1° = 1 Grad Celsius
1″ = 1 Zoll englisch
vH = vom Hundert
RM. = Reichsmark
V = Volt

A = Ampere
kWh = Kilowattstunde
s = Sekunde
min = Minute
h = Stunde
mm = Millimeter
m = Meter
m³ = Kubikmeter
l = Liter
kg = Kilogramm
t = Tonne

Berichtigung.

S. 45, 2. Zeile v. u.

S. 46, 6.   „   v. o. } statt: weitgehendst lies: weitestgehend

S. 250, 12.   „   v. u. statt: (Fe), (Mn), lies: (FeS), (MnS)

S. 333, 28.   „   v. u. statt: und bis lies: nur bis

MIX
Papier aus verantwortungsvollen Quellen
Paper from responsible sources
FSC® C105338

If you have any concerns about our products,
you can contact us on
ProductSafety@springernature.com

In case Publisher is established outside the EU,
the EU authorized representative is:
Springer Nature Customer Service Center GmbH
Europaplatz 3, 69115 Heidelberg, Germany

Printed by Libri Plureos GmbH
in Hamburg, Germany